Introducción al

Control Estadístico de la Calidad

Introducción al Control Estadístico de la Calidad

Douglas C. Montgomery
University of Washington

Traductor

Ing. Dirk Valckx Verbeeck
Universidad de las Américas (UDLA)
Puebla, México

Revisor Técnico

Ing. Francisco Paniagua Bocanegra
Universidad Nacional Autónoma de México (UNAM)

Revisor Editorial

Roberto Palacios Martínez

Grupo Editorial Iberoamérica
Río Ganges No. 64-06500 México, D.F. - Tels. 5112517, 2087741

Versión en español de la obra Introduction to statical quality control por Douglas C. Montgomery
Edición original en inglés publicada por John Wiley & Sons, Inc.

ISBN 0-471-80870-9

ISBN 968-7270-79-9
Impreso en México

Editor: Nicolás Grepe P.
Productor: Enrique Fradera T.
Cubierta: Kooji Nishi.

Grupo Editorial Iberoamérica, S.A. de C.V.
Río Ganges No. 64 — Col. Cuauhtémoc — 06500 México, D.F.
Apdo. 5-192, Tels. 511-25-17, 208-77-41 Fax 514-70-24
Reg. CNIEM 1382

Para Edie

Prólogo

Este libro trata sobre la práctica moderna del Control Estadístico de la Calidad. En él se cubre de manera amplia desde los fundamentos hasta los conceptos avanzados y sus aplicaciones. El objetivo es dar al lector un conocimiento firme de los principios y proporcionar la base para aplicar éstos en una amplia variedad de entornos de productos y de servicios. Aunque se utilizan las técnicas estadísticas en todo el libro, la obra tiene una fuerte orientación hacia la ingeniería, y para comprenderla no se necesita un conocimiento extenso de la Estadística. Lectores con conocimientos básicos de métodos estadísticos encontrarán el libro muy accesible.

Este libro es el resultado de 15 años de enseñanza, investigación y consultoría en las ciencias de aseguramiento de calidad. Fue diseñado como texto para estudiantes de ingeniería, administración y tecnología que tomarán un primer curso de control de calidad en universidades e institutos tecnológicos. Estos cursos se ofrecen frecuentemente en los niveles intermedios y de último grado. El material del texto también se ha utilizado en forma extensa en programas de capacitación y adiestramiento para ingenieros de producción y desarrollo, administradores, especialistas en suministros, personal de investigación de mercado, técnicos y analistas de laboratorio, inspectores y operarios. Muchos profesionales lo han utilizado asimismo como material para autopreparación.

El Capítulo 1 es una introducción al aseguramiento de la calidad en el ambiente moderno de las empresas y las industrias. Trata sobre el hecho de que la calidad se ha convertido en una estrategia administrativa importante, y las organizaciones con programas de aseguramiento de calidad exitosos pueden acrecentar su productividad, mejorar su penetración en el mercado y alcanzar una mayor rentabilidad, así como una fuerte ventaja competitiva.

Después del capítulo introductorio, el libro se divide en tres partes. En la Parte I se presenta una descripción de los métodos estadísticos útiles en el aseguramiento de la calidad. Los temas tratados incluyen muestreo y estadística descriptiva, nociones básicas de probabilidad y distribuciones probabilísticas, estimaciones puntuales y por intervalos de parámetros, y pruebas de hipótesis estadísticas. Estos temas se estudian normalmente én un curso básico de métodos estadísticos; sin embargo, su exposición en este texto se hace desde el punto de vista del aseguramiento de la calidad. La experiencia del autor ha sido que también los lectores con una fuerte base estadística encuentran el enfoque de este libro algo diferente del usual en un texto estándar de Estadística.

La Parte II consta de seis capítulos acerca del control estadístico de procesos. La principal técnica de control de procesos tratada aquí es el diagrama de control. Aunque el concepto de este medio no es nuevo, su uso en la industria moderna es de un valor enorme. A medida que se desarrolla la tecnología de la detección y la medición, junto con la amplia disponibilidad de potentes microcomputadoras, la implementación de controles estadísticos de procesos en el lugar de trabajo se vuelve una actividad común en muchas empresas. Los controles estadísticos de procesos desempeñarán un cometido muy importante en la industria de Estados Unidos en los próximos 20 años, más de lo que ha sido en los últimos 50.

La Parte III contiene tres capítulos dedicados al muestreo para aceptación. El análisis se centra en el muestreo para aceptación lote por lote, pero se tiene en el Capítulo 12 un estudio del muestreo continuo y de la MIL STD 1235B. Otros temas de muestreo incluyen detalles del diseño de planes de muestreo para aceptación; un examen de la MIL STD 105D, la MIL STD 414, y sus contrapartes civiles, la ANSI/ASQC ZI.4 y la ANSI/ASQC ZI.9; y otras técnicas importantes útiles en un entorno de manufactura de casi cero defectos, como el muestreo en cadena y el muestreo de lotes salteados. En las partes II y III se dan directrices para la seleccion del tipo apropiado de control de procesos y de la técnica de muestreo que hay que utilizar en una gran variedad de situaciones de productos o de servicios.

Muchas personas constribuyeron generosamente con su tiempo y sus conocimientos sobre las ciencias del aseguramiento de la calidad a la realización de este libro. Una lista completa de todos los colegas con los que he trabajo en diversos proyectos de enseñanza, investigación o consultoría en años pasados sería demasiado extensa para incluirla aquí. Sin embargo, algunos de los colaboradores importantes y sus afiliaciones profesionales son: Dr. William W. Hines. Dr. Lynwood A. Johnson, Dr. Russell G. Heikes, Dr. David E. Fyffe y Dr. H. M Wadsworth, Jr., Georgia Institute of Techonology; Dr. Joseph J. Moder, University of Miami; Dr. Erwin M. Saniga, University of Delaware; Dr. John S. Ramberg, University of Arizona; Dr. Frank B. Alt, University of Maryland; Dr. Kenneth E. Case, Oklahoma State University; Sres. John A. Butora, Leon V. Mason, Lloyd K. Collins, Dana D. Lesher, Roy E. Dent, Mark Fazey, Srita. Kathy Schuster, Sres. Dan Fritze, Jay Gardiner, Ariel Rosentrater, Lally Marwah, Ed Schleicher, Armin Weiner, y Srita. Elaine Baechtle, IBM; Sres. Larry Newton y C. T. Howlett, Georgia-Pacific Corporation; Sr. Robert V. Baxley, Monsanto Chemicals; Dr. Craig Fox, Dr. Thomas L. Sadosky, Sr. James F. Walker, y Sr. John Blevins, The Coca-Cola Company; Sr. Seymour M. Selig, Office of Naval Research. Todas estas personas, y muchas más, contribuyeron a mi conocimiento y compresión de lo que es el aseguramiento de la calidad. Estoy en deuda con ellos.

También quisiera agradecer al supervisor editorial, Sr. William Stenquist, y a su auxiliar, Srita. Jane Kenneally, por su considerable paciencia y buena voluntad durante la realización de esta obra. Afrontaron las dificultades del trato con un autor con mucho más profesionalismo que cualquier otro equipo editorial con el que yo haya trabajado. También deseo agradecer a las sociedades profesionales y a los editores que concedieron permiso para reproducir diversos materiales. Los créditos por tal otorgamiento se encuentran en sitios apropiados en el texto. Además estoy en deuda con la Office of Naval Research, de la Marina de Estados Unidos, que ha patrocinado mis investigaciones en las ciencias del aseguramiento de la calidad durante varios años. Proporcionó un ambiente grato y estimulante para realizar los trabajos de investigación, y concedió muchas oportunidades para trabajar con personal naval de barcos y oficinas, en una amplia gama de problemas de calidad y de ingeniería de confiabilidad. También agradezco a la Srita. Joene Owen su cuidadoso trabajo con la versión final de este manuscrito, y a la Srita. Lisa Allen, por su ayuda en la corrección de pruebas.

Douglas C. Montgomery

Contenido

Capítulo 1

El Aseguramiento de la Calidad en el Entorno Moderno de la Administración

1-1 SIGNIFICADO DE LA CALIDAD

Este libro trata del aseguramiento de la calidad para los productos que se utilizan en nuestras comunidades. Los productos pueden ser artículos fabricados, como automóviles, computadoras y ropa, o servicios, como energía eléctrica, transporte público y asistencia médica. Los principios del aseguramiento de la calidad se aplican a artículos fabricados y a servicios. El propósito es presentar las herramientas técnicas necesarias para alcanzar el aseguramiento de calidad en organizaciones manufactureras y de servicios.

Es esencial que los productos satisfagan con los requisitos de los usuarios. Por lo tanto, la definición de calidad es *aptitud para el uso*. El término *consumidor* se aplica a muchos tipos de usuarios. El comprador de un producto que se usa como materia prima en operaciones de manufactura es un consumidor, y para este productor la aptitud para el uso implica la posibilidad de procesar esa materia prima a bajo costo y con un mínimo de rechazo y retrabajo. Un comerciante al por menor compra artículos terminados con la esperanza de que estén adecuadamente empacados, etiquetados y dispuestos para un fácil almacenamiento, manejo y exhibición. Podemos comprar automóviles que se espera que estén libres de defectos o *disconformidades* iniciales de fabricación, y que deben proporcionar un transporte seguro y económico en el curso del tiempo.

Existen dos aspectos generales de la calidad: calidad de diseño y calidad de conformidad. Todos los bienes y servicios se producen con varios grados o niveles de calidad. Estas variaciones en los grados o niveles de calidad son intencionales y , por consiguiente, el término técnico apropiado es *calidad de diseño*. Por ejemplo, todos los automóviles tienen como fin básico proporcionar al usuario un transporte seguro. Sin embargo, los automóviles difieren en tamaño, equipo, presentación y rendimiento. Estas diferencias son el resultado de discrepancias intencionales en el diseño entre los distintos tipos de automóviles. Las diferencias en el diseño incluyen los tipos de materiales usados en la construcción, las tolerancias de producción, la confiabilidad obtenida mediante el desarrollo tecnológico de motores y de sistemas de transmisión, y otros accesorios o equipo.

La *calidad de conformidad* indica qué tan bien cumple el producto las especificaciones y tolerancias requeridas por el diseño. Muchos factores influyen en la calidad de conformidad, incluyendo la selección del proceso de manufactura, el adiestramiento y la supervisión de los trabajadores, el tipo del sistema de aseguramiento de calidad utilizado (controles del proceso, pruebas, actividades de inspección, etc.), hasta qué punto se aplican estos procedimientos de aseguramiento de calidad, y la motivación de los trabajadores para alcanzar el nivel de calidad.

Hay en nuestra sociedad una confusión considerable acerca de la calidad. Suele usarse el término sin aclarar si se trata de la calidad de diseño o la calidad de conformación. Para alcanzar la calidad de diseño se necesitan decisiones conscientes durante la etapa del diseño del producto o del proceso, a fin de asegurar el cumplimiento satisfactorio de ciertos requisitos funcionales. Por ejemplo, el diseñador de una copiadora para oficina puede diseñar el componente de un circuito con un elemento redundante, porque sabe que eso elevara la confiabilidiad del producto en el servicio e incrementará en promedio el tiempo entre dos fallas. Esto, a su vez, generará menos llamadas de servicio para que siga funcionando la copiadora, y el usuario estará más satisfecho con el rendimiento del producto. Incorporar la calidad en el producto de esta manera (es decir, al diseñarlo) da como resultado frecuentemente un mayor costo de producción. Sin embargo, tales incrementos en los costos son en realidad *costos preventivos*, ya que trata de prevenir problemas de calidad que surjan más adelante durante la vida del producto. Se examinarán otros aspectos de los costos de la calidad de la Secc. 1-3.

Muchas veces se mejora la calidad de conformación al cambiar ciertos aspectos del sistema de aseguramiento de calidad, como uso de métodos estadísticos de control de procesos, cambio del tipo de procedimientos de inspección empleados, etc. De este modo, muchas veces se alcanza una mayor calidad de conformidad con un abatimiento de los costos totales, porque eso lleva a una reducción en desperdicio, retrabajo y fracción de productos y servicios disconformes.

Todo producto posee una cantidad de elementos que describen conjuntamente su aptitud para el uso. Muchas veces estos parámetros se llaman *características de calidad.* Las características de calidad pueden ser de diferentes tipos:

1. **Físicas:** Longitud, peso, voltaje, viscosidad.
2. **Sensoriales:** Sabor, presentación, color.
3. **Dependientes del tiempo:** Confiabilidad, conservación, reparabilidad.

El control de calidad es la actividad técnica y administrativa mediante la cual se miden las características de calidad de un producto, se comparan con especificaciones o requisitos y se toman acciones correctivas apropiadas cuando existe una discrepancia entre el funcionamiento real y el estándar.

1-2 ASEGURAMIENTO DE CALIDAD, TECNOLOGÍA Y PRODUCTIVIDAD

La calidad se está convirtiendo en el factor básico de la decisón del consumidor para muchos productos y servicios. Éste es un fenómeno general, no importa si el consumidor es una persona, una empresa o industria, un programa de defensa militar, o bien una tienda de comercio al por menor. Por consiguiente, la calidad es un factor clave que lleva al éxito en los negocios, al crecimiento, y a una mejor posición competitiva. Hay un rendimiento sustancial de la inversión gracias a un programa efectivo de aseguramiento de calidad que proporciona mayor rentabilidad a las empresas que usan eficazmente la calidad como una estratégia administrativa. Los consumidores sienten que los productos de ciertas compañías tienen calidad sustancialmente mayor que los de sus competidores, y toman sus decisiones de compra teniendo ésto presente. Programas efectivos de aseguramiento de calidad pueden generar mayor penetración en el mercado, mayor productividad, y menores costos generales de fabricación y servicio. Por lo tanto, las empresas con tales programas pueden gozar de ventajas competitivas importantes.

Alcanzar la calidad en el ambiente moderno de los negocios y la manufactura no es tan fácil. Un problema importante es la rápida evolución de la tecnología. Durante los últimos 20 años se ha visto un desarrollo explosivo de la tecnología en campos tan diversos como electrónica, metalurgia, cerámica, materiales compuestos y ciencias químicas y farmacéuticas. Todo esto ha dado como resultado un gran número de productos y servicios nuevos. Por ejemplo, en el campo de la electrónica, el desarrollo del circuito integrado ha revolucionado el diseño y la fabricación de las computadoras y de muchos otros productos electrónicos para el trabajo de oficina. La tecnología básica de circuitos integrados ha sido suplantada por la tecnología de la integración a gran escala (IGE o LSI) y a muy grande escala (IMGE o VLSI), con los desarrollos correspondientes en el diseño y la fabricación de semiconductores. Cuando los avances tecnológicos ocurren rápidamente, y se utilizan las nuevas tecnologías con celeridad para explotar las ventajas competitivas, los problemas de la fabricación de productos con niveles adecuados de calidad de diseño y de conformidad se complican mucho.

El problema básico en varias industrias es la manufactura de un producto en volúmenes adecuados. Muchas veces, se presta muy poca atención al logro de medidas económicas, productividad y calidad en la producción. Un programa efectivo de aseguramiento de calidad puede incrementar la productividad y reducir los costos. Por ejemplo, considérese la producción de un componente mecánico utilizado en una copiadora. Las partes se fabrican en un proceso de maquilado a razón de, aproximadamente, 100 piezas por día. Por varios motivos, el proceso trabaja a un 75% (es decir, alrededor de 75% de la salida o producción del proceso está conforme con las especificaciones, y cerca del 25% no lo está). Alrededor de 60% del 25% de las piezas disconformes pueden recuperarse para lograr un producto aceptable, y el resto se tiene que rechazar. El costo directo de producción en esta etapa de la manufactura es, aproximadamente, \$20 (dólares) por pieza. Las piezas que se pueden retrabajar provocan un costo adicional de procesamiento de \$4. Por lo tanto, el costo de fabricación por pieza aceptable es:

$$\text{Costo/pieza aceptable} = \frac{\$20(100) + \$4(15)}{90} = \$22.89$$

Obsérvese que la producción total de este proceso, después del retrabajo, es de 90 piezas aceptables diariamente.

Un estudio técnico de este proceso revela que la fuente del rechazo tan alto son controles de proceso inadecuados. Se implanta un nuevo procedimiento de control estadístico de procesos que reduce el rechazo de 25% a 5%. Del 5% de piezas disconformes producidas, es posible retrabajar alrededor de 60%, y se rechaza finalmente el 40%. Después de la incorporación del programa de control de procesos, los costos de manufactura por pieza aceptable son:

$$\text{Costo/pieza aceptable} = \frac{\$20(100) + \$4(3)}{98} = \$20.53$$

Obsérvese que la instalación de controles estadísticos de procesos reduce los costos de producción en un 10%. Además, la productividad aumenta en casi 10%; se producen ahora 98 piezas aceptables contra las 90 anteriores. Esto es un incremento en la capacidad productiva de casi 10%, sin una inversión extra en equipo, trabajadores y gastos generales. ¿Cuánto cuesta tal aumento en productividad? En esta situación en particular, muy poco. El tipo de procedimiento de control de procesos utilizados son los diagramas de control de $\overline{x}$ y R (los diagramas de control se analizarán en la Parte II). En tales diagramas se utilizan datos existentes del proceso que se colectan rutinariamente, y se expone esta información en un formato útil para la administración, con el fin de prevenir defectos. De esta manera es casi despreciable el costo de las mejoras mencionadas en calidad y productividad.

La calidad ha surgido como una nueva estrategia administrativa importante. Esto se debe a varias razones, incluyendo:

1. Aumento en el interés por la calidad por parte del consumidor, y una fuerte orientación de èste hacia el concepto calidad-rendimiento..
2. Responsabilidad por el producto.
3. Aumento de los costos de mano de obra, energía y materia prima.
4. Mayor competencia.

5. Notables mejoras en la productividad gracias a programas tecnológicos de calidad eficaces.

Parte de esta estrategia administrativa es la planeación, análisis y control de la calidad para asegurar que ésta contribuya positivamente al flujo de efectivo, a los réditos de la inversión y la rentabilidad administrativa en general. La calidad puede proporcionar el crecimiento del negocio y una mejor posición competitiva para la compañía. Al mismo tiempo, las mejoras en la calidad van frecuentemente de la mano con reducciones en los costos. Ahora se examinarán los costos de la calidad, y se ilustrará por qué el aseguramiento efectivo de la calidad reduce los costos y eleva la rentabilidad.

1-3 COSTOS DE LA CALIDAD

Todas las organizaciones administrativas utilizan controles financieros. Estos controles implican una comparación de los costos reales con los de presupuesto, junto con un análisis correspondiente, y con acciones acerca de las diferencias o *variaciones* entre lo real y lo presupuestado. Durante muchos años no se hicieron esfuerzos directos para medir o explicar los costos de la función de la calidad. Sin embargo, al principio de la década de 1950, muchas organizaciones empezaron a evaluar formalmente los costos de la calidad. Hay varias razones por las cuales habría que considerar explícitamente los costos de la calidad en una organización. Entre ellas se incluyen:

1. Aumento en los costos de la calidad debido al incremento en la complejidad de productos fabricados, asociadas con avances en la tecnología.

2. Mayor conocimiento de los costos del ciclo de vida de un producto, incluyendo mantenimiento, mano de obra, partes de repuesto y costos de fallas durante el servicio.

3. La necesidad de los ingenieros y administradores de comunicar eficazmente los costos de la calidad en un lenguaje usual de la administración general; es decir, en términos de dinero.

De este modo, los costos de la calidad han emergido como un medio de control financiero para la administración, y con el fin de ayudar a identificar oportunidades para reducir los costos de la calidad.

Hablando en general, los costos en cuestión son aquellas categorías asociadas a la producción, identificación, elusión o reparación de productos que no satisfacen los requisitos. Muchas organizaciones de producción y servicios usan cuatro categorías de costos de la calidad: costos preventivos, de evaluación, de fallas internas y de fallas externas. Ahora se examinarán estas categorías con más detalle.

Costos preventivos. ■ Están relacionados con los esfuerzos en el diseño y la producción, encaminados a prevenir disconformidad (o no cumplimiento de especificaciones). Hablando en general, los costos preventivos son todos aquellos que se presentan al tratar de "hacer las cosas bien desde el principio". Las subcategorías importantes de los costos de prevención se presentan enseguida.

Planeación e ingeniería para la calidad. Esto incluye las actividades asociadas a la creación del plan general de calidad y los planes de inspección, de confiabilidad, del sistema de datos y todos los especializados, así como las actividades de la función de aseguramiento de la calidad. Incluye la elaboración de manuales y procedimientos para comunicar el plan de calidad. También comprende los costos de la revisión o auditación del sistema.

Revisión de los nuevos productos. Esto abarca la preparación de propuestas de oferta, la evaluación de nuevos diseños desde el punto de vista de la calidad, la elaboración de pruebas y programas experimentales para evaluar el funcionamiento de los nuevos productos, y otras actividades durante las etapas de desarrollo y anteriores a la fabricación de nuevos productos o diseños.

Diseño de producto y procesos. Éstos son los costos contraídos durante el diseño del producto o la selección de los procesos de manufactura para mejorar la calidad general del producto. Por ejemplo, se puede decidir incluir un componente extra en un circuito eléctrico, porque ello incrementará la confiabilidad del producto al aumentar el tiempo promedio entre dos fallas. Por otra parte, puede tomarse la decisión de fabricar un componente mediante el proceso A en vez del proceso B, porque A puede producir el producto con tolerancias más estrechas, y esto traerá consigo menos problemas en el montaje y la fabricación. Lo anterior puede incluir un proceso de parte del proveedor, así que el costo de tratar con otro que cotice más bajo puede ser también un costo preventivo.

Control de procesos. Es el costo de las técnicas de control de los procesos, como los diagramas de control, que vigilan los procesos de fabricación en un esfuerzo para incorporar la calidad en el producto.

Supervigilancia. Es el costo de la operación vigilada estrechamente del producto antes del embarque para prevenir fallas inmediatas durante el servicio.

Adiestramiento. Costo de desarrollar, preparar, implementar, manejar y mantener programas formales de entrenamiento respecto a la calidad.

Obtención y análisis de los datos de la calidad. Es el costo de aplicar el sistema de datos de la calidad para obtener información respecto al funcionamiento del producto y el proceso. También incluye los costos del análisis de estos datos para detectar problemas. Comprende, además, el trabajo de resumir y publicar la información acerca de la calidad para la administración.

Costos de evaluación. ■ Éstos son los costos relacionados con la medición, evaluación o revisión de productos, componentes y otros materiales comprados para asegurar la conformidad con los estándares aplicados. Se incurre en estos costos con el fin de determinar la condición del producto desde el punto de vista de la calidad y asegurar su conformidad con las especificaciones. Las subcategorías importantes son como sigue.

Inspección y pruebas del material entrante. Estos costos están relacionados con la inspección y prueba de todo el material suministrado por los proveedores. Esta subcategoría abarca inspección y ensayos al recibir, inspección, pruebas y evaluación en las instalaciones del proveedor, así como una revisión periódica de su sistema de aseguramiento de calidad. También podría incluir los proveedores dentro de planta.

Inspección y pruebas del producto. Comprende los costos de verificar la conformidad del producto a lo largo de las diversas etapas de su fabricación, incluyendo la prueba final de aceptación, las comprobaciones de embalaje y embarque, y cualquier prueba realizada en las instalaciones del consumidor antes de entregarle el producto. También incluye las pruebas de duración, ambientales y de confiabilidad.

Materiales y servicios consumidos. Esta subcategoría abarca los costos de los materiales y productos consumidos en una prueba destructiva, o devaluados por pruebas de confiabilidad.

Conservación de la precisión del equipo de pruebas. Esta subcategoría abarca los costos de utilizar un sistema que mantiene calibrados los instrumentos y el equipo de medición.

Costos de fallas internas. ■ Se incurre en tales costos cuando los productos, componentes, materiales y servicios no satisfacen los requisitos de calidad, y se descubren estas fallas antes de entregar el producto al consumidor. Éstos son los costos que desaparecerían si el producto no tuviera defectos. Las subcategorías importantes de los costos debidos a las fallas internas se exponen a continuación.

Desperdicio. Pérdida neta de mano de obra, material y costos generales, debido a que hay productos defectuosos que no se pueden reparar o utilizar económicamente.

Retrabajo o reelaboración. Costos en los que se incurre al corregir unidades disconformes para satisfacer las especificaciones. En algunas operaciones de manufactura los costos de reelaboración incluyen operaciones o pasos extra, diseñados para resolver defectos crónicos o esporádicos.

Reexamen. Costos de una nueva inspección o de volver a probar los productos después de la reelaboración u otras modificaciones.

Análisis de fallas. Se trata del costo de determinar las causas de las fallas del producto.

Tiempo muerto. Costos de la inactividad de las instalaciones de producción debido a disconformidad con las especificaciones. La línea de producción puede quedar ociosa por una disconformidad de las materias primas suministradas por el proveedor que no se detectó en la inspección inicial o de recepción.

Pérdidas en producción. Son los costos de una producción deficiente que es menor que la que se podría obtener mediante controles mejorados (por ejemplo, en el caso de envases de gaseosa demasiado llenos por variablidad excesiva en el equipo de envasado).

Subpreciación/venta a precio menor. Se trata de la diferencia entre el precio de venta normal y cualquier precio que tenga que fijarse a un producto por no satisfacer las especificaciones normales. La subpreciación en una práctica común en las industrias textil, de enseres y de equipo electrónico. El problema en este caso es que los productos vendidos no permiten recuperar totalmente la contribución marginal a las utilidades y a los gastos generales, como lo hacen los productos conformes con las especificaciones.

Costos de fallas externas. ■ Se presentan cuando el producto no funciona satisfactoriamente después de ser entregado al consumidor. Estos costos desaparecerían si todos los productos fueran conformes con los requisitos. Las subcategorías de los costos de fallas externas se presentan enseguida.

Ajuste por reclamaciones. Incluye todos los costos por investigación y arreglos por quejas justificadas atribuibles a un producto disconforme.

Devolución de productos o materiales. Son todos los costos asociados a la recepción, manejo y reemplazo de productos o materiales disconformes, devueltos desde el campo de servicio o el mercado.

Cargos por garantía. Incluyen todos los costos por servicio a los consumidores según contratos de garantía.

Costos de responsabilidad legal. Son los costos por indemnización en los que se incurre como resultado de litigios relacionados con la responsabilidad legal en la manufactura de un producto.

Costos indirectos. Además de los costos de operación directos por fallas externas, existe un gran número de costos indirectos, debidos al descontento del consumidor respecto al nivel de la calidad de un producto entregado. Los costos indirectos pueden reflejar la actitud del consumidor hacia la compañía. Abarcan los derivados de la pérdida de la buena reputación de la empresa, la pérdida de negocios futuros y la pérdida de una parte del mercado que resulta inevitablemente de la entrega de productos y servicios que no cumplen con las expectativas del consumidor respecto a aptitud para el uso.

Qué tan grandes son los costos de la calidad? La respuesta depende naturalmente del tipo de organización, y del éxito de sus esfuerzos para asegurar la calidad. En algunas organizaciones los costos de la calidad ascienden a 4% o 5% de las ventas, mientras que en otras pueden ser tan altos como 35% o 40% de las ventas. Es obvio que el costo de la calidad será muy distinto para un fabricante de computadoras de alta tecnología que para una típica industria de servicios, como un gran almacén o una cadena de hoteles. En la mayoría de las organizaciones, sin embargo, los costos de la calidad son más altos de lo necesario, y la administración tendrá que realizar esfuerzos continuos para evaluarlos, analizarlos y reducirlos.

La utilidad de los costos de la calidad es el resultado del *efecto de palancaje* o *apalancamiento*; es decir, el dinero invertido en la prevención y evaluación se compensa con la reducción en el dinero gastado por las fallas internas y externas, y dicha compensación excede a la inversión original. Por ejemplo, una unidad monetaria ($1) invertida en la prevención puede generar un ahorro de $10 o $100 (o más) al reducir las fallas externas e internas.

Los análisis de los costos de la calidad tienen como objetivo principal la reducción de los costos al identificar oportunidades para mejorías. Esto se realiza muchas veces mediante un *análisis de Pareto*. Dicho análisis consiste en identificar los costos de la calidad por categorías, por producto o por tipos de defectos o disconformidades. Por ejemplo, la inspección de los datos sobre costos de la calidad de la Tabla 1-1, con respecto a los defectos en el montaje de componentes electrónicos en tarjetas de circuitos impresos, revela que los puntos de soldadura provocan el mayor costo por la calidad en esta operación. Los puntos de soldadura son el 42% del total de los defectos en el tipo específico de tarjeta, de desperdicio y constituyen casi el 52% del total de los costos por desperdicio y reelaboración. Si se puede mejorar el proceso de soldadura, entonces habrá una reducción importante en los costos de la calidad.

¿Qué reducción es factible en los costos de la calidad? Aunque se puede reducir el costo de la calidad en muchas organizaciones, no es realista esperar una reducción hasta cero. Antes de alcanzar este nivel de rendimiento, los costos extra de prevención y evaluación aumentarán más rápidamente que las reducciones que se producen en los costos. Sin embargo, un programa de costos de calidad que se aplica junto con un buen esfuerzo de aseguramiento es capaz de reducir los costos de la calidad en 50% o 60%, con tal que no haya existido un esfuerzo organizado previamente. Esta reducción en los costos sigue también el principio de Pareto; es decir, la mayoría de las reducciones en costos resultarán de la solución de los pocos problemas causantes de la mayoría de los costos de la calidad.

Tabla 1-1 Información mensual sobre costos de la calidad en el montaje de circuitos impresos

Tipo de defecto	Porcentaje del total de defectos	Costos de desperdicio y de reelaboración
Puntos de soldadura	42	$37,500.00 (52%)
Componentes mal alineados	21	12,000.00
Componentes defectuosos	15	8,000.00
Componentes faltantes	10	5,100.00
Juntas de soldadura en frío	7	5,000.00
Otras causas	5	4,600.00
Total	100	$72,200.00

Al analizar los costos de la calidad y formular planes para reducirlos, es importante hacer notar el cometido que desempeñan la prevención y la evaluación. Muchas organizaciones gastan demasiado de su presupuesto para el aseguramiento de la calidad en la evaluación, y no suficiente en la prevención. Es fácil que una organización cometa este error, porque los costos de evaluación son, muchas veces, puntos del presupuesto en las áreas del aseguramiento de calidad, o de la fabricación. Por otro lado, los costos de prevención no pueden ser puntos presupuestados rutinariamente. No es raro encontrar en las primeras etapas de un programa de costos de la calidad que los costos de evaluación son ocho o diez veces mayores que los preventivos. Ésta es probablemente una proporción irracional, porque el dinero gastado en la prevención tiene un rendimiento mucho mayor que el gastado en evaluación.

Generar las cifras de costos de la calidad no siempre es fácil, porque la mayoría de las categorías de tales costos no se reflejan directamente en los registros contables de la organización. Por ello, puede ser difícil obtener información extremadamente exacta acerca de los costos incurridos correspondientes a las diversas categorías. El sistema de contabilidad de la organización puede proporcionar datos acerca de estas categorías de costos de la calidad que coinciden con las cuentas administrativas normales, por ejemplo la prueba y evaluación del producto. La mayoría de las empresas también tendrán información detallada acerca de varias categorías de costos de fallas. Para aquellas categorías de costos para las que no se dispone de información contable exacta ésta deberá generarse utilizando estimaciones o, en algunos casos, creando procedimientos especiales de control y vigilancia con objeto de acumular estos costos durante el periodo de estudio.

El informe de los costos de la calidad se realiza normalmente sobre una base que permite la evaluación directa por la administración. Los administradores desean ver los costos expresados como un índice que compara los costos de la calidad con la oportunidad de dichos costos. Por lo tanto, el método usual para informar los costos de la calidad es en la forma de un índice o cociente, en el cual el numerador corresponde a los costos de la calidad (en unidades monetarias), y el denominador corresponde a alguna medida de la actividad, como: (1) horas de trabajo (mano de obra) de producción directa, (2) importe (dinero) del trabajo de producción directa, (3) importe de los costos de procesamiento, (4) importe de los costos de fabricación, (5) importe de las ventas, o (6) unidades obtenidas del producto.

La alta dirección de la empresa quizá desee un estándar contra el cual comparar las cifras actuales de los costos de la calidad. Es difícil obtener estándares absolutos, y casi tan difícil obtener niveles de los costos de la calidad de otras compañías del mismo tipo de industria. Por lo tanto, el enfoque que se acostumbra es comparar el rendimiento actual con el rendimiento del pasado, de manera que los programas de costos de calidad indican las variaciones respecto al rendimiento pasado. Estos análisis de las variaciones son, principalmente, un mecanismo para detectar desviaciones respecto del estándar, y para presentarlas a la consideración de los administradores apropiados. No son necesariamente por sí mismos un mecanismo para asegurar mejoras en la calidad.

Esto nos lleva a una observación interesante: algunos programas de costos de la calidad no funcionan. Es decir, un cierto número de compañías empezaron con programas de costos de la calidad, los utilizaron por algún tiempo, y después los abandonaron por no ser eficaces. Hay varias razones por las cuales estos programas llegan a fallar. La principal es no utilizar la información de los costos de la calidad como un mecanismo para generar oportunidades de mejoría. Si se usa la información de dichos costos como un instrumento de registro solamente, y no se hacen esfuerzos conscientes para identificar áreas problemáticas, ni se desarrollan procedimientos y procesos operativos mejorados, entonces los programas no tendrán un completo éxito.

Otra razón por la que los programas de costos de la calidad no resultan exitosos es que los administradores se preocupan de la perfección de las cifras de los costos. Un interés exagerado en tratar los costos de la calidad como una parte del sistema de contabilidad en vez de como una herramienta de control administrativo es una gran equivocación. Tal planteamiento incrementa mucho el tiempo requerido para desarrollar los datos de costos y analizarlos, e identificar las oportunidades para el mejoramiento en la calidad. Al aumentar el tiempo necesario para generar y analizar los datos, la administración se impacienta más y queda menos convencida de la eficacia del programa. Cualquier programa que parezca no llevar a ningún lugar a la administración, será abandonado muy probablemente.

1-4 MÉTODOS DE ASEGURAMIENTO DE LA CALIDAD

Como ya se dijo, este libro se concentra en la tecnología estadística e industrial útil para la función del aseguramiento de la calidad. Se centra especialmente en dos áreas principales: controles estadísticos de procesos y muestreo para aceptación. Además de estas técnicas, algunos otros métodos estadísticos son útiles en el análisis de problemas de la calidad, y para mejorar el rendimiento de los procesos de producción. El cometido de algunas de estas herramientas se ilustra en la Fig. 1-1, que representa un proceso de producción como un sistema con un conjunto de entradas y salidas. Las entradas $x_1, x_2, \ldots, x_p$ son factores controlables, como temperaturas, presiones, velocidades de avance y otras variables del proceso. Las entradas $z_1, z_2, \ldots, z_q$ son incontrolables, por ejemplo factores ambientales, o la calidad de la materia prima suministrada por el proveedor. El proceso de la fabricación transforma estas entradas en un producto terminado que tiene varios parámetros, los cuales describen su calidad o su aptitud para el uso. La variable de salida y es una medida de la calidad del proceso.

Los experimentos diseñados son extremadamente útiles para descubrir las variables clave que influyen en las características de calidad de interés en el proceso. Un experimento diseñado es un procedimiento en el que se varían sistemáticamente los factores controlables de entrada, y se estudia el efecto que tienen dichos factores en los parámetros de salida del producto. Los experimentos diseñados estadísticamente son esenciales para reducir la variabilidad en las características de la calidad, y determinar los niveles de las variables controlables que optimizan el rendimiento del proceso. Los experimentos diseñados son una importante herramienta de control de calidad fuera de línea, porque se usan a menudo durante las actividades de desarrollo y en las primeras etapas de la fabricación, en vez de un procedimiento de control rutinario *en línea* o *en proceso*.

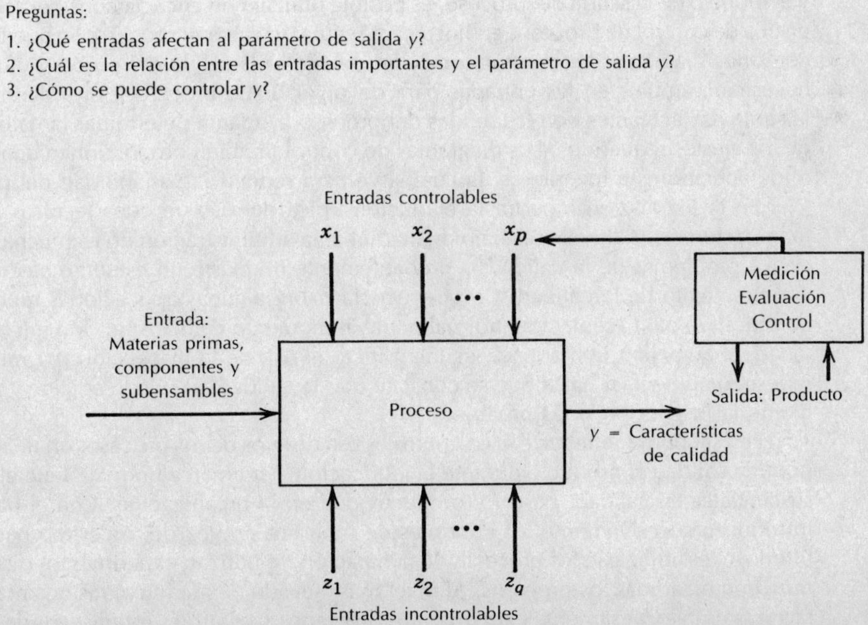

Figura 1-1. Entradas y salidas de un proceso de producción.

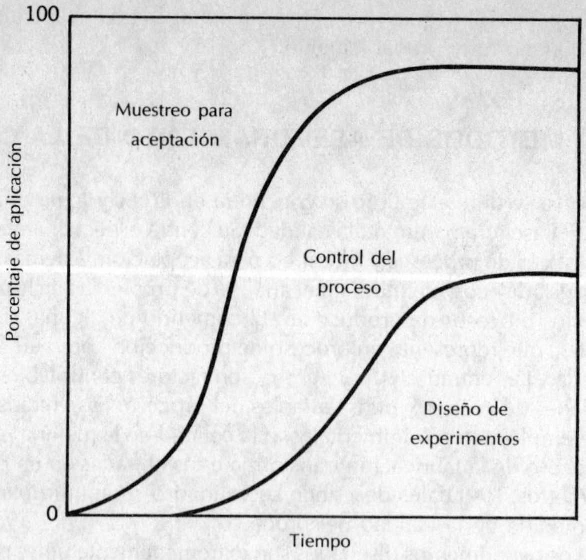

Figura 1-2. Diagrama de fases del uso de los métodos de aseguramiento de la calidad.

Una vez determinada una lista de variables importantes que afectan la salida del proceso, suele ser necesario, modelar la relación entre las variables de entrada actuantes y las características de calidad de la salida. Entre las técnicas estadísticas útiles para elaborar tales modelos se incluyen el análisis de regresión y el de series de tiempo. Exposiciones detalladas acerca del diseño de experimentos, el análisis de regresión y los modelos basados en series de tiempos pueden consultarse en los textos de Montgomery (1984), Montgomery y Peck (1982), y Box y Jenkins (1976). Una vez determinadas las variables importantes, y la naturaleza de la relación entre esas variables y el modelo de la salida del proceso, es posible utilizar con eficacia considerable una técnica estadística de control de procesos en línea para regular y vigilar el proceso. Se pueden aplicar técnicas como los diagramas de control con el fin de vigilar la salida del proceso y detectar cuándo se necesitan cambios en las entradas para devolver dicho proceso a un estado bajo control. Los las entradas actuantes con las salidas del proceso ayudan a determinar la naturaleza y magnitud de los ajustes requeridos. Los diagramas de control también proporcionan una retroalimentación a los operadores e ingenieros, la cual sirve para reducir la variabilidad del proceso.

En la Fig. 1-2 se muestra la evolución típica del uso de estas técnicas en organizaciones manufactureras. Al nivel más bajo de madurez, la administración no es muchas veces consciente de los problemas de la calidad, y probablemente no existe un esfuerzo efectivo organizado de aseguramiento de la calidad. Con frecuencia habrá algunas aplicaciones modestas de métodos de muestreo para aceptación, normalmente al momento de la inspección inicial. La primera actividad, al aumentar la madurez, es intensificar el uso de la inspección por muestreo. El uso del muestreo aumentará hasta que se constate que la calidad no puede adicionarse al producto mediante la inspección o las pruebas.

En este punto se recurre a los controles estadísticos de los procesos en un esfuerzo por incorporar la calidad al producto durante la fabricación. Esto marca normalmente el inicio de mejoras sustanciales en calidad, costos y productividad en la organización. Con el paso del tiempo, se introducen sucesivamente los controles de procesos en vez del muestreo para aceptación. Por último, al estabilizarse los procesos de fabricación, se utilizan experimentos diseñados para mejorar y optimizar más los procesos. Al nivel más elevado de madurez, las organizaciones de manufacturas usan extensamente experimentos diseñados y controles estadísticos de procesos, y hacen un uso relativamente moderado de muestreo para aceptación.

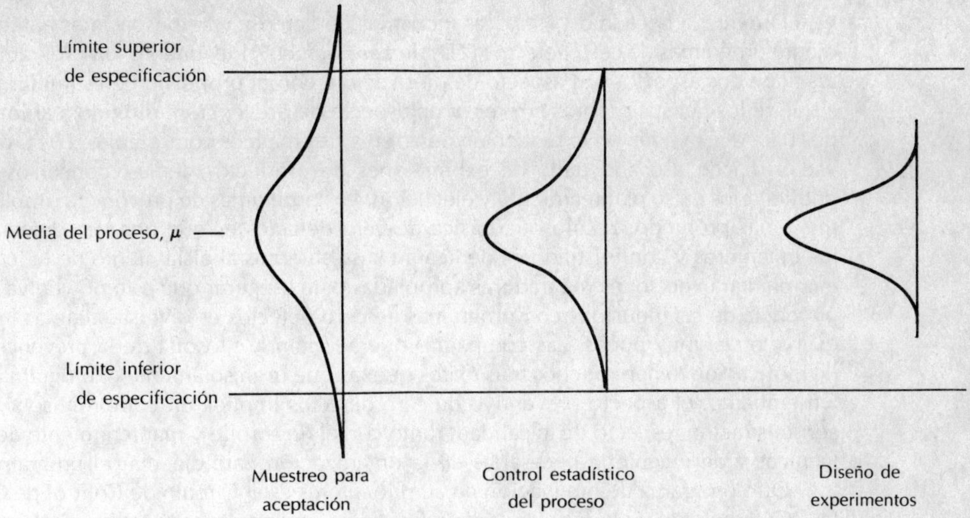

Figura 1-3. Aplicación de las técnicas de aseguramiento de calidad y la reducción sistemática de la variabilidad del proceso.

El objetivo principal del control estadístico de calidad es la *reducción sistemática de la variabilidad* en las características de calidad clave del producto. En la Fig. 1-3 se muestra cómo sucede esto en el tiempo. En las primeras etapas, cuando el muestreo para aceptación es la técnica más importante, el "rechazo" del proceso o las unidades que no están conformes con las especificaciones constituye un alto porcentaje de la salida del proceso. La introducción de controles estadísticos del proceso estabilizará éste y reducirá la variabilidad. Sin embargo, no basta con solamente satisfacer los requisitos; otra reducción de la variabilidad lleva por lo regular a un costo más bajo de la calidad y a una mejor posición competitiva. Se puede utilizar el diseño de experimentos junto con los controles estadísticos del proceso para minimizar la variabilidad de éste, lo que redunda en una producción virtualmente libre de defectos.

Las técnicas estadísticas en la fabricación y el aseguramiento de la calidad han tenido una larga historia. En 1924, Walter A. Shewhart, de Bell Telephone Laboratories, desarrolló el concepto estadístico de los diagramas de control. Esto se considera generalmente el inicio del control estadístico de calidad. A finales de la década de 1920, Harold F. Dodge y Harold G. Roming, ambos de los laboratorios Bell, desarrollaron el muestreo para aceptación basado en la estadística, como una alternativa para la inspección al 100%. A mediados de la década de 19 30, los métodos de control estadístico de calidad se utilizaban ampliamente en Western Pacific, el sector manufacturero del sistema Bell. Sin embargo, la industria en general no reconocía el valor del control estadístico de calidad.

Durante la Segunda Guerra Mundial se advirtió el uso generalizado y la aceptación de los conceptos del control estadístico de calidad. La experiencia del tiempo de guerra hizo evidente la necesidad de utilizar técnicas estadísticas para controlar la calidad del producto. En 1946 se formó la American Society for Quality Control (ASQC). Esta organización promueve el uso de técnicas de control de calidad para todos los tipos de productos y servicios. Ofrece conferencias, publicaciones técnicas y programas de adiestramiento para el aseguramiento de la calidad. En la década de 1950 y 1960 ocurrieron desarrollos en el aseguramiento de la calidad como los costos de calidad, la ingeniería de confiabilidad y la aparición del punto de vista de que la calidad es una manera de administrar una organización. Desarrollos más recientes en el aseguramiento da la calidad se han ocupado de la motivación del trabajador y de la responsabilidad por el producto.

Durante la década de 1960, las industrias de defensa y aeroespaciales han utilizado ampliamente programas de *cero defectos* (ZD, de *zero-defects*). Idealmente, un programa de cero defectos tiene dos aspectos: un aspecto de *motivación*, con el propósito de estimular a los empleados a que reduzcan sus propios errores, y un aspecto de *prevención*, dirigido a animar a los empleados para que ayuden en la reducción de errores sistemáticos controlables. Los programas de motivación hacen uso adecuado de exhibiciones de productos, lemas, concursos y otros medios publicitarios en su planteamiento y ejecución. Los programas de prevención implican un compromiso más profundo. La filosofía básica de cero defectos es que una vez detectado un defecto, los ingenieros y administradores dedicarán sus esfuerzos al aislamiento de la fuente del defecto e implantarán acciones reparadoras apropiadas para asegurar que éste no vuelva a ocurrir. La experiencia de las industrias con programas de cero defectos es diversa: algunas informan grandes éxitos, otras, muy pocos. Las compañías que adoptan la filosofía de la prevención junto con la de motivación tienen muchos más éxitos que las que usan solamente el programa de motivación. Sin embargo, el aspecto preventivo de cero defectos implica un compromiso significativo de la administración respecto de la calidad, junto con el desarrollo y mantenimiento de las habilidades técnicas y de ingeniería necesarias de la organización para ejecutar el programa.

Otro programa de motivación de amplio interés es el Círculo de Control de Calidad (o círculo QC), originado en Japón. Un círculo QC es un equipo de unos 10 trabajadores y supervisores de un mismo departamento de la compañía. Su objetivo es realizar estudios para mejorar la efectividad del trabajo en dicho departamento. Los estudios no se limitan necesariamente a la calidad y, muchas veces, incluyen productividad, costos, seguridad y otros aspectos del ambiente de manufactura. La participación en los círculos QC es voluntaria, aunque se estima que la mitad de los trabajadores japoneses participan en ellos. La organización del círculo empieza con un programa de adiestramiento, que incorpora algunos aspectos de la obtención de datos y su análisis, un estudio de proyectos exitosos realizados por otros círculos QC, y la realización de un proyecto real, con el uso de la ayuda externa que se considere necesaria.

En Japón, el programa de los círculos QC ha sido extremadamente exitoso. Se estima que alrededor de 10 millones de trabajadores han recibido el adiestramiento y participado en estudios de proyectos. Se han realizado varios millones de proyectos, con ganancia media de $5 000 (dólares) cada uno. También ha habido efectos significativos en la calidad del producto. El adiestramiento y la experiencia adquiridos por estos trabajadores, al prepararlos para ser mejores supervisores y administradores, también han sido significativos.

También se ha dado alguna adaptación del concepto de círculos QC en la industria occidental, aunque los equipos tengan nombres diferentes, como el de "Equipo para mejoramiento de la productividad". No es claro si estos equipos han sido tan eficaces como sus contrapartes japonesas. Hay razones culturales y tecnológicas para esto. En la sociedad occidental la resistencia cultural proviene de la renuencia de los técnicos y administradores a delegar en los obreros ciertas funciones y prerrogativas que han considerado históricamente como propias. Asimismo, muchas veces los trabajadores consideran que no es su responsabilidad ayudar a la administración en la mejora del funcionamiento de la empresa. Finalmente, muchos administradores de los niveles medios y altos de la industria occidental tienen un escaso (o nulo) conocimiento de la importancia de la calidad en la mejora de la productividad, o de las capacidades tecnológicas necesarias en la organización, para alcanzar el mejoramiento en la calidad y en la productividad. El conocimiento técnico de estas habilidades es ahora más general en Japón que en Occidente.

Una de las razones por las cuales las organizaciones manufactureras japonesas tienen amplias capacidades en el control estadístico de calidad es el trabajo del Dr. W. Edwards Deming. Durante la Segunda Guerra Mundial, el Dr. Deming trabajó para el entonces llamado War Department, y para la Census Bureau. Después de la conflagración, se convirtió en consultor de industrias japonesas, y las convenció del poder del control estadístico de la calidad. Este esfuerzo comprometido y el uso de dichos métodos han sido un elemento clave en la expansión de la industria y la economía de Japón. El Dr. Deming y otros están fomentando en las industrias la conciencia acerca de la estadística en general y el control estadístico en particular.

1-5 RESPONSABILIDAD DE LA CALIDAD

Toda industria manufacturera y muchas industrias de servicios tienen una función formal del aseguramiento de la calidad. La responsabilidad de esta organización es ayudar a que la administración general y de la producción proporcionen aseguramiento de la calidad para los productos de las empresas. Específicamente, la función del aseguramiento de la calidad equivale a un almacén tecnológico que contiene las capacidades y los recursos necesarios para generar productos de una calidad aceptable en el mercado. La administración de la calidad tiene también la responsabilidad de evaluar y utilizar la información respecto a costos de la calidad para identificar oportunidades de mejoras en el sistema, y hacer llegar estas oportunidades a la alta administración. Es importante hacer notar, sin embargo, que la función de calidad no es *responsable* de la calidad. Después de todo, la organización de la calidad no diseña, fabrica, distribuye o da servicio al producto. Esto significa que la responsabilidad por la calidad se extiende a través de toda la organización. Algunas responsabilidades funcionales específicas se describen enseguida.

1. **Planeación del producto, investigación del mercado y ventas.** Estas funciones tienen la responsabilidad de efectuar las actividades mercadotécnicas o de investigación del mercado, que llevan a una descripción del producto que mejor satisface los objetivos de la aptitud para el uso del consumidor. También son responsables de presentar a éste datos acerca de la calidad del producto.

2. **Ingeniería de desarrollo.** Esta función es responsable del diseño original del producto, y de determinar de especificaciones, selección de los materiales, tolerancias y características del funcionamiento del producto.

3. **Ingeniería de manufactura.** Esta función es responsable de la selección de los procesos de fabricación, el diseño del equipo adecuado de producción, la selección de los métodos de trabajo, el diseño de los sitios de trabajo, el aporte de condiciones laborales satisfactorias y el análisis de los problemas relacionados con la manufactura que se presentan como consecuencia de la fabricación de productos con la calidad deseada.

4. **Compras.** Esta función es responsable de la selección de los proveedores y la interacción con éstos respecto a la calidad de los materiales y componentes que suministran.

5. **Administración de la manufactura.** Estos administradores son responsables de la instrucción de los operarios, el mantenimiento adecuado de las instalaciones fabriles, la interpretación correcta de los dibujos de taller y especificaciones, y de mantener el control del producto durante su fabricación.

6. **Trabajadores de manufactura.** Todo el personal laboral tiene la responsabilidad de ejercer con el cuidado propio sus destrezas laborales, y conservar y desarrollar sus habilidades técnicas.

7. **Inspección y pruebas.** Esta función es responsable de medir la calidad de las piezas y los materiales que llegan, y de evaluar el funcionamiento de todos los productos fabricados con respecto a las especificaciones.

8. **Embalaje y embarque.** Esta función responde de la idoneidad de los materiales para embalar y empacar el producto, y del envío y entrega del producto al consumidor.

9. **Servicio al consumidor.** Esta función responde del mantenimiento del producto, incluyendo todas las actividades de reparación e instalación de partes de reemplazo. El principal cometido del servicio al usuario o consumidor es ayudarle a obtener el potencial previsto de funcionamiento del producto durante su vida útil.

Obviamente, la responsabilidad por la calidad abarca a toda la organización. Sin embargo, existe el peligro de que se adopte la filosofía de que "la calidad es trabajo de cada quien", y entonces esto se convierte en el trabajo de nadie. Es por ello que la programación de la calidad y su análisis son tan importantes. Como las actividades relacionadas con el aseguramiento de la calidad son tan amplias, los programas exitosos de tal actividad necesitan, como paso inicial, el compromiso de la alta dirección. Este compromiso implica hacer hincapié en la importancia de la calidad, la identificación de las responsabilidades respectivas por la calidad de las diversas unidades organizacionales, y la responsabilidad explícita de todos los administradores y trabajadores de la compañía.

Idealmente, el aseguramiento de la calidad depende de los ingenieros y administradores, quienes se basan en una tecnología apropiada del producto, en los medios modernos de la ingeniería de sistemas y de la administración, con un adiestramiento en métodos estadísticos, incluyendo control de procesos, inspección por muestreo, ingeniería de confiabilidad, diseño de experimentos y técnicas de modelación de procesos. Las computadoras desempeñan un cometido cada vez más importante en el aseguramiento de la calidad, pues realizan eficazmente el resumen de datos de calidad y costo de la calidad. Los desarrollos recientes en la tecnología de las microcomputadoras y la robótica, y en la tecnología de la medición y detección, aumentarán considerablemente la disponibilidad y el uso automático de pruebas en línea y de dispositivos de inspección, así como de los controles estadísticos de procesos en línea y en tiempo real. Es esencial que los ingenieros de calidad y administradores actuales entiendan los desarrollos más novedosos en estas áreas.

Finalmente, el aseguramiento de la calidad en una empresa será siempre el más eficaz cuando *todos* los miembros de la organización comprendan los instrumentos básicos del aseguramiento de la calidad. En dichos medios son fundamentales los conceptos estadísticos elementales que forman la base del control de procesos y se utilizan para el análisis de los datos. Es cada vez más importante que cada miembro de una organización, desde la alta dirección hasta el personal operativo, tenga conocimiento de los métodos estadísticos básicos y de su utilidad en la producción o en el entorno de la manufactura. Ciertos individuos deben tener niveles más altos de capacidad; por ejemplo, los ingenieros y administradores en la función del aseguramiento de la calidad generalmente deben ser expertos en una o más áreas de control de procesos, ingeniería de confiabilidad, procedimientos de inspección y pruebas o análisis de datos. Sin embargo, el punto clave es la filosofía que sostiene que la metodología estadística es un lenguaje de comunicación acerca de problemas, lo que permite al administrador movilizar rápidamente recursos y obtener eficientemente soluciones a los problemas.

1-6 ASPECTOS LEGALES

El consumismo y la responsabilidad legal por un producto son dos razones importantes para el resurgimiento reciente del aseguramiento de la calidad como una estrategia administrativa importante. El crecimiento del consumismo se debe en parte al número aparentemente grande de fallas de los productos de consumo durante el servicio. Fallas muy evidentes hacen surgir con frecuencia la pregunta de si los productos actuales son tan buenos como sus predecesores, y si los fabricantes realmente están interesados en la calidad. La respuesta a ambas preguntas es que sí. Los fabricantes se preocupan siempre fundamentalmente por los fracasos en el servicio debido a los altos costos de las fallas externas, y a la amenaza derivada de su posición competitiva. Por consiguiente, la mayoría de los productores han hecho mejoras en los productos para reducir dichos desperfectos. Como ejemplos, obsérvese que los neumáticos para automóviles duran ahora 10 veces más que muchos de sus predecesores, y que la tecnología del estado sólido y los circuitos impresos ha reducido notablemente las fallas de equipos electrónicos que antes dependían de los tubos de vacío. Virtualmente todas las línesas de productos son superiores en la actualidad.

La insatisfacción de los consumidores, y el sentir general de que los productos actuales son inferiores a sus antecesores, provienen de otros fenómenos. Uno de ellos es la explosión del número de productos. Por ejemplo, una razón de las fallas en el servicio de 1% para un volumen de producción de 50 000 unidades por año, representa 500 fallas. Sin embargo, si la tasa de producción es de 500 000 unidades al año, y si la razón de desperfectos permanece igual, entonces 5 000 unidades fallarán durante el uso. Esto equivale, en lo que se refiere al número de consumidores insatisfechos, a una tasa de fallas de 10% al nivel de producción más bajo. Incrementar el volumen de la producción significa acrecentar la *exposición a responsabilidad legal* del fabricante. Aún en los casos en que la tasa de fallas disminuye, si el volumen de la producción aumenta más rápidamente que dicha disminución, el número total de consumidores que sufren las fallas todavía se elevará.

Un segundo aspecto del problema es que la tolerancia del consumidor para aceptar defectos menores y problemas de estética ha disminuido considerablemente, de manera que manchas, defectos en el acabado superficial, ruidos y deficiencias de presentación, que se toleraban antes, atraen ahora más la atención, y provocan una reacción desfavorable del usuario. Finalmente, la competitividad del mercado obliga a que muchos productores introduzcan nuevos diseños antes de que éstos sean evaluados y probados completamente, para seguir siendo competitivos. Estas "presentaciones anticipadas" de diseños sin probar son una de las razones más importantes de las fallas en la calidad de nuevos productos. Más tarde se corrigen tales deficiencias de diseño, pero la alta tasa de fallas asociada a los nuevos productos apoya muchas veces la idea de que la calidad en nuestros días es inferior a la de antes.

La responsabilidad legal por un producto es una importante fuerza social, de mercado y económica. La obligación legal de los fabricantes y proveedores de compensar las lesiones y los daños causados por productos defectuosos no es un fenómeno reciente. El concepto de la responsabilidad por un producto ha existido durante muchos años, pero su enfoque ha cambiado a últimas fechas. El primer caso importante de responsabilidad por un producto, ocurrió en 1916 y, se llevó a juicio ante la Corte de Apelación de Nueva York. La corte sostuvo que un fabricante de automóviles tenía obligación por responsabilidad legal de un producto hacia el comprador de uno de sus vehículos, aunque el contrato de compra-venta se estableciera entre el comprador y un tercero, el distribuidor comercial. La orientación de la ley siempre ha sido que los productores o vendedores muy probablemente incurren en responsabilidad legal cuando han sido irrazonablemente descuidados o negligentes en lo que se refiere al diseño y elaboración de productos, o a la forma de producción. En los últimos años, los tribunales han hecho poner en vigencia una regla más exigente, llamada *responsabilidad estricta*. Hay dos principios característicos de la responsabilidad estricta. El primero es una fuerte responsabilidad para el fabricante y el vendedor, que requiere una respuesta inmediata a la calidad insatisfactoria a través del servicio, la reparación o la reposición del producto defectuoso por uno en buenas condiciones. Esto se extiende al periodo de uso real por el consumidor. Al manufacturar un producto, el fabricante y el vendedor deben aceptar la responsabilidad por su uso final; no sólo por su funcionamento, sino también por sus efectos sobre el medio ambiente, los aspectos de seguridad personal en el uso, etcétera.

El segundo aspecto de la responsabilidad estricta se refiere a la publicidad y la promoción del producto. Bajo la responsabilidad estricta por el producto, todas las afirmaciones publicitarias deben estar respaldadas por la calidad indudable de la compañía, o por datos certificados, comparables con lo que se usa ahora para la identificación de productos sujetos a reglamentaciones, como es el caso de los automóviles.

Estos dos principios de la responsabilidad estricta por un producto ejercen una fuerta presión sobre fabricantes, distribuidores y vendedores para que desarrollen y mantengan un alto grado de evidencias y credibilidad basadas en hechos acerca del funcionamiento y la seguridad de sus productos. Ello debe amparar no sólo la calidad del producto en el momento de la entrega al consumidor, sino también su durabilidad y confiabilidad, su protección contra posibles efectos secundarios o peligros ambientales, y los aspectos de innocuidad en su uso normal. Un fuerte programa de aseguramiento de la calidad puede ayudar a una administración a garantizar que esté disponible tal información cuando sea necesaria.

1-7 RESUMEN

Las industrias manufactureras y de servicios modernas se enfrentan a retos considerables. Los consumidores han aumentado en gran medida sus requerimientos de calidad, y es probable que esta tendencia se intensifique en el futuro por las presiones competitivas. La nueva tecnología ha hecho posible la fabricación de productos que realizan más funciones y alcanzan niveles más altos de rendimiento. Al aumentar los requisitos de calidad por parte de los consumidores, y debido al desarrollo de una nueva tecnología de los productos, se tienen que modificar sustancialmente muchas prácticas y técnicas del aseguramiento de la calidad. La necesidad de técnicas estadísticas y analíticas en dicho aseguramiento aumenta con rapidez. Finalmente, los costos de la calidad se han hecho muy elevados. En numerosas empresas, dichos costos son comparables en magnitud a los costos directos de mano de obra, de la materia prima o de la distribución. Hay un peligro considerable de que esos costos puedan ser demasiado altos para que estas compañías mantengan y mejoren su posición competitiva.

En resumen, el desafío con respecto a la calidad que enfrenta la industria es mejorar la calidad de los productos y servicios, modernizar las prácticas de control de calidad, y simultáneamente reducir en forma sustancial los costos de la calidad. Éstos son retos difíciles; sin embargo, los métodos modernos del control estadístico de la calidad, como los analizados en las Partes II y III de este libro, proporcionarán una base para afrontar tales desafíos exitosamente.

Parte I

Métodos Estadísticos Utiles en el Aseguramiento de la Calidad

La *Estadística* es el arte de tomar decisiones acerca de un proceso o una población con base en un análisis de la información contenida en una muestra tomada de tal población. Los métodos estadísticos desempeñan un cometido vital en el aseguramiento de la calidad. Constituyen los medios principales para muestrear, probar y evaluar un producto, y para usar la información contenida en esos datos a fin de controlar y mejorar el proceso de fabricación. Además, la Estadística es el lenguaje que se emplea en ingeniería de desarrollo, manufactura o fabricación, en compras, administración y otras funciones dentro de una empresa, para comunicarse con respecto a la calidad.

Esta parte contiene dos capítulos. En el Cap. 2 se expone una breve introducción a la Estadística Descriptiva, y se muestra cómo pueden usarse técnicas gráficas y numéricas sencillas para resumir la información de los datos muestrales. Se examina después el uso de las distribuciones de probabilidad para modelar el comportamiento de los parámetros del producto en un proceso o en un lote. En el Cap. 3 se presentan técnicas de inferencia estadística; es decir, cómo puede utilizarse la información contenida en una muestra para deducir conclusiones acerca de la población de la que se obtuvo la muestra.

Capítulo 2

Modelación de la Calidad de Procesos

En este libro se explorará el uso de la metodología estadística en el control de la calidad. El propósito de este capítulo es presentar las distribuciones de probabilidad, y mostrar cómo pueden emplearse como un medio para modelar o describir las características de la calidad de un proceso.

2-1 DESCRIPCIÓN DE LA VARIACIÓN

2-1.1 La Distribución de Frecuencias y el Histograma

No hay dos unidades de un producto, fabricadas por determinado proceso de manufactura, que sean idénticas. Alguna *variación* es inevitable. Por ejemplo, el contenido neto de una lata de gaseosa varía ligeramente en relación con el de otra, y el voltaje de salida de una fuente de energía no es exactamente igual de una unidad a otra. La Estadística es la ciencia del análisis de datos y de la deducción de conclusiones a partir de aquél, tomando en cuenta las variaciones en los datos.

En la Tabla 2-1 se presentan 125 observaciones del diámetro interior de anillos forjados para los pistones que se usan en los motores de automóvil. Se obtuvieron los datos en 25 muestras

Tabla 2-1 Diámetro interior de anillos forjados para pistón

Número de la muestra	Observaciones				
1	74.030	74.002	74.019	73.992	74.008
2	73.995	73.992	74.001	74.011	74.004
3	73.988	74.024	74.021	74.005	74.002
4	74.002	73.996	73.993	74.015	74.009
5	73.992	74.007	74.015	73.989	74.014
6	74.009	73.994	73.997	73.985	73.993
7	73.995	74.006	73.994	74.000	74.005
8	73.985	74.003	73.993	74.015	73.988
9	74.008	73.995	74.009	74.005	74.004
10	73.998	74.000	73.990	74.007	73.995
11	73.994	73.998	73.994	73.995	73.990
12	74.004	74.000	74.007	74.000	73.996

Tabla 2-1 (continuación)

Número de la muestra	Observaciones				
13	73.983	74.002	73.998	73.997	74.012
14	74.006	73.967	73.994	74.000	73.984
15	74.012	74.014	73.998	73.999	74.007
16	74.000	73.984	74.005	73.998	73.996
17	73.994	74.012	73.986	74.005	74.007
18	74.006	74.010	74.018	74.003	74.000
19	73.984	74.002	74.003	74.005	73.997
20	74.000	74.010	74.013	74.020	74.003
21	73.988	74.001	74.009	74.005	73.996
22	74.004	73.999	73.990	74.006	74.009
23	74.010	73.989	73.990	74.009	74.014
24	74.015	74.008	73.993	74.000	74.010
25	73.982	73.984	73.995	74.017	74.013

de cinco observaciones cada una. Obsérvese que hay variabilidad en los diámetros. Sin embargo, es muy difícil detectar cualquier *patrón* en la variabilidad o *estructura* en los datos, con las observaciones dispuestas como en la Tabla 2-1. Una *distribución de frecuencias* es un ordenamiento de los datos según su magnitud. Por ejemplo, en la Tabla 2-2 se muestra una distribución de frecuencias para los datos de diámetro interior de los anillos. A partir de esta tabla observamos que hubo un anillo con diámetro entre 73.965 mm y 73.970 mm, ocho anillos con diámetro entre 73.980 y 73.985 mm, etcétera.

Tabla 2-2 Distribución de frecuencias para los valores de diámetro interior de anillos de pistón

Diámetro del anillo, x (mm)	Recuento	Frecuencia	Frecuencia acumulativa	Frecuencia relativa	Frecuencia relativa acumulativa
$73.965 \le x < 73.970$	1	1	1	0.008	0.008
$73.970 \le x < 73.975$		0	1	0.000	0.008
$73.975 \le x < 73.980$		0	1	0.000	0.008
$73.980 \le x < 73.985$	~~1111~~ 111	8	9	0.064	0.072
$73.985 \le x < 73.990$	~~1111~~ ~~1111~~	10	19	0.080	0.152
$73.990 \le x < 73.995$	~~1111~~ ~~1111~~ ~~1111~~ 1111	19	38	0.152	0.304
$73.995 \le x < 74.000$	~~1111~~ ~~1111~~ ~~1111~~ ~~1111~~ 111	23	61	0.184	0.488
$74.000 \le x < 74.005$	~~1111~~ ~~1111~~ ~~1111~~ ~~1111~~ 11	22	83	0.176	0.664
$74.005 \le x < 74.010$	~~1111~~ ~~1111~~ ~~1111~~ ~~1111~~ 11	22	105	0.176	0.840
$74.010 \le x < 74.015$	~~1111~~ ~~1111~~ 111	13	118	0.104	0.944
$74.015 \le x < 74.020$	1111	4	122	0.032	0.976
$74.020 \le x < 74.025$	11	2	124	0.016	0.992
$74.025 \le x < 74.030$	1	1	125	0.008	1.000
	Total	125		1.000	

La Fig. 2-1 es una gráfica de las frecuencias observadas en función del diámetro del anillo. Esta representación se llama *histograma*. La altura de cada rectángulo en la Fig. 2-1 corresponde a la frecuencia de los valores de diámetro de los anillos. El histograma es una representación visual de los datos, en la que pueden observarse más fácilmente tres propiedades:

1. Forma.
2. Acumulación, o tendencia central.
3. Dispersión, o variabilidad.

Respecto a los datos de diámetro de nuestro ejemplo se observa que la distribución es aproximademente simétrica y unimodal (con forma de montículo), con tendencia central cercana a los 74 mm. La variabilidad en los diámetros parece ser relativamente alta, porque algunos anillos miden apenas 73.915 mm, mientras que otros alcanzan los 74.030 mm. Así, el histograma da una idea del proceso, lo que un simple examen de los datos tabulados no hace.

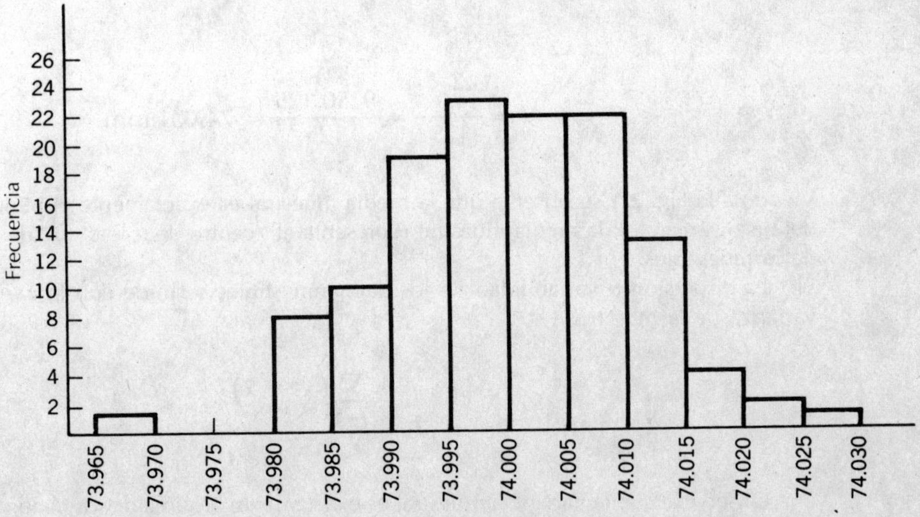

Figura 2-1. Histograma de los datos de diámetro de los anillos de pistón.

Hay muchos métodos para construir histogramas. Cuando los datos son numerosos, es muy útil reunirlos en grupos, como en el ejemplo de los diámetros considerado. En general:

1. Se recomienda utilizar entre 4 y 20 grupos (o celdas); a menudo conviene elegir un número total de celdas aproximadamente igual a la raíz cuadrada del tamaño de la muestra.
2. Las celdas deben tener amplitud uniforme.
3. Se empieza con un límite inferior de la primera celda sólo un poco menor que el valor más pequeño de los datos.

El agrupamiento de los datos en celdas condensa los datos originales, lo que da como resultado una pérdida de algo de detalle. Así, cuando el número de observaciones es relativamente pequeño, o cuando las observaciones sólo toman pocos valores, puede construirse el histograma a partir de la distribución de frecuencias de los datos sin agrupar.

2-1.2 Resumen Numérico de los Datos

Como ya se dijo, el histograma es una representación visual de tres propiedades de datos muestrales: la forma de su distribución, su tendencia central y su dispersión o variabilidad. También es útil usar medidas numéricas para la tendencia central y la dispersión.

Supongamos que $x_1, x_2, \ldots, x_n$ son las observaciones en una muestra. La medida más importante para la tendencia central en la muestra es la *media* (o *promedio*) *muestral*

$$\bar{x} = \frac{x_1 + x_2 + \cdots + x_n}{n} = \frac{\sum_{i=1}^{n} x_i}{n} \tag{2-1}$$

Obsérvese que la media de la muestra $\bar{x}$ es exactamente el promedio aritmético de las n observaciones. La media muestral de los datos de diámetro de los anilllos es

$$\bar{x} = \frac{\sum_{i=1}^{125} x_i}{125} = \frac{9250.125}{125} = 74.001 \text{ mm}$$

Viendo a la Fig. 2.1 se observa que la media muestral es exactamente el punto de "equilibrio" del histograma. Así, la media muestral representa el "centro de masa" (o "de gravedad") de los datos muestrales.

La dispersión o variabilidad de los datos muestrales se mide con la *variancia muestral* (o *varianza de la muestra*)

$$S^2 = \frac{\sum_{i=1}^{n} (x_i - \bar{x})^2}{n-1} \tag{2-2}$$

Obsérvese que la variancia muestral es exactamente la suma de los cuadrados de las desviaciones o diferencias de las observaciones respecto a la media muestral $\bar{x}$, dividida entre el tamaño de la muestra menos uno. Si no hay variabilidad en la muestra, entonces para cada observación muestral $x_i = \bar{x}$, y la variancia muestral $S^2 = 0$. Generalmente, cuanto más grande sea la variancia muestral S^2, tanto mayor será la dispersión de los datos.

La unidad de la variancia muestral S^2es el cuadrado de la unidad original de los datos. Esto es muchas veces inconveniente y difícil de interpretar, por lo que suele preferirse a raíz cuadrada de S, llamada *desviación estándar muestral* S, como medida de la dispersión. Obviamente,

$$S = \sqrt{\frac{\sum_{i=1}^{n} (x_i - \bar{x})^2}{n-1}} \tag{2-3}$$

La ventaja principal de la desviación estándar de la muestra es que se expresa en la unidad original de las mediciones. Para los datos de los anillos de pistón, encontramos que

$$S^2 = 0.000102 \text{ mm}^2 \quad \text{y} \qquad S = 0.010 \text{ mm}$$

Para ayudar a entender mejor la desviación estándar, considérense las dos muestras que siguen:

Muestra 1	Muestra 2
$x_1 = 1$	$x_1 = 1$
$x_2 = 3$	$x_2 = 5$
$x_3 = 5$	$x_3 = 9$
$\bar{x} = 3$	$\bar{x} = 5$

Evidentemente, la Muestra 2 tiene más dispersión que la Muestra 1. Esto se refleja en la desviación estándar, que para la Muestra 1 es

$$S = \sqrt{\frac{\sum_{i=1}^{3}(x_i - \bar{x})^2}{2}} = \sqrt{\frac{(1-3)^2 + (3-3)^2 + (5-3)^2}{2}} = \sqrt{4} = 2$$

y para la 2 es

$$S = \sqrt{\frac{\sum_{i=1}^{3}(x_i - \bar{x})^2}{2}} = \sqrt{\frac{(1-5)^2 + (5-5)^2 + (9-5)^2}{2}} = \sqrt{16} = 4$$

Así, la mayor variabilidad en la Muestra 2 se refleja en su mayor desviación estándar. Ahora considérese una tercera muestra, por ejemplo

Muestra 3
$x_1 = 101$
$x_2 = 103$
$x_3 = 105$
$\bar{x} = 103$

La desviación estándar para tal muestra es $S = 2$, idéntica a la desviación estándar de la primera. Al comparar las dos muestras, vemos que ambas tienen la misma dispersión alrededor de su media, y por ello tienen la misma desviación estándar. Esto lleva a un punto importante: *La desviación estándar no refleja la magnitud de los datos muestrales, sino solamente su dispersión alrededor de la media.*

Con frecuencia se utilizan calculadoras de bolsillo para evaluar la media y la desviación estándar de una muestra. Obsérvese que las ecuaciones (2.2) y (2.3) no son muy eficaces desde el punto de vista de los cálculos, porque se debe teclear cada número dos veces. Una fórmula mejor es

$$S = \sqrt{\frac{\sum_{i=1}^{n} x_i^2 - \frac{\left(\sum_{i=1}^{n} x_i\right)^2}{n}}{n-1}} \qquad (2\text{-}4)$$

Al utilizar (2.4), cada número se tiene que teclear sólo una vez, siempre que se pueda acumular simultáneamente $\sum_{i=1}^{n} x_i$ y $\sum_{i=1}^{n} x_i^2$ en la calculadora. Muchas calculadoras de bolsillo de poco costo realizan esta función y evalúan automáticamente $\bar{x}$ y S.

2-1.3 Distribuciones de Probabilidad

Se utiliza el histograma para describir los datos *muestrales*. Una muestra es una colección de valores observados o medidos, seleccionados a partir de un conjunto más grande o *población*.

Por ejemplo, los 125 diámetros de anillos de pistón de la Tabla 2.1 son una muestra de diámetros proveniente del proceso de fabricación. La población, en este ejemplo, es el conjunto de todos los anillos producidos por tal proceso. Utilizando métodos estadísticos es posible analizar los datos muestrales de diámetro y hacer ciertas conclusiones acerca del proceso en que se fabrican los anillos.

Una *distribución de probabilidad* es un modelo matemático que relaciona el valor de la variable con la probabilidad de ocurrencia de este valor en la población. En otras palabras, es posible visualizar el diámetro de un anillo como una *variable aleatoria* (o de azar), porque toma valores diferentes en la población conforme algún mecanismo fortuito, y entonces la distribución de probabilidad de los diámetros describe la probabilidad de ocurrencia de cualquier valor en la población. Hay dos tipos de distribuciones de probabilidad:

1. **Distribuciones continuas.** Cuando la variable que se mide se expresa en una escala continua, su distribución de probabilidad se llama *distribución continua*. La distribución de probabilidad del diámetro de los anillos de pistón es continua.

2. **Distribuciones discretas.** Cuando el parámetro que se mide solamente puede tomar ciertos valores, como los números enteros 1, 2,. . ., la distribución de probabilidad se denomina *distribución discreta*. Por ejemplo, la distribución del número de disconformidades o defectos en las tarjetas de circuitos impresos sería una distribución discreta.

En las Figs. 2-2*a* y 2-2*b* se muestran ejemplos de distribuciones discretas y continuas, respectivamente. El aspecto de una distribución discreta es el de una serie de trazos o "estacas" verticales, con la altura de cada trazo proporcional a la probabilidad. La probabilidad de que la variable aleatoria x tome un valor específico x_i se expresa como

$$P\{x = x_i\} = p(x_i)$$

El aspecto de una distribución continua es de una curva alisada, con el área bajo la curva igual a la probabilidad, de manera que la probabilidad de que x se encuentre en el intervalo de a a b se expresa como

$$P\{a \leq x \leq b\} = \int_a^b f(x)\, dx$$

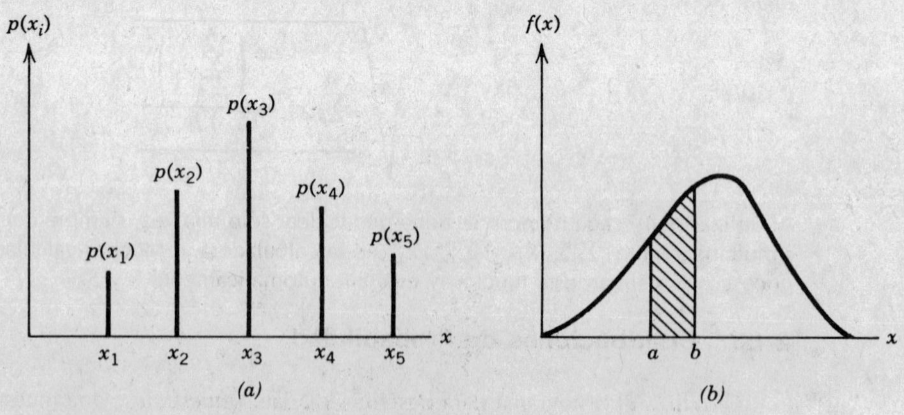

Figura 2-2. Distribuciones de probabilidad. (*a*) Caso discreto. (*b*) Caso continuo.

Ejemplo 2-1

Una distribución discreta. Un proceso de manufacturas electrónicas produce miles de diodos diariamente. En promedio, el 1% de estos diodos no se apega a las especificaciones. Cada hora, un inspector selecciona una muestra aleatoria de 50 diodos y los clasifica como conformes o disconformes. Sea x la variable aleatoria que representa el número de piezas con disconformidad en la muestra; entonces la distribución de probabilidad de x es

$$p(x) = \binom{50}{x}(0.01)^x(0.99)^{50-x} \qquad x = 0, 1, 2, \ldots, 50$$

donde $\binom{50}{x} = [50!/x!(50-x)!]$ es el número de combinaciones de 50 partes tomadas x cada vez. Ésta es una distribución *discreta*, ya que el número observado de disconformidades es x = 0, 1, 2,. . ., 50, y se denomina distribución *binómica* (o *binomial*). Podemos calcular la probabilidad de encontrar a lo más una pieza disconforme en la muestra como

$$\begin{aligned}
P(x \leq 1) &= P(x = 0) + P(x = 1)\\
&= p(0) + p(1)\\
&= \sum_{x=0}^{1} \binom{50}{x}(0.01)^x(0.99)^{50-x}\\
&= \frac{50!}{0!\,50!}(0.99)^{50}(0.01)^0 + \frac{50!}{1!\,49!}(0.99)^{49}(0.01)^1\\
&= 0.6050 + 0.3056 = 0.9106
\end{aligned}$$

■

Ejemplo 2-2

Una distribución continua. Sea x una variable aleatoria que representa el contenido real (en onzas) en latas de café de 1 lb. Se supone que la distribución de probabilidad de x es

$$f(x) = \frac{1}{1.5} \qquad 15.5 \leq x \leq 17.0$$

Ésta es una distribución continua, ya que el intervalo de x es [15.5, 17.0]. Esta distribución se denomina distribución *uniforme*, y se presenta gráficamente en la Fig. 2-3. Obsérvese que el área bajo la función $f(x)$ corresponde a una probabilidad, de manera que la probabilidad de que una lata contenga menos de 16.0 oz es

$$\begin{aligned}
P\{x \leq 16.0\} &= \int_{15.5}^{16.0} f(x)\,dx\\
&= \int_{15.5}^{16.0} \frac{1}{1.5}\,dx\\
&= \left.\frac{x}{1.5}\right|_{15.5}^{16.0} = \frac{16.0 - 15.5}{1.5} = 0.3333
\end{aligned}$$

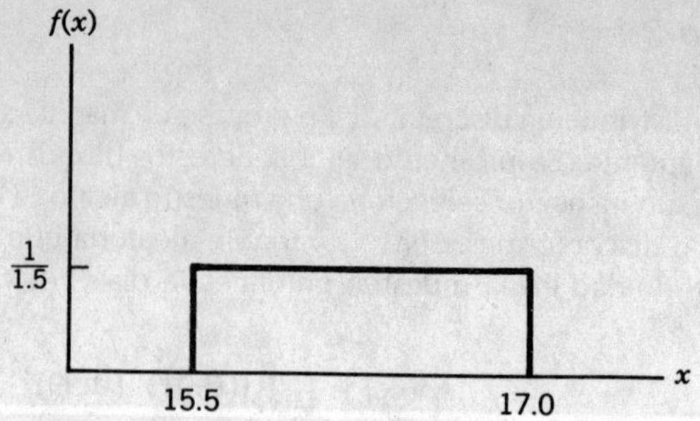

Figura 2-3. Distribución uniforme para el Ejemplo 2-2.

Esto se deduce intuitivamente observando de la Fig. 2-3.

■

En las secciones 2.2 y 2.3 se presentan algunas distribuciones discretas y continuas de utilidad.

La media μ de una distribución de probabilidad es una medida de la *tendencia central* en la distribución, o de su *acumulación* (o disposición en conjunto). Si la población tiene N artículos, entonces la media se definirá como

$$\mu = \frac{\sum_{i=1}^{N} x_i}{N} \tag{2-5}$$

Obsérvese la similitud con la media muestral $\overline{x}$ que se definió en la Ecuación (2.1). La media es exactamente el punto de "equilibrio" de la distribución (Fig. 2.4). Así, la media es exactamente el "centro de gravedad" de la distribución de probabilidad. Obsérvese, en la Figura 2-4*b*, que la media no es necesariamente el porcentil cincuenta (llamado *mediana*) de la distribución, y en la Fig. 2.4*c*, que no es necesariamente el valor más frecuente o probable de la variable (el

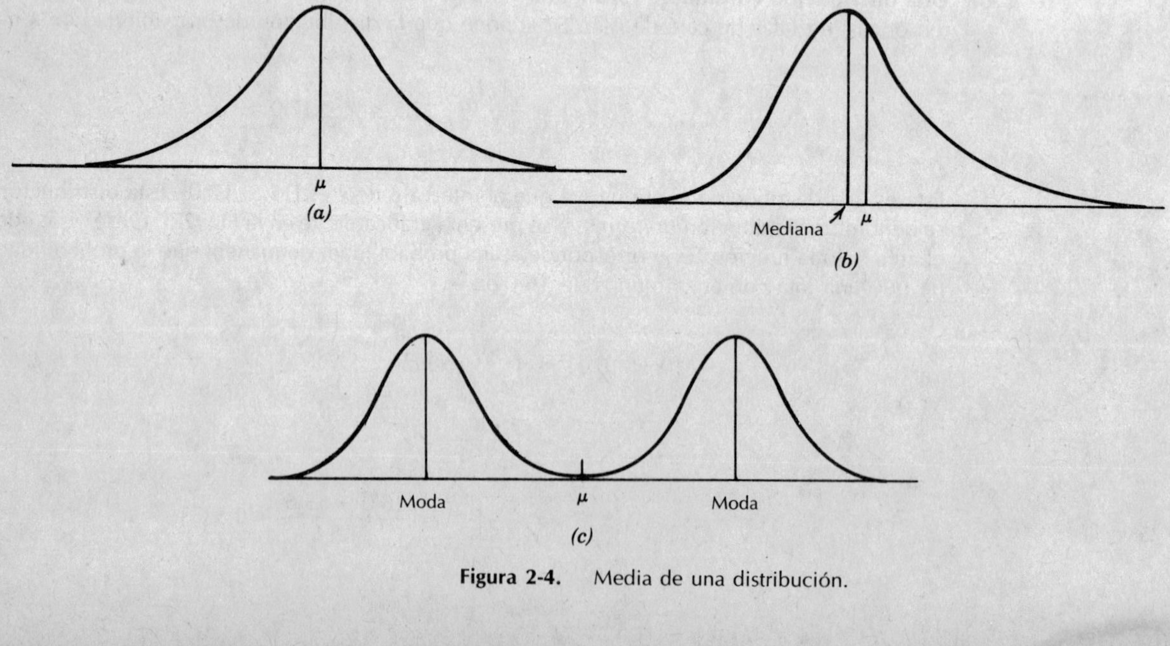

Figura 2-4. Media de una distribución.

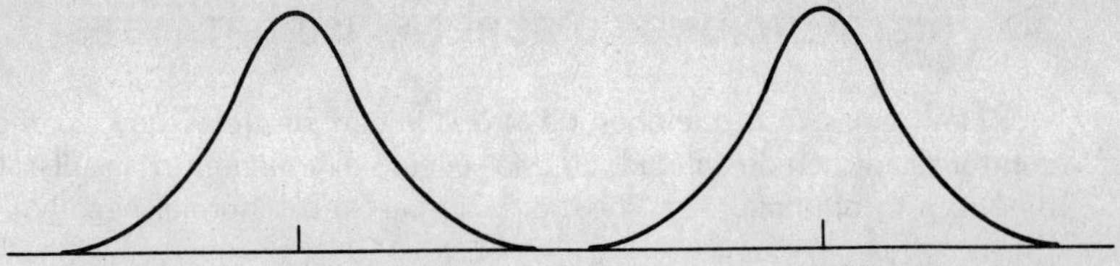

Figura 2-5. Dos distribuciones de probabilidad con diferentes medias.

cual se denomina *moda*). La media simplemente determina la *tendencia central* de la distribución, como se muestra en la Fig. 2-5.

La dispersión o variabilidad en una distribución se expresa como la *variancia* (o *varianza*) σ^2. Si hay N artículos en la población, entonces la variancia* será

$$\sigma^2 = \frac{\sum_{i=1}^{N} (x_i - \mu)^2}{N} \tag{2-6}$$

Es decir, la variancia es exactamente el promedio de los cuadrados de las desviaciones (o distancias de cada elemento de la población respecto a la media). Obsérvese la similitud con la variancia muestral S^2, definida en la Ecuación (2.2). Si $\sigma^2 = 0$, no hay variabilidad en la población. Al aumentar la dispersión lo hace también la variancia σ^2. La variancia se expresa en el cuadrado de la unidad de la variable original. Por ejemplo, si medimos voltajes, la unidad de la variancia es $(\text{volt})^2$. Por ello se acostumbra trabajar mejor con la raíz cuadrada de la variancia, llamada *desviación estándar* σ.⁺ Obviamente,

$$\sigma = \sqrt{\sigma^2} = \sqrt{\frac{\sum_{i=1}^{N} (x_i - \mu)^2}{N}} \tag{2-7}$$

La desviación estándar es una medida de la disgregación o dispersión de los datos de la población, expresada en la unidad original. En la Fig. 2-6 se presentan dos distribuciones con la misma media pero con diferentes desviaciones estándares.

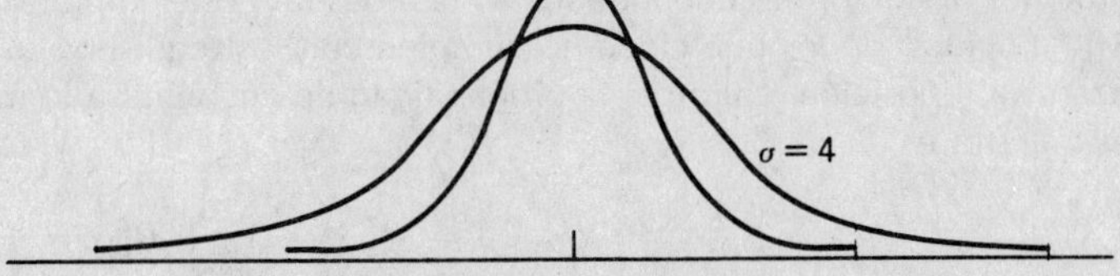

Figura 2-6. Dos distribuciones de probabilidad con diferentes desviaciones estándares.

* **N. del R.** Aunque el término *variancia* es el originalmente establecido, a menudo se emplea *varianza* como un término técnico específico de la Estadística. Dado que existe cierta confusión terminológica con las nociones de variación, convendría adoptar una mejor nomenclatura.

⁺**N. del R.** Para simplificar la terminología podría adoptarse el nombre *desviancia* en vez de desciación estándar. Se tendría así que (desviancia) = $\sqrt{\text{(variancia)}}$.

2-2 DISTRIBUCIONES DISCRETAS IMPORTANTES

Hay varias distribuciones de probabilidad discretas que aparecen frecuentemente en el control estadístico de calidad. En esta sección examinaremos las distribuciones hipergeométrica, binómica (o binomial), de Poisson, y de Pascal o binomial negativa.

2-2.1 Distribución Hipergeométrica

Supóngase que tenemos una población finita con N artículos. Algunos de éstos, digamos D (donde $D \leq N$), caen en una clase de interés. Se selecciona una muestra aleatoria de n artículos de la población *sin reposición*, y se observa el número de artículos en la muestra que quedan en la clase de interés, digamos x. Entonces x es una variable aleatoria hipergeométrica, con la distribución de probabilidad

$$p(x) = \frac{\binom{D}{x}\binom{N-D}{n-x}}{\binom{N}{n}} \qquad x = 0, 1, 2, \ldots, \min(n, D) \tag{2-8}$$

donde

$$\binom{a}{b} = \frac{a!}{b!\,(a-b)!}$$

es el número de combinaciones de a elementos tomados b cada vez. La media y la variancia de la distribución hipergeométrica son

$$\mu = \frac{nD}{N} \tag{2-9}$$

y

$$\sigma^2 = \frac{nD}{N}\left(1 - \frac{D}{N}\right)\left(\frac{N-n}{N-1}\right) \tag{2-10}$$

La distribución hipergeométrica es el modelo probabilístico apropiado para seleccionar una muestra aleatoria de n artículos, sin reposición, de un lote de N de ellos, de los cuales D son disconformes o defectuosos. En estas aplicaciones, x normalmente representa el número de artículos disconformes encontrados en la muestra. Por ejemplo, supóngase que un lote contiene 100 artículos, de los que cinco no cumplen con los requisitos. Si se seleccionan 10 artículos al azar, sin reposición, entonces la probabilidad de encontrar a lo más un artículo disconforme en la muestra es

$$\begin{aligned} P\{x \leq 1\} &= P\{x = 0\} + P\{x = 1\} \\ &= \frac{\binom{5}{0}\binom{95}{10}}{\binom{100}{10}} + \frac{\binom{5}{1}\binom{95}{9}}{\binom{100}{10}} \\ &= 0.923 \end{aligned}$$

En el Cap. 10 mostraremos cómo pueden utilizarse modelos probabilísticos como éste para diseñar procedimientos de muestreo de aceptación.

2-2.2 Distribución Binomial o Binómica

Considérese un proceso que consiste en una sucesión de n pruebas independientes, donde el resultado de cada una es un "éxito" o un "fracaso". Tales pruebas se llaman *pruebas de Bernoulli.* Si la probabilidad de un "éxito" en cualquier prueba, digamos p, es constante, entonces el número de "éxitos" x en n pruebas de Bernoulli tendrá la *distribución binomial* (o *binómica*)

$$p(x) = \binom{n}{x} p^x (1-p)^{n-x} \qquad x = 0, 1, \ldots, n \tag{2-11}$$

Los parámetros de la distribución binómica son n y p, donde n es un número entero positivo, y $0 < p < 1$. La media y la variancia de la distribución binomial son

$$\mu = np \tag{2-12}$$

y

$$\sigma^2 = np(1-p) \tag{2-13}$$

La distribución binómica se usa con frecuencia en el control de calidad. Es el modelo probabilístico apropiado para muestrear una población infinitamente grande, donde p representa la fracción o proporción de artículos defectuosos en la población. En estas aplicaciones, x suele representar el número de artículos disconformes encontrados en una muestra aleatoria de n. Por ejemplo, si $p = 0.10$ y $n = 15$, entonces la probabilidad de obtener x artículos disconformes se calcula a partir de (2.11) como:

x	$p(x)$
0	0.2059
1	0.3432
2	0.2669
3	0.1285
4	0.0428
5	0.0105
6	0.0019
7	0.0003
8	0.0000
⋮	
15	0.0000

En la Fig. 2-7 se representa gráficamente la distribución de probabilidad. La forma de la distribución binomial de la Fig. 2-7 es característica de *todas* las distribuciones binomiales; los valores de $p(x)$ aumentan hasta cierto punto y después disminuyen. Específicamente, $p(x) > p(x-1)$ para $x < (n+1)p$ y $p(x) < p(x-1)$ para $x > (n+1)p$. Si $(n+1)p = m$ es un número entero, entonces $p(m) = p(m-1)$. Hay sólo un entero m tal que $(n+1)p - 1 < m \leq (n+1)p$.

Una variable aleatoria que aparece frecuentemente en el control estadístico es

$$\hat{p} = \frac{x}{n} \tag{2-14}$$

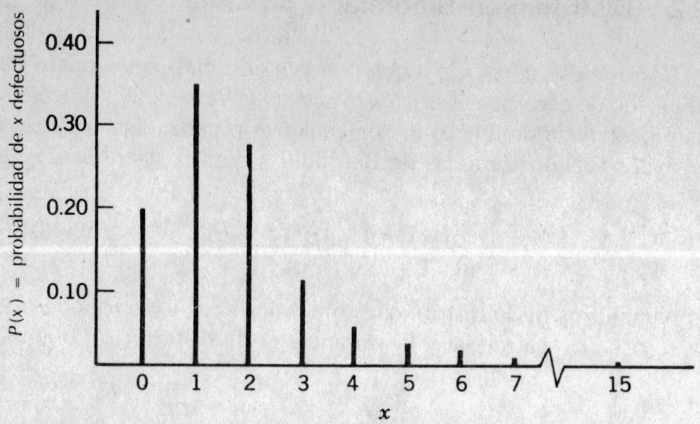

Figura 2-7. Distribución binomial con $p = 0.10$ y $n = 15$.

donde x tiene distribución binomial con parámetros n y p. Se considera muchas veces a $\hat{p}$ el cociente del número de artículos defectuosos en la muestra entre el tamaño muestral; suele denominársele *fracción muestral de defectuosos* o *fracción muestral de disconformes*. La distribución de probabilidad de $\hat{p}$ se obtiene a partir de la binomial, ya que

$$P\{\hat{p} \leq a\} = P\left\{\frac{x}{n} \leq a\right\} = P\{x \leq na\} = \sum_{x=0}^{[na]} \binom{n}{x} p^x (1-p)^{n-x}$$

donde $[np]$ denota el mayor entero menor que o igual a na. Es fácil demostrar que la media de $\hat{p}$ es p, y que la variancia de $\hat{p}$ está dada por

$$\sigma_{\hat{p}}^2 = \frac{p(1-p)}{n}$$

2-2.3 Distribución de Poisson

Una distribución discreta útil en el control estadístico de la calidad es la *distribución de Poisson*,

$$p(x) = \frac{e^{-\lambda}\lambda^x}{x!} \qquad x = 0, 1, \ldots \tag{2-15}$$

donde el parámetro $\lambda > 0$. La media y la variancia de la distribución de Poisson son

$$\mu = \lambda \tag{2-16}$$

y

$$\sigma^2 = \lambda \tag{2-17}$$

respectivamente. Es decir, la media y la variancia de la distribución de Poisson son *ambas* iguales al parámetro λ.

Una aplicación clásica de la distribución de Poisson en el control de calidad es como un modelo del número de defectos o disconformidades que ocurren en una unidad del producto. En realidad, cualquier fenómeno aleatorio que ocurre "por unidad" (de área, de volumen,

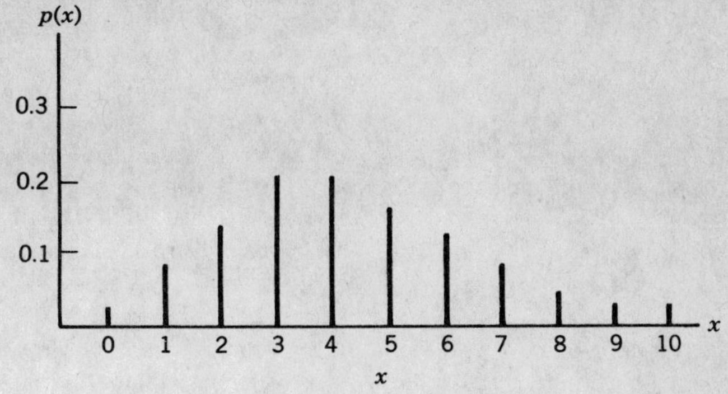

Figura 2-8. Distribución de Poisson con $\lambda = 4$.

de tiempo, etc.) muchas veces se puede aproximar bien por la distribución de Poisson. Por ejemplo, supóngase que el número de defectos por unidad en las conexiones de conductores en un dispositivo electrónico de semiconductores tiene distribución de Poisson, con parámetro $\lambda = 4$. Entonces, la probabilidad de que uno de estos dispositivos seleccionado al azar contenga a lo más dos defectos en las conexiones es

$$P\{x \leq 2\} = \sum_{x=0}^{2} \frac{e^{-4}4^x}{x!}$$
$$= 0.0183 + 0.0733 + 0.1464 = 0.2380$$

Esta distribución de Poisson se representa en la Fig. 2.8. Obsérvese que la distribución es *sesgada*; es decir, tiene una prolongada extensión (cola) hacia la derecha. Al aumentar el parámetro λ, la distribución de Poisson se vuelve más simétrica.

Una fuente de extensas tablas para la distribución de Poisson en el libro de Molina (1942). En la Tabla I del Apéndice se presenta una breve tabla de probabilidades de Poisson.

Es posible deducir la distribución de Poisson como una forma límite de la distribución binomial. Es decir, si en una distribución binomial con parámetros n y p se hace que n tienda al infinito y p a cero, de manera que $np = \lambda$ permanezca constante, entonces se obtendrá la distribución de Poisson. También es posible deducir esta distribución mediante un argumento puramente probabilístico. Véase en Hines y Montgomery (1980, 137-138) lo relativo a este enfoque.

2-2.4 Distribución de Pascal y Otras Distribuciones Relacionadas

La distribución de Pascal, como la binomial, está basada en pruebas de Bernoulli. Considérese una sucesión de pruebas independientes, cada una con probabilidad de éxito p, y sea x la prueba en la que se presenta el r-ésimo éxito. Entonces x es una variable aleatoria de Pascal, con distribución de probabilidad

$$p(x) = \binom{x-1}{r-1} p^r (1-p)^{x-r} \qquad x = r, r+1, r+2, \ldots \tag{2-18}$$

donde $r \geq 1$ es un entero. La media y la variancia de la distribución de Pascal son

$$\mu = \frac{r}{p} \tag{2-19}$$

y

$$\sigma^2 = \frac{r(1-p)}{p^2} \tag{2-20}$$

repectivamente.

Dos casos especiales de la distribución de Pascal son de particular interés. El primero es aquél en el cual $r > 0$ y no necesariamente entero. La distribución resultante se llama *distribución binomial negativa*. Es usual referirse a (2.18) como la distribución binomial negativa, aun para valores enteros de r. Tal distribución, como la de Poisson, es a veces útil como modelo estadístico fundamental para varios tipos de datos de ''conteo'', como la ocurrencia de disconformidades en una unidad de un producto (Sección 5-3.1). Existe una dualidad importante entre las distribuciones binomial y binomial negativa. En la primera se fija el tamaño muestral (el número de pruebas de Bernoulli) y se observa el número de éxitos; en la segunda se fija el número de éxitos, y se observa el tamaño muestral (el número de pruebas de Bernoulli) requerido para lograrlo. Este concepto es particularmente importante en varios tipos de problemas de muestreo.

El otro caso especial de la distribución de Pascal se presenta para $r = 1$, lo que produce la *distribución geométrica*. Se trata de la distribución del número de pruebas de Bernoulli hasta obtener el *primer* éxito.

2-3 DISTRIBUCIONES CONTINUAS IMPORTANTES

En esta sección se analizarán varias distribuciones continuas que son importantes en el control estadístico de la calidad. Ellas son las distribuciones normal, exponencial, gamma y de Weibull.

2-3.1 Distribución Normal

La distribución normal es quizá la más importante tanto en la teoría como en la aplicación de la Estadística. Si x es una variable aleatoria normal, entonces su distribución de probabilidad es

$$f(x) = \frac{1}{\sigma\sqrt{2\pi}} e^{-\frac{1}{2}\left(\frac{x-\mu}{\sigma}\right)^2} \qquad -\infty < x < \infty \tag{2-21}$$

Los parámetros de la distribución normal son la media $\mu(-\infty < \mu < \infty)$ y la variancia $\sigma^2 > 0$. Esta distribución se utiliza tan extensamente que a menudo se aplica una notación especial, $x \sim N(\mu, \sigma^2)$, para implicar que x tiene distribución normal, con media μ y variancia σ^2. El aspecto de la distribución normal es el de una curva simétrica (unimodal) con perfil acampanado, como en la Fig. 2-9.

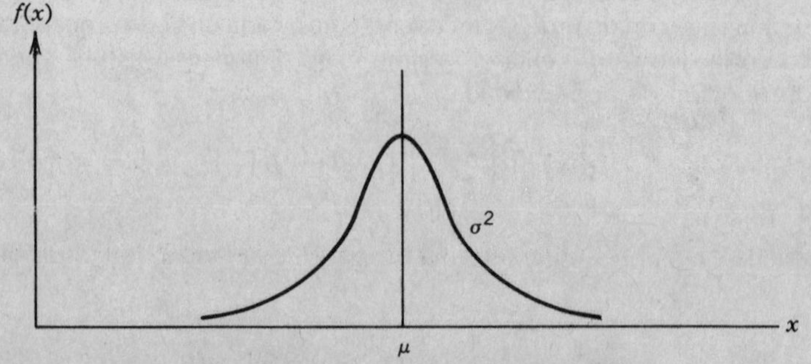

Figura 2-9. Distribución normal.

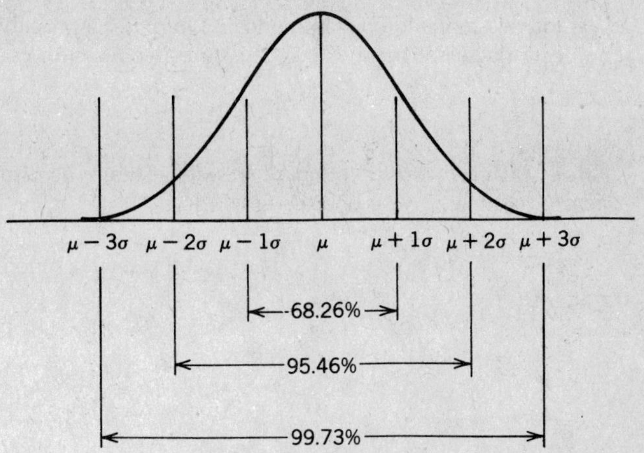

Figura 2-10. Áreas bajo la curva de distribución normal.

Hay una interpretación sencilla de la desviación estándar σ de una distribución normal; lo que se ilustra en la Fig. 2-10. Obsérvese que 68.26% de los valores poblacionales se hallan entre los límites definidos por la media más y menos una desviación estándar ($\sigma \pm 1\sigma$), 95.46% de los valores están entre los límites definidos por la media más y menos dos desviaciones estándares ($\sigma \pm 2\sigma$), y 99.73% de los valores de la población caen entre los límites definidos por la media más y menos tres desviaciones estándares ($\sigma \pm 3\sigma$), Así, la desviación estándar mide la distancia en la escala horizontal, asociada a los límites de contención de 68.26%, 95.46% y 99.73%.

La distribución normal acumulativa se define como la probabilidad de que la variable normal x sea menor que o igual a algún valor a; es decir,

$$P\{x \leq a\} = F(a) = \int_{-\infty}^{a} \frac{1}{\sigma\sqrt{2\pi}} e^{-\frac{1}{2}\left(\frac{x-\mu}{\sigma}\right)^2} dx \tag{2-22}$$

No es posible evaluar esta integral en forma cerrada. Sin embargo, utilizando el cambio de variable

$$z = \frac{x - \mu}{\sigma} \tag{2-23}$$

la evaluación puede hacerse independiente de μ y de σ^2. Esto es,

$$P\{x \leq a\} = P\left\{z \leq \frac{a-\mu}{\sigma}\right\} \equiv \Phi\left(\frac{a-\mu}{\sigma}\right)$$

donde $\Phi(\cdot)$ es la función de distribución acumulativa de la *distribución normal estándar* (media = 0, desviación estándar = 1). En la Tabla II del Apéndice se encuentra una tabla de distribución normal acumulativa estándar. La transformación (2.23) se llama normalmente *estandarización*, porque convierte una variable aleatoria $N(\mu, \sigma^2)$ en una variable aleatoria $N(0, 1)$.

Ejemplo 2-3

La resistencia a la tensión del papel utilizado en la fabricación de bolsas para las compras es una característica de calidad importante. Se sabe que la resistencia (x) tiene distribución normal, con media μ = 40 lb/plg^2 (psi, del inglés pound per square inch) y desviación estándar σ = 2 lb/plg^2, lo que se denota por $x \sim N(40, 2^2)$. El comprador de las bolsas necesita una resistencia de por lo menos 35 lb/plg^2. La probabilidad de que una bolsa producida con este papel satisfaga o exceda esta especificación es $P\{x \geq 35\}$. Nótese que

$$P\{x \geq 35\} = 1 - P\{x \leq 35\}$$

Para evaluar esta probabilidad a partir de las tablas de distribución estándar hay que estandarizar el punto 35, y se encuentra así que

$$\begin{aligned} P\{x \leq 35\} &= P\left\{z \leq \frac{35 - 40}{2}\right\} \\ &= P\{z \leq -2.5\} \\ &= \Phi(-2.5) \\ &= 0.0062 \end{aligned}$$

y, por consiguiente, la probabilidad buscada es

$$P\{x \geq 35\} = 1 - P\{x \leq 35\} = 1 - 0.0062 = 0.9938$$

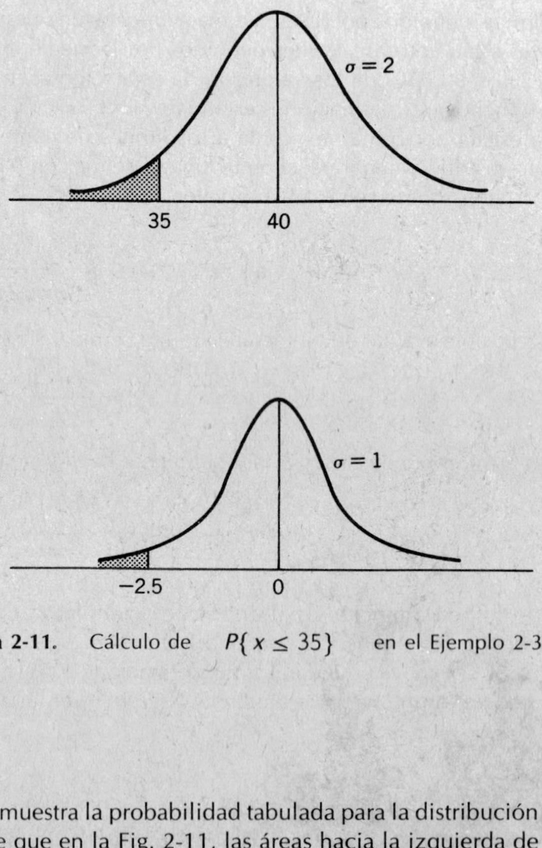

Figura 2-11. Cálculo de $P\{x \leq 35\}$ en el Ejemplo 2-3.

En Fig. 2-11 se muestra la probabilidad tabulada para la distribución $N(40, 2)$ y la normal estándar. Obsérvese que en la Fig. 2-11, las áreas hacia la izquierda de 35 lb/plg^2 representan la fracción de disconformes o "rechazos" producida por el proceso de manufactura de las bolsas.

■

La Tabla II del Apéndice proporciona sólo las probabilidades hacia la izquierda de valores positivos de z. Es necesario utilizar la propiedad de simetría de la distribución normal para evaluar las probabilidades. Específicamente, obsérvese que

$$P\{x \geq a\} = 1 - P\{x \leq a\} \tag{2-24a}$$

$$P\{x \leq -a\} = P\{x \geq a\} \tag{2-24b}$$

y

$$P\{x \geq -a\} = P\{x \leq a\} \tag{2-24c}$$

En la solución de problemas es útil hacer un bosquejo de la distribución, como en la Fig. 2-11.

Ejemplo 2-4

El diámetro de un eje metálico empleado en la unidad de disco de una computadora tiene distribución normal, con media de 0.2508 plg y desviación estándar de 0.0005 plg. Se han determinado las especificaciones para el eje como 0.02500 $\pm$ 0.0015 plg. Se quiere determinar la fracción o proporción de los ejes producidos que cumplen con las especificaciones.

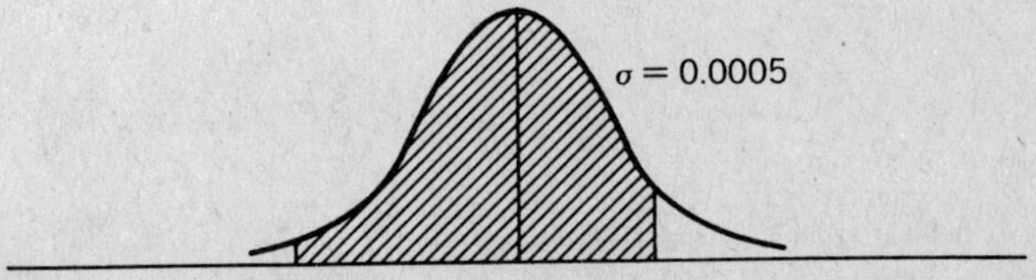

Figura 2-12. Distribución de los diámetros de ejes, Ejemplo 2.4.

La distribución normal apropiada se muestra en la Fig. 2-12. Nótese que

$$\begin{aligned} P\{0.2485 \leq x \leq 0.2515\} &= P\{x \leq 0.2515\} - P\{x \leq 0.2485\} \\ &= \Phi\left(\frac{0.2515 - 0.2508}{0.0005}\right) - \Phi\left(\frac{0.2485 - 0.2508}{0.0005}\right) \\ &= \Phi(1.40) - \Phi(-4.60) \\ &= 0.9192 - 0.0000 \\ &= 0.9192 \end{aligned}$$

Así, se esperaría que el rendimiento del proceso fuera aproximadamente de 91.92%; o sea, alrededor de 91.92% de los ejes producidos se apegan a las especificaciones.

Obsérvese que casi todos los ejes disconformes son demasiado grandes, porque la media del proceso se encuentra muy cerca del límite superior de especificación. Supongamos que puede volverse a centrar el proceso de manufactura, quizá ajustando la máquina, para que la media del proceso sea exactamente igual al valor nominal de 0.2500. Entonces se tiene

$$\begin{aligned} P\{0.2485 \leq x \leq 0.2515\} &= P\{x \leq 0.2515\} - P\{x \leq 0.2485\} \\ &= \Phi\left(\frac{0.2515 - 0.2500}{0.0005}\right) - \Phi\left(\frac{0.2485 - 0.2500}{0.0005}\right) \\ &= \Phi(3.00) - \Phi(-3.00) \\ &= 0.99865 - 0.00135 \\ &= 0.9973 \end{aligned}$$

Al volver a centrar el proceso se incrementó su producción hasta aproximadamente 99.73%.

■

Ejemplo 2-5

Supongamos que $x \sim N(10,9)$. Se pretende encontrar el valor de x, digamos a, de manera que $P\{x > a\} = 0.05$. Así,

$$P\{x > a\} = P\left\{z > \frac{a - 10}{3}\right\} = 0.05$$

o bien

$$P\left\{z \leq \frac{a - 10}{3}\right\} = 0.95$$

En la Tabla II del Apéndice se encuentra que $P\{Z \leqslant 1.645\} = 0.95$,

$$\frac{a - 10}{3} = 1.645$$

o bien

$$a = 10 + 3(1.645) = 14.935$$

■

La distribución normal tiene muchas propiedades útiles. Una está relacionada con las combinacionas lineales de variables aleatorias distribuidas normal e independientemente. Sean $x_1, x_2, \ldots, x_n$ variables aleatorias distribuidas normal e independientemente, con medias $\mu_1, \mu_2, \ldots, \mu_n$ y variancias $\sigma_1^2, \sigma_2^2, \ldots, \sigma_n^2$, respectivamente; entonces la distribución de

$$y = a_1x_1 + a_2x_2 + \cdots + a_nx_n$$

es normal, con media

$$\mu_y = a_1\mu_1 + a_2\mu_2 + \cdots + a_n\mu_n \tag{2-25}$$

y variancia

$$\sigma_y^2 = a_1^2\sigma_1^2 + a_2^2\sigma_2^2 + \cdots + a_n^2\sigma_n^2 \tag{2-26}$$

donde $a_1, a_2, \ldots, a_n$ son constantes.

Teorema central del límite. ■ Se supone muchas veces que la distribución normal es el modelo probabilístico apropiado para una variable aleatoria. En muchos casos es difícil verificar la validez de esta suposición; sin embargo, el teorema central del límite (también llamado a menudo teorema del límite central) es, a menudo, una justificación de normalidad aproximada.

Teorema central del límite. Si $x_1, x_2, \ldots, x_n$ son variables aleatorias independientes con media μ_i y variancia σ_i^2, y si $y = x_1 + x_2 + \ldots x_n$, entonces la distribución de

$$\frac{y - \sum_{i=1}^{n} \mu_i}{\sqrt{\sum_{i=1}^{n} \sigma_i^2}}$$

tiende a la distribución $N(0, 1)$ cuando n tiende al infinito.

El teorema central del límite implica que la suma de n variables aleatorias, distribuidas independientemente, es aproximadamente normal, sin importar las distribuciones de las variables individuales. La aproximación mejora al aumentar el valor de n. En algunos casos dicha aproximación puede ser buena para pequeños valores de n, digamos $n < 10$, mientras que en otros casos se necesitarían valores de n muy grandes, por ejemplo $n > 100$, para tener una aproximación satisfactoria. En general, si las x_i tienen distribución idéntica, y la distribución de cada x_i no se aparta radicalmente de la normal, entonces el teorema central del límite funcionará bastante bien para $n \geq 4$. Estas condiciones se cumplen con frecuencia en los problemas de control de calidad.

2-3.2 Distribución Exponencial

La distribución de probabilidad de la variable aleatoria exponencial es

$$f(x) = \lambda e^{-\lambda x} \qquad x \geq 0 \tag{2-27}$$

donde $\lambda > 0$ es una constante. La Fig. 2-13 es una gráfica de la distribución exponencial. La media y la variancia de la distribución exponencial son

$$\mu = \frac{1}{\lambda} \tag{2-28}$$

y

$$\sigma^2 = \frac{1}{\lambda^2} \tag{2-29}$$

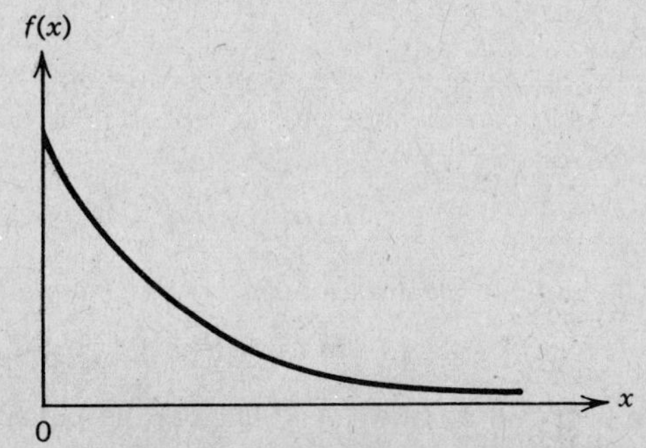

Figura 2-13 .Distribución exponencial.

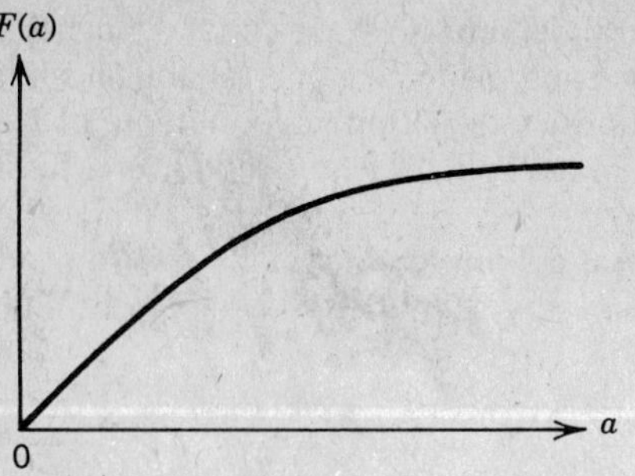

Figura 2-14. Función de distribución exponencial acumulativa.

respectivamente. La distribución exponencial acumulativa es

$$\begin{aligned} F(a) &= P\{x \leq a\} \\ &= \int_0^a \lambda e^{-\lambda t}\, dt \\ &= 1 - e^{-\lambda a} \qquad a \geq 0 \end{aligned} \tag{2-30}$$

En la Fig. 2-14 se presenta la gráfica de la función de distribución exponencial acumulativa.

La distribución exponencial se utiliza ampliamente en el campo de la ingeniería de confiabilidad como un modelo para el tiempo hasta la falla de un componente o de un sistema. En estas aplicaciones, el parámetro λ se llama *índice de falla* del sistema, y la media de la distribución $1/\lambda$ se denomina *tiempo medio hasta la falla*. Por ejemplo, supóngase que un componente electrónico de un radar aerotransportado tiene vida útil descrita por una distribución exponencial con índice de falla de 10^{-4} h, es decir, $\lambda = 10^{-4}$. El tiempo medio hasta la falla de este componente es $1/\lambda = 10^4 = 10\,000$ h. Si se quiere determinar la probabilidad de que este componente falle antes de su vida esperada, se evalúa

$$P\left\{x \leq \frac{1}{\lambda}\right\} = \int_0^{1/\lambda} \lambda e^{-\lambda t}\, dt = 1 - e^{-1} = 0.63212$$

Este resultado sigue siendo válido sin importar el valor de λ; esto es, la probabilidad de que un valor de una variable aleatoria exponencial sea menor que su media es 0.63212. Esto sucede, naturalmente, porque la distribución no es simétrica.

Existe una relación importante entre las distribuciones exponencial y de Poisson. Si se considera esta última un modelo del número de ocurrencias de algún evento en el intervalo $(0, t]$, entonces de (2.15) se obtiene

$$p(x) = \frac{e^{-\lambda t}(\lambda t)^x}{x!}$$

Ahora $x = 0$ implica que el evento no ocurre en el intervalo $(0, t]$, y $P\{x = 0\} = p(0) = e^{-\lambda t}$. Es posible considerar a $p(0)$ la probabilidad de que el intervalo hasta la primera ocurrencia sea mayor que t, o

$$P\{y > t\} = p(0) = e^{-\lambda t}$$

donde y es la variable aleatoria que denota el intervalo hasta la primera ocurrencia. Ya que

$$F(t) = P\{y \leq t\} = 1 - e^{-\lambda t}$$

y utilizando el hecho de que $f(y) = dF(y)/dy$, se obtiene

$$f(y) = \lambda e^{-\lambda y} \tag{2-31}$$

como la distribución del intervalo hasta la primera ocurrencia. Se reconoce a (2-31) como una distribución exponencial con parámetro λ. Por lo tanto, se observa que si el número de ocurrencias de un evento tiene distribución de Poisson con parámetro λ entonces la distribución del intervalo *entre* dos ocurrencias será una exponencial con parámetro λ.

2-3.3 Distribución Gamma

La distribución de probabilidad de la variable aleatoria gamma es

$$f(x) = \frac{\lambda}{\Gamma(r)}(\lambda x)^{r-1}e^{-\lambda x} \qquad x \geq 0 \tag{2-32}$$

donde los parámetros son $\lambda > 0$ y $r > 0$. Normalmente, r se llama parámetro *de forma*, y λ se denomina parámetro *de escala*. La media y la variancia de la distribución gamma son

$$\mu = \frac{r}{\lambda} \tag{2-33}$$

y

$$\sigma^2 = \frac{r}{\lambda^2} \tag{2-34}$$

respectivamente. En la Fig. 2-15 se muestran varias distribuciones gamma. Nótese que si $r = 1$, la distribución gamma se convierte en la distribución exponencial con parámetro λ(Sección 2-3.2). La distribución gama puede tomar muchas formas, dependiendo de los valores escogidos para r y λ Esto la hace útil como un modelo para una gran variedad de variables aleatorias continuas.

Si el parámetro r es un número entero, entonces la distribución gamma es la suma de r distribuciones exponenciales, distribuidas independiente e idénticamente, cada una con parámetro λ. Esto es, si $x_1, x_2, \ldots, x_r$ son exponenciales con parámetro λ e independientes, entonces

$$y = x_1 + x_2 + \cdots + x_r$$

se distribuye en la forma gamma con parámetros r y λ Existe un gran número de aplicaciones importantes de este resultado.

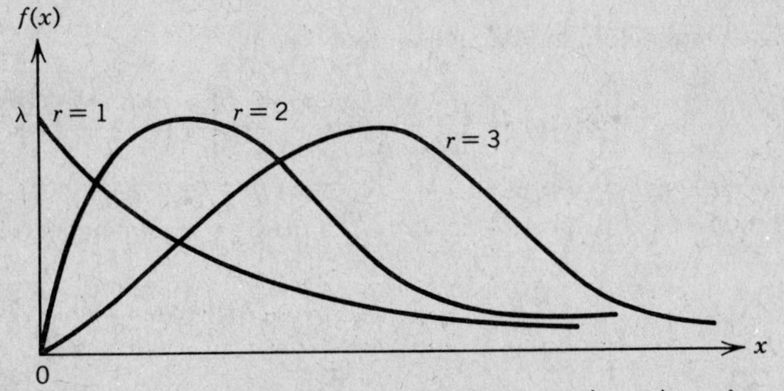

Figura 2-15. Distribuciones gamma para diversos valores de r y λ constante.

Ejemplo 2-6

Considérese el sistema de la Fig. 2-16. Esto se denomina sistema *de reserva redundante*, porque mientras el componente 1 funciona, el componente 2 se encuentra inactivo, y cuando

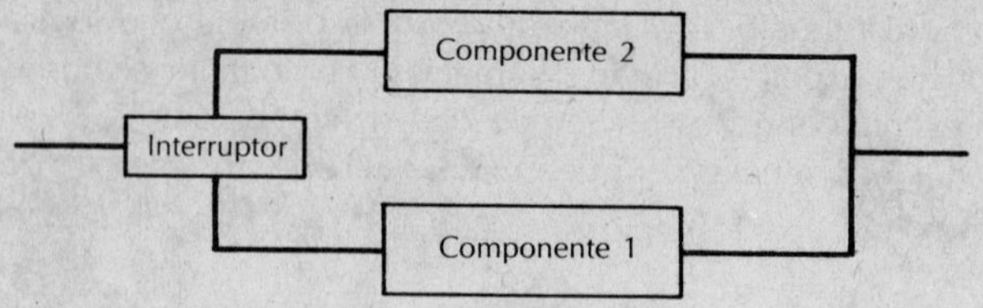

Figura 2-16. Sistema de reserva redundante del Ejemplo 2.6.

el 1 falla, el interruptor activa automáticamente el 2. Si cada componente tiene duración (o vida) descrita por una distribución exponencial con $\lambda = 10^{-4}$ h, por ejemplo, entonces la duración del sistema tiene distribución gamma con parámetros $r = 2$ y $\lambda = 10^{-4}$. De esta manera, el tiempo medio hasta la falla es $\mu = r/\lambda = 2/10^{-4} = 2 \times 10^4$ h.

■

La distribución acumulativa gamma es

$$F(a) = 1 - \int_a^{\infty} \frac{\lambda}{\Gamma(r)} (\lambda t)^{r-1} e^{-\lambda t} dt \tag{2-35}$$

Si r es un número entero, entonces (2-35) se convierte en

$$F(a) = 1 - \sum_{k=0}^{r-1} e^{-\lambda a} \frac{(\lambda a)^k}{k!} \tag{2-36}$$

Por consiguiente, la distribución gamma acumulativa puede evaluarse como una suma de r términos de Poisson con parámetro λa. Este resultado no es sorprendente si se considera a la distribución de Poisson un modelo del número de ocurrencias de algún evento en un intervalo fijo, y a la distribución gamma el modelo de la porción del intervalo necesaria para obtener un número específico de ocurrencias.

2-3.4 Distribución de Weibull

La distribución de Weibull se define como

$$f(x) = \frac{\beta}{\delta}\left(\frac{x-\gamma}{\delta}\right)^{\beta-1} \exp\left[-\left(\frac{x-\gamma}{\delta}\right)^{\beta}\right] \qquad x \geq \gamma \tag{2-37}$$

donde $\gamma(-\infty < \gamma < \infty)$ es el parámetro *de disposición,* $\delta > 0$ es el parámetro *de escala,* y $\beta > 0$ es el parámetro *de forma*. La media y la variancia de la distribución de Weibull son

$$\mu = \gamma + \delta\Gamma\left(1 + \frac{1}{\beta}\right) \tag{2-38}$$

y

$$\sigma^2 = \delta^2\left[\Gamma\left(1 + \frac{2}{\beta}\right) - \Gamma\left(1 + \frac{1}{\beta}\right)^2\right] \tag{2-39}$$

La distribución de Weibull es muy flexible, y mediante una selección adecuada de los parámetros γ, δ y β puede tomar una gran variedad de formas. En la Fig. 2-17 se muestran varias distribuciones

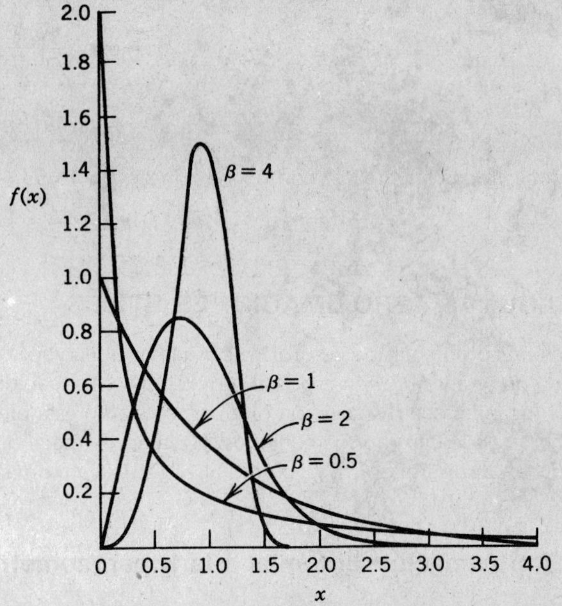

Figura 2-17. Distribuciones de Weibull para $\gamma = 0, \delta = 1, \beta = \frac{1}{2}, 1, 2, 4$.

de Weibull para $\gamma = 0$, $\delta = 1$ y $\beta = \frac{1}{2}$, 1, 2 y 4. Nótese que la distribución de Weibull se reduce a la distribución exponencial con parámetro $1/\delta$ cuando $\gamma = 0$ y $\beta = 1$. La distribución de Weibull acumulativa es

$$F(a) = 1 - \exp\left[-\left(\frac{a-\gamma}{\delta}\right)^{\beta}\right] \tag{2-40}$$

La distribución de Weibull se utiliza ampliamente en ingeniería de confiabilidad como modelo del tiempo hasta la falla en componentes y sistemas electrónicos y mecánicos. Ejemplos en los que se usa la distribución de Weibull son dispositivos eléctricos como elementos de memoria; componentes mecánicos, como cojinetes, y elementos estructurales de automóviles y aviones.

Ejemplo 2-7

El tiempo hasta la falla para un pieza electrónica que se usa en una estación de trabajo de procesamiento de palabras, se modela satisfactoriamente mediante una distribución de Weibull, con $\gamma = 0$, $\beta = \frac{1}{2}$, y $\delta = 1000$. El tiempo medio hasta la falla es

$$\begin{aligned}\mu &= \gamma + \delta\Gamma\left(1 + \frac{1}{\beta}\right)\\ &= 0 + 1000\Gamma\left(1 + \frac{1}{(1/2)}\right)\\ &= 1000\Gamma(3) = 2000 \text{ h}\end{aligned}$$

La fracción de subensambles que se espera sobrevivan $a = 4\,000$ h es

$$1 - F(a) = \exp\left[-\left(\frac{a}{\delta}\right)^{\beta}\right]$$

o bien

$$1 - F(4000) = \exp\left[-\left(\frac{4000}{1000}\right)^{1/2}\right]$$
$$= e^{-2}$$
$$= 0.1353$$

Es decir, todas las piezas, con excepción de un 13.53%, fallarán antes de las 4 000 h.

■

2-4 ALGUNAS APROXIMACIONES ÚTILES

En ciertos problemas de control de calidad es útil a veces aproximar una distribución de probabilidad con otra. Esto es en especial provechoso en situaciones en las que se hace difícil manipular analíticamente la distribución original, o ésta no está bien tabulada. En la presente sección se exponen tres de tales aproximaciones: (1) la aproximación binomial a la hipergeométrica, (2) la aproximación de Poisson a la binomial, y (3) la aproximación normal a la binomial.

2-4.1 Aproximación Binomial a la Hipergeométrica

Considérese la distribución hipergeométrica de la Ecuación (2.8). Si la razón n/N (llamada a menudo *fracción de muestreo*) es pequeña, digamos $n/N \leq 0.1$, entonces la distribución binomial, con parámetros $p = D/N$ y n, es una adecuada aproximación a la hipergeométrica. La aproximación es mejor en el caso de valores pequeños de n/N.

Esta aproximación es muy útil en el diseño de planes de muestreo para aceptación. Recuérdese que la distribución hipergeométrica es el modelo adecuado para el número de artículos disconformes obtenidos en una muestra aleatoria de n artículos de un lote de tamaño finito N. De manera que si el tamaño muestral n es pequeño con respecto al tamaño del lote N, puede usarse la aproximación binomial, lo que suele simplificar considerablemente, los cálculos.

Por ejemplo, supóngase que un lote de una producción de 200 artículos contiene cinco unidades que no satisfacen las especificaciones. La probabilidad de que una muestra aleatoria de 10 unidades no contenga ningún artículo disconforme es, con base en la Ecuación (2.8),

$$p(0) = \frac{\binom{5}{0}\binom{195}{10}}{\binom{200}{10}} = 0.7717$$

Obsérvese que, $n/N = 10/200 = 0.05$ es relativamente pequeño, se podría utilizar la aproximación binomial con $p = D/N = 5/200 = 0.025$ y $n = 10$ para calcular

$$p(0) = \binom{5}{0}(0.025)^0(0.975)^{10} = 0.7763$$

2-4.2 Aproximación de Poisson a la Binomial

Se mencionó en la Sección 2-2.3 que es posible obtener la distribución de Poisson como una forma límite de la distribución binomial en el caso en que p tiende a cero y n tiende a infinito, con $\lambda = np$ constante. Esto implica que, para valores pequeños de p y valores grandes de n, puede usarse la distribución de Poisson con $\lambda = np$ para aproximar la distribución binomial. La aproximación normalmente es adecuada para valores grandes de n, y si $p < 0.1$. Cuanto más grande es el valor de n, y más pequeño el valor de p, tanto mejor resulta la aproximación.

2-4.3 Aproximación Normal a la Binomial

En la Sección 2-2.2 se definió la distribución binomial como la suma de una secuencia de *n* pruebas de Bernoulli, cada una con probabilidad de éxito *p*. Si el número de pruebas *n* es grande, podrá usarse el teorema central del límite para justificar la distribución normal con media *np* y variancia *np*(1 —*p*) como una aproximación a la binomial. Es decir,

$$P\{x = a\} = \binom{n}{a} p^a (1-p)^{n-a}$$
$$\simeq \frac{1}{\sqrt{2\pi np(1-p)}} e^{-\frac{1}{2}[(a-np)^2/np(1-p)]}$$

Como la distribución binomial es discreta, y la normal es continua, es práctica común usar *correcciones de continuidad* en la aproximación, de manera que

$$P\{x = a\} \simeq \Phi\left(\frac{a + \frac{1}{2} - np}{\sqrt{np(1-p)}}\right) - \Phi\left(\frac{a - \frac{1}{2} - np}{\sqrt{np(1-p)}}\right)$$

donde **Φ** denota la función de distribución normal acumulativa estándar. Otros tipos de planteamientos probabilísticos se evalúan de manera similar, como

$$P\{a \le x \le b\} \simeq \Phi\left(\frac{b + \frac{1}{2} - np}{\sqrt{np(1-p)}}\right) - \Phi\left(\frac{a - \frac{1}{2} - np}{\sqrt{np(1-p)}}\right)$$

Se sabe que la aproximación normal a la binomial es satisfactoria para *p* casi igual a $\frac{1}{2}$ y $n > 10$. Para otros valores de *p* se necesitan valores más grandes de *n*. En general, la aproximación no es adecuada para $p < 1/(n+1)$ o bien $p > n/(n+1)$, o para valores de la variable aleatoria fuera de un intervalo con amplitud de seis desviaciones estándares, centrado en la media (es decir, el intervalo $np \pm 3\sqrt{np(1-p)}$).

También puede usarse la aproximación normal para la variable aleatoria $\hat{p} = x/n$; o sea, la fracción muestral defectuosa de la Sección 2-2.2. La variable aleatoria $\hat{p}$ tiene distribución aproximadamente normal, con media *p* y variancia *p*(1 — *p*)/*n*, de manera que

$$P\{a \le \hat{p} \le b\} = \Phi\left(\frac{b + \frac{1}{2n} - p}{\sqrt{p(1-p)/n}}\right) - \Phi\left(\frac{a - \frac{1}{2n} - p}{\sqrt{p(1-p)/n}}\right)$$

Dado que la normal sirve como una aproximación a la binomial, y que las distribuciones binominal y de Poisson están estrechamente relacionadas entre sí lógico que la distribución normal pueda servir para aproximar la de Poisson. Tal es realmente el caso, y si la media λ de la distribución de Poisson es mayor que 15 (o poco más o menos), entonces la distribución normal, con $\mu = \lambda$ y $\sigma^2 = \lambda$ será una aproximación satisfactoria.

2-4.4 Algunos Comentarios acerca de las Aproximaciones

En la Fig. 2-18 se presenta un resumen de las aproximaciones analizadas anteriormente. En esta figura, *H*, *B*, *P* y *N* representan las distribuciones hipergeométrica, binomial, de Poisson y normal, respectivamente. La amplia disponibilidad de las microcomputadoras y calculadoras de

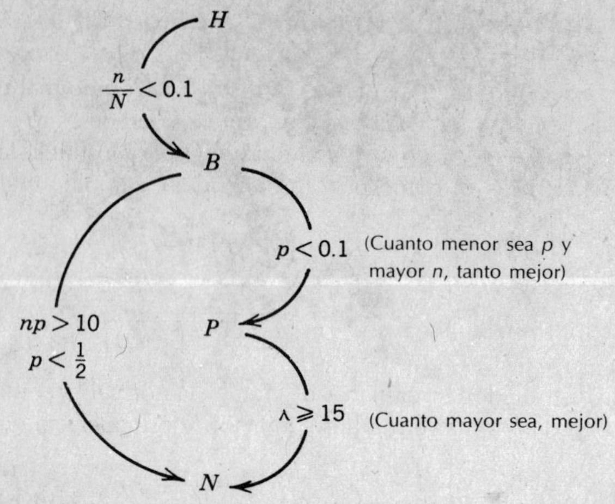

Figura 2-18. Aproximaciones a las distribuciones de probabilidad

bolsillo modernas ha hecho innecesarias dichas aproximaciones, pero hay casos exporádicos en los que son útiles.

2-5 Ejercicios

2-1 Suponga que se tiran dos datos regulares (no cargados) y que la variable aleatoria observada, x, es la suma de los puntos que aparecen en las caras hacia arriba. Describa el conjunto de resultados (o espacio muestral), de este experimento, y determine la distribución de probabilidad de x.

2-2 Determine la media y variancia de la variable aleatoria del Ejercicio 2-1.

2-3 Después de su montaje, las calculadoras electrónicas se someten a una inspección final. Puede haber tres tipos de disconformidades, que se clasifican como críticas, importantes y menores. La experiencia indica que los defectos ocurren de la manera siguiente en las calculadoras:

disconformidades críticas	0.5%
disconformidades importantes	1.0
disconformidades menores	2.0
disconformidades tanto críticas como importantes	1.2
disconformidades tanto críticas como menores	0.8
disconformidades tanto mayores como menores	0.5
las tres clases de disconformidades	0.1

(a) Determine el porcentaje de la producción que cumple los requisitos.

(b) Se deben rechazar las calculadoras con disconformidades críticas, o con disconformidades tanto críticas como de otra clase. ¿Qué porcentaje de la producción hay que rechazar?

(c) Las calculadoras con disconformidades importantes o menores (o con ambas) pueden trabajarse. ¿Qué porcentaje de la producción se tiene que retrabajar?

2-4. La distribución de probabilidad de x es $f(x) = ke^{-x}$; $0 \leq x < \infty$. Encuentre el valor apropiado de k. Obtenga la media y la variancia de x.

2-5. La variable aleatoria x toma los valores 1, 2 o 3, con las probabilidades $(1 - 3k)/3$, $(1 - 2k)/3$ y $(1 + 5k)/3$, respectivamente.

(a) Encuentre el valor apropiado de k.

(b) Obtenga la media y la variancia de x.

(c) Obtenga la función de distribución acumulativa.

2-6. La distribución de probabilidad de la variable aleatoria discreta x es $p(x) = kr^x$, $0 < r < 1$. Halle el valor adecuado para k, si x puede tomar los valores 0, 1, 2,. . . .

2-7. Un fabricante de calculadoras electrónicas ofrece una garantía de un año. Si la calculadora llega a fallar durante este periodo, se la reemplaza. El tiempo hasta la falla se modela aceptablemente con la distribución de probabilidad

$$f(x) = 0.125e^{-0.125x} \qquad x > 0$$

(a) ¿Qué porcentaje de las calculadoras se descompondrán dentro del término de la garantía?

(b) El costo de producción de una calculadora es de \$50 (dólares), y la ganancia por venta es de \$25. ¿Cuál es el efecto sobre las utilidades de las reposiciones o reemplazos debidos a la garantía?

2-8. El contenido neto, en onzas, de una lata de gaseosa es una variable aleatoria con distribución de probabilidad

$$f(x) = \begin{cases} 4(x - 11.75) & 11.75 \leq x \leq 12.25 \\ 4(12.75 - x) & 12.25 \leq x \leq 12.75 \end{cases}$$

Halle la probabilidad de que una lata contenga menos de 12 onzas del producto.

2-9 Un proceso de fabricación funciona con un rendimiento de disconformidades del 1%. Se toma cada hora una muestra de 50 artículos, y se cuenta el número de artículos disconformes. Si se halla uno o más artículos defectuosos, se detiene el proceso y el técnico de control de calidad busca la causa de la producción deficiente. Evalúe esta regla de decisión.

2-10. Se toma cada media hora una muestra aleatoria de 50 artículos de un proceso de fabricación. La fracción de productos disconformes producidos es 0.02. ¿Cuál es la probabilidad de que $\hat{p} \leq 0.04$, si la fracción disconforme realmente es 0.02?

2-11. Se selecciona una muestra de 100 unidades de un proceso de fabricación que es 5% disconforme. ¿Cuál es la probabilidad de que $\hat{p}$ sea mayor que la verdadera fracción disconforme en k desviaciones estándares, donde $k = 1$, 2 y 3?

2-12. Un componente electrónico de un telémetro laser se produce en lotes con tamaño $N = 25$. El comprador utiliza un procedimiento de muestreo para aceptación, con objeto de protegerse contra lotes que contienen demasiados componentes disconformes. El procedimiento consiste en tomar al azar cinco componentes del lote (sin reposición), y probarlos. Si ninguno de los componentes es defectuoso, se acepta el lote.

(a) Si el lote contiene tres componentes disconformes, ¿cuál será la probabilidad de que sea aceptado?

(b) Calcule la probabilidad deseada del inciso (a) usando la aproximación binomial. ¿Es satisfactoria esta aproximación? ¿Por qué sí o por qué no?

(c) Suponga que el tamaño del lote era $N = 150$. ¿Sería satisfactoria la aproximación binomial en este caso?

(d) Suponga que el comprador quiere rechazar el lote al encontrar uno o más componentes disconformes en una muestra de tamaño n, con una probabilidad de por lo menos 0.95, si el lote contiene cinco o más componentes disconformes. ¿Cuál tendría que ser el tamaño n de la muestra?

2-13. Un lote de $N = 50$ artículos contiene cinco unidades disconformes. ¿Cuál es la probabilidad de que una muestra de cinco artículos seleccionados al azar contenga exactamente una unidad disconforme? ¿Cuál es la probabilidad de que contenga una o más disconformidades?

2-14. Un libro de texto tiene 500 páginas, en las que pueden ocurrir errores tipográficos. Suponga que hay exactamente diez errores localizados al azar en dichas páginas. Calcule la probabilidad de que una selección aleatoria de 50 páginas no contenga errores. Halle la probabilidad de que 50 páginas escogidas al azar tengan por lo menos dos errores.

2-15. En el acabado superficial de un pequeño aparato eléctrico ocurren defectos al azar con una tasa media de 0.1 defectos por unidad. Halle la probabilidad de que una unidad seleccionada al azar tenga por lo menos un defecto en su acabado.

2-16. Se fabrican botellas vertiendo vidrio fundido en un molde. El vidrio en estado de fusión se prepara en un horno forrado con ladrillo refractario. Cuando se desgasta el revestimiento refractario, vestigios de ladrillo se mezclan con el vidrio fundido, y aparecen finalmente como defectos (llamados "piedras") en la botella. Si es posible suponer que las piedras se presentan a razón de 0.00001 por botella, ¿cuál será la probabilidad de que un envase seleccionado al azar contenga por lo menos uno de tales defectos?

2-17. El departamento de facturación de una importante compañía de tarjetas de crédito trata de controlar los errores (de trámite, de tecleo, etc.) en las facturas de los clientes. Suponga que los errores ocurren según una distribución de Poisson con parámetro $\lambda = 0.01$. ¿Cuál es la probabilidad de que una factura de un cliente seleccionada al azar contenga un error?

2-18. Un proceso de fabricación funciona en uno de dos estados: el estado *bajo control*, en el que la mayoría de los artículos producidos se apegan a las especificaciones, y el estado *fuera de control*, en el que la mayoría de los artículos producidos son defectuosos. El proceso cambia del estado bajo control al fuera de control de manera aleatoria. Un técnico del control de calidad verifica el proceso cada hora, y si este se encuentra fuera de control, el técnico lo detecta con una probabilidad p. Suponga que el proceso cambia a un estado fuera de control inmediatamente después de una verificación del técnico, y una vez ocurrido el cambio, dicho proceso no puede corregirse automáticamente. Si t denota el número de periodos que el proceso permanece fuera de control, después de un cambio y antes de ser detectado, halle la distribución de probabilidad de t. Encuentre el número promedio de periodos que el proceso permacerá fuera de control.

2-19. Un inspector trata de localizar juntas soldadas disconformes en una tubería o ducto. La probabilidad de que una soldadura en particular sea defectuosa es de 0.05. El inspector decide seguir trabajando hasta encontrar tres soldaduras con defectos. Si las soldaduras se encuentran a cada 100 pies (30 m), ¿cuál será la probabilidad de que el inspector tenga que recorrer 5 000 pies(1 500 m)? ¿Cuál es la probabilidad de que tenga que recorrer más de 5 000 pies?

2-20. La resistencia a la tensión de una pieza metálica está distribuida normalmente, con media de 40 lb y desviación estándar de 8 lb. Si se producen 50 000 piezas, ¿cuántas no satisfarán un límite de especificación mínimo de 34 lb como resistencia a la tensión? ¿Cuántas tendrán resistencia superior a 48 lb?

2-21. El voltaje de salida de una fuente de energía eléctrica está distribuido normalmente, con media de 12 V y desviación estándar de 0.10 V. Si las especificaciones superior e inferior para el voltaje son 11.85 V y 12.15 V, respectivamente, ¿cuál será la probabilidad de que una fuente de energía, escogida al azar, cumpla con las especificaciones respecto al voltaje?

2-22. Encuentre el valor de μ si x está distribuida normalmente, con media μ y desviación estándar 4, y dado que la probabilidad de que x sea menor que 32 es 0.0228.

2-23. La duración (o vida) de una batería eléctrica de automóvil está distribuida normalmente, con media de 900 días y desviación estándar de 50 días. ¿Qué fracción de estas baterías podría sobrevivir más de 1 000 días?

2-24. Una lámpara eléctrica tiene intensidad luminosa con distribución normal, media de 3 000 candelas y desviación estándar de 50 candelas. Encuentre un límite inferior de especificación tal que sólo 0.5% de las lámparas estén por debajo de este límite.

2-25. Las especificaciones para un componente electrónico en un sistema de adquisición de datos estipulan que su duración debe ser entre 5000 h y 10000 h. La duración tiene distribución normal con media de 7 500 h. El fabricante logra un precio de $10 (dólares) por pieza fabricada; sin embargo, se tienen que reemplazar las unidades defectuosas a un costo de $5 (dólares) para el fabricante. Pueden utilizarse dos procesos de fabricación diferentes, con la misma duración media. Sin embargo, la desviación estándar del proceso 1 es de 1 000 h, mientras que el valor en el caso del proceso 2 es solamente de 500 h. Los costos de producción del proceso 2 son el doble de los del proceso 1. ¿Qué valor de los costos de producción determinará la selección entre los dos procesos?

2-26. Una característica de la calidad de un producto está distribuida normalmente, con media μ y desviación estándar 1. Las especificaciones para la característica estipulan que $6 \leq x \leq 8$. Una unidad que cae dentro de estas especificaciones con respecto a la característica de calidad, produce a una utilidad (o ganancia) de C_0. Sin embargo, si $x < 6$, la utilidad es $-C_1$, mientras que si $x > 8$, la ganancia es $-C_2$. Encuentre el valor de μ que maximiza la ganancia esperada.

Capítulo 3

Inferencias Acerca de la Calidad de Procesos

En el capítulo anterior se analizó el uso de las distribuciones de probabilidad para modelar o describir la salida de un proceso. En todos los ejemplos presentados, supusimos que se conocen los parámetros de la distribución de probabilidad y, por lo tanto, los parámetros del proceso. Esto constituye normalmente una suposición muy poco realista. Por ejemplo, utilizando la distribución binomial para modelar el número de unidades disconformes encontradas mediante muestreo de un proceso de fabricación, se consideró que se conocía el parámetro p de la distribución binomial. la interpretación física de p es que se trata de la verdadera fracción o proporción de unidades no conformes producidas en el proceso. Además, si se conociera el verdadero valor de p y éste fuera relativamente constante en el tiempo, entonces se podría argumentar que los procedimientos formales de control de la calidad son innecesarios, siempre que p sea "aceptablemente" pequeño.

En general, se desconocen los parámetros de un proceso; además, habitualmente cambian en el tiempo. Por lo tanto, hay que desarrollar procedimientos para evaluar los parámetros de las distribuciones de probabilidad y resolver otros problemas inferenciales u orientados hacia decisiones, relacionados con aquéllas. A este respecto son útiles las técnicas estadística del cálculo de parámetros y la prueba de hipótesis. Tales técnicas forman la base de una gran parte de la metodología del control estadístico de la calidad. En este capítulo se presentarán algunos resultados elementales de la inferencia estadística y se indicará su utilidad en los problemas de control de la calidad.

3-1 ESTADÍSTICAS Y DISTRIBUCIONES DE MUESTREO

El objetivo de la inferencia estadística es deducir conclusiones o tomar decisiones con respecto a una población, con base en una muestra seleccionada de la población. Con frecuencia supondremos que se usan *muestras aleatorias* en el análisis. El calificativo "aleatorio" se aplica a menudo a cualquier método de selección de una muestra que no tiene una orientación sistemática. Si se selecciona una muestra, digamos $x_1, x_2, \ldots, x_n$, de manera que las observaciones $\{x_i\}$ se distribuyan independiente e idénticamente, aquélla se define como *muestra aleatoria* de *tamaño n*. Esta definición es adecuada para muestras aleatorias obtenidas de poblaciones infinitas o finitas, realizando el muestreo *con reposición*. En un muestreo *sin reposición* de una población finita de N elementos, se dice que una muestra de n elementos es una muestra aleatoria si cada una de las $\binom{N}{n}$ muestras posibles tiene igual probabilidad de ser escogida.

Aunque la mayoría de los métodos que estudiaremos supone el uso de un muestreo aleatorio, existen otras estrategias de muestreo que son útiles en el control de la calidad. Hay que tener cuidado de utilizar un método de análisis que sea congruente con el diseño del muestreo. Las técnicas inferenciales proyectadas para muestras aleatorias pueden llevar a errores grandes cuando se aplican a datos obtenidos mediante otras técnicas de muestreo.

En la inferencia estadística se utilizan cantidades calculadas a partir de observaciones de la muestra. Una *estadística* (o *medida estadística*) se define como una función de los datos muestrales que no contiene los parámetros desconocidos. Por ejemplo, sean $x_1, x_2, \ldots, x_n$ las observaciones contenidas en una muestra. Entonces, la media muestral

$$\bar{x} = \frac{\sum_{i=1}^{n} x_i}{n} \tag{3-1}$$

la variancia muestral

$$S^2 = \frac{\sum_{i=1}^{n} (x_i - \bar{x})^2}{n - 1} \tag{3-2}$$

y la desviación estándar muestral

$$S = \sqrt{\frac{\sum_{i=1}^{n} (x_i - \bar{x})^2}{n - 1}} \tag{3-3}$$

son estadísticas. Las estadísticas $\bar{x}$ y S (o bien S^2) miden la tendencia central y la dispersión, respectivamente, de la muestra.

Si se conoce la distribución de probabilidad de la población de la que se obtuvo la muestra, entonces muchas veces es posible determinar la distribución de probabilidad de diversas estadísticas calculadas a partir de los datos muestrales. La distribución de probabilidad de una estadística se llama *distribución de muestreo*. Se presentarán ahora las distribuciones de muestreo relacionadas con tres situaciones comunes.

3-1.1 Muestreo a partir de una Distribución Normal

Sea x una variable aleatoria distribuida normalmente, con media μ y variancia σ^2. Sea $x_1, x_2, \ldots, x_n$ una muestra aleatoria de tamaño n tomada de este proceso. Entonces la distribución de la media muestral $\bar{x}$ es $N(\mu, \sigma^2/n)$. Esto se deduce directamente de los resultados respecto a la distribución de combinaciones lineales de variables aleatorias normales de la Sección 2-3.1.

Esta propiedad de la media muestral no se limita exclusivamente al caso de una muestra de poblaciones normales. Observemos que puede escribirse

$$\left(\frac{\bar{x} - \mu}{\sigma}\right)\sqrt{n} = \frac{\sum_{i=1}^{n} x_i - n\mu}{\sigma\sqrt{n}}$$

Del teorema central de límite se sabe que la distribución de $\Sigma_{i=1}^{n} x$ es aproximadamente normal, con media $n\mu$ y variancia $n\sigma^2$, sin importar la distribución de la población. Por lo tanto, la distribución de muestreo de la media muestral es aproximadamente

$$\bar{x} \sim N\left(\mu, \frac{\sigma^2}{n}\right)$$

sin importar la distribución de la población.

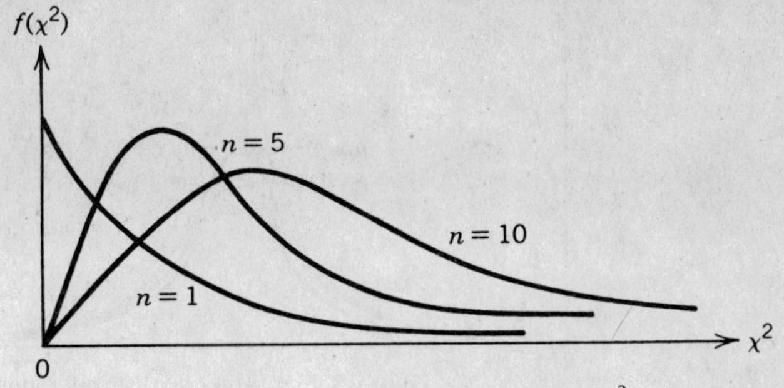

Figura 3-1. Algunas distribuciones χ^2.

Una distribución de muestreo importante, definida en términos de la distribución normal, es la *distribución ji cuadrada*, o χ^2. Si $x_1, x_2, \ldots, x_n$ son variables aleatorias normal e independientemente distribuidas con media cero y variancia uno, entonces la variable aleatoria

$$\chi_n^2 = x_1^2 + x_2^2 + \cdots + x_n^2$$

se distribuirá como una ji cuadrada, con n grados de libertad. La distribución de probabilidad de χ^2 es

$$f(\chi^2) = \frac{1}{2^{n/2}\Gamma\left(\frac{n}{2}\right)}(\chi^2)^{(n/2)-1}e^{-\chi^2/2} \qquad \chi^2 > 0 \tag{3-4}$$

En la Fig. 3-1 se muestran varias distribuciones ji cuadrada. La distribución es sesgada, con media $\mu = n$ y variancia $\sigma^2 = 2n$. La Tabla III del Apéndice es una tabla de puntos porcentuales de la distribución ji cuadrada.

Para ilustrar el uso de la distribución ji cuadrada, supóngase que $x_1, x_2, \ldots, x_n$ es una muestra aleatoria de una distribución $N(\mu, \sigma)$. Entonces, la variable aleatoria

$$\frac{\sum_{i=1}^{n}(x_i - \bar{x})^2}{\sigma^2} \sim \chi_{n-1}^2 \tag{3-5}$$

Sin embargo, usando la Ecuación (3-2), que define la variancia muestral, se puede volver a escribir (3-5) como

$$\frac{(n-1)S^2}{\sigma^2} \sim \chi_{n-1}^2$$

Es decir, la distribución de muestreo de $(n - 1)S^2/\sigma^2$ es χ_{n-1}^2, cuando se realiza el muestreo a partir de una distribución normal.

Otra distribución de muestreo útil es la *distribución t*. Si x y t son variables aleatorias independientes, normal estándar y ji cuadrada, respectivamente, entonces la variable aleatoria

$$t_k = \frac{x}{\sqrt{\chi_k^2/k}} \tag{3-6}$$

se destribuirá como t, con k grados de libertad, denotada por t_k. La distribución de probabilidad de t es

$$f(t) = \frac{\Gamma[(k+1)/2]}{\sqrt{k\pi}\,\Gamma(k/2)}\left(\frac{t^2}{k}+1\right)^{-(k+1)/2} \qquad -\infty < t < \infty \tag{3-7}$$

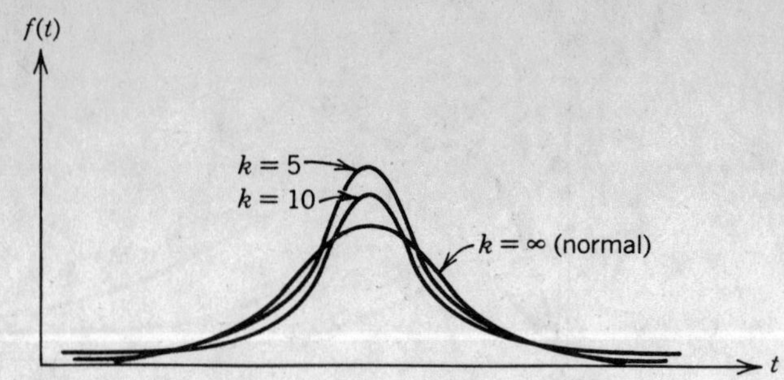

Figura 3-2. Algunas distribuciones t.

y la media y la variancia de t son $\mu = 0$ y $\sigma^2 = k/(k - 2)$ para $k > 2$, respectivamente. Los grados de libertad para t son los grados de libertad correspondientes a la variable aleatoria ji cuadrada en el denominador de (3-6). En la Fig. 3-2 se muestran varias distribuciones t. Obsérvese que si $k = \infty$, la distribución t se convierte en la distribución normal estándar. En la Tabla IV del Apéndice se presentan puntos porcentuales de la distribución t.

Como ejemplo de una variable aleatoria distribuida como t, supóngase que $x_1, x_2, \ldots, x_n$ es una muestra aleatoria de la distribución $N(\mu, \sigma^2)$. Si $\bar{x}$ y S^2 se calculan para esta muestra, entonces

$$\frac{\bar{x} - \mu}{S/\sqrt{n}} = \frac{\dfrac{\bar{x} - \mu}{\sigma/\sqrt{n}}}{S/\sigma} = \frac{N(0,1)}{\sqrt{\chi^2_{n-1}/(n-1)}}$$

utilizando el hecho de que $(n — 2)S^2/\sigma^2$ χ^2_{n-1} Por consiguiente, la variable aleatoria

$$\frac{\bar{x} - \mu}{S/\sqrt{n}} \sim t_{n-1} \tag{3-8}$$

La última distribución muestral basada en el proceso normal que se considerará aquí es la *distribución F*. Si χ^2_u y χ^2_v son dos variables aleatorias ji cuadrada independientes, con u y v grados de libertad, respectivamente, entonces la razón

$$F_{u,v} = \frac{\chi^2_u/u}{\chi^2_v/v} \tag{3-9}$$

se distribuye como una F, con u grados de libertad en el numerador y v grados de libertad en el denominador. La función de densidad de F es

$$g(F) = \frac{\Gamma\left(\frac{u+v}{2}\right)\left(\frac{u}{v}\right)^{u/2}}{\Gamma\left(\frac{u}{2}\right)\Gamma\left(\frac{v}{2}\right)} \frac{F^{(u/2)} - 1}{\left[\left(\frac{u}{v}\right)F + 1\right]^{(u+v)/2}} \qquad 0 < F < \infty \tag{3-10}$$

En la Figura 3-3 se presentan algunas distribuciones F. La Tabla V del Apéndice es una tabla de puntos porcentuales de la distribución F.

Como ejemplo de una variable aleatoria que se distribuye como F, supongamos que se tienen dos procesos normales independientes, digamos $x_1 \sim N(\mu_1, \sigma_1^2)$, y $x_2 \sim N(\mu_2, \sigma_2^2)$. Sea $x_{11}, x_{12}, \ldots, x_{2n_1}$ una muestra aleatoria de n_1 observaciones a partir del primer proceso normal, y sea $x_{21}, x_{22}, \ldots, x_{2n_2}$ una muestra aleatoria con tamaño n_2 tomada del segundo proceso. Si S_1^2 y S_2^2 son las variancias muestrales, entonces el cociente

$$\frac{S_1^2/\sigma_1^2}{S_2^2/\sigma_2^2} \sim F_{n_1-1, n_2-1}$$

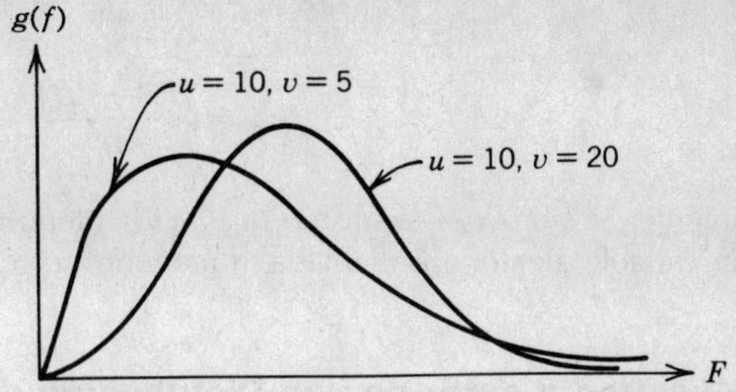

Figura 3-3. algunas distribuciones F.

Esto se deduce directamente de la distribución de muestreo de S^2, que ya se consideró. La distribución F se utilizará para hacer inferencias acerca de las variancias de dos distribuciones normales.

3-1.2 Muestreo a partir de una Distribución de Bernoulli

En esta sección analizaremos las distribuciones de muestreo de estadísticas relacionadas con la distribución de Bernoulli. La variable aleatoria x, con función de probabilidad

$$p(x) = \begin{cases} p & x = 1 \\ (1 - p) = q & x = 0 \end{cases}$$

se llama *variable aleatoria de Bernoulli*. Es decir, x toma el valor 1 con probabilidad p, y el valor 0 con probabilidad $1 - p = q$. El empleo de esta variable aleatoria se denomina, con frecuencia *prueba de Bernoulli*. La sucesión de ensayos de Bernoulli $x_1, x_2, \ldots$, *es un proceso de Bernoulli. A menudo, el resultado* $x = 1$ se llama "éxito", y el resultado $x = 0$ se denomina "fracaso".

Supongamos que se toma una muestra aleatoria de n observaciones, digamos $x_1, x_2, \ldots, x_n$, de un proceso de Bernoulli, con probabilidad de "éxito" p constante. Entonces la suma de las observaciones muestrales

$$x = x_1 + x_2 + \cdots + x_n \tag{3-11}$$

tiene distribución binomial con parámetros n y p. Además, como cada x_i es 0 o 1, la media muestral

$$\bar{x} = \frac{1}{n} \sum_{i=1}^{n} x_i \tag{3-12}$$

es una variable aleatoria discreta que puede tomar los valores $\{0, 1/n, 2/n, \ldots, (n - 1)/n, 1\}$. Es posible obtener la distribución de $\bar{x}$ a partir de la distribución binomial, ya que

$$P\{\bar{x} \leq a\} = P\{x \leq an\} = \sum_{k=0}^{[an]} \binom{n}{k} p^k (1 - p)^{n-k}$$

donde $[an]$ es el mayor entero que es menor que o igual a an. La media y la variancia de $\bar{x}$ son

$$\mu_{\bar{x}} = p$$

y

$$\sigma_{\bar{x}}^2 = \frac{p(1-p)}{n}$$

respectivamente. Se obtuvo este mismo resultado anteriormente en la Sección 2-2.2, donde se presentó la variable aleatoria $\hat{p}$ (llamada, a menudo, fracción muestral de disconformidades).

3-1.3 Muestreo a partir de una Distribución de Poisson

En la Sección 2-2.3 se presentó la distribución de Poisson. Consideremos una muestra aleatoria de tamaño n tomada de una distribución de Poisson con parámetro λ, por ejemplo $x_1, x_2, \ldots, x_n$. La distribución de la suma muestral

$$x = x_1 + x_2 + \cdots + x_n \tag{3-13}$$

también es una distribución de Poisson, con parámetro $n\lambda$. Más generalmente, la suma de n variables aleatorias independientes de Poisson tiene distribución de Poisson, con parámetro igual a la suma de los parámetros individuales de Poisson.

Considérese ahora la distribución de muestreo de la media muestral

$$\bar{x} = \frac{1}{n} \sum_{i=1}^{n} x_i \tag{3-14}$$

Ésta es una variable aleatoria discreta que toma los valores $\{0, 1/n, 2/n, \ldots, \}$, y cuya distribución de probabilidad, está dada por

$$P\{\bar{x} \leq a\} = P\{x \leq an\} = \sum_{k=0}^{[an]} \frac{e^{-n\lambda}(n\lambda)^x}{x!} \tag{3-15}$$

donde $[an]$ es el mayor entero que es menor que o igual a an. La media y la variancia de $\bar{x}$ son

$$\mu_{\bar{x}} = \lambda$$

y

$$\sigma_{\bar{x}}^2 = \frac{\lambda}{n}$$

respectivamente.

Se puede extender algo este resultado. Si $x_1, x_2, \ldots, x_n$ son variables aleatorias de Poisson independientes, cada una con su respectivo parámetro $\lambda^1, \lambda^2, \ldots, \lambda^n$, *entonces la combinación lineal*

$$\begin{aligned} L &= a_1x_1 + a_2x_2 + \cdots + a_nx_n \\ &= \sum_{i=1}^{n} a_ix_i \end{aligned} \tag{3-16}$$

es una variable aleatoria, cuyas probabilidades se obtienen de la distribución de Poisson con parámetro $\lambda = \Sigma_{i=1}^{n} a_i\lambda_i$. Este resultado es particularmente útil en casos en que una unidad producida puede tener n diferentes tipos de defectos o disconformidades (cada una modelada por una distribución de Poisson con parámetro λ_i), y la función que se usa con fines de control es una combinación lineal del número de disconformidades observadas de cada tipo. Podrían escogerce las constantes $\{a_i\}$ en (3-16) para dar mayor peso a no conformidades críticas que a no conformidades menores, etcétera. A veces tales procedimientos se llaman procedimientos de *demérito* (Sección 5-3.3).

3-2 ESTIMACIÓN DE PÁRAMETROS DEL PROCESO

Una variable aleatoria se caracteriza o describe mediante su distribución de probabilidad. Tal distribución es descrita, a su vez, por sus *parámetros*. Por ejemplo, la media μ y la variancia σ^2 de la distribución normal [Ecuación 2-21] son sus parámetros, mientras que λ es el parámetro de la distribución de Poisson [Ecuación (2-15)]. En el control estadístico de calidad se usa la distribución de probabilidad para describir o modelar alguna característica de la calidad, como la dimensión crítica de un producto, o la fracción de defectuosos en un proceso de manufactura. Por lo tanto, interesa hacer inferencias respecto a los parámetros de distribuciones de probabilidad. Como suelen desconocerse los parámetros, es necesario disponer de procedimientos para estimarlos a partir de datos muestrales.

Es posible definir el estimador de un parámetro desconocido como una estadística que corresponde al parámetro. Un valor numérico particular de un estimador, calculado a partir de datos muestrales, se llama *estimación*. Un *estimador puntual* es una estadística que produce un sólo valor numérico como estimación del parámetro desconocido. Un *estimador por intervalo* es un intervalo aleatorio que incluye el valor real del parámetro, con cierto nivel de probabilidad. Estos intervalos aleatorios se denominan normalmente *intervalos de confianza*.

3-2.1 Estimación Puntual

Considérese la variable aleatoria x con distribución de probabilidad $f(x)$. Supongamos que se desconocen la media μ y la variancia σ^2 de esta distribución. Si se toma una muestra aleatoria de n observaciones, entonces la media *muestral* $\bar{x}$ y la variancia *muestral* S^2 son estimadores puntuales de la media *poblacional* μ y la variancia *poblacional* σ^2, respectivamente. Por ejemplo, supongamos que se desean obtener estimaciones puntuales de la media y la variancia del diámetro interior de cojinetes o rodamientos. Podrían medirse los diámetros interiores de una muestra de $n = 20$ cojinetes. Luego se podrían calcular la media y la variancia muestral. Si esto da como resultado $\bar{x} = 1.495$ y $S^2 = 0.001$, entonces la estimación puntual de μ será $\bar{x} = 1.495$, y la la estimación puntual de σ^2 será $S^2 = 0.001$.

La media y la variancia de una distribución no son necesariamente los parámetros de la distribución. Por ejemplo, el parámetro de la distribución de Poisson es λ, mientras que su media y su variancia son $\mu = \lambda$ y σ^2 (*ambas*, la media y la variancia, son iguales a λ) y los parámetros de la distribución binomian son n y p, mientras que su media y su variancia son $\mu = np$ y $\sigma^2 = np(1 - p)$, respectivamente. Podemos demostrar que un estimador puntual adecuado del parámetro λ de una distribución de Poisson es

$$\hat{\lambda} = \frac{1}{n}\sum_{i=1}^{n} x_i = \bar{x}$$

y que un buen estimador puntual del parámetro p de una distribución binomial es

$$\hat{p} = \frac{1}{n}\sum_{i=1}^{n} x_i = \bar{x}$$

para un valor fijo de n. En la distribución binomial, las observaciones $\{x_i\}$ *en la muestra aleatoria son 0 o 1, correspondientes a un "éxito" o un "fracaso", respectivamente.*

Los estimadores puntuales adecuados requieren cierto número de propiedades importantes. Dos de las más importantes son:

1. El estimador puntual debe carecer de *sesgo*; es decir, el valor esperado del estimador puntual debe ser igual al parámetro estimado.

2. El estimador debe tener *variancia mínima*. Cualquier estimador puntual es una variable aleatoria. Por lo tanto, un estimador puntual de variancia mínima tendrá una menor variancia que cualquier otro estimador puntual del parámetro.

La media y la variancia *muestrales* $\bar{x}$ y S^2 son estimadores no sesgados de la media y la variancia *poblacionales* μ y σ^2, respectivamente. Hay que notar, sin embargo, que la desviación estándar muestral S *no* es un estimador insesgado de la desviación estándar poblacional σ.

En esta sección se ha dado solamente una pequeña idea de algunos de los resultados más útiles de la estimación puntual. Pueden encontrarse fácilmente descripciones más completas de los estimadores puntuales y análisis técnicos de sus propiedades. Véase, por ejemplo, Hines y Montgomery (1980).

3-2.2 Estimación por Intervalo

Una estimación por intervalo de un parámetro es el intervalo limitado por dos estadísticas, de manera que incluye el verdadero valor del parámetro con cierta probabilidad. Por ejemplo, para elaborar un estimador por intervalo para la media μ, es necesario encontrar dos estadísticas L y U, tales que

$$P\{L \leq \mu \leq U\} = 1 - \alpha \tag{3-17}$$

El intervalo resultante

$$L \leq \mu \leq U \tag{3-18}$$

se denomina *intervalo de confianza* al $100(1 - \alpha)\%$ para la media desconocida μ. L y U son los *límites inferior* y *superior de confianza*, respectivamente (L de *lower*, U de *upper*); $1 - \alpha$ se llama *coeficiente de confianza*. A veces, la mitad de la amplitud del intervalo ($S - \mu$, o bien $\mu - L$) se denomina *exactitud* del intervalo de confianza. La interpretación de un intervalo de confianza es la siguiente: si se determina un gran número de tales intervalos, cada uno a partir de una muestra aleatoria, entonces $100(1 - \alpha)\%$ de estos intervalos contendrán el verdadero valor de μ. Así, los intervalos de confianza tienen una interpretación frecuencial.

El intervalo de confianza (3-18) se podría llamar mejor un intervalo de confianza *bilateral*, ya que especifica tanto un límite inferior como uno superior para μ. A veces, en algunas aplicaciones del control estadístico de calidad, es más apropiado utilizar un intervalo de confianza *unilateral*. Un intervalo unilateral inferior al $100(1 - \alpha)\%$ para μ estaría dado por

$$L \leq \mu \tag{3-19}$$

donde L, el límite inferior de confianza, se escoge de manera que

$$P\{L \leq \mu\} = 1 - \alpha \tag{3-20}$$

Un intervalo de confianza unilateral superior al $100(1 - \alpha)\%$ para μ correspondería al intervalo

$$\mu \leq U \tag{3-21}$$

donde U, el límite superior de confianza, se escoge de manera que

$$P\{\mu \leq U\} = 1 - \alpha \tag{3-22}$$

Resumiremos ahora algunos de los resultados más útiles de los intervalos de confianza. Un desarrollo y un análisis más detallados de estos procedimientos pueden encontrarse en las obras de Bowker y Lieberman (1972), o de Hines y Montgomery (1980).

Intervalo de Confianza para la Media con Variancia Conocida ■ Considérese la variable aleatoria x, con media desconocida μ, y variancia conocida σ^2. Supóngase que se toma una muestra aleatoria de n observaciones, digamos $x_1, x_2, \ldots, x_n$, y que se calcula $\bar{x}$. Entonces el intervalo de confianza bilateral al 100(1 — α)% para μ es

$$\bar{x} - Z_{\alpha/2}\frac{\sigma}{\sqrt{n}} \leq \mu \leq \bar{x} + Z_{\alpha/2}\frac{\sigma}{\sqrt{n}} \tag{3-23}$$

Hay que notar que $\bar{x}$ está distribuida aproximadamente como $N(\mu, \sigma^2/n)$, sin importar la distribución de x, debido al teorema central de límite. Por consiguiente, (3-23) es un intervalo de confianza aproximado al 100(1 — α)% para μ, sin importar la distribución de x. Si x se distribuye como $N(\mu, \sigma^2)$, entonces (3-23) es un intervalo de confianza exacto al 100(1 — α)%. Además, un intervalo de confianza superior al 100(1 — α)% para μ es

$$\mu \leq \bar{x} + \frac{Z_\alpha \sigma}{\sqrt{n}} \tag{3-24}$$

mientras que un intervalo de confianza inferior al 100(1 — α)% para μ es

$$\bar{x} - \frac{Z_\alpha \sigma}{\sqrt{n}} \leq \mu \tag{3-25}$$

Intervalo de Confianza para la Media de una Distribución Normal con Variancia Desconocida ■ Supongamos que x es una variable aleatoria normal, con media μ y variancia σ^2, ambas desconocidas. A partir de una muestra aleatoria de n observaciones, se calculan la media muestral $\bar{x}$ y la variancia muestral S^2. Entonces, un intervalo de confianza bilateral al 100(1 — α)% para la media verdadera es

$$\bar{x} - t_{\alpha/2,n-1}\frac{S}{\sqrt{n}} \leq \mu \leq \bar{x} + t_{\alpha/2,n-1}\frac{S}{\sqrt{n}} \tag{3-26}$$

donde $t_{\alpha/2,n-1}$ representa el punto porcentual de la distribución t con n — 1 grados de libertad, tal que $P\{t_{n-1} \geq t_{\alpha/2,n-1}\} = \alpha/2$. Los correspondientes intervalos de confianza inferior y superior al 100(1 — α)% son

$$\mu \leq \bar{x} + t_{\alpha,n-1}\frac{S}{\sqrt{n}} \tag{3-27}$$

y

$$\bar{x} - t_{\alpha,n-1}\frac{S}{\sqrt{n}} \leq \mu \tag{3-28}$$

respectivamente.

Ejemplo 3-1

La resistencia media a la tensión de una fibra sintética es una característica importante de la calidad de interés para el fabricante, el cual quisiera encontrar un intervalo de confianza al 95% para estimar la media. El fabricante supone, con base en la experiencia, que la resistencia a la tensión está distribuida aproximadamente en forma normal. Sin embargo, se desconocen la resistencia media a la tensión y su desviación estándar. Se selecciona una muestra aleatoria de 16 trozos de fibra, y se determina su resistencia. Los datos muestrales aparecen en la Tabla 3-1.

Tabla 3-1 Mediciones de resistencia a la tensión de una fibra sintética.

Probeta	Resistencia (psi, lb/plg^2)
1	48.89
2	52.07
3	49.29
4	51.66
5	52.16
6	49.72
7	48.00
8	49.96
9	49.20
10	48.10
11	47.90
12	46.94
13	51.76
14	50.75
15	49.86
16	51.57

La media y la desviación estándar muestrales de los datos de la resistencia a la tensión pueden calcularse como

$$\bar{x} = \frac{1}{n} \sum_{i=1}^{n} x_i = \frac{1}{16}(797.83) = 49.86 \text{ psi}$$

y

$$S = \sqrt{\frac{\sum_{i=1}^{n} x_i^2 - \frac{\left(\sum_{i=1}^{n} x_i\right)^2}{n}}{n-1}}$$

$$= \sqrt{\frac{39{,}824.69 - \frac{(797.83)^2}{16}}{15}}$$

$$= \sqrt{2.76} = 1.66 \text{ psi}$$

Dado que $t_{0.025,15} = 2.132$, a partir de (3-26) el intervalo de confianza bilateral al 95% para α es

$$49.86 - (2.132)1.66/\sqrt{16} \le \mu \le 49.86 + (2.132)1.66/\sqrt{16}$$

o bien

$$48.98 \le \mu \le 50.74.$$

Otra manera de expresar este resultado es decir que la estimación de la resistencia media es 49.86 $\pm$ 0.88 psi, con confianza de 95%.

Quizá el fabricante sólo desee las resistencias a la tensión que son demasiado bajas, por lo que puede considerar más adecuado un intervalo de confianza unilateral. El intervalo de confianza inferior al 95% para la resistencia media se encuentra a partir de (3-28), utilizando $t_{0.05,15} = 1.753$, como

$$49.86 - \frac{(1.753)1.66}{\sqrt{16}} \le \mu$$

o bien

$$49.13 \le \mu$$

■

Intervalo de Confianza para la Variancia de una Distribución Normal ■ Supóngase que x es una variable aleatoria normal con media μ y variancia σ^2, ambas desconocidas. La variancia muestral S^2 se calcula a partir de una muestra de n observaciones. Entonces, un intervalo de confianza bilateral al 100(1 — α)% para la variancia es

$$\frac{(n-1)S^2}{\chi^2_{\alpha/2,n-1}} \le \sigma^2 \le \frac{(n-1)S^2}{\chi^2_{1-\alpha/2,n-1}} \qquad (3\text{-}29)$$

donde $\chi^2_{\alpha/2,\,n-1}$ es el punto porcentual de la distribución ji cuadrada tal que $P\{\chi^2_{n-1} \ge \chi^2_{\alpha/2,\,n-1}\} = \alpha/2$. Si se necesitan intervalos de confianza unilaterales, éstos se pueden obtener a partir de (3—29) utilizando solamente el límite inferior (o superior), e incrementando el nivel de probabilidad de $\alpha/2$ a α. Es decir, los intervalos de confianza superior e inferior al 100(1 — α)% son

$$\sigma^2 \le \frac{(n-1)S^2}{\chi^2_{1-\alpha,n-1}} \qquad (3\text{-}30)$$

y

$$\frac{(n-1)S^2}{\chi^2_{\alpha,n-1}} \le \sigma^2 \qquad (3\text{-}31)$$

respectivamente.

Podemos usar los datos del Ejemplo 3-1 a fin de ilustrar el cálculo de un intervalo de confianza al (por ejemplo) 95% para σ. Nótese que de los datos en la Tabla 3-1, se tiene que $S^2 = 2.76$. En la Tabla III del Apéndice se encuentra que $\chi^2_{0.025,\,15} = 27.49$ y $\chi^2_{0.975,\,15} = 6.27$. Por lo tanto, a partir de (3-29), el intervalo de confianza bilateral al 95% para σ^2 es

$$\frac{(15)2.76}{27.49} \le \sigma^2 \le \frac{(15)2.76}{6.27}$$

lo que se reduce a

$$1.51 \le \sigma^2 \le 6.60$$

Intervalo de Confianza para la Diferencia de Dos Medias, con Variancias Conocidas ■ Considérense las dos variables aleatorias x_1, con media μ_1 y variancia μ_1^2, y x_2, con media μ_2 y variancia σ_2^2. Supongamos que se desconocen μ_1 y μ_2, y que se conocen σ_1^2 y σ_2^2. Se busca un intervalo de confianza al 100(1 — α)% para la *diferencia* real entre estas medias, digamos $\mu_1 - \mu_2$. Sea x_{11}, $x_{12}, \ldots, x_{1n_1}$ una muestra aleatoria de n_1 observaciones de la población, denotada por x_1, y sea $x_{21}, x_{22}, \ldots, x_{2n_2}$ una muestra aleatoria de n_2 observaciones de la población, denotada por x_2. Sean $\bar{x}_1$ y $\bar{x}_2$ las medias muestrales. Entonces el intervalo de confianza bilateral al 100(1 — μ)% para la diferencia de las medias es

$$\bar{x}_1 - \bar{x}_2 - Z_{\alpha/2}\sqrt{\frac{\sigma_1^2}{n_1} + \frac{\sigma_2^2}{n_2}} \leq \mu_1 - \mu_2 \leq \bar{x}_1 - \bar{x}_2 + Z_{\alpha/2}\sqrt{\frac{\sigma_1^2}{n_1} + \frac{\sigma_2^2}{n_2}} \quad (3\text{-}32)$$

mientras que correspondientes los intervalos de confianza unilaterales superior e inferior son

$$\mu_1 - \mu_2 \leq \bar{x}_1 - \bar{x}_2 + Z_\alpha\sqrt{\frac{\sigma_1^2}{n_1} + \frac{\sigma_2^2}{n_2}} \quad (3\text{-}33)$$

y

$$\bar{x}_1 - \bar{x}_2 - Z_\alpha\sqrt{\frac{\sigma_1^2}{n_1} + \frac{\sigma_2^2}{n_2}} \leq \mu_1 - \mu_2 \quad (3\text{-}34)$$

respectivamente.

Intervalo de Confianza para la Diferencia de las Medias de Dos Distribuciones Normales, con Variancias Desconocidas ■ Supongamos que hay dos variables aleatorias normales, digamos $x_1 \sim N(\mu, \sigma_1^2)$ y $x_2 \sim N(\mu_2, \sigma_2^2)$. Se desconocen las medias, μ_1 y μ_2, y las variancias, σ_1^2 y σ_2^2. Sin embargo, es razonable suponer que las dos variancias son inguales; es decir, $\sigma_1^2 = \sigma_2^2 = \sigma^2$. Se desea encontrar un intervalo de confianza al 100(1 — α)% para la diferencia entre las medias $\mu_1 - \mu_2$.

Supóngase que se tomaron dos muestras aleatorias de tamaño n_1 y n_2 de las poblaciones 1 y 2, respectivamente, y que se calcularon las medias muestrales $\bar{x}_1$ y $\bar{x}_2$, y las variancias muestrales S_1^2 y S_2^2. Una estimación combinada de la variancia común es

$$S_p^2 = \frac{(n_1 - 1)S_1^2 + (n_2 - 1)S_2^2}{n_1 + n_2 - 2} \quad (3\text{-}35)$$

El intervalo de confianza bilateral de 100(1 — α)% para $\mu_1 - \mu_2$ es

$$\bar{x}_1 - \bar{x}_2 - t_{\alpha/2, n_1+n_2-2} S_p\sqrt{\frac{1}{n_1} + \frac{1}{n_2}}$$
$$\leq \mu_1 - \mu_2 \leq \bar{x}_1 - \bar{x}_2 + t_{\alpha/2, n_1+n_2-2} S_p\sqrt{\frac{1}{n_1} + \frac{1}{n_2}} \quad (3\text{-}36)$$

Los correspondientes intervalos de confianza unilaterales superior e inferior son

$$\mu_1 - \mu_2 \leq \bar{x}_1 - \bar{x}_2 + t_{\alpha, n_1+n_2-2} S_p\sqrt{\frac{1}{n_1} + \frac{1}{n_2}} \quad (3\text{-}37)$$

y

$$\bar{x}_1 - \bar{x}_2 - t_{\alpha, n_1+n_2-2} S_p \sqrt{\frac{1}{n_1} + \frac{1}{n_2}} \leq \mu_1 - \mu_2 \tag{3-38}$$

Ejemplo 3-2

Una compañía petrolera pronto tendrá que cambiar una gran parte de su producción de una fórmula que contiene tetraetil-plomo a una fórmula sin plomo. Una característica de calidad importante de la gasolina es el índice de octano en carretera. Si se usa una gasolina con índice demasiado bajo para la compresión del motor, habrá golpeteo excesivo. La compañía ha formulado el producto libre de plomo de manera que su índice de octano en carretera sea idéntico al índice del producto anterior, con plomo. Se realiza un experimento en el cual se hacen 10 observaciones del índice octánico en carretera para cada una de las formulaciones. Estos datos se encuentran en la Tabla 3-2. Se desea construir un intervalo de confianza al 99% para la diferencia real entre las medias de los índices octánicos en carretera.

Para la fórmula 1 (con plomo), se obtiene $\bar{x}_1 = 90.70$ y $S_1^2 = 1.35$, y para la fórmula 2 (sin plomo), $\bar{x}_2 = 90.80$ y $S_2^2 = 1.06$. Suponiendo que las variancias de los índices de octano son iguales, podemos encontrar una estimación para la variancia común, a partir de (3-35):

$$S_p^2 = \frac{(n_1 - 1)S_1^2 + (n_2 - 1)S_2^2}{n_1 + n_2 - 2} = \frac{(9)1.35 + (9)1.06}{10 + 10 - 2} = 1.21$$

El intervalo de confianza bilateral al 99% para $\mu_1 - \mu_2$ se calcula mediante la Ecuación (3-36) de la manera siguiente:

$$\bar{x}_1 - \bar{x}_2 - t_{0.005,18} S_p \sqrt{\frac{1}{n_1} + \frac{1}{n_2}} \leq \mu_1 - \mu_2 \leq \bar{x}_1 - \bar{x}_2 + t_{0.005,18} S_p \sqrt{\frac{1}{n_1} + \frac{1}{n_2}}$$

$$90.70 - 90.80 - (2.878)1.10\sqrt{\frac{1}{10} + \frac{1}{10}} \leq \mu_1 - \mu_2$$

$$\leq 90.70 - 90.80 + (2.878)1.10\sqrt{\frac{1}{10} + \frac{1}{10}}$$

$$-1.51 \leq \mu_1 - \mu_2 \leq 1.31$$

Tabla 3-2 Índices de octano en carretera para dos fórmulas de gasolina.

Fórmula 1 (con tetraetil-plomo)	Fórmula 2 (sin plomo)
89.5	89.5
90.0	91.5
91.0	91.0
91.5	89.0
92.5	91.5
91.0	92.0
89.0	92.0
89.5	90.5
91.0	90.0
92.0	91.0

Obsérvese que el intervalo de confianza para el promedio de la diferencia entre los índices de octano en carretera incluye el cero. Por lo tanto, no se ha encontrado evidencia estadística de una diferencia en los índices de octano para las dos formulaciones.

■

Aunque nos hemos centrado en el caso en el cual $\sigma_1^2 = \sigma_2^2$, existen muchos problemas prácticos en los que no podemos hacer razonablemente tal suposición. Si es adecuada la hipótesis $\sigma_1^2 \neq \sigma_2^2$, entonces puede desarrollarse un intervalo de confianza para $\mu_1 - \mu_2$ a partir del procedimiento dado en la Sección 3-3.2.

Intervalo de Confianza para el Cociente de las Variancias de Dos Distribuciones Normales ■Supóngase que $x_1 \sim N(\mu_1, \sigma_1^2)$ y $x_2 \sim N(\mu_2, \sigma_2^2)$, donde se desconocen μ_1, σ_1^2, μ_2, y σ_2^2 y se desea determinar un intervalo de confianza al $100(1 - \alpha)\%$ para σ_1^2/σ_2^2. Si S_1^2 y S_2^2 son las varianzas muestrales calculadas a partir de muestras aleatorias de n_1 y n_2 observaciones, respectivamente, entonces el intervalo de confianza bilateral al $100(1 - \alpha)\%$ es

$$\frac{S_1^2}{S_2^2} F_{1-\alpha/2, n_2-1, n_1-1} \leq \frac{\sigma_1^2}{\sigma_2^2} \leq \frac{S_1^2}{S_2^2} F_{\alpha/2, n_2-1, n_1-1} \tag{3-39}$$

donde $F_{\alpha/2, u, v}$ es el punto porcentual de la distribución F con u y v grados de libertad, tal que $P\{F_{u,v} \geq F_{\alpha/2, u, v}\} = \alpha/2$. Los correspondientes intervalos de confianza superior e inferior son

$$\frac{\sigma_1^2}{\sigma_2^2} \leq \frac{S_1^2}{S_2^2} F_{\alpha/2, n_2-1, n_1-1} \tag{3-40}$$

y

$$\frac{S_1^2}{S_2^2} F_{1-\alpha/2, n_2-1, n_1-1} \leq \frac{\sigma_1^2}{\sigma_2^2} \tag{3-41}$$

respectivamente.

Para ilustrar el procedimiento, considérense los datos del Ejemplo 3-1. Se desea construir un intervalo de confianza bilateral al 95% para σ_1^2/σ_2^2. Utilizando $S_1^2 = 1.35$ y $S_2^2 = 1.06$, $n_1 = n_2 = 10$, $F_{0.025,9,9} = 4.03$, y $F_{0.975,9,9} = 2.48$ (de la Tabla V del Apéndie), obtenemos, a partir de (3-39),

$$\frac{1.35}{1.06} 0.248 \leq \frac{\sigma_1^2}{\sigma_2^2} \leq \frac{1.35}{1.06} 4.03$$

o bien

$$0.316 \leq \frac{\sigma_1^2}{\sigma_2^2} \leq 5.13$$

Obsérvese que este intervalo incluye la unidad, lo cual implica que los datos no ponen en duda la afirmación de que $\sigma_1^2 = \sigma_2^2$. Por lo tanto, es razonable la suposición de varianzas iguales en el Ejemplo 3-2.

Intervalos de Confianza para Parámetros Binomiales ■ Con frecuencia es necesario construir intervalos de confianza al $100(1 - \alpha)\%$ para el parámetro p de una distribución binomial. Este parámetro corresponde a menudo a la fracción de disconformidades de un lote o un proceso. Suele suponerse que se conoce el otro parámetro binomial n. Si se obtiene una muestra aleatoria de n observaciones, y se encuentran x observaciones "no conformes" en tal muestra, entonces el estimador puntual no sesgado de p será $\hat{p} = x/n$.

Existen varios enfoques a fin de establecer el intervalo de confianza para p. Si n es grande y p es (por ejemplo) ≥ 0.1, entonces puede usarse la aproximación normal a la binomial, lo que da como resultado el siguiente intervalo de confianza al $100(1 - \alpha)\%$.

$$\hat{p} - Z_{\alpha/2}\sqrt{\frac{\hat{p}(1-\hat{p})}{n}} \leq p \leq \hat{p} + Z_{\alpha/2}\sqrt{\frac{\hat{p}(1-\hat{p})}{n}} \tag{3-42}$$

Si n es pequeño, entonces habría que utilizar las tablas de la distribución binomial con el fin de establecer el intervalo de confianza para p. Si n es grande, pero p pequeño, entonces la aproximación de Poisson a la binomial es útil para elaborar intervalos de confianza. Duncan (1974) da ejemplos de estos últimos dos procedimientos.

Si hay dos parámetros binomiales de interés, digamos p_1 y p_2, entonces es posible construir un intervalo de confianza aproximado al $100(1 - \alpha)\%$ para su diferencia. El intervalo de confianza es

$$\hat{p}_1 - \hat{p}_2 - Z_{\alpha/2}\sqrt{\frac{\hat{p}_1(1-\hat{p}_1)}{n_1} + \frac{\hat{p}_2(1-\hat{p}_2)}{n_2}}$$

$$\leq p_1 - p_2 \leq \hat{p}_1 - \hat{p}_2 + Z_{\alpha/2}\sqrt{\frac{\hat{p}_1(1-\hat{p}_1)}{n_1} + \frac{\hat{p}_2(1-\hat{p}_2)}{n_2}} \tag{3-43}$$

Este resultado se basa en la aproximación normal a la binomial.

Ejemplo 3-3

En una muestra aleatoria de 80 cojinetes para cigüeñal de automóvil, 15 de ellos tiene un acabado de superficie más áspero de lo que permiten las especificaciones. La estimación puntual de la fracción de disconformes en el proceso es

$$\hat{p} = \frac{15}{80} = 0.1875$$

Suponiendo que es apropiada la aproximación normal a la binomial, un intervalo de confianza al 95% para la fracción de disconformes a partir de (3-42) es

$$0.1875 - 1.96\sqrt{\frac{0.1875(0.8125)}{80}} \leq p \leq 0.1875 + 1.96\sqrt{\frac{0.1875(0.8125)}{80}}$$

lo que se reduce a

$$0.1020 \leq \hat{p} \leq 0.2730$$

■

3-3 PRUEBA DE HIPÓTESIS SOBRE PARÁMETROS DE PROCESOS

Una *hipótesis estadística* es un enunciado sobre los valores de los parámetros de una distribución de probabilidad. Por ejemplo, supóngase que se cree que el promedio del diámetro interior de un cojinete es de 1.500 plg. Podemos expresar esta afirmación de manera formal como

$$H_0: \quad \mu = 1.500$$

$$H_1: \quad \mu \neq 1.500 \tag{3-44}$$

El enunciado H_0: μ = 1.500 en (3-44) se llama hipótesis *nula*, y H_1: $\mu \neq 1.500$ se denomina hipótesis *alternativa*. En nuestro ejemplo, H_1 especifica valores de diámetro medio mayores que 1.500 o menores que 1.500, y se llama hipótesis *alternativa bilateral*. Varias hipótesis alternativas unilaterales pueden ser apropiadas, dependiendo del problema.

Los procedimientos de prueba de hipótesis son muy útiles en muchos tipos de problemas de control estadístico de calidad. También forman la base de la mayoría de las técnicas de control estadístico de procesos, que se describirán en la parte II de este libro. Una parte importante de cualquier problema de prueba de hipótesis es determinar los valores paramétricos especificados en las hipótesis nula y alternativa. En general, se realiza esto en una de tres maneras posibles. Primero, los valores pueden resultar de pruebas o conocimientos anteriores. Esto sucede con frecuencia en el control estadístico de calidad, donde se usa información anterior para especificar los valores de un parámetro correspondiente a un estado de control, y después se prueba periódicamente la hipótesis de que el valor del parámetro no ha cambiado. Segundo, los valores pueden ser el resultado de alguna teoría o modelo del proceso. Finalmente, los valores escogidos para el parámetro pueden ser resultado de especificaciones contractuales o de diseño. Este último caso se presenta a menudo. Pueden utilizarse procedimientos estadísticos de prueba de hipótesis para verificar la conformidad de los parámetros del proceso con sus valores especificados, o para ayudar a modificar un proceso hasta obtener los valores requeridos.

A fin de probar una hipótesis, se toma una muestra aleatoria de la población observada, se calcula una estadística de prueba apropiada, y después se rechaza o no la hipótesis nula H_0. El conjunto de valores de la estadística de prueba que lleva al rechazo de H_0 se llama *región crítica* o *región de rechazo* de la prueba.

Pueden cometerse dos tipos de errores al probar una hipótesis. Si se rechaza la hipótesis nula cuando ésta es verdadera, se cometerá un error tipo I. Si no se rechaza la hipótesis nula cuando es falsa, entonces se cometerá un error tipo II. Las probabilidades de que ocurran estos dos tipos de errores se denotan como

$$\alpha = P\{\text{error tipo I}\} = P\{\text{rechazar } H_0 | H_0 \text{ es verdadera}\}$$

$$\beta = P\{\text{error tipo II}\} = P\{\text{no rechazar } H_0 | H_0 \text{ es falsa}\}$$

Algunas veces conviene más trabajar con el *poder* de la prueba, donde

$$\text{Poder} = 1 - \beta = P\{\text{rechazar } H_0 | H_0 \text{ es falsa}\}$$

Así, el poder de la prueba es la probabilidad de rechazar *correctamente* H_0. En el control de calidad, α se llama a veces *riesgo del fabricante*, ya que denota la probabilidad de que sea rechazado un lote aceptable, o la probabilidad de que sea rechazado por funcionar insatisfactoriamente un proceso que produce valores aceptables de una característica de calidad en particular. Asimismo, β se denomina a veces *riesgo del consumidor*, ya que denota la probabilidad de aceptar un lote de calidad deficiente, o la probabilidad de que se deje seguir operando un proceso que trabaja insatisfactoriamente respecto a alguna característica de calidad.

El procedimiento general para una prueba de hipótesis es especificar un valor de la probabilidad de cometer un error α tipo I, y después diseñar un procedimiento de prueba para obtener un pequeño valor de la probabilidad de cometer el error β tipo II. Así, se habla de controlar o escoger directamente el riesgo α. El riesgo β es por lo general una función del tamaño muestral, y se controla indirectamente. Cuanto más grande(s) sea(n) el (los) tamaño(s) muestral(es) para la prueba, tanto menor será el riesgo β.

Ahora se examinarán varios problemas de prueba de hipótesis que se encuentran frecuentemente en aplicaciones de control de calidad. Se considerarán los casos siguientes:

1. Comparación de medias cuando se desconoce la variancia.
2. Comparación de medias de distribuciones normales cuando se desconocen las variancias.
3. Comparación de variancias de distribuciones normales.
4. Comparación de parámetros binomiales.
5. Comparación de parámetros de Poisson.

En las obras de Hines y Montgomery (1980), y de Bowker y Lieberman (1972), se hallan desarrollos más completos de éstos y otros procedimientos relacionados con pruebas de hipótesis.

3-3.1 Pruebas de Medias, con Variancias Conocidas

Supóngase que x es una variable aleatoria con media desconocida μ y variancia conocida σ^2. Se desea probar la hipótesis de que la media es igual a un valor estándar, digamos μ_0. Puede establecerse formalmente las hipótesis como sigue:

$$H_0: \quad \mu = \mu_0$$

$$H_1: \quad \mu \neq \mu_0 \tag{3-45}$$

El procedimiento para probar esta hipótesis es obtener una muestra aleatoria de n observaciones de la variable aleatoria x, calcular la estadística de prueba

$$Z_0 = \frac{\bar{x} - \mu_0}{\sigma/\sqrt{n}} \tag{3-46}$$

y rechazar H_0 si $|Z_0| > Z_{\alpha/2}$, donde $Z_{\alpha/2}$ es el punto porcentual superior $\alpha/2$ de la distribución normal estándar.

Podemos justificar intuitivamente este procedimiento. A partir del teorema central de límite, se sabe que la media muestral $\bar{x}$ se distribuye aproximadamente como $N(\mu, \sigma^2/n)$. Ahora, si H_0: $\mu = \mu_0$ es verdadera, entonces la estadística de prueba Z_0, se distribuirá aproximadamente como $N(0, 1)$ y, en consecuencia, es de esperar que $100(1 - \alpha)\%$ de los valores de Z_0 se hallen entre $-Z_{\alpha/2}$ y $Z_{\alpha/2}$. Será anormal encontrar una muestra que produzca un valor de Z_0 fuera de estos límites si la hipótesis nula es verdadera, y esto será una prueba de que debe rechazarse H_0: $\mu = \mu_0$. Nótese que α es la probabilidad de cometer el error tipo I para la prueba, y que los intervalos $(Z_{\alpha/2}, \infty)$ y $(-\infty, -Z_{\alpha/2})$ forman la región crítica para la prueba.

En algunos casos se desea rechazar H_0 sólo si la media verdadera es mayor que μ_0. Así, la hipótesis alternativa unilateral es H_1: $\mu > \mu_0$, y se rechazará H_0: $\mu = \mu_0$ sólo si $Z_0 > Z_\alpha$. Si se quiere el rechazo sólo cuando $\mu < \mu_0$, entonces la hipótesis alternativa será H_1: $\mu < \mu_0$, y rechazaremos H_0 únicamente si $Z_0 < -Z_\alpha$.

Supóngase ahora que hay dos poblaciones con medias desconocidas, digamos μ_1 y μ_2, pero variancias conocidas σ_1^2 y σ_2^2. Queremos probar la hipótesis de que las dos medias son iguales.

Tabla 3-3 Pruebas de medias, con variancia conocida.

Hipótesis	Estadística de prueba	Criterio para el rechazo
H_0: $\mu = \mu_0$ H_1: $\mu \neq \mu_0$		$\lvert Z_0 \rvert > Z_{\alpha/2}$
H_0: $\mu = \mu_0$ H_1: $\mu < \mu_0$	$Z_0 = \dfrac{\bar{x} - \mu_0}{\sigma/\sqrt{n}}$	$Z_0 < -Z_\alpha$
H_0: $\mu = \mu_0$ H_1: $\mu > \mu_0$		$Z_0 > Z_\alpha$
H_0: $\mu_1 = \mu_2$ H_1: $\mu_1 \neq \mu_2$		$\lvert Z_0 \rvert > Z_{\alpha/2}$
H_0: $\mu_1 = \mu_2$ H_1: $\mu_1 < \mu_2$	$Z_0 = \dfrac{\bar{x}_1 - \bar{x}_2}{\sqrt{\dfrac{\sigma_1^2}{n_1} + \dfrac{\sigma_2^2}{n_2}}}$	$Z_0 < -Z_\alpha$
H_0: $\mu_1 = \mu_2$ H_1: $\mu_1 > \mu_2$		$Z_0 > Z_\alpha$

Las hipótesis son

$$H_0: \quad \mu_1 = \mu_2$$
$$H_1: \quad \mu_1 \neq \mu_2 \tag{3-47}$$

El procedimiento de prueba es tomar una muestra aleatoria de n_1 observaciones de la población 1, y otra de n_2 observaciones de la población 2, calcular la estadística de prueba

$$Z_0 = \frac{\bar{x}_1 - \bar{x}_2}{\sqrt{\dfrac{\sigma_1^2}{n_1} + \dfrac{\sigma_2^2}{n_2}}} \tag{3-48}$$

y rechazar H_0 si $\lvert Z \rvert > Z_{\alpha/2}$. Si se especifica la alternativa unilateral H_1: $\mu_1 > \mu_2$ en (3-47) entonces se rechazará H_0 si $Z_0 > Z_\alpha$. Si se especifica la otra alternativa unilateral H_1: $\mu_1 < \mu_2$, entonces se rechazará H_0 si $Z_0 < -Z_\alpha$.

En la Tabla 3-3 se un resumen de estos procedimientos de prueba.

Ejemplo 3-4

La resistencia a la presión interna de botellas de vidrio usadas para envasar bebidas gaseosas es una característica de calidad importante. La empresa embotelladora desea saber si la resistencia media a la presión excede de 175 psi. Por experiencia sabe que la desviación estándar de la resistencia es de 10 psi. El fabricante del vidrio envía lotes de estas botellas a la embotelladora, a la cual interesa probar las hipótesis

$$H_0: \quad \mu = 175$$
$$H_1: \quad \mu > 175$$

Obsérvese que se aceptará el lote si se rechaza la hipótesis nula. Se selecciona una muestra aleatoria de 25 botellas, las cuales se colocan en una máquina de prueba que incrementa la presión hidrostática en la botella hasta la ruptura. El promedio de la resistencia a la ruptura muestral es $\bar{x} = 182$ psi. El valor de la estadística de prueba es

$$Z_0 = \frac{\bar{x} - \mu_0}{\sigma/\sqrt{n}} = \frac{182 - 175}{10/\sqrt{25}} = 3.50$$

Si se especifica un error tipo I (el riesgo de fabricante) de $\alpha = 0.05$, entonces, a partir de la Tabla I del Apéndice, se obtendrá $Z_\alpha = Z_{0.05} = 1.645$. Por lo tanto, se rechaza H_0: $\mu = 175$ y se concluye que la resistencia media a la presión en el lote es mayor de 175 psi.

3-3.2 Pruebas de las Medias de Distribuciones Normales, con Variancias Desconocidas

Supóngase que x es una variable aleatoria normal con media desconocida μ y variancia desconocida σ^2. Se desea probar la hipótesis de que la media es igual al valor estándar σ_0; es decir,

$$\begin{aligned} H_0&: \mu = \mu_0 \\ H_1&: \mu \neq \mu_0 \end{aligned} \tag{3-49}$$

Obsérvese que el problema es similar al de la Sección 3-3.1, sólo que ahora se desconoce la variancia. Debido a esto debe hacerse la suposición adicional de que la variable aleatoria está distribuida normalmente. Se necesita suponer la normalidad para desarrollar formalmente la prueba estadística, pero desviaciones moderadas respecto de la normalidad no afectarán seriamente los resultados.

Al desconocer σ^2, es posible estimarla con S^2. Reemplazando σ en (3-46) por S, se obtiene la estadística de prueba

$$t_0 = \frac{\bar{x} - \mu_0}{S/\sqrt{n}} \tag{3-50}$$

Se rechazará la hipótesis nula H_0: $\mu = \mu_0$ si $|t_0| > t_{\alpha/2,\, n-1}$, donde $t_{\alpha/2,\, n-1}$ denota el punto porcentual superior $\alpha/2$ de la distribución t con $n - 1$ grados de libertad. Las regiones críticas para las hipótesis alternativas unilaterales se presentan en la Tabla 3-4.

Supóngase ahora que hay dos poblaciones normales con medias desconocidas μ_1 y μ_2, y varianzas desconocidas σ_1^2 y σ_2^2. Se desea probar la hipótesis de igualdad entre las dos medias; es decir,

$$\begin{aligned} H_0&: \mu_1 = \mu_2 \\ H_1&: \mu_1 \neq \mu_2 \end{aligned} \tag{3-51}$$

El procedimiento de prueba para (3-51) depende de si $\sigma_1^2 = \sigma_2^2$. Primero considérese el caso en el que esta suposición es razonable. Se toman dos muestras aleatorias de tamaños n_1 y n_2 de las poblaciones 1 y 2, respectivamente, y se obtiene una estimación "combinada" para la variancia común, como sigue:

$$S_p^2 = \frac{(n_1 - 1)S_1^2 + (n_2 - 1)S_2^2}{n_1 + n_2 - 2} \tag{3-52}$$

Tabla 3-4 Pruebas de medias de distribuciones normales. con variancia desconocida.

Hipótesis sis	Estadística de prueba	Criterio para el rechazo
H_0: $\mu = \mu_0$ H_1: $\mu \neq \mu_0$		$\lvert t_0 \rvert > t_{\alpha/2, n-1}$
H_0: $\mu = \mu_0$ H_1: $\mu < \mu_0$	$t_0 = \dfrac{\bar{x} - \mu_0}{S/\sqrt{n}}$	$t_0 < -t_{\alpha, n-1}$
H_0: $\mu = \mu_0$ H_1: $\mu > \mu_0$		$t_0 > t_{\alpha, n-1}$
H_0: $\mu_1 = \mu_2$ H_1: $\mu_1 \neq \mu_2$	$t_0 = \dfrac{\bar{x}_1 - \bar{x}_2}{S_p\sqrt{\dfrac{1}{n_1} + \dfrac{1}{n_2}}}$ $\nu = n_1 + n_2 - 2$ o bien	$\lvert t_0 \rvert > t_{\alpha/2, \nu}$
H_0: $\mu_1 = \mu_2$ H_1: $\mu_1 < \mu_2$	$t_0 = \dfrac{\bar{x}_1 - \bar{x}_2}{\sqrt{\dfrac{S_1^2}{n_1} + \dfrac{S_2^2}{n_2}}}$	$t_0 < -t_{\alpha, \nu}$
H_0: $\mu_1 = \mu_2$ H_1: $\mu_1 > \mu_2$	$\nu = \dfrac{\left(\dfrac{S_1^2}{n_1} + \dfrac{S_2^2}{n_2}\right)^2}{\dfrac{(S_1^2/n_1)^2}{n_1 + 1} + \dfrac{(S_2^2/n_2)^2}{n_2 + 1}} - 2$	$t_0 > t_{\alpha, \nu}$

donde S_1^2 y S_2^2 son las variancias muestrales individuales. [Nótese que en la Sección 3-2.2 se usó la Ecuación (3-52) con objeto de fijar un intervalo de confianza para la diferencia de dos medias, con variancias desconocidas pero iguales.] Después se calcula la estadística de prueba

$$t_0 = \frac{\bar{x}_1 - \bar{x}_2}{S_p\sqrt{\dfrac{1}{n_1} + \dfrac{1}{n_2}}} \tag{3-53}$$

y se rechaza H_0 si $|t_0| > t_{\alpha/2, n1 + n2 - 2}$. Este procedimiento se llama frecuentemente prueba t "combinada", porque se combinan las dos muestras para estimar la variancia común. Las hipótesis alternativas unilaterales se resumen en la Tabla 3-4.

Si no es razonable suponer que $\sigma_1^2 = \sigma_2^2$, entonces se tendrá que modificar el procedimiento anterior. La estadística de prueba para (3-51) se convierte en

$$t_0 = \frac{\bar{x}_1 - \bar{x}_2}{\sqrt{\dfrac{S_1^2}{n_1} + \dfrac{S_2^2}{n_2}}} \tag{3-54}$$

y el número de grados de libertad para t es

$$\nu = \frac{\left(\frac{S_1^2}{n_1} + \frac{S_2^2}{n_2}\right)^2}{\frac{(S_1^2/n_1)^2}{n_1 + 1} + \frac{(S_2^2/n_2)^2}{n_2 + 1}} - 2 \tag{3-55}$$

Esto es sólo un procedimiento de prueba aproximado.

Ejemplo 3-5

Utilizaremos los datos del Ejemplo 3-2 respecto a los índices de octano en carretera observados para dos formulaciones de gasolina, a fin de ilustrar los procedimientos anteriores. Se desea probar la hipótesis de que el índice octánico medio para la formulación 1 (con plomo) es igual al índice de octano medio para la formulación 2; o sea,

$$H_0: \ \mu_1 = \mu_2$$
$$H_1: \ \mu_1 \neq \mu_2$$

Utilizando los datos de la Tabla 3-2, se obtiene $\bar{x}_1 = 90.70$, $S_1^2 = 1.35$, $\bar{x}_2 = 90.80$, $S_2^2 = 1.06$, $n_1 = n_2 = 10$ y, suponiendo que $\sigma_1^2 = \sigma_2^2$, a partir de (3-52) se encuentra $S_p^2 = 1.21$. Por lo tanto, la estadística de prueba (3-53) es

$$t_0 = \frac{\bar{x}_1 - \bar{x}_2}{S_p\sqrt{\frac{1}{n_1} + \frac{1}{n_2}}} = \frac{90.70 - 90.80}{1.10\sqrt{\frac{1}{10} + \frac{1}{10}}} = -0.20$$

Usando $\alpha = 0.01$, encontramos que $t_{0.005,\,18} = 2.878$. Ya que $|t_0| = -0.20 < 2.878$, no podemos rechazar H_0, y se concluye que no hay una fuerte evidencia estadística para indicar una diferencia en los índices de octano medios de las dos formulaciones de gasolina. Nótese que el intervalo de confianza para la diferencia entre las medias, obtenido en el Ejemplo 3-2, incluye el cero; expresado de otra manera, las dos medias no son diferentes. Este señala una equivalencia entre intervalos de confianza y pruebas de hipótesis. El hecho de encontrar un intervalos de confianza al $100(1 - \alpha)\%$ para un parámetro que incluye un valor particular es idéntico a no rechazar la hipótesis nula de que el parámetro es igual a este valor, con una probabilidad de cometer el error tipo I de α.

■

Hay que subrayar que se ha supuesto que las dos muestras usadas en las pruebas anteriores son independientes. En algunas aplicaciones se encuentran datos *pareados*. Las observaciones de un experimento a menudo se hacen en pares, para evitar que factores extraños abulten la estimación de la variancia; por lo tanto, es un método para mejorar la exactitud de la comparación de medias. Para un análisis más amplio respecto a datos pareados, véase la obra de Montgomery (1984), la de Hines y Montgomery (1980), o la de Bowker y Lieberman (1972). El análisis de tal situación se ilustra en el ejemplo siguiente.

Ejemplo 3-6

Se utilizan dos tipos diferentes de máquinas para medir la resistencia a la tensión de una fibra sintética. Se quiere determinar si las dos máquinas producen los mismos valores medios de dicha resistencia. Se

Tabla 3-5 Datos pareados de resistencia a la tensión para el Ejemplo 3-6.

Probeta	Máquina 1	Máquina 2	Diferencia
1	74	78	−4
2	76	79	−3
3	74	75	−1
4	69	66	3
5	58	63	−5
6	71	70	1
7	66	66	0
8	65	67	−2

seleccionan al azar ocho trozos o probetas de la fibra, y se mide su resistencia usando cada máquina para cada trozo. Los datos codificados aparecen en la Tabla 3-5.

Los datos de este experimento se parearon para evitar que la diferencia entre las probetas de fibra (que podrá ser sustancial) no afecte la diferencia entre las máquinas. El procedimiento de prueba consiste en obtener las diferencias del par de observaciones para cada una de las n piezas, digamos $d_j = x_{1j} - x_{2j}$, $j = 1, 2, \ldots, n$, y después probar la hipótesis de que la media de las diferencias μ_d es cero. Nótese que la prueba H_O: $\mu_d = O$ es equivalente a la prueba H_O $\mu_1 = \mu_2$, y además la prueba para μ_d es exactamente la prueba t para una muestra, analizada al principio de esta sección. La estadística de prueba es

$$t_0 = \frac{\bar{d}}{S_d/\sqrt{n}}$$

donde

$$\bar{d} = \frac{1}{n}\sum_{j=1}^{n} d_j$$

y

$$S_d^2 = \frac{\sum_{j=1}^{n}(d_j - \bar{d})^2}{n-1} = \frac{\sum_{j=1}^{n} d_j^2 - \frac{\left(\sum_{j=1}^{n} d_j\right)^2}{n}}{n-1}$$

y se rechaza H_0: $\mu_d = 0$ si $|t_0| > t_{\alpha/2,\, n-1}$.

En este ejemplo se tiene

$$\bar{d} = \frac{1}{n}\sum_{j=1}^{n} d_j = \frac{1}{8}(-11) = -1.38$$

$$S_d^2 = \frac{\sum_{j=1}^{n} d_j^2 - \frac{\left(\sum_{j=1}^{n} d_j\right)^2}{n}}{n-1} = \frac{65 - \frac{(-11)^2}{8}}{7} = 7.13$$

Por lo tanto, la estadística de prueba es

$$t_0 = \frac{\bar{d}}{S_d/\sqrt{n}} = \frac{-1.38}{2.67/\sqrt{8}} = -1.46$$

Escogiendo $\alpha = 0.05$, se encuentra $t_{0.025,\,7} = 2.365$, y se concluye que no existe fuerte evidencia que indique que las dos máquinas difieren respecto al promedio de sus mediciones de la resistencia a la tensión.

■

El procedimiento dado en esta sección para probar la igualdad de las medias de dos poblaciones normales con variancias desconocidas pero iguales puede extendese a la comparación de k medias poblacionales. El procedimiento de prueba se llama *análisis de variancia*. Para una presentación sistemática del análisis de varianza y de algunas de sus aplicaciones, véase la obra de Montgomery (1984).

3-3.3 Pruebas de Variancias de Distribuciones Normales

Ahora se estudiará la prueba de hipótesis para la variancia de una distribución normal. Mientras que las pruebas para las medias son relativamente insensibles respecto a la suposición de normalidad, los procedimientos de prueba para las variancias no lo son.

Supóngase que se desea probar la hipótesis de que la variancia de una distribución normal es igual a una constante, digamos σ^2_0. Las hipótesis son

$$\begin{aligned} H_0&: \sigma^2 = \sigma_0^2 \\ H_1&: \sigma^2 \neq \sigma_0^2 \end{aligned} \tag{3-56}$$

La estadística de prueba para esta hipótesis es

$$\chi_0^2 = \frac{(n-1)S^2}{\sigma_0^2} \tag{3-57}$$

Tabla 3-6 Pruebas de variancias de distribuciones normales.

Hipótesis	Estadística de prueba	Criterio para el rechazo
$H_0: \sigma^2 = \sigma_0^2$ $H_1: \sigma^2 \neq \sigma_0^2$		$\chi_0^2 > \chi^2_{\alpha/2,\,n-1}$ o bien $\chi_0^2 < \chi^2_{1-\alpha/2,\,n-1}$
$H_0: \sigma^2 = \sigma_0^2$ $H_1: \sigma^2 < \sigma_0^2$	$\chi_0^2 = \frac{(n-1)S^2}{\sigma_0^2}$	$\chi_0^2 < \chi^2_{1-\alpha,\,n-1}$
$H_0: \sigma^2 = \sigma_0^2$ $H_1: \sigma^2 > \sigma_0^2$		$\chi_0^2 > \chi^2_{\alpha,\,n-1}$
$H_0: \sigma_1^2 = \sigma_2^2$ $H_1: \sigma_1^2 \neq \sigma_2^2$	$F_0 = \frac{S_1^2}{S_2^2}$	$F_0 > F_{\alpha/2,\,n_1-1,\,n_2-1}$ o bien $F_0 < F_{1-\alpha/2,\,n_1-1,\,n_2-1}$
$H_0: \sigma_1^2 = \sigma_2^2$ $H_1: \sigma_1^2 < \sigma_2^2$	$F_0 = \frac{S_2^2}{S_1^2}$	$F_0 > F_{\alpha,\,n_2-1,\,n_1-1}$
$H_0: \sigma_1^2 = \sigma_2^2$ $H_1: \sigma_1^2 > \sigma_2^2$	$F_0 = \frac{S_1^2}{S_2^2}$	$F_0 > F_{\alpha,\,n_1-1,\,n_2-1}$

donde S^2 es la variancia muestral, calculada a partir de una muestra aleatoria de n observaciones. Se rechaza la hipótesis nula si $\chi_0^2 > \chi^2_{\alpha/2, n-1}$ o bien si $\chi_0^2 < \chi^2_{1-\alpha/2, n-1}$, donde $\chi^2_{\alpha/2, n-1}$ y $\chi^2_{1-\alpha/2, n-1}$ son los puntos porcentuales superior $\alpha/2$ e inferior $1 - (\alpha/2)$ de la distribución ji cuadrada con $n - 1$ grados de libertad. La Tabla 3-6 presenta las regiones críticas para las hipótesis alternativas unilaterales.

Esta prueba es muy útil en muchas aplicaciones del control de calidad. Por ejemplo, considérese una variable aleatoria normal, con media μ y variancia σ^2. Si σ^2 es menor que o igual a cierto valor σ_0^2, entonces la dispersión natural propia del proceso estará dentro de los requisitos del diseño y, por consiguiente, casi toda la producción cumplirá las especificaciones. Sin embargo, si σ^2 excede σ_0^2, entonces la dispersión natural del proceso excederá los límites de especificación, lo que generará un alto porcentaje de productos disconformes o de "rechazo". En otras palabras, la *capacidad* del proceso se relaciona directamente con su *variabilidad.* Pueden utilizarse las ecuaciones (3-56) y (3-57) para analizar varias situaciones similares, y como veremos subsecuentemente, forman la base de un procedimiento de control de la variabilidad de un proceso.

Ahora considérese la prueba de la igualdad de las variancias de dos poblaciones normales. Si se toman muestras aleatorias de tamaño n_1 y n_2 de las poblaciones 1 y 2, respectivamente, entonces la estadística de prueba para

$$\begin{aligned} H_0&: \sigma_1^2 = \sigma_2^2 \\ H_1&: \sigma_1^2 \neq \sigma_2^2 \end{aligned} \tag{3-58}$$

es el cociente de las dos variancias muestrales,

$$F_0 = \frac{S_1^2}{S_2^2} \tag{3-59}$$

Se rechazará H_0 si $F_0 > F_{\alpha/2, n1-1, n2-1}$ o bien si $F_0 < F_{1-(\alpha/2), n1-1, n2-1}$, donde $F_{\alpha/2, n1-1, n2-1}$ y $F_{1-(\alpha/2), n1-1, n2-1}$ denotan los puntos porcentuales superior $1 - (\alpha/2)$ de la distribución F, con $n_1 - 1$ y $n_2 - 1$ grados de libertad, respectivamente. En la Tabla 3-6 se resumen los procedimientos de prueba para las hipótesis alternativas.

Ejemplo 3-7

Se desea probar la hipótesis de que las variancias de los índices de octano en carretera para las dos formulaciones de gasolina del Ejemplo 3-2 son iguales; es decir,

$$\begin{aligned} H_0&: \sigma_1^2 = \sigma_2^2 \\ H_1&: \sigma_1^2 \neq \sigma_2^2 \end{aligned}$$

Como $S_1^2 = 1.35$ y $S_2^2 = 1.06$, la estadística de prueba es

$$F_0 = \frac{S_1^2}{S_2^2} = \frac{1.35}{1.06} = 1.27$$

En la Tabla V del Apéndice se halla que $F_{0.025,9,9} = 4.03$ y $F_{0.975,9,9} = 0.248$, y entonces la conclusión es que no hay evidencia para justificar el rechazo de H_0.

■

3-3.4 Pruebas de Parámetros Binomiales

Supóngase que quiere probarse la hipótesis de que el parámetro p de una distribución binomial es igual a un valor estándar, p_0. La prueba que describiremos se basa en la aproximación normal a la binomial. Si se toma una muestra aleatoria de n observaciones, y x elementos de la muestra pertenecen a la clase correspondiente a p, entonces para probar

$$H_0: \quad p = p_0$$
$$H_1: \quad p \neq p_0 \tag{3.60}$$

usamos la estadística

$$Z_0 = \begin{cases} \dfrac{(x + 0.5) - np_0}{\sqrt{np_0(1 - p_0)}} & \text{si } x < np_0 \\ \dfrac{(x - 0.5) - np_0}{\sqrt{np_0(1 - p_0)}} & \text{si } x > np_0 \end{cases} \tag{3-61}$$

La hipótesis nula H_0: $p = p_0$ *se rechaza si* $|Z_0| > Z_{\alpha/2}$. Las hipótesis alternativas unilaterales se manejan de manera similar.

Ejemplo 3-8

Un proceso de fundición produce piezas de acero coladas que se utilizan en la industria automotriz. Se quiere probar la hipótesis de que la fracción de disconformes o de rechazos de este proceso es 10%. En una muestra aleatoria de 250 piezas fundidas, 41 resultaron no conformes. Para probar

$$H_0: \quad p = 0.1$$
$$H_1: \quad p \neq 0.1$$

se calcula la estadística de prueba

$$Z_0 = \frac{(x - 0.5) - np_0}{\sqrt{np_0(1 - p_0)}} = \frac{(41 - 0.5) - (250)(0.1)}{\sqrt{250(0.1)(1 - 0.1)}} = 3.27$$

Utilizando $\alpha = 0.05$, resulta que $Z_{0.025} = 1.96$; por lo tanto, se rechaza H_0: $p = 0.1$. Es decir, la fracción de disconformes del proceso no es igual a 10%.

■

También es posible utilizar la aproximación normal para probar la hipótesis de que dos parámetros binomiales son iguales; o sea,

$$H_0: \quad p_1 = p_2$$
$$H_1: \quad p_1 \neq p_2 \tag{3-62}$$

Se toma una muestra aleatoria de n_1 observaciones de la población 1, y otra de n_2 observaciones de la población 2. Supóngase que x_1 y x_2 elementos pertenecen a la clase correspondiente a p en las dos muestras, respectivamente. Entonces $\hat{p}_1 = x_1/n_1$ y $\hat{p}_2 = x_2/x_2$ son los estimadores de los parámetros que se obtienen a partir de las dos muestras.

Si la hipótesis nula es verdadera, entonces $p_1 = p_2 = p$, y se pueden combinar las dos estadísticas muestrales en un solo estimador

$$\hat{p} = \frac{n_1\hat{p}_1 + n_2\hat{p}_2}{n_1 + n_2} \tag{3-63}$$

La estadística para probar H_0 es

$$Z_0 = \frac{\hat{p}_1 - \hat{p}_2}{\sqrt{\hat{p}(1-\hat{p})\left(\dfrac{1}{n_1} + \dfrac{1}{n_2}\right)}} \tag{3-64}$$

Se rechazará H_0 cuando $|Z_0| > Z_{\alpha/2}$.

3-3.5 Pruebas de Parámetros de Poisson

La distribución de Poisson

$$p(x) = \frac{e^{-\lambda}\lambda^x}{x!} \qquad x = 0, 1, \ldots$$

se usa frecuentemente en el control de calidad para modelar la ocurrencia de disconformidades o defectos en un producto. En tales aplicaciones, el parámetro λ se llama *tasa media de ocurrencia de disconformidades*. En esta sección se describieron los procedimientos de prueba que incluyen el parámetro λ de la distribución de Poisson.

Supóngase que se desea probar la hipótesis

$$\begin{aligned} H_0&:\ \lambda = \lambda_0 \\ H_1&:\ \lambda \neq \lambda_0 \end{aligned} \tag{3-65}$$

Se toma una muestra aleatoria de n observaciones, $x_1, x_2, \ldots, x_n$. Cada $\{x_i\}$ *tiene distribución de Poisson con parámetro* λ; además, la suma $x = x_1 + x_2 + \ldots + x_n$ *tiene distribución de Poisson con parámetro* $n\lambda$. Si n es grande puede utilizarse el hecho de que $\bar{x} = x/n$ es apro ximadamente normal, con media λ y variancia λ/n, a fin de desarrollar una prueba para H_0. La estadística de prueba es

$$Z_0 = \frac{\bar{x} - \lambda_0}{\sqrt{\lambda_0/n}}$$

Se rechazará H_0: $\lambda = \lambda_0$ si $|Z_0| > Z_{\alpha/2}$.

Existen varios otros enfoques para probar hipótesis acerca de parámetros de Poisson. Cuando n es pequeño, puede ser útil el enfoque que se presenta en el siguiente ejemplo.

Ejemplo 3-9

Una muestra al azar de tres copiadoras de oficina produce $x_1 = 3$, $x_2 = 1$, y $x_3 = 6$ disconformidades por unidad, respectivamente. Se desea probar la hipótesis

$$\begin{aligned} H_0&:\ \lambda = 1 \\ H_1&:\ \lambda > 1 \end{aligned}$$

: $\lambda = \lambda$ Z

La prueba que se emplea se base en el hecho de que $x = x_1 + x_2 + x_3$ tiene distribución de Poisson, con parámetro 3λ. Evaluamos

$$\theta = 1 - F(x - 1)$$

donde $F(x - 1)$ se obtiene de la distribución acumulativa de Poisson de la Tabla II del Apéndice, suponiendo que es cumple H_0: $\lambda = \lambda_0$. Nótese que θ es la probabilidad de ocurrencia de la muestra cuando se cumple H_0. Si $\theta \leq \alpha$, rechazamos H_0: $\lambda = \lambda_0$.

Para los datos, tenemos que $x = x_1 + x_2 + x_3 = 3 + 1 + 6 = 10$. Bajo H_0, x tiene distribución de Poisson con parámetro $3(\lambda_0) = 3(1) = 3$. De la Tabla II del Apéndice, encontramos que para una distribución de Poisson con parámetro 3, $F(x - 1) = F(9) = 0.998$. Por lo tanto, $\theta = 1 - F(x - 1) = 1 - 0.998 = 0.002$. Como $0.002 < \alpha = 0.05$ por ejemplo, se rechazaría la hipótesis nula H_0: $\lambda = 1$.

■

Otro problema que se presenta ocasionalmente es la comparación de los parámetros de varias distribuciones de Poisson. Un método de análisis se ilustra en el siguiente ejemplo.

Ejemplo 3-10

Se utilizan tres moldes diferentes en una máquina para fabricar botellas de vidrio. La cantidad de disconformidades o defectos en 1000 botellas producidas mediante cada molde interesa al departamento de control de calidad como una medida del rendimiento del proceso. Se seleccionan al azar cinco lotes de 1000 botellas de la producción de cada molde (esto es relativamente fácil de realizar, porque los números de los moldes se encuentran marcados en el fondo o base de cada botella), y los datos aparecen en la segunda columna de la Tabla 3-7.

Para probar la hipótesis de que las botellas producidas por un molde en particular tienen la misma tasa de ocurrencia de disconformidades, podemos utilizar una estadística ji cuadrada de "bondad de ajuste", con la forma general

$$\chi^2 = \sum_{i=1}^{n} \frac{(O_i - E_i)^2}{E_i}$$

donde O_i es el número observado de ocurrencia en el i-ésimo elemento, y E_i es el número esperado de ocurrencias bajo la suposición de que es verdadero algún modelo. La versión específica de esta estadística de prueba que se usa en el presente problema es

$$\chi_i^2 = \frac{\sum_{j=1}^{n} (x_{ij} - \bar{x}_i)^2}{\bar{x}_i} \qquad i = 1, 2, \ldots, m$$

donde x_{ij} representa la j-ésima observación del i-ésimo molde, y $\bar{x}_i$ es el número promedio de defectos correspondientes al $i$ésimo molde, $i = 1, 2, \ldots, m$, y $j = 1, 2, \ldots, n$. Si la tasa de ocurrencia de disconfor-

Tabla 3-7 Datos y Cálculos para el Ejemplo 3-10.

Número del Molde i	Número de disconformidades por 1000 botellas, x_{ij}	Número total por molde $\sum_{j=1}^{5} x_{ij}$	Número promedio por molde $\frac{1}{5}\sum_{j=1}^{5} x_{ij} = \bar{x}_i$	$\chi_i^2 = \frac{\sum_{j=1}^{5} (x_{ij} - \bar{x}_i)^2}{\bar{x}_i}$
1	8, 4, 3, 6, 4	25	5	3.20
2	5, 2, 3, 6, 4	20	4	2.50
3	12, 10, 8, 11, 9	50	10	1.00

midades es constante para un molde en particular, entonces χ_i^2 se distribuye aproximadamente como ji cuadrada con $n - 1$ grados de libertad. Se rechazaría esta hipótesis si $\chi_i^2 > \chi_{\alpha, n-1}^2$. Para los datos, los valores de χ_i^2 se muestran en la última columna de la Tabla 3-7. Como $\chi_{0.05,4}^2 = 9.49$, se concluye que las botellas producidas en un mismo molde son homogéneas.

También se puede calcular una estadística ji cuadrada que mide la homogeneidad *entre* los moldes,

$$\chi_0^2 = \frac{\sum_{i=1}^{m}\left(\sum_{j=1}^{n} x_{ij} - \bar{x}\right)^2}{\bar{x}}$$

donde $\bar{x} = (1/m)\Sigma_{i=1}^{m}(\Sigma_{j=1}^{n} x_{ij})$ es el número promedio de disconformidades observadas. Para los datos, se tiene que $\bar{x} = 95/3 = 31.67$, y

$$\chi_0^2 = \frac{(25 - 31.67)^2 + (20 - 31.67)^2 + (50 - 31.67)^2}{31.67} = 16.31$$

Comparando este valor con $\chi_{0.05,2}^2 = 5.99$, concluimos que los moldes no son homogéneos. Específicamente, parece que el molde número 3 produce botellas con una tasa de ocurrencia de no conformidades más alta que los otros dos.

■

3-3.6 Probabilidad del Error Tipo II

En la mayoría de los casos de prueba de hipótesis, es importante determinar la probabilidad del error tipo II asociado a la prueba. De manera equivalente, podemos elegir evaluar el poder de la prueba. Para ilustrar cómo se puede realizar esto, obtendremos la probabilidad del error tipo II asociado a la prueba de

$$H_0: \quad \mu = \mu_0$$
$$H_1: \quad \mu \neq \mu_0$$

donde se desconoce la variancia σ^2. El procedimiento de la prueba se analizó en la Sección 3-3.1.

La estadística de prueba para esta hipótesis es

$$Z_0 = \frac{\bar{x} - \mu_0}{\sigma/\sqrt{n}}$$

y bajo la hipótesis nula, la distribución de Z_0 es N(0,1). A fin de encontrar la probabilidad del error tipo II, hay que suponer que la hipótesis nula H_0: $\sigma = \sigma_0$ es falsa, y después encontrar la distribución de Z_0. Supóngase que la media de la distribución es realmente $\sigma_1 = \sigma + \delta$, donde $\delta > 0$. Por lo tanto, la hipótesis alternativa H_1: $\mu = \sigma_0$ es verdadera, y con este supuesto, la distribución de la estadística de prueba Z_0 es

$$Z_0 \sim N\left(\frac{\delta\sqrt{n}}{\sigma}, 1\right) \tag{3-67}$$

Las distribuciones de la estadística de prueba Z_0 según ambas hipótesis, H_0 y H_1, se muestran en la Figura 3-4. Observamos que la probabilidad del error tipo II es la probabilidad de que Z_0 caiga entre $-Z_{\alpha/2}$ y $Z_{\alpha/2}$ dado que es verdadera la hipótesis alternativa H_1. Para evaluar esta probabilidad, hay que encontrar $F(F_{\alpha/2}) - F(-Z_{\alpha/2})$, donde F denota la función de distribución

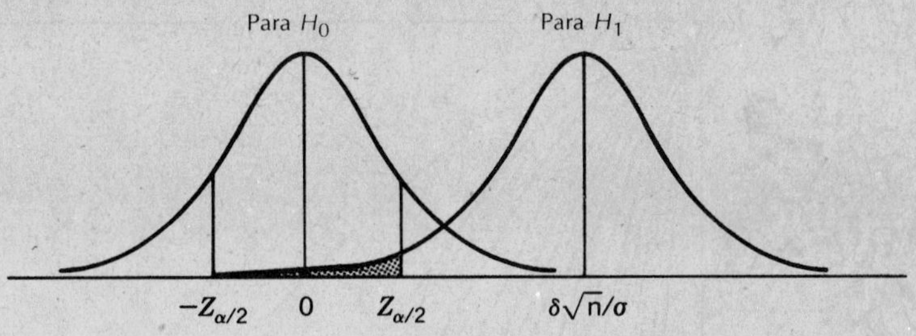

Figura 3-4 Distribución de Z_0 para las hipótesis H_0 y H_1.

acumulativa de la distribución $N(\delta\sqrt{n}/\sigma, 1)$. Entonces tenemos, en términos de la distribución acumulativa normal estándar,

$$\beta = \Phi\left(Z_{\alpha/2} - \frac{\delta\sqrt{n}}{\sigma}\right) - \Phi\left(-Z_{\alpha/2} - \frac{\delta\sqrt{n}}{\sigma}\right) \tag{3-68}$$

como la probabilidad del error tipo II.

Ejemplo 3-11

Se estudia el contenido medio de latas de café, llenadas por una línea de producción en particular. Los estándares especifican que el contenido medio debe ser igual a 16.0 oz., y por experiencia se sabe que la desviación estándar del contenido de las latas es de 0.1 oz. Las hipótesis son

$$H_0: \quad \mu = 16.0$$
$$H_1: \quad \mu \neq 16.0$$

Se usa una muestra aleatoria de nueve latas, y se especifica la probabilidad del error tipo I como $\alpha = 0.05$. Por lo tanto, la estadística de prueba es

$$Z_0 = \frac{\bar{x} - 16.0}{0.1/\sqrt{9}}$$

y se rechaza H_0 si $|Z_0| > Z_{0.025} = 1.96$. Supóngase que queremos encontrar la probabilidad del error tipo II, si el contenido medio real es $\mu_1 = 16.1$ oz. Como esto implica que $\delta = \mu_1 - \mu_0 = 16.1 - 16.0 = 0.1$,

$$\begin{aligned}\beta &= \Phi\left(Z_{\alpha/2} - \frac{\delta\sqrt{n}}{\sigma}\right) - \Phi\left(-Z_{\alpha/2} - \frac{\delta\sqrt{n}}{\sigma}\right)\\ &= \Phi\left(1.96 - \frac{(0.1)(3)}{0.1}\right) - \Phi\left(-1.96 - \frac{(0.1)(3)}{0.1}\right)\\ &= \Phi(-1.04) - \Phi(-4.96)\\ &= 0.1492\end{aligned}$$

Es decir, la probabilidad de que no se rechace incorrectamente H_0 si el verdadero contenido medio es 16.1 oz., es de 0.1492. En forma equivalente podríamos decir que el poder de la prueba es $1 - \beta = 1 - 0.1492 = 0.8508$.

■

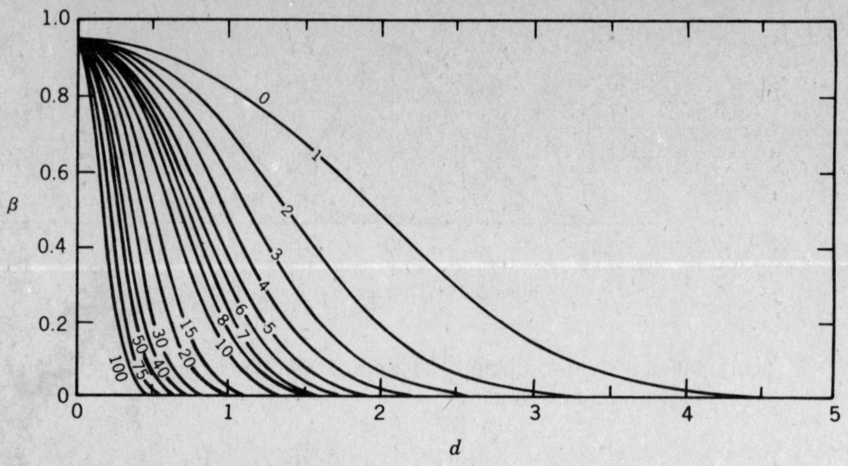

Figura 3-5. Curvas características de operación para la prueba normal bilateral con $\alpha = 0.05$. (*Reproducidad, con permiso de* C. L. Ferris, F. E. Grubbs y C. L. Weaver, "Operating Characteristics Curves for the Common Statistical Test of Significance", *Annals of Mathematical Statistics*, junio de 1946).

Notamos, a partir del examen de la Ecuación (3-68) y la Fig. 3-4, que β es una función de n, δ y α. Se acostumbra trazar gráficas se representan la relación entre estos parámetros. En la Fig. 3-5 se representa un conjunto de tales curvas para $\alpha = 0.05$. Estas gráficas suelen llamarse *característica de operación* (CO). El parámetro en el eje vertical de estas curvas es β, y el parámetro en el eje horizontal es $d = |\delta|/\sigma$. Examinando las curvas características de operación, observamos que:

1. Cuanto más se aleje la verdadera media μ_1 del valor de la hipótesis nula μ_0 (es decir, cuanto mayor es el valor de δ), tanto más pequeña será la probabilidad del error tipo II, para un valor dado de n y de α. O sea, para un tamaño muestral y de α especificado, la prueba detectará con mayor facilidad diferencias grandes que pequeñas.
2. Al aumentar el tamaño muestral n, la probabilidad del error tipo II decrece para α y α especificados. Es decir, para detectar una diferencia en particular podemos hacer la prueba más poderosa aumentando el tamaño muestral.

Las curvas características de operación son útiles para determinar el tamaño muestral requerido, con el fin de detectar una diferencia específica con una probabilidad en particular. Como ilustración, supóngase que se desea determinar, en el Ejemplo 3-11, qué tan grande tendría que ser una muestra para tener una probabilidad de 0.90 de rechazar H_0: $\mu = 16.0$ si la verdadera media es $\mu = 16.05$. Como $\delta = 16.05 - 16.0 = 0.05$, tenemos que $d = |\delta|/\sigma = |0.06|/0.1 = 0.5$. De la Figura 3-5, con $\beta = 0.1$ y $d = 0.5$, entonces $n = 45$, aproximadamente. O sea, se deben hacer 45 observaciones para asegurar que la prueba tenga la probabilidad deseada del error tipo II.

Existen curvas características de operación para la mayoría de las pruebas estadísticas estándares examinadas en este capítulo. En a la obra de Hines y Montgomery (1980), o en la de Bowker y Lieberman (1972), puede verse un análisis detallado del uso de curvas características de operación.

3-4 EJERCICIOS

3-1 Se sabe que los valores de diámetro interior de cojinetes producidos por cierto proceso industrial tienen desviación estándar de $\sigma = 0.0001$ cm. Una muestra aleatoria de 15 cojinetes tiene diámetro interior medio de 8.2535 cm. Determine un intervalo de confianza bilateral al 95% para el diámetro medio de los cojinetes.

3-2 El comprador está interesado en la resistencia a la tensión de una fibra que se usa en la manufactura de telas. La experiencia indica que la desviación estándar de la resistencia es de 2 psi. Se selecciona una muestra aleatoria de ocho piezas de fibra y la resistencia media a la tensión resulta ser de 127 psi. Establezca un límite inferior de confianza al 95% para la resistencia media a la tensión.

3-3 Se supone que la duración de una pila eléctrica para calculadora de bolsillo tiene distribución normal. Se prueba una muestra aleatoria de 10 pilas hasta el agotamiento, y se obtienen las duraciones siguientes:

25.5 h	26.1 h
26.8	23.2
24.2	28.4
25.0	27.8
27.3	25.7

Determine un intervalo de confianza bilateral al 90% para la duración media.

3-4 Con los datos del Ejercicio 3-3, fije un límite inferior de confianza al 95% para la duración media.

3-5 Se usa una máquina para llenar envases con cierto producto líquido. Es posible suponer que el volumen de llenado tiene distribución normal. Se selecciona una muestra aleatoria de 10 envases y se miden los contenidos netos, con los resultados que se muestran. Fije un intervalo de confianza bilateral al 95% para el volumen medio de llenado.

12.03 oz	12.01 oz
12.04	12.02
12.05	11.98
11.96	12.02
12.05	11.99

3-6 Una variable aleatoria distribuida normalmente tiene una media desconocida μ, y variancia conocida $\sigma^2 = 16$. Encuentre el tamaño muestral necesario para establecer un intervalo de confianza bilateral al 95% para μ, con una amplitud total de 1.0.

3-7 Se sabe que los diámetros de barras de acero producidos por una máquina en particular tienen desviación estándar de 0.0001 plg. Una muestra aleatoria de 25 barras tiene diámetro medio de 0.5046 plg. Construya un intervalo de confianza bilateral al 95% para el diámetro medio de las barras.

3-8 Considere los datos del Ejercicio 3-3. Determine un intervalo de confianza bilateral al 90% para la variancia de la duración de las pilas. Convierta este intervalo en un intervalo de confianza correspondiente para la desviación estándar de la duración de las pilas.

3- Considere los datos del Ejercicio 3-5. Establezca un intervalo de confianza bilateral al 95% para la variancia del volumen de llenado.

3-10 Se supone que el voltaje de salida de una fuente de energía tiene distribución normal. Enseguida se presentan 16 observaciones del voltaje.

10.35	9.30	10.00	9.96
11.65	12.00	11.25	9.58
11.54	9.95	10.28	8.37
10.44	9.25	9.38	10.85

(a) Determine un intervalo de confianza bilateral al 95% para μ.
(b) Determine: un intervalo de confianza bilateral al 95% para σ.
(c) Determine: un intervalo superior de confianza al 95% para σ.

3-11 Se usan dos máquinas para llenar botellas de vidrio con gaseosa. Los procesos de llenado tienen desviaciones estándares conocidas $\sigma_1 = 0.010$ L y $\sigma_2 = 0.015$ L, respectivamente. Una muestra aleatoria de $n_1 = 25$ botellas de la máquina 1, y una muestra de $n_2 = 20$ botellas de la máquina 2, dan como resultado contenidos medios netos de $\bar{x}_1 = 2.04$ L y $\bar{x}_2 = 2.07$ L, respectivamente. Determine un intervalo de confianza de 95% para la diferencia en volumen medio de llenado. ¿Concluiría, con base en los resultados de este cálculo, que ambas máquinas producen el mismo volumen de llenado?

3-12 Dos técnicos de control de calidad miden el acabado de la superficie de una pieza metálica, obteniendo los resultados siguientes. Suponga que las mediciones se distribuyen normalmente.

Técnico 1	Técnico 2
1.45	1.54
1.37	1.41
1.21	1.56
1.54	1.37
1.48	1.20
1.29	1.31
1.34	1.27
	1.35

(a) Fije un intervalo de confianza al 95% para la diferencia media de las mediciones de acabado de superficie, suponiendo que las variancias son iguales.
(b) Obtenga una estimación para el cociente de las variancias del error de medición de los técnicos, mediante un intervalo de confianza al 95%.
(c) Determine un intervalo de confianza al 95% para la variancia de las mediciones del técnico 2.

3-13 Se dispararon veinte rondas de cartuchos militares estándares para rifles, con un arma de prueba, lo que dio como resultado una velocidad media de salida de $\bar{x}_1 = 595$ m/s metros por segundo. Se dispararon también veinte rondas de cartuchos de prueba, con la misma arma, lo que produjo una velocidad media de $\bar{x}_2 = 600$ m/s. Se calcularon las variancias muestrales como $S_1^2 = 4.1$ y $S_2^2 = 5.0$, respectivamente. Suponga que dicha velocidad de salida está distribuida normalmente.

(a) Fije un intervalo de confianza bilateral al 90% para la diferencia de velocidad medias, suponiendo que las variancias son iguales.
(b) Fije un intervalo de confianza bilateral al 95% para la razón σ_1^2/σ_2^2.

3-14 Suponga que $x_1 \sim N(\mu_1, \sigma_1^2$ y $x_2 \sim N(\mu_2, \sigma_2^2$ y que $\bar{x}_1$ y $\bar{x}_2$ son independientes. Idee un procedimiento para establecer un intervalo de confianza de 100 $(1 - \alpha)$% para $\mu_1 - \mu_2$, suponiendo que se desconocen σ_1^2 y σ_2^2, y que no pueden ser iguales.

3-15 Se utilizan dos procesos diferentes de templado, uno con agua salada y otro con aceite, en muestras de un tipo particular de aleación metálica. Los resultados se muestran a continuación. Considere que la dureza (o grado de temple) está distribuida normalmente.

Templado en agua salada	Templado en aceite
145	152
150	150
153	147
148	155
141	140
152	146
146	158
154	152
139	151
148	143

(a) Fije un intervalo de confianza al 95% para la diferencia en dureza, suponiendo que las variancias σ_1^2 y σ_2^2 son iguales.
(b) Construya un intervalo de confianza al 95% para la razón σ_1^2/σ_2^2.

3-16 Una muestra aleatoria de 200 tarjetas de circuitos impresos contiene 25 piezas defectuosas. Estime la fracción de disconformes del proceso. Determine un intervalo de confianza bilateral al 90% para la verdadera fracción de disconformes en el proceso de fabricación.

3-17 Una muestra aleatoria de 500 piezas contiene 75 disconformes. Estime la fracción de disconformidades del proceso. Fije un intervalo superior de confianza al 95% para la verdadera fracción de disconformes del proceso.

3-18 Se usan dos procesos para fabricar piezas forjadas que se utilizan en el montaje de un ala de avión. De 200 piezas, seleccionadas del proceso 1, se tiene que 30 no cumplen con las especificaciones de resistencia, mientras que de 300 piezas, seleccionadas del proceso 2, 40 no están conformes. Calcule la fracción de disconformes para cada proceso. Determine un intervalo de confianza al 90% para la diferencia en la fracción de disconformes de los dos procesos.

3-19 Considere los datos del Ejercicio 3-1. Pruebe la hipótesis de que el diámetro interior medio de los cojinetes es igual a 8.25 cm.

3-20 Considere los datos del Ejercicio 3-2. Pruebe la hipótesis de que la resistencia media a la tensión es igual a 125 psi.

3-21 Considere los datos de duración de pilas del Ejercicio 3-3. El fabricante quiere estar seguro de que la duración media de las pilas es mayor de 25 h. ¿Qué conclusiones se pueden deducir de estos datos?

3-22 Considere el proceso de llenado descrito en el Ejercicio 3-5. El fabricante quiere estar seguro de que el contenido neto medio es mayor que 12.0 oz. ¿Qué conclusiones pueden obtenerse de estos datos?

3-23 Pruebe la hipótesis de que el diámetro medio de las barras es de 0.5025 plg utilizando los datos del Ejercicio 3-7. ¿Qué conclusiones se pueden deducir?

3-24 Pruebe la hipótesis de que $\sigma^2 = 1.0$, usando los datos del Ejercicio 3-10.

3-25 Considere los datos de las mediciones del acabado de superficie del Ejercicio 3-12.

(a) Pruebe la hipótesis de que las variancias de las mediciones realizadas por los dos técnicos son iguales.
(b) Utilizando los resultados del inciso (a), realice una prueba de la hipótesis de que los promedios de las mediciones del acabado de la superficie, realizadas por los dos técnicos, son iguales. ¿Qué conclusiones pueden obtenerse de los datos?

3-26 Considere los datos de las velocidades de salida del Ejercicio 3-13.

(a) Pruebe la hipótesis de que son iguales las variancias de las velocidades para los dos tipos de cartuchos.
(b) Utilizando los resultados del inciso (a), pruebe la hipótesis de que ambos tipos de cartuchos dan la misma velocidad media de salida del proyectil.

3-27 Se instala un nuevo purificador en un proceso químico. Antes de su instalación, una muestra aleatoria produjo los siguientes datos acerca del porcentaje de impurezas: $\bar{x} = 9.85$, $S_1^2 = 81.73$ y $n_1 = 10$. Después de la instalación, una muestra aleatoria produjo $\bar{x}_1 = 8.08$, $S_2^2 = 78.46$ y $n_2 = 8$.

(a) ¿Se puede concluir que las dos variancias son iguales?
(b) ¿Es posible concluir que el nuevo dispositivo de purificación redujo el porcentaje medio de impurezas?

3-28 Considere los datos de dureza del Ejercicio 3-15.

(a) Pruebe la hipótesis de que son iguales las variancias de las durezas de las muestras correspondientes a las dos soluciones para templado.
(b) ¿Hay motivos para concluir que la dureza media que se obtiene del templado en aceite excede la dureza media obtenida en el templado en agua salada?

3-29 Dos distintos tipos de botellas de vidrio son adecuados para su utilización en una embotelladora de bebidas gaseosas. La resistencia a la presión interna de un envase es una característica de calidad importante. Se sabe que $\sigma_1 = \sigma_2 = 3.0$ psi. De una muestra aleatoria de $n_1 = n_2 = 16$ botellas, las resistencias medias a la presión observadas son $\bar{x}_1 = 175.8$ psi y $x_2 = 181.3$ psi. La compañía no utilizará el diseño de botella 2 a no ser que su resistencia a la presión exceda la del diseño 1 en, por lo menos, 5 psi ¿Utilizará el diseño 2, con base en los datos muestrales?

3-30 Doce inspectores miden el diámetro de una barra metálica, utilizando cada uno un calibrador micrométrico y un calibrador vernier. Los resultados se muestran a continuación. ¿Existe una diferencia entre las mediciones medias obtenidos con los dos tipos de calibrador?

Inspector	Micrómetro	Vernier
1	0.150	0.151
2	0.151	0.150
3	0.151	0.151
4	0.152	0.150
5	0.151	0.151
6	0.150	0.151
7	0.151	0.153
8	0.153	0.155
9	0.152	0.154
10	0.151	0.151
11	0.151	0.150
12	0.151	0.152

3-31 Suponga que se desea probar las hipótesis.

$$H_0: \mu = 15$$
$$H_1: \mu \neq 15$$

sabiendo que $\sigma = 4.0$. Si la media verdadera es realmente 18, ¿cuál tendrá que ser el tamaño muestral para asegurar que la probabilidad del error tipo II no es mayor de 10%? Suponga que $\alpha = 0.05$.

3-32 Considere la hipótesis

$$H_0: \mu = \mu_0$$
$$H_1: \mu < \mu_0$$

donde se conoce σ^2. Deduzca una expresión general para determinar el tamaño muestral con el fin de detectar una media verdadera de $\mu_1 < \mu_0$ con probabilidad $1 - \beta$, si la probabilidad del error tipo I es α.

3-33 **Asignación del tamaño muestral** Suponga que se han de probar las hipótesis.

$$H_0: \mu_1 = \mu_2$$
$$H_1: \mu_1 \neq \mu_2$$

donde se conocen σ_1^2 y σ_2^2. Los recursos son limitados y, por consiguiente, el tamaño muestral total $n_1 + n_2 = N$. ¿De qué manera se tendrían que asignar las N observaciones a las dos poblaciones para obtener la prueba más poderosa?

3-34 Desarrolle una prueba para las hipótesis

$$H_0: \mu_1 = 2\mu_2$$
$$H_1: \mu_1 \neq 2\mu_2$$

donde se conocen σ_1^2 y σ_2^2

3-35 Considere los datos del Ejercicio 3-16. Pruebe la hipótesis de que $p = 0.10$.

3-36 Considere los datos del Ejercicio 3-17. ¿Puede concluirse que $p < 0.15$?

3-37 Considere los datos del Ejercicio 3-18. ¿Puede concluirse que son iguales las fracciones de piezas forjadas no conformes producidas por los dos procesos?

3-38 Ocurren disconformidades en botellas de vidrio según una distribución de Poisson. Una muestra aleatoria de 100 botellas contiene un total de 12 disconformidades. Pruebe la hipótesis de que la tasa media de ocurrencia de los defectos es $\lambda = 0.1$.

3-39 Un inspector cuenta los defectos en el acabado de superficie de lavadoras de vajillas. Una muestra aleatoria de cinco lavadoras contiene tres defectos. ¿Hay razones para concluir que la tasa media de ocurrencia de los defectos de acabado por lavadora es mayor de 0.5?

Parte II

Control Estadístico de Calidad

Es imposible incorporar la calidad en un producto mediante la inspección o las pruebas; se tiene que fabricar el producto correctamente desde el principio. Esto implica que los procesos de fabricación deben ser estables y capaces de funcionar de manera que virtualmente todos los productos fabricados cumplan con las especificaciones. Los *controles estadísticos de procesos en línea* son los medios básicos que se usan para fabricar el producto correctamente desde el principio. El tipo más sencillo de procedimiento de control de calidad de procesos en línea son los diagramas de control.

El Capítulo 4 es una introducción a la teoría general de los diagramas de control; es decir, cuál es el concepto del diagrama de control, y cómo y por qué funciona. El Capítulo 5 presenta los diagramas de control para datos de atributos, como la fracción de defectuosos o disconformes o disconformidades (defectos) por unidad de producto. El Capítulo 6 extiende el concepto de diagramas de control para datos de medición. Se examinan ampliamente los diagramas de control de $\bar{x}$ y R, y diversas variantes de estas técnicas. En el Capítulo 7 se estudian otras técnicas de diagramas de control y de control de procesos, incluyendo una breve introducción a la operación evolutiva, un método sistemático para aplicar experimentos diseñados en línea a fin de mejorar el proceso, que muchas veces es útil en las industrias químicas y de transformación. En el Capítulo 8 se explora el análisis de capacidad del proceso, o sea, cómo se pueden utilizar los diagramas de control y otras técnicas estadísticas para estimar la capacidad natural de un proceso, y determinar cómo funcionaría conforme a las especificaciones del producto. Se presentan también algunos aspectos del establecimiento de especificaciones y tolerancias, incluyendo el problema de "amontonamiento" de tolerancias. En el Capítulo 9 se presenta un enfoque relativamente nuevo para el diseño de procedimientos de control de procesos, la consideración directa de la economía de procesos.

En toda esta parte se insistirá en los tres usos fundamentales de un diagrama de control:

1. Rastreo y vigilancia de un proceso.
2. Reducción de la variabilidad del proceso.
3. Estimación de los parámetros de producto o de proceso.

Capítulo 4

Cómo Funciona el Diagrama de Control

4-1 CAUSAS FORTUITAS Y CAUSAS ATRIBUIBLES DE LA VARIACIÓN DE LA CALIDAD

En cualquier proceso de fabricación, sin importar su buen diseño o mantenimiento cuidadoso, siempre existirá cierto grado de variabilidad inherente o natural. Esta variabilidad natural o "ruido de fondo" es el efecto acumulativo de muchas pequeñas causas, esencialmente incontrolables. Cuando el ruido de fondo de un proceso es relativamente pequeño, suele considerarse un nivel aceptable del funcionamiento del proceso. En el marco de control estadístico de calidad, esta variabilidad natural se llama a menudo "sistema estable de causas fortuitas". Un proceso que funciona con sólo causas fortuitas de variabilidad se considera *bajo control estadístico*.

Otros tipos de variabilidad pueden estar presentes ocasionalmente en el resultado de un proceso. Esta variabilidad en características claves de calidad surge por lo común de tres fuentes: ajuste incorrecto de máquinas, errores de operario o defectos en las materias primas (o alguna combinación de estos factores). Esta variabilidad es en general mayor que el ruido de fondo, y normalmente representa un nivel inaceptable del funcionamiento del proceso. Estas fuentes de variabilidad que no forman parte del esquema de las causas fortuitas se denominan "causas atribuibles". Un proceso que funciona en presencia de causas atribuibles se considera *fuera de control*.

Es muy común que los procesos de fabricación funcionen en un estado bajo control, generando productos aceptables durante periodos relativamente largos. En ocasiones, sin embargo, se presentan causas atribuibles, aparentemente al azar, que provocan un "cambio" hacia un estado fuera de control, en el que una mayor proporción de la salida del proceso no cumple los requisitos. Uno de los objetivos más importantes del control estadístico de procesos es detectar rápidamente la ocurrencia de causas atribuibles o cambios en el proceso, a fin de que se pueda la investigar y tomar acciones correctivas antes de la producción de muchas piezas no conformes. El diagrama de control es una técnica de control de procesos en línea, que se utiliza ampliamente con este propósito. Se pueden usar también tales diagramas con el fin de evaluar los parámetros de un proceso de producción, y a partir de esta información, determinar la capacidad del proceso. Finalmente, recuérdese que la meta final del control estadístico de procesos es la *eliminación de la variabilidad de proceso.* Puede que sea imposible eliminarla completamente, pero el diagrama de control es una herramienta efectiva para reducirla al mínimo posible.

En este capítulo se exponen los conceptos estadísticos que forman la base de los diagramas de control. En los capítulos 5 y 6 se desarrollarán los detalles de la construcción y uso de los tipos estándares de diagramas de control.

4-2 BASE ESTADÍSTICA DEL DIAGRAMA DE CONTROL

4-2.1 Principios Básicos

En la Figura 4-1 se presenta un diagrama de control típico que es una representación gráfica de una característica de calidad, medida o calculada a partir de una muestra, en función del número de la muestra o el tiempo. La gráfica tiene una línea central que representa el valor medio de la característica de calidad, correspondiente al estado bajo control (es decir, solamente hay causas fortuitas). En la gráfica se muestran también otras dos líneas horizontales, llamadas *límite superior de control* (LSC) y *límite inferior de control* (LIC). Se escogen estos límites de manera que si el proceso está bajo control, casi la totalidad de los puntos muestrales se halle entre ellos. Mientras los puntos se encuentran entre los límites, se considera que el proceso está bajo control y no es necesario tomar ninguna acción. Sin embargo, un punto que se encuentra fuera de los límites de control, se interpreta como una evidencia de que el proceso está fuera de control, y son necesarias acciones de investigación y corrección, a fin de encontrar y eliminar la o las causas atribuibles a este comportamiento. Se acostumbra unir los puntos muestrales en el diagrama de control mediante segmentos rectilíneos, con objeto de visualizar mejor la evolución de la secuencia de los puntos en el tiempo.

Incluso si todos los puntos se hallan entre los límites de control, pero se comportan de manera sistemática o no aleatoria, esto indica que el proceso está fuera de control. Por ejemplo, si 18 de los últimos 20 puntos se encuentran por arriba de la línea central pero por abajo del límite superior de control, y solamente dos de estos puntos están por debajo de la línea central, aunque por encima del límite inferior de control, se conjetura que algo anda mal. Si el proceso está bajo control, todos los puntos deben tener un esquema esencialmente aleatorio. Se pueden aplicar métodos para encontrar secuencias o patrones no aleatorios en los diagramas de control a fin de ayudar a detectar condiciones fuera de control. Por lo regular hay una causa por la que aparece cierto patrón no aleatorio en un diagrama de control, y si se puede encontrar y eliminarla, es posible mejorar el funcionamiento del proceso. Esto se examina más a fondo en las secciones 4-3 y 6-2.4.

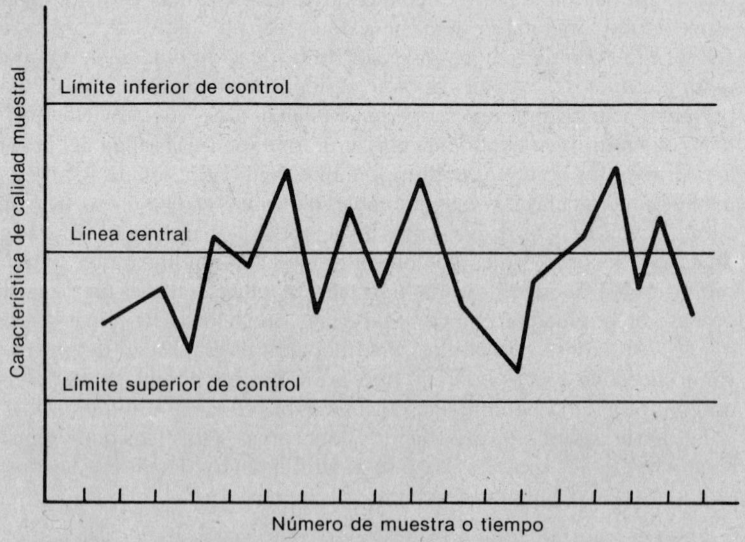

Figura 4-1. Gráfica de control típica.

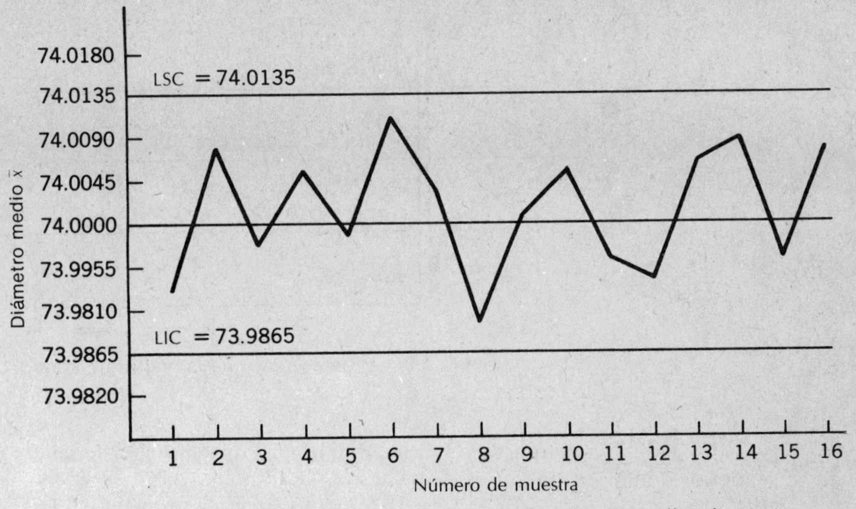

Figura 4-2. Diagrama de control de $\bar{x}$ para el diámetro de anillos de pistón.

Existe una relación estrecha entre los diagramas de control y la prueba de hipótesis. Esencialmente, dicha gráfica es una prueba de la hipótesis de que el proceso está bajo control estadístico. Un punto que se ubica entre los límites de control es equivalente a no poder rechazar la hipótesis del control estadístico, y otro que se encuentre fuera de los límites equivale al rechazo de la hipótesis del control estadístico. Como en una prueba de hipótesis, puede considerarse la probabilidad del error tipo I del diagrama de control (concluir que el proceso está fuera de control cuando en realidad no lo está) y la probabilidad del error tipo II de dicho diagrama (concluir que el proceso está bajo control cuando en realidad no es así). Ocasionalmente es útil usar la curva característica de operación de un diagrama para representar su probabilidad de error tipo II. Esto indicaría la aptitud del diagrama de control para detectar cambios de diferente magnitud en el proceso.

Con objeto de ilustrar las ideas anteriores, veamos un ejemplo de diagrama de control. En la fabricación de anillos para pistón destinados a motores de automóvil, una característica de calidad crítica es el diámetro exterior del anillo. Se puede controlar el proceso para un diámetro exterior promedio de 74 mm, y se sabe que la desviación estándar del diámetro de los anillos es de 0.01 mm. En la Figura 4-2 se presenta un diagrama de control para el diámetro promedio Se toma una muestra de cinco anillos cada media hora, se calcula el diámetro promedio de la muestra (digamos $\bar{x}$) y se representa $\bar{x}$ en la gráfica. Debido a que en este diagrama de control se usa la media muestral $n = 5$ para vigilar la media del proceso, se denomina diagrama de control de $\bar{x}$. Obsérvese que todos los puntos se hallan entre los límites y, por lo tanto, la gráfica indica que el proceso está bajo control estadístico.

Para entender mejor la base estadística de este diagrama considérese la determinación de los límites de control. La media del proceso es 74 mm, y su desviación estándar es $\sigma = 0.01$ mm. Tomando muestras de tamaño $n = 5$, la desviación estándar de la media muestral $\bar{x}$ es

$$\sigma_{\bar{x}} = \frac{\sigma}{\sqrt{n}} = \frac{0.01}{\sqrt{5}} = 0.0045$$

Por lo tanto, si el proceso está bajo control con un diámetro medio de 74 mm, es de esperar (usando el teorema central de límite para suponer que $\bar{x}$ es aproximadamente normal) que 100 $(1 - \alpha)$% de los diámetros medios de las muestras estén entre 74 + $Z_{\alpha/2}(0,0045)$ y 74 —

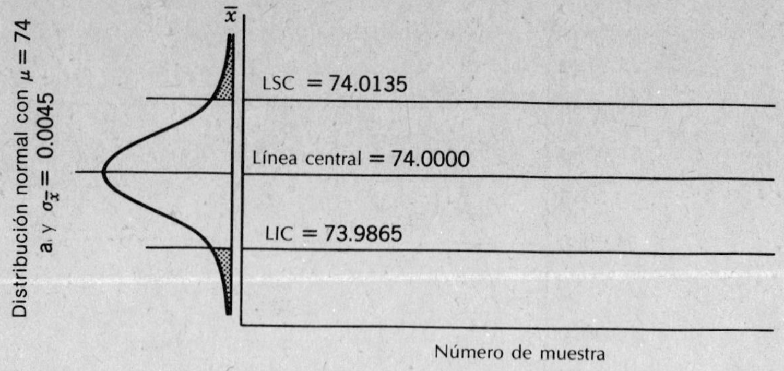

Figura 4-3. Cómo funciona la gráfica de control

$Z_{\alpha/2}(0.0045)$. Escogeremos en forma arbitraria la constante $Z_{\alpha/2}$ igual a 3 y, por tanto, los límites superior e inferior de control serán

$$\text{LSC} = 74 + 3\ (0.0045) = 74.0125$$

y

$$\text{LIC} = 74 - 3\ (0.0045) = 73.9865$$

Como se indica en el diagrama. Estos límites se llaman generalmente límites de control de "tres sigmas"[1]. La amplitud entre los límites de control es inversamente proporcional al tamaño muestral n para un múltiplo dado de sigma. Obsérvese que la selección de los límites de control equivale a determinar la región crítica para probar la hipótesis

$$H_0: \quad \mu = 74$$
$$H_1: \quad \mu \neq 74$$

donde se conoce $\sigma = 0.01$. Esencialmente, el diagrama de control sólo prueba esta hipótesis en forma repetida en diferentes instantes. La situación se ilustra gráficamente en la Fig. 4-3.

Puede considerarse un *modelo* general para un diagrama de control. Sea w una estadística muestral que mide alguna característica de calidad de interés, y supóngase que la media de w es μ_w, y su desviación estándar, es σ_w. Entonces la línea central, y los límites superior e inferior son

$$\begin{aligned} \text{LSC} &= \mu_w + k\sigma_w \\ \text{Línea central} &= \mu_w \\ \text{LIC} &= \mu_w - k\sigma_w \end{aligned} \qquad (4\text{-}1)$$

donde k es la "distancia" entre los límites de control y la línea central, expresada en desviaciones estándares. El Dr. Walter A. Shewhart propuso esta teoría general de los diagramas de control por primera vez, y dichas gráficas, desarrollados según estos principios, se llaman frecuentemente *diagramas Shewhart*.

El diagrama de control es un dispositivo para describir de manera precisa lo que significa exactamente un control estadístico; como tal, es posible utilizarlo de varias maneras. En la mayo-

[1] Obsérvese que la "sigma", se refiere a la desviación estándar de la estadística representada en la gráfica (es decir, $\sigma_{\bar{x}}$), y *no* a la desviación estándar de la característica de calidad.

ría de las aplicaciones se utiliza para la vigilancia del proceso en línea. Es decir, se obtienen datos muestrales y éstos se usan para elaborar un diagrama de control; si los valores muestrales de $\bar{x}$ se hallan entre los límites de control y no muestran ningún patrón sistemático, se dice que el proceso está bajo control al nivel indicado por la gráfica. Nótese que interesa aquí determinar *al mismo* tiempo si los datos anteriores provienen de un proceso que estaba bajo control, y si futuros subgrupos de este proceso indican control estadístico.

El diagrama de control puede utilizarse también como una herramienta administrativa de control, que permite alcanzar ciertas metas con respecto a la calidad del proceso. La línea central y los límites de control pueden ser *valores estándares*, escogidos por la aministración, de manera que el proceso esté bajo control a cierto nivel de calidad. Pueden representarse los datos muestrales en la gráfica, y si se investigan y corrigen las desviaciones respecto al estado bajo control, es posible recuperar el control a los valores objetivos o estándares. La conservación del diagrama de control en el futuro detectará desviaciones subsecuentes de tal estado bajo control.

También es posible usar los diagramas de control como *medios de estimación*. Es decir, es posible estimar ciertos parámetros del proceso, como media, desviación estándar, fracción de disconformes o de rechazo, etc., a partir del diagrama de control que muestra un control estadístico. Se pueden utilizar después tales estimaciones con el fin de determinar la *capacidad del proceso* de generar productos aceptables. Tales *estudios de capacidad* tiene una repercusión considerable en muchos problemas de decisiones administrativas que se presentan durante el ciclo de producción, los cuales incluyen decisiones de fabricar o comprar, mejoras en la planta y en el proceso para reducir la variabilidad, y acuerdos contractuales con los consumidores o vendedores respecto a la calidad del producto.

Los diagramas de control pueden clasificarse en dos tipos generales. Si es posible medir la característica de calidad y expresarla como un número, se la llama una *variable*. En estos casos, conviene describir la característica de calidad mediante una medida de tendencia central y una medida de variabilidad. Los diagramas de control para la tendencia central y la variabilidad se denominan *diagramas de control de variables*. El diagrama de $\bar{x}$ es el que más se usa para controlar la tendencia central, mientras que las gráficas basadas en la amplitud muestral o en la desviación estándar muestral sirven para controlar la variabilidad del proceso. Los diagramas de control de variables se analizan en el Capítulo 6. Muchas características de control no se miden en una escala cuantitativa. En estos casos, puede clasificarse cada unidad del producto como conforme o disconforme, según posea o no ciertos atributos, o se puede contar el número de disconformidades (defectos) que aparecen en una unidad del producto. Los diagramas de control para estas características de calidad se llaman diagramas de control de *atributos*, y se estudian en el Capítulo 5.

Un factor importante en el uso de los diagramas de control es el *diseño* de tal gráfica. Esto incluye la selección del tamaño de la muestra, los límites de control y la frecuencia de muestreo. Por ejemplo, en el diagrama de $\bar{x}$ de la Fig. 4-2, se especifican el tamaño muestral de 5, los límites de control de tres sigmas, y una frecuencia de muestreo de cada media hora. En la mayoría de los problemas de control de calidad, se acostumbra deseñar el diagrama de control utilizando primordialmente consideraciones estadísticas. Por ejemplo, se sabe que aumentar el tamaño muestral reduce la probabilidad del error tipo II, lo que mejora la capacidad de la gráfica para detectar un estado fuera de control. El uso de criterios estadísticos como éstos, junto con la experiencia industrial, ha permitido establecer pautas y procedimientos generales para diseñar diagramas de control. Estos procedimientos consideran normalmente el factor costo sólo de manera implícita. En época reciente, sin embargo, se ha empezado a examinar el diseño de los diagramas de control desde un punto de vista *económico*, considerando explicítamente los costos de muestreo, las pérdidas debidas a la producción de una cantidad excesiva de productos defectuosos, y los costos de investigar señales que indican un estado de fuera de control y que realmente son "falsas alarmas".

En los Capítulos 5, 6 y 9 se describen estos conceptos con más detalle. En las dos secciones siguientes se presenta un breve análisis general de los factores que hay que considerar al escoger los límites de control, el tamaño muestral y la frecuencia de muestreo para un diagrama de control.

Los diagramas de control han tenido un largo historial de uso en las industrias de Estados Unidos, así como en muchas industrias de otros países. Hay por lo menos cinco razones para ello.

1. **Los diagramas de control son una técnica probada para mejorar la productividad**. Un exitoso programa de diagramas de control reducirá el rechazo y la reelaboración, que son los principales "asesinos" de la productividad en *cualquier* operación. Reduciendo el rechazo y la reelaboración, la productividad aumenta, los costos disminuyen y la capacidad de la producción (medida por el número de artículos *buenos* por hora) amenta.
2. **Los diagramas de control son eficaces para evitar defectos**. El diagrama de control ayuda a mantener el proceso bajo control, lo que es congruente con la filosofía de "hacerlo bien desde el principio". Siempre es más costoso separar los artículos "buenos" de los "malos" después de su fabricación, que hacerlos correctamente desde el principio. Si no hay un control de proceso eficiente, se paga a la gente por fabricar con defectos.
3. **Los diagramas de control evitan ajustes innecesarios al proceso**. Un diagrama puede distinguir entre el ruido de fondo y una variación anormal; ningún otro dispositivo, ni siquiera un operario humano, es tan eficiente. Si los operarios del proceso hacen sus ajustes con base en pruebas no relacionadas con un programa de diagrama de control, tomarán demasiado en cuenta el ruido de fondo y harán ajustes innecesarios. Estos últimos pueden provocar realmente un deterioro del funcionamiento del proceso. En otras palabras, el diagrama de control se apega a la filosofía de "si no está roto, no lo repares".
4. **Los diagramas de control proporcionan información para el análisis**. A menudo, el patrón de los puntos en el diagrama de control contiene información diagnóstica para un operario o ingeniero con experiencia. Esta información permite implementar un cambio en el proceso que mejore su rendimiento.
5. **Los diagramas de control proporcionan información acerca de la capacidad del proceso**. La gráfica de control ofrece información sobre el valor de parámetros importantes del proceso y de su estabilidad en el tiempo. Esto permite estimar la capacidad del proceso. Dicha información es de gran utilidad para los diseñadores de productos y procesos.

Los diagramas de control se encuentran entre los medios de control administrativo más importantes; tienen tanta importancia como los controles de costos y de materiales. La tecnología moderna de las computadoras ha facilitado la implementación de gráficas de control para *cualquier* tipo de procesos, ya que es posible obtener y analizar los datos en tiempo real y en línea en el centro de trabajo. En el Capítulo 6 se dan algunas pautas para la implementación de un programa de diagramas de control.

4-2.2 Selección de los Límites de Control

La especificación de los límites de control es una de las decisiones críticas que hay que tomar al diseñar un diagrama de control. Alejando dichos límites de la línea central se reduce el riesgo de un error tipo I —es decir, el riesgo de que un punto caiga fuera de los límites de control, lo que indica una condición fuera de control cuando no existe una causa atribuible—. Sin embargo, separando los límites de control se eleva también el riesgo de un error tipo II —o sea, el riesgo de que un punto caiga entre dichos límites cuando el proceso está en realidad fuera de control—. Acercando más los límites a la línea central se produce el efecto opuesto: el riesgo del error tipo I aumenta, mientras que el del error tipo II disminuye.

Para el diagrama de $\bar{x}$ que aparece en la Fig. 4-2, donde se usaron límites de control de tres sigmas, suponiendo que los diámetros de los anillos se distribuyen normalmente, se halla a partir de la tabla normal estándar que la probabilidad de un error tipo I es 0.0027. Es decir, se generará una señal incorrecta de fuera de control o falsa alarma en sólo 27 de 10 000 puntos. Además, la probabilidad de que un punto escogido cuando el proceso está bajo control exceda los límites de tres sigmas únicamente en una dirección es de 0.00135. En vez de especificar los límites de control como un múltiplo de la desviación estándar de $\bar{x}$, se hubiera podido escoger directamente la probabilidad de un error tipo I, y calcular el límite de control correspondiente. Por ejemplo, si se hubiera especificado la probabilidad de un error tipo I en una dirección, como 0.001, entonces el múltiplo adecuado de la desviación estándar habría sido 3.09. Los límites de control para el diagrama de $\bar{x}$ serían entonces

$$LSC = 74 + 3.09(0.0045) = 74.0139$$

$$LIC = 74 - 3.09(0.0045) = 73.9861$$

Estos límites se llaman *límites probabilísticos* de 0.001. En la Fig. 4-4 se muestra el diagrama de $\bar{x}$, con loslímites de tres sigmas y los límites de 0.001. Hay sólo una pequeña diferencia entre los dos límites.

Sin importar la distribución de la característica de calidad, es práctica estándar en Estados Unidos determinar los límites de control como un múltiplo de la desviación estándar de la estadística representada en la gráfica. Se escoge en general el múltiplo 3; por lo tanto, se acostumbra utilizar los límites de control de tres sigmas en los diagramas de control. Esto es cierto independientemente del tipo de gráfica que se utilice. En Gran Bretaña y partes de Europa occidental se usan límites de control probabilísticos, con el nivel de probabilidad estándar en 0.001.

Por lo general, se justifica el uso de límites de control de tres sigmas porque dan buenos resultados en la práctica. En muchos casos tampoco se conoce la verdadera distribución de la característica de calidad lo suficientemente bien para calcular límites probabilísticos exactos. Si la distribución de la característica de calidad puede ser aproximada razonablemente bien por la distribución normal, entonces habrá poca diferencia entre los límites de tres sigmas y los probabilísticos de 0.001. Aunque los límites de tres sigmas que se utilizan ampliamente en la práctica, las consideraciones económicas tendrán que determinar la selección del múltiplo de sigma. Por ejemplo, si las pérdidas provocadas por un proceso que sigue funcionando en un estado fuera de control son relativamente grandes respecto a los costos de la investigación y la posible corrección de causas atribuibles, entonces un múltiplo menor de sigma, como 2 o 2.5, podrá ser adecuado. En el Capítulo 9 se hace un análisis más completo de este tema.

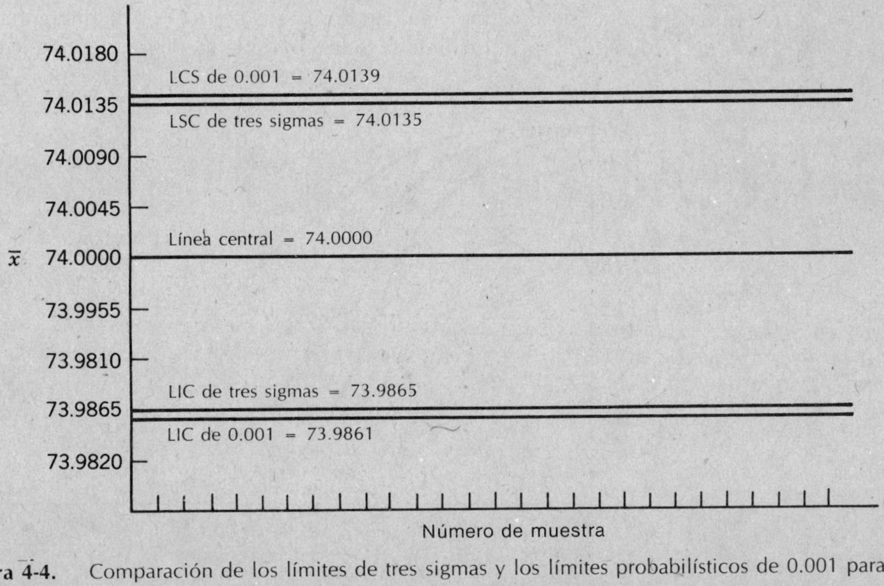

Figura 4-4. Comparación de los límites de tres sigmas y los límites probabilísticos de 0.001 para el diagrama de $\bar{x}$.

Algunos analistas recomiendan el uso de dos conjuntos de límites de control en los diagramas. Los límites exteriores, por ejemplo en tres sigmas, son los límites normales *de acción*; es decir, cuando un punto cae fuera de esta limitación se busca una causa atribuible y se toman acciones correctivas, si es necesario. Los límites interiores, normalmente de dos sigmas, se llaman límites *de advertencia*. Cuando se usan límites probabilísticos, los límites de acción son generalmente límites de 0.001 y los de advertencia son límites de 0.025. Si uno o más puntos caen entre los límites de advertencia y los de acción, o muy cercanos al límite de advertencia, entonces hay que sospechar que el proceso no está funcionando adecuadamente. Cuando sucede esto, una posible acción es incrementar la frecuencia de muestreo y utilizar estos datos adicionales junto con los puntos sospechosos para investigar el estado de control del proceso.

Los límites de advertencia mejoran la sensibilidad del diagrama de control. Su desventaja es que no tienen una interpretación precisa y pueden confundir al personal de operación. Esto no suele ser una objeción seria.

4-2.3 Tamaño Muestral y Frecuencia de Muestreo

En el diseño de un diagrama de control hay que especificar el tamaño muestral por utilizar y la frecuencia de muestreo. En general, muestras grandes facilitan la detección de cambios pequeños en el proceso. Esto se muestra en la Fig. 4-5, donde se representa la curva característica de operación para el diagrama de $\bar{x}$ de la Fig. 4-2, según varios tamaños muestrales. Obsérvese que la probabilidad de detectar un cambio desde 74.0000 mm hacia 74.0100 mm (por ejemplo) aumenta al incrementarse el tamaño muestral *n*. Cuando hay que escoger el tamaño de la muestra, debe pensarse en el tamaño del cambio que se trata de detectar. Si el cambio del proceso es relativamente grande, se usan tamaños muestrales más reducidos que los que se tendrían que utilizar para cambios relativamente pequeños.

También es necesario determinar la frecuencia de muestreo. La mejor situación, desde el punto de vista de la detección de cambios, sería tomar muy a menudo muestras grandes; sin embargo, esto no suele ser económicamente factible. El problema general es *distribuir el esfuerzo de muestreo*. Es decir, se toman muestras pequeñas a intervalos cortos, o bien muestras grandes a intervalos largos. La práctica industrial común tiende a favorecer la toma de muestras pequeñas, más frecuentes, sobre todo en procesos de manufactura con un gran volumen de producción, o en los que puede presentarse una gran cantidad de causas atribuibles de diferentes tipos. Además, gracias al desarrollo de la tecnología de la detección y la medición automáticas, es posible reducir

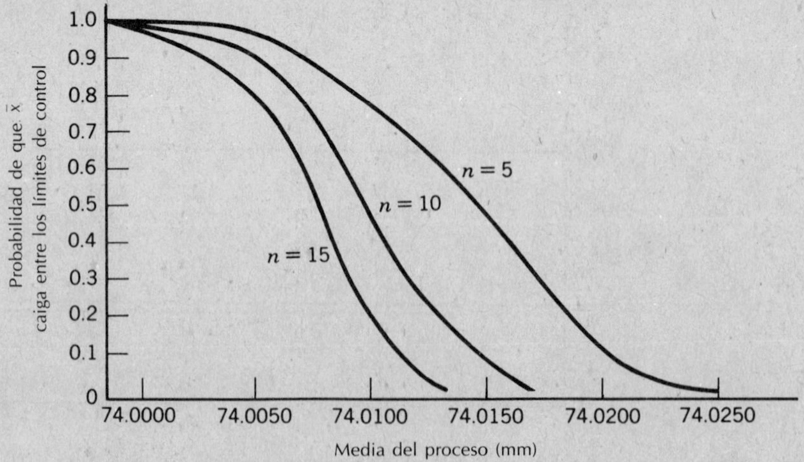

Figura 4-5 Curvas características de operación para un diagrama de $\bar{x}$.

en forma significativa la frecuencia de muestreo. Por último, se puede probar cada artículo en el curso de su fabricación. La percepción automática y las poderosas microcomputadoras con *software* de control estadístico de procesos, aplicadas en el lugar de trabajo para un control del proceso en línea y en tiempo real, dan una nueva dimensión importante al control estadístico de procesos.

A fin de poder contestar con más precisión la pregunta de la frecuencia de muestreo deben tomarse en cuenta varios factores, los cuales incluyen el costo del muestreo, la pérdidas provocadas pór un proceso fuera de control que sigue trabajando, la tasa de producción, y las probabilidades de ocurrencia de diversos tipos de cambios en el proceso. En los cuatro captítulos siguientes se examinarán algunos métodos para seleccionar un tamaño muestral y una frecuencia de muestreo apropiados para un diagrama de control, incluyéndo enfoques económicos y estadísticos. Algunos de los resultados actuales respecto al diseño económico de diagramas de control se resumen en el Capítulo 9.

4-3 SUBGRUPOS RACIONALES

Una idea fundamental en el uso de diagramas de control es la reunión de datos muestrales conforme a lo que Shewhart llamaba concepto de *subgrupos racionales*. Generalmente, esto significa que se deben que seleccionar subgrupos o muestras de manera que sí hay causas atribuibles, la posibilidad de diferencias *entre* subgrupos sea máxima, mientras que la misma posibilidad *dentro* de un subgrupo sea mínima.

Cuando se emplean diagramas de control en procesos de fabricación, el orden de la producción en el tiempo es una base lógica para subgrupos racionales. Aunque se conserva el orden en el tiempo, es posible formar grupos equivocadamente. Si algunas de las observaciones de la muestra se toman al final de un turno, y las restantes al principio del siguiente, entonces no se podrá detectar alguna diferencia entre los turnos. El orden en el tiempo es con frecuencia una base adecuada para formar subgrupos, ya que permite detectar causas atribuibles que ocurren en el tiempo.

Se utilizan dos enfoques generales para la construcción de subgrupos racionales. En el primero, cada muestra consta de unidades que se produjeron en el mismo momento (o con la menor diferencia posible). Este enfoque se usa cuando el propósito principal del diagrama de control es detectar cambios en el proceso. Minimizará la posibilidad de variabilidad *dentro* de una muestra, y maximizará la misma posibilidad *entre* muestras, si existen causas atribuibles. También proporciona mejores estimaciones de la desviación estándar del proceso en el caso de diagramas de control de variables.

En el segundo enfoque, cada muestra consta de unidades del producto que son representativas de *todas* las unidades que se han producido desde la obtención del último subgrupo. Esencialmente, cada muestra es una *muestra aleatoria* de todas las salidas del proceso en el intervalo de muestreo. Se utiliza este procedimiento a fin de obtener subgrupos racionales cuando se emplea el diagrama de control para tomar decisiones acerca de la aceptación de todos los productos que se han producido desde la última muestra. Supóngase que se forman muestras como en el primer método antes mencionado, y que es posible que el proceso cambie hacia un estado fuera de control y regrese desupúes hacia uno bajo control entre dos muestras. Si no se puede detectar este producto defectuoso "río abajo" del proceso de fabricación, entonces debe utilizarse el segundo método de los subgrupos. Nótese que si se aplica este método para formar subgrupos, los diagramas de control para la dispersión del proceso (como los diagramas de la amplitud o la desviación estándar), exigirán una interpretación cuidadosa. Es posible que los cambios en la media del proceso hagan que algunos puntos de los diagramas de dispersión se ubiquen fuera de control, aunque no haya habido cambio alguno en la variabilidad del proceso.

Hay otras bases para formar subgrupos racionales. Por ejemplo, supóngase que un proceso consta de varias máquinas, que reúnen sus productos en un flujo común. Si se muestrea a partir de este flujo de salida, será muy díficil detectar si algunas de las máquinas están fuera de control. En este caso un enfoque lógico para obtener subgrupos racionales es aplicar las técnicas de los diagramas de control a la producción de cada máquina. A veces se tiene que aplicar este concepto a diferentes terminales de la misma máquina, a distintas estaciones de trabajo, a diversos operadores, etcétera.

El concepto de los subgrupos racionales es muy importante. La selección adecuada de muestras requiere una consideración cuidadosa del proceso, con el objetivo de obtener la mayor cantidad posible de información útil a partir del análisis de los diagramas de control.

4-4 ANÁLISIS DE PATRONES EN DIAGRAMAS DE CONTROL

Un diagrama de control puede indicar una condición fuera de control cuando uno o más puntos se hallan fuera de los límites, o bien cuando los puntos localizados exhiben algún patrón de comportamiento no aleatorio. Por ejemplo, considérese el diagrama de $\bar{x}$ de la Figura 4-6. Aunque todos los puntos se encuentran dentro de los límites de control, no indican un control estadístico porque su disposición tiene aspecto poco aleatorio. Específicamente, se nota que 19 de los 25 puntos se encuentran por debajo de la línea central, mientras que los otros se hallan por arriba de dicha línea. Si los puntos fueran en realidad aleatorios, se esperará una distribución más uniforme de los puntos arriba y abajo de la línea central. También observamos que, después del cuarto punto, cinco puntos de una fila aumentan en magnitud. Este arreglo de puntos se denomina *corrida*. Como las observaciones aumentan en valor, se le podría llamar corrida ascendente. De modo similar, una sucesión de puntos decrecientes se denomina corrida descendente. Este diagrama de control tiene una corrida ascendente (que empieza con el cuarto punto), y una corrida descendente (que empieza en el decimoctavo punto), ambas excepcionalmente largas.

En general, definimos una corrida como una sucesión de observaciones del mismo tipo. Además de las corridas ascendentes y descendentes, podríamos definir los tipos de observaciones como las que están por encima y por debajo de la línea central, respectivamente, de manera que dos puntos seguidos por arriba de la línea central tendrán una corrida de longitud 2.

Una corrida con longitud de ocho o más puntos tiene muy baja probabilidad de ocurrencia en una muestra aleatoria de puntos. Por consiguiente, cualquier tipo de racha de longitud 8 o más deberá interpretarse como una señal de una condición fuera de control. Por ejemplo, ocho puntos consecutivos a un lado de la línea central indicarán un proceso fuera de control.

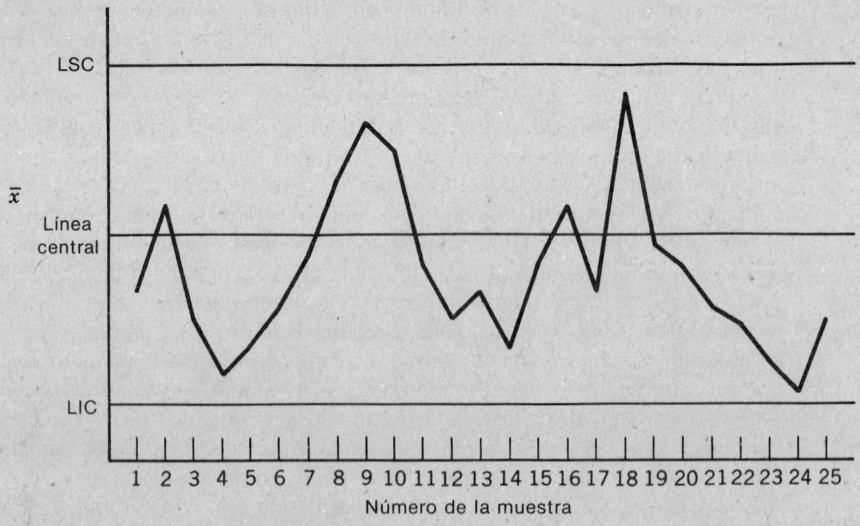

Figura 4-6. Un diagrama de control de $\bar{x}$.

Figura 4-7. Diagrama de $\bar{x}$ con patrón cíclico.

Aunque las corridas (o rachas) son una medida importante del comportamiento no aleatorio en un diagrama de control, otros tipos de patrones también pueden indicar una condición fuera de control. Por ejemplo, considérese la gráfica de $\bar{x}$ de la Fig. 4-7. Obsérvese que las medias muestrales graficadas exhiben un comportamiento cíclico, y todavía caen entre los límites de control. Tal esquema puede indicar un problema en el proceso, como fatiga o cansancio de operario, suministro de materia prima, acumulación de calor o esfuerzos, etc. Como el proceso no está realmente fuera de control, puede mejorarse la producción eliminando o reduciendo las fuentes de la variabilidad que ocasionan este comportamiento cíclico (Fig. 4-8).

El problema es de *identificación de patrones*; es decir, reconocer patrones sistemáticos o no aleatorios en el diagrama de control, y encontrar la razón de este comportamiento. La capacidad de interpretar un patrón particular en términos de causas atribuibles requiere experiencia y conocimiento del proceso. O sea, no solamente hay que entender los principios estadísticos de los diagramas de control, sino también tener una buena comprensión del proceso. Analizaremos más en detalle la interpretación de patrones en diagramas de control en el Capítulo 6.

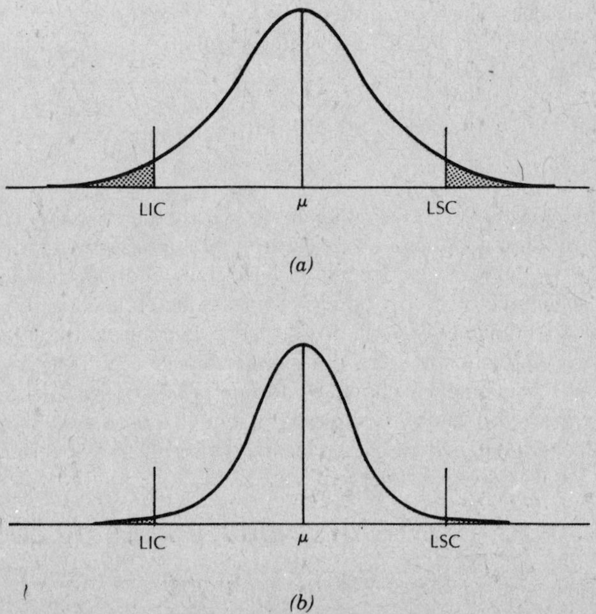

Figura 4-8. (a) Variabilidad con patrón cíclico
(b) Variabilidad con el patrón cíclico eliminado.

El Western Electric Handbook (1956) señala un conjunto de reglas de decisión para detectar patrones no aleatorios en diagramas de control. Específicamente, sugiere llegar a la conclusión de que el proceso está fuera de control si se presenta cualquiera de las situaciones siguientes:

1. Un punto cae fuera de los límites de control de tres sigmas.
2. Dos de tres puntos consecutivos caen más allá de los límites de advertencia de dos sigmas.
3. Cuatro de cinco puntos consecutivos se encuentran a una distancia de una sigma o más de la línea central.
4. Ocho puntos consecutivos se hallan al mismo lado de la línea central.

Estas reglas se aplican a un lado de la línea central a la vez. Un punto por arriba del límite *superior* de advertencia, seguido inmediatamente por otro por debajo del límite *inferior* de advertencia, no provocarán una alarma de fuera de control. Se ha encontrado que estas reglas son muy eficaces en la práctica para mejorar la sensibilidad de los diagramas de control.

En resumen, es posible aplicar simultáneamente varios criterios diferentes al diagrama de control para determinar si el proceso está fuera de control o no. Algunos de los criterios que se utilizan ampliamente en la práctica se enumeran a continuación. Con frecuencia se inspeccionará el diagrama de control y se concluirá que el proceso está fuera de control si se verifica uno o más de los criterios siguientes.

1. Uno o más puntos están fuera de los límites de control.
2. Una corrida de por lo menos 7 u 8 puntos, donde el tipo de corrida podrá ser ascendente o descendente, una corrida sobre la línea centralo bajo de ella, o bien una por encima o por debajo de la mediana.
3. Dos o tres puntos consecutivos fuera de los límites de advertencia de dos sigmas, pero todavía entre los límites de control.
4. Cuatro o cinco puntos consecutivos más allá de los límites sigma.
5. Un patrón anormal o no aleatorio en los datos.
6. Uno o más puntos cerca de un límite de advertencia o de control.

Supóngase que el analista utiliza k de tales criterios, y el criterio i tiene probabilidad de error tipo I igual a α_i. Entonces, el error tipo I global, o la probabilidad de falsa alarma para la decisión basada en todas las k pruebas, es

$$\alpha = 1 - \prod_{i=1}^{k} (1 - \alpha_i) \tag{4-2}$$

Así, mientras que el uso simultáneo de varios criterios para el estado fuera de control incrementa la sensibilidad del diagrama de control, también eleva la tasa global de falsas alarmas. Efectivamente, si se aplicaran suficientes criterios para el estado fuera de control, casi cada muestra indicará una condición de ese tipo. Obsérvese que en la Ecuación (4-2) se supone que los k criterios son independientes. Los criterios de fuera de control enumerados antes tal vez *no* son independientes y, por lo tanto, se tendrá que considerar (4-2) sólo como una aproximación. Por último, aplicando más criterios para el estado fuera de control a la gráfica, los procesos de decisión se hacen más complicados, y se pierde la sencillez propia del diagrama de control de Shewhart. Sin embargo, se podrán implementar fácilmente las reglas de decisión en un programa de computadora.

4-5 APLICACIONES NO INDUSTRIALES DE LOS DIAGRAMAS DE CONTROL

En este libro se presentan los principios fundamentales del control estadístico de calidad. La mayoría de los ejemplos usados para demostrar tales principios se encuentran en un marco orientado hacia la producción industrial. Ha habido muchas aplicaciones de los diagramas de control en el entorno de la manufactura. Sin embargo, los principios en si son generales; por consiguiente, hay muchas aplicaciones no industriales de la metodología del control estadístico de calidad.

Estas aplicaciones no difieren sustancialmente de las aplicaciones industriales más comunes. Por ejemplo, el diagrama de control de la fracción de disconformes que examinaremos en el siguiente capítulo se podrá aplicar para vigilar y controlar los errores de facturación en una operación con tarjetas de crédito bancarias con la misma facilidad queo para comprobar la fracción de tarjetas de circuitos impresos disconformes en una planta de manufacturas electrónicas. Las aplicaciones no manufactureras de la metodología del control estadístico de calidad requieren muchas veces mayor ingenio que el usual en las aplicaciones de manufactura más comunes. Además, a veces son más difíciles de determinar las especificaciones y las tolerancias que definen la "buena" y "mala" calidad en aplicaciones no industriales.

4-6 EJERCICIOS

4-1 Analice los conceptos de causas fortuitas y causas atribuibles de la variabilidad y su efecto en el control estadístico de calidad.

4-2 ¿Es el diagrama de control equivalente a una prueba estadística de una hipótesis?

4-3 Examine los errores tipo I y tipo II del diagrama de control. ¿Qué implicaciones prácticas tienen estos dos tipos de errores en términos de la operación del proceso?

4-4 ¿Qué significa la afirmación de que un proceso se encuentra en un estado de control estadístico?

4-5 Analice la lógica subyacente al uso general de los límites de tres sigmas de los diagramas de control de Shewhart.

4-6 ¿Cuáles son los límites de advertencia en un diagrama de control? ¿Cómo se usan?

4-7 Examine el concepto de subgrupos racionales. ¿Qué función tienen en el análisis de los diagramas de control?

4-8 ¿Qué información proporciona la curva característica de operación de un diagrama de control?

4-9 ¿Cómo afectan los costos de muestreo, los de la producción de un número demasiado grande de unidades defectuosas y los que genera la búsqueda de causas atribuibles a la selección de los parámetros de un diagrama de control?

4-10 Considere el diagrama de control que se muestra a. ¿Parece aleatorio el patrón?

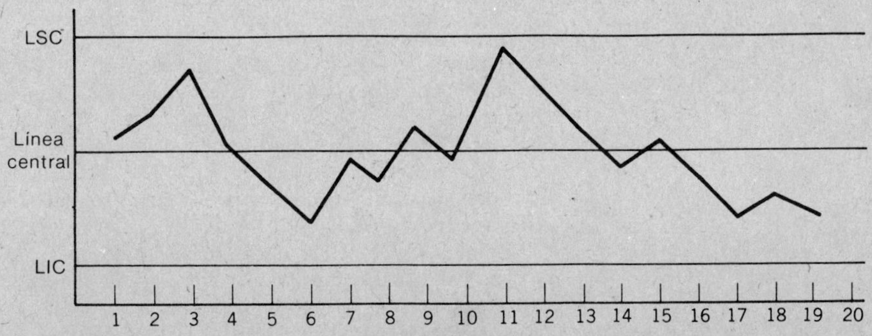

4-11 Observe el diagrama de control que sigue. ¿Parece aleatorio el patrón?

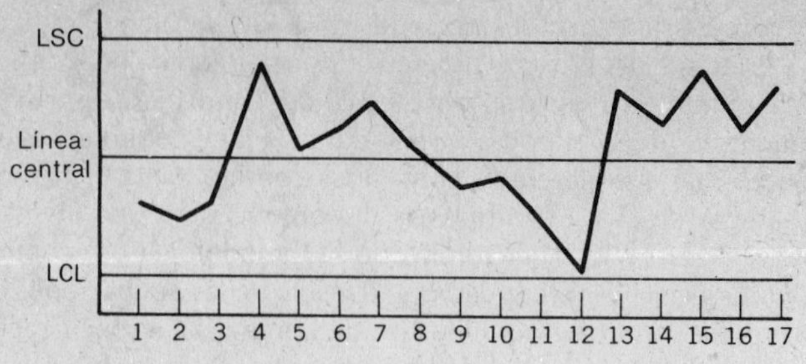

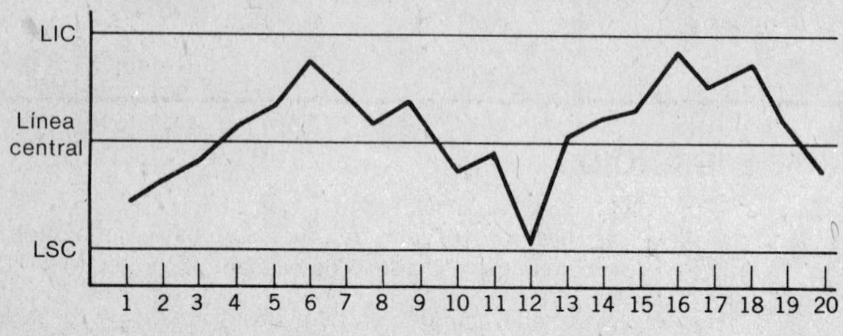

4-12 Considere el diagrama de control que se presenta. ¿Parece aleatoria o el patrón?

4-13 Enseguida se dan dos reglas de decisión. Suponga que se aplican a una característica de calidad, distribuida normalmente. Suponga además que el diagrama de control tiene límites de control de tres sigmas.

Regla 1: Si *una o más* de las siete muestras siguientes producen valores de la estadística de prueba que caen fuera de los límites de control, se concluye que el proceso está fuera de control.

Regla 2: Si *todos* los siete puntos siguientes caen al mismo lado de la línea central, se concluye que el proceso está fuera de control.

¿Cuál es el riesgo α global para cada una de estas reglas?

4-14 (Continuación del Ejercicio 4-13). Considere la situación del Ejercicio 4-13. Si la media de la característica de calidad cambia en una desviación estándar, es decir, sale del control en una sigma, y permanece ahí durante la obtención de las siete muestras siguientes, ¿cuál es el riesgo β asociado a ambas reglas de decisión?

4-15 Una característica de calidad distribuida normalmente se vigila mediante un diagrama con límites de control de tres sigmas. Desarrolle una expresión general para la probabilidad de que un punto caiga fuera de los límites de control cuando el proceso se encuentra en realidad bajo control.

4-16 Se vigila una característica de calidad mediante un diagrama de control diseñado de manera que la probabilidad de que se detecte cierta condición fuera de control en la primera muestra, después del cambio hacia tal estado, es $1 - \beta$. Halle lo siguiente:

(a) La probabilidad de que se detecte la condición fuera de control en la segunda muestra después del cambio.

(b) La probabilidad de que se detecte la condición fuera de control en la *k*-ésima muestra después del cambio.

(c) El número esperado de subgrupos analizados antes de detectar el cambio.

(d) La probabilidad de que la primera muestra después del cambio produzca una estadística que caiga entre los límites de control.

(e) La probabilidad de que no se detecte el cambio en la *k*-ésima muestra subsecuente.

(f) La probabilidad de que dos muestras consecutivas produzcan estadísticas que caen fuera de los límites de control.

(g) La probabilidad de que por lo menos una de las *k* muestras siguientes produzca una estadística de prueba que caiga fuera de los límites de control.

Capítulo 5

Diagramas de Control para Atributos

5-1 INTRODUCCIÓN

Muchas características de calidad no se pueden representar en forma conveniente por números. En tales casos, cada artículo o producto inspeccionado suele clasificarse como conforme o disconforme con las especificaciones para tal característica de calidad. Los términos "no defectuoso" o "defectuoso" se utiliza con frecuencia todavía para identificar estas dos clasificaciones de un producto, pero la terminología de "conformidad" y "disconformidad" se ha extendido mucho. Las características de calidad de este tipo se llaman *atributos*. Algunos ejemplos de *características de calidad* que son atributos son la ocurrencia de bielas deformes para motores de automóvil, la proporción de *chips* de semiconductores no funcionales en una corrida de producción, etcétera.

En este capítulo presentaremos tres diagramas de control de atributos que se utilizan ampliamente. La primera de ellas se refiere a la fracción de productos disconformes o defectuosos fabricados por un proceso de manufactura, y se llama diagrama de control de la fracción de disconformes, o diagrama *p*. En algunos casos conviene más usar el número de *disconformidades* o *defectos* observados, en vez de la fracción de defectuosos. El segundo tipo de diagrama que estudiaremos, denominado diagrama de control de disconformidades, o diagrama *c*, está diseñado para tratar este caso. Finalmente, se analizará un diagrama de control de disconformidades por unidad, o diagrama *u*, que es útil en casos en los que el número promedio de disconformidades (o defectos) por unidad constituye una base más conveniente para el control del proceso.

5-2 DIAGRAMA DE CONTROL PARA LA FRACCIÓN DE DISCONFORMES

La *fracción* (o *proporción*) *de disconformes*, o *fracción disconforme*, se define como el cociente del número de artículos disconformes en una población entre el número total de artículos que contiene esta última. Los artículos pueden tener *varias* características de calidad que el inspector examina simultáneamente. Si no está conforme con el estándar de una o más de tales características, se clasificará como disconforme. En general, expresamos la fracción de disconformes como un número decimal, aunque se usa en ocasiones el llamado *porcentaje de disconformes* (que es exactamente el producto de 100% y la fracción disconforme). Al mostrar la gráfica de control al personal de producción, o los resultados a la administración, se utiliza frecuentemente el porcentaje disconforme, porque tiene una apreciación más intuitiva. Aunque se acostumbra trabajar con la fracción de disconformes, podríamos analizar también, con la misma facilidad, la fracción de conformes, lo que da como resultado un diagrama de control para el *rendimiento del proceso*.

Los principios estadísticos que sirven de base al diagrama de control de la fracción o proporción disconforme se basan en la distribución binomial. Supóngase que el proceso de producción funciona de manera estable, de suerte que la probabilidad de que cualquier artículo no esté conforme con las especificaciones es p, y que los artículos producidos sucesivamente son independientes. Entonces cada artículo producido es una variable aleatoria de Bernoulli, con parámetro p. Si se selecciona una muestra aleatoria de n artículos del producto, y si D representa el número de artículos no conformes, entonces D tiene distribución binomial con parámetros n y p; es decir,

$$P\{D = x\} = \binom{n}{x} p^x (1 - p)^{n-x} \qquad x = 0, 1, \ldots, n \tag{5-1}$$

Por la Sección 2-2.2 sabemos que la media y la variancia de la variable aleatoria D son np y $np(1 - p)$, respectivamente.

La fracción disconforme *muestral* se define como el cociente del número de artículos disconformes D en la muestra, entre el tamaño muestral n; o sea,

$$\hat{p} = \frac{D}{n} \tag{5-2}$$

Como se indicó en la Sección 2.2.2, puede obtenerse la distribución de la variable aleatoria $\hat{p}$ a partir de la binomial. Además, la media y la variancia de $\hat{p}$ son

$$\mu = p \tag{5-3}$$

y

$$\sigma_{\hat{p}}^2 = \frac{p(1 - p)}{n} \tag{5-4}$$

respectivamente. Veremos ahora cómo se puede aplicar esta teoría para desarrollar un diagrama de control de la fracción no conforme. Debido a que la gráfica controla la fracción disconforme p del proceso, se denomina también diagrama de p.

5-2.1 Desarrollo y Empleo del Diagrama de Control

En el Capítulo 4 se estudiaron los principios estadísticos generales en los que se basa el diagrama de control de Shewhart. Si w es una estadística que mide una característica de calidad, la media de w es 1, y la varianza de w es 1, entonces el modelo general para el diagrama de control de Shewhart es el siguiente:

$$\begin{aligned} \text{LSC} &= \mu_w + k\sigma_w \\ \text{Línea central} &= \mu_w \\ \text{LIC} &= \mu_w - k\sigma_w \end{aligned} \tag{5-5}$$

donde k es la distancia entre los límites de control y la línea central, expresada en múltiplos de la desviación estándar de w. Se acostumbra escoger $k = 3$.

Supongamos que se conoce la verdadera fracción disconforme p en el proceso de fabricación, o que la administración especifica un valor estándar. Entonces, a partir de (5-5), la línea central y los límites de control del diagrama de control de la fracción disconforme serán

$$\text{LSC} = p + 3\sqrt{\frac{p(1-p)}{n}}$$

$$\text{Línea central} = p \qquad (5\text{-}6)$$

$$\text{LIC} = p - 3\sqrt{\frac{p(1-p)}{n}}$$

El manejo real de este diagrama consistiría en tomar muestras subsecuentes de n unidades, calcular la fracción muestral disconforme $\hat{p}$, y graficar la estadística $\hat{p}$ en el diagrama. Mientras $\hat{p}$ quede entre los límites de control y la sucesión de puntos ubicados no exhiba un patrón sistemático, se concluye que el proceso está bajo control, al nivel p. Si un punto queda fuera de los límites de control, o si se observa un patrón no aleatorio entre los puntos, habrá que concluir que la fracción de disconformes del proceso cambió hacia un nuevo nivel y que el proceso está fuera de control.

Cuando se desconoce la fracción no conforme p del proceso, hay que estimarla a partir de los datos observados. El procedimiento normal es seleccionar m muestras preliminares, cada una de tamaño n. Como regla general, m tendría que ser igual a 20 o 25. Entonces, si hay D_1 artículos no conformes en la muestra i, se calcula la fracción disconforme en la i-ésima muestra como

$$\hat{p}_i = \frac{D_i}{n} \qquad i = 1, 2, \ldots, m$$

y la media de estas fracciones disconformes muestrales individuales es

$$\bar{p} = \frac{\sum_{i=1}^{m} D_i}{mn} = \frac{\sum_{i=1}^{m} \hat{p}_i}{m} \qquad (5\text{-}7)$$

La estadística $\bar{p}$ estima la fracción disconforme p desconocida. La línea central y los límites de control del diagrama de control de la fracción disconforme se calculan entonces de la manera siguiente:

$$\text{LSC} = \bar{p} + 3\sqrt{\frac{\bar{p}(1-\bar{p})}{n}}$$

$$\text{Línea central} = \bar{p} \qquad (5\text{-}8)$$

$$\text{LIC} = \bar{p} - 3\sqrt{\frac{\bar{p}(1-\bar{p})}{n}}$$

Aquí, los límites de control obtenidos en (5-8) se consideran *límites de control de prueba*. Permiten determinar si el proceso estaba bajo control cuando se obtuvieron las m muestras iniciales. Para probar la hipótesis de un control anterior, hay que colocar en la el diagrama la fracción muestral disconforme para cada muestra y analizar la representación resultante. Si todos los puntos ubicados caen entre los límites de control, y no se manifiesta un comportamiento sistemático, entonces concluiremos que el proceso estaba bajo control en el pasado, y que los límites de control de prueba son adecuados para controlar la producción actual y futura.

Supóngase que una o más de las estadísticas $\hat{p}_i$ se encuentran fuera de control, comparadas con los límites de control de prueba. Es claro que si los límites de control han de tener sentido para la producción actual o futura, deben basarse en datos de un proceso que está bajo control. Por lo tanto, cuando se rechaza la hipótesis de un control anterior, es necesario *revisar* los límites de control de prueba. Esto se hace examinando cada uno de los puntos fuera de control y buscando una causa atribuible. Si se halla ésta, se descarta el punto, y se vuelven a calcular los límites de control de prueba, utilizando únicamente los puntos restantes. Luego hay que volver a examinar estos puntos restantes para el control (obsérvese que los puntos que inicialmente estaban bajo control podrían quedar fuera de él, porque los nuevos límites de control de prueba serán por lo regular más estrechos que los límites anteriores). Este proceso continúa hasta que todos los puntos estén bajo control, y en tal momento se aceptan los límites de control de prueba para el uso actual.

En algunos casos es imposible determinar una causa atribuible para un punto que cae fuera de control. Hay dos tipos de acción que pueden tomarse. La primera es eliminar el punto, como si se hubiera encontrado una causa atribuible. No existe una justificación analítica para actuar de esta manera, a no ser que algunos puntos que se hallan fuera de los límites de control puedan provenir de una distribución de probabilidad característica de un estado fuera de control. La alternativa es conservar el punto (o los puntos) considerando los límites de control de prueba adecuados para el control actual. Naturalmente, si el punto representa en realidad una condición fuera de control, los límites resultantes serán demasiado amplios. Sin embargo, si hay sólo dos de dichos puntos, esto no distorsionará significativamente el diagrama de control. Si las futuras muestras siguen indicando control, entonces se podrán eliminar sin problema los puntos inexplicables.

Si el diagrama de control se basa en un valor conocido o estándar de la fracción disconforme p, entonces el cálculo de límites de control de prueba suele ser innecesario. Sin embargo, se debe tener cuidado al trabajar con un valor estándar de p. Ya que en la práctica raras veces se conoce con exactitud el verdadero valor estándar de p, normalmente se proporciona un valor estándar de p que representa un valor deseado u objetivo para la fracción disconforme del proceso. Si este fuera de control, se tendría que determinar si el proceso está fuera de control para el objetivo p, pero bajo control para otro valor de p. Por ejemplo, supóngase que la administración especifica un valor objetivo de $p = 0.01$, pero el proceso realmente está bajo control para un valor mayor de la fracción de disconformes, $p = 0.05$. Utilizando el diagrama de control con base en $p = 0.01$, muchos puntos caerán por arriba del límite superior, indicando una condición fuera de control. Sin embargo, el proceso sólo está fuera de control respecto al objetivo $p = 0.01$. Algunas veces es posible "mejorar" el nivel de calidad usando valores objetivos, o poniendo bajo control un proceso a un nivel particular de calidad. Los valores objetivo para p pueden ser útiles en procesos en los cuales es posible controlar la fracción disconforme mediante ajustes sencillos.

Ejemplo 5-1

Se envasa jugo de naranja concentrado y congelado en botes de cartón de 6 oz. Estos envases los produce una máquina formando un tubo a partir de una pieza de cartón y aplicando luego un fondo metálico. Al inspeccionar un bote puede determinarse al llenarlo si goteará por la junta lateral o la del fondo. Tal bote disconforme tiene un sellado inadecuado en la junta lateral o del fondo. Se desea elaborar un diagrama de control para vigilar la fracción de envases disconformes producidos por esta máquina.

Para establecer el diagrama de control, se seleccionaron 30 muestras de $n = 50$ botes cada media hora durante un periodo de tres turnos, en los cuales la máquina operó continuamente. Los datos se muestran en la Tabla 5-1.

Se construye un diagrama de control preliminar para ver si el proceso estaba bajo control cuando se obtuvieron esos datos. Como las 30 muestras contienen $\sum_{i=1}^{30} D_i = 347$ botes disconformes, obtenemos de la ecuación (5-7)

$$\bar{p} = \frac{\sum_{i=1}^{m} D_i}{mn} = \frac{347}{(30)(50)} = 0.2313$$

Tabla 5-1 Datos para los límites de control de prueba, Ejemplo 5-1, tamaño muestral $n = 50$

Número de muestra	Número de disconformidades, D_1	Fracción disconforme muestral, $\hat{p}_i$
1	12	0.24
2	15	0.30
3	8	0.16
4	10	0.20
5	4	0.08
6	7	0.14
7	16	0.32
8	9	0.18
9	14	0.28
10	10	0.20
11	5	0.10
12	6	0.12
13	17	0.34
14	12	0.24
15	22	0.44
16	8	0.16
17	10	0.20
18	5	0.10
19	13	0.26
20	11	0.22
21	20	0.40
22	18	0.36
23	24	0.48
24	15	0.30
25	9	0.18
26	12	0.24
27	7	0.14
28	13	0.26
29	9	0.18
30	6	0.12
	347	$\bar{p} = 0.2313$

Usando p1 como estimación para la fracción disconforme real del proceso, es posible calcular ahora los límites superior e inferior de control como

$$\begin{aligned}\bar{p} \pm 3\sqrt{\frac{\bar{p}(1-\bar{p})}{n}} &= 0.2313 \pm 3\sqrt{\frac{0.2313(0.7687)}{50}} \\ &= 0.2313 \pm 3(0.0596) \\ &= 0.2313 \pm 0.1789\end{aligned}$$

Por lo tanto, =

$$LSC = \bar{p} + 3\sqrt{\frac{\bar{p}(1-\bar{p})}{n}} = 0.2313 + 0.1789 = 0.4102$$

y

$$\text{LIC} = \bar{p} - 3\sqrt{\frac{\bar{p}(1-\bar{p})}{n}} = 0.2313 - 0.1789 = 0.0524$$

En la Fig. 5-1 se presentan el diagrama de control con línea central en $\bar{p} = 0.2313$ y los límites superior e inferior de control, calculados anteriormente. La fracción muestral disconforme para cada muestra preliminar se grafica en este diagrama. Observamos que dos puntos, correspondientes a las muestras 15 y 23, se encuentran por arriba del límite superior de control y, por lo tanto, el proceso no está bajo control. Hay que investigar estos puntos para ver si puede determinarse una causa atribuible.

El análisis de los datos de la muestra 15 indica que se utilizó una nueva remesa de materia prima de cartón en la producción durante este lapso de media hora. El uso de nuevas remesas de materia prima provoca, a veces, una producción irregular, y es razonable pensar que esto sucedió aquí. Además, durante el periodo de media hora, en el que se obtuvo la muestra 23, se había asignado a esta máquina un operador con relativamente poca experiencia, y ello podría explicar la alta fracción disconforme de dicha muestra. Por consiguiente, se eliminan las muestras 15 y 23, y se determinan la nueva línea central y los límites de control revisados, como sigue:

$$\bar{p} = \frac{301}{(28)(50)} = 0.2150$$

$$\text{LSC} = \bar{p} + 3\sqrt{\frac{\bar{p}(1-\bar{p})}{n}} = 0.2150 + 3\sqrt{\frac{0.2150(0.7850)}{50}} = 0.3893$$

$$\text{LIC} = \bar{p} - 3\sqrt{\frac{\bar{p}(1-\bar{p})}{n}} = 0.2150 - 3\sqrt{\frac{0.2150(0.7850)}{50}} = 0.0407$$

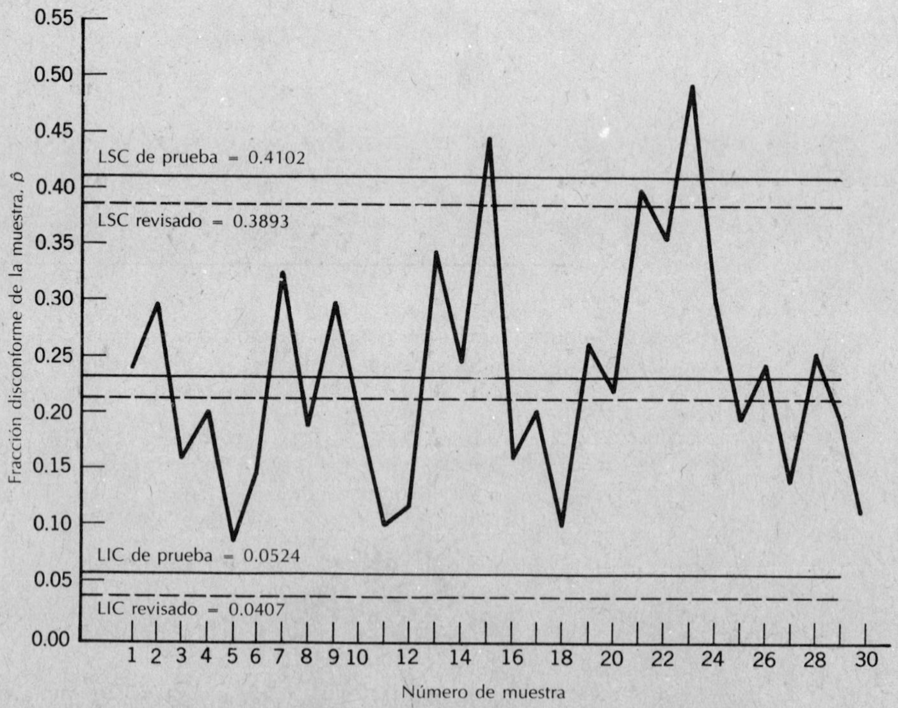

Figura 5-1. Diagrama de control de la fracción disconforme para los datos de la Tabla 5-1.

La línea central y los límites revisados se indican como líneas discontinuas en el diagrama de control de la Fig. 5.1. Observamos que ahora la fracción disconforme de la muestra 21 es mayor que el límite superior de control. Sin embargo, el análisis de los datos no revela una causa atribuible razonable o lógica, y se decide conservar el punto. A veces, la verificación de datos de un diagrama de control proporciona información que afecta a otros puntos no necesariamente fuera de los límites de control. Por ejemplo, si se hubiera encontrado que el operario temporal que estaba trabajando cuando se tomó la muestra 23 laboraba realmente durante el periodo de dos horas en el que se obtuvieron las muestras 21-24, entonces habrían tenido que descartarse las cuatro muestras, aunque sólo la 21 es mayor que los límites de control, pues este operario sin experiencia probablemente tuvo una influencia negativa en la fracción de disconformes durante el periodo entero.

Antes de concluir que el proceso está bajo control a este nivel, tenemos que examinar las 28 muestras restantes para detectar corridas u otros patrones no aleatorios. La más larga es de longitud cinco, por arriba de la línea central, y parece no haber patrones evidentes en los datos. No existe fuerte evidencia de otra cosa que no sea un patrón aleatorio de variación respecto de la línea central.

Concluimos que el proceso está bajo control al nivel de $p = 0.2150$, y que deben adoptar los límites de control revisados para verificar la producción actual. Sin embargo, se observa que la fracción disconforme es demasiado grande, aunque el proceso está bajo control. Es decir, el proceso funciona de manera estable, y no hay problemas anormales que no pueda *controlar el operario*. Es decir, es improbable que se pueda mejorar la calidad del proceso

Tabla 5-2 Datos de las latas de jugo de naranja concentrado, en muestras de tamaño $n = 50$

Número de muestra	Número de latas disconformes, D_1	Fracción muestral disconforme, D_1
1	9	0.18
2	6	0.12
3	12	0.24
4	5	0.10
5	6	0.12
6	4	0.08
7	5	0.10
8	3	0.06
9	7	0.14
10	6	0.12
11	2	0.04
12	4	0.08
13	3	0.06
14	6	0.12
15	5	0.10
16	4	0.08
17	8	0.16
18	5	0.10
19	6	0.12
20	7	0.14
21	5	0.10
22	6	0.12
23	3	0.06
24	4	0.08
	133	$\bar{p} = 0.1108$

mediante acciones al nivel del trabajador. Los envases disconformes producidos los puede *controlar la administración*, porque se necesita que ésta intervenga en el proceso para mejorar el funcionamiento. La administración de la fábrica está de acuerdo con esta observación, y determina que, además de adoptar el programa de diagramas de control, el personal de ingeniería debe analizar el proceso para mejorar su rendimiento. Tal estudio indica que es posible realizar varios ajustes en la máquina, los cuales deberán mejorar su funcionamiento.

Durante los tres turnos que siguen a los ajustes en la máquina y a la introducción del diagrama de control, se obtienen 24 muestras más de $n = 50$ observaciones cada una. En la Tabla 5.2 aparecen los datos, y las fracciones muestrales no conformes se indican en el diagrama de control de la Fig. 5-2.

Al examinar la Figura 5-2, la impresión inmediata es que el proceso funciona ahora a un nuevo nivel de calidad, que es considerablemente menor que la línea central $\bar{p} = 0.2150$. Un punto, correspondiente a la muestra 11, se encuentra por debajo del límite inferior de control. No es posible determinar una causa atribuible para esta señal fuera de control. Las únicas razones lógicas para este cambio ostensible en el funcionamiento del proceso son los ajustes de máquina realizados por el personal de ingeniería y, probablemente, los operadores mismos. Es normal observar que el funcionamiento del proceso mejora después de la introducción de procedimientos formales de control estadístico de procesos, muchas veces porque los operadores están más conscientes de la calidad del proceso, y el diagrama de control proporciona una representación visual continua de su funcionamiento.

Podemos probar la hipótesis de que la fracción disconforme del proceso durante el periodo actual de tres turnos difiere de la fracción disconforme de los datos preliminares, usando el procedimiento de la Sección 3-3.4. Las hipótesis son

$$H_0: \quad p_1 = p_2$$
$$H_1: \quad p_1 > p_2$$

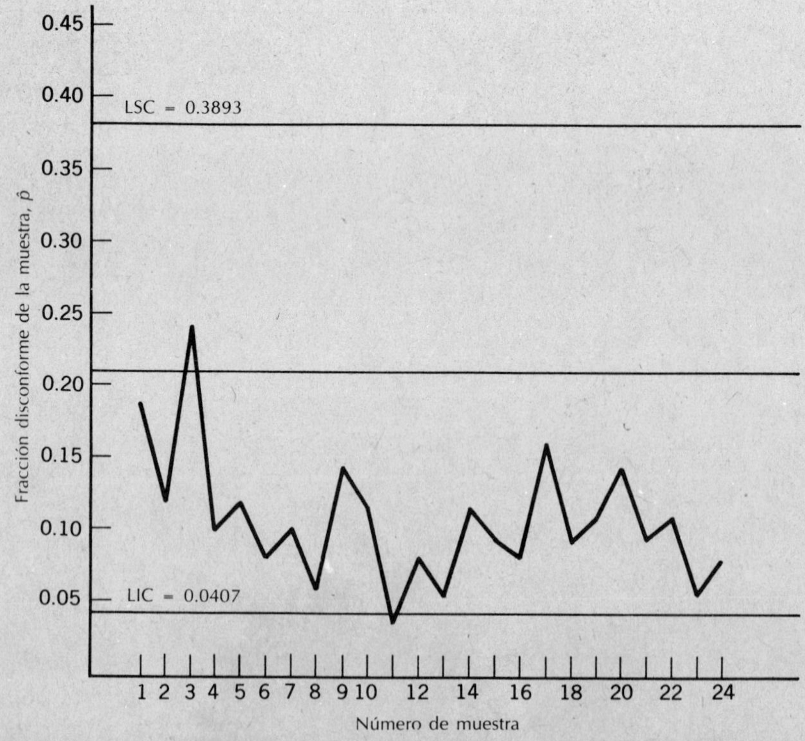

Figura 5-2. Diagrama de control de la fracción disconforme, Ejemplo 5-1.

donde p_1 es la fracción disconforme del proceso tomada de los datos preliminares y p_2 es la fracción disconforme del periodo actual. Podemos estimar p_1 por $\hat{p}_1 = \bar{p} = 0.2150$, y p_2 por

$$\hat{p}_2 = \frac{\sum_{i=1}^{24} D_i}{(50)(24)} = \frac{133}{1200} = 0.1108$$

La estadística de prueba para la hipótesis mencionada es, a partir de las ecuaciones (3-62) y (3-63),

$$Z_0 = \frac{\hat{p}_1 - \hat{p}_2}{\sqrt{\hat{p}(1-\hat{p})\left(\frac{1}{n_1} + \frac{1}{n_2}\right)}}$$

donde

$$\hat{p} = \frac{n_1\hat{p}_1 + n_2\hat{p}_2}{n_1 + n_2}$$

En nuestro ejemplo, tenemos

$$\hat{p} = \frac{(1400)(0.2150) + (1200)(0.1108)}{1400 + 1200} = 0.1669$$

y

$$Z_0 = \frac{0.2150 - 0.1108}{\sqrt{(0.1669)(0.8331)\left(\frac{1}{1400} + \frac{1}{1200}\right)}} \doteq 7.22$$

Comparando esto con el punto 0.05 superior de la distribución normal estándar, se encuentra que $Z_0 = 7.22 > Z_{0.05} = 1.645$. Por consiguiente, se rechaza H_0 y concluimos que hubo una disminución significativa de fallas en el proceso.

Parece lógico revisar nuevamente los límites de control, utilizando sólo los datos de este periodo más reciente de tres turnos. Esto produce:

$$\text{Línea central} = \bar{p} = 0.1108$$

$$\text{LSC} = \bar{p} + 3\sqrt{\frac{\bar{p}(1-\bar{p})}{n}} = 0.1108 + 3\sqrt{\frac{(0.1108)(0.8892)}{50}} = 0.2440$$

$$\text{LSC} = \bar{p} - 3\sqrt{\frac{\bar{p}(1-\bar{p})}{n}} = 0.1108 - 3\sqrt{\frac{(0.1108)(0.8892)}{50}} = -0.0224$$

Ya que el límite inferior de control calculado es menor que cero, debemos hacer LIC = 0. Por lo tanto, el nuevo diagrama de control tendrá únicamente límite de control superior. Por inspección de la Fig. 5-2, se ve que todos los puntos serían menores que el límite superior de control revisado; por lo tanto, la conclusión es que el proceso está bajo control a este nuevo nivel.

El uso continuado de esta gráfica para los cinco turnos siguientes se muestra en la Fig. 5-3. Los datos para el proceso durante este periodo aparecen en la Tabla 5-3. El diagrama no indica una falta de control. A pesar de la mejoría en la producción, después de los cambios tecnológicos en el proceso y la introducción del diagrama de control, el rechazo del

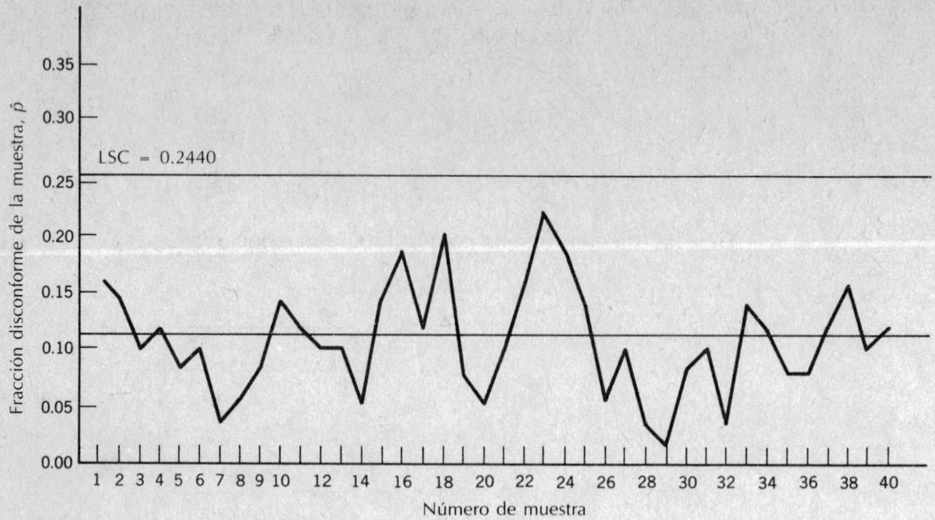

Figura 5-3. Uso continuo del diagrama de control de la fracción disconforme, Ejemplo 5-1.

proceso de $\bar{p} = 0.1108$ es todavía demasiado elevado. Se necesitan más medidas por parte de la administración para mejorar la producción. Estas intervenciones administrativas pueden ser más ajustes en la máquina. Se tendría que seguir usando el diagrama de control durante el periodo de ajuste. Al indicar en una escala de tiempo en el diagrama de control *cuándo* se realiza un cambio en el proceso, la gráfica se convierte en un *diario*, en el que se pueden encontrar fácilmente la planeación de intervenciones en el proceso y sus efectos subsecuentes en el rendimiento. Este aspecto de diario en el uso de los diagramas de control es en extremo importante.

■

El diagrama de control de la fracción disconforme tiene tres parámetros que hay que especificar: el tamaño muestral, la frecuencia de muestreo, y la amplitud de los límites de control. En el caso ideal se tendrían que escoger estos parámetros conforme algunos criterios económicos, y en el Capítulo 9 se presentan algunos modelos económicos para el diseño de diagramas de control. Sin embargo, también es útil tener algunas directrices generales para seleccionar estos parámetros.

Es relativamente común basar un diagrama de control de la fracción disconforme en una inspección de 100% de *todo* el rendimiento del proceso en un periodo conveniente, como un turno o un día. En este caso, el tamaño muestral y la frecuencia de muestreo están relacionados. En general, se seleccionaría una frecuencia de muestreo apropiada para la tasa de producción, y esto fija el tamaño muestral. El uso de subgrupos racionales también puede ser importante en la determinación de la frecuencia de muestreo. Por ejemplo, si existen tres turnos, y se sospecha que los turnos difieren respecto a su nivel general de calidad, entonces habrá que usar la salida de cada turno como un subgrupo, en vez de juntar las salidas de los tres turnos para obtener una fracción defectuosa diaria.

Si hay que seleccionar una muestra del rendimiento del proceso, tendremos que escoger el tamaño muestral n. Se han sugerido varias reglas para la selección de n. Si p es muy pequeño, habrá que elegir n lo suficientemente grande para tener una alta probabilidad de encontrar por lo menos una unidad disconforme en la muestra. De otro modo, los límites de control podrían

Tabla 5-3 Datos para el diagrama de control de la fracción disconforme de la Figura 5-3, $p = 50$

Número de muestra	Número de disconformidades, D_i	Fracción muestral de *latas disconformes*, $\hat{p}_i$
1	8	0.16
2	7	0.14
3	5	0.10
4	6	0.12
5	4	0.08
6	5	0.10
7	2	0.04
8	3	0.06
9	4	0.08
10	7	0.14
11	6	0.12
12	5	0.10
13	5	0.10
14	3	0.06
15	7	0.14
16	9	0.18
17	6	0.12
18	10	0.20
19	4	0.08
20	3	0.06
21	5	0.10
22	8	0.16
23	11	0.22
24	9	0.18
25	7	0.14
26	3	0.06
27	5	0.10
28	2	0.04
29	1	0.02
30	4	0.08
31	5	0.10
32	3	0.06
33	7	0.14
34	6	0.12
35	4	0.08
36	4	0.08
37	6	0.12
38	8	0.16
39	5	0.10
40	6	0.12

tales que la presencia de una sola unidad no conforme indicaría una condición fuera de control. Por ejemplo, si $p = 0.01$ y $n = 8$, obtendremos como límite superior de control

$$\text{LSC} = p + 3\sqrt{\frac{p(1-p)}{n}} = 0.01 + 3\sqrt{\frac{(0.01)(0.99)}{8}} = 0.1155$$

Si hay un artículo disconforme en la muestra, entonces $p = 1/8 = 0.1250$, y se concluye que el proceso está fuera de control. Como para cualquier $p > 0$ existe una probabilidad positiva de producir *algunos* artículos defectuosos, no es razonable concluir, en muchos casos, que el proceso está fuera de control con base en la observación de un solo artículo disconforme.

Para evitar todo esto, se podría escoger el tamaño muestral n de manera que la probabilidad de hallar por lo menos un artículo no conforme por muestra sea al menos igual a γ. Por ejemplo, supóngase que $p = 0.01$, y que se desea que la probabilidad de encontrar por lo menos un artículo disconforme en la muestra sea de por lo menos 0.95. Sea D el número de unidades disconformes, y entonces se desea determinar el valor de n de modo que $P\{D \geq 1\} \geq 0.95$. Mediante la aproximación de Poisson a la binomial, se halla, a partir de la tabla de distribución acumulativa de Poisson, que $\lambda = np$ debe ser igual a 3.00. Por consiguiente, como $p = 0.01$, esto implica que el tamaño de la muestra tendría que ser igual a 300.

Duncan (1974) ha sugerido que el tamaño tendría que ser suficientemente grande para tener una probabilidad aproximada de 50% de detectar un cambio de alguna cantidad especificada en el proceso. Por ejemplo, supóngase que $p = 0.01$, y que se desea una probabilidad de 0.50 para detectar un cambio hacia $p = 0.05$. Al suponer que se puede aplicar la aproximación normal a la binomial, habría que elegir n de manera que el límite superior de control coincida exactamente con la fracción no conforme en el estado fuera de control.[1] Si δ es la magnitud del cambio en el proceso, entonces n tendrá que satisfacer

$$\delta = k\sqrt{\frac{p(1-p)}{n}} \tag{5-9}$$

Por lo tanto,

$$n = \left(\frac{k}{\delta}\right)^2 p(1-p) \tag{5-10}$$

En nuestro ejemplo, $p = 0.01$, $\delta = 0.05 - 0.01 = 0.04$, y si se usan límites de tres sigmas, a partir de (5-10) tendremos

$$n = \left(\frac{3}{0.04}\right)^2 (0.01)(0.99) = 56$$

Si es pequeño el valor bajo control de la fracción disconforme, otro criterio útil es escoger n suficientemente grande para que el diagrama de control tenga un límite inferior de control positivo. Esto asegura un mecanismo para obligarnos a investigar una o más muestras que contienen un número anormalmente pequeño de artículos disconformes. Se desea tener que

$$\text{LCL} = p - k\sqrt{\frac{p(1-p)}{n}} > 0 \tag{5-11}$$

Esto implica que

$$n > \frac{(1-p)}{p}k^2 \tag{5-12}$$

[1] Para una $\hat{p}$ aproximadamente normal, la probabilidad de que $\hat{p}$ exceda el LSC es 0.50 si el LSC es igual a la fracción no conforme fuera de control p, debido a la simetría de la distribución normal. Véase en la Sección 2.4.3 un estudio de la aproximación normal a la binomial.

Por ejemplo, si $p = 0.05$ y se usan límites de tres sigmas, el tamaño muestral tendrá que ser

$$n > \frac{0.95}{0.05}(3)^2 = 171$$

Así, si $n \geq 172$ artículos, la gráfica de control tendrá un límite inferior de control positivo.

Normalmente se usan límites de control de tres sigmas en el diagrama de control de la fracción disconforme, porque han funcionado bien en la práctica. Como se argumentó en la Sección 4-2.2, límites de control más estrechos hacen al diagrama de control más sensible a pequeños cambios en p, pero al costo de más frecuentes "falsas alarmas". Ocasionalmente, se ha visto el uso de límites más estrechos para tratar de *forzar* mejoras en la calidad del proceso. Sin embargo, hay que tener cuidado con lo anterior, porque demasiadas falsas alarmas destruirán la confianza del personal operativo en el programa de diagramas de control.

Debe haserse notar que el diagrama de control de la fracción disconforme no es un modelo universal para *todos* los datos respecto a la fracción no conforme. Se basa en el modelo probabilístico binomial; o sea, la probabilidad de ocurrencia de un artículo con disconformidad es *constante*, y unidades sucesivas en la producción son *independientes*. En procesos en que las unidades no conformes se agrupan, o en los que la probabilidad de que una unidad sea disconforme depende de la conformidad (o no conformidad) de las unidades anteriores, el diagrama de control de la fracción disconforme es muchas veces de poca utilidad.

Interpretación de los puntos en el diagrama de control de la fracción disconforme. ■ En el Ejemplo 5-1 se ilustró cómo se deben manejar los puntos que se encuentran más allá de los límites de control, en el momento de elaborar el diagrama de control y durante su uso rutinario. Hay que tener cuidado con la interpretación de los puntos que se hallan *por debajo* del límite inferior de control. Tales puntos no representan a menudo una mejora real en la calidad del proceso. Frecuentemente son el resultado de errores en el método de inspección debido a que los inspectores tienen adiestramiento inadecuado o carece de experiencia, o a que el equipo de prueba e inspección está mal calibrado. También se han hallado casos en que los inspectores dejaban pasar deliberadamente unidades disconformes, o comunicaban datos ficticios. El analista debe tener en cuenta estas advertencias cuando busca causas atribuibles, si los puntos se encuentran por debajo de los límites inferiores de control. No todos los "cambios a la baja" de p se deben a una mejorada en la calidad.

Diagrama de control de ***np*****.** ■ También es posible basar un diagrama de control en el número disconforme, en vez de en la fracción no conforme. Esto se llama, a menudo, diagrama de *np*. Los parámetros de tal diagrama son

$$\begin{aligned} \text{LSC} &= np + 3\sqrt{np(1-p)} \\ \text{Línea central} &= np \\ \text{LIC} &= np - 3\sqrt{np(1-p)} \end{aligned} \qquad (5\text{-}13)$$

Si no se dispone de un valor estándar para p, entonces se usará $\bar{p}$ para estimar p. Mucho personal sin formación en Estadística encuentra el diagrama de np más fácil de interpretar que el de control de la fracción disconforme común.

5-2.2 Tamaño Muestral Variable

En algunas aplicaciones del diagrama de control de la fracción disconforme, la muestra es una inspección de 100% del rendimiento del proceso durante algún periodo. Como se podrían produ-

Tabla 5-4 Datos para un diagrama de control de la fracción disconforme con tamaño muestral variable

Número de muestra i	Tamaño muestral, n_i	Número de disconformidades, D_i	Fracción muestral disconforme, $\hat{p}_i = D_i/n_i$	Desviación estándar $\hat{\sigma}_{\hat{p}} = \sqrt{\frac{(0.096)(0.904)}{n_i}}$	Límites de control LSC	LIC
1	100	12	0.120	0.029	0.009	0.183
2	80	8	0.100	0.033	0	0.195
3	80	6	0.075	0.033	0	0.195
4	100	9	0.090	0.029	0.009	0.183
5	110	10	0.091	0.028	0.012	0.180
6	110	12	0.109	0.028	0.012	0.180
7	100	11	0.110	0.029	0.009	0.183
8	100	16	0.160	0.029	0.009	0.183
9	90	10	0.110	0.031	0.003	0.189
10	90	6	0.067	0.031	0.003	0.189
11	110	20	0.182	0.028	0.012	0.180
12	120	15	0.125	0.027	0.015	0.177
13	120	9	0.075	0.027	0.015	0.177
14	120	8	0.067	0.027	0.015	0.177
15	110	6	0.055	0.028	0.012	0.180
16	80	8	0.100	0.033	0	0.195
17	80	10	0.125	0.033	0	0.195
18	80	7	0.088	0.033	0	0.195
19	90	5	0.056	0.031	0.003	0.189
20	100	8	0.080	0.029	0.009	0.183
21	100	5	0.050	0.029	0.009	0.183
22	100	8	0.080	0.029	0.009	0.183
23	100	10	0.100	0.029	0.009	0.183
24	90	6	0.067	0.031	0.003	0.189
25	90	9	0.100	0.031	0.003	0.189
	2450	234	0.096			

cir diferentes cantidades de artículos en cada periodo, el diagrama de control tendría entonces un tamaño muestral variable. Existen varios métodos para construir y utilizar un diagrama de control con un tamaño muestral variable.

El primer método, probablemente el más sencillo, es determinar para cada muestra individual límites de control basados en el tamaño muestral específico. Es decir, si la *i*-ésima muestra es de tamaño n_i, entonces los límites superior e inferior de control son $p \pm 3\sqrt{p(1-p)/n_i}$. Obsérvese que la amplitud de los límites es inversamente proporcional al tamaño muestral. Para ilustrar este método, considérense los datos de la Tabla 5-4. Para las 25 muestras se calcula

$$\bar{p} = \frac{\sum_{i=1}^{25} D_i}{\sum_{i=1}^{25} n_i} = \frac{234}{2450} = 0.096$$

Por consiguiente, la línea central se encuentra en 0.096 y los límites de control son

$$\text{LSC} = \bar{p} + 3\hat{\sigma}_{\hat{p}} = 0.096 + 3\sqrt{\frac{(0.096)(0.904)}{n_i}}$$

y

$$\text{LIC} = \bar{p} - 3\hat{\sigma}_{\hat{p}} = 0.096 - 3\sqrt{\frac{(0.096)(0.904)}{n_i}}$$

donde $\hat{\sigma}_{\hat{p}}$ es el estimador de la desviación estándar de la fracción muestral disconforme $\hat{p}$. En las últimas tres columnas de la Tabla 5-4 se presentan los cálculos para determinar los límites de control. El diagrama de control aparece en la Fig. 5-4.

El segundo método es basar el diagrama de control en un tamaño muestral *promedio*, lo que da como resultado un conjunto aproximado de límites de control. Para esto se supone que los

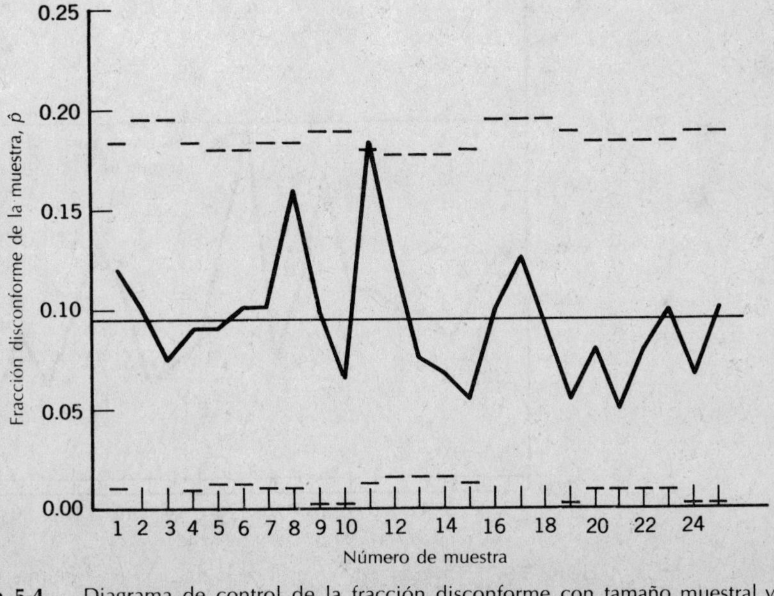

Figura 5-4. Diagrama de control de la fracción disconforme con tamaño muestral variable.

futuros tamaños muestrales no serán muy diferentes de los observados antes. Si se utiliza este planteamiento, los límites de control serán *constantes*, y el diagrama de control resultante no tendrá un aspecto tan formidable para el personal operativo como el diagrama con límites variables. Sin embargo, si hay una variación extraordinariamente grande en el tamaño de una muestra en particular, o un punto cae cerca de los límites de control aproximados, entonces se tendrán que determinar los límites de control *exactos* para este punto y examinarlo respecto a su valor. Para los datos de la Tabla 5-4, encontramos que el tamaño muestral promedio es

$$\bar{n} = \frac{\sum_{i=1}^{25} n_i}{25} = \frac{2450}{25} = 98$$

Por lo tanto, los límites de control aproximados son

$$\text{LSC.} = \bar{p} + 3\sqrt{\frac{\bar{p}(1-\bar{p})}{\bar{n}}} = 0.096 + 3\sqrt{\frac{(0.096)(0.904)}{98}} = 0.185$$

y

$$\text{LSC} = \bar{p} - 3\sqrt{\frac{\bar{p}(1-\bar{p})}{\bar{n}}} = 0.096 - 3\sqrt{\frac{(0.096)(0.904)}{98}} = 0.007$$

El diagrama de control resultante se presenta en la Fig. 5-5. Obsérvese que p para la muestra 11 se halla cerca del límite superior de control aproximado, pero parece estar bajo control. Sin embargo, al compararlo con su límite superior de control exacto (0.180, de la Tabla 5-4), el punto indica una condición fuera de control. De modo similar, puntos que se encuentran fuera de los límites de control aproximados pueden estar entre sus límites de control exactos. En general, hay que tener cuidado con la interpretación de puntos cerca de los límites de control aproximados.

También debe tenerse mucho cuidado con el análisis de corridas u otros patrones aparentemente anormales, en las gráficas con tamaños muestrales variables. El problema es que un cambio

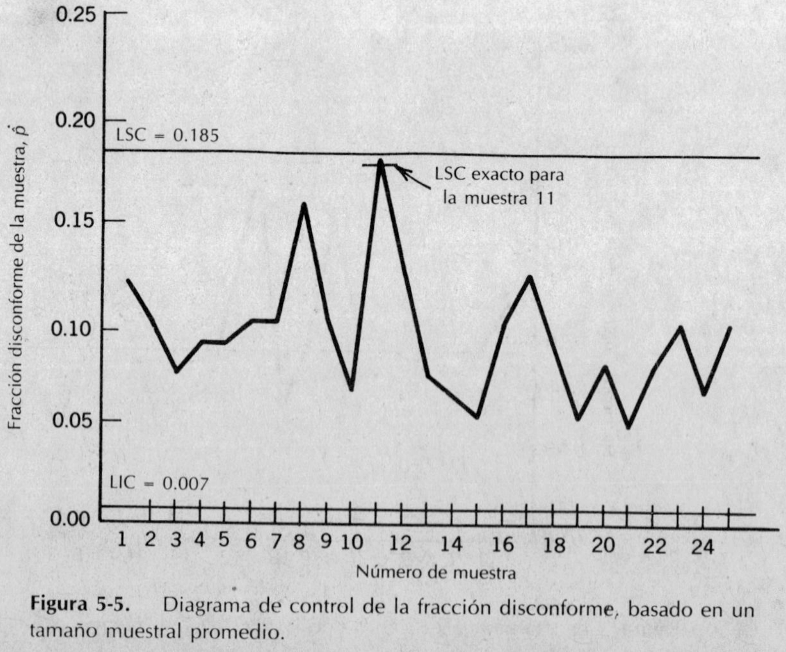

Figura 5-5. Diagrama de control de la fracción disconforme, basado en un tamaño muestral promedio.

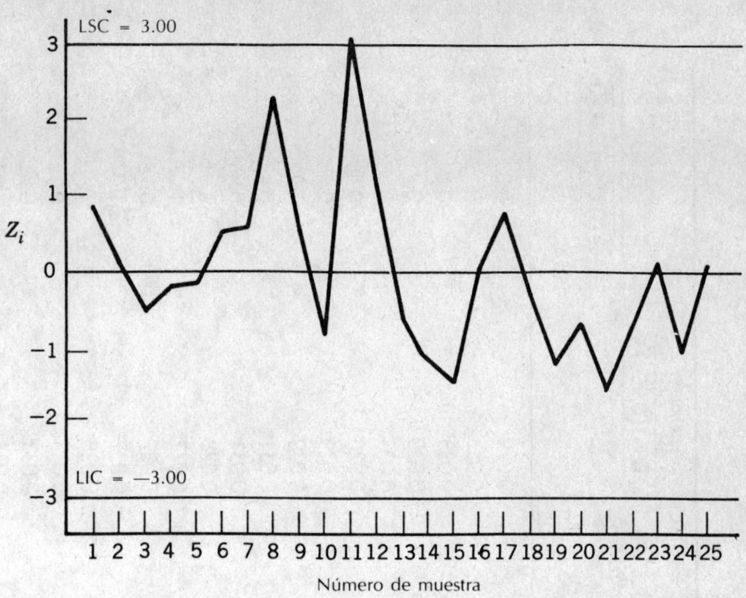

Figura 5-6. Diagrama de control estandarizado de la fracción disconforme.

en la fracción muestral disconforme p debe interpretarse respecto a su tamaño muestral. Por ejemplo, supongamos que $p = 0.20$, y que dos sucesivas fracciones muestrales disconformes son $\hat{p}_i = 0.28$ y $\hat{p}_{i+1} = 0.24$. La primera observación parece indicar una peor calidad que la segunda, ya que $\hat{p}_i > \hat{p}_{i+1}$. Sin embargo, supóngase que los tamaños muestrales son $n_i = 50$ y $n_{i+1} = 250$. Expresado en *unidades de desviación estándar*, el primer punto se encuentra 1.89 unidades por arriba de la media, mientras que el segundo punto está 2.11 por arriba de la media. O sea, el segundo punto representa realmente una *mayor* desviación del estándar $p = 0.20$ que el primero, aunque el segundo es el menor de los dos. Es obvio que buscar corridas u otros patrones no aleatorios virtualmente no tiene sentido aquí.

Una solución para este problema es utilizar un diagrama de control "estandarizado", donde los puntos se representan mediante desviaciones estándares. Tal diagrama de control tiene su línea central en cero, y límites superior e inferior de control de $+3$ y -3, respectivamente. La variable que se grafica en el diagrama es

$$Z_i = \frac{\hat{p}_i - p}{\sqrt{\dfrac{p(1-p)}{n_i}}}$$

donde p (o $\bar{p}$, si no se da un valor estándar) es la fracción no conforme del proceso en un estado de control. El diagrama de control estandarizado para los datos de la Tabla 5-4 se muestra en la Fig. 5-6. Los cálculos asociados a esta gráfica se presentan en la Tabla 5-5. Se podrían aplicar con toda seguridad los métodos para la detección de corridas y patrones, porque los cambios relativos de un punto a otro se expresan en términos de las mismas unidades de medida.

No es más difícil construir o mantener el diagrama de control estandarizado que cualquiera de los otros dos procedimientos estudiados en esta sección. Sin embargo, conceptualmente la interpretación y la comprensión por el personal operativo puede ser más difícil, ya que se "perdió" la referencia hacia la fracción no conforme real del proceso. Sin embargo, si existe una variación grande en el tamaño muestral, los métodos para identificar corridas y patrones sólo pueden usarse

Tabla 5-5 Cálculos para el diagrama de control estandarizado de la Figura 5-6, $\bar{p} = 0.096$

Número de muestra i	Tamaño muestral, n_i	Número de disconformidades, D_i	Fracción muestral disconforme, $\hat{p}_i = D_i/n_i$	Desviación estándar $\hat{\sigma}_{\hat{p}} = \sqrt{\frac{(0.096)(0.904)}{n_i}}$	$Z_i = \frac{\hat{p} - \bar{p}}{\sqrt{\frac{(0.096)(0.904)}{n_i}}}$
1	100	12	0.120	0.029	0.83
2	80	8	0.100	0.033	0.12
3	80	6	0.075	0.033	−0.64
4	100	9	0.090	0.029	−0.21
5	110	10	0.091	0.028	−0.18
6	110	12	0.109	0.028	0.46
7	100	11	0.110	0.029	0.48
8	100	16	0.160	0.029	2.21
9	90	10	0.110	0.031	0.45
10	90	6	0.067	0.031	−0.94
11	110	20	0.182	0.028	3.07
12	120	15	0.125	0.027	1.07
13	120	9	0.075	0.027	−0.78
14	120	8	0.067	0.027	−1.07
15	110	6	0.055	0.028	−1.46
16	80	8	0.100	0.033	0.12
17	80	10	0.125	0.033	0.88
18	80	7	0.088	0.033	−0.24
19	90	5	0.056	0.031	−1.29
20	100	8	0.080	0.029	−0.55
21	100	5	0.050	0.029	−1.59
22	100	8	0.080	0.029	−0.55
23	100	10	0.100	0.029	0.14
24	90	6	0.067	0.031	−0.94
25	90	9	0.100	0.031	0.13

sin problemas en el diagrama de control estándarizado. En tal caso, podría ser aconsejable utilizar un diagrama de control con límites de control individuales (como en la Fig. 5-4) para el personal operativo, junto con un diagrama de control estandarizado para el ngeniero de calidad.

5-2.3 Función Característica de Operación

La función característica de operación (CO) del diagrama de control de la fracción no conforme, es una representación gráfica de la probabilidad de aceptar incorrectamente la hipótesis de un control estadístico (es decir, un error tipo II o β) contra la fracción disconforme del proceso. La curva CO proporciona una medida de la *sensibilidad* del diagrama de control; o sea, su capacidad para detectar un cambio en la fracción disconforme del proceso respecto al valor nominal $\overline{p}$ hacia algún otro valor p. La probabilidad del error tipo II para el diagrama de control de la fracción no conforme puede calcularse a partir de

$$\begin{aligned}\beta &= P\{\hat{p} < \text{UCL}|p\} - P\{\hat{p} \leq \text{LCL}|p\} \\ &= P\{D < n\text{UCL}|p\} - P\{D \leq n\text{LCL}|p\} \qquad (5\text{-}14)\end{aligned}$$

Como D es una variable aleatoria binomial con parámetros n y p, el error β, definido en (5-14), puede obtenerse a partir de la distribución binomial acumulativa.

En la Tabla 5-6 se ilustran los cálculos necesarios con objeto de generar la curva CO para el diagrama de control de la fracción disconforme con los parámetros $n = 50$, LIC $= 0.0303$ y LSC $= 0.3697$. Al aplicar estos parámetros, con la Ecuación (5-14) se obtiene

$$\begin{aligned}\beta &= P\{D < (50)(0.3697)|p\} - P\{D \leq (50)(0.0303)|p\} \\ &= P\{D < 18.49|p\} - P\{D \leq 1.52|p\}\end{aligned}$$

Tabla 5-6[a] Cálculos para el trazo de la curva CO para un diagrama de control de la fracción disconforme, con $n = 50$, LIC $= 0.0303$ y LSC — 0.3697

p	$P\{D \leq 18|p\}$	$P\{D \leq 2|p\}$	$\beta = P\{D < 18|p\} - P\{D \leq 2|p\}$
0.01	1.0000	0.9862	0.0138
0.03	1.0000	0.8108	0.1892
0.05	1.0000	0.5405	0.4595
0.10	1.0000	0.1117	0.8883
0.15	0.9999	0.0142	0.9857
0.20	0.9975	0.0013	0.9962
0.25	0.9713	0.0001	0.9712
0.30	0.8594	0.0000	0.8594
0.35	0.6216	0.0000	0.6216
0.40	0.3356	0.0000	0.3356
0.45	0.1273	0.0000	0.1273
0.50	0.0325	0.0000	0.0325
0.55	0.0053	0.0000	0.0053

[a] Las probabilidades de esta tabla se encontraron evaluando la distribución binomial acumulativa. Para p pequeño ($p < 0.1$) se podría usar la aproximación de Poisson, y para valores mayores de p la aproximación normal.

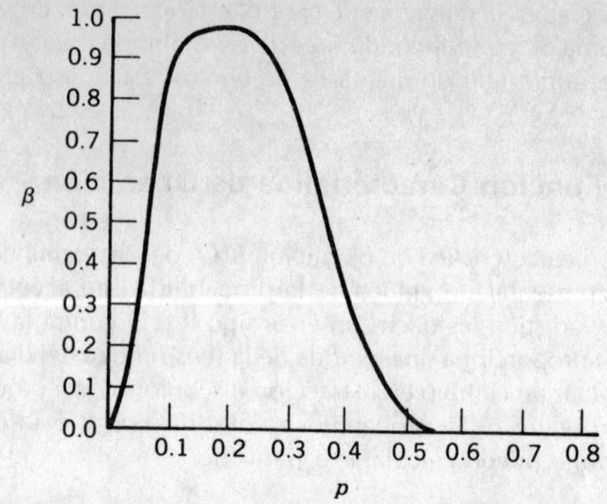

Figura 5-7. Curva característica de operación para el diagrama de control de la fracción no conforme, con $\bar{p}$ = 0.20, LIC = 0.0303 y LSC = 0.3697.

Sin embargo, como D tiene que ser entero, encontramos que

$$\beta = P\{D \leq 18|p\} - P\{D \leq 2|p\}$$

La curva CO se grafica en la Figura 5-7.

5-3 DIAGRAMA DE CONTROL DE DISCONFORMIDADES (DEFECTOS)

Un artículo disconforme o no conforme es un producto que no satisface una o más de las especificaciones para tal producto. Cada punto específico en el que no se satisface una especificación resulta ser un *defecto* o *disconformidad*. Por consiguiente, un artículo disconforme tendrá por lo menos una disconformidad. Sin embargo, dependiendo de su naturaleza y su gravedad, es muy factible que un artículo posea varias disconformidades y, de todos modos, *no* sea clasificado como disconforme. Por ejemplo, supóngase que se fabrican computadoras personales. Cada unidad podría tener uno o más desperfectos menores en el acabado de la caja, y debido a que no afectan seriamente su funcionamiento, se podría clasificarla como conforme. Sin embargo, al tener demasiados desperfectos se tendría que clasificar la computadora personal como no conforme, ya que aquellos serían evidentes para el consumidor, y podrían afectar la venta de la unidad. Hay muchos casos prácticos en los que es preferible trabajar directamente con el número de defectos o disconformidades, en vez de hacerlo con la fracción no conforme. Algunos ejemplos son la cantidad de soldaduras defectuosas en 100 m de oleoducto, el número de remaches rotos en un ala de un avión, la cantidad de defectos funcionales en un dispositivo lógico electrónico, etcétera.

Es posible desarrollar diagramas de control para el número total de disconformidades en una unidad, o bien para el número promedio de defectos por unidad. Para estos diagramas se supone normalmente que la ocurrencia de disconformidades en muestras de tamaño constante puede modelarse bien mediante una distribución de Poisson. Por esto suele requerirse que el número de oportunidades o lugares potenciales para las disconformidades sea infinitamente grande, y que la probabilidad de ocurrencia de una disconformidad en cualquier lugar sea pequeña y constante. Además, la *unidad de inspección* tiene que ser la misma para cada muestra. Es decir, cada unidad de inspección tiene que representar un "área de oportunidad" idéntica para la ocurrencia de disconformidades. También se podrían contar las no conformidades de varios tipos diferentes en una unidad, mientras las condiciones antes mencionadas se satisfagan para cada clase de disconformidad.

En la mayoría de las situaciones prácticas, estas condiciones no serán satisfechas exactamente. El número de oportunidades para la ocurrencia de no conformidades puede ser finito, o la probabilidad de ocurrencia de disconformidades puede ser variable. Mientras estas desviaciones respecto de los supuestos no sean graves, el modelo de Poisson funcionará normalmente bien. Hay casos, sin embargo, en los que el modelo de Poisson es del todo inadecuado. Estas situaciones se analizan con más detalle al final de la Sección 5-3.1.

5-3.1 Procedimientos con Tamaño Muestral Constante

Considérese la ocurrencia de no conformidades en una unidad de inspección del producto. En la mayoría de los casos, la unidad de inspección será una sola unidad del producto, aunque no necesariamente siempre es así. La unidad de inspección es sencillamente una entidad apropiada para registrar los defectos. Podría ser un grupo de 5 artículos, 10 artículos, etcétera. Supongamos que los defectos o disconformidades ocurren en esta unidad de inspección según una distribución de Poisson; es decir,

$$p(x) = \frac{e^{-c}c^x}{x!} \qquad x = 0, 1, 2, \ldots$$

donde x representa el número de disconformidades y $c > 0$ es el parámetro de la distribución de Poisson. De la Sección 2-2.3, se sabe que la media y la variancia de la distribución de Poisson son ambas iguales al parámetro c. Por lo tanto, un diagrama de control de no conformidades con límites de tres sigmas[2] se caracterizaría por

$$\begin{aligned} \text{LSC} &= c + 3\sqrt{c} \\ \text{Línea central} &= c \\ \text{LIC} &= c - 3\sqrt{c} \end{aligned} \tag{5-15}$$

suponiendo que se dispone de un valor estándar para c. Si estos cálculos dan un valor negativo para el LIC, entonces tómese LIC = 0.

Si no se da un valor estándar, se podrá estimar c como la media observada del número de disconformidades en una muestra preliminar de unidades de inspección, digamos $\bar{c}$. En este caso, el diagrama de control tendrá los parámetros

$$\begin{aligned} \text{LSC} &= \bar{c} + 3\sqrt{\bar{c}} \\ \text{Línea central} &= \bar{c} \\ \text{LIC} &= \bar{c} - 3\sqrt{\bar{c}} \end{aligned} \tag{5-16}$$

Los límites de control de (5-16) deben considerarse límites de control de *prueba* cuando no se dispone de un valor estándar, y es necesario examinar las muestras preliminares para detectar una posible falta de control. El diagrama de control de disconformidades se llama a veces diagrama de c.

[2] El riesgo β para los límites de tres sigmas no se distribuye de manera igual por arriba del LSC y debajo del LIC, porque la distribución de Poisson es asimétrica. Algunos autores recomiendan el uso de límites probabilísticos para esta gráfica, sobre todo cuando c es pequeño.

Ejemplo 5-2

En la tabla 5-7 se presenta el número de disconformidades observadas en 26 muestras sucesivas, cada una con 100 tarjetas de circuitos impresos. Obsérvese que se definió convenientemente la unidad de inspección como 100 circuitos. Ya que las 26 muestras contienen un total de 516 disconformidades, se estimina c por

$$\bar{c} = \frac{516}{26} = 19.85$$

Por lo tanto, los límites de control de prueba son

$$\text{LSC} = \bar{c} + 3\sqrt{\bar{c}} = 19.85 + 3\sqrt{19.85} = 33.22$$

$$\text{Línea central} = \bar{c} = 19.85$$

$$\text{LIC} = \bar{c} - 3\sqrt{\bar{c}} = 19.85 - 3\sqrt{19.85} = 6.48$$

Tabla 5-7 Datos para el número de disconformidades en muestras de 100 tarjetas de circuitos impresos

Número de mestra	Número de disconformidades	Número de mestra	Número de disconformidades
1	21	14	19
2	24	15	10
3	16	16	17
4	12	17	13
5	15	18	22
6	5	19	18
7	28	20	39
8	20	21	30
9	31	22	24
10	25	23	16
11	20	24	19
12	24	25	17
13	16	26	15

En la Fig. 5-8 se muestra el diagrama de control. Aquí se grafia el número de disconformidades observadas de las muestras preliminares. Dos puntos caen fuera de los límites de control, las muestras 6 y 20. La investigación de la muestra 6 reveló que un inspector nuevo había examinado las tarjetas de dicha muestra y no reconoció varios tipos de disconformidades que podrían haber estado presentes. Además, el número demasiado grande de disconformidades en la muestra 20 se debió a un problema en el control de la temperatura en la máquina de soldar en onda, el cual se resolvió inmediatamente. Por lo tanto, parece razonable excluir estas dos muestras y revisar los límites de control de prueba. Ahora se calcula c por

$$\bar{c} = \frac{472}{24} = 19.67$$

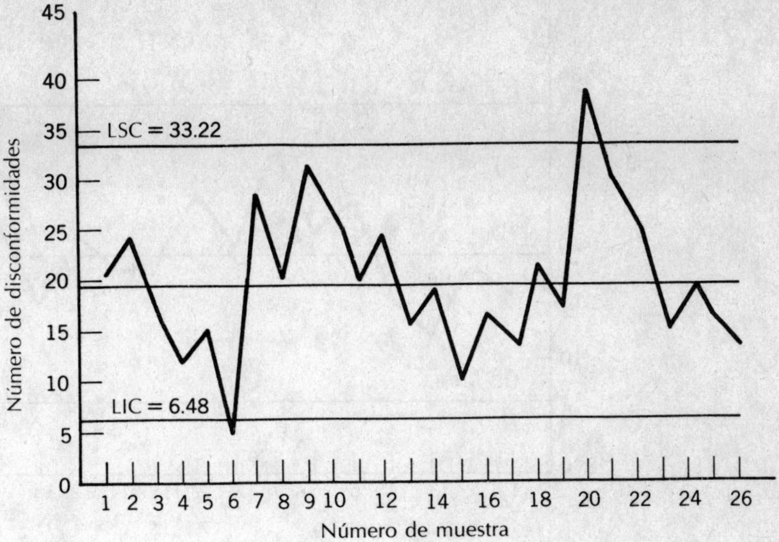

Figura 5-8. Diagrama de control de disconformidades para el Ejemplo 5.2.

y los límites de control revisados son

$$LIC = \bar{c} + 3\sqrt{\bar{c}} = 19.67 + 3\sqrt{19.67} = 32.97$$

$$\text{Línea central} = \bar{c} = 19.67$$

$$LIC = \bar{c} - 3\sqrt{\bar{c}} = 19.67 - 3\sqrt{19.67} = 6.37.$$

Éstos serán los valores estándares para verificar la producción del próximo periodo.

Se obtuvieron subsecuentemente veinte muestras nuevas, cada una de ellas de una unidad de inspección (es decir, 100 tarjetas). Se anota el número de disconformidades en cada muestra y se registran en la Tabla 5-8. Se grafican estos puntos en el diagrama de control

Tabla 5-8 Datos adiionales para el diagrama de control de disconformidades, Ejemplo 5-2

Número de mestra	Número de disconformidades	Número de mestra	Número de disconformidades
1	16	11	18
2	18	12	21
3	12	13	16
4	15	14	22
5	24	15	19
6	21	16	12
7	28	17	14
8	20	18	9
9	25	19	16
10	19	20	21

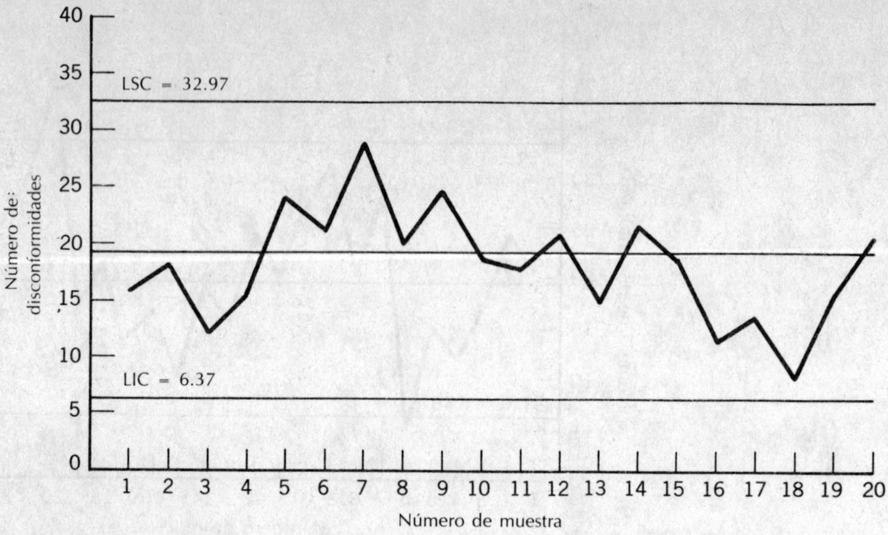

Figura 5-9. Continuación del diagrama de control de disconformidades, Ejemplo 5-2.

de la Figura 5-9. No se indica falta de control; sin embargo, el número de no conformidades por tablilla es todavía demasiado grande. Se necesitan acciones administrativas para mejorar el proceso.

■

Análisis adicional de disconformidades. ■ Los datos con respecto a defectos o no conformidades siempre contienen más información que la fracción disconforme, porque habrá normalmente *tipos* distintos de no conformidades. Analizando las disconformidades según el tipo, muchas veces puede tenerse una idea de sus causas. Por ejemplo, en el proceso de las tarjetas de circuitos impresos, hay 16 tipos de defectos. En la Fig. 5-10 se presentan los datos de los defectos en 500 tarjetas. Obsérvese que más de 60% del total de disconformidades se debe a *dos tipos de defectos:* insuficiencias y juntas frías de soldadura. Esto indica más problemas con el proceso de soldadura. Si se pudieran aislar y eliminar esos problemas, habría un aumento notable en la producción del proceso. Nótese que las no conformidades siguen la distribución de Pareto; es decir, puede atribuirse la mayoría de los defectos a unos pocos (en este caso dos) tipos de disconformidades.

En este proceso se fabrican varios tipos de tarjetas de circuitos impresos. Por lo tanto, puede ser útil examinar la ocurrencia del tipo de defecto por tipo de tarjeta (número de catálogo). La Tabla 5-9 contiene tal información. Obsérvese que las 40 insuficiencias de soldaduras y las 20 juntas frías de soldadura ocurrieron para el mismo número de pieza, 0001285. Ello implica que este tipo particular de tarjetas es muy susceptible a problemas de soldadura en onda, y se tiene que poner atención especial a fin de mejorar este paso del proceso para dicho número de pieza.

Otra técnica útil para un análisis adicional de disconformidades es el *diagrama de causa y efecto* o *diagrama de espinazo de pescado* (también llamado *diagrama de Ishikawa*, en honor a su inventor, el Dr. Kaoru Ishikawa). Este diagrama se utiliza para ilustrar claramente las distintas fuentes de disconformidades en productos y sus interrelaciones. Es útil para centrar la atención de operadores, ingenieros de producción y directores en los problemas de calidad. El desarrollo de un buen diagrama causa-efecto, suele mejorar el nivel de comprensión tecnológica del problema.

En la Figura 5-11 se muestra un diagrama causa-efecto para el proceso de montaje de tarjetas de circuitos impresos. Existen varias maneras de trazar el diagrama. Éste se centra en las tres fuen-

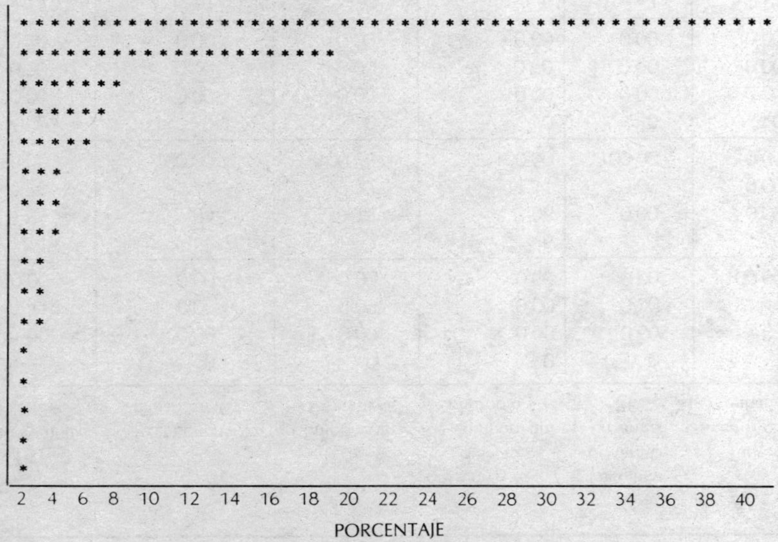

CODIGO DE DEFECTOS	FREC.	FREC. ACUM.	%	% ACUM.
SOLD. INSUFIC.	40	40	40.82	40.82
SOLD. JUNTAS FRÍAS	20	60	20.41	61.22
SOLD. ABIERTA/DEWE	7	67	7.14	68.37
COMP. INADEC. 1	6	73	6.12	74.49
SOLD. SALPICADURA/W	5	78	5.10	79.59
MARCA PRUEBA EC	3	81	3.06	82.65
MARCA PRUEBA BLANCA	3	84	3.06	85.71
TARJ. EN BRUTO ENVOLT. RE	3	87	3.06	88.78
COMP. PIEZA EXTRA	2	89	2.04	90.82
COMP. DAÑADO	2	91	2.04	92.86
COMP. FALTANTE2	2	93	2.04	94.90
ALAMBRADO INCORR. S	1	94	1.02	95.92
ESTAMP. ID. OPERADOR	1	95	1.02	96.94
ESTAMP. FALTANTE	1	96	1.02	97.96
SOLD. ESCASA	1	97	1.02	98.98
TARJ. EN BRUTO DAÑADA	1	98	1.02	100.00

Figura 5-10. Análisis de Pareto de no conformidades para el proceso de tarjetas de circuitos impresos.

Tabla 5-9 Tabla de defectos, clasificados por número de parte y por número de código de defecto

Número de parte Frecuencia porcentual Porcentaje de la fila Porcentaje de la columna	Componente faltante	Componente dañado (NO)	Componente sobrante	Código de defecto de componente impropio I	Envoltura de tarjeta en bruto RE	Tarjeta en bruto dañada	Soldadura escasa	Soldadura abierta/DEWE	Soldadura juntas frías
0001285	1	0	0	0	0	1	0	5	20
	1.02	0.00	0.00	0.00	0.00	1.02	0.00	5.10	20.41
	1.41	0.00	0.00	0.00	0.00	1.41	0.00	7.04	28.17
	50.00	0.00	0.00	0.00	0.00	100.00	0.00	71.43	100.00
0001481	1	2	2	6	3	0	1	2	0
	1.02	2.04	6.12	3.06	0.00	0.00	1.02	2.04	0.00
	3.70	7.41	22.22	11.11	0.00	0.00	3.70	7.41	0.00
	50.00	100.00	100.00	100.00	100.00	0.00	100.00	28.57	0.00
0006429	0	0	0	0	0	0	0	0	0
	0.00	0.00	0.00	0.00	0.00	0.00	0.00	0.00	0.00
	0.00	0.00	0.00	0.00	0.00	0.00	0.00	0.00	0.00
	0.00	0.00	0.00	0.00	0.00	0.00	0.00	0.00	0.00
Total	2	2	2	6	3	1	1	7	20
	2.04	2.04	2.04	6.12	3.06	1.02	1.02	7.14	20.41

Tabla 5-9 (Continuación)

Número de parte Frecuencia porcentual Porcentaje de fila Porcentaje	Soldadura insuficiente	Salpicadura de soldadura	Estampado faltante	Código de defecto ID operador de estampado	Marca de prueba blanca *M*	Marca de prueba Marca EC	alambrado incorrecto *S*	Unidad(es) correcta(s)	Total
0001285	40	0	0	0	2	1	1	0	71
	40.82	0.00	0.00	0.00	2.04	1.02	1.02	0.00	72.45
	56.34	0.00	0.00	0.00	2.82	1.41	1.41	0.00	
	100.00	0.00	0.00	0.00	66.67	33.33	100.00	0.00	
0001481	0	5	1	1	.1	2	0	0	27
	0.00	5.10	1.02	1.02	1.02	2.04	0.00	0.00	27.55
	0.00	18.52	3.70	3.70	3.70	7.41	0.00	0.00	
	0.00	100.00	100.00	100.00	33.33	66.67	0.00	0.00	
0006429	0	0	0	0	0	0	0	0	0
	0.00	0.00	0.00	0.00	0.00	0.00	0.00	0.00	0.00
	0.00	0.00	0.00	0.00	0.00	0.00	0.00	0.00	
	0.00	0.00	0.00	0.00	0.00	0.00	0.00	0.00	
Total	40	5	1	1	3	3	1	0	98
	40.82	5.10	1.02	1.02	3.06	3.06	1.02	0.00	100.00

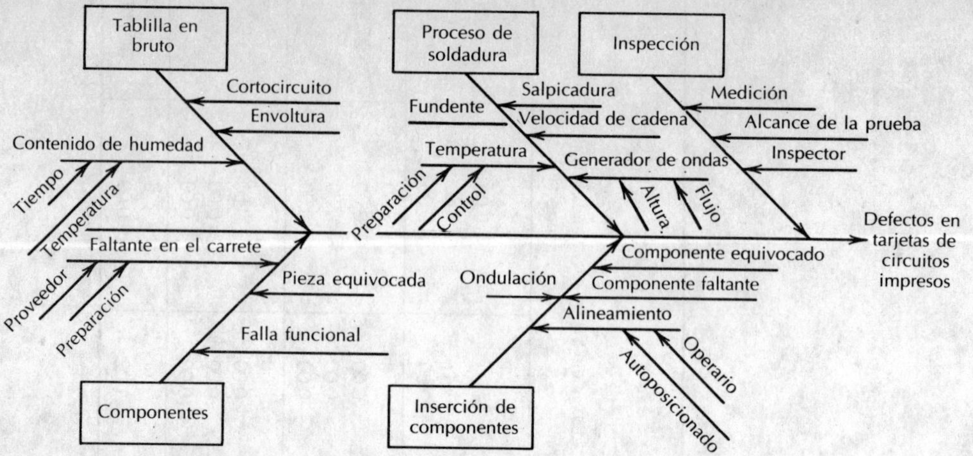

Figura 5-11. Diagrama de causa y efecto (o causa-efecto).

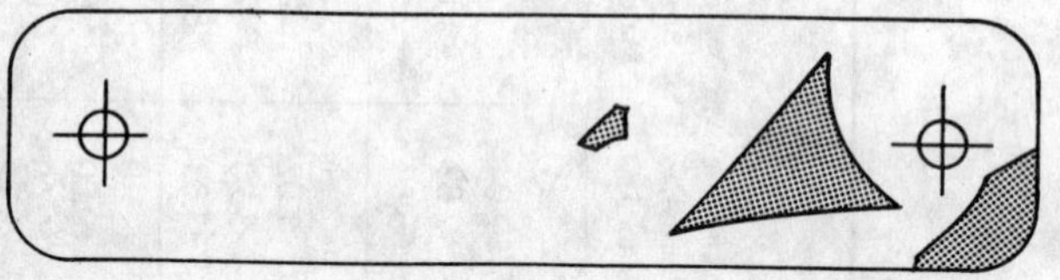

Figura 5-12. Diagrama de concentración de defectos para una parte de plástico moldeada por inyección.

tes genéricas principales de disconformidades: materiales, operadores y equipo. Otro enfoque útil es organizar el diagrama según el flujo del material a través del proceso.

El *diagrama de concentración de defectos* se usa para determinar si las no conformidades se localizan en la misma área del producto. Este diagrama es normalmente un bosquejo o esquema del producto, en el que se indica la frecuencia media de ocurrencia de no conformidades mediante zonas sombreadas. La Fig. 5-12 es un diagrama de concentración de defectos que sirve para examinar las burbujas en una pieza de plástico, obtenida por inyección, y que se utiliza en una impresora de gráficas. La ubicación de las burbujas indica que la mayor parte se encuentra al lado derecho. Su origen se halló subsecuentemente en un calentamiento irregular en el molde.

Selección del tamaño muestral: Diagrama de *u*. ■ El Ejemplo 5-2 ilustra un diagrama de control de disconformidades con tamaño muestral exactamente igual a una unidad de inspección. Se escoge dicha unidad por su sencillez operacional o su facilidad de obtener los datos. Sin embargo, no hay razón alguna para restringir el tamaño muestral a una unidad de inspección. En realidad, preferiríamos muchas veces utilizar *varias* unidades de inspección en la muestra, aumentando así el área de oportunidad para la ocurrencia de disconformidades. Se tendría que escoger el tamaño muestral conforme a consideraciones estadísticas, por ejemplo especificar un tamaño muestral suficientemente grande para asegurar un límite inferior de calidad positivo o para tener una probabilidad particular de detectar un cambio en el proceso. Por otro lado, factores económicos podrían influir en la determinación del tamaño de la muestra.

Supóngase que decidimos basar el diagrama de control en un tamaño muestral de n unidades de inspección. Nótese que n no necesariamente tiene que ser entero. Para ilustrar esto, supóngase que en el Ejemplo 5-2 se hubiera especificado un tamaño de los subgrupos igual a $n = 2.5$ unidades de inspección. Entonces el tamaño muestral sería $(2.5)(100) = 250$ tarjetas. Existen dos enfoques generales para construir la gráfica revisada, una vez elegido un nuevo tamaño muestral. El primero es simplemente redefinir una nueva unidad de inspección, que es igual a n veces la unidad de inspección anterior. En este caso, la línea central de la nueva gráfica de control es $n\bar{c}$, y los límites de control se localizan en $n\bar{c} \pm 3\sqrt{n\bar{c}}$, donde $\bar{c}$ es el número medio observado de no conformidades de la unidad de inspección *original*. Supóngase que en el Ejemplo 5-2, después de revisar los límites de control de prueba, se hubiera decidido usar un tamaño muestral de $n = 2.5$ unidades de inspección. Entonces la línea central se ubicaría en $n\bar{c} = (2.5)(19.67) = 49.18$, y los límites de control serían $49.18 \pm 3\sqrt{49.18}$, o LIC = 28.14 y LSC = 70.22.

El segundo enfoque implica elaborar un diagrama de control basado en el promedio de disconformidades por unidad de inspección. Si encontramos un *total* de c disconformidades en una muestra de n unidades de inspección, entonces el número *promedio* de no conformidades por unidad de inspección será

$$u = \frac{c}{n} \tag{5-17}$$

Nótese que u es una variable aleatoria de Poisson, ya que es una combinación lineal de n variables aleatorias independientes de Poisson (Sección 3-1.3). Por consiguiente, los parámetros del diagrama de control son

$$\begin{aligned} \text{LSC} &= \bar{u} + 3\sqrt{\frac{\bar{u}}{n}} \\ \text{Línea central} &= \bar{u} \\ \text{LIC} &= \bar{u} - 3\sqrt{\frac{\bar{u}}{n}} \end{aligned} \tag{5-18}$$

donde u representa el número promedio observado de no conformidades por unidad en un conjunto preliminar de datos. Los límites de control obtenidos a partir de (5-18) se considerarían límites de control de prueba. Esta gráfica se denomina diagrama de control *de disconformidades por unidad*, o diagrama de u.

Ejemplo 5-3

Un fabricante de computadoras personales desea establecer un diagrama de control de disconformidades por unidad en la línea de montaje final. Se seleccionan como tamaño muestral cinco computadoras. Los datos respecto al número de no conformidades en 20 muestras, de cinco computadoras cada una, aparecen en la Tabla 5-10. A partir de estos datos estimaríamos el número medio de no conformidades por unidad:

$$\bar{u} = \frac{\sum_{i=1}^{20} u_i}{20} = \frac{38.60}{20} = 1.93$$

Por lo tanto, los parámetros de la gráfica de control son

$$\text{LSC} = \bar{u} + 3\sqrt{\frac{\bar{u}}{n}} = 1.93 + 3\sqrt{\frac{1.93}{5}} = 3.79$$

$$\text{Límite central} = \bar{u} = 1.93$$

$$\text{LIC} = \bar{u} - 3\sqrt{\frac{\bar{u}}{n}} = 1.93 - 3\sqrt{\frac{1.93}{5}} = 0.07$$

Tabla 5-10 Datos del número de disconformidades en computadoras personales

Número de muestra	Tamaño muestral, *n*	Número total de disconformidades, c	Número promedio de disconformidades por unidad, $u = c/n$
1	5	10	2.0
2	5	12	2.4
3	5	8	1.6
4	5	14	2.8
5	5	10	2.0
6	5	16	3.2
7	5	11	2.2
8	5	7	1.4
9	5	10	2.0
10	5	15	3.0
11	5	9	1.8
12	5	5	1.0
13	5	7	1.4
14	5	11	2.2
15	5	12	2.4
16	5	6	1.2
17	5	8	1.6
18	5	10	2.0
19	5	7	1.4
20	5	5	1.0
		193	38.6

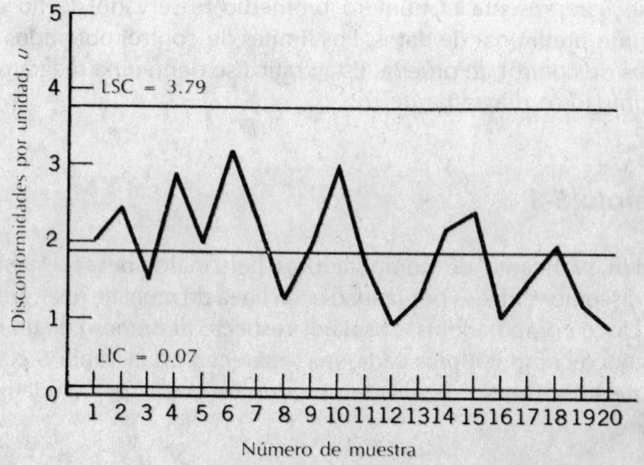

Figura 5-13. Diagrama de control de disconformidades por unidad.

El diagrama de control se muestra en la Figura 5-13. Los datos preliminares no presentan una falta de control estadístico; por lo tanto, se adoptarían los límites de control de prueba para el control actual. Una vez más, nótese que el número medio de disconformidades por unidad es demasiado alto, aunque el proceso se encuentre bajo control. Aún cuando se trata de disconformidades no funcionales o de apariencia, hay demasiadas. La administración debe emprender acciones para mejorar el proceso.

■

Modelos probabilísticos alternativos para datos de recuento. ■ En la mayoría de las aplicaciones del diagrama de c supone que la distribución de Poisson es el modelo probabilístico correcto para el proceso. Sin embargo, no es el único que se podría utilizar como modelo para datos de "recuento" o datos del tipo disconformidades por unidad. Varios fenómenos pueden producir distribuciones de defectos que no se modelan bien con una distribución de Poisson. Por ejemplo, supóngase que las no conformidades tienden a ocurrir en *cúmulos* o *conglomerados*; es decir, si hay una disconformidad en cierta parte del producto, entonces es probable que haya más. Nótese que aquí hay por lo menos dos procesos aleatorios; uno que genera el número y la ubicación de los conglomerados, y otro que genera el número de disconformidades dentro de cada cúmulo. Si el número de conglomerados tiene distribución de Poisson, y el número de disconformidades dentro de cada cúmulo tiene una distribución común (por ejemplo, f), entonces el número total de disconformidades tiene *distribución de Poisson compuesta*. Hay muchos tipos de distribuciones compuestas o generales que se podrían utilizar como un modelo para datos de recuento. Por ejemplo, si el número de conglomerados tiene distribución de Poisson, y el número de disconformidades dentro de cada uno es también de Poisson, entonces la distribución tipo A de Neyman modela el número total de no conformidades. Por otro lado, si la distribución de los conglomerados es la de tipo gamma, y el número de disconformidades dentro de cada uno de ellos es de Poisson, la distribución binomial resultará negativa. Johnson y Kotz (1969) hacen un buen resumen de éstas y otras distribuciones discretas que podrían ser útiles para modelar datos de recuento.

Mezclas de varios tipos de no conformidades pueden llevar a situaciones en las que el número total de disconformidades no es modelado adecuadamente por la distribución de Poisson. Situaciones similares se presentan cuando los datos de recuento tienen demasiados o muy pocos ceros. El artículo de Jackson (1972) es un buen análisis de este problema general. Schaeffer y Leavenworth (1976) estudiaron el uso de la distribución binomial negativa para modelar datos de recuento en unidades de inspección de tamaño variable.

5-3.2 Procedimientos con Tamaño Muestral Variable

Ocasionalmente se construyen diagramas de control de disconformidades usando una inspección al 100% del producto. Al hacer uso de este método de muestreo, el número de unidades de inspección en una muestra normalmente no será constante. La inspección de rollos de tela o de papel lleva también a una situación en la que el tamaño muestral varía, porque no todos los rollos tienen la misma longitud o anchura. Si se usa un diagrama de control de disconformidades (diagrama de c) en esta situación, la línea central y los límites de control variarán con el tamaño de la muestra. Podría ser difícil interpretar esta gráfica de control. El procedimiento correcto es utilizar un diagrama de control de no conformidades por unidad (diagrama de u). Éste tendrá una línea central constante; sin embargo, los límites de control variarán en forma inversamente proporcional al tamaño n del subgrupo.

Ejemplo 5-4

En una fábrica de acabado de tejidos, se inspeccionan telas teñidas para detectar los defectos en 50 metros cuadrados. Los datos para diez rollos de tela se presentan en la Tabla 5-11. Utilizaremos estos datos para elaborar una gráfica de control de disconformidades por unidad.

La línea central de la gráfica debe ser el número medio de no conformidades por unidad de inspección; es decir, el promedio del número de no conformidades por 50 metros cuadrados. Esto se calcula de la manera siguiente:

$$\bar{u} = \frac{153}{107.5} = 1.42$$

Tabla 5-11 Ocurrencia de disconformidades en telas teñidas

Número de rollo	Cantidad de metros cuadrados	Número total de disconformidades	Número de unidades de inspección por rollo, n	Número de disconformidades por unidad de inspección
1	500	14	10.0	1.40
2	400	12	8.0	1.50
3	650	20	13.0	1.54
4	500	11	10.0	1.10
5	475	7	9.5	0.74
6	500	10	10.0	1.00
7	600	21	12.0	1.75
8	525	16	10.5	1.52
9	600	19	12.0	1.58
10	625	23	12.5	1.84
		153	107.50	

Tabla 5-12 Cálculo de los límites de ontrol, Ejemplo 5-4

Número del rollo, i	n_i	$UCL = \bar{u} + 3\sqrt{\bar{u}/n_i}$	$LCL = \bar{u} - 3\sqrt{\bar{u}/n_i}$
1	10.0	2.55	0.29
2	8.0	2.68	0.16
3	13.0	2.41	0.43
4	10.0	2.55	0.29
5	9.5	2.58	0.26
6	10.0	2.55	0.29
7	12.0	2.45	0.39
8	10.5	2.52	0.32
9	12.0	2.45	0.39
10	12.5	2.43	0.41

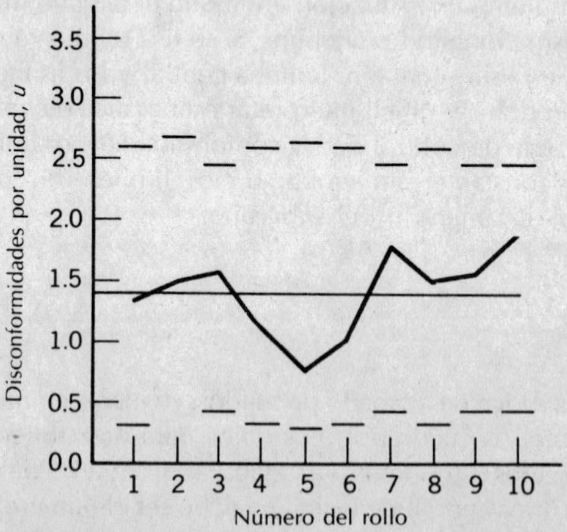

Figura 5-14. Diagrama de control de disconformidades por unidad, con tamaño muestral variable, Ejemplo 5-4.

Obsérvese que $\bar{u}$ es el cociente del número total de no conformidades observadas entre el número total de unidades de inspección o inspeccionadas.

Los límites de control para esta gráfica se calculan a partir de la Ecuación (5.18), cambiando n por n_i. La amplitud de los límites de control variará de manera inversamente proporcional a n_i, que es el número de unidades de inspección en el rollo. Los cálculos de los límites de control se representan en la Tabla 5-12. En la Fig. 5-14 se muestra el diagrama de control.

■

5-3.3 Sistemas de Demérito

En el caso de productos complejos, como automóviles, computadoras o aparatos mayores, suele observarse que pueden ocurrir muchos tipos de disconformidades o defectos. No todos los defectos tienen la misma importancia. Probablemente una unidad del producto con un defecto muy grave se clasificaría como no conforme respecto a los requisitos, pero una unidad con varios defectos menores no necesariamente tendría que ser disconforme. En tales situaciones, necesitamos tener un método para clasificar las no conformidades o defectos de acuerdo con su gravedad, y ponderar los diversos tipos de defectos de alguna manera razonable.

Un posible esquema de deméritos es el siguiente:

Defectos Clase A: Muy graves. La unidad es completamente inadecuada para el uso, o fallará en servicio de tal manera que no se pueda reparar con facilidad en el lugar de trabajo, o bien ocasionará lesiones personales o daños materiales.

Defectos Clase B: Graves. La unidad sufrirá tal vez una falla Clase A durante el servicio, generará seguramente problemas operacionales menos graves, o con seguridad reducirá su duración o incrementará los costos de mantenimiento.

Defectos Clase C: Moderadamente importantes. La unidad probablemente fallará durante el servicio, causará problemas menos graves que una falla de operación, tendrá tal vez duración reducida, producirá un aumento en los costos de mantenimiento, o bien tendrá un defecto importante en el acabado, la presentación o la calidad del trabajo.

Defectos Clase D: Poco importantes. La unidad no fallará durante el servicio, pero presenta defectos menores en el acabado, la presentación o la calidad del trabajo.

Sean C_A, C_B, C_C y C_D el número de defectos Clase A, Clase B, Clase C y Clase D, respectivamente, en una unidad de inspección. Supóngase que cada clase de defecto es independiente, y que la ocurrencia de las disconformidades en cada clase se modela bien mediante una distribución de Poisson. Entonces definimos el número de *deméritos* en la unidad de inspección como

$$D = 100c_A + 50c_B + 10c_C + c_D \tag{5-19}$$

Las ponderaciones o pesos de los deméritos de las Clases A-100, Clase B-50, Clase C-10 y Clase D-1 se emplean mucho en la práctica. Sin embargo, se podría utilizar también cualquier conjunto razonable de ponderaciones, apropiadas para un problema específico.

Supongamos que se utiliza una muestra de n unidades inspeccionadas o de inspección. Entonces el número de deméritos por unidad es

$$u = \frac{D}{n} \tag{5-20}$$

donde D es el número total de deméritos en todas las n unidades inspeccionadas. Ya que u es una combinación lineal de variables aleatorias independientes de Poisson, podemos usar este hecho para definir el diagrama de control. Se podría representar la estadística u en un diagrama de control con los parámetros siguientes:

$$\text{LSC} = \bar{u} + 3\hat{\sigma}_u \tag{5-21}$$

$$\text{Línea central} = \bar{u} \tag{5-22}$$

$$\text{LIC} = \bar{u} - 3\hat{\sigma}_u,$$

donde

$$\bar{u} = 100\bar{u}_A + 50\bar{u}_B + 10\bar{u}_C + \bar{u}_D \tag{5-22}$$

Y

$$\hat{\sigma}_u = \left[\frac{(100)^2\bar{u}_A + (50)^2\bar{u}_B + (10)^2\bar{u}_C + \bar{u}_D}{n}\right]^{1/2} \tag{5-23}$$

$\bar{u}_A$, $\bar{u}_B$, $\bar{u}_C$, y $\bar{u}_A$ representan el número medio de defectos de Clases A, B, C y D por unidad. Se obtendrán los valores de u_A, u_B, u_C, y u_Aa partir del análisis de datos preliminares, obtenidos del proceso que se supone bajo control. Pueden utilizarse valores estándares parau_A, u_B, u_C, y u_A cuando estén disponibles.

Hay muchas variaciones posibles para esta idea. Por ejemplo, podemos clasificar las disconformidades como *defectos funcionales* o *de aspecto* si se prefiere un sistema de dos clases. También es práctica común manejar separadamente diagramas de control para cada clase de defectos, en vez de combinarlos en uno solo.

5-3.4 Función Característica de Operación

Se pueden obtener las curvas características de operación (CO) para el diagrama de c y para el de u a partir de la distribución de Poisson. Para la gráfica de c, la curva CO representa la probabilidad del error tipo II, β contra la media verdadera del número de defectos c. La expresión para β es

$$\beta = P\{x < \text{LSC} \mid c\} - P\{x \leq \text{LIC} \mid c\} \tag{5-24}$$

donde x es una variable aleatoria de Poisson con parámetro c.

Tabla 5-13[a] Cálculo de la curva CO para un diagrama de c, con LSC = 33.22 y LIC = 6.48

c	$P\{x \leq 33 \mid c\}$	$P\{x \leq 7 \mid c\}$	$\beta = P\{x \leq 33 \mid c\} - P\{x \leq 7 \mid c\}$
1	1.000	0.999	0.001
3	1.000	0.988	0.012
5	1.000	0.866	0.134
7	1.000	0.598	0.402
10	1.000	0.222	0.778
15	0.999	0.018	0.981
20	0.995	0.000	0.995
25	0.945	0.000	0.945
30	0.709	0.000	0.709
33	0.500	0.000	0.500
35	0.367	0.000	0.367
40	0.131	0.000	0.131
45	0.037	0.000	0.037

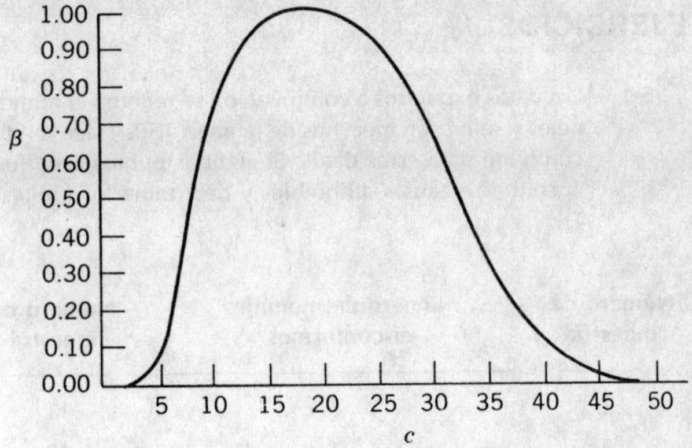

Figura 5-15 Curva CO para una gráfica c con LIC = 6.48 y LSC = 33.22.

Generaremos la curva CO para la gráfica de c del Ejemplo 5-2. En este caso, como LIC = 6.48 y LSC = 33.22, la ecuación (5-24) es

$$\beta = P\{x < 33.22|c\} - P\{x \leq 6.48|c\}$$

Ya que el número de no conformidades tiene que ser entero, esto equivale a

$$\beta = P\{x \leq 33|c\} - P\{x \leq 7|c\}$$

Estas probabilidades se evalúan en la Tabla 5-13. En la Figura 5-15 se muestra la curva CO.

Para la gráfica de u es posible trazar la curva CO a partir de

$$\begin{aligned}\beta &= P\{x < \text{LSC}\,|u\} - P\{x \leq \text{LIC}\,|u\}\\ &= P\{c < n\,\text{LSC}\,|u\} - P\{c \leq n\,\text{LIC}\,|u\}\\ &= P\{n\,\text{LSC} < c \leq n\,\text{LIC}\,|u\}\\ &= \sum_{c=\langle n\text{LIC}\rangle}^{[n\text{LSC}]} \frac{e^{-nu}(nu)^c}{c!}\end{aligned} \tag{5-25}$$

donde $\langle y\rangle$ denota el menor entero que es mayor que o igual a y, y [y] denota el mayor entero que es menor que o igual a y. Los límites de la sumatoria en (5-25) provienen del hecho de que el número total de disconformidades observadas en una muestra de n unidades de inspección debe ser entero. Nótese que n no se restringe a un valor entero.

5-4 EJERCICIOS

5-1 Los datos expuestos a continuación se refieren al número de montajes disconformes de cojinetes y sellos, en muestras de tamaño 150. Trace un diagrama de control de la fracción disconforme para estos datos. Si algunos puntos caen fuera de control, suponga que pueden encontrarse causas atribuibles y determine los límites de control revisados.

Número de muestra	Número de montajes disconformes	Número de muestra	Número de montajes disconformes
1	7	11	6
2	4	12	15
3	1	13	0
4	3	14	9
5	6	15	5
6	8	16	1
7	10	17	4
8	5	18	5
9	2	19	7
10	7	20	12

5-2 A continuación se presenta el número de interruptores disconformes en muestras de tamaño 100. Trace un diagrama de control de la fracción no conforme para estos datos. ¿Parece estar bajo control el proceso? Si no es así, suponga que se pueden encontrar causas atribuibles para todos los puntos fuera de control, y determine los límites de control revisados.

Número de muestra	Número de interruptores disconformes	Número de demuestra	Número de interruptores disconformes
1	8	11	6
2	1	12	0
3	3	13	4
4	0	14	0
5	2	15	3
6	4	16	1
7	0	17	15
8	1	18	2
9	10	19	3
10	6	20	0

5-3 Los datos que siguen corresponden a los resultados de la inspección de todas las unidades de una computadora personal, producidas en los últimos 10 días. ¿Parece estar bajo control el proceso?

Día	Unidades inspeccionadas	Unidades disconformes	Fracción disconforme
1	80	4	0.050
2	110	7	0.064
3	90	5	0.056
4	75	8	0.107
5	130	6	0.048
6	120	6	0.050
7	70	4	0.057
8	125	5	0.040
9	105	8	0.076
10	95	7	0.074

5-4 Se quiere controlar un proceso mediante un diagrama de la fracción no conforme. Inicialmente, se toma una muestra de tamaño 100 cada día, durante 10 días, y los resultados se presentan a continuación.

Número de la muestra	Número de unidades disconformes
1	3
2	2
3	6
4	2
5	7
6	2
7	1
8	2
9	0
10	5

(a) Establezca un diagrama de control para verificar la producción futura.
(b) ¿Cuál es el menor tamaño muestral que se podría utilizar para este proceso y todavía garantizar un límite inferior de control positivo?

5·5 Un proceso produce bandas de goma en lotes de tamaño 2 300. Los registros de la inspección de los últimos 20 lotes revelan proporcionan los datos siguientes:

Número de muestra	Número de bandas disconformes	Número de lote	Número de bandas disconformes
1	230	11	456
2	435	12	394
3	221	13	285
4	346	14	331
5	230	15	198
6	327	16	414
7	285	17	131
8	311	18	269
9	342	19	221
10	308	20	407

(a) Determine los límites de control de prueba para una gráfica de control de la fracción no conforme.

(b) Si quisiera trazar un diagrama de control para controlar la producción futura, ¿cómo utilizaría los datos anteriores para obtener la línea central y los límites de control?

5·6 Considere los siguientes datos. ¿Qué recomendaría como línea central y como límites de control para una gráfica de *np*, basándose en tales datos?

Día	Número de unidades disconformes
1	5
2	4
3	3
4	2
5	6
6	18
7	5
8	8
9	2
10	2

5-7 Un diagrama de control indica que la fracción no conforme del proceso actual es 0.02. Si se inspeccionan 50 artículos cada día, ¿cuál es la probabilidad de detectar un cambio en la fracción no conforme hacia 0.04 en el primer día después del cambio? ¿Al final del tercer día después del cambio?

5-8. Una compañía compra pequeños soportes metálicos en envases con 5 000 de ellos. Diez cajas llegaron a las instalaciones de desembarque, y se seleccionan al azar 250 soportes de cada caja. La fracción no conforme en cada muestra es: 0, 0, 0.004, 0.008, 0, 0.020, 0.004, 0, 0 y 0.008. ¿Indican los datos de este embarque un control estadístico?

5-9 Se producen artículos en lotes de tamaño 1 000. Se desea controlar el proceso de fabricación de estos artículos tomando muestras de tamaño 64 de cada lote. Si el valor nominal de la fracción disconforme es $p = 0.10$, determine los parámetros del diagrama de control adecuado. ¿A qué nivel debe incrementarse la fracción no conforme para que el riesgo β sea igual a 0.50? ¿Cuál es el mínimo tamaño muestral necesario para tener un límite inferior de control positivo en este diagrama?

5-10 Se usa un diagrama de control para el número de disconformes en un proceso con $np = 16.0$. Se toma diariamente una muestra de tamaño 100 para su análisis.

(a) ¿Cuál es la probabilidad de que un cambio en el promedio del proceso hacia $np = 20.0$ sea detectado en el primer día después del cambio? ¿Qué probabilidad hay de que se detecte el cambio por lo menos al final del tercer día?
(b) Encuentre el menor tamaño muestral que da un límite inferior de control positivo.

5-11 Se tiene que elaborar una gráfica de control de la fracción no conforme, con la línea central en $p = 0.10$. ¿Qué tamaño muestral se necesita para poder detectar un cambio en la fracción no conforme del proceso hacia 0.16, con una probabilidad de 0.50?

5-12 Se vigila un proceso mediante un diagrama de control de la fracción no conforme, con límites de tres sigmas, $n = 100$, LSC = 0.161, línea central = 0.080 y LIC = 0.

(a) Trace el diamgrama de control equivalente del número de disconformes.
(b) Utilice la aproximación de Poisson a la binomial para hallar la probabilidad de un error tipo I.
(c) Use la aproximación correcta para obtener la probabilidad de un error tipo II, si la fracción no conforme del proceso cambia hacia 0.2.
(d) ¿Cuál es la probabilidad de detectar el cambio del inciso (c) para a más tardar la cuarta muestra después del cambio?

5-13 Se controla un proceso mediante un diagrama de control de la fracción disconforme. El promedio del proceso resulta ser igual a 0.07. Se emplean límites de control de tres sigmas, y el procedimiento necesita muestras diarias de 400 artículos.

(a) Calcule los límites superior e inferior de control.
(b) Si el promedio del proceso cambiara de repente hacia 0.10, ¿cuál sería la probabilidad de detectar el cambio en la primera muestra subsecuente?
(c) ¿Qué probabilidad hay de que se detecte el cambio del inciso (b) en la primera o la segunda muestra después del cambio?

5-14 ¿Cuál es el tamaño muestral necesario para producir un límite inferior de control positivo en el diseño de un diagrama de control de la fracción no conforme, con la línea central en $p = 0.20$ y con límites de control de tres sigmas? ¿Cuál es el valor de n que se necesita para tener una probabilidad de 0.50 de detectar un cambio en el proceso hacia 0.26?

5-15 Se usa un diagrama para controlar la fracción no conforme de un proceso. Diez subgrupos producen los datos siguientes:

Número de muestra	Tamaño muestral	Número de disconformes
1	100	20
2	100	25
3	100	35
4	100	10
5	100	30
6	100	5
7	100	45
8	100	20
9	100	10
10	100	10

(a) Trace un diagrama de control del número no conforme en muestras de $n = 100$.
(b) ¿Cuál es la probabilidad, para la gráfica del inciso (a), de detectar un cambio en el proceso de la fracción no conforme hacia 0.30 en la primera muestra después de la ocurrencia del cambio?

5-16 Un diagrama de control de la fracción no conforme indica que el promedio actual del proceso es 0.03. El tamaño muestral de 200 unidades es constante.

(a) Encuentre los límites de control de tres sigmas para la gráfica.
(b) ¿Cuál es la probabilidad de que un cambio en el promedio del proceso hacia 0.08 sea detectado en la primera muestra subsecuente? ¿Cuál es la probabilidad de detectar este cambio por lo menos en la cuarta muestra después del cambio?

5-17 (a) Se tiene que elaborar una gráfica de control del número de disconformes, basada en muestras de tamaño 400. Para empezar la gráfica de control se seleccionaron 30 muestras, y se determinó el número de disconformes en cada muestra, lo que produjo $\Sigma_{i=1}^{30} D_1 = 1\,200$. ¿Cuáles son los parámetros de la gráfica de *np*?
(b) Suponga que el promedio de la fracción no conforme del proceso cambió hacia 0.15. ¿Cuál es la probabilidad de que se detecte el cambio en la primera muestra subsecuente?

5-18 Se usa un diagrama de control de la fracción no conforme, con línea central 0.10, LSC = 0.19 y LIC = 0.01, para controlar un proceso.

Número de muestra	Tamaño muestral	Número de disconformes	Número de muestra	Tamaño muestral	Número de disconformes
1	200	6	11	100	1
2	250	8	12	100	0
3	250	9	13	100	1
4	250	7	14	200	4
5	200	3	15	200	5
6	200	4	16	200	3
7	150	2	17	200	10
8	150	1	18	200	4
9	150	0	19	250	7
10	150	2	20	250	6

(a) Si se emplean límites de tres sigmas, encuentre el tamaño muestral para la gráfica de control.
(b) Utilice la aproximación de Poisson a la binomial para obtener la probabilidad de error tipo I.
(c) Use la aproximación de Poisson a la binomial para determinar la probabilidad del error tipo II, si la fracción defectuosa del proceso es realmente $p = 0.20$.

5-19 Se dispone de los siguientes datos de un proceso:

(a) Encuentre los límites de control de prueba para este proceso.
(b) Trace una gráfica de control para vigilar la producción futura.

5-20 Analice los datos del Ejercicio 5-19, utilizando un tamaño muestral promedio.

5-21 Trace una gráfica de control estandarizada para los datos del Ejercicio 5-19.

5-22 Un diagrama de control de la fracción no conforme tiene su línea central en 0.01, su LSC = 0.0399, LIC = 0 y $n = 100$. Si se usan límites de tres sigmas, determine el tamaño muestral más pequeño que producirá un límite inferior de control positivo.

5-23 ¿Por qué el diagrama de control de np no es adecuado con un tamaño muestral variable?

5-24 Una gráfica de control de la fracción no conforme con $n = 400$ tiene los siguientes parámetros:

$$\text{LSC} = 0.0609$$
$$\text{Línea central} = 0.0500$$
$$\text{LIC} = 0.0391$$

(a) Encuentre la amplitud de los límites de control en unidades de desviación estándar.
(b) ¿Cuáles serán los parámetros correspondientes de una gráfica de control equivalente basada en el número de disconformes?
(c) ¿Cuál es la probabilidad de que se detecte un cambio en la fracción no conforme del proceso hacia 0.0300 en la primera muestra después del cambio?

5-25 Un diagrama de control de la fracción no conforme con $n = 400$ tiene los siguientes parámetros:

$$\text{LSC} = 0.0962$$
$$\text{Línea central} = 0.0500$$
$$\text{LIC} = 0.0038$$

(a) Determine la amplitud de los límites de control en unidades de desviación estándar.
(b) Suponga que la fracción no conforme del proceso cambia hacia 0.15. ¿Qué probabilidad hay de detectar el cambio en la primera muestra subsecuente?

5-26 Se tiene que elaborar una gráfica de control de la fracción no conforme con línea central en 0.01 y límites de control de dos sigmas.

(a) ¿Cuán grande tendría que ser el tamaño muestral para que el límite inferior de control fuera diferente de cero?
(b) ¿Qué tan grande tendría que ser el tamaño muestral si quisiéramos tener una probabilidad de 0.50 de detectar un cambio hacia 0.04?

5-27 Se usa el siguiente diagrama de control de la fracción no conforme con $n = 100$ para vigilar un proceso:

$$\text{LSC} = 0.0750$$
$$\text{Línea central} = 0.0400$$
$$\text{LIC} = 0.0050$$

(a) Utilice la aproximación de Poisson a la binomial para encontrar la probabilidad de un error tipo I.
(b) Use la aproximación de Poisson a la binomial para obtener la probabilidad de un error tipo II, si la verdadera fracción disconforme del proceso es 0.0600.
(c) Trace la curva CO para este diagrama de control.

5-28 Se controla un proceso mediante un diagrama de la fracción no conforme, usando un tamaño muestral $n = 100$ y una línea central $\bar{p} = 0.02$.

(a) Determine los límites de tres sigmas para este diagrama.
(b) Analice los diez nuevos subgrupos ($n = 100$) que se presentan a continuación para un control estadístico. ¿Qué conclusiones puede hacer ahora acerca del proceso?

Número de subgrupo	Número de disconformes
1	5
2	2
3	3
4	8
5	4
6	1
7	2
8	6
9	3
10	4

5-29 Considere una gráfica de *np* con límites de control de *k* sigmas. Obtenga una fórmula general para determinar el mínimo tamaño muestral que asegura un límite inferior de control positivo para la gráfica.

5-30 Considere el diagrama de control de la fracción no conforme del Ejercicio 5-4. Obtenga la gráfica de *np* equivalente.

5-31 Considere el diagrama de control de la fracción no conforme del Ejercicio 5-5. Determine la gráfica de *np* equivalente.

5-32 Trace un diagrama de control estandarizado para los datos del Ejercicio 5-3.

5-33 Se contaron los defectos en la superficie de 25 placas rectangulares de acero. Establezca un diagrama de control de disconformidades usando estos datos. ¿Parece estar bajo control estadístico el proceso de fabricación de las placas?

Número de placa	Número de disconformes	Número de placa	Número de disconformes
1	1	14	0
2	0	15	2
3	4	16	1
4	3	17	3
5	1	18	5
6	2	19	4
7	5	20	6
8	0	21	3
9	2	22	1
10	1	23	0
11	1	24	2
12	0	25	4
13	8		

5-34 Una fábrica de papel utiliza un diagrama de control para vigilar los defectos en rollos de papel terminados. Se inspecciona la salida de la producción durante 20 días, y los datos resultantes se muestran a continuación. Use estos datos para establecer un diagrama de control de disconformidades por rollo de papel. ¿Parece estar bajo control estadístico el proceso? ¿Qué línea central y qué límites recomendaría para controlar el proceso actual?

Día	Número de rollos producidos	Número total de defectos	Día	Número de rollos producidos	Número total de defectos
1	18	12	11	18	8
2	18	14	12	18	14
3	24	20	13	18	9
4	22	18	14	20	10
5	22	15	15	20	14
6	22	12	16	20	13
7	20	11	17	24	16
8	20	15	18	24	18
9	20	12	19	22	20
10	20	10	20	21	17

5-35 Enseguida se presenta el número de disconformidades encontradas en la inspección final de una grabadora de casetes. ¿Puede concluir que el proceso está bajo control estadístico? ¿Qué línea central y qué límites recomendaría para controlar la producción futura?

Número de aparato	Número de disconformidades	Número de aparato	Número de disconformidades
2412	0	2421	1
2413	1	2422	0
2414	1	2423	3
2415	0	2424	2
2416	2	2425	5
2417	1	2425	1
2418	1	2426	2
2419	3	2427	1
2420	2	2428	1

5-36 Los datos que siguen representan el número de disconformidades en 1 000 metros de cable telefónico. ¿Concluiría, a partir del análisis de estos datos, que el proceso está bajo control estadístico? ¿Qué procedimiento de control recomendaría para la producción futura?

Número de muestra	Número de disconformidades	Número de muestra	Número de disconformidades
1	1	12	6
2	1	13	9
3	3	14	11
4	7	15	15
5	8	16	8
6	10	17	3
7	5	18	6
8	13	19	7
9	0	20	4
10	19	21	9
11	24	22	20

5-37 Considere los datos del Ejercicio 5-35. Suponga que se desea definir una nueva unidad de inspección de cuatro grabadoras de casetes.

(a) ¿Cuáles son la línea central y los límites de control para un diagrama de control, basado en el número total de defectos en la nueva unidad de inspección, para vigilar la producción futura?

(b) ¿Cuáles son la línea central y los límites de control para una gráfica de control de no conformidades por unidad, usada para vigilar la producción futura?

5-38 Considere los datos del Ejercicio 5-36. Suponga que se define una nueva unidad de inspección de 2 500 m de cable.

(a) ¿Cuáles son la línea central y los límites de control para un diagrama de control, basado en el número total de disconformidades en la nueva unidad de inspección, para vigilar la producción futura?
¿Cuáles son la línea central y los límites de control para una gráfica de control de disconformidades por unidad que se utilizará para vigilar la producción futura?

5-39 Un fabricante de automóviles quiere controlar el número de disconformidades en un área de montaje parcial que produce transmisiones manuales. Se define la unidad de inspección como cuatro transmisiones, y los datos de 16 muestras (de tamaño 4 cada una), se presentan a continuación.

Número de muestra	**Número de disconformidades**	**Número de muestra**	**Número de disconformidades**
1	2	9	2
2	4	10	1
3	3	11	3
4	1	12	4
5	0	13	1
6	2	14	5
7	1	15	2
8	8	16	3

(a) Obtenga una gráfica de control de disconformidades por unidad.
(b) ¿Provienen estos datos de un proceso bajo control? Si no es así, suponga que se pueden encontrar causas atribuibles para todos los puntos fuera de control, y calcule los parámetros revisados del diagrama de control.
(c) Suponga que se vuelve a definir la unidad de inspección, ahora como de ocho transmisiones. Diseñe una gráfica de control apropiada para vigilar la producción futura.

5-40 Encuentre los límites de control de tres sigmas para:

(a) Una gráfica de c, con el promedio del proceso igual a cuatro disconformidades.
(b) Una gráfica de u con $c = 4$ y $n = 4$.

5-41 Determine los límites probabilísticos de 0.900 y 0.100 para una gráfica de c, cuando el promedio del proceso es igual a 16 disconformidades.

5-42 Obtenga los límites de control de tres sigmas para:

(a) Un diagrama de c, con el promedio del proceso igual a nueve disconformidades.
(b) Un diagrama de u, con $c = 16$ y $n = 4$.

5-43 Encuentre los límites probabilísticos de 0.980 y 0.020 para una gráfica de control de disconformidades por unidad, cuando $u = 6.0$ y $n = 3$.

5-44 Determine los límites probabilísticos de 0.980 y 0.020 para una gráfica de control de disconformidades, cuando $c = 7.6$.

5-45 En un diagrama de control de disconformidades por unidad se usan los límites probabilísticos de 0.95 y 0.05. La línea central se encuentra en $u = 1.4$. Determine los límites de control si el tamaño muestral es $n = 10$.

5-46 El número de disconformidades observadas en la inspección final de montajes parciales es como sigue. ¿Parece estar bajo control el proceso?

Día	Número de subensambles inspeccionados	Número total de disconformidades
1	2	10
2	4	30
3	2	18
4	1	10
5	3	20

5-47 Se tiene que trazar una gráfica de control de disconformidades con $c = 2.0$, LIC = 0 y un LSC tal que la probabilidad de ubicar un punto fuera de los límites de control sea de sólo 0.005 cuando $c = 2.0$.

(a) Encuentre el LSC.

(b) ¿Cuál es la probabilidad del error tipo I si se supone que el proceso está fuera de control únicamente cuando dos puntos consecutivos caen fuera de los límites de control?

5-48 Una fábrica de textiles quiere establecer un procedimiento de control para los defectos en las toallas que produce. Utilizando una unidad de inspección de 50 piezas, los datos de las inspecciones anteriores muestran que 100 unidades de inspección contenían un total de 850 defectos. ¿Qué tipo de diagrama de control es apropiado? Diseñe la gráfica de control de manera que tenga límites probabilísticos bilaterales de $\alpha = 0.06$, aproximadamente. Obtenga la línea central y los límites de control.

5-49 Un fabricante quiere establecer un diagrama de control para la estación de inspección final de un calentador de gas para agua. Se verifican los defectos en la fabricación y calidad de aspecto. Para los últimos 22 días laborales, se revisaron 176 calentadores y se informaron 924 disconformidades.

(a) ¿Qué tipo de gráfica de control recomendaría en este caso, y cómo la utilizaría?

(b) Utilizando dos calentadores como unidad de inspección, calcule la línea central y los límites de control congruentes con los datos de inspección de los 22 días.

(c) ¿Cuál es la probabilidad del error tipo I para la gráfica de control del inciso (b)?

5-50 Después del montaje, se someten a una inspección final televisores portátiles para detectar defectos en la superficie. Se establece un procedimiento de control, basado en el requisito de que la probabilidad de concluir que el proceso está bajo control es de 0.99, si el promedio del número de disconformidades por unidad es 8.0. No debe haber un límite inferior de control. ¿Cuál es el tipo apropiado de diagrama de control, y cuál el límite superior de control?

5-51 Se tiene que elaborar un diagrama de control para un proceso en el que se fabrican refrigeradores. La unidad de inspección es un refrigerador, y se quiere utilizar una gráfica de control de disconformidades. En la inspección de 30 refrigeradores se encontraron 360 no conformidades, como datos preliminares.

(a) ¿Cuáles son los límites de control de tres sigmas?

(b) ¿Cuál es el riesgo α para esta gráfica de control?
(c) ¿Cuál será el riesgo β si el número medio de defectos es realmente de 6 (es decir, si $c = 6.0$)?

5-52 Considere la situación descrita en el Ejercicio 5-51.

(a) Halle los límites de control de dos sigmas y compárelos con los límites encontrados en el inciso (a) del Ejercicio 5-51.
(b) Determine el riesgo α para el diagrama de control con los límites de control de dos sigmas y compárelo con el resultado del inciso (b) del Ejercicio 5-51.
(c) Obtenga el riesgo β para $c = 6.0$ es el caso del diagrama con límites de control de dos sigmas, y compárelo con el resultado del inciso (c) del Ejercicio 5-51.

5-53 se desea obtener un diagrama de control de disconformidades conjuntamente con la inspección final de un radio. La unidad de inspección ha de ser un grupo de cuatro radios. El promedio del número de las disconformidades por radio ha sido, en lo pasado, igual a cuatro. Encuentre los límites de control de tres sigmas para una gráfica de c, basados en este tamaño de la unidad de inspección.

5-54 Se utiliza una gráfica de control de disconformidades para un proceso en el que se fabrican calculadoras de mesa. Se define la unidad de inspección como dos calculadoras. Se estima en ocho el número medio de disconformidades por máquina, cuando el proceso está bajo control.

(a) Determine los límites de control de tres sigmas apropiados para este tamaño de la unidad de inspección.
(b) ¿Cuál es la probabilidad del error tipo I para este diagrama de control?

5-55 En una línea de producción se arman relojes eléctricos. Se estima en cuatro el número medio de disconformidades por reloj. El ingeniero de calidad desea establecer un diagrama de c para esta operación, utilizando una unidad de inspección de seis relojes. Halle los límites de tres sigmas para este diagrama.

5-56 Suponga que se quiere diseñar un diagrama de control de disconformidades por unidad, con límites de k sigmas. Obtenga el tamaño muestral más pequeño que conduce a un límite inferior de control positivo.

Capítulo 6

Diagramas de Control de Variables

6-1 INTRODUCCIÓN

Muchas características de calidad se pueden expresar en términos de una medida numérica. Por ejemplo, podría medirse el diámetro de un cojinete con un micrómetro y expresarse en milímetros. Una característica de calidad medible, como dimensión, peso o volumen, se llama *variable*. Los diagramas de control para variables se usan ampliamente. Suelen permitir el uso procedimientos de control más eficientes, y proporcionan más información respecto al rendimiento del proceso que los diagramas de control de atributos.

Cuando se trata con una característica de calidad que es una variable, es una práctica estándar controlar el valor medio de la característica de calidad y su variabilidad. El control de la media del proceso, o del nivel de calidad promedio, suele ejercerse con el diagrama de control de medias, o diagrama de $\bar{x}$. Es posible controlar la variabilidad o dispersión del proceso mediante un diagrama de control de la desviación estándar, llamado diagrama de S, o con un diagrama de control de la amplitud, llamado diagrama de R. Este último es más usado. Por lo general se utilizan diagramas de $\bar{x}$ y de R por separado para cada característica de calidad que interese (sin embargo, si dichas características están estrechamente relacionadas, esto puede llevar a veces a resultados erróneos; véase la Sección 7-4). Los diagramas de $\bar{x}$ y de R (o S) se hallan entre las más importantes y útiles técnicas de controlestadístico de procesos en línea.

Nótese que es importante mantener el control de la media del proceso y su variabilidad. En la Fig. 6-1 se ilustra el rendimiento de un proceso de fabricación. En la Fig. 6-1*a*, la media μ y la desviación estándar σ están bajo control en sus valores nominales (digamos μ_0 y σ_0); por consiguiente, la mayor parte de la salida del proceso cae dentro de los límites de especificación. Sin embargo, en la Fig. 6-1*b* la media se transformó en un valor $\mu_1 > \mu_0$, lo que genera una mayor fracción de productos disconformes. En la Fig. 6-1*c*, la desviación estándar del proceso cambió a un valor $\sigma_1 > \sigma_0$. Esto también da como resultado un mayor rechazo del proceso, aunque la media todavía se halla en su valor nominal.

6-2 DIAGRAMAS DE CONTROL DE $\bar{x}$ Y R

6-2.1 Base Estadística de los Diagramas

Supongamos que una característica de calidad está distribuida normalmente, con media μ y desviación estándar σ, ambas conocidas. Si $x_1, x_2, \ldots x_n$ es una muestra de tamaño n, entonces la media de tal muestra es

$$\bar{x} = \frac{x_1 + x_2 + \cdots + x_n}{n}$$

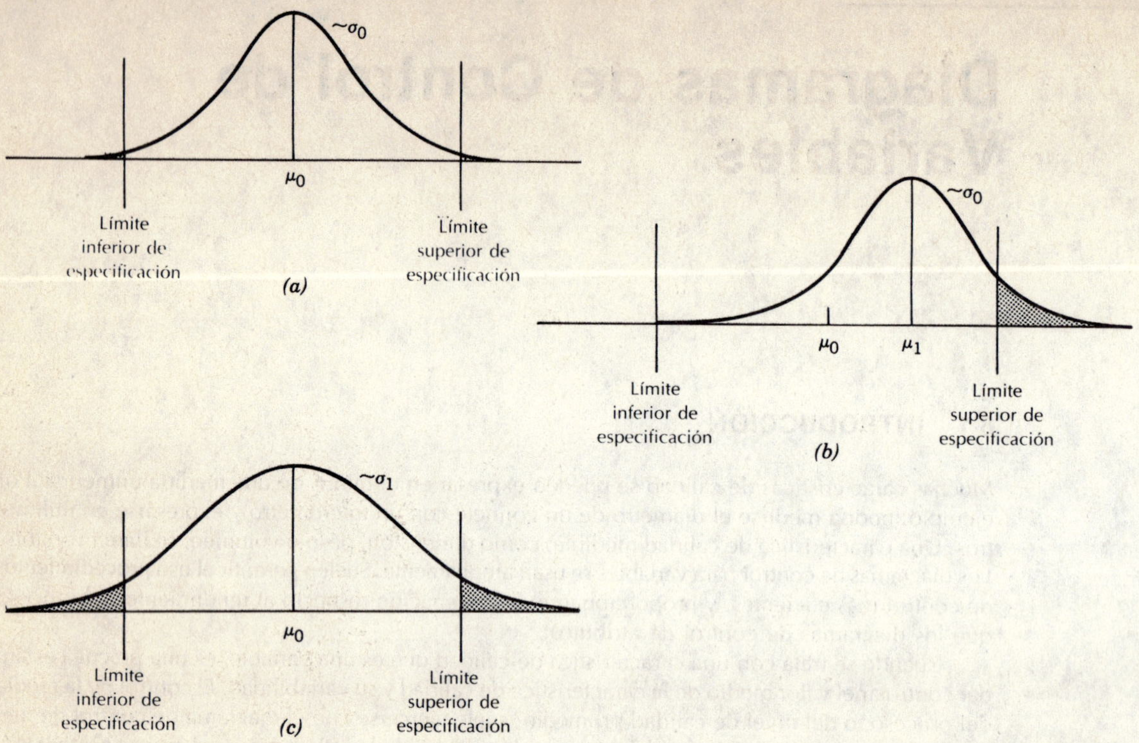

Figura 6-1. Necesidad de controlar la media del proceso y su variabilidad. (a) Media y desviación estándar en sus niveles nominales. (b) Media del proceso $\mu_1 > \mu_0$ (c) Desviación estándar del proceso $\sigma_1 > \sigma_0$

y se sabe que x tiene distribución normal, con media μ y desviación estándar $\sigma_{\bar{x}} = \sigma / \sqrt{n}$. Además la probabilidad de que cualquier media muestral se halla entre

$$\mu + Z_{\alpha/2}\sigma_{\bar{x}} = \mu + Z_{\alpha/2}\frac{\sigma}{\sqrt{n}} \tag{6-1a}$$

y

$$\mu - Z_{\alpha/2}\sigma_{\bar{x}} = \mu - Z_{\alpha/2}\frac{\sigma}{\sqrt{n}} \tag{6-1b}$$

es $1 - \alpha$. Por lo tanto, si se conocen μ y σ se podrían utilizar las ecuaciones (6-1a) y (6-1b) como límites superior e inferior de control en un diagrama de control para medias muestrales. Como se hizo notar antes, se acostumbra reemplazar $Z_{\alpha/2}$ por 3, de manera que se usan límites de tres sigmas. Si una media muestral cae fuera de estos límites, ello indica que la media del proceso ya no es igual a μ.

Se ha supuesto aquí que la distribución de la característica de calidad es normal. Sin embargo, los resultados anteriores son aproximadamente correctos aunque la distribución subyacente no sea normal, por el teorema central de límite. En la Sección 6-2.5 se analizará el efecto de la suposición de normalidad en las gráficas de control de variables.

En la práctica, habitualmente se desconocen μ y σ. Por lo tanto, hay que estimarlas a partir de muestras preliminares, tomadas cuando se considera que el proceso está bajo control. Estas estimaciones suelen basarse en por lo menos 20 a 25 muestras. Supongamos que se dispone de m muestras, cada una con n observaciones de la característica de calidad. Por lo general n será pequeño, muchas veces igual a 4, 5 o 6. Estos tamaños muestrales pequeños resultan de la construcción de subgrupos racionales, y del hecho de que los costos de muestreo e inspección asociados a mediciones de variables, son, por lo regular, relativamente altos. Sean $\bar{x}_1, \bar{x}_2, \ldots, \bar{x}_m$ las medias de las muestras. Entonces, el mejor estimador de μ, la media del proceso, es el "gran promedio" o promedio agregado, digamos

$$\bar{\bar{x}} = \frac{\bar{x}_1 + \bar{x}_2 + \cdots + \bar{x}_m}{m} \tag{6-2}$$

De modo que se utilizaría $\bar{\bar{x}}$ como la línea central del diagrama $\bar{x}$.

Para fijar los límites de control se necesita un estimador de la desviación estándar σ. Es posible evaluar σ a partir de las desviaciones estándares o de las amplitudes de las m muestras. Por el momento nos concentraremos en el método de la amplitud. Si $x_1, x_2, \ldots, x_n$ es una muestra de tamaño n, la amplitud R de la muestra es la diferencia entre la mayor y menor observaciones; o sea,

$$R = x_{máx} - x_{mín}$$

Existe una relación bien conocida entre la amplitud de una muestra proveniente de una distribución normal y la desviación estándar de dicha distribución. La variable aleatoria $W = R/\sigma$ se llama *amplitud relativa*. Los parámetros de la distribución de W son funciones del tamaño muestral n. La media de W es d_2. *Por consiguiente, un estimador de* σ es $\hat{\sigma} = P/d_2$. En la Tabla VI del Apéndice se dan valores de d_2 para diversos tamaños muestrales.

Sean $R_1, \ldots, R_m$ las amplitudes de las m muestras. La amplitud media es

$$\bar{R} = \frac{R_1 + R_2 + \cdots + R_m}{m} \tag{6-3}$$

Entonces, un estimador de σ se calcula como

$$\hat{\sigma} = \frac{\bar{R}}{d_2} \tag{6-4}$$

Si el tamaño muestral es relativamente pequeño, el método de la amplitud produce un estimador de la variancia casi tan bueno como el estimador cuadrático usual (la variancia muestral S^2). La eficiencia relativa del procedimiento de la amplitud, con respecto a S^2, se expone a continuación para varios tamaños muestrales:

n	Eficiencia relativa
2	1.000
3	0.992
4	0.975
5	0.955
6	0.930
10	0.850

En el caso de valores moderados de n, digamos $n \geq 10$, la amplitud pierde rápidamente su eficiencia pues no toma en cuenta toda la información en la muestra, entre $x_{máx}$ y $x_{mín}$. Sin embargo, para los valores pequeños de los tamaños muestrales que se usan a menudo en los diagramas de control de variables ($n = 4$, 5, o 6), es del todo satisfactorio.

Si se utiliza $\bar{\bar{x}}$ como un estimador de iσ, y $\bar{R}/d_2$ como un estimador de σ, los parámetros del diagrama de $\bar{x}$ son

$$\text{LSC} = \bar{\bar{x}} + \frac{3}{d_2\sqrt{n}}\bar{R}$$

$$\text{Línea central} = \bar{\bar{x}} \tag{6-5}$$

$$\text{LIC} = \bar{\bar{x}} - \frac{3}{d_2\sqrt{n}}\bar{R}$$

Se observa que la cantidad

$$A_2 = \frac{3}{d_2\sqrt{n}} \tag{6-6}$$

es una constante que depende únicamente del tamaño muestral y, por lo tanto, es posible volver a expresar (6-5) como

$$\text{UCL} = \bar{\bar{x}} + A_2\bar{R}$$

$$\text{Línea central} = \bar{\bar{x}} \tag{6-7}$$

$$\text{LCL} = \bar{\bar{x}} - A_2\bar{R}$$

La constante A_2 se encuentra tabulada en la Tabla VI del Apéndice para distintos tamaños muestrales.

Se vio que la amplitud muestral está relacionada con la desviación estándar del proceso. Por consiguiente, la variabilidad del proceso puede controlarse representando los valores de R de muestras sucesivas en un diagrama de control, el cual se llama diagrama de R. Es posible determinar con facilidad los parámetros de dicho diagrama. La línea central corresponderá a $\bar{R}$. Para obtener los límites de control se necesita un estimador de σ_R. Suponiendo que la característica de calidad está distribuida normalmente, puede encontrarse σ_R a partir de la distribución de la amplitud relativa $W = R/\sigma$. La desviación estándar de W, digamos d_3, es una función conocida de n. Así, puesto que

$$R = W\sigma$$

la desviación estándar de R es

$$\sigma_R = d_3\sigma$$

Como se desconoce σ, es posible estimar σ_R con

$$\hat{\sigma}_R = d_3\frac{\bar{R}}{d_2} \tag{6-8}$$

Por lo tanto, los parámetros del diagrama de R, con los límites de control de tres sigmas habituales, son

$$\begin{aligned} \text{LSC} &= \bar{R} + 3\hat{\sigma}_R = \bar{R} + 3d_3\frac{\bar{R}}{d_2} \\ \text{Línea central} &= \bar{R} \\ \text{LIC} &= \bar{R} - 3\hat{\sigma}_R = \bar{R} - 3d_3\frac{\bar{R}}{d_2} \end{aligned} \tag{6-9}$$

Si se toma

$$D_3 = 1 - 3\frac{d_3}{d_2}$$

y

$$D_4 = 1 + 3\frac{d_3}{d_2}$$

pueden redefinirse los parámetros de la gráfica de R como

$$\begin{aligned} \text{LSC} &= \bar{R}D_4 \\ \text{Línea central} &= \bar{R} \\ \text{LIC} &= \bar{R}D_3 \end{aligned} \tag{6-10}$$

Las constantes D_3 y D_4 se dan en la Tabla VI del Apéndice para varios valores de n.

Cuando se usan muestras preliminares para construir los diagramas de $\bar{x}$ y de R, se acostumbra tratar los límites de control como valores de prueba. Luego se grafican los valores medios y las amplitudes de la muestra m en los diagramas, y se investiga cualquier punto que caiga fuera de los límites de control. En caso de que puedan hallarse causas atribuibles para tales puntos, éstos se descartan y se determinan nuevos límites de control de prueba.

6-2.2 Desarrollo y Uso de los Diagramas de $\bar{x}$ R

En la sección anterior se presentaron las bases estadísticas para los diagramas de control de $\bar{x}$ y R. Se ilustra ahora la construcción y la aplicación de estos diagramas. También se examinarán algunas directrices para su uso la práctica.

Ejemplo 6-1

Se fabrican anillos de pistón para motor de automóvil mediante un proceso de forjado. Se desea controlar éste por medio de diagramas de $\bar{x}$ y de R. Se tomaron 25 muestras de tamaño cinco cada una cuando se consideró que el proceso estaba bajo control. Los datos de estas muestras aparecen en la Tabla 6-1.

Tabla 6-1 Datos acerca de los anillos de pistón forjados, Ejemplo 6-1

Número de muestra	Observaciones					$\bar{x}_i$	R_i
1	74.030	74.002	74.019	73.992	74.008	74.010	0.038
2	73.995	73.992	74.001	74.011	74.004	74.001	0.019
3	73.988	74.024	74.021	74.005	74.002	74.008	0.036
4	74.002	73.996	73.993	74.015	74.009	74.003	0.022
5	73.992	74.007	74.015	73.989	74.014	74.003	0.026
6	74.009	73.994	73.997	73.985	73.993	73.996	0.024
7	73.995	74.006	73.994	74.000	74.005	74.000	0.012
8	73.985	74.003	73.993	74.015	73.988	73.997	0.030
9	74.008	73.995	74.009	74.005	74.004	74.004	0.014
10	73.998	74.000	73.990	74.007	73.995	73.998	0.017
11	73.994	73.998	73.994	73.995	73.990	73.994	0.008
12	74.004	74.000	74.007	74.000	73.996	74.001	0.011
13	73.983	74.002	73.998	73.997	74.012	73.998	0.029
14	74.006	73.967	73.994	74.000	73.984	73.990	0.039
15	74.012	74.014	73.998	73.999	74.007	74.006	0.016
16	74.000	73.984	74.005	73.998	73.996	73.997	0.021
17	73.994	74.012	73.986	74.005	74.007	74.001	0.026
18	74.006	74.010	74.018	74.003	74.000	74.007	0.018
19	73.984	74.002	74.003	74.005	73.997	73.998	0.021
20	74.000	74.010	74.013	74.020	74.003	74.009	0.020
21	73.988	74.001	74.009	74.005	73.996	74.000	0.033
22	74.004	73.999	73.990	74.006	74.009	74.002	0.019
23	74.010	73.989	73.990	74.009	74.014	74.002	0.025
24	74.015	74.008	73.993	74.000	74.010	74.005	0.022
25	73.982	73.984	73.995	74.017	74.013	73.998	0.035
						$\Sigma = 1850.024$	0.581
						$\bar{\bar{x}} = 74.001$	$\bar{R} = 0.023$

Para construir los diagramas de $\bar{x}$ y R es mejor empezar por este último. Como los límites de control de la gráfica de $\bar{x}$ dependen de la variabilidad del proceso, estos límites no tendrán mucho sentido a menos que la variabilidad del proceso esté bajo control. A partir de los datos de la Tabla 6-1, la línea central para la gráfica de R es

$$\bar{R} = \frac{\sum_{i=1}^{25} R_i}{25} = \frac{0.581}{25} = 0.023$$

Para muestras de $n = 5$, se obtiene de la Tabla VI del Apéndice que $D_3 = 0$ y $D_4 = 2.115$. Por lo tanto, los límites de control para la gráfica de R son, usando (6-10),

$$\text{LIC} = \bar{R}D_3 = 0.023(0) = 0$$
$$\text{LSC} = \bar{R}D_4 = 0.023(2.115) = 0.049$$

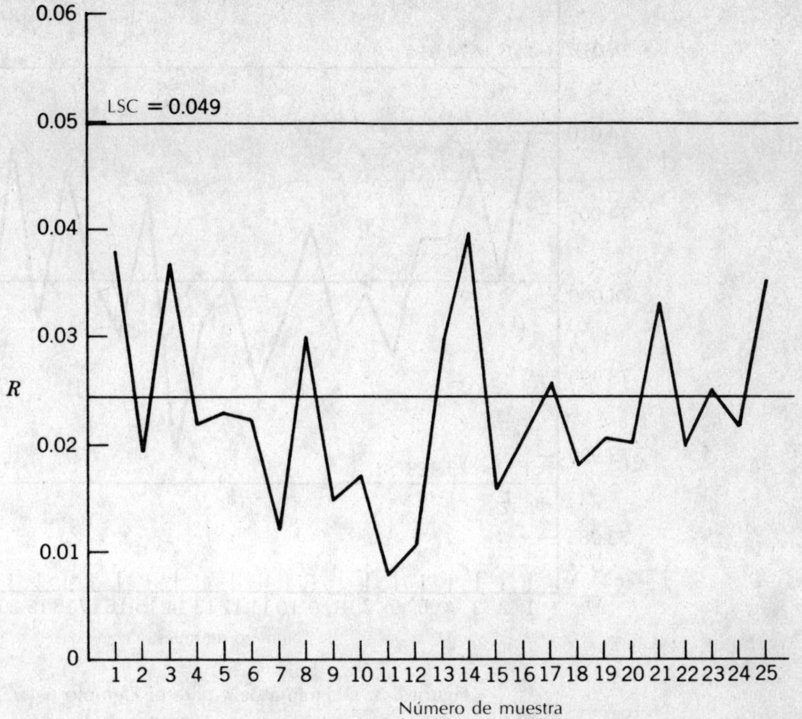

Figura 6-2. Diagrama de R para el Ejemplo 6-1.

El diagrama de R se presenta en la Figura 6-2. Cuando se grafican las 25 amplitudes en este diagrama no hay indicios de una condición fuera de control.

Como el diagrama de R indica que la variabilidad del proceso está bajo control, puede trazarse ahora el diagrama de $\bar{x}$. La línea central es

$$\bar{\bar{x}} = \frac{\sum_{i=1}^{25} \bar{x}_i}{25} = \frac{1850.024}{25} = 74.001$$

Con el fin de determinar los límites de control del diagrama de $\bar{x}$ se utiliza $A_2 = 0.577$ de la Tabla VI del Apéndice para muestras de tamaño $n = 5$, y la ecuación (6-7), lo que da

$$\text{LSC} = \bar{\bar{x}} + A_2\bar{R} = 74.001 + (0.577)(0.023) = 74.014$$

y

$$\text{LIC} = \bar{\bar{x}} - A_2\bar{R} = 74.001 - (0.577)(0.023) = 73.988$$

En la Figura 6-3 se presenta el diagrama de $\bar{x}$. No se observa indicio alguno de una condición fuera de control cuando se grafican las medias muestrales preliminares en este diagrama. Por consiguiente, se concluye que el proceso está controlado a los niveles establecidos, ya que ambos diagramas indican, y se adoptan los límites de control de prueba para utilizarlos en el control en línea del proceso.

Los diagramas de $\bar{x}$ y R proporcionan información sobre la *capacidad* de funcionamiento del proceso. Con el diagrama de $\bar{x}$ se puede estimar el diámetro medio de los anillos

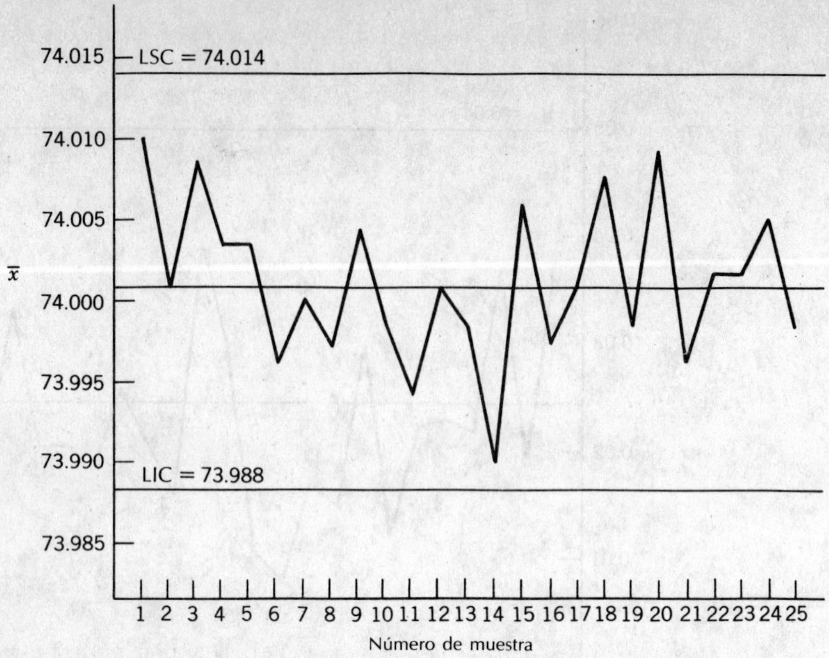

Figura 6-3. Diagrama de $\bar{x}$ para el Ejemplo 6-1.

para pistón en $\bar{x}$ = 74.001 mm. Es posible estimar la desviación estándar del proceso mediante la Ecuación (6-4); es decir,

$$\hat{\sigma} = \frac{\bar{R}}{d_2} = \frac{0.023}{2.326} = 0.0099$$

donde el valor de d_2 para muestras de tamaño cinco se encuentra en la Tabla VI del Apéndice. Los límites de especificación para este tipo de anillos son 74.000 ± 0.03 mm. Es posible usar la gráfica de control para describir la capacidad del proceso, con el fin de producir anillos de pistón conforme a estas especificaciones. Puede estimarse la fracción de anillos disconformes producidos suponiendo que el diámetro es una variable aleatoria normal, con media 74.001 y desviación estándar 0.0099, de la manera siguiente:

$$\begin{aligned}\hat{p} &= P\{x < 73.970\} + P\{x > 74.030\}\\ &= \Phi\left(\frac{73.970 - 74.001}{0.0099}\right) + 1 - \Phi\left(\frac{74.030 - 74.001}{0.0099}\right)\\ &= \Phi(-3.13) + 1 - \Phi(2.93)\\ &= 0.00087 + 1 - 0.99831\\ &= 0.00256\end{aligned}$$

Es decir, aproximadamente 0.256% de los anillos producidos estarían fuera de las especificaciones.

■

Otra manera de expresar la capacidad del proceso es en términos de la *relación de capacidad del proceso* (RCP), que se define, para una característica de calidad con límites superior e inferior de especificación (LSE y LIE, respectivamente), como

$$RCP = \frac{LSE - LIE}{6\sigma}$$

Obsérvese que la dispersión 6σ del proceso es la definición básica de la capacidad de éste. Para el proceso de los anillos de pistón se encuentra que

$$RCP = \frac{74.03 - 73.97}{6(0.0099)}$$

$$= \frac{0.06}{0.0594}$$

$$= 1.01$$

Esto implica que los límites de tolerancia "natural" en el proceso (tres sigmas por arriba y por abajo de la media) coinciden casi exactamente con los límites inferior y superior de especificación. Por consiguiente, se producirá un número moderadamente bajo[1] de anillos disconformes.

En la Fig. 6-4*a* se muestra un proceso con RCP > 1. Obsérvese que los límites de especificación quedan fuera de los límites superior e inferior de tolerancia natural (LSTN = μ + 3 sigmas, LITN = μ — 3 sigmas). Por consiguiente, no se producirán virtualmente unidades disconformes. En la Fig.6-4*b* se presenta un proceso con RCP = 1. Para una distribución normal, esto implicaría alrededor de 27 artículos no conformes de 10 000 producidos. Finalmente, en la Fig. 6-4*c* se muestra un proceso con RCP < 1. Cuando las tolerancias naturales caen fuera de las especificaciones, el proceso es muy sensible a la producción o rendimiento, y se generará un gran número de artículos con disconformidad.

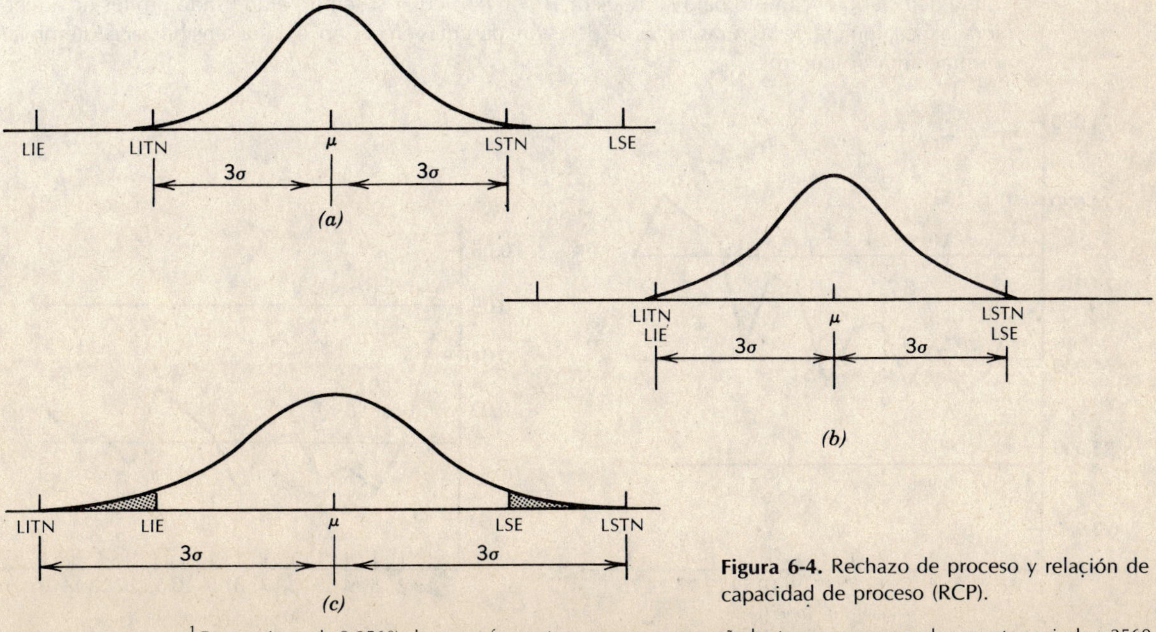

Figura 6-4. Rechazo de proceso y relación de capacidad de proceso (RCP).

[1]Otorgamiento de 0.256% de no conformantes parece muy pequeño hasta que se comprende que esto equivale a 2560 de partes no conformantes por millón. Si el volumen de producción es grande, 0.256% puede ser totalmente inaceptable.

Tabla 6-2 Muestras adicionales para el Ejemplo 6-1

Númer de la muestra, i			Observaciones			$\bar{x}_i$	R_i
1	74.012	74.015	74.030	73.986	74.000	74.009	0.044
2	73.995	74.010	73.990	74.015	74.001	74.002	0.025
3	73.987	73.999	73.985	74.000	73.990	73.992	0.015
4	74.008	74.010	74.003	73.991	74.006	74.004	0.019
5	74.003	74.000	74.001	73.986	73.997	73.997	0.017
6	73.994	74.003	74.015	74.020	74.004	74.007	0.026
7	74.008	74.002	74.018	73.995	74.005	74.006	0.023
8	74.001	74.004	73.990	73.996	73.998	73.998	0.014
9	74.015	74.000	74.016	74.025	74.000	74.011	0.025
10	74.030	74.005	74.000	74.016	74.012	74.013	0.030
11	74.001	73.990	73.995	74.010	74.024	74.004	0.034
12	74.015	74.020	74.024	74.005	74.019	74.017	0.019
13	74.035	74.010	74.012	74.015	74.026	74.020	0.025
14	74.017	74.013	74.036	74.025	74.026	74.023	0.023
15	74.010	74.005	74.029	74.000	74.020	74.015	0.029

Después de la elaboración de las gráficas de control se obtuvieron quince muestras más del proceso de fabricación de anillos de pistón. En la Tabla 6-2 se presentan los datos correspondientes, y en la Fig. 6-5, la continuación de los diagramas de $\bar{x}$ y R. Los diagramas de control indican que el proceso está controlado, hasta que se grafica el valor de $\bar{x}$ para la muestra número 12. Como este puntoy los tres subsecuentes se encuentran por arriba del límite superior de control, es de conjeturar se presentó una causa atribuible en este lapso. El esquema general de los puntos en la gráfica de $\bar{x}$ desde aproximadamente el subgrupo 9 o 10 en adelante es un indicio de un cambio en la media del proceso. En un control en línea, probablemente se hubiera detectado el cambio para la muestra 10, en particular si se hubieran usado límites de advertencia o cualquiera de las otras reglas de decisión, descritas en el Cap. 4, para sensibilizar e interpretar el diagrama de control.

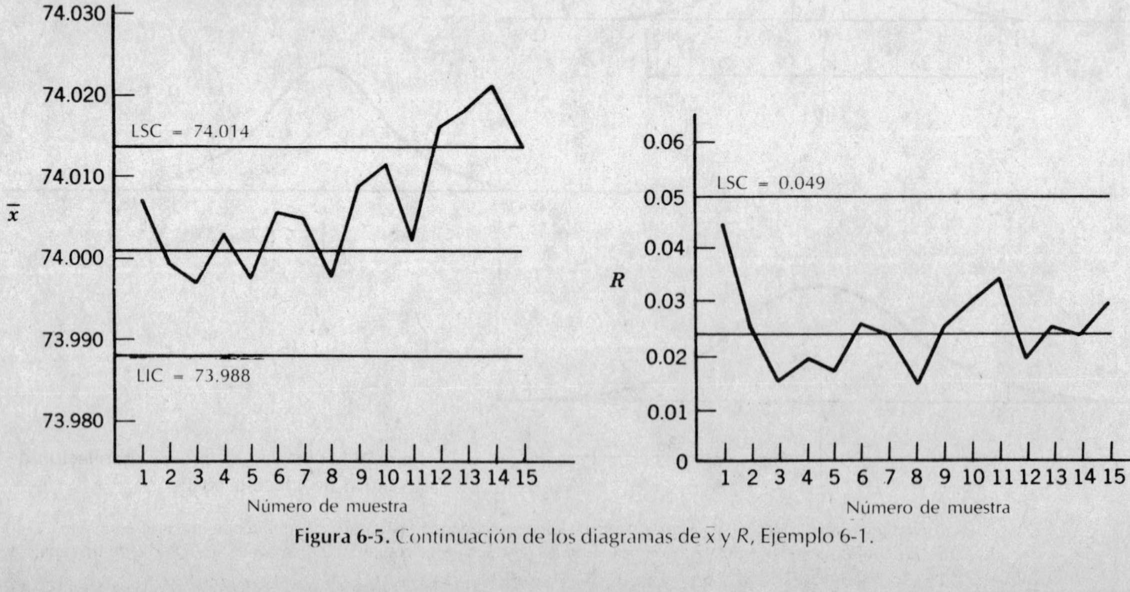

Figura 6-5. Continuación de los diagramas de $\bar{x}$ y R, Ejemplo 6-1.

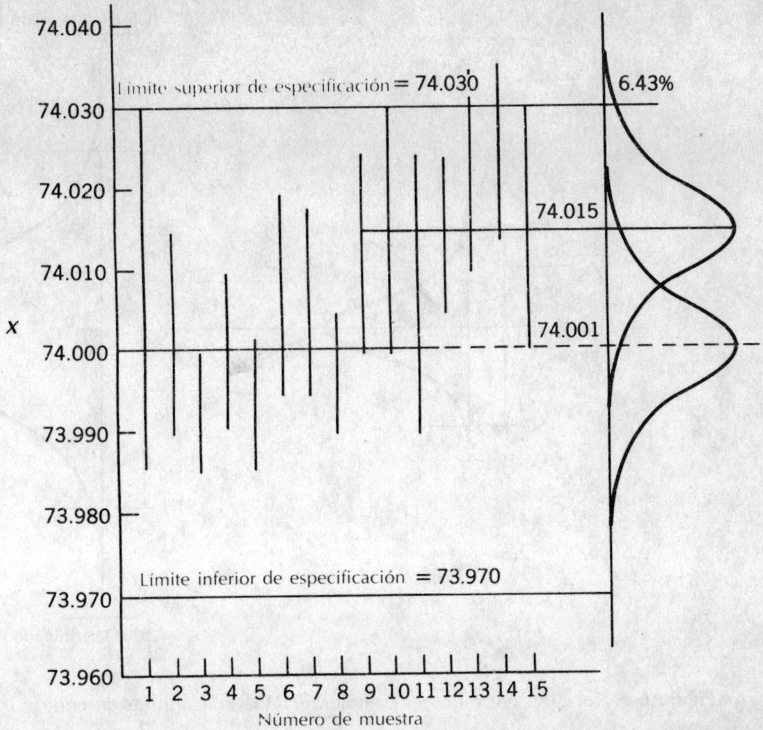

Figura 6-6. Gráfica de las observaciones individuales, Ejemplo 6-1.

Cuando se examinan los datos de un diagrama de control, suele ser útil elaborar una gráfica de las observaciones individuales en cada muestra. Tal gráfica se llama, a veces, *diagrama de tolerancia* o *diagrama de empalme*. Esta gráfica puede revelar algún patrón en los datos, o mostrar que una o dos observaciones inusitadas en la muestra produjeron un valor particular de $\bar{x}$ o R. En la Fig. 6-6 se presenta una gráfica de las observaciones individuales en las últimas 15 muestras. Esta representación no indica las observaciones inusitadas que generaron las señales de fuera de control, sino probablemente provinieron de un cambio en la media en el momento aproximada que se tomaron las muestras 9 o 10. El promedio de las medias de las muestras 9 a 15 es 74.015 mm. En la Fig. 6-6 se grafican los límites de especificación de 74.000 $\pm$ 0.03 mm, junto con un bosquejo de la distribución normal que representa el rendimiento del proceso cuando su media es igual al valor bajo control de 74.001 mm. También aparece en la misma figura un bosquejo de la distribución normal que representa el rendimiento del proceso con un nuevo diámetro medio aparente de 74.015 mm. Es obvio que se producirá un porcentaje mucho mayor de anillos disconformes para este nuevo diámetro medio. En realidad, alrededor de 6.43% de la salida del proceso es ahora no conforme. Se tiene que buscar la causa de este cambio en la media. Muchas veces se necesita la colaboración de operarios, ingenieros de producción, administradores y uerpo técnico de ingeniería de calidad para encontrar y eliminar las causas atribuibles.

Límites de control, límites de especificación y límites de tolerancia natural ■ Un hecho en el que debe hacerse incapié es que no existe relación entre los *límites de control* de los diagramas de $\bar{x}$ y de R y los *límites de especificación* del proceso. Los primeros son motivados por la variabilidad natural del proceso (medida por la desviación estándar del proceso, σ); esto es, por los *límites de tolerancia natural* del proceso. Por otro lado, los límites de especificación son deter-

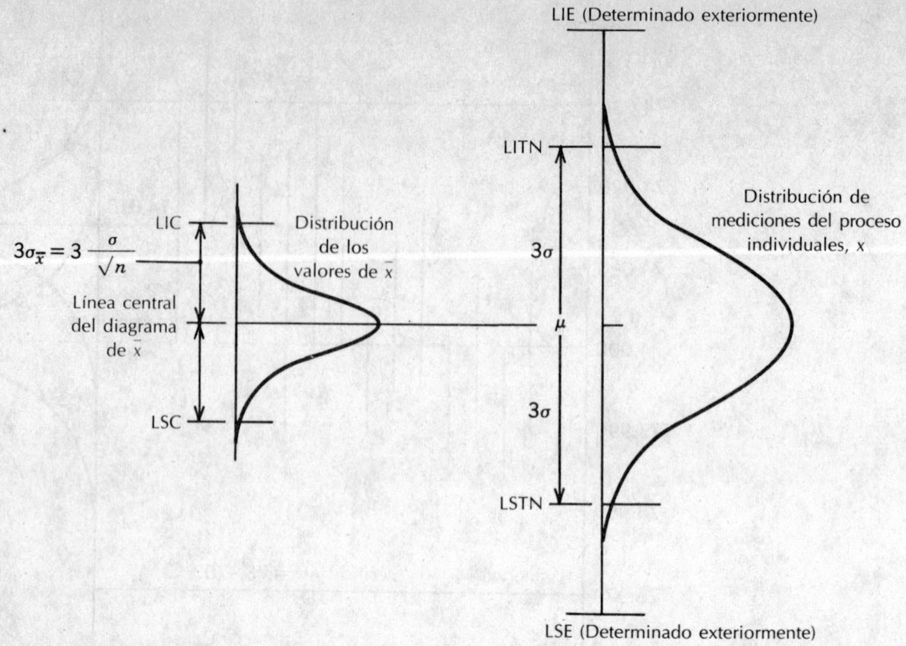

Figura 6-7. Relación entre límites de tolerancia natural, límites de control y límites de especificación.

minados externamente. Pueden ser impuestos por la administración, los ingenieros de manufactura, el cliente o los desarrolladores/diseñadores del producto. Es necesario conocer la variabilidad inherente del proceso al fijar las especificaciones, *pero recuérdese que no existe relación matemática o estadística entre los límites de control y los límites de especificación*. Esta situación se resume en la Fig. 6-7. Quien esto escribe sabe de algunas personas del medio que han graficado límites de especificación en el diagrama de control de $\bar{x}$. Esta práctica es del todo incorrecta. Cuando se trabaja con gráficas de observaciones *individuales* (no promedios), como en la Fig. 6-6, es útil graficar ahí los límites de especificación.

Subgrupos racionales ■ El concepto de subgrupo racional es importante en el uso de los diagramas de control de $\bar{x}$ y R. Puede ser más fácil definir un subgrupo racional en la práctica si se tiene una idea clara de las funciones de los dos tipos de diagramas de control. Con el diagrama de control de $\bar{x}$ se vigila el nivel de calidad promedio en el proceso. Por tanto, las muestras deben seleccionarse de modo que se maximicen las oportunidades de que ocurra una diferencia entre promedios muestrales. Por otro lado, con el diagrama de R se mide la variabilidad *dentro* de una muestra. Por tanto, las muestras deben elegirse de modo que se maximicen las diferencias dentro de las muestras. Dicho esto de otra forma con el diagrama de $\bar{x}$ se vigila la variabilidad *entre* muestras (variabilidad en el proceso con el tiempo), mientras que con el diagrama de R se mide la variabilidad *dentro* de una muestra (variabilidad instantánea del proceso en un momento dado).

Un aspecto importante de lo anterior se descubre cuando se examina con cuidado la forma en que datos pasados determinan los límites de control para los diagramas de $\bar{x}$ y R. La estimación de la desviación estándar σ del proceso empleada para establecer los límites de control se hace a partir de la variabilidad *dentro* de cada muestra (esto es, a partir de los intervalos o amplitudes de muestreo individuales). En consecuencia, la estimación de σ refleja sólo la variabilidad *dentro* de una muestra. No es correcto estimar σ con base en el estimador cuadrático usual, digamos

$$S = \sqrt{\frac{\sum_{i=1}^{m}\sum_{j=1}^{n}(x_{ij} - \bar{\bar{x}})^2}{mn - 1}}$$

donde x_{ij} es la *j*-ésima observación en la *i-ésima muestra, ya que si las medias* muestrales difieren, S será demasiado grande. En consecuencia, se sobreestimará σ. Es peligroso agrupar todos los datos preliminares de esta manera para estimar σ, debido a que al hacerlo potencialmente se combina la variabilidad *entre* muestras y la variabilidad *dentro* de las muestras. Los límites de control deben basarse sólo en la variabilidad *dentro* de las muestras.

Directrices para el diseño del diagrama de control. ■ Para diseñar los diagramas de $\bar{x}$ de R, es necesario especificar el tamaño muestral, la amplitud de los límites de control y la frecuencia de muestreo que se van a utilizar. No es posible dar una solución exacta al problema del diseño, a menos que el analista tenga información detallada sobre las características estadísticas de las pruebas de los diagramas de control y sobre los factores económicos que influyen en el problema. Para obtener una solución completa del problema es necesario conocer los costos de muestreo, y de investigación y posiblemente corregir el proceso en respuesta a las señales de fuera de control, y los costos asociados a la elaboración de un producto que no satisface las especificaciones. Con esta información se podría construir un modelo de decisión económica para permitir un diseño económicamente óptimo del diagrama de control. En el Cap. 9 se analizará este enfoque del problema. Sin embargo, ahora es posible dar algunas directrices generales como ayuda para diseñar un diagrama de control.

Si se usa la gráfica de $\bar{x}$ para detectar sobre todo cambios moderadamente grandes en el poceso del orden de 2σ o mayores, entonces tamaños muestrales relativamente pequeños, como $n = 4$, 5 o 6, serán eficientes en forma razonable. Por otra parte, si se quiere detectar pequeños cambios, entonces se necesitarán tamaños mayores, probablemente de $n = 15$ a $n = 25$. Cuando se emplean muestras más pequeñas, es menor el riesgo de ocurrencia de un cambio del proceso durante el muestreo. Si sucede un cambio al tomar ésta, la media muestral podría ocultar dicho efecto. Por consiguiente, éste es un argumento para utilizar un tamaño muestral lo más pequeño posible, pero congruente con la magnitud del cambio del proceso que se quiere detectar. Por otro lado, en vez de incrementar el tamaño muestral se pueden usar límites de advertencia y otros procedimientos de sensibilización, con el fin de mejorar la capacidad de la gráfica de control para detectar pequeños cambios en el proceso.

La gráfica de R es relativamente insensible a cambios en la desviación estándar del proceso para muestras pequeñas. Por ejemplo, muestras de tamaño $n = 5$ tienen sólo un 40% de posibilidad aproximada de detectar un cambio en la desviación estándar de σ a 2σ en la primera muestra. Parecen más eficaces muestras grandes, pero también sabemos que la eficiencia del método de la amplitud para estimar la desviación estándar, disminuye en forma notable al aumentar n. Por tanto, para valores de n grandes, digamos $n > 10$ o 12, probablemente es mejor utilizar un diagrama de control para S o S^2, en vez del diagrama de R. Los detalles de la construcción de estas gráficas se presentan en las Secciones 6-3.1 y 6-3.2.

Desde un punto de vista estadístico, las curvas características de operación de los diagramas de $\bar{x}$ y R pueden ser útiles para elegir el tamaño muestral. Darán al analista una idea de la magnitud del cambio del proceso, y se detectarán con una probabilidad dada para cualquier tamaño muestral n. En la Sección 6-2.6 se describen estas curvas características de operación.

El problema de escoger el tamaño muestral y la frecuencia de muestreo es de *asignar* o *distribuir el esfuerzo del muestreo*. Generalmente, la persona que toma la decisión tendrá sólo un número limitado de recursos que puede asignar al proceso de inspección. Las estrategias disponibles serán tomar a menudo muestras pequeñas, o bien muestras grandes, pero con frecuencia menor. Por ejemplo, la elección puede hallarse entre muestras de tamaño cinco cada media hora o de tamaño 20 cada dos horas. Es imposible decir cuál estrategia es la mejor en todos los casos, pero la práctica industrial actual está a favor de pequeñas muestras frecuentes. El sentir general es que, con un intervalo demasiado grande entre las muestras, se producirán demasiados productos defectuosos antes de tener otra oportunidad de detectar el cambio en el proceso. Desde el punto de vista económico, si el costo asociado a la producción de artículos defectuosos es alto, será mejor usar muestras pequeñas con mayor frecuencia que muestras grandes menos frecuentes.

La tasa de producción influye también en la elección del tamaño de la muestra y en la frecuencia de muestreo. Si la tasa es alta. (por ejemplo de 50 000 unidades por hora) se necesita un muestreo más frecuente que para una tasa de producción extremadamente baja. Con una tasa de producción alta se producirán muchas unidades disconformes del producto en un periodo muy corto cuando ocurra un cambio en el proceso. Además, con altas tasas de producción a veces es posible obtener económicamente muestras bastante grandes. Por ejemplo, si se producen 50 000 artículos por hora, la diferencia en tiempo necesario para obtener una muestra de tamaño 20 y una muestra de tamaño cinco respectivamente, es depreciable. Si los costos por unidad de la inspección y la prueba no son demasiado altos, a menudo los procesos de producción de alta velocidad se controlarán mediante tamaños muestrales moderadamente grandes.

El uso de límites de control de tres sigmas para las gráficas de control de $\bar{x}$ y R es una práctica generalizada. Sin embargo, existen casos en los que puede ser útil desviarse de esta elección acostumbrada. Por ejemplo, si es muy costoso investigar falsas alarmas o errores tipo I (se genera una señal de fuera de control cuando el proceso realmente está bajo control), entonces podrá ser mejor utilizar límites de control más amplios que tres sigmas, tal vez hasta de cuatro sigmas. Sin embargo, si se puede investigar las señales de fuera de control en el proceso con rapidez y facilidad, con un mínimo de tiempo perdido y a un costo pequeño, entonces serán adecuados límites de control más estrechos, quizá de dos sigmas. Los límites de advertencia en las gráficas de $\bar{x}$ y R, y procedimientos como las reglas de Western Electric, también pueden servir para mejorar la sensibilidad con respecto a cambios pequeños en el proceso.

Límites probabilísticos en los diagramas de $\bar{x}$ y R. ■ Se acostumbra expresar los límites de control en las gráficas de $\bar{x}$ y de R como un múltiplo de la desviación estándar de la estadística que se representa en los diagramas. Si el múltiplo en cuestión es k, los límites se denotarán como de k sigmas, donde $k = 3$ es la elección usual. Sin embargo, como se mencionó en el Cap. 4, es posible definir también los límites de control especificando el nivel del error tipo I para la prueba. Tales límites de control se llaman *límites probabilísticos* o *de probabilidad*, y se usan ampliamente en el Reino Unido y en algunas partes de Europa occidental.

Es fácil escoger límites probabilísticos para la gráfica de $\bar{x}$. Ya que $\bar{x}$ está distribuida de modo aproximadamente normal, podemos obtener un error tipo I deseado de α escogiendo el múltiplo de sigma para los límites de control como $k = Z_{\alpha/2}$, donde $Z_{\alpha/2}$ es el punto porcentual superior $\alpha/2$ de la distribución normal estándar. Obsérvese que los límites normales de tres sigmas implican que la probabilidad del error tipo I es $\alpha = 0.0027$. Si se escoge $\alpha = 0.002$, por ejemplo, como lo hace la mayoría de los autores que recomiendan límites probabilísticos, entonces $Z_{\alpha/2} = Z_{0.001} = 3.09$. Por consiguiente, existe muy poca diferencia entre tales límites de control y los límites de tres sigmas.

También se pueden construir gráficas de R usando límites de probabilidad. Si $\alpha = 0.002$, se necesitarán los puntos porcentuales 0.001 y 0.999 de la distribución de la amplitud relativa $W = R/\sigma$. Estos puntos dependerán, obviamente, del tamaño del subgrupo n. Denotando tales puntos por $W_{0.001}(n)$ y $W_{0.999}(n)$, y estimando σ por $\bar{R}/d_2$, se obtendrían los límites 0.001 y 0.999 para R como $W_{0.001}(n)(\bar{R}/d_2)$ y $W_{0.999}(n)(\bar{R}/d_2)$. Si se hace $D_{0.001} = W_{0.001}(n)/d_2$ y $D_{0.999} = W_{0.999}(n)/d_2$, entonces los límites probabilísticos para el diagrama de R son

$$\text{LSC} = D_{0.999}\bar{R} \qquad \text{LIC} = D_{0.001}\bar{R}$$

En la obra de Grant y Leavenworth (1980, 292) se encuentran tablas de pares de valores ($D_{0.001}$, $D_{0.999}$), ($D_{0.005}$, $D_{0.995}$), y ($D_{0.025}$, $D_{0.975}$) para $2 \leq n \leq 10$. Dichos límites de control no serán muy diferentes de los límites de tres sigmas acostumbrados. Sin embargo, para tamaños muestrales $2 \leq n \leq 6$, producirán un límite inferior de control positivo para la gráfica de R, mientras que los límites de tres sigmas ordinarios no lo hacen.

6-2.3 Diagramas Basados en Valores Estándares

Cuando es posible especificar valores estándares para la media y la desviación estándar del proceso, pueden utilizarse tales valores con el fin de establecer los diagramas de control de $\bar{x}$ y R, sin él analisis de datos pasados. Supóngase que los valores estándares dados son μ y σ. Entonces los parámetros de la gráfica de $\bar{x}$ son

$$\begin{aligned} \text{LSC} &= \mu + 3\frac{\sigma}{\sqrt{n}} \\ \text{Línea central} &= \mu \\ \text{LIC} &= \mu - 3\frac{\sigma}{\sqrt{n}} \end{aligned} \tag{6-11}$$

La cantidad $3/\sqrt{n} = A$ es una constante que depende de n y se presenta en la Tabla VI del Apéndice. Por consiguiente, los parámetros del diagrama de $\bar{x}$ se podrían escribir

$$\begin{aligned} \text{LSC} &= \mu + A\sigma \\ \text{Línea central} &= \mu \\ \text{LIC} &= \mu - A\sigma \end{aligned} \tag{6-12}$$

Para construir la gráfica de R con un valor estándar de σ, recuérdese que $\sigma = R/d_2$, donde d_2 es la media de la distribución de la amplitud relativa. Además, la desviación estándar de R es $\sigma_R = d_3\sigma$, donde d_3 es la desviación estándar de la distribución de la amplitud relativa. Por lo tanto, los parámetros del diagrama de control son

$$\begin{aligned} \text{LSC} &= d_2\sigma + 3d_3\sigma \\ \text{Línea central} &= d_2\sigma \\ \text{LIC} &= d_2\sigma - 3d_3\sigma \end{aligned} \tag{6-13}$$

Se acostumbra definir las constantes

$$D_1 = d_2 - 3d_3$$

$$D_2 = d_2 + 3d_3$$

Éstas aparecen en la Tabla VI del Apéndice. Así, los parámetros de la gráfica de R con un estándar σ dado son

$$\begin{aligned} \text{LSC} &= D_2\sigma \\ \text{Línea central} &= d_2\sigma \\ \text{LIC} &= D_1\sigma \end{aligned} \tag{6-14}$$

Hay que tener cuidado cuando se dan valores estándares para μ y σ. Tal vez no se puedan aplicar realmente estos valores al proceso, lo que implica que los diagramas de $\bar{x}$ y de R producirán muchas señales de fuera de control respecto a los estándares especificados. Si el proceso en realidad está bajo control para *otra* media y *otra* desviación estándar, el analista podrá esforzarse mucho buscando causas atribuibles que no existen. Los valores estándares de σ parecen causar más problemas que los valores estándares de μ. Para los procesos en los que la media de la característica de calidad se controla mediante ajustes a la máquina, los valores estándares u objetivos de μ son a veces de utilidad para alcanzar metas administrativas con respecto al rendimiento del proceso.

6-2.4 Interpretación de los Diagramas de $\bar{x}$ y R

Ya se mencionó que una gráfica de control puede indicar una condición fuera de control sin que un solo punto esté fuera de los límites, si el patrón de los puntos ubicados muestra un comportamiento no aleatorio o sistemático. En muchos casos, el patrón de los puntos proporcionará información útil para el diagnóstico del proceso, la cual se puede usar para modificar el proceso, a fin de reducir la variabilidad (la meta de los controles estadísticos de procesos). En esta sección se examinarán brevemente algunos de los patrones más comunes que aparecen en los diagramas de $\bar{x}$ y de R, y se indicarán algunas características del proceso que los producen. Para interpretar eficientemente los diagramas de $\bar{x}$ y R, el analista debe estar familiarizado con los principios estadísticos subyacentes a los diagramas de control y con el proceso mismo. En la obra *Statistical Quality Control Handbook* (1956, 149-183), de Western Electric, puede consultarse más información respecto a la interpretación de patrones o esquemas de disposición en las gráficas de control.

Para interpretar patrones en el diagrama de $\bar{x}$, hay que determinar primero el diagrama de R está bajo control o no. Algunas causas atribuibles se presentan en *las dos* gráficas, la de $\bar{x}$ y la de R. Si ambas presentan un patrón no aleatorio, la mejor estrategia es eliminar primero las causas atribuibles en el diagrama de R. En muchos casos, esto eliminará automáticamente el patrón no aleatorio en el diagrama de $\bar{x}$. Nunca hay que tratar de interpretar la gráfica de $\bar{x}$ cuando la de R indica una condición fuera de control.

Ocasionalmente aparecen patrones *cíclicos* en un diagrama de control. En la Fig. 6-8 se muestra un ejemplo clásico. Tal esquema puede ser el resultado de cambios ambientales cíclicos, como temperatura, fatiga o cansancio del operario, rotación regular de operarios o máquinas (o ambos), fluctuación de voltaje o presión, o de alguna otra variable en el equipo de producción. Los diagramas de R a veces revelan ciclos debidos a horarios de mantenimiento, fatiga del operario o desgaste de las herramientas, que provocan variabilidad excesiva. En un estudio en el que intervino el autor de este libro, el ciclo "encendido-apagado" de un compresor de una máquina llenadora causó una variabilidad sistemática en el volumen de llenado de envases metálicos.

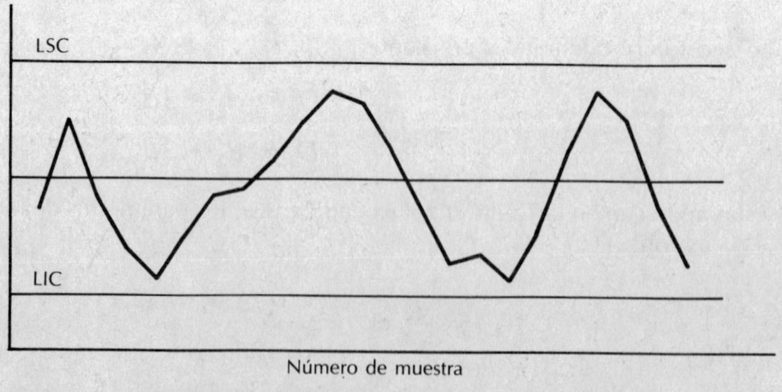

Figura 6-8. Ciclos en un diagrama de control.

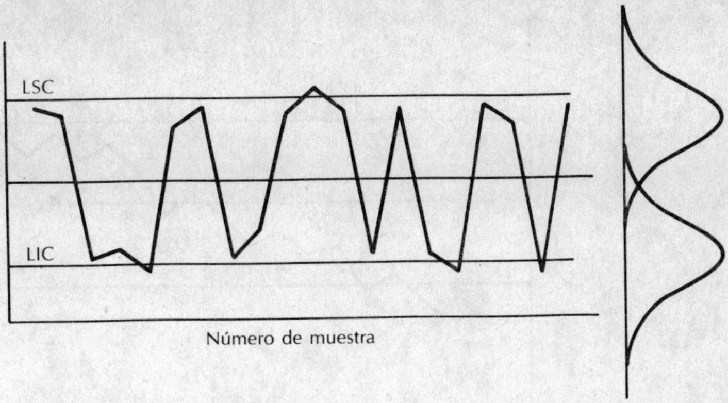

Figura 6-9. Patrón que indica mezclado.

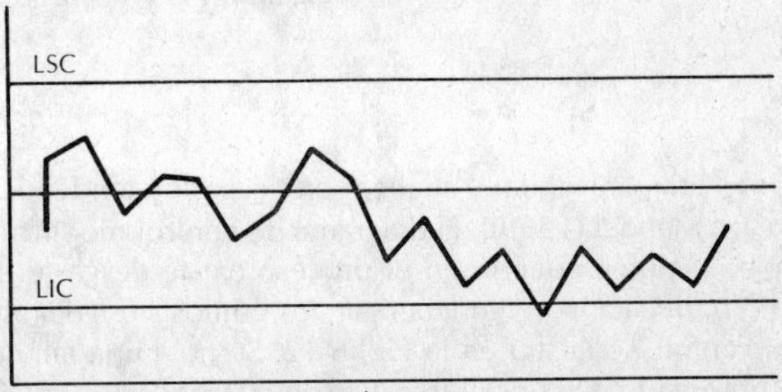

Figura 6-10. Cambio en el nivel de un proceso.

Se indica un *mezclado* cuando los puntos ubicados tienden a quedar cerca de o un poco fuera de los límites de control, con relativamente pocos puntos cercanos a la línea central, como se muestra en la Fig. 6-9. Dos (o más) distribuciones superpuestas que generan la salida del proceso provocan un patrón de mezclado. Del lado derecho de la Fig. 6-9 aparecen las distribuciones de probabilidad que se podrían asociar a dicho patrón. La gravedad de éste depende del grado de superposición de las distribuciones. A veces, las mezclas se deben a un ''sobrecontrol'', que ocurre cuando los operadores ajustan con demasiada frecuencia el proceso, reaccionando a la variación aleatoria en la salida en vez de hacerlo a causas sistemáticas.

En la Fig. 6-10 se ilustra un *cambio en el nivel de un proceso.* Estos cambios pueden ser el resultado de la introducción de nuevos trabajadores, métodos, materias primas o máquinas, de cambios en el método o en los estándares de inspección, o bien de cambios en la destreza, atención o motivación de los operarios. A veces se nota una mejora en el funcionamiento del proceso después de la introducción de un programa de diagramas de control, sólo por los factores motivacionales que influyen en los trabajadores.

En el diagrama de control de la Fig. 6-11 se presenta una *tendencia*, o sea un desplazamiento continuo en cierta dirección. Las tendencias suelen deberse a desgaste o deterioro graduales de una herramienta u otro componente crítico del proceso. Ocurren con frecuencia en procesos químicos debido a la sedimentación o separación de los componentes de una mezcla. También pueden ser resultado de causas humanas, como el cansancio de un operador o la presencia de un supervisor. Finalmente, las tendencias pueden provenir de influencias estacionales, como la temperatura. Cuando las tendencias provienen del desgaste de herramientas u otras causas sistemáticas de deterioro pueden incorporarse directamente al modelo del diagrama de control. Un

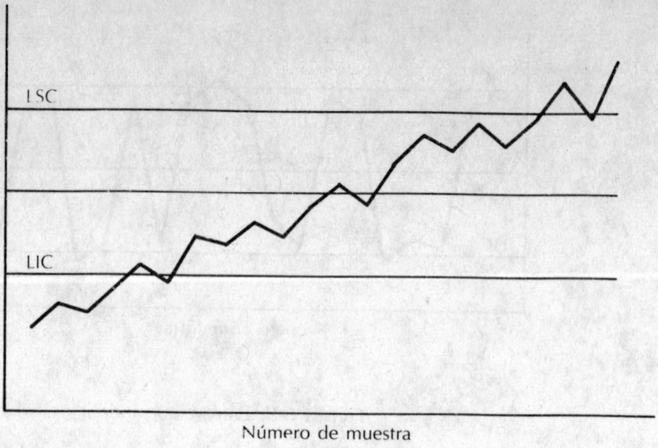

Figura 6-11. Tendencia.

dispositivo útil para vigilar y analizar procesos con tendencias es el *diagrama de control de regresión* [véase Mandel (1969)]. El diagrama de control modificado, que se analiza en la Sección 7.1, se emplea también cuando en el proceso existe desgaste de herramientas.

La *estratificación*, o tendencia de los puntos a quedar agrupados artificialmente alrededor de la línea central, se ilustra en la Fig. 6-12. Se nota una falta notable de variabilidad natural en el patrón observado. Una posible causa de estratificación es el cálculo incorrecto de los límites de control. También se puede presentar dicho esquema cuando el proceso de muestreo recoge una o más unidades de varias distribuciones distintas subyacentes. Si las unidades mayores y menores en cada muestra son relativamente similares, entonces la variabilidad observada será anormalmente pequeña.

Para interpretar patrones de los diagramas de $\bar{x}$ y R hay que considerar conjuntamente las dos gráficas. Si la distribución subyacente es normal, las variables aleatorias $\bar{x}$ y R, calculadas a partir de la misma muestra, son estadísticamente independientes. Por lo tanto, $\bar{x}$ y R tendrían que comportarse de manera independiente en el diagrama de control. Si existe una correlación entre los valores de $\bar{x}$ y R (es decir, si los puntos en las dos gráficas se "siguen"), entonces ello indica que la distribución subyacente es sesgada. Si las especificaciones se determinaron suponiendo normalidad, estos análisis podrían estar equivocados.

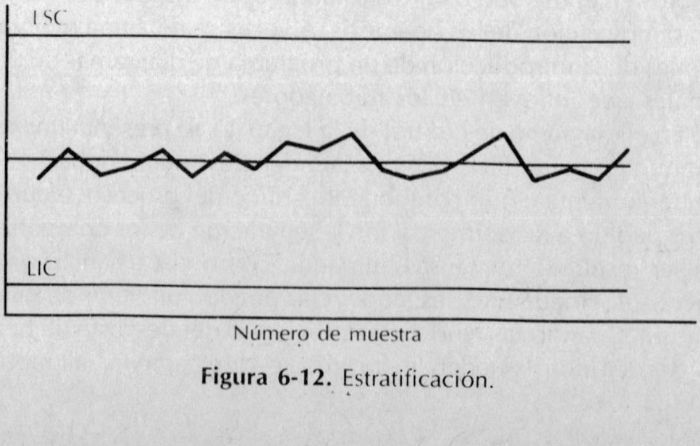

Figura 6-12. Estratificación.

6-2.5 Efecto de la No Normalidad en los Diagramas de $\overline{x}$ y R

Una suposición fundamental en el desarrollo de los diagramas de control de $\bar{x}$ y R es que la distribución subyacente de la característica de calidad es normal. En muchas situaciones puede haber razones para dudar de la validez de esta suposición. Por ejemplo, puede saberse que la distribución subyacente no es normal, debido a que se ha colectado un conjunto extenso de datos que indican que es inadecuado suponer la normalidad. Ahora, si se conoce la forma de la distribución subyacente, será posible deducir las distribuciones muestrales de $\bar{x}$ y R (o de alguna otra medida de la variabilidad del proceso), y obtener límites probabilísticos exactos para los diagramas de control. Esto podría ser difícil en algunos casos, y la mayoría de los analistas preferirían probablemente utilizar el enfoque estándar, basado en la suposición de normalidad, si consideraran que el efecto de esto no sería demasiado grave. Sin embargo, es posible desconocer por completo la forma de la distribución subyacente, y entonces la única posibilidad podría ser el uso de los resultados de la teoría normal. Obviamente, en cualquier caso, se estaría interesado en conocer el efecto de las desviaciones de la normalidad en los diagramas de control de $\bar{x}$ y R usuales.

Varios autores han estudiado el efecto de las desviaciones respecto de la normalidad en los diagramas de control. Burr (1967) hace notar que las constantes de los límites de control, según la teoría normal común, son muy sólidas respecto a la suposición de normalidad y pueden utilizarse a no ser que la población sea extremadamente anormal. Schilling y Nelson (1976) también estudiaron el efecto de la no normalidad sobre los límites de control del diagrama de $\bar{x}$. Investigaron la distribución uniforme, la de triángulo recto, la gamma (con $\lambda = 1$ y $r = ½$, 1, 2, 3 y 4), y dos bimodales, formadas por la combinación de dos distribuciones normales. Su estudio indica que, en la mayoría de los casos, es suficiente utilizar muestras de tamaño 4 o 5 para asegurar una solidez razonable con respecto a la suposición normal. Los peores casos se observaron para valores pequeños de r en la distribución gamma [$r = ½$ y $r = 1$ (la distribución exponencial)]. Por ejemplo, tales investigadores informan que el riesgo α real es de 0.014 o menos si $n \geq 4$ para la distribución gamma con $r = ½$, en contraste con un valor teórico de 0.0027 para la distribución normal.

Mientras que el uso de límites de control de tres sigmas en el diagrama de $\bar{x}$ producirá un riesgo α de 0.0027 si la distribución subyacente es normal, no se puede decir lo mismo para el diagrama de R. La distribución muestral de R es asimétrica, incluso en un muestreo a partir de la distribución normal, y la larga extremidad (o cola) de la distribución se encuentra en el lado alto o positivo. Por lo tanto, los límites simétricos de tres sigmas son solamente una aproximación, y el riesgo α en tal diagrama de R *no* es igual a 0.0027. (En realidad, para $n = 4$, es $\alpha = 0.00461$.) Además, el diagrama de R es más sensible a desviaciones respecto a la normalidad que el diagrama de $\bar{x}$.

6-2.6 Función Característica de Operación

La idoneidad de los diagramas de $\bar{x}$ y R para detectar cambios en la calidad del proceso es descrita por sus curvas *curvas características de operación* (CO). En esta sección se exponen tales curvas CO para diagramas que se usan en el control en línea de un proceso.

Considérese la curva CO para un diagrama de $\bar{x}$, con la desviación estándar μ^0 conocida y constante. Si la media cambia de un valor bajo control, digamos μ_0, hacia otro valor $\mu_1 = \mu_0 + k\sigma$, la probabilidad de *no* detectar dicho cambio en la primera muestra subsecuente, o el riesgo β, es

$$\beta = P\{\text{LIC} \leq \bar{x} \leq \text{LSC} \mid \mu = \mu_1 = \mu_0 + k\sigma\} \tag{6-15}$$

Como $\bar{x} \sim N(\mu, \sigma^2/n)$, y los límites superior e inferior de control son LSC $= \mu_0 + 3\ \sigma/\ \sqrt{n}$ y LIC $= \mu_0 - 3\ \sigma/\ \sqrt{n}$, se puede escribir (6-15) como

$$\beta = \Phi\left[\frac{\text{LSC.} - (\mu_0 + k\sigma)}{\sigma/\sqrt{n}}\right] - \Phi\left[\frac{\text{LIC} \ - (\mu_0 + k\sigma)}{\sigma/\sqrt{n}}\right]$$

$$= \Phi\left[\frac{\mu_0 + 3\sigma/\sqrt{n} \ - (\mu_0 + k\sigma)}{\sigma/\sqrt{n}}\right] - \Phi\left[\frac{\mu_0 - 3\sigma/\sqrt{n} \ - (\mu_0 + k\sigma)}{\sigma/\sqrt{n}}\right]$$

$$= \Phi(3 - k\sqrt{n}) - \Phi(-3 - k\sqrt{n}) \qquad \text{(6-16)}$$

donde Φ denota la función de distribución acumulativa normal estándar. Por ejemplo, supongamos que $n = 5$, y que se desea determinar la probabilidad de detectar un cambio hacia $\mu_1 = \mu_0 + 2\sigma$ en la primera muestra después del cambio. Entonces, como $k = 2$ y $n = 5$, se tiene que

$$\beta = \Phi[3 - 2\sqrt{5}\,] - \Phi[-3 - 2\sqrt{5}\,]$$
$$= \Phi(-1.47) - \Phi(-7.37)$$
$$\simeq 0.0708$$

Esto es el riesgo β, o la probabilidad de no detectar tal cambio. La probabilidad de *sí* detectar dicho cambio en la primera muestra subsecuente es $1 - \beta = 1 - 0.0708 = 0.9293$.

Con objeto de construir la curva CO para el diagrama $\bar{x}$, hay que graficar el riesgo β contra la magnitud del cambio que se quiere detectar, expresado en unidades de desviación estándar, para varios tamaños muestrales n. Se pueden evaluar directamente tales probabilidades a partir de la Ecuación (6-16). Esta curva CO aparece en la Figura 6-13.

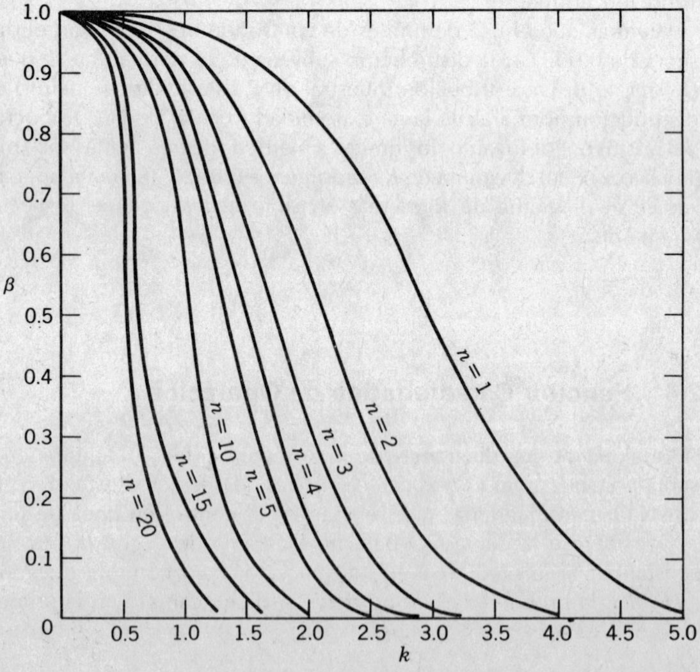

Figura 6-13. Curvas características de operación para el diagrama de $\bar{x}$ con límites de tres sigmas. Se tiene que $\beta = P$ (no detectar un cambio de $k\,\sigma$ en la media en la primera muestra después del cambio).

La Fig. 6-13 indica que la gráfica de $\overline{x}$ no es especialmente eficaz para detectar un pequeño cambio, digamos del orden de 1.5σ o menor, en la primera muestra que sigue al cambio, para los tamaños muestrales comunes de 4, 5 y 6. Por ejemplo, si el cambio es 1.0σ y $n = 5$, se obtendrá de la Fig. 6-13 $\beta = 0.75$ aproximadamente. Por lo tanto, la probabilidad de descubrir el cambio en la primera muestra es de sólo $1 - \beta = 0.25$. Sin embargo, la probabilidad de lograrlo en la segunda muestra es $\beta(1 - \beta) = 0.75(0.25) = 0.19$, mientras que la probabilidad de conseguirlo en la tercera muestra es $\beta^2(1 - \beta) = (0.75^2)0.25 = 0.14$. Así, la probabilidad de que se detecte el cambio en la k-ésima muestra posterior, es simplemente $1 - \beta$ veces la probabilidad de no descubrirlo en cada una de las $k - 1$ muestras iniciales, o

$$\beta^{k-1}(1 - \beta)$$

En general, el número esperado de subgrupos que hay que analizar antes de detectar el cambio es

$$\sum_{k=1}^{\infty} k\beta^{k-1}(1 - \beta) = \frac{1}{1 - \beta}$$

Por lo tanto, en este ejemplo se tiene $1/(1 - \beta) = 1/0.25 = 4$ como el número esperado de subgrupos que hay que analizar antes de detectar un cambio de 1.0σ usando $n = 5$.

El análisis anterior proporciona un argumento para apoyar el uso de tamaños muestrales pequeños en el diagrama de $\overline{x}$. Aun cuando tamaños muestrales pequeños conducen a un riesgo β relativamente grande, porque se seleccionan y prueban las muestras en forma periódica, hay una muy buena posibilidad de detectar el cambio de modo razonablemente rápido, aunque tal vez no en la primera muestra después del cambio. Recuérdese además que el uso de límites de advertencia y procedimientos de sensibilización, como las reglas de Western Electric, mejorarán todavía más la capacidad de la gráfica de control de descubrir cambios en el proceso.

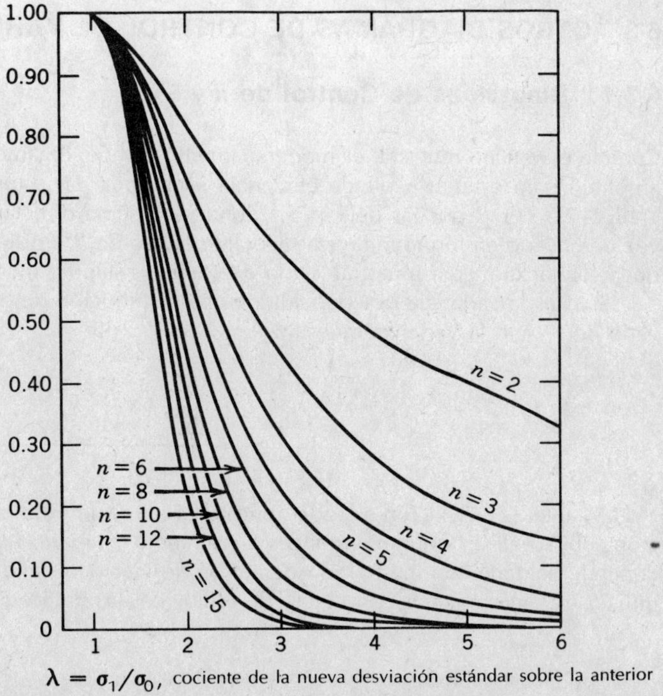

Figura 6-14. Curvas características de operación para el diagrama de R con límites de tres sigmas. (Adaptado de A.J. Duncan, "Operating Characteristics of R Charts", *Industrial Quality Control*, vol. 7, no. 5, p. 40-41, 1951, con permiso de American Society for Quality Control, ASQC).

Con el fin de construir la curva CO para el diagrama de R, se usa la distribución de la amplitud relativa $W = R/\sigma$. Supóngase que el valor bajo control de la desviación estándar es σ_0. Entonces en la curva CO se grafica la probabilidad de no detectar un cambio hacia un nuevo valor de σ, por ejemplo $\sigma_1 > \sigma_0$, en la primera muestra después del cambio. En la Fig. 6-14 se presenta la curva CO, en la cual se grafica β en función de $\lambda = \sigma_1/\sigma_0$ (el cociente de la nueva desviación estándar del proceso entre la anterior), para diversos valores de n.

Examinando la Fig. 6-14 se observa que la gráfica de R no es muy eficaz para descubrir cambios en el proceso con tamaños muestrales pequeños. Por ejemplo, si la desviación estándar del proceso se duplica (es decir, $\lambda = \sigma_1/\sigma_0 = 2$), lo que es un cambio bastante grande, con muestras de tamaño cinco se tiene solamente alrededor de 40% de posibilidades de detectar este cambio en cada muestra subsecuente. La mayoría de los ingenieros de control de calidad creen que la gráfica de R es insensible a cambios pequeños o moderados para los tamaños usuales de los subgrupos de $n = 4$, 5 o 6. Sin embargo, los procedimientos para sensibilizar examinados anteriormente también pueden aplicarse al diagrama de R para mejorar su utilidad. Si $n > 10$ o 12, habrá que utilizar la gráfica de S, descrita en la Sección 6-3.1, en vez del diagrama de R.

En las curvas CO de la Figs. 6-13 y 6-14 se supone que se aplican los diagramas de $\bar{x}$ y R para el control en línea. Ocasionalmente es útil estudiar la curva CO del diagrama usado para analizar datos anteriores. Esto podría dar alguna indicación de cómo el número de subgrupos preliminares, empleados para establecer el diagrama de control, influye en la capacidad del diagrama de detectar condiciones fuera de control que existían cuando se obtuvieron los datos. Es a partir de tales estudios analíticos, y de la experiencia práctica, como surgieron las recomendaciones para utilizar alrededor de 20 a 25 subgrupos preliminares con objeto de establecer los diagramas de $\bar{x}$ y R.

6-3 OTROS DIAGRAMAS DE CONTROL DE VARIABLES

6-3.1 Diagramas de Control de $\bar{x}$ y S

Cuando el tamaño muestral es moderadamente grande, digamos $n > 10$ o 12, el método de la amplitud para estimar σ pierde eficiencia estadística. En estos casos es mejor reemplazar las gráficas de $\bar{x}$ y R por las de $\bar{x}$ y S,[2] donde se estima directamente la desviación estándar en vez de hacerlo en forma indirecta mediante el uso de R. Por lo tanto, con fines de control, hay que calcular la media muestral $\bar{x}$ y la desviación estándar muestral S para cada subgrupo.

Si σ^2 es la variancia desconocida de una distribución de probabilidad, un estimador nosesgado de σ^2 será la varianza muestral

$$S^2 = \frac{\sum_{i=1}^{n} (x_i - \bar{x})^2}{n-1}$$

No obstante, la desviación estándar muestral S *no es* un estimador insesgado de σ. Si la distribución subyacente es normal, entonces S realmente estima $c_4\sigma$, donde c_4 es una constante[3] que depende del tamaño muestral n. Además, la desviación estándar de S es $\sigma\sqrt{1 - c_4^2}$. Es posible utilizar esta información con objeto de establecer las gráficas de control para $\bar{x}$ y S.

[2]Algunos autores designan el diagrama S como diagrama σ

[3]Puede demostrarse que

$$c_4 = \left(\frac{2}{n-1}\right)^{1/2} \frac{\Gamma(n/2)}{\Gamma[(n-1)/2]}$$

Considérese el caso en el que se tiene un valor estándar para σ. Ya que $E(S) = c_4\sigma$, la línea central para la gráfica es $c_4\sigma$. Los límites de control de tres sigmas son entonces

$$\text{LSC} = c_4\sigma + 3\sigma\sqrt{1 - c_4^2}$$
$$\text{LIC} = c_4\sigma - 3\sigma\sqrt{1 - c_4^2} \tag{6-17}$$

Suelen definirse las dos constantes

$$B_5 = c_4 - 3\sqrt{1 - c_4^2} \tag{6-18a}$$

y

$$B_6 = c_4 + 3\sqrt{1 - c_4^2} \tag{6-18b}$$

Por consiguiente, los parámetros del diagrama de S, con un valor estándar dado para σ, se convierten en

$$\text{LSC} = B_6\sigma$$
$$\text{Línea central} = c_4\sigma \tag{6-19}$$
$$\text{LIC} = B_5\sigma$$

En la Tabla VI del Apéndice se presentan valores de B_5 y B_6 para distintos tamaños de subgrupos. Los parámetros para la gráfica de $\bar{x}$ correspondiente se presentan en la Ecuación (6-12), Sección 6-2.3.

Si no se dispone de un valor estándar para σ, hay que estimarlo mediante el análisis de datos anteriores. Supóngase que se tienen m muestras preliminares, cada una de tamaño n, y sea S_i la desviación estándar de la i-ésima muestra. El promedio de las m desviaciones estándares es

$$\bar{S} = \frac{1}{m}\sum_{i=1}^{m} S_i$$

La estadística $\bar{S}/c_4$ es un estimador nosesgado de σ. Por lo tanto, los parámetros del diagrama de S serán

$$\text{LSC} = \bar{S} + 3\frac{\bar{S}}{c_4}\sqrt{1 - c_4^2}$$
$$\text{Línea central} = \bar{S} \tag{6-20}$$
$$\text{LIC} = \bar{S} - 3\frac{\bar{S}}{c_4}\sqrt{1 - c_4^2}$$

Suelen definirse las constantes

$$B_3 = 1 - \frac{3}{c_4}\sqrt{1 - c_4^2} \tag{6-21a}$$

y

$$B_4 = 1 + \frac{3}{c_4}\sqrt{1 - c_4^2} \tag{6-21b}$$

Por consiguiente, los parámetros del diagrama de S pueden expresarse como

$$\begin{aligned} \text{LSC} &= B_4\bar{S} \\ \text{Línea central} &= \bar{S} \\ \text{LIC} &= B_3\bar{S} \end{aligned} \tag{6-22}$$

Obsérvese que $B_4 = B_6/c_4$ y $B_3 = B_5/c_4$.

Cuando $\bar{S}/c_4$ se aplica para estimar σ, es posible definir los límites de control para el diagrama control para el diagrama de $\bar{x}$ correspondiente como

$$\begin{aligned} \text{LSC} &= \bar{\bar{x}} + \frac{3\bar{S}}{c_4\sqrt{n}} \\ \text{Línea central} &= \bar{\bar{x}} \\ \text{LIC} &= \bar{\bar{x}} - \frac{3\bar{S}}{c_4\sqrt{n}} \end{aligned} \tag{6-23}$$

Sea la constante $A_3 = 3/(c_4\sqrt{n})$. Entonces los parámetros del diagrama de $\bar{x}$ se convierten en

$$\begin{aligned} \text{LSC} &= \bar{\bar{x}} + A_3\bar{S} \\ \text{Línea central} &= \bar{\bar{x}} \\ \text{LIC} &= \bar{\bar{x}} - A_3\bar{S} \end{aligned} \tag{6-24}$$

Las constantes B_3, B_4 y A_3 para la construcción de los diagramas de $\bar{x}$ y S a partir de datos anteriores se presentan en la Tabla VI del Apéndice para distintos tamaños muestrales.

Notemos que se supone que la desviación estándar muestral se define como

$$S = \sqrt{\frac{\sum_{i=1}^{n}(x_i - \bar{x})^2}{n-1}} \tag{6-25}$$

Algunos autores definen S con n en el denominador de la Ecuación (6-25), en vez de $n - 1$. En tal caso, las definiciones de las constantes c_4, B_3, B_4 y A_3 se modifican. Las constantes correspondientes, basadas en el uso de n para calcular S, se llaman c_2, B_1, B_2 y A_1, respectivamente. Véanse en la obra de Bowker y Lieberman (1972) sus definiciones.

Tradicionalmente, los ingenieros de control de calidad han preferido el diagrama de R en vez del de S, debido a la sencillez del cálculo de R para cada muestra. La disponibilidad actual de calculadoras de bolsillo con cálculo automático de S, y la disponibilidad creciente de microcomputadoras para la implementación en línea de gráficas de control directamente en el sitio de trabajo, han eliminado cualquier dificultad computacional. Además, por el estudio de la curva CO en la Sección 6-2.6, se sabe que el diagrama de R es relativamente insensible a cambios pequeños y moderados, para tamaños muestrales pequeños. Así, en muchos casos de la práctica en los que se necesita un control estricto de la variabilidad del proceso, se requieren tamaños muestrales relativamente grandes, y debe utilizarse el diagrama de S.

6-3.2 Diagrama de Control de S^2

La mayoría de los ingenieros de control de calidad usan el diagrama de R, o el de S, para controlar la dispersión del proceso, con preferencia por el diagrama de S para tamaños muestrales moderadamente grandes. Algunos especialistas recomiendan un diagrama de control basado directamente en la varianza muestral S^2. Los parámetros para el diagrama de control de S^2 son

$$\text{LSC} = \frac{\bar{S}^2}{n-1}\chi^2_{\alpha/2,n-1}$$

$$\text{Línea central} = \bar{S}^2 \tag{6-26}$$

$$\text{LIC} = \frac{\bar{S}^2}{n-1}\chi^2_{1-(\alpha/2),n-1}$$

donde $\chi^2_{\alpha/2,n-1}$ y $\chi^2_{1(\alpha/2),n-1}$ denotan los puntos porcentuales superior e inferior $\alpha/2$ de la distribución ji cuadrada con $n - 1$ grados de libertad, y $\bar{S}^2$ es una varianza muestral media, obtenida del análisis de datos preliminares. Se podría utilizar un valor estándar de σ^2 en la Ecuación (6-26) en vez de $\bar{S}^2$, si se tuviera tal valor. Obsérvese que esta gráfica de control se define con límites probabilísticos.

6-3.3 Gráficas de Control para Unidades Individuales

Existen muchos casos en los que el tamaño muestral utilizado para el control del proceso es $n = 1$. Esto ocurre frecuentemente cuando se usa tecnología de inspección y medición automatizadas, y se analiza cada unidad fabricada. También sucede cuando la tasa de producción es demasiado lenta para permitir en forma conveniente tamaños muestrales $n > 1$, o cuando mediciones repetidas difieren sólo debido a errores de laboratorio o de análisis, como en muchos procesos químicos. En estos casos, resulta útil el diagrama de control de unidades individuales. En el procedimiento de control se emplea la amplitud móvil de dos observaciones sucesivas para estimar la variabilidad del proceso. También es posible establecer una gráfica de control para la amplitud móvil de dos observaciones sucesivas. El procedimiento se ilustra en el siguiente ejemplo.

Ejemplo 6-2

La viscosidad de un producto químico es una característica de calidad importante. El producto se elabora por lotes, y debido a que la producción de cada lote tarda varias horas, la tasa de producción es demasiado lenta para permitir tamaños muestrales mayores de uno. La viscosidad de los 15 lotes anteriores aparece en la Tabla 6-3.

Para establecer el diagrama de control de observaciones individuales, obsérvese que la media muestral de las 15 mediciones de viscosidad es $\bar{x} = 33.52$, y que el promedio de las amplitudes móviles de dos observaciones es $\bar{R} = 0.48$. A fin de elaborar el diagrama de la amplitud móvil, se nota que $D_3 = 0$ y $D_4 = 3.267$, para $n = 2$. Por lo tanto, dicho diagrama tiene como línea central $\bar{R} = 0.48$, LIC $= 0$ y LSC $= D_4\bar{R} = (3.267)0.48 = 1.57$. En la Fig. 6-15 se presenta el diagrama de control. Como ningún punto excede el límite superior de control, se puede establecer ahora el diagrama de control para las mediciones individuales de la viscosidad.

Para el diagrama de control de tales mediciones, los parámetros son

$$\text{LSC} = \bar{x} + 3\frac{\bar{R}}{d_2}$$

$$\text{Línea central} = \bar{x} \tag{6-27}$$

$$\text{LIC} = \bar{x} - 3\frac{\bar{R}}{d_2}$$

Tabla 6-3 Viscosidad de un producto químico

Número de lote	Viscosidad	Amplitud móvil
1	33.75	
2	33.05	0.70
3	34.00	0.95
4	33.81	0.19
5	33.46	0.35
6	34.02	0.56
7	33.68	0.34
8	33.27	0.41
9	33.49	0.22
10	33.20	0.29
11	33.62	0.42
12	33.00	0.62
13	33.54	0.54
14	33.12	0.42
15	33.84	0.72
	$\bar{x} = 33.52$	$\bar{R} = 0.48$

Si se utiliza una amplitud móvil de $n = 2$ observaciones, $d_2 = 1.128$. Para los datos de la Tabla 6-3,

$$\text{LSC.} = \bar{x} + 3\frac{\bar{R}}{d_2} = 33.52 + 3\frac{0.48}{1.128} = 34.80$$

$$\text{Línea central} = \bar{x} = 33.52$$

$$\text{LIC} = \bar{x} - 3\frac{\bar{R}}{d_2} = 33.52 - 3\frac{0.48}{1.128} = 32.24$$

En la Fig. 6-15*b* se muestra el diagrama de control para las mediciones individuales de la viscosidad en un lote. No hay indicio de una condición fuera de control.

Debe tenerse cuidado al interpretar los patrones en el diagrama de la amplitud móvil. Las amplitudes móviles están correlacionadas, y esta correlación puede inducir un patrón de

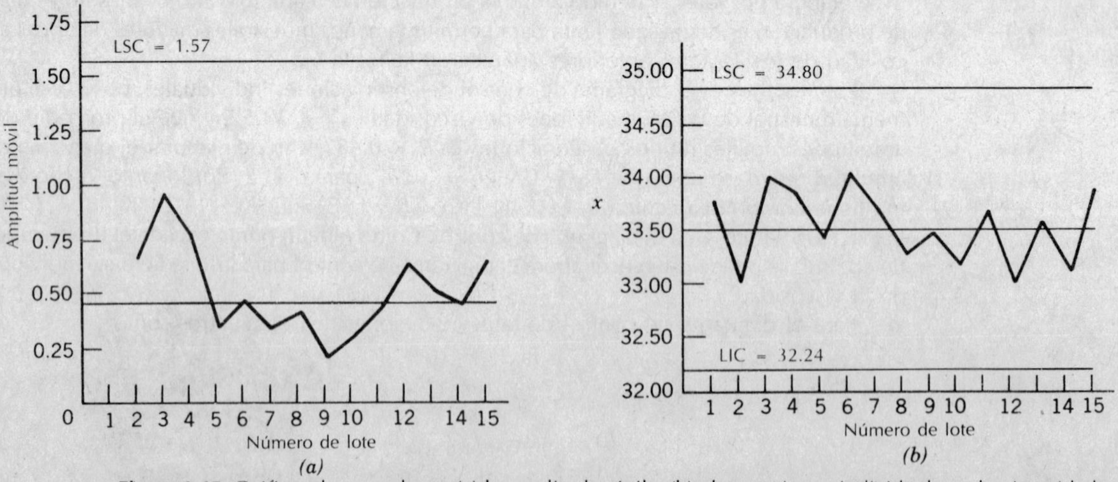

Figura 6-15. Gráficas de control para (a) la amplitud móvil y (b) observaciones individuales a la viscosidad.

corridas o ciclos en el diagrama. Sin embargo, se supone que las observaciones individuales en el diagrama de x no están correlacionadas, y se tiene que investigar con cuidado en este diagrama cualquier patrón aparente.

Por ultimo, se observa que el diagrama de control de unidades individuales es útil cuando la tecnología de la medición automática permite una inspección en línea de cada unidad al ser producida. Otros procedimientos estadísticos de control de procesos útiles en este caso son el diagrama de control de suma acumulativa y los diagramas de control basados en medias ponderadas. En el Cap. 7 se analizan estos procedimientos.

■

6-3.4 Límites de Control Basados en un Número Pequeño de Muestras

Cuando se establecen diagramas de control sin contar con estándares, es necesario estimar los parámetros del proceso (p. e., $\bar{x}$ y R) del análisis de datos anteriores. El método usual es seleccionar m muestras preliminares cuando se considera controlado el proceso y usarlas para obtener límites de control de prueba. Si cualquier de ellas resulta fuera de control con respecto a dichos límites, son descartadas y se obtienen límites de control revisados. Se sigue este proceso hasta obtener un conjunto aceptable de límites de control. Por lo general, se prefiere disponer de 20 a 25 muestras preliminares para establecer límites de control de prueba.

Este requisito de un número relativamente grande de muestras preliminares en ocasiones impide el uso estadísticamente correcto de los diagramas de control durante las fases de inicio de un proceso, o para procesos con salida demasiado pequeña para obtener datos preliminares adecuados. Puede demostrarse que los límites de control ordinarios, basados en m muestras preliminares, producen un error tipo I real que es mayor que el valor nominal de $\alpha = 0.0027$ (para $m = 5$ muestras, la verdadera probabilidad del error tipo I para la gráfica de $\bar{x}$ es $\alpha = 0.012$; para $m = 10$ muestras, es $\alpha = 0.0067$, y en el caso de $m = 25$ muestras, es $\alpha = 0.0040$). Hillier (1969) ha descrito un método de dos etapas para asignar límites de control a los diagramas de $\bar{x}$ y R que producirán resultados estadísticamente correctos, sin importar el número de muestras utilizadas en el establecimiento de los diagramas. Como estos últimos proporcionan exactamente los límites anunciados del error tipo I, se pueden utilizar en cuanto sea necesario después del inicio del proceso, sin importar la cantidad de datos preliminares disponibles.

6-4 SELECCIÓN ENTRE DIAGRAMAS DE CONTROL DE ATRIBUTOS Y DE VARIABLES

En muchas aplicaciones, el analista tendrá que elegir entre un diagrama de control de variables, como los de $\bar{x}$ y R, y uno de control de atributos, como el de p. En algunos casos, la selección estará bien definida. Por ejemplo, si la característica de calidad es el color del artículo, como puede serlo en la producción de alfombras o telas, se preferirá frecuentemente la inspección de atributos, en vez de tratar de cuantificar la característica de calidad "color". En otros casos, la selección no será tan evidente, y el analista tendrá que tomar en cuenta varios factores para poder elegir entre diagramas de control de atributos y de variables.

Los diagramas de control de atributos tienen la ventaja de que hacen posible considerar varias características de calidad al mismo tiempo, y clasificar el artículo como disconforme si no satisface la especificación de cualquier característica. Por otra parte, si se manejan las diversas características de calidad como variables, entonces habrá que medir cada una de ellas, y utilizar separadamente un diagrama de $\bar{x}$ y R para cada una, o bien alguna técnica de control multivariado, en el que se consideren simultáneamente todas las características. Hay una evidente sencillez asociada al diagrama de atributos en este caso. Además, mediante la inspección por atributos pueden evitarse mediciones costosas tardadas.

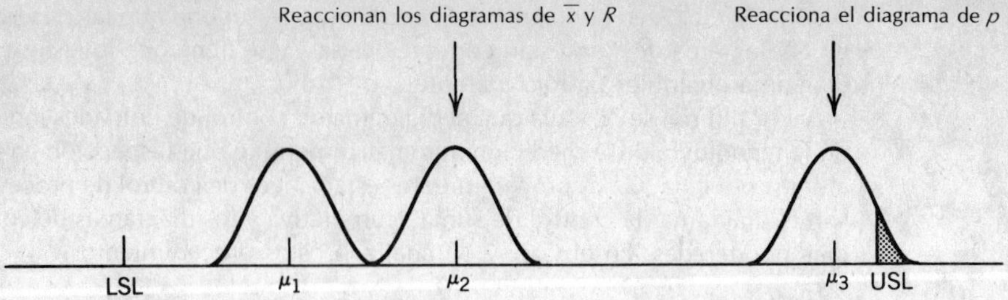

Figura 6-16. Por qué los diagramas de $\bar{x}$ y R pueden indicar problemas inminentes.

En contraste, los diagramas de control de variables proporcionan mucho más información útil respecto al funcionamiento del proceso que los de atributos. Se obtiene directamente información específica acerca de la media del proceso y su variabilidad. Asimismo, cuando hay puntos que caen fuera de control en los diagramas de variables, suelen haber mucha más información sobre la *causa* potencial de esta señal de fuera de control. Para un estudio de la capacidad de un proceso, se prefieren casi siempre los diagramas de control de variables en vez de los de atributos. Las excepciones son los estudios sobre las disconformidades producidas por máquinas u operadores, en los cuales hay un número muy limitado de fuentes de disconformidad, o bien los estudios relacionados directamente con el rendimiento y el rechazo del proceso.

Quizá la ventaja más importante de los diagramas de control de $\bar{x}$ y R es que a menudo proporcionan una indicación de problemas inminentes, y permiten al personal operativo tomar acciones correctivas *antes* de que ocurra la producción real de artículos defectuosos. Así, dichos diagramas son *indicadores anticipados* de problemas, mientras que los diagramas de p (o los de c o u) no reaccionarán a menos que el proceso haya cambiado tanto que se produzcan *más* artículos disconformes. Para ilustrar esto, considérese el proceso de producción de la Fig. 6-16. Cuando el promedio del proceso se encuentra en μ_1, se producirán pocos artículos disconformes. Supongamos que la media del proceso empieza a cambiar hacia valores mayores. Al llegar al valor μ_2, las gráficas de $\bar{x}$ y R habrán reaccionado con respecto al cambio en la media, generando un fuerte patrón no aleatorio y probablemente varios puntos fuera de control. Sin embargo, una gráfica de p no reaccionará sino hasta que la media se haya desplazado a μ_3, o hasta que se haya incrementado número real de artículos disconformes producidos. Así, los diagramas de $\bar{x}$ y R son herramientas de control más potentes que el diagrama de p.

Para un nivel específico de protección contra cambios en el proceso, los diagramas de control de variables necesitan un tamaño muestral mucho más pequeño que el diagrama de control de atributos correspondiente. De esta manera, mientras que la inspección del tipo de variables es normalmente más costosa y tardada por unidad que la inspección por atributos, se tendrán que inspeccionar menos unidades. Ésta es una consideración muy importante, sobre todo en casos en los que la inspección es destructiva (como abrir una lata para medir el volumen del contenido o probar las propiedades químicas del producto). El siguiente ejemplo ilustra la ventaja económica de los diagramas de control de variables.

Ejemplo 6-3

El valor nominal de la media de una característica de calidad es 50, y su desviación estándar es 2. El proceso se controla mediante una gráfica de $\bar{x}$. Se establecen los límites de especificación en $\pm$ 3 sigmas, de manera que el límite inferior de especificación es 44, y el límite superior, 56. Cuando el proceso se encuentra bajo control al nivel nominal de 50, la fracción de artículos disconformes producidos es 0.0027, suponiendo que la característica de calidad está distribuida normalmente. Supongamos que la media del proceso cambia hacia 52. La fracción de artículos conformes producidos después del cambio será alrededor de 0.0202.

Si se quiere que la probabilidad de detectar este cambio en la primera muestra subsecuente sea 0.50 (por ejemplo), el tamaño muestral para la gráfica de $\bar{x}$ tendrá que ser suficientemente grande que el límite superior de control de tres sigmas sea igual a 52. Esto implica que

$$50 + \frac{3(2)}{\sqrt{n}} = 52$$

o bien $n = 9$. Si se usa un diagrama de p, podemos encontrar el tamaño muestral necesario para garantizar la misma probabilidad de detectar el cambio a partir de la Ecuación (5-10), es decir,

$$n = \left(\frac{k}{\delta}\right)^2 p(1-p)$$

donde $k = 3$ es el ancho de los límites de control, $p = 0.0027$ es la fracción disconforme en un caso bajo control, y $\delta = 0.0202 - 0.0027 = 0.0175$ es la magnitud del cambio. Por consiguiente, se obtiene que

$$n = (3/0.0175)^2(0.0027)(0.9963) = 79.23$$

o sea $n = 80$ sería el tamaño necesario para el diagrama de p. A menos que el costo de la inspección de mediciones sea nueve veces mayor que el de la inspección de atributos, el uso del diagrama de $\bar{x}$ será menos costoso.

■

6-5 RESUMEN DE LOS PROCEDIMIENTOS PARA USO DE LOS DIAGRAMAS DE $\bar{x}$, R Y S

Conviene resumir en un mismo sitio las diferentes fórmulas computacionales para la mayoría de los diagramas de control de variables examinadas en este capítulo. En la Tabla 6-4 se resumen las fórmulas para los diagramas de $\bar{x}$, R y S cuando se dan valores estándares para μ y σ. La Tabla 6-5 proporciona el resumen correspondiente cuando no se dispone de valores estándares, y se tienen que establecer límites de control de prueba a partir del análisis de datos anteriores. Las constantes dadas para la gráfica de S se basan en la suposición del uso de $n - 1$ en el denominador de S. Todas las constantes se encuentran en la Tabla VI del Apéndice para distintos tamaños muestrales.

Tabla 6-4 Fórmulas para diagramas de control cuando se dan valores estándares

Diagrama	Línea central	Límites de control
$\bar{x}$ (μ y σ Valor n)	μ	$\mu \pm A\sigma$
R (σ Valor n)	$d_2\sigma$	LSC $= D_2\sigma$, LIC $= D_1\sigma$
S (σ Valor n)	$c_4\sigma$	LSC. $= B_6\sigma$, LIC $= B_5\sigma$

Tabla 6-5 Fórmulas para diagramas de control con límites basados en datos anteriores (no se dan valores estándares)

Diagrama	Línea central	Límites de control
$\bar{x}$ (usando R)	$\bar{\bar{x}}$	$\bar{\bar{x}} \pm A_2\bar{R}$
$\bar{x}$ (usando S)	$\bar{\bar{x}}$	$\bar{\bar{x}} \pm A_3\bar{S}$
R	$\bar{R}$	LSC $= D_4\bar{R}$, LIC $= D_3\bar{R}$
S	$\bar{S}$	LSC $= B_4\bar{S}$, LIC $= B_3\bar{S}$

6-6 DIRECTRICES PARA IMPLEMENTAR PROGRAMAS DE DIAGRAMAS DE CONTROL

Casi cualquier proceso puede beneficiarse con un programa de diagramas de control. En esta sección se presentan algunas guías o directrices generales, útiles para implementar diagramas de control. Específicamente se trata de lo siguiente:

1. Elegir el *tipo* adecuado de diagrama de control.
2. Determinar *qué* característica del proceso habrá que controlar.
3. Definir *en qué sitio* del proceso habrá que incorporar los diagramas.

Se pueden aplicar las directrices anteriores tanto a diagramas de control de mediciones como de atributos. Recordemos que los diagramas de control no solamente se usan para vigilar procesos, y que habría que usarlos como un método activo, en línea, para reducir la variabilidad del proceso.

Elección del Tipo Adecuado de Diagrama de Control

A. **Diagramas de $\bar{x}$ y R (o de x y S).** Hay que considerar el uso de diagramas de control de mediciones en los casos siguientes.

1. Se introduce un nuevo proceso, o se fabrica un nuevo producto mediante un proceso ya existente.
2. El proceso ha estado funcionando durante algún tiempo, pero tiene problemas crónicos o no puede cumplir con las tolerancias especificadas.
3. El proceso tiene problemas, y el diagrama de control puede ser útil para fines de diagnóstico (localización de averías).
4. Se necesitan pruebas destructivas (u otros procedimientos de prueba costosos).
5. Es conveniente reducir al mínimo el muestreo para aceptación u otras pruebas "corriente abajo" cuando el proceso se puede manejar bajo control.
6. Se han utilizado gráficas de control de atributos, pero el proceso está fuera de control o bajo control pero con producción inaceptable.
7. Procesos con especificaciones muy estrechas, tolerancias de montaje traslapadas, u otros problemas de manufactura difíciles.
8. Situaciones en las que el operario debe de decidir si ajusta o no el proceso, o cuando se tiene que evaluar una configuración.
9. Se quiere un cambio en las especificaciones del proceso.
10. Se debe demostrar continuamente la estabilidad y capacidad del proceso, por ejemplo en industrias no reguladas.

B. **Diagramas de atributos (de p, c y u).** Debe considerarse el uso de las gráficas de control de atributos en los casos siguientes:

1. Los operarios controlan las causas atribuibles, y es necesario reducir el rechazo del proceso.
2. El proceso es una operación de montaje complicada, y la calidad del producto se mide en términos de la ocurrencia de disconformes, del funcionamiento exitoso o fallido del producto, etcétera (algunos ejemplos son computadoras, equipo de automatización de oficinas, automóviles, y los subsistemas importantes de estos productos).
3. Se necesita un control del proceso, pero no se pueden obtener datos de mediciones.
4. Casos en los que se necesita un resumen histórico del funcionamiento del proceso. Los diagramas de control de atributos, como los de p, c y u, son muy eficaces para resumir información respecto al proceso desde el punto de vista de la administración.

C. **Gráficas de control de artículos individuales**. Es necesario considerar el uso de las gráficas de control para elementos individuales junto con un diagrama de amplitud móvil en las situaciones siguientes:

1. Procesos en los que es inconveniente o imposible obtener más de una medición por muestreo, o cuando mediciones repetidas difieren sólo por errores de laboratorio o de análisis. Esto ocurre a menudo en los procesos químicos.
2. Procesos en los que la tecnología de pruebas e inspección automatizadas permite medir de toda unidad producida. En estos casos, considérese también el diagrama de control de la suma acumulativa y el de control de promedios móviles ponderados exponencialmente, que se estudian en el Cap. 7.
3. Situaciones en las que los datos se obtienen muy despacio y no sería práctico esperar una muestra mayor, lo que además haría el procedimiento de control demasiado lento para reaccionar los problemas. Esto sucede a menudo en situaciones no industriales, por ejemplo, se dispone de datos sobre la contabilidad sólo una vez al mes.

Determinación de las Características por Controlar y del Sitio en que Habría que Incorporar los Diagramas de Control

Al inicio de un programa de diagramas de control suele ser difícil determinar qué productos o características del proceso habrá que controlar, y en qué puntos del proceso deben aplicarse los diagramas.

1. Al inicio de un programa de diagramas de control, es necesario aplicar estos medios a cualquier característica del producto u operaciones de manufactura que se considere importante. Los diagramas proporcionarán una retroalimentación inmediata en cuanto a si se necesitan realmente o no.
2. Se eliminan los diagramas de control que se encuentren innecesarios, y se añaden otros que juzguen necesarios los ingenieros y operarios. Normalmente se utilizan más diagramas de este tipo al principio que después de la estabilización del proceso.
3. Se conserva información actual con respecto a número y tipos de diagramas de control en el proceso. Es mejor llevar resgistros separados para los diagramas de variables y los de atributos. a menudo, después de la implantación inicial de los diagramas de control se encuentra que su número tiende a aumentar constantemente, para después disminuir casi siempre. Cuando se estabiliza el proceso, suele observarse que el número de diagramas permanece constante de un año o otro. Sin embargo, no son necesariamente las mismas gráficas.
4. Si los diagramas de control se usan de manera eficaz y se obtiene un nuevo conocimiento acerca de las variables clave del proceso, se verá que el número de diagramas de $\bar{x}$ y R aumenta, y disminuye el número de los de control de atributos.
5. Al inicio de un programa de diagramas de control habrá normalmente más diagramas de atributos, que se aplican a unidades semiterminadas o terminadas cerca del *final* del proceso de fabricación. Al aprender más acerca del proceso, dichos diagramas se reemplazarán por los de $\bar{x}$ y R, aplicados *más temprano* en el proceso a los parámetros clave y a las operaciones críticas que producen disconformidades en el producto terminado. En general, *cuanto más temprano sea posible establecer el control en el proceso, tanto mejor*. Lo anterior puede implicar, en procesos de montaje complejos, que es necesario implementar controles de proceso al nivel del proveedor o fabricante.
6. Los diagramas de control son un procedimiento de control en línea de procesos. Se deben implementar y mantener lo más cerca posible del centro de trabajo, para tener una retroalimentación rápida. Además, los operadores del proceso y los ingenieros de producción deben ser los responsables directos de colectar los datos del proceso, mantener los diagramas e interpretar los resultados. Los operadores e ingenieros tienen el conoci-

miento detallado del proceso que se necesita con el fin de corregir trastornos en el proceso, y usar el diagrama de control como un dispositivo para mejorar el funcionamiento. Las microcomputadoras pueden acelerar la retroalimentación, y tendrían que formar parte de cualquier sistema moderno de control de procesos en línea.

6-7 EJERCICIOS

6-1 Los datos que siguen son los valores de $\bar{x}$ y R para 24 muestras de tamaño $n = 5$, obtenidas de un proceso de fabricación de cojinetes. Las mediciones se realizan para el diámetro interior del cojinete, y se registran solamente las tres últimas cifras decimales (p. e., 34.5 debe ser 0.50345).

Número de muestra	$\bar{x}$	R	Número de muestra	$\bar{x}$	R
1	34.5	3	13	35.4	8
2	34.2	4	14	34.0	6
3	31.6	4	15	37.1	5
4	31.5	4	16	34.9	7
5	35.0	5	17	33.5	4
6	34.1	6	18	31.7	3
7	32.6	4	19	34.0	8
8	33.8	3	20	35.1	4
9	34.8	7	21	33.7	2
10	33.6	8	22	32.8	1
11	31.9	3	23	33.5	3
12	38.6	9	24	34.2	2

(a) Obtenga los diagramas de control de $\bar{x}$ y R para este proceso. ¿Parece estar bajo control estadístico tal proceso? Si es necesario, revise los límites de control de prueba.

(b) Si las especificaciones para este diámetro son 0.5030 ± 0.0010, halle el porcentaje de disconformidades producidas por el proceso.

6-2 Considere los datos mostrados a continuación. Elabore las gráficas de $\bar{x}$ y R para tales datos. ¿Parece estar bajo control estadístico el proceso?

6-3 Deben mantenerse diagramas de control de $\bar{x}$, R y S con muestras de tamaño $n = 10$ para un proceso con distribución normal, $\mu = 80$ y $\sigma^2 = 100$. Determine la línea central y los límites de control para cada una de estas gráficas.

Número de muestra	x_1	x_2	x_3	x_4	Número de muestra	x_1	x_2	x_3	x_4
1	6	9	10	15	11	8	12	14	16
2	10	4	6	11	12	6	13	9	11
3	7	8	10	5	13	16	9	13	15
4	8	9	6	13	14	7	13	10	12
5	9	10	7	13	15	11	7	10	16
6	12	11	10	10	16	15	10	11	14
7	16	10	8	9	17	9	8	12	10
8	7	5	10	4	18	15	7	10	11
9	9	7	8	12	19	8	6	9	12
10	15	16	10	13	20	14	15	12	16

6-4 Se toman muestras de $n = 8$ de un proceso de manufactura a intervalos regulares. Se mide cierta característica de calidad, y se calculan los valores de $\bar{x}$ y R para cada muestra. Después de 50 muestras, se tiene que

$$\sum_{i=1}^{50} \bar{x}_i = 2000 \quad \text{y} \quad \sum_{i=1}^{50} R_i = 250$$

Suponga que la característica de calidad está distribuida normalmente.

(a) Calcule los límites de control para los diagramas de control de $\bar{x}$ y R.
(b) Todos los puntos de ambos diagramas caen entre los límites de control calculados en el inciso (a). ¿Cuáles son los límites naturales de tolerancia del proceso?
(c) Si los límites de especificación son 41 ± 5.0, ¿cuál es su conclusión acerca de la capacidad del proceso de producir artículos que satisfagan estas especificaciones?
(d) Suponiendo que se puede retrabajar un artículo que excede el límite superior de especificación, y que se debe rechazar tal artículo si está por debajo del límite inferior de especificación, ¿qué porcentaje de artículos para retrabajo y rechazo origina el proceso ahora?
(e) Formule algunas sugerencias para mejorar el rendimiento del proceso.

6-5 Se toman muestras de $n = 6$ artículos de un proceso de manufactura, a intervalos regulares. Se mide una característica de calidad, distribuida normalmente, y se calculan los valores de $\bar{x}$ y S para cada muestra. Después del análisis de 50 subgrupos, se tiene que

$$\sum_{i=1}^{50} \bar{x}_i = 1000 \quad \text{y} \quad \sum_{i=1}^{50} S_i = 75$$

(a) Calcule los límites de control para los diagramas de control de $\bar{x}$ y S.
(b) Suponga que todos los puntos de ambas gráficas caen entre los límites de control. ¿Cuáles son los límites naturales de tolerancia del proceso?
(c) Si los límites de especificación son 19 ± 4.0, ¿cuál es su conclusión acerca de la capacidad del proceso de producir artículos conformes con las especificaciones?
(d) Suponiendo que se puede retrabajar un artículo que excede el límite superior de especificación, mientras que si se encuentra por debajo del límite inferior de especificación hay que rechazarlo, ¿qué porcentaje de artículos de recuperación y rechazo produce ahora el proceso?
(e) Si el proceso se centrara en $\mu = 19.0$, ¿cuál sería el efecto en el porcentaje de artículos para rechazo y retrabajo?

6-6 El volumen de llenado de botellas de gaseosa es una característica de calidad importante. Se mide el volumen aproximado colocando un calibrador sobre la boca de la botella y comparando la altura del líquido en el cuello de la botella con una escala codificada. En tal escala, una lectura de cero corresponde a una altura de llenado correcta. Se analizaron 15 muestras de tamaño $n = 10$, y las lecturas de llenado se presentan a continuación.

Número de muestra	x_1	x_2	x_3	x_4	x_5	x_6	x_7	x_8	x_9	x_{10}
1	2.5	0.5	2.0	−1.0	1.0	−1.0	0.5	1.5	0.5	−1.5
2	0.0	0.0	0.5	1.0	1.5	1.0	−1.0	1.0	1.5	−1.0
3	1.5	1.0	1.0	−1.0	0.0	−1.5	−1.0	−1.0	1.0	−1.0
4	0.0	0.5	−2.0	0.0	−1.0	1.5	−1.2	0.0	−2.0	−1.5
5	0.0	0.0	0.0	−0.5	0.5	1.0	−0.5	−0.5	0.0	0.0
6	1.0	−0.5	0.0	0.0	0.0	0.5	−1.0	1.0	−2.0	1.0
7	1.0	−1.0	−1.0	1.0	0.0	1.5	0.0	1.0	0.0	0.0

8	0.0	−1.5	−0.5	1.5	0.0	0.0	0.0	−1.0	0.5	−0.5
9	−2.0	−1.5	1.5	1.5	0.0	0.0	0.5	1.0	0.0	1.0
10	−0.5	3.5	0.0	−1.0	−1.5	−1.5	−1.0	−1.0	1.0	0.5
11	0.0	1.5	0.0	0.0	2.0	−1.5	0.5	−0.5	2.0	−1.0
12	0.0	−2.0	−0.5	0.0	−0.5	2.0	1.5	0.0	0.5	−1.0
13	−1.0	−0.5	−0.5	−1.0	0.0	0.5	0.5	−1.5	−1.0	−1.0
14	0.5	1.0	−1.0	−0.5	−2.0	−1.0	−1.5	0.0	1.5	1.5
15	1.0	0.0	1.5	1.5	1.0	−1.0	0.0	1.0	−2.0	−1.5

(a) Elabore los diagramas de control de $\bar{x}$ y S para este proceso. ¿Está el proceso bajo control estadístico? Si es necesario, establezca límites de control revisados.
(b) Haga un diagrama de R, y compárelo con el diagrama de S del inciso (a).
(c) Haga un diagrama de S^2, y compárelo con el diagrama de S del inciso (a).

6-7 Se usan diagramas de control de $\bar{x}$ y R para cierta característica de calidad. El tamaño muestral es $n = 7$, y se determinan los valores de $\bar{x}$ y R para cada muestra. Después de 35 muestras, se tiene que

$$\sum_{i=1}^{35} \bar{x}_i = 7805 \quad \text{y} \quad \sum_{i=1}^{35} R_i = 1200$$

(a) Haga diagramas de $\bar{x}$ y R utilizando estos datos.
(b) Suponiendo que ambos diagramas indican control, estime la media y la desviación estándar del proceso.
(c) Si la característica de calidad está distribuida normalmente, y si las especificaciones son 220 ± 35, ¿podría el proceso satisfacer las especificaciones? Estime la fracción disconforme.
(d) Suponiendo que la variancia permanece constante, ¿dónde se tendría que ubicar la media del proceso para minimizar la fracción disconforme? ¿Cuál sería el valor de la fracción de disconformes en estas condiciones?

6-8 Cada hora se obtienen muestras de tamaño $n = 5$ de un proceso de fabricación. Se mide una característica de calidad, y se calculan los valores de $\bar{x}$ y R para cada muestra. Después del análisis de 25 muestras, se tiene que

$$\sum_{i=1}^{25} \bar{x}_i = 662.50 \quad \text{y} \quad \sum_{i=1}^{25} R_i = 9.00$$

(a) Halle los límites de control para los diagramas de $\bar{x}$ y R.
(b) Suponga que ambos indican control. Si las especificaciones son 26.40 ± 0.50, estime la fracción disconforme.
(c) Si la media del proceso fuera 26.40, ¿cuál sería tal fracción disconforme?

6-9 Se obtienen muestras de tamaño $n = 6$ de un proceso cada media hora. Después de 50 muestras, se calculan $\bar{\bar{x}} = 20.0$ y $\bar{R} = 1.5$. Suponga que ambos diagramas indican control, y que la característica de calidad se distribuye normalmente.

(a) Estime la desviación estándar del proceso.
(b) Halle los límites de control para los diagramas de $\bar{x}$ y S.
(c) Si la media del proceso cambia a 22, ¿cuál será la probabilidad de concluir que el proceso todavía está bajo control?

6-10 Se utiliza un diagrama de $\bar{x}$ para controlar la media de una característica de calidad. Se sabe que $\sigma = 6.0$ y $n = 4$. La línea central corresponde a 200, y LSC = 209, LIC = 191. Si la media del proceso cambia a 188, determine la probabilidad de que se detecte este cambio en la primera muestra subsecuente.

6-11 Una característica de calidad de una pieza fabricada mediante un torno tiene como especificaciones 100 $\pm$ 10. El análisis del diagrama de control indica que el proceso se encuentra bajo control, con $\bar{x} = 104$ y $\bar{R} = 9.30$. En los diagramas usan muestras de tamaño $n = 5$. ¿Se puede colocar la media (ajustando la posición de la herramienta), de manera que toda la producción satisfaga las especificaciones, suponiendo que la característica está distribuida normalmente? ¿Cuál es la capasidad actual del proceso?

6-12 Se quiere controlar un proceso con valores estándares $\mu = 10$ y $\sigma = 2.5$. El tamaño muestral es 10.

(a) Establezca la línea central y los límites de control para el diagrama de $\bar{x}$.
(b) Halle la línea central y los límites de control para el diagrama de R.
(c) Obtenga la línea central y los límites de control para el diagrama de S.

6-13 Se obtienen cada hora muestras de $n = 6$ artículos de un proceso. Se determinan los valores de $\bar{x}$ y R para una característica de calidad en particular. Después de obtener 25 muestras, se calculan $\bar{\bar{x}} = 20$ y $\bar{R} = 4.56$.
(a) ¿Cuáles son los límites de control de tres sigmas para $\bar{x}$ y R?
(b) Ambos diagramas indican control. Estime la desviación estándar del proceso.
(c) Suponga que el rendimiento del proceso está distribuido normalmente. Si las especificaciones son 19 $\pm$ 4.0, ¿cuáles serán sus conclusiones respecto a la capacidad del proceso?
(d) Si la media del proceso cambia a 23, ¿cuál es la probabilidad de no detectar este cambio en la primera muestra subsecuente?

6-14 Se deben establecer diagramas de control de $\bar{x}$ y R para controlar la resistencia a la tensión de una pieza metálica. Suponga que dicha resistencia está distribuida normalmente. Se obtienen 30 muestras de tamaño $n = 6$ en cierto tiempo, con los resultados siguientes:

$$\sum_{i=1}^{36} \bar{x}_i = 6000 \qquad \sum_{i=1}^{36} R_i = 150$$

(a) Calcule los límites de control para $\bar{x}$ y R.
(b) Ambos diagramas indican control. Las especificaciones para la resistencia a la tensión son 200 $\pm$ 5. ¿Cuáles son sus conclusiones acerca de la capacidad del proceso?
(c) Encuentre el riesgo β para el diagrama de $\bar{x}$ anterior cuando la verdadera media del proceso es 199.

6-15 Un diagrama de $\bar{x}$ tiene línea central de 100 y límites de control de tres sigmas, y se basa en un tamaño muestral de 9. Se sabe que la desviación estándar del proceso es 6. Si la media del proceso cambia de 100 a 92, ¿cuál será la probabilidad de detectar este cambio en la primera muestra después del cambio?

6-16 Se obtuvieron los datos siguientes de un proceso de fabricación de fuentes de energía eléctrica. La variable que interesa es el voltaje de salida, y $n = 5$.

Número de muestra	$\bar{x}$	R
1	103	4
2	102	5
3	104	2
4	105	11
5	104	4
6	106	3
7	102	7
8	105	2
9	106	4
10	104	3

(a) Determine las líneas centrales y los límites de control adecuados para controlar la producción futura.
(b) Suponga que la característica de calidad tiene distribución normal. Estime la desviación estándar del proceso.
(c) ¿Cuáles son los límites de tolerancia natural de tres sigmas aparentes del proceso?
(d) ¿Cuál sería la estimación de la fracción disconforme del proceso si las especificaciones para la característica son 103 $\pm$ 4?
(e) ¿Cuáles serían sus sugerencias para reducir la fracción disconforme?

6-17 Se deben utilizar diagramas de control de $\bar{x}$ y R con muestras de tamaño 8 para la resistencia a la tensión (en libras) de una hilaza. Para empezar los diagramas, se seleccionaron 30 muestras y se calcularon la media y la amplitud de cada una. Esto da

$$\sum_{i=1}^{30} \bar{x}_i = 607.8 \quad \text{y} \quad \sum_{i=1}^{30} R_i = 144$$

(a) Calcule la línea central y los límites de control para los diagramas de control de $\bar{x}$ y R.
(b) Suponga que ambas diagramas indican control. Hay un único límite inferior de especificación de 16 lb. Si la resistencia se distribuye en forma normal, ¿qué fracción de hilaza no satisfará las especificaciones?

6-18 Las especificaciones para el seguro de un encendedor de cigarrillos son 0.3200 y 0.3220 plg. Se obtienen muestras de tamaño 5 cada 45 minutos, con los resultados siguientes (medidos como desviaciones respecto de 0.3210, y expresadas en diesmilésimos de pulgada, 0.0001 plg.).

Número de muestra	x_1	x_2	x_3	x_4	x_5
1	1	9	6	9	6
2	9	4	3	0	3
3	0	9	0	3	2
4	1	1	0	2	1
5	−3	0	−1	0	−4
6	−7	2	0	0	2
7	−3	−1	−1	0	−2
8	0	−2	−3	−3	−2
9	2	0	−1	−3	−1
10	0	2	−1	−1	2
11	−3	−2	−1	−1	2
12	−16	2	0	−4	−1
13	−6	−3	0	0	−8
14	−3	−5	5	0	5
15	−1	−1	−1	−2	−1

(a) Elabore un diagrama de R y verifique si el proceso está bajo control estadístico.
(b) ¿Qué parámetros se recomendarían en el caso de la gráfica de R para un control en línea?
(c) Estime la desviación estándar del proceso.
(d) ¿Cuál es la capacidad del proceso?

6-19 Se ensamblan dos partes como se ilustra a continuación. Suponga que las dimensiones x y y están distribuidas normalmente, con medias μ_x y μ_y *y desviaciones estándares* σ_x y σ_y y, respectivamente. Se producen dichas partes en máquinas diferentes, y se ensamblan al azar. Se emplean diagramas de control para cada dimensión para la amplitud de cada muestra ($n = 5$). Ambos diagramas de amplitud indican control.
(a) Para 20 muestras en el diagrama de amplitud que controla x, y 10 en el diagrama de amplitud que controla y, resulta

$$\sum_{i=1}^{20} R_{x_i} = 18.608 \quad \text{y} \quad \sum_{i=1}^{10} R_{y_i} = 6.978$$

Estime σ_x y σ_y.

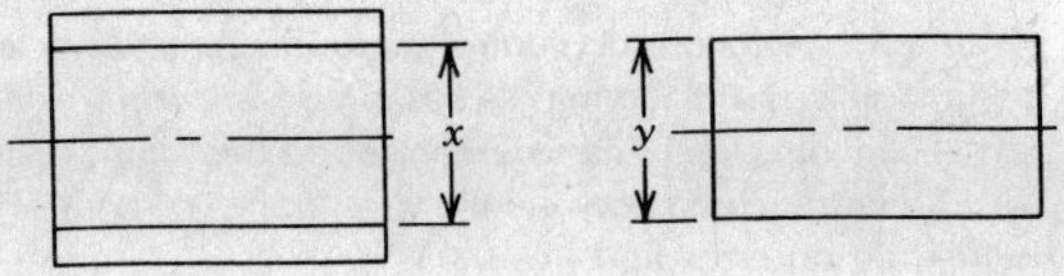

(b) Si se requiere que la probabilidad de una holgura (es decir, $x - y$) menor que 0.09 sea igual a 0.006, ¿qué distancia entre las dimensiones medias (es decir, μ_x y μ_y) se tendría que especificar?

6-20 Se conservan diagramas de control de x y R para la resistencia a la tensión de un cierre metálico. Después del análisis de 30 muestras de tamaño $n = 7$, se obtiene que

$$\sum_{i=1}^{30} \bar{x}_i = 12{,}870 \quad \text{y} \quad \sum_{i=1}^{30} R_i = 1350$$

(a) Obtenga los límites de control del diagrama de R.
(b) Estime los parámetros μ y σ, suponiendo que el diagrama de R indica control.
(c) Si el rendimiento (producción) del proceso tiene distribución normal y las especificaciones son 440 ± 0, ¿puede satisfacer el proceso dichas especificaciones? Estime la fracción disconforme.
(d) Si la variancia permanece constante, ¿dónde se tendrá que ubicar la media para minimizar la fracción disconforme?

6-21 Se usan diagramas de control de $\bar{x}$ y S para una característica de calidad. El tamaño muestral es $n = 7$. Después de 30 muestras, se tiene que

$$\sum_{i=1}^{30} \bar{x}_i = 12{,}870 \quad \text{y} \quad \sum_{i=1}^{30} S_i = 426$$

(a) Establezca los límites de tres sigmas para el diagrama de S.
(b) Halle los parámetros μ y σ, suponiendo que ambos diagramas indican control.

6-22 Se debe establecer un diagrama de $\bar{x}$ con los valores estándares $\mu = 100$, $\sigma = 8$ y $n = 4$. Determine lo siguiente:
(a) Los límites de control de dos sigmas.
(b) Los límites de probabilidad a 0.005.

6-23 Un diagrama de $\bar{x}$ tiene los siguientes parámetros:

LSC = 104
Línea central = 100
LIC = 96
n = 5

Suponga que la característica de calidad del proceso bajo vigilancia tiene media verdadera de 98 y desviación estándar de 8. ¿Cuál es la probabilidad de que por lo menos el tercer punto representado en el diagrama indique falta de control?

6-24 Se usan diagramas de control de $\bar{x}$ y S con $n = 4$ para una característica de calidad. Los parámetros de estos diagramas son

Diagrama de $\bar{x}$	Diagrama de S
LSC = 201.88	LSC = 2.266
Línea central = 200.00	Línea central = 1.000
LIC = 198.12	LIC = 0

Ambos indican control. Las especificaciones para la característica de calidad son 197.50 y 202.50. ¿Qué se puede decir acerca de la capacidad del proceso para fabricar productos conformes con las especificaciones?

6-25 En un procedimiento de control para una característica de calidad se utilizan diagramas de $\bar{x}$ y R a la vez. Los diagramas se basan en los valores estándares $\mu = 200$ y $\sigma = 10$, con $n = 4$.

(a) Encuentre los límites de control de tres sigmas para el diagrama de S.

(b) Determine una línea central y los límites de control para el diagrama de $\bar{x}$, tal que la probabilidad de un error tipo I es 0.05.

6-26 Las especificaciones para una pieza son 600 ± 20. Se utilizan para la pieza diagrama de $\bar{x}$ y R que han estado bajo control durante un largo tiempo. Los parámetros de estos diagramas de control son ($n = 9$):

Diagrama de $\bar{x}$		Diagrama de R	
LSC =	616	LSC =	32.36
Línea central =	610	Línea central =	17.82
LIC =	604	LIC =	3.28

(a) ¿Cuáles son sus conclusiones respecto a la idoneidad del proceso para producir artículos que satisfagan las especificaciones?

(b) Trace una curva CO para el diagrama de $\bar{x}$, suponiendo que σ es constante.

6-27 Se tomaron 30 muestras de tamaño 7 cada una para controlar un proceso. Se obtuvieron los datos siguientes:

$$\sum_{i=1}^{30} \bar{x}_i = 2700 \qquad \sum_{i=1}^{30} R_i = 120$$

(a) Determine los límites de control de prueba para los dos diagramas.

(b) Calcule la desviación estándar del proceso suponiendo que el diagrama de R está bajo control.

(c) Suponga que se quisiera obtener un diagrama de S. ¿Cuáles serían los límites de control y la línea central?

6-28 Se tiene que elaborar un diagrama de $\bar{x}$, basado en los valores estándares $\mu = 600$ y $\sigma = 12$, con $n = 9$. Hay que basar los límites de control en un riesgo α de 0.01. ¿Cuáles son los límites de control apropiados?

6-29 Se usan diagramas de $\bar{x}$ y **R**, con $n = 4$, para controlar una característica de calidad. Los parámetros de los diagramas son

Diagrama de $\bar{x}$		Diagrama de S	
LSC =	815	LSC =	46.98
Línea central =	800	Línea central =	20.59
LIC =	785	LIC =	0

Ambos diagramas indican control. ¿Cuál es la probabilidad de que se detecte un cambio a 790 en la media del proceso, en la primera muestra después del cambio?

6-30 Se utilizan diagramas de control de $\bar{x}$ y R con los parámetros siguientes:

Diagrama de $\bar{x}$		Diagrama de R	
LSC	= 363.0	LSC	= 16.18
Línea central	= 360.0	Línea central	= 8.91
LIC	= 357.0	LIC	= 1.64

El tamaño muestral es $n = 9$, y ambos diagramas indican control.

(a) ¿Cuál es el riesgo α asociado al diagrama de $\bar{x}$?

(b) Las especificaciones para esta característica de calidad son 358 ± 6. ¿Cuáles son sus conclusiones acerca de la capacidad del proceso de fabricar artículos que satisfagan las especificaciones?

(c) Suponga que la media cambia a 357. ¿Cuál es la probabilidad de que no se detecte el cambio en la primera muestra tomada después de que éste ocurre?

(d) ¿Cuáles serán los límites de control adecuados para un diagrama de $\bar{x}$, si la probabilidad del error tipo I tiene que ser 0.01?

6-31 Una característica de calidad, distribuida normalmente, se controla por medio de un diagrama de $\bar{x}$ y otro de R. Los diagramas tienen los siguientes parámetros ($n = 4$):

Diagrama de $\bar{x}$		Diagrama de S	
LSC	= 626.0	LSC	= 18.75
Línea central	= 620.0	Línea central	= 8.236
LIC	= 614.0	LIC	= 0

Ambos diagramas indican control.

(a) ¿Cuál es la desviación estándar estimada del proceso?

(b) Suponga que se cambiara el diagrama de R por otro de S. ¿Cuáles serían los parámetros apropiados para el diagrama de S?

(c) Si las especificaciones para el producto son 610 ± 15, ¿cuál será la estimación para la fracción disconforme del proceso?

(d) ¿Qué se podría hacer para reducir esta fracción no conforme?

(e) ¿Cuál es la probabilidad de detectar un cambio a 610 en la media del proceso, en la primera muestra después del cambio (σ permanece constante)?

(f) ¿Cuál es la probabilidad de descubrir el cambio del inciso (e), por lo menos para la tercera muestra después del cambio?

6-32 Se han llevado diagramas de control para $\bar{x}$ y S en un proceso, y han indicado control estadístico. El tamaño muestral es $n = 6$. Los parámetros de los diagramas de control son:

Diagrama de $\bar{x}$		Diagrama de R	
LSC	= 708.20	LSC	= 3.420
Línea central	= 76.000	Línea central	= 1.738
LIC	= 703.80	LIC	= 0.052

(a) Estime la media y la desviación estándar del proceso.

(b) Estime los límites naturales de tolerancia al 90% para el proceso.

(c) Suponga que se modela bien el proceso mediante una distribución normal. Calcule la fracción disconforme, si las especificaciones son 703 y 709.

(d) Suponga que la media del proceso cambia a 702.00, mientras que la desviación estándar permanece constante. ¿Cuál es la probabilidad de que una señal de fuera de control se presente en la primera muestra después del cambio?

(e) ¿Cuál es la probabilidad de detectar el cambio del inciso (d) por lo menos para la tercera muestra subsecuente?

6-33 Los siguientes diagramas $\bar{x}$ y S, basados en $n = 4$, indican control estadístico:

Diagrama de $\bar{x}$	Diagrama de S
LSC = 710	LSC = 10.08
Línea central = 700	Línea central = 7.979
LIC = 690	LIC = 0

(a) Estime los parámetros μ y σ del proceso.

(b) Estime la fracción disconforme si las especificaciones son 705 ± 15 y la salida del proceso se distribuye normalmente.

(c) Para el diagrama de $\bar{x}$, encuentre la probabilidad de un error tipo I, suponiendo que Σ es constante.

(d) Suponga que la media del proceso cambia a 693 y la desviación estándar lo hace a 12, simultáneamente. Determine la probabilidad de detectar este cambio en la gráfica de $\bar{x}$, en la primera muestra subsecuente.

(e) Obtenga la probabilidad de un error tipo II para el cambio del inciso (d).

6-34 Una máquina llenadora de latas para una libra de café las sella, y después las pesa automáticamente. Después de hacer los ajustes por el peso de la lata, se retira del transportador todo envase con peso menor de 16 lb. A continuación se muestran los pesos de 25 latas sucesivas. Elabore un diagrama de control de amplitud móvil y otro de control de artículos individuales. Estime la media y la desviación estándar de la cantidad de café envasada en cada lata. Si el proceso permanece bajo control a este nivel, ¿qué porcentaje de las latas tiene un llenado menor de lo especificado?

Número de lata	Peso	Número de lata	Peso
1	16.11	14	16.12
2	16.08	15	16.10
3	16.12	16	16.08
4	16.10	17	16.13
5	16.10	18	16.15
6	16.11	19	16.12
7	16.12	20	16.10
8	16.09	21	16.08
9	16.12	22	16.07
10	16.10	23	16.11
11	16.09	24	16.13
12	16.07	25	16.10
13	16.13		

6-35 Se prueban respecto a su dureza 15 grados sucesivos de una aleación de acero. Los datos resultantes aparecen a continuación. Obtenga un diagrama de control de amplitud móvil y otro para las mediciones individuales de la dureza.

Grado	Dureza (codificada)	Grado	Dureza (codificada)
1	0.806	9	0.809
2	0.814	10	0.812
3	0.810	11	0.819
4	0.820	12	0.815
5	0.819	13	0.813
6	0.815	14	0.816
7	0.817	15	0.810
8	0.810		

Capítulo 7

Otros Métodos Estadísticos de Control de Procesos

Además de los diagramas de control estándares presentados en los Caps. 5 y 6, otras técnicas estadísticas de control de procesos que son útiles en ciertas situaciones. En este capítulo se describen algunos de estos procedimientos.

7-1 DIAGRAMAS DE CONTROL MODIFICADOS

7-1.1 Principios Básicos

Al ilustrar el diseño y la elaboración de los diagramas de control de $\bar{x}$ en el Cap. 6, se hizo la suposición implícita de que los límites naturales de tolerancia del proceso se encontraban razonablemente cercanos a los límites de especificación del proceso. Es decir, si se considera que la distancia entre los límites naturales es igual a seis sigmas, y si LIE y LSE representan los límites inferior y superior de especificación, entonces supondremos comúnmente que seis sigmas no será mucho menor que LSE — LIE (o sea, la relación de capacidad o aptitud del proceso, RCP, es ligeramente mayor que uno).

Sin embargo, hay muchas situaciones en las que la variabilidad natural de un proceso es considerablemente menor que la distancia entre las especificaciones. En realidad, esto debe ser finalmente el resultado natural de un sólido programa de aseguramiento de la calidad, a saber, la reducción de la variabilidad del proceso, con un aumento correspondiente de la relación de capacidad de éste último. Supóngase, por ejemplo, que los límites de especificación para el llenado de un envase de gaseosa son LIE = 10.00 oz y LSE = 10.20 oz, pero que la máquina llenadora puede operar con una desviación estándar para el contenido de aproximadamente σ = 0.01 oz, gracias a un programa de ajustes ingenieriles y de operación. Por lo tanto, la distancia LSE — LIE es aproximadamente igual a 20 sigmas, o sea mucho más grande que la distancia entre los límites naturales de tolerancia de seis sigmas del proceso, y la relación de capacidad del proceso es RCP = (LSE — LIE)/6σ = 0.20/[6(0.01)] = 3.33.

En casos en que un intervalo de seis sigmas es mucho menor que la distancia entre las especificaciones (LSE — LIE), a veces se puede permitir, que la media del proceso cambie en un intervalo razonablemente amplio, sin afectar notablemente la fracción disconforme del producto elaborado[1]. Por ejemplo, véase la Fig. 7.1. Cuando se presenta esta situación, se utiliza generalmente un diagrama de control *modificado* de $\bar{x}$, en vez del diagrama de $\bar{x}$ normal. El diagrama de control de $\bar{x}$ modificado sólo sirve para detectar si la media verdadera del proceso μ está ubicada de manera que el proceso produce una fracción disconforme mayor que un valor especificado δ. En efecto, μ puede variar en un intervalo, digamos, $\mu_L \leq \mu \leq \mu_U$, donde μ_L y μ_U se eligen como

[1] Existen también casos donde la media no puede permitirse que varíe aun si PCR es considerablemente mayor que la unidad. Tales casos incluyen procesos donde la media debe mantenerse en objetivo para optimizar el costo. El diagrama de $\bar{x}$ común debe usarse en este caso.

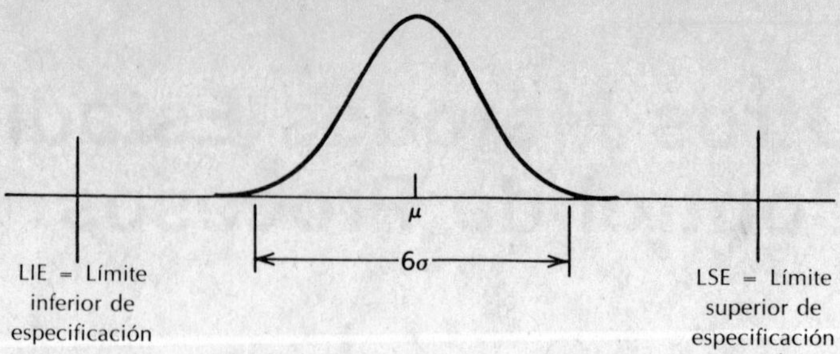

Figura 7-1. Proceso con separación de los límites naturales de tolerancia menor que para los límites de especificación, o sea $6\sigma <$ LSE — LIE.

los valores menor y el mayor permitidos para μ, respectivamente, congruentes con la producción de una fracción disconforme de a lo sumo δ. Se supondrá que la variabilidad del proceso σ está bajo control. Hill (1956) y Duncan (1974). presentan análisis generales adecuados del diagrama de control modificado. (Cuando los límites de control se eligen conforme a uno de los métodos de la Sección 7.1.2, algunos autores se refieren al diagrama de control modificado, como *diagrama de control para aceptación*.)

Con objeto de especificar los límites de control para un diagrama de $\bar{x}$ modificado, se supondrá que la salida del proceso tiene distribución normal. Para que la fracción disconforme del proceso sea menor que δ, se requiere que la media verdadera del proceso quede en el intervalo $\mu_L \leq \mu \leq \mu_U$. En consecuencia, en la Fig. 7.2a se ve que debe tenerse

$$\mu_L = \text{LIE} + Z_\delta \sigma \tag{7-1a}$$

y

$$\mu_U = \text{LSE} - Z_\delta \sigma \tag{7-1b}$$

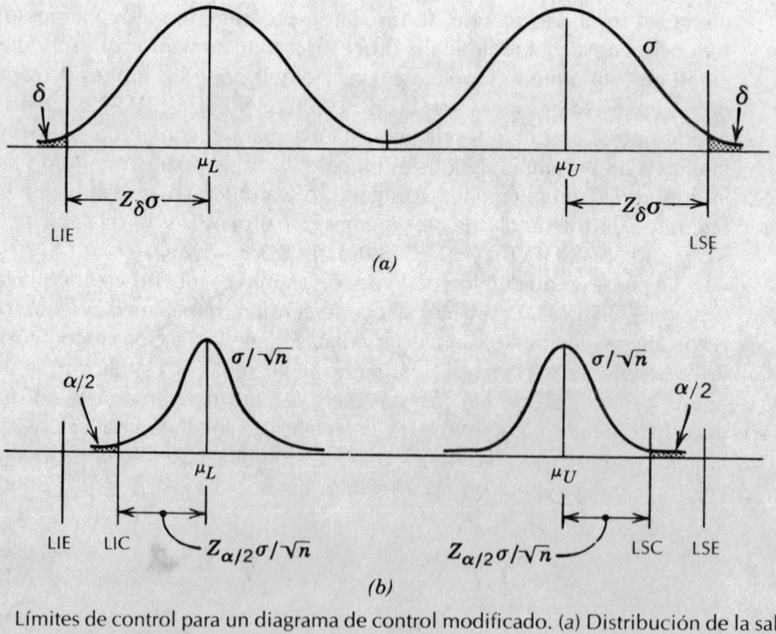

Figura 7-2. Límites de control para un diagrama de control modificado. (*a*) Distribución de la salida o rendimiento del proceso. (*b*) Distribución de la media muestral $\bar{x}$.

donde Z_δ es el punto porcentual superior $100(1-\delta)$ de la distribución normal estándar. Ahora, si se especifica un error tipo I de α, los límites superior e inferior de control son

$$\begin{aligned}
\text{LSC.} &= \mu_U + \frac{Z_{\alpha/2}\sigma}{\sqrt{n}} \\
&= \text{LSE.} - Z_\delta\sigma + \frac{Z_{\alpha/2}\sigma}{\sqrt{n}} \\
&= \text{LSE} - \left(Z_\delta - \frac{Z_{\alpha/2}}{\sqrt{n}}\right)\sigma
\end{aligned} \tag{7-2a}$$

y

$$\begin{aligned}
\text{LIC} &= \mu_L - \frac{Z_{\alpha/2}\sigma}{\sqrt{n}} \\
&= \text{LIE.} + Z_\delta\sigma - \frac{Z_{\alpha/2}\sigma}{\sqrt{n}} \\
&= \text{LIE.} + \left(Z_\delta - \frac{Z_{\alpha/2}}{\sqrt{n}}\right)\sigma
\end{aligned} \tag{7-2b}$$

respectivamente. Los límites de control aparecen en la distribución de $\bar{x}$ en la Fig. 7-2*b*. En vez de especificar un error tipo I, se pueden utilizar

$$\text{LSC} = \text{LSE} - \left(Z_\delta - \frac{3}{\sqrt{n}}\right)\sigma \tag{7-3a}$$

y

$$\text{LIC} = \text{LIE} + \left(Z_\delta - \frac{3}{\sqrt{n}}\right)\sigma \tag{7-3b}$$

Algunos ingenieros de control de calidad recomiendan el uso de límites de dos sigmas para el diagrama de control modificado, aduciendo que límites de control más estrechos ofrecen una mejor protección (un menor riesgo β) contra cambios críticos en la media, con poca pérdida en el riesgo α. Un estudio con respecto a esto se encuentra en Freund (1957). Obsérvese que el diagrama de control modificado equivale a probar la hipótesis de que la media del proceso se halla en el intervalo $\mu_L \leq \mu \leq \mu_U$.

Al diseñar una gráfica de control modificada, se debe tener un buen estimador para σ. Si cambia la variabilidad del proceso, los límites de control modificados no son adecuados. Por consiguiente, se tendrá que utilizar siempre un diagrama de *R* o de *S*, junto con el diagrama de control modificado. Además, la estimación inicial para σ, necesaria para iniciar el diagrama de control modificado, se obtendría normalmente a partir de un diagrama de *R* o de *S*.

7-1.2 Diseños Alternativos para el Diagrama de Control Modificado

En la Sección 7-1.1 el diseño del diagrama de control modificado se basó en un tamaño muestral especificado *n*, una fracción disconforme del proceso δ, y una probabilidad de error tipo I igual a α. En esta formulación del diagrama de control, δ se interpreta como una fracción disconforme del proceso que se está dispuesto a *aceptar* con una probabilidad de $1 - \alpha$. Duncan (1974) y Freund (1957) han presentado dos procedimientos de diseños alternativos. Puede diseñarse el diagrama de control con base en un n especificado y en una fracción disconforme γdel proceso que se quisiera rechazar con una probabilidad de $1 - \beta$. Freund (1957) llama a este diseño un *diagrama de control para aceptación*, y los límites de control son

$$\text{LSC.} = \mu_U - \frac{Z_\beta \sigma}{\sqrt{n}}$$

$$= \text{LSE} - Z_\gamma \sigma - \frac{Z_\beta \sigma}{\sqrt{n}}$$

$$= \text{LSE.} - \left(Z_\gamma + \frac{Z_\beta}{\sqrt{n}} \right) \sigma \tag{7-4a}$$

y

$$\text{LIC.} = \mu_L + \frac{Z_\beta \sigma}{\sqrt{n}}$$

$$= \text{LIE} + Z_\gamma \sigma + \frac{Z_\beta \sigma}{\sqrt{n}}$$

$$= \text{LIE} + \left(Z_\gamma + \frac{Z_\beta}{\sqrt{n}} \right) \sigma \tag{7-4b}$$

Obsérvese que cuando se especifican n, γ y $1 - \beta$ (o β), los límites de control se encuentran entre los valores μ_L y $\mu_U$que producen la fracción disconforme γ. Al contrario, cuando se especifican $n, \delta,$ y α, el límite inferior de control cae entre μ_L y μ_U LIE, y el límite superior de control lo hace entre μ_U y LSE.

También es posible elegir un tamaño muestral para el diagrama de control modificado, de manera que se obtengan valores especificados para δ, α, γ y β. Al igualar los límites de control superiores para valores especificados de δ y α[Ecuación (7-2*a*)] y de γ y β [Ecuación (7-4*a*)], se obtiene

$$\text{LSE.} - \left(Z_\delta - \frac{Z_{\alpha/2}}{\sqrt{n}} \right) \sigma = \text{LSE.} - \left(Z_\gamma + \frac{Z_\beta}{\sqrt{n}} \right) \sigma.$$

Por lo tanto, un tamaño muestral de

$$n = \left(\frac{Z_{\alpha/2} + Z_\beta}{Z_\delta - Z_\gamma} \right)^2 \tag{7-5}$$

corresponde a los valores requeridos de δ, α, γ y β Por ejemplo, para $\delta = 0.01$, $\alpha = 0.0027$, $\gamma = 0.05$ y $\beta = 0.20$, hay que utilizar una muestra de tamaño

$$n = \left(\frac{Z_{0.00135} + Z_{0.20}}{Z_{0.01} - Z_{0.05}} \right)^2 = \left(\frac{3.00 + 0.85}{2.33 - 1.645} \right)^2 = 31.59 \simeq 32$$

en la gráfica de control modificada.

7-2 DIAGRAMA DE CONTROL DE SUMA ACUMULATIVA

7-2.1 Principios Básicos

Todas las gráficas de control examinadas hasta ahora se conocen como diagramas de control de Shewhart. El mayor inconveniente de tales diagramas es que en ellos se utiliza solamente información respecto al proceso contenida en el último punto graficado, y se omite cualquier información dada por toda la sucesión de puntos. Naturalmente que se han aplicado otros criterios a las gráficas de Shewhart, como pruebas para corridas, uso de límites de advertencia, etc., con los cuales se trata de incorporar información del conjunto de puntos completo en el procedimiento de decisión. Sin embargo, estos criterios adicionales reducen la sencillez y la facilidad de interpretación del diagrama de Shewhart.

Se ha propuesto el *diagrama de control de suma acumulativa* o diagrama *cusum* (del inglés *cumulative sum*) como una alternativa para la gráfica de control de Shewhart. Incorpora directamente toda la información de la sucesión de valores muestrales, graficando las sumas acumuladas de las desviaciones de los valores muestrales respecto de un valor objetivo. Por ejemplo, supóngase que se obtienen muestras de tamaño $n \geq 1$, y que $\bar{x}$ es el promedio de la i-ésima muestra. Entonces, si μ_0 es el valor objetivo de la media del proceso, la gráfica de control de suma acumulativa se formará gráficando la cantidad

$$S_m = \sum_{i=1}^{m} (\bar{x}_i - \mu_0) \tag{7-6}$$

en función del número m de la muestra. S_m recibe el nombre de suma acumulativa hasta la m-ésima muestra inclusive. Los diagramas de suma acumulativa son más eficaces que los de Shewhart para detectar pequeños cambios en el proceso, pues combinan información de varias muestras. Además, son particularmente eficaces para muestras de $n = 1$. Esto hace del diagrama de control de suma acumulativa un candidato apropiado para el uso con mediciones automáticas de cada pieza y el control en línea, utilizando una microcomputadora directamente en el sitio de trabajo.

El investigador Page (1954) propuso por primera vez los diagramas de control de suma acumulativa, y muchos autores los han estudiado; en particular, véanse Ewan (1963), Page (1961), Johnson (1961), Johnson y Leone (1962a, 1962b, 1962c), y Lucas (1976). Esta sección se concentra en el diagrama de control de suma acumulativa de la media del proceso. Es posible desarrollar procedimientos de sumas acumuladas para otras variables, como las binomiales y de Poisson, con el fin de modelar disconformidades y el rechazo del proceso, o como desviaciones estándares muestrales y amplitudes. Véanse Johnson y Leone (1962a, 1962b, 1962c) y Page (1963).

Se observa que si el proceso permanece bajo control para el valor objetivo μ_0, la suma acumulativa, definida por la Ecuación (7-6), tendrá que variar aleatoriamente alrededor de cero. Sin embargo, si la media cambia hacia arriba, hasta cierto valor $\mu_1 > \mu_0$, entonces se observará un desplazamiento en esa dirección (positiva) de las sumas acumuladas S_m. Recíprocamente, si la media cambia hacia abajo, hasta cierto valor $\mu_2 < \mu_0$, entonces se observará un desplazamiento en esa dirección (negativa) de S_m. Por lo tanto, si se desarrolla una tendencia hacia arriba o hacia abajo en los puntos ubicados, se tendrá que considerar esto una evidencia de cambio de la media del proceso, y deberá buscar alguna causa atribuible.

Sería útil contar con un procedimiento de decisión formal para determinar si el proceso está fuera de control o no. Generalmente para este propósito se usa la *mascarilla V* propuesta por Barnhard (1959). Una mascarilla V típica aparece en la Fig. 7-3*a*. El procedimiento de decisión consiste en aplicar la mascarilla V al diagrama de suma acumulativa, con el punto 0 en el último valor de S_m y la línea **0A** paralela al eje horizontal. Si todas las sumas acumuladas anteriores S_1, $S_2, \ldots, S_m$ caen entre los dos brazos de la mascarilla V, el proceso se encuentra bajo control. Sin embargo, si cualquier S_i se sitúa fuera de los brazos de la mascarilla, el proceso se considera fue-

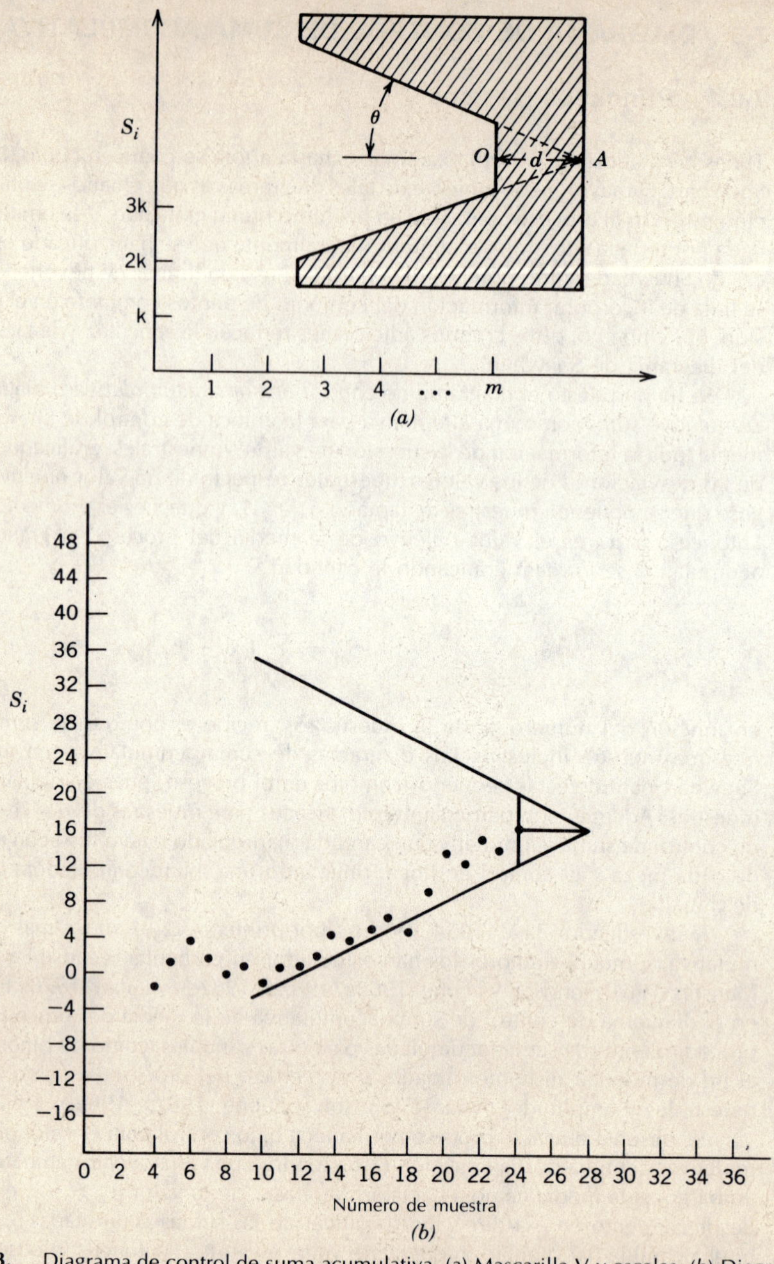

Figura 7-3. Diagrama de control de suma acumulativa. (*a*) Mascarilla V y escalas. (*b*) Diagrama de control de suma acumulativa en operación.

ra de control. En el ejemplo que se presenta en la Fig. 7-3*b*, se indica un cambio hacia arriba de la media con la vigesimocuarta muestra, ya que el punto correspondiente a la muestra 18 cae ahora por debajo del brazo inferior de la mascarilla. Si el punto se sitúa arriba del brazo superior, ello indicará un cambio hacia abajo en la media. Así, la mascarilla V forma un marco de referencia visual, similar a los límites de control de un diagrama de Shewhart ordinario.

Los parámetros de la mascarilla V indican el funcionamiento del diagrama de control de suma acumulativa. Se puede usar la *distancia guía d* y el ángulo θ para definir dicha mascarilla.

Si $\sigma_{\bar{x}}$ es la desviación estándar de $\bar{x}$, α es la probabilidad de concluir incorrectamente que se produjo un cambio (una falsa alarma), β es la probabilidad de no detectar un cambio en la media, y Δ es el cambio en la media del proceso que se quiere detectar, entonces un diseño ampliamente utilizado para el diagrama de control de suma acumulativa es

$$d = \left(\frac{2}{\delta^2}\right)\ln\left(\frac{1-\beta}{\alpha}\right) \tag{7-7}$$

y

$$\theta = \tan^{-1}\left(\frac{\Delta}{2k}\right) \tag{7-8}$$

donde

$$\delta = \frac{\Delta}{\sigma_{\bar{x}}} \tag{7-9}$$

es la magnitud del cambio que se quiere detectar, en unidades de desviación estándar de $\bar{x}$, y k es un factor de escala que relaciona la unidad de la escala vertical con la unidad de la escala horizontal. Normalmente se recomienda que k esté entre $\sigma_{\bar{x}}$ y $2\sigma_{\bar{x}}$, con un valor preferente de $k = 2\,\sigma_{\bar{x}}$. Si β es pequeño, entonces (7-7) se reduce a

$$d = -2\frac{\ln\alpha}{\delta^2} \tag{7-10}$$

La mayoría de los autores han adoptado la longitud media de corrida o LMC como un método para resumir las características y propiedades del diagrama de control de suma acumulativa. Esencialmente, la LMC es el promedio del número de puntos muestrales que hay que graficar antes de tener un punto que indique una condición de fuera de control. Para cualquier gráfica de Shewhart, la LMC es

$$\text{LMC} = \frac{1}{p} \tag{7-11}$$

donde p es la probabilidad de que un punto caiga fuera de los límites de control (Sección 6-2.6). Así, para la gráfica de $\bar{x}$ con los límites de tres sigmas acostumbrados, $p = 0.0027$ es la probabilidad de que un punto se sitúe fuera de los límites cuando el proceso está bajo control. Entonces, la LMC de la gráfica de $\bar{x}$ es

$$\text{LMC} = \frac{1}{p} = \frac{1}{0.0027} = 370$$

cuando el proceso está bajo control. O sea, aun cuando esto último suceda, se generará una señal de bajo control cada 370 muestras, en promedio. Para los parámetros de la gráfica de control de suma acumulativa recomendados en las ecuaciones (7.7) y (7.8), la LMC es aproximadamente de 500 cuando el proceso está bajo control. Se analizará en la siguiente sección cómo diseñar un diagrama de control de suma acumulativa para obtener una curva de LMC en particular.

Los diagramas de control de suma acumulativas tienen varias ventajas sobre los diagramas de control de Shewhart. Primero, son más eficaces para detectar cambios relativamente pequeños en la media del proceso, por ejemplo del orden de $0.5\sigma_{\bar{x}}$ hasta $2\sigma_{\bar{x}}$. En este intervalo, la gráfica de sumas acumuladas detectará los cambios dos veces más rápido (o con un tamaño muestral más pequeño) que la gráfica de Shewhart correspondiente. Segundo, a menudo se puede detectar visualmente con facilidad el cambio del proceso por el cambio en la pendiente de los puntos ubicados. Por último, a menudo es relativamente fácil detectar el punto en el que ocurre el cambio, mediante una inspección de los datos graficados, observando dónde ocurrió el cambio en la pendiente.

Deben advertirse dos desventajas del diagrama de control de suma acumulativa. En primer lugar, y quizá lo más importante, tal gráfica puede resultar muy lenta para detectar cambios grandes en el proceso. Lucas (1973) ha propuesto una modificación de la mascarilla V para mejorar el funcionamiento del diagrama de control de la suma acumulativa respecto a cambios grandes. En la Sección 7.2.3 se analiza brevemente este procedimiento. En segundo lugar, el diagrama de control de suma acumulativa no es un método muy eficaz para analizar datos anteriores, con objeto de detectar un control en un proceso o poner un proceso bajo control. Es muy difícil el diagnóstico de patrones o esquemas en una gráfica de control de suma acumulativa, porque la suposición normal en la identificación de patrones es que la sucesión de puntos no está correlacionada. Las sumas acumuladas sí lo están porque valores sucesivos de S_{j-1} y S_j difieren solamente por una observación. Por consiguiente, el diagrama de control de suma acumulativa mostrará a menudo corridas u otros patrones que son una señal esparcia de esta correlación.

7-2.2 Diseño de un Diagrama de Control de Suma Acumulativa

El diseño estándar presentado en las ecuaciones (7-7) y (7-8) para los parámetros de la mascarilla V puede considerarse análogo al uso de los límites de tres sigmas en las gráficas de Shewhart; es decir, funcionarán bien en muchas situaciones. Sin embargo, en algunos casos el analista quizá desee diseñar un diagrama de control de suma acumulativa que tenga ciertas propiededes. La base normal para el diseño de tal diagrama es la LMC. En general, se desearía tener una LMC grande cuando el proceso está bajo control, y una LMC muy pequeña cuando se encuentra fuera de control. Sea $L(\delta)$ la LMC del diagrama de control cuando la media del proceso difiere del valor bajo control u objetivo μ_0 por $\delta\sigma_{\bar{x}}$. Se llama $L(\delta)$ a la curva LMC del diagrama de control de suma acumulativa.

Goel y Wu (1971) han publicado un nomograma que resulta útil en el diseño de diagramas de control de suma acumulativa. Duncan (1974) muestra cómo hay que utilizar este nomograma para diseñar tales diagramas con una curva LMC que pasa por dos puntos especificados, uno en $[L(0), 0]$ y el otro en $[L(\delta),\delta]$. Obsérvese que esto es similar a encontrar un plan de muestreo para aceptación o un diagrama de Shewhart cuya curva CO pasa por dos puntos especificados.

Bowker y Lieberman (1972) proporcionan una tabla para elegir d y θ de modo que se minimice $L(\delta)$ cuando el analista puede especificar $L(0)$ y δ. Lo anterior se reproduce como la Tabla 7-1. En esta tabla se presentan los valores de $(k/\sigma_x)\tan\Phi$, d y el valor mínimo de $L(\delta)$ para diversos valores de δ y $L(0)$. Para ilustrar el uso de la Tabia 7.1, supongamos que se quiere detectar un cambio de $\pm 1.0\sigma_x$ respecto al valor objetivo μ^0 y obtener una curva LMC que pase por $L(0)$ igual a 500. En la Tabla 7.1 se encuentra que un diagrama de control de suma acumulativa, con $(k/\mu_x)\tan\theta = 0.50$ y $d = 10$, proporcionará el funcionamiento deseado, y que la LMC es $L(1.0) = 10.5$ cuando el proceso está fuera de control. Obsérvese que si $k = 2\mu_x$, lo anterior concuerda con el diseño del diagrama de control estándar presentado anteriormente. Supóngase que el analista decide que desea detectar este cambio más que $L(1.0) < 10$. En la Tabla 7-1 se observa que para $\delta = 1$, el mayor valor de $L(1.0)$ menor que 10 es $L(1.0) = 9.4$, para el cual los parámetros correspondientes del diagrama de control de suma acumulativa son $(k/\mu_x)\tan\theta = 0.50$, $d = 9.0$ y $L(0) = 300$. Al aumentar la sensibilidad del diagrama para detectar un cambio especificado, la LMC se reduce de 500 a 300 muestras cuando el proceso está bajo control.

Tabla 7-1 Parámetros para diagramas de control de suma acumulativa

δ = Desviación respecto al valor objetivo (en desviaciones estándares)	$L(0)$ = Tamaño de corrida esperado cuando el proceso está bajo control	50	100	200	300	400	500
0.25	$(k/\sigma_{\bar{x}})\tan\theta$	0.125			0.195		0.248
	d	47.6			46.2		37.4
	$L(0.25)$	28.3			74.0		94.0
0.50	$(k/\sigma_{\bar{x}})\tan\theta$	0.25	0.28	0.29	0.28	0.28	0.27
	d	17.5	18.2	21.4	24.7	27.3	29.6
	$L(0.5)$	15.8	19.0	24.0	26.7	29.0	30.0
0.75	$(k/\sigma_{\bar{x}})\tan\theta$	0.375	0.375	0.375	0.375	0.375	0.375
	d	9.2	11.3	13.8	15.0	16.2	16.8
	$L(0.75)$	8.9	11.0	13.4	14.5	15.7	16.5
1.0	$(k/\sigma_{\bar{x}})\tan\theta$	0.50	0.50	0.50	0.50	0.50	0.50
	d	5.7	6.9	8.2	9.0	9.6	10.0
	$L(1.0)$	6.1	7.4	8.7	9.4	10.0	10.5
1.5	$(k/\sigma_{\bar{x}})\tan\theta$	0.75	0.75	0.75	0.75	0.75	0.75
	d	2.7	3.3	3.9	4.3	4.5	4.7
	$L(1.5)$	3.4	4.0	4.6	5.0	5.2	5.4
2.0	$(k/\sigma_{\bar{x}})\tan\theta$	1.0	1.0	1.0	1.0	1.0	1.0
	d	1.5	1.9	2.2	2.4	2.5	2.7
	$L(2.0)$	2.26	2.63	2.96	3.15	3.3	3.4

Fuente: Adaptado de A.H. Bowker y G.J. Lieberman, *Engineering Statistics*, 2a. ed., Prentice Hall, Inc., Englewood Cliffs, N.J., 1972, con permiso del editor.

7-2.3 Métodos Relacionados

Existen diversas variaciones del concepto de suma acumulativa que se encuentran en la práctica. En esta sección se analizarán brevemente algunos de estos procedimientos.

Pruebas unilaterales de suma acumulativa. ■ Para los diagramas de sumas acumulativas descritos en las dos secciones anteriores, se supone que un cambio en el proceso puede presentarse en cualquier dirección respecto del valor objetivo μ_0. Por consiguiente, los procedimientos diseñados se llaman por lo regular pruebas bilaterales. Sin embargo, originalmente el diagrama de control de suma acumulativa se diseñó para detectar cambios en una sola dirección. Tal procedimiento se llama prueba unilateral. En un diagrama de suma acumulativa unilateral, se acostumbra graficar la cantidad

$$S_m = \sum_{i=1}^{m} (\bar{x}_i - w) \tag{7-12}$$

donde w es el valor de referencia, escogido normalmente casi a la mitad entre el objetivo o meta μ_0 y el valor μ_1, correspondiente a una calidad rechazable, o bien $w \simeq (\mu_0 + \mu_1)/2$. Si S_m cae por debajo de cero, se reajusta automáticamente a cero (suponiendo $\mu_1 > \mu_0$; es decir, el proceso cambia hacia arriba). Si S_m excediera el *intervalo de decisión* $h = 2d\mu_x$, se consideraría un cambio de la media del proceso hacia algún valor mayor que w. Se puede utilizar el nomograma ideado por Goel y Wu (1971) para diseñar diagramas de suma acumulativa unilaterales con características LMC especificadas.

Es posible diseñar un procedimiento bilateral usando simultáneamente dos procedimientos unilaterales con valores de referencia superior e inferior w_1 y w_2. Sin embargo, esto equivale al esquema usual de la mascarilla V, utilizado en los procedimientos bilaterales. Además, las LMC de los esquemas unilaterales, digamos $L_1(\delta)$, $L_2(\delta)$, están relacionadas con la LMC del procedimiento bilateral $L(\delta)$ por

$$L^{-1}(\delta) = L_1^{-1}(\delta) + L_2^{-1}(\delta) \tag{7-13}$$

Forma tabular de la mascarilla. ■ Aunque el esquema de control de la mascarilla V es relativamente fácil de implementar, algunos investigadores prefieren una forma tabular del procedimiento de prueba. Esto resulta particularmente útil si el procedimiento de control del proceso se implementa en computadora. Existe una forma computacional para la mascarilla V que es fácil de realizar. Sea $b = 2\sigma_{\bar{x}} \tan\theta$ y $h = 2\sigma_{\bar{x}} \tan\theta$. Entonces, si $\bar{x}_i$ es la media muestral en el periodo i, se calcula

$$\begin{aligned} S_H(i) &= \text{máx}[0, \bar{x}_i - (\mu_0 + b) + S_H(i-1)] \\ S_L(i) &= \text{máx}[0, (\mu_0 - b) - \bar{x}_i + S_L(i-1)] \end{aligned} \tag{7-14}$$

donde $S_H(i) = S_L(0) = 0$. Obsérvese que $S_H(i)$ y $S_L(i)$ acumulan las desviaciones respecto del valor objetivo μ_0 mayores que b, y que ambas cantidades se ajustan a cero cuando se vuelven negativas. Si $S_H(i)$ o $S_L(i)$ exceden de h, el proceso se considera fuera de control.

Mejora de la sensibilidad a cambios grandes. ■ Se observó que el diagrama de control de suma acumulativa no es muy eficaz para detectar cambios grandes en un proceso. Una modificación de la forma de la mascarilla puede mejorar su funcionamiento con respecto a cambios de gran magnitud en el proceso. La modificación consiste en añadir una sección parabólica a la mascarilla, como se muestra en la Fig. 7.4. Lucas (1973) describe en detalle la construcción de estas mascarillas V modificadas; obtuvo curvas de LMC (mediante simulación) para el procedimiento. También hace una breve comparación de la mascarilla V modificada, la mascarilla V ordinaria y el diagrama de Shewhart; proporciona asimismo un algoritmo tabular que puede sustituir a la mascarilla V.

Otro método para mejorar la capacidad del diagrama de control de suma acumulativa a fin de detectar cambios grandes en el proceso, es utilizar un procedimiento *combinado* suma acumulativa —Shewhart para el control en línea. Añadir los límites de control de Shewhart es posiblemente la modificación más sencilla al procedimiento de control de suma acumulativa. Los límites de control de Shewhart no deberían estar alejados más de $h + b$ desviaciones estándares de $\bar{x}$ respecto a la línea central o valor objetivo μ_0. La señal de fuera de control en cualquier diagrama (o en ambos) es una señal de acción. Lucas (1982) presenta un análisis adecuado de esta técnica. Hace notar que el procedimiento combinado suma acumulativa—Shewhart es casi tan sensible con respecto a cambios grandes como la mascarilla V parabólica, y más fácil de implementar. También es posible añadir un procedimiento de respuesta inicial rápida (RIR) (o FIR, de *fast initial response*) (Lucas y Crosier 1982) que mejora muchísimo la sensibilidad del diagrama de control de suma acumulativa al inicio de un proceso o luego de un reinicio, después de una señal de fuera de control. La RIR esencialmente ajusta los valores iniciales de $S_H(0)$ y $S_L(0)$ a un valor diferente de cero.

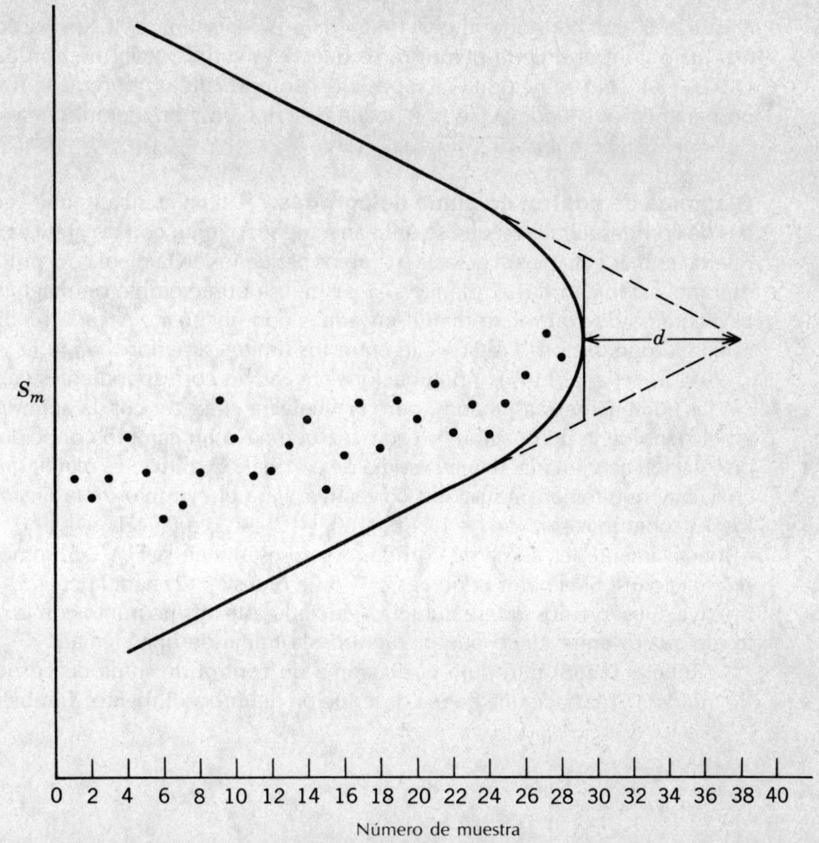

Figura 7-4. Mascarilla "modificada" para el diagrama de control de suma acumulativa.

Diagrama de control del rango secuencial con signo. ■ Se trata de un procedimiento no paramétrico similar al diagrama de control de suma acumulativa. Sea $Y_m = \bar{x}_m - \mu_0$ para la m-ésima muestra. A continuación se jerarquiza (u ordena por rangos) la sucesión $|Y_1|$, $Y_2, \ldots$, $|Y_m|$ de manera que el menor $|Y_1|$ recibe el rango 1, y la mayor $|Y_2|$, el rango m. El rango de Y_m es R_m. Se define

$$Z_m = \begin{cases} +\dfrac{R_m}{m} & \text{si } Y_m \geq 0 \\ -\dfrac{R_m}{m} & \text{si } Y_m < 0 \end{cases} \tag{7-15}$$

y se forma la suma acumulativa

$$S_m = \sum_{i=1}^{m} Z_i \tag{7-16}$$

Se considera que el proceso está fuera de control cuando

$$|S_m| > a$$

donde a es una constante que se elige para obtener una LMC en particular cuando el proceso está bajo control. Puede demostrarse que la longitud media de corrida es, aproximadamente, LMC = $3a^2$. No se necesita la suposición de normalidad, porque se trata de un procedimiento no paramétrico. Puede verse una buena descripción y un ejemplo de esta técnica en la obra de Bowker y Lieberman (1972).

Diagrama de control de suma de corridas. ■ Esta gráfica es una generalización de las pruebas de corridas (o rachas) que se utilizan a menudo junto con las gráficas de Shewhart. El procedimiento es más eficaz para detectar cambios pequeños en la media del proceso que el grupo normal de pruebas de corridas. En la Fig. 7-5 se muestra un ejemplo de diagrama de suma de corridas. El diagrama de control se divide en zonas con ancho $\sigma_{\bar{x}}$. A cada media $\bar{x}_i$ de un subgrupo se asigna la puntuación + a si $\bar{x}$ cae entre los límites superiores $a\sigma_{\bar{x}}$ y $(a + 1)\sigma_{\bar{x}}$ (es decir, $\bar{\bar{x}} + a\sigma_{\bar{x}} < \bar{x}_i < \bar{\bar{x}} + (a + 1)\sigma_{\bar{x}}$), y puntuaciones negativas correspondientes cuando $\bar{x}_i < \bar{\bar{x}}$. Se acumulan las puntuaciones asignadas, pero se vuelve a empezar con la acumulación si hay un cambio en el signo de la puntuación, o cada vez que haya un cambio conocido en el proceso. Sea S la puntuación acumulada, llamada *suma de corridas*. Cuando S es mayor que o igual a un valor crítico c, hay que tomar una acción correctiva. Para el ejemplo de la Fig. 7-5, las puntuaciones de los 15 subgrupos son +0, +1, +0, — 0, — 2, — 1, +0, +1, +1, +0, +1, +2, +1, — 0, +0, respectivamente. La suma de corridas S se presenta en la Fig. 7-5, inmediatamente abajo de las puntuaciones. Si el valor crítico es c = 5, la muestra 12, para la cual S = 5, indica la acción correctiva. Observemos que se hubiera detectado este mismo punto con la regla descrita previamente, de cuatro entre cinco puntos fuera de la franja de una sigma.

Roberts (1958) introdujo el diagrama de control de suma de corridas. Más recientemente, Reynolds (1971) hace una buena descripción del procedimiento. También calcula el número me-

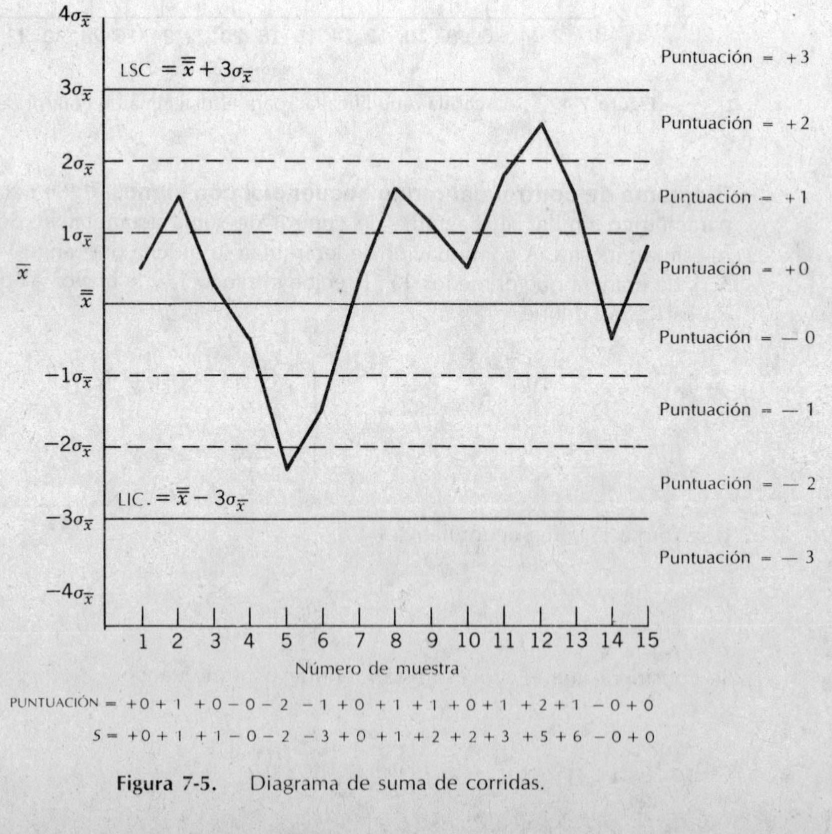

Figura 7-5. Diagrama de suma de corridas.

dio de subgrupos requeridos, con el fin de que S alcance c para ciertos cambios en la media del proceso, y lo compara con resultados similares para pruebas ordinarias de corridas. En general, el diagrama de suma de corridas es casi tan eficaz como otras pruebas más complicadas, incluyendo el diagrama de suma acumulativa.

7-3 DIAGRAMAS DE CONTROL BASADOS EN MEDIAS PONDERADAS

7-3.1 Diagrama de Control de Media Móvil

Se observó que el diagrama de control de $\bar{x}$ de Shewhart es relativamente insensible a pequeños cambios en la media del proceso. Se han sugerido diversas modificaciones y criterios suplementarios con el fin de mejorar su capacidad para detectar cambios pequeños. También se observó en la Sección 7-2 que el diagrama de control de suma acumulativa es más eficaz que el diagrama de $\bar{x}$ en la detección de cambios pequeños. Las gráficas de control, basadas en la media móvil, también son muy eficaces para descubrir cambios pequeños en el proceso. Como es el caso del diagrama de suma acumulativa, las gráficas de control basadas en medias ponderadas tienen una alta potencialidad para la percepción automática y el control de procesos de manufactura en línea.

Supongamos que se obtienen muestras de tamaño n, y sean $\bar{x}_1, \bar{x}_2, \ldots, \bar{x}_t, \ldots,$ las medias muestrales correspondientes. La media móvil de alcance w en el momento t se define como

$$M_t = \frac{\bar{x}_t + \bar{x}_{t-1} + \cdots + \bar{x}_{t-w+1}}{w} \tag{7-17}$$

Es decir, en el instante t se suprime la media muestral más antigua y se añade la más reciente al conjunto. La variancia de la media móvil M_t es

$$V(M_t) = \frac{1}{w^2} \sum_{i=t-w+1}^{t} V(\bar{x}_i) = \frac{1}{w^2} \sum_{i=t-w+1}^{t} \frac{\sigma^2}{n} = \frac{\sigma^2}{nw} \tag{7-18}$$

Por lo tanto, si $\bar{\bar{x}}$ denota la línea central del diagrama de control, los límites de control de tres sigmas para M_t son

$$\text{LSC} = \bar{\bar{x}} + \frac{3\sigma}{\sqrt{nw}} \tag{7-19a}$$

y

$$\text{LIC} = \bar{\bar{x}} - \frac{3\sigma}{\sqrt{nw}} \tag{7-19b}$$

El procedimiento de control consiste en calcular la nueva media móvil M_t en el momento de disponer de la media muestral $\bar{x}_t$, graficar M_t en un diagrama de control con los límites superior e inferior dados por (7-19), y concluir que el proceso está fuera de control cuando M_t cae fuera de los límites de control. En general, la magnitud del cambio de interés y w se relacionan de manera inversa; una protección más eficaz contra cambios más pequeños consiste en usar medias móviles más grandes.

Ejemplo 7-1

En la Fig. 7-6*a* se muestra una gráfica de control de $\bar{x}$, con línea central $\mu = 10.0$ y límites superior e inferior de tres sigmas en 16.0 y 4.0. En la Tabla 7-2 se presentan los valores de la estadística muestral $\bar{x}_i$ graficados en el diagrama para los periodos $1 \leq t \leq 38$. Supongamos que se quiere construir un diagrama de control de la media móvil con $w = 8$ a partir de estos datos. La estadística graficada en este diagrama será

$$M_t = \frac{\bar{x}_t + \bar{x}_{t-1} + \cdots + \bar{x}_{t-7}}{8}$$

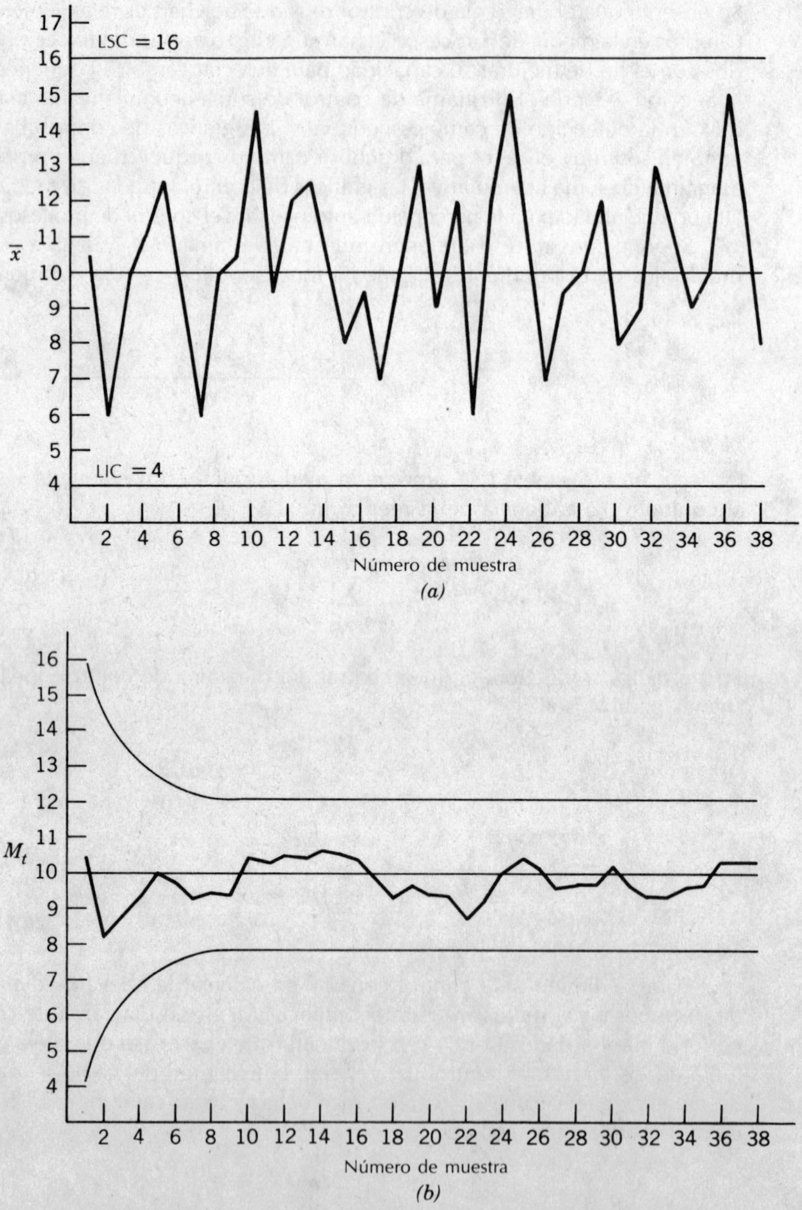

Figura 7-6. Diagramas de control de $\bar{x}$ y de media móvil, Ejemplo 7-1.

Tabla 7-2 Datos y cálculos para el diagrama de control de la media móvil de la Fig. 7-6 ($w = 8$)

Muestra,			Límites de control para M_t	
t	$\bar{x}_t$	M_t	LIC	LSC
1	10.5	10.50	4.00	16.00
2	6.0	8.25	5.76	14.24
3	10.0	8.83	6.54	13.46
4	11.0	9.38	7.00	13.00
5	12.5	10.00	7.32	12.68
6	9.5	9.92	7.55	12.45
7	6.0	9.36	7.73	12.27
8	10.0	9.44	7.88	12.12
9	10.5	9.44	7.88	12.12
10	14.5	10.50	⋮	⋮
11	9.5	10.44		
12	12.0	10.57		
13	12.5	10.57		
14	10.5	10.70		
15	8.0	10.50		
16	9.5	10.44		
17	7.0	10.00		
18	10.0	9.44		
19	13.0	9.88		
20	9.0	9.51		
21	12.0	9.45		
22	6.0	8.89		
23	12.0	9.39		
24	15.0	10.08		
25	11.0	10.58		
26	7.0	10.21		
27	9.5	9.77		
28	10.0	9.90		
29	12.0	9.90		
30	8.0	10.15		
31	9.0	9.78		
32	13.0	9.53		
33	11.0	9.53		
34	9.0	9.78		
35	10.0	9.84		
36	15.0	10.47		
37	12.0	10.47		
38	8.0	10.47		

para el periodo $t \geq 8$. Para los periodos $1 \leq t < 8$, se grafica la media de las observaciones para los periodos 1, 2,. . ., t. Los valores de estas medias móviles aparecen en la Tabla 7-2.

A partir de (7-19) se pueden obtener fácilmente los límites de control para la gráfica de la media móvil. Ya que se tiene para el diagrama de $\bar{x}$ que $3\sigma_{\bar{x}} = 6.0$, entonces $\sigma_{\bar{x}} = \sigma/\sqrt{n}$

= 2.0. Por consiguiente, se obtienen como límites superior e inferior para el diagrama de control de la media móvil

$$UCL = \bar{\bar{x}} + \frac{3\sigma}{\sqrt{nw}} = \bar{\bar{x}} + \frac{3\sigma_{\bar{x}}}{\sqrt{w}} = 10.0 + \frac{(3)(2.0)}{\sqrt{8}} = 12.12$$

$$LCL = \bar{\bar{x}} - \frac{3\sigma}{\sqrt{nw}} = \bar{\bar{x}} - \frac{3\sigma_{\bar{x}}}{\sqrt{w}} = 10.0 - \frac{(3)(2.0)}{\sqrt{8}} = 7.88$$

Los límites de control para M_t se aplican a los periodos $t \geq 8$. Para los periodos $0 < t < 8$, los límites de control están dados por $\bar{\bar{x}} \pm 3\sigma/\sqrt{nt}$. En la Tabla 7-2 se muestran también estos límites. Un procedimiento alternativo que evita el uso de límites de control especiales para periodos $t < w$, consiste en utilizar un diagrama de $\bar{x}$ ordinario hasta obtener por lo menos w medias muestrales.

El diagrama de control de la media móvil se presenta en la Fig. 7-6*b*. Ningún punto cae fuera de los límites de control. Obsérvese que para los periodos iniciales $t < w$, los límites de control son más anchos que su valor final en el estado estable. Las medias móviles que se encuentran separadas por menos de w periodos están altamente correlacionadas, y esto complica a menudo la interpretación de los patrones en el diagrama de control. Esto puede observarse fácilmente examinando la Fig. 7-6.

■

El diagrama de control de la media móvil es más eficaz que el diagrama de $\bar{x}$ ordinario para detectar cambios pequeños en el proceso. El uso simultáneo de las gráficas de control de la media móvil y de $\bar{x}$ también puede producir buenos resultados. Utilizando los dos diagramas simultáneamente, se considera el proceso fuera de control si M_t o $\bar{x}_t$ (o ambos) caen fuera de sus respectivos límites de control. También es útil representar los puntos M_t en un diagrama de $\bar{x}$ estándar, para poder utilizar una sola gráfica en el registro de los datos.

Los diagramas de control de la media móvil pueden utilizarse también en casos en los que cada muestra consta de una sola observación. Esta situación se presenta frecuentemente cuando la producción de una sola unidad del producto toma muchísimo tiempo, y cuando se usan procedimientos automáticos de medición y prueba. Asimismo, es posible construir un diagrama de control de amplitud móvil. En la Sección 6.3.3 se mostró un ejemplo de diagrama de control de amplitud móvil para $w = 2$ y $n = 1$.

7-3.2 Diagrama de Control de Media Móvil Geométrica

El diagrama de control de la media móvil de la Sección 7-3.1 puede considerarse un procedimiento de control de la media ponderada, en el que cada media muestral es ponderada $\bar{x}_t, \bar{x}_{t-1}, \ldots, \bar{x}_{t-w+1}$ por $1/w$ en el instante t, y las medias muestrales $\bar{x}_i$ para periodos $i \leq t - w$ son ponderadas por cero. Si los diagramas de control de la media móvil son más eficaces que los diagramas de $\bar{x}$ ordinarios para detectar pequeños cambios en el proceso, entonces parece razonable que se podrán utilizar otros tipos de medias ponderadas para construir un diagrama de control. Roberts (1959) presentó una gráfica de control basada en la *media móvil geométrica*, MMG,

$$z_t = r\bar{x}_t + (1 - r)z_{t-1} \qquad (7\text{-}20)$$

donde $0 < r \leq 1$ es una constante, y el valor inicial (necesisario para la primera muestra en $t = 1$) es

$$z_0 = \bar{\bar{x}}$$

Para demostrar que la MMG z_t es una media ponderada de todas las medias muestrales anteriores, puede sustituirse z_{t-1} en la parte a la derecha de (7-20) para obtener

$$\begin{aligned} z_t &= r\bar{x}_t + (1 - r)[r\bar{x}_{t-1} + (1 - r)z_{t-2}] \\ &= r\bar{x}_t + r(1 - r)\bar{x}_{t-1} + (1 - r)^2 z_{t-2} \end{aligned}$$

Al continuar la sustitución recursiva de z_{t-j}, $j = 2, 3, \ldots, t$, se obtiene

$$z_t = r\sum_{j=0}^{t-1}(1 - r)^j \bar{x}_{t-j} + (1 - r)^t z_0 \tag{7-21}$$

Los pesos $r(1 - r)^j$ decrecen geométricamente con la edad de la media muestral. Además, la suma de los pesos será igual a uno, ya que

$$r\sum_{j=0}^{t-1}(1 - r)^j = r\left[\frac{1 - (1 - r)^t}{1 - (1 - r)}\right] = 1 - (1 - r)^t$$

Si $r = 0.2$, entonces el peso asignado a la media muestral actual es 0.2 y los pesos dados a las medias anteriores son 0.16, 0.128, 0.1024, etc. En la Fig. 7-7 se comparan estos pesos con los de una media móvil de cinco periodos. La MMG z_t se llama a veces *media móvil ponderada exponencialmente* (MMPE), porque estas ponderaciones parecen disminuir en forma exponencial cuando se unen mediante una curva alisada. La MMG o la MMPE se utilizan mucho en modelos de series de tiempo y en pronósticos [véase Box y Jenkins (1976), y Montgomery y Johnson (1976)].

Si las $\bar{x}_i$ son variables aleatorias independientes con varianca σ^2/n, entonces la variancia de z_t es

$$\sigma_{z_t}^2 = \frac{\sigma^2}{n}\left(\frac{r}{2 - r}\right)\left[1 - (1 - r)^{2t}\right] \tag{7-22}$$

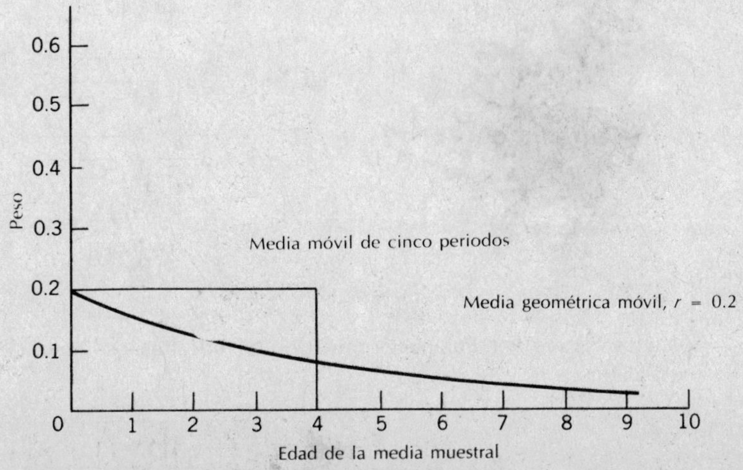

Figura 7-7. Ponderaciones (o pesos) de medias muestrales anteriores.

Cuando t aumenta, $\sigma^2_{Z_t}$ lo hace hasta alcanzar un valor límite

$$\sigma_z^2 = \frac{\sigma^2}{n}\left(\frac{r}{2-r}\right) \tag{7-23}$$

Por consiguiente, los límites superior e inferior de control son

$$LSC = \bar{\bar{x}} + 3\sigma\sqrt{\frac{r}{(2-r)n}} \tag{7-24a}$$

y

$$LIC = \bar{\bar{x}} - 3\sigma\sqrt{\frac{r}{(2-r)n}} \tag{7-24b}$$

respectivamente, si el número de muestra t es moderadamente grande. Para valores pequeños de t, los límites de control se podrían basar en (7-22).

Ejemplo 7-2

Considérense los datos del Ej. 7.1. Se desea construir un diagrama de control de la media móvil geométrica para estos datos, con $r = 0.2$. La línea de control es $Z_0 = \bar{\bar{x}} = 10.0$. Como los límites superior e inferior de control del diagrama de $\bar{x}$ son LSC = 16.0 y LIC = 4.0, los límites de control correspondientes del diagrama de la media móvil geométrica se encuentran a partir de (7-24), como

$$\begin{aligned} LSC &= \bar{\bar{x}} + 3\sigma\sqrt{\frac{r}{(2-r)n}} \\ &= \bar{\bar{x}} + 3\frac{\sigma}{\sqrt{n}}\sqrt{\frac{r}{(2-r)}} \\ &= 10.0 + 6.0\sqrt{\frac{0.2}{1.8}} \\ &= 12.0 \end{aligned}$$

y

$$\begin{aligned} LIC &= \bar{\bar{x}} - 3\sigma\sqrt{\frac{r}{(2-r)n}} \\ &= \bar{\bar{x}} - 3\frac{\sigma}{\sqrt{n}}\sqrt{\frac{r}{(2-r)}} \\ &= 10.0 - 6.0\sqrt{\frac{0.2}{1.8}} \\ &= 8.0 \end{aligned}$$

para los valores de t. Para las primeras pocas muestras los límites de control podrían calcularse a partir de

$$\bar{\bar{x}} \pm 3\frac{\sigma}{\sqrt{n}}\sqrt{\left(\frac{r}{2-r}\right)\left[1-(1-r)^{2t}\right]}$$

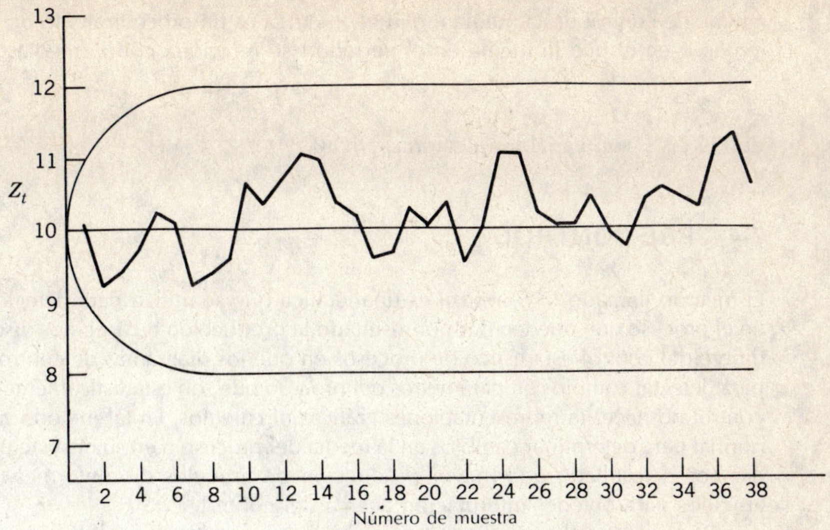

Figura 7-8. Diagrama de control de la media móvil geométrica, con $r = 0.2$.

Estos límites de control aumentan rápidamente hasta alcanzar su valor límite, como se ve en la Fig. 7-8.

Como la primera media muestral es $\bar{x}_1 = 10.5$, el primer valor de la media movil geométrica se calcula a partir de (7-20), como sigue

$$\begin{aligned} z_1 &= r\bar{x}_1 + (1 - r)z_0 \\ &= (0.2)10.5 + (0.8)10.0 \\ &= 10.10 \end{aligned}$$

Así, $z_l = 10.10$ es el primer punto que se grafica en el diagrama de control. La siguiente media muestral es $\bar{x}_2 = 6.0$, lo que da por resultado

$$\begin{aligned} z_2 &= r\bar{x}_2 + (1 - r)z_1 \\ &= (0.2)6.0 + (0.8)10.10 \\ &= 9.28 \end{aligned}$$

Los valores restantes de la MMG z_t se pueden calcular en forma similar. En la Fig. 7-8 se muestra completo el diagrama de la media móvil geométrica.

■

Desde un punto de vista operacional y de interpretación, el diagrama de control de la media móvil geométrica (MMG) es muy parecida o al diagrama de control de la media móvil, que se describe en la Sección 7-3.2. Si $r = 2/(w + 1)$, los límites de control para los dos diagramas serán idénticos para valores grandes de t.

El diagrama de control de la MMG es más eficaz para detectar cambios pequeños en el proceso que el diagrama de control de la media móvil. Además, habrá que utilizar pequeños valores de t si se desea descubrir rápidamente cambios más pequeños. Obsérvese que para $r = 1$, el diagrama de control de la MMG se reduce a la gráfica de $\bar{x}$ ordinaria de Shewhart. Es posible aplicar el procedimiento general a gráficas de control en el caso de otras estadísticas muestrales. El diagrama de control de la media móvil geométrica es un procedimiento de control óptimo para un proceso en el que la media en el periodo t se relaciona con la media en el $t—1$, mediante

$$\mu_t = \mu_{t-1} + \epsilon_t$$

donde las ε_t son variables aleatorias NID(0, γ).

7-4 PRE-CONTROL

El método llamado *PRE-control* es una técnica que se utiliza para detectar cambios o trastornos en el proceso que pueden dar por resultado la producción de artículos disconformes. Esta técnica difiere del control estadístico de procesos en que los diagramas de control ordinarios se diseñan para detectar cambios en parámetros del proceso que son estadísticamente significativos, y el PRE-control no necesita representaciones gráficas ni cálculos. En tal método se utiliza la distribución normal para determinar cambios en la media del proceso o en su desviación estándar que podrían dar como resultado una mayor producción de artículos disconformes. Se necesitan sólo tres artículos para obtener información acerca del control.

Para mostrar el procedimiento, supongamos que la característica de calidad se distribuye en forma normal, y que los límites naturales de tolerancia ($\mu \pm 3\sigma$) coinciden exactamente con los límites de especificación. Además, la media del proceso *m* se encuentra a la mitad entre las especificaciones, de manera que el proceso produce 0.27% de rechazo. Se establecen dos límites de PRE-control (llamados *líneas PC*, respectivamente LSPC y LIPC, superior e inferior), cada uno a un cuarto de la distancia hacia dentro del límite modificado, como se muestra en la Fig. 7-9. Ya que la distribución de la característica de calidad es normal, aproximadamente 86% del rendimiento o salida del proceso se halla entre las líneas PC, y alrededor del 7% cae en cada una de las regiones entre la línea PC y el límite de especificación. Esto indica que aproximadamente sólo un artículo de 14 caerá fuera de la línea PC si la media y la desviación estándar del proceso son iguales a los valores objetivos.

Si la probabilidad de que un artículo caiga fuera de una línea PC es un catorceavo (1/14), la probabilidad de que dos artículos consecutivos lo hagan será $(\frac{1}{14})(\frac{1}{14}) = \frac{1}{196} \simeq \frac{1}{200}$. Es decir, si el proceso funciona correctamente, la probabilidad de encontrar dos productos consecutivos fuera de una determinada línea PC será sólo alrededor de $\frac{1}{200}$. Cuando se encuentran dos de tales probable que el proceso haya cambiado hacia un estado fuera de control. Similarmente, es poco probable encontrar el primer artículo fuera de una línea PC y el siguiente fuera de la otra. En este caso, se conjetura que la variabilidad del proceso aumentó.

A continuación se presenta un conjunto de reglas que describen el funcionamiento del PRE-control. Estas reglas implican que se acepta una producción no conforme de 1 a 3%, y que la tasa de capacidad del proceso es por lo menos igual a 1.15.

1. Se inicia el proceso. Si el primer artículo cae fuera de las especificaciones, se ajusta y se empieza nuevamente.

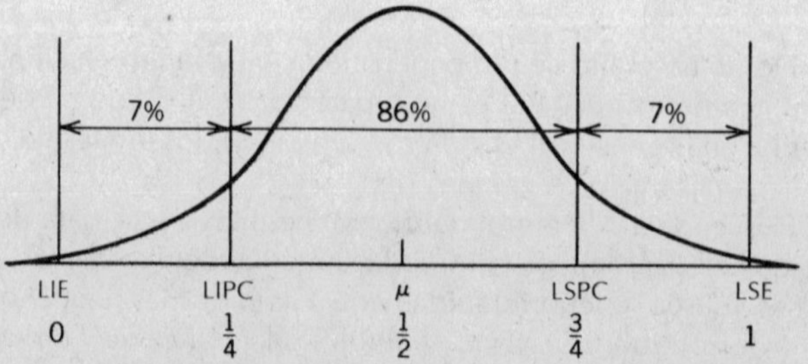

Figura 7-9. Ubicación de las líneas de PRE-control.

2. Si un artículo se encuentra dentro de las especificaciones pero fuera de una línea PC, se verifica el siguiente artículo.

3. Si el segundo artículo cae fuera de la misma línea PC, se ajusta el proceso.

4. Si el segundo artículo cae dentro de la línea PC, se continúa. Se ajusta solamente el proceso cuando dos artículos sucesivos se encuentran fuera de una línea PC dada.

5. Si un artículo cae fuera de una línea PC y el siguiente lo hace fuera de otra línea, la variabilidad del proceso estará fuera de control.

6. Cuando cinco artículos consecutivos caen entre las líneas PC, se emplea la calibración de frecuencia.

7. Cuando se emplea la calibración de frecuencia, no se ajusta el proceso hasta sino que un artículo quede fuera de una línea PC. Entonces se examina el artículo siguiente y se procede como en el Paso 4.

8. Después de ajustar el proceso, cinco artículos consecutivos tienen que caer entre las líneas PC, antes de seguir con la calibración de la frecuencia.

9. Si el operario obtiene más de 25 muestras del proceso sin tener que ajustarlo, se reduce la frecuencia de calibración de manera que se produzcan más artículos entre muestras. Si se tiene que ajustar antes de haber obtenido 25 muestras, se eleva la frecuencia de calibración. Un promedio de 25 muestras antes de un ajuste refleja una frecuencia de muestreo satisfactoria.

El PRE-control es un ejemplo de una técnica llamada *calibración con límites estrechos* (o *comprimidos*), en la que se determinan procedimientos de inspección usando límites más estrictos, ubicados para satisfacer riesgos establecidos de aceptar productos disconformes. En la Sección 11-4.4 se analiza la calibración con límites estrechos con más detalle; ello también se hace en la obra de Ott (1975).

Aunque el PRE-control tiene la ventaja de su sencillez, no hay que utilizarlo indiscriminadamente. El procedimiento tiene varias desventajas importantes. Primero, no se pueden usar todas las reglas de percepción y los procedimientos para identificar patrones asociados al diagrama de control, porque normalmente éste no se traza. Por lo tanto, se pierde la información diagnóstica respecto al proceso contenida en el patrón de los puntos en la gráfica de control, junto con su aspecto de registro diario. Segundo, los tamaños muestrales pequeños reducen considerablemente la capacidad del procedimiento de detectar desde cambios medianos hasta grandes. Tercero, el PRE-control no proporciona información útil para poner el proceso bajo control, o para reducir la variabilidad (lo que es la meta del control estadístico de procesos). Finalmente, la suposición de tener un proceso bajo control y una capacidad adecuada del proceso es muy importante. El PRE-control se podrá utilizar con mucha eficacia en procesos de fabricación en los que la tasa de capacidad del proceso es mucho mayor que 1 (quizá por lo menos igual a 2 o 3), y se ha alcanzado un entorno de casi cero defectos.

7-5 MÉTODOS PARA CONTROLAR VARIAS CARACTERÍSTICAS DE CALIDAD RELACIONADAS

Existen muchas situaciones en las que es necesario el control simultáneo de dos o más características de calidad relacionadas. Por ejemplo, supongamos que un cojinete tiene un diámetro interior (x_1) y otro exterior (x_2), que juntos determinan la utilidad de la pieza. Supóngase que x_1 y x_2 tienen una distribución normal bivariada. Ya que ambas características de calidad son mediciones, podrían controlarse aplicando el diagrama de $\bar{x}$ ordinario a cada característica, como

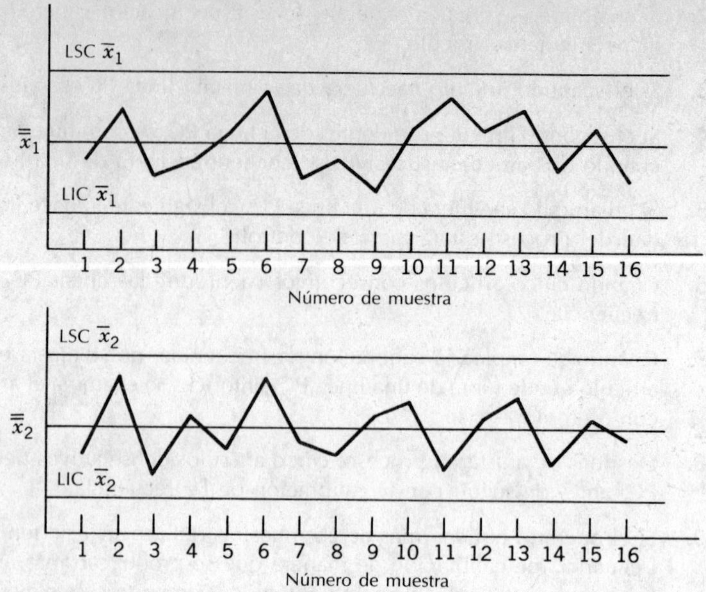

Figura 7-10. Diagramas de control para los diámetros interior ($\bar{x}_1$) y exterior ($\bar{x}_2$) de cojinetes.

se ilustra en la Fig. 7.10. Se considera el proceso bajo control sólo si las medias muestrales $\bar{x}$ y $\bar{x}$ caen entre sus respectivos límites de control. Esto equivale a la representación del par de medias ($\bar{x}_1$, $\bar{x}_2$) dentro de la región sombreada de la Fig. 7-11.

Controlar estas dos características de calidad independientemente puede ser muy engañoso. La probabilidad de que $\bar{x}$ o $\bar{x}$ excedan sus límites de control de tres sigmas es de 0.0027. Sin embargo, la probabilidad conjunta de que ambas variables rebasen sus límites de control en forma simultánea es de (0.0027)(0.0027) = 0.00000729, o sea, considerablemente menor que 0.0027. Además, la probabilidad de que $\bar{x}$ y $\bar{x}$ a la vez caigan al mismo tiempo entre los límites cuando el proceso está realmente bajo control es de (0.9973)(0.9973) = 0.99460729. Por lo tanto, el uso de dos diagramas de $\bar{x}$ independientes distorsiona el control simultáneo de $\bar{x}$ y $\bar{x}$, porque el error tipo I y la probabilidad de graficar correctamente un punto bajo control no son iguales a sus niveles señalados para los diagramas de control individuales.

Esta distorsión en el procedimiento de control aumenta con el número de características de calidad. En general, si hay p de éstas últimas, estadísticamente independientes, para cierto producto, y si se lleva un diagrama de $\bar{x}$, con $P\{\text{error tipo}\} = \alpha$ para cada uno, la verdadera probabilidad del error tipo I para el procedimiento conjunto de control será

$$\alpha' = 1 - (1 - \alpha)^p \tag{7-25}$$

y la probabilidad de que todas las p medias caigan en forma simultánea entre sus límites, cuando el proceso está bajo control, es

$$P\{\text{todas las } p \text{ medias bajo control}\} = (1 - \alpha)^p \tag{7-26}$$

Obviamente, la distorsión en el procedimiento conjunto de control puede ser grave, aun para valores moderados de p. Además, si las p características de calidad no son independientes, lo que normalmente sucede cuando se refieren al mismo producto, entonces las ecuaciones (7-25) y (7-26) no son válidas, y no existe una manera fácil de medir siquiera la distorsión en el procedimiento conjunto de control.

Los problemas de control de calidad en los cuales hay varias variables de interés relacionados se llaman a veces problemas de control de calidad *multivariados* (o *multivariables*). Hotelling

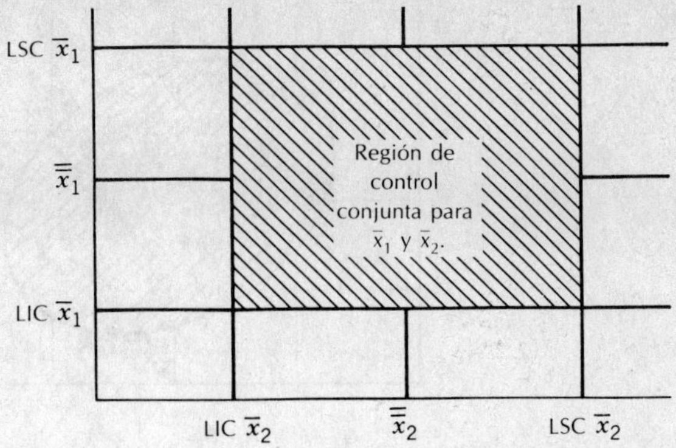

Figura 7-11. Región de control, utilizando límites de control independientes para $\bar{x}_1$ y $\bar{x}_2$.

(1947) realizó el trabajo original sobre control de calidad multivariado aplicando su procedimiento a los datos de miras de aviones de bombardeo durante la Segunda Guerra Mundial. Artículos subsecuentes que tratan de procedimientos de control para diferentes variables relacionadas son los de Hicks (1955), Jackson (1956) (1959), Montgomery y Wadsworth (1972). Este tema es particularmente importante en la actualidad, ya que los procedimientos automáticos de inspección permiten medir con relativa facilidad muchos parámetros de cada unidad fabricada de un producto.

Supongamos que hay dos características de calidad x_1 y x_2, que se distribuyen conjuntamente según la distribución normal bivariada. Sean $\bar{\bar{x}}$ y $\bar{\bar{x}}$ los valores medios nominales de las características de calidad, y supóngase que se estiman las variancias de x_1 y x_2 mediante las variancias muestrales S_1^2 y S_2^2, respectivamente. La *covariancia* entre x_1 y x_2 es una medida de la dependencia entre las dos características de calidad, y se denota por S_{12}. Si $\bar{x}_1$ y $\bar{x}_2$ son las medias muestrales de las dos características de calidad, calculadas a partir de un subgrupo de tamaño n, entonces la estadística

$$T^2 = \frac{n}{S_1^2 S_2^2 - S_{12}^2}\left[S_2^2(\bar{x}_1 - \bar{\bar{x}}_1)^2 + S_1^2(\bar{x}_2 - \bar{\bar{x}}_2)^2 - 2S_{12}(\bar{x}_1 - \bar{\bar{x}}_1)(\bar{x}_2 - \bar{\bar{x}}_2)\right] \quad (7\text{-}27)$$

se distribuirá según la distribución T^2 de Hotelling, con 2 y $n - 1$ grados de libertad. Si $T^2 > T^2_{\alpha,2,n-1}$, entonces por lo menos una de las características de calidad está fuera de control, donde $T^2_{\alpha,2,n-1}$ es el punto porcentual superior α de la distribución T^2 de Hotelling, con 2 y $n - 1$ grados de libertad.

Es posible representar gráficamente el procedimiento de control. Considérese el caso en el que $\bar{x}_1$ y $\bar{x}_2$ son independientes, es decir, $S_{12} = 0$. Si $S_{12} = 0$, la Ecuación (7-27) define una elipse centrada en $(\bar{x}_1, \bar{x}_2)$ con los ejes principales paralelos a los ejes $\bar{x}_1$ y $\bar{x}_2$, como se muestra en la Fig. 7-12. Hacer T^2 de (7-27) igual a $T^2_{\alpha,2,n-1}$ implica que un par de medias muestrales ob-

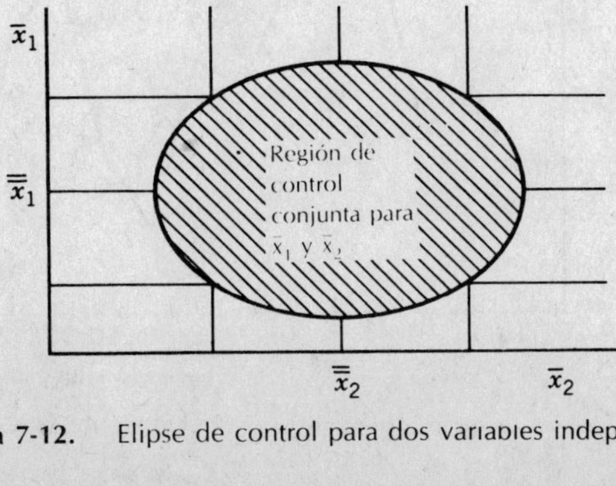

Figura 7-12. Elipse de control para dos variables independientes.

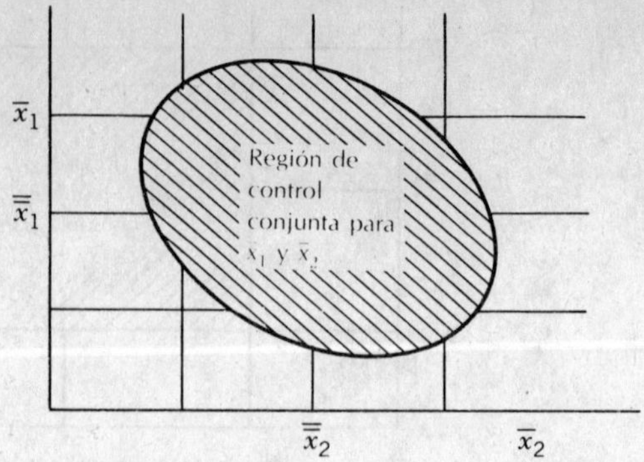

Figura 7-13. Elipse de control para dos variables dependientes.

servadas ($\bar{x}_1$, $\bar{x}_2$) que se encuentran *dentro* de la elipse indican un estado de control estadístico, mientras un par de medias muestrales observadas que caen fuera de la elipse muestran que el proceso está fuera de control. La Figura 7-12 se denomina a menudo *elipse de control*. Compárese la región de control conjunta para $\bar{x}_1$ y $\bar{x}_2$ en la elipse de control con la región similar para $\bar{x}_1$ y x_2 cuando se utilizan dos diagramas de $\bar{x}$ independientes (Fig. 7-11). Si las dos características de calidad son dependientes, entonces $S_{12} = 0$, y la elipse de control correspondiente aparece en la Fig. 7-13. Obsérvese que los ejes principales de la elipse ya no son paralelos a los ejes $\bar{x}_1$ y $\bar{x}_2$ cuando las dos variables son dependientes.

Hay dos desventajas asociadas a la elipse de control. La primera es que se pierde la secuencia en el tiempo de los puntos ubicados; por consiguiente, no es fácil aplicar pruebas para corridas y otros procedimientos relacionados. La segunda desventaja es que resulta difícil construir una elipse para más de dos características de calidad. Para evitar estas dificultades, se acostumbra representar los valores de T^2 calculados a partir de la Ecuación (7-27) para cada muestra en una gráfica de control, con solamente un límite superior de control en $T^2_{\alpha,2,n-1}$, como se presenta en la Fig. 7-14. Esta gráfica se llama normalmente *diagrama de control de* T^2 *de Hotelling*. Obsérvese que conserva la secuencia en el tiempo de los datos, de manera que se pueden investigar

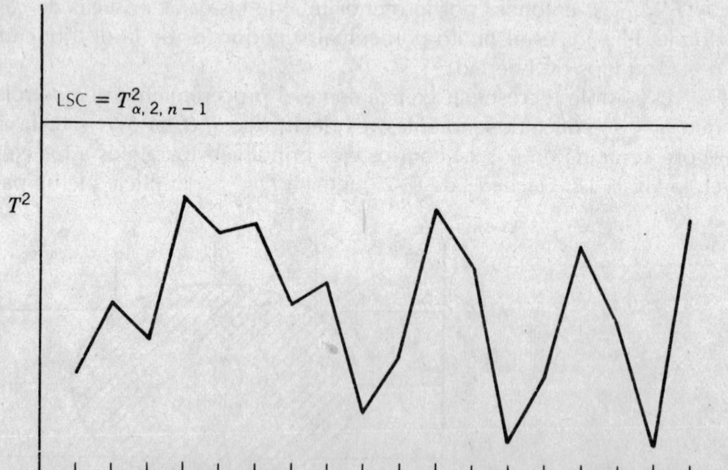

Figura 7-14. Diagrama de control de T^2 de Hotelling para $p = 2$ características de control.

corridas o patrones no aleatorios. Además, tiene la ventaja adicional que el "estado" del proceso se caracteriza mediante un solo número (el valor de la estadística T^2). Esto es particularmente útil cuando hay dos o más características de calidad de interés.

Es posible extender estos resultados al caso en el que se controlan conjuntamente p características de calidad relacionadas. Se supone que la distribución de probabilidad conjunta de las p características de calidad es la distribución normal p-variada. El procedimiento implica el cálculo de la media muestral de cada una de las p características de calidad, para una muestra de tamaño n. Este conjunto de medias de las características de calidad se representa por el vector $p \times 1$

$$\bar{\mathbf{x}} = \begin{bmatrix} \bar{x}_1 \\ \bar{x}_2 \\ \vdots \\ \bar{x}_p \end{bmatrix}$$

La estadística de prueba que se grafica en el diagrama de control para cada muestra es

$$T^2 = n(\bar{\mathbf{x}} - \bar{\bar{\mathbf{x}}})'\mathbf{S}^{-1}(\bar{\mathbf{x}} - \bar{\bar{\mathbf{x}}}) \tag{7-28}$$

donde $\bar{\bar{x}}' = [\bar{\bar{x}}_1, \bar{\bar{x}}_2, \ldots, \bar{\bar{x}}_p]$ es el vector de los valores nomina de cada característica de calidad, y S es la matriz de covariancia de las p características de calidad $x_1, x_2, \ldots, x_p$. El diagrama de control tiene un límite superior en $T^2_{\alpha,p,n-1}$. Se pueden obtener los puntos porcentuales de T^2 a partir de los de la distribución F, mediante la relación

$$T^2_{\alpha,p,n-1} = \frac{p(n-1)}{n-p} F_{\alpha,p,n-p} \tag{7-29}$$

Normalmente es necesario estimar $\bar{\bar{x}}$ y S a partir de muestras preliminares de tamaño n, tomadas cuando se supone que el proceso se encuentra bajo control. Supongamos que se dispone de m de tales muestras. Se calculan las medias y las variancias muestrales para cada muestra como de costumbre; es decir

$$\bar{x}_{jk} = \frac{1}{n} \sum_{i=1}^{n} x_{ijk} \qquad \begin{cases} j = 1, 2, \ldots, p \\ k = 1, 2, \ldots, m \end{cases} \tag{7-30}$$

$$S^2_{jk} = \frac{1}{n-1} \sum_{i=1}^{n} (x_{ijk} - \bar{x}_{jk})^2 \qquad \begin{cases} j = 1, 2, \ldots, p \\ k = 1, 2, \ldots, m \end{cases} \tag{7-31}$$

donde x_{ijk} es la i-ésima observación de la j-ésima característica de calidad en la k-ésima muestra. La covariancia entre la característica de calidad j y la característica de calidad h en la k-ésima muestra es

$$S_{jhk} = \frac{1}{n-1} \sum_{i=1}^{n} (x_{ijk} - \bar{x}_{jk})(x_{ihk} - \bar{x}_{hk}) \qquad \begin{cases} k = 1, 2, \ldots, m \\ j \neq h \end{cases} \tag{7-32}$$

Después se calculan los promedios de las estadísticas $\bar{x}_{jk}$, S^2_{jk} y S_{jhk} para las m muestras, con el fin de obtener

$$\bar{\bar{x}}_j = \frac{1}{m} \sum_{k=1}^{m} \bar{x}_{jk} \qquad j = 1, 2, \ldots, p \tag{7-33a}$$

$$S^2_j = \frac{1}{m} \sum_{k=1}^{m} S^2_{jk} \qquad j = 1, 2, \ldots, p \tag{7-33b}$$

y

$$S_{jh} = \frac{1}{m} \sum_{k=1}^{m} S_{jhk} \qquad j \neq h \tag{7-33c}$$

Los $\{\bar{\bar{x}}_j\}$ son los elementos del vector $\bar{\bar{\mathbf{x}}}$, y la matriz **S** ($p \times p$) de covariancias es

$$\mathbf{S} = \begin{bmatrix} S_1^2 & S_{12} & S_{13} & \cdots & S_{1p} \\ & S_2^2 & S_{23} & \cdots & S_{2p} \\ & & \ddots & & \vdots \\ & & & & S_p^2 \end{bmatrix} \tag{7-34}$$

Ejemplo 7-3

La resistencia a la tensión y el diámetro de una fibra textil son dos importantes características de control, sujetas a un control conjunto. Se dispone de veinte muestras de $n = 10$ madejas de fibra para construir el diagrama de control T^2. Las medias, variancias y covariancias de las muestras se encuentran en la Tabla 7-3. A partir de la Ecuación (7-27) se determina la estadística de prueba que hay que graficar en el diagrama T^2 como

$$T^2 = \frac{10}{(1.23)(0.83) - (0.79)^2}\Big[0.83(\bar{x}_1 - 115.59)^2 + 1.23(\bar{x}_2 - 1.06)^2 - 2(0.79)(\bar{x}_1 - 115.59)(\bar{x}_2 - 1.06)\Big] \tag{7-35}$$

Tabla 7-3 Datos para el diagrama de control de T_2

Número de la muestra, k	Medias muestrales: Resistencia a la tensión ($\bar{x}_1$)	Diámetro ($\bar{x}_2$)	Varianzas y covarianzas: S_{1k}^2	S_{2k}^2	S_{12k}	T^2
1	115.25	1.04	1.25	0.87	0.80	2.16
2	115.91	1.06	1.26	0.85	0.81	5.45
3	115.05	1.09	1.30	0.90	0.82	16.67
4	116.21	1.05	1.25	0.85	0.81	20.91
5	115.90	1.07	1.16	0.73	0.70	4.91
6	115.55	1.06	1.21	0.80	0.76	0.09
7	114.98	1.05	1.25	0.78	0.75	19.41
8	115.25	1.10	1.20	0.83	0.80	7.15
9	116.15	1.09	1.19	0.87	0.83	11.25
10	115.92	1.05	1.17	0.86	0.84	6.03
11	115.75	0.99	1.22	0.79	0.78	2.31
12	114.90	1.06	1.24	0.82	0.81	25.36
13	116.01	1.05	1.26	0.75	0.72	9.69
14	115.83	1.07	1.17	0.76	0.75	2.91
15	115.29	1.11	1.23	0.89	0.82	5.91
16	115.63	1.04	1.24	0.91	0.83	0.15
17	115.47	1.03	1.20	0.85	0.80	0.55
18	115.58	1.05	1.18	0.83	0.79	0.002
19	115.72	1.06	1.31	0.79	0.76	0.90
20	115.40	1.04	1.29	0.85	0.78	1.68
Medias	$\bar{\bar{x}}_1 = 115.59$	$\bar{\bar{x}}_2 = 1.06$	1.23	0.83	0.79	

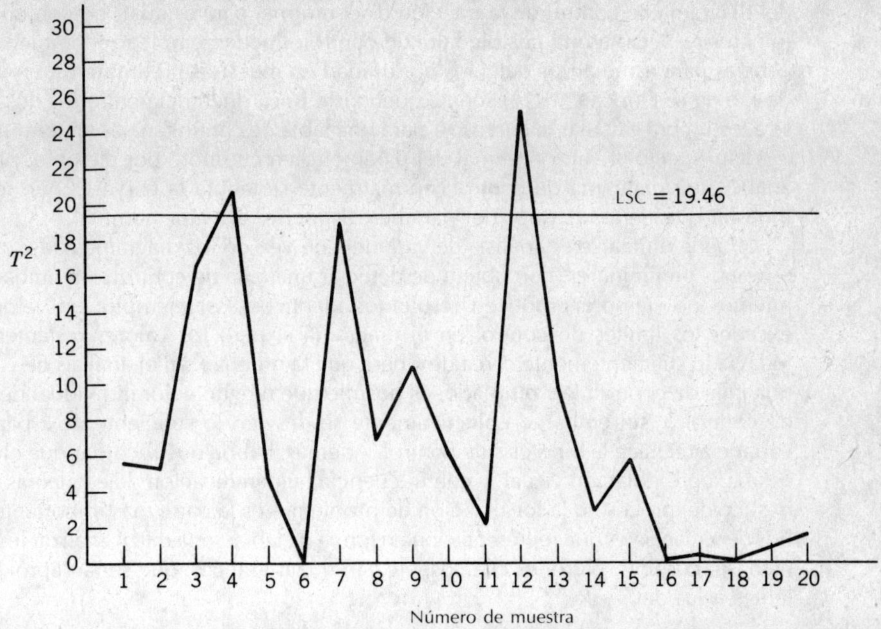

Figura 7-15. Gráfica de control de T^2 para el Ejemplo 7-3.

y si $\alpha = 0.01$, el límite de control superior del diagrama es

$$T^2_{0.01,2,9} = \frac{(2)(9)}{8} F_{0.01,2,8} = \frac{(2)(9)}{8}(8.65) = 19.46$$

Los valores de la estadística de prueba T^2 calculados para cada muestra se presentan en la última columna de la Tabla 7-3. Con objeto de ilustrar el cálculo de T^2, considérese la primera muestra, para la cual se tiene que $\bar{x}_1 = 115.25$ y $\bar{x}_2 = 1.04$. Sustituyendo estos valores en (7-35), se obtiene $T^2 = 2.16$. Los valores de T^2 para las muestras restantes se calculan de modo similar. El diagrama de control de T^2 se muestra en la Fig. 7-15. Se observa cierta falta de control en el proceso, ya que las estadísticas T^2 para las muestras 4 y 12 exceden los límites de control. Es necesario examinar los datos individuales con el fin de determinar qué variables causaron la señal de fuera de control. En nuestro ejemplo, la muestra 4 tiene un valor de $\bar{x}_1$ extraordinariamente grande, y la 12, un valor de $\bar{x}_1$ muy pequeño, mientras que en ambos casos $\bar{x}_2$ tiene el valor nominal. Ya que x_1 y x_2 tienen una alta correlación positiva, este comportamiento probablemente no se debe sólo al azar, y es quizá la causa de la señal de fuera de control. A veces es útil el empleo de diagramas de $\bar{x}$ suplementarios para las variables individuales, ya que pueden ayudar a determinar cuáles son las características de calidad que están fuera de control.

■

7-6 ALTERNATIVAS ESTADÍSTICAS A LOS DIAGRAMAS DE CONTROL

Se observó antes que el diagrama de control es estadísticamente equivalente a probar una hipótesis. De hecho, se pueden usar varios procedimientos estadísticos de pruebas de hipótesis como opciones a las gráficas de control. Por ejemplo, es posible utilizar tablas de contingencias en vez del diagrama de control de la fracción disconforme, para estudiar un conjunto de muestras preliminares respecto a una posible falta de control. Pueden emplearse también las tablas de contingencias para estudiar los defectos por unidad en muestras preliminares, en vez de los diagramas de *c* o de *u*. Duncan (1974) señala que existe poca diferencia entre los dos enfoques, salvo que se acostumbra calcular la curva OC para una tabla de contingencias en términos de una diferencia media respecto al valor nominal del parámetro en cuestión (por ejemplo, *p*), mientras que en el análisis por diagrama de control, normalmente se tabula la curva CO en términos de una sola muestra que tiene un valor del parámetro superior al valor nominal.

Puede utilizarse el análisis de variancia en vez de los diagramas de $\bar{x}$ y de R para examinar muestras preliminares, con objeto de detectar una falta de control. Sin embargo, los dos procedimientos no siempre producen resultados idénticos. Por ejemplo, un valor único de $\bar{x}$ podría exceder los límites de control en el diagrama $\bar{x}$, pero los valores restantes de $\bar{x}$ podrían estar todavía lo suficientemente cerca de $\bar{\bar{x}}$ para que la prueba F en el análisis de variancia no detectara una falta de control. Por otro lado, es posible que ningún valor individual de $\bar{x}$ exceda los límites de control, y sin embargo colectivamente se desvíen lo suficiente de $\bar{\bar{x}}$ para que el análisis de variancia rechace la hipótesis de control. Además, habría que recordar que el diagrama de control es una representación visual, y con frecuencia la identificación de esquemas o patrones y el diagnóstico del proceso o la localización de problemas es la parte más importante del estudio. El análisis de variancia es una representación en forma de tabla; sería difícil analizar los datos para encontrar rachas o corridas, patrones cíclicos, etc. sin trazar gráficas, que serían aproximadamente equivalentes a las de $\bar{x}$ y R.

7-7 OPERACIÓN EVOLUTIVA[2]

La mayoría de los métodos de control de procesos miden una o más características de control de salida, y si estas últimas son satisfactorias, no se modifica el proceso. Sin embargo, en algunos casos en los que existe una fuerte relación entre una o más variables controlables e *independientes* del proceso y la característica de calidad observada o variable *dependiente*, se pueden aplicar a veces otras técnicas de control de procesos. Por ejemplo, supóngase que un ingeniero químico desea maximizar la producción de un proceso. El rendimiento depende de dos variables controlables del proceso, la temperatura (x_1) y la presión (x_2); así,

$$y = f(x_1, x_2) + \epsilon$$

donde ϵ es una componente de error aleatorio. El ingeniero químico determinó un conjunto de condiciones de funcionamiento o niveles para x_1 y x_2 que maximizan la producción y proporcionan valores aceptables para todas las otras características de calidad. Sin embargo, incluso si la fábrica trabaja en forma continua a estos niveles, con el ejemplo se "desviará" de lo óptimo debido a variaciones en la materia prima, cambios ambientales, personal operativo, etcétera.

Se requiere un método para el funcionamiento y vigilancia continuas de un proceso, con la meta de mover las condiciones de funcionamiento hacia lo óptimo, o siguiendo una lenta "deriva". El método no debe requerir cambios grandes o bruscos en las condiciones de funcionamiento, que podrían interrumpir la producción. Box (1957) propuso la *operación evolutiva* (EVOP, o bien OPEV) como uno de tales métodos. Se diseñó como un modo de operación rutinario en la fábrica que es aplicado por el personal operativo, con asistencia mínima del cuerpo técnico de ingeniería de calidad o de producción. En la OPEV se utilizan los principios del diseño de operaciones, que normalmente es un método de control de calidad "fuera de línea". Así, constituye una aplicación en línea de experimentos diseñados.

[2]El material de esta sección se adapta de D.C. Montgomery, *Design and Analysis of Experiments*, 2a. ed., John Wiley, Nueva York, 1984, con permiso del editor.

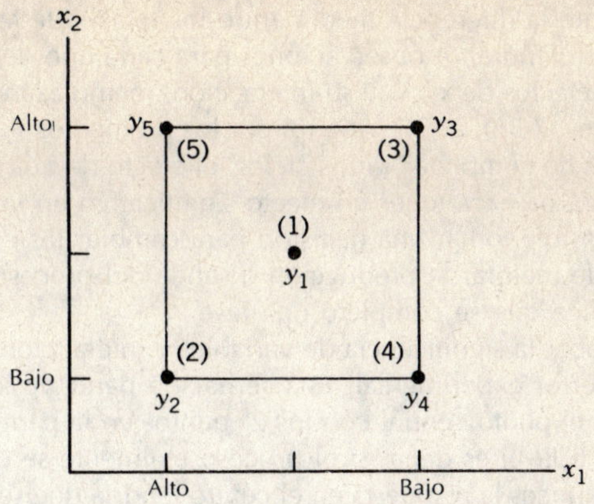

Figura 7-16. Un diseño factorial 2^2.

La OPEV consiste en introducir en forma sistemática cambios pequeños en los niveles de las variables de funcionamiento del proceso. Para ello es necesario asignar a cada variable independiente del proceso un nivel "alto" y otro "bajo". Se supone que los cambios en las variables son suficientemente pequeños para no ocasionar perturbaciones serias en la calidad del producto, pero sin embargo lo bastante grandes para poder observar con el tiempo mejoras potenciales en el rendimiento del proceso. En la Fig. 7-16 se muestran las cuatro combinaciones posibles de niveles altos y bajos para dos variables x_1 y x_2. Esta disposición de puntos se llama *diseño de factorial* 2^2. También se incluyó un punto al centro del diseño. Comúnmente el sistema 2^2 se centra alrededor del mejor estimador actual de las condiciones óptimas de operación.

Los puntos en el diseño considerado se numeran 1, 2, 3, 4 y 5. Sean y_1, y_2, y_3, y_4 y y_5 los valores observados de la variable dependiente o de respuesta, que corresponden a tales puntos. Se dice que se completó un *ciclo* después de obtener una observación para cada punto. Se define el efecto principal de un factor como el cambio medio en la respuesta, producido por un cambio del nivel bajo al nivel alto del factor. Así, el efecto de x_1 es el promedio de la diferencia que hay entre las respuestas del lado derecho del diseño en la Fig. 7.16 y las del lado izquierdo, o

$$\begin{aligned}\text{efecto de } x_1 &= \tfrac{1}{2}[(y_3 + y_4) - (y_2 + y_5)] \\ &= \tfrac{1}{2}[y_3 + y_4 - y_2 - y_5] \qquad (7\text{-}36)\end{aligned}$$

De modo similar, el efecto de x_2 se obtiene calculando el promedio de la diferencia entre las respuestas de la parte de arriba del diseño en la Fig. 7.16 y las de la parte de abajo; es decir,

$$\begin{aligned}\text{efecto de } x_2 &= \tfrac{1}{2}[(y_3 + y_5) - (y_2 + y_4)] \\ &= \tfrac{1}{2}[y_3 + y_5 - y_2 - y_4] \qquad (7\text{-}37)\end{aligned}$$

Si el cambio del nivel bajo al alto de x_1 produce un efecto que es distinto para los dos niveles de x_2, se dice entonces que existe una *interacción* entre x_1 y x_2. El efecto de la interacción es

$$\text{interacción } x_1 \times x_2 = \tfrac{1}{2}[y_2 + y_3 - y_4 - y_5] \qquad (7\text{-}38)$$

o simplemente la diferencia media entre los totales de las diagonales en la Fig. 7-16. Después de *n* ciclos, se tendrán *n* observaciones para cada uno de los cinco puntos del diseño. Luego se calculan los efectos de x_1, x_2 y su interacción, reemplazando las observaciones individuales y_i en las ecuaciones (7-36), (7-37) y (7-38) por los promedios $\bar{y}_i$ de las *n* observaciones en cada punto.

Después de completar varios ciclos, el efecto de una o más variables del proceso, o su interacción, quizá parezca tener un efecto significativo en la variable de respuesta *y*. Cuando esto ocurre, es posible tomar una decisión para cambiar las condiciones básicas de funcionamiento con objeto de mejorar la producción o salida del proceso. Cuando se detectan condiciones de mejora, se dice que se completó una *fase*.

Para probar la significancia de variables e interacciones de un proceso, se necesita una estimación del error experimental. Ésta se hace a partir de los datos de los ciclos. Al comparar la respuesta en el punto central con los 2^k puntos en la parte factorial, puede verificarse el *cambio en la media* (CEM); es decir, si el proceso realmente se encuentra centrado en el máximo (por ejemplo), entonces la respuesta en el centro tendría que ser significativamente mayor que las respuestas en los 2^k puntos periféricos.

En teoría, la OPEV puede aplicarse para *k* variables del proceso. En la práctica, se consideran normalmente sólo dos o tres variables a la vez. Veamos un ejemplo del procedimiento con dos variables. Box y Draper (1969) ofrecen un análisis del caso de tres variables, incluyendo formas y hojas de trabajo necesarias.

Ejemplo 7-4

Considérese un proceso químico cuyo rendimiento depende de la temperatura (x_1) y la presión (x_2). Las condiciones actuales de operación son $x_1 = 250°F$ y $x_2 = 145$ lb/plg^2 (psi). En el procedimiento de la OPEV se utiliza el diseño 2^2 más el punto central, mostrado en la Fig. 7-17. Se completa el ciclo recorriendo cada punto del diseño en orden (1, 2, 3, 4, 5). En la Fig. 7-17 se indican las producciones del primer ciclo. Éstas se registran en la hoja de cálculo de la OPEV, la cual se presenta en la Tabla 7-4. Al final del primer ciclo no es posible estimar la desviación estándar. Los cálculos de los efectos principales de temperatura y presión, y su interacción, se muestran en la parte inferior de la Tabla 7-4.

Se realiza después un segundo ciclo y se anotan los datos de producción en otra hoja de cálculo de la OPEV, que aparece en la Tabla 7-5. Al final del segundo ciclo es posible estimar el error experimental y comparar las estimaciones de los efectos para aproximar límites de 95% (dos desviaciones estándares). Obsérvese que la amplitud se refiere a la amplitud de las diferencias en el renglón (iv); así, la amplitud es +1.0 — (— 1.0) = 2.0. Ya que ningu-

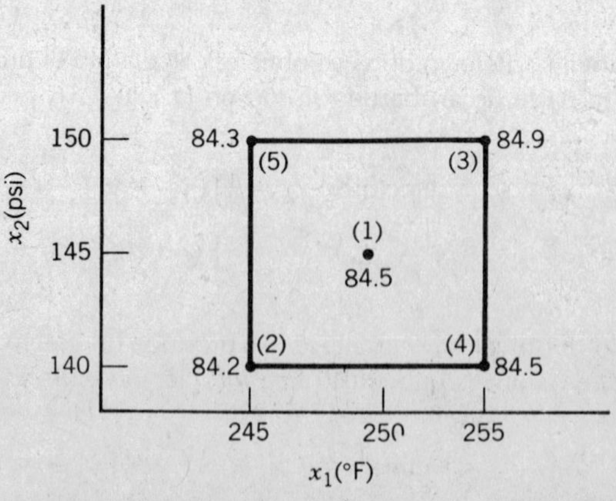

Figura 7-17. Diseño 2^2 para el Ejemplo 7-4.

Tabla 7-4 Hoja de cálculo de la OPEV, Ejemplo 7-4, $n = 1$

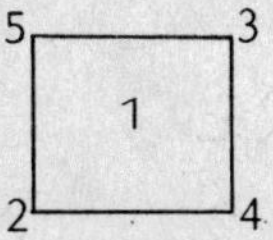

Ciclo: $n = 1$
Respuesta: Producción

Fase 1
Fecha: 14-06-85

	Cálculo de las medias					Cálculo de la desviación estándar
Condiciones operativas	(1)	(2)	(3)	(4)	(5)	
(i) Suma del ciclo anterior						Suma anterior S =
(ii) Media del ciclo anterior						Media anterior S =
(iii) Nuevas observaciones	84.5	84.2	84.9	84.5	84.3	Nueva S = amplitud $\times f_{5,n}$ =
(iv) Diferencias [(ii) — (iii)]						Amplitud de (iv) =
(v) Nuevas sumas [(i) + (iii)]	84.5	84.2	84.9	84.5	84.3	Nueva suma S =
(vi) Nuevas medias $[\bar{y}_i = (v)/n]$	84.5	84.2	84.9	84.5	84.3	Nueva media $S = \dfrac{\text{Nueva suma } S}{n - 1}$

Cálculo de efectos	Cálculo de límites de error
Efecto de la temperatura $= \frac{1}{2}(\bar{y}_3 + \bar{y}_4 - \bar{y}_2 - \bar{y}_5) = 0.45$	Para la nueva media $\dfrac{2}{\sqrt{n}} S =$
Efecto de la presión $= \frac{1}{2}(\bar{y}_3 + \bar{y}_5 - \bar{y}_2 - \bar{y}_4) = 0.25$	Para los nuevos efectos $\dfrac{2}{\sqrt{n}} S =$
Efecto de la interacción $T \times P = \frac{1}{2}(\bar{y}_2 + \bar{y}_3 - \bar{y}_4 - \bar{y}_5) = 0.15$	
Efecto del cambio de la media $\frac{1}{5}(\bar{y}_2 + \bar{y}_3 + \bar{y}_4 + \bar{y}_5 - 4\bar{y}_1) = -0.02$	Para el cambio en la media $\dfrac{1.78}{\sqrt{n}} S =$

no de los efectos en la Tabla 7-5 excede sus límites de error, el efecto real es probablemente cero, y no se prevén cambios en las condiciones del funcionamiento.

Los resultados de un tercer ciclo se presentan en la Tabla 7-6. El efecto de la presión excede ahora a su límite de error, y el efecto de la temperatura es igual a su propio límite de error. Ahora se justifica probablemente un cambio en las condiciones de funcionamiento.

Tomando en cuenta los resultados, parece razonable empezar una nueva fase de la OPEV alrededor del punto (3). Así, $x_1 = 225°\text{F}$ y $x_2 = 150$ lb/plg^2 será el centro del diseño 2^2 en la segunda fase.

Un aspecto importante de la OPEV es presentar la información generada a los operadores y supervisores del proceso. Esto se logra mediante un tablero de información de OPEV, expuesto de modo llamativo. En la Tabla 7-7 se muestra el tablero de información para este ejemplo al final del tercer ciclo.

La mayoría de las cantidades que figuran en la hoja de cálculo de la OPEV se deducen directamente del análisis del diseño factorial 2^k. Por ejemplo, la variancia de cualquier efecto, como $\frac{1}{2}(y_3 + y_5 - y_2 + y_4)$ es simplemente

$$V\left[\tfrac{1}{2}(\bar{y}_3 + \bar{y}_5 - \bar{y}_2 - \bar{y}_4)\right] = \tfrac{1}{4}\left(\sigma^2_{\bar{y}_3} + \sigma^2_{\bar{y}_5} + \sigma^2_{\bar{y}_2} + \sigma^2_{\bar{y}_4}\right)$$

$$= \tfrac{1}{4}\left(4\sigma^2_{\bar{y}}\right) = \frac{\sigma^2}{n}$$

Tabla 7-5 Hoja de cálculo de la OPEV, Ejemplo 7-4, $n = 2$

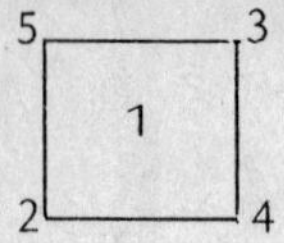

Ciclo: $n = 2$ Fase 1
Respuesta: Producción Fecha: 14-06-91

	Cálculo de las medias					Cálculo de la desviación estándar
Condiciones operativas	(1)	(2)	(3)	(4)	(5)	
(i) Suma del ciclo anterior	84.5	84.2	84.9	84.5	84.3	Suma anterior S =
(ii) Media del ciclo anterior	84.5	84.2	84.9	84.5	84.3	Media anterior S =
(iii) Nuevas observaciones	84.9	84.6	85.9	83.5	84.0	Nueva S = amplitud × $f_{5,n}$ = 0.60
(iv) Diferencias [(ii) — (iii)]	—0.4	—0.4	—1.0	+1.0	0.3	Amplitud de (iv) = 2.0
(v) Nuevas sumas [(i) + (iii)]	169.4	168.8	170.8	168.0	168.3	Nueva suma S = 0.60
(vi) Nuevas medias [$\bar{y}_i$ = (v)/n]	84.70	84.40	85.40	84.00	84.15	Nueva media
						$S = \dfrac{\text{Nueva suma } S}{n-1} = 0.60$

Efecto de la temperatura $= \frac{1}{2}(\bar{y}_3 + \bar{y}_4 - \bar{y}_2 - \bar{y}_5) = 0.43$ Para la nueva media $\dfrac{2}{\sqrt{n}} S = 0.85$

Efecto de la presión $= \frac{1}{2}(\bar{y}_3 + \bar{y}_5 - \bar{y}_2 - \bar{y}_4) = 0.58$ Para los nuevos efectos $\dfrac{2}{\sqrt{n}} S = 0.85$

Efecto de la interacción $T \times P = \frac{1}{2}(\bar{y}_2 + \bar{y}_3 + \bar{y}_4 + \bar{y}_5 - 4\bar{y}_1) = 0.83$

Efecto del cambio de la media $\frac{1}{2}(\bar{y}_2 + \bar{y}_3 + \bar{y}_4 + \bar{y}_5 - 4\bar{y}_1) = -0.17$ Para el cambio en la media $\dfrac{1.78}{\sqrt{n}} S = 0.76$

donde σ^2 es la variancia de las observaciones (y). Por lo tanto, los límites de error de dos desviaciones estándares (correspondientes a 95%) para cualquier efecto serían $\pm 2\sigma/\sqrt{n}$. La varianza del cambio en la media (CEM) es

$$V(\text{CEM}) = V\left[\tfrac{1}{5}\left(\bar{y}_2 + \bar{y}_3 + \bar{y}_4 + \bar{y}_5 - 4\bar{y}_1\right)\right]$$

$$= \tfrac{1}{25}\left(4\sigma_{\bar{y}}^2 + 16\sigma_{\bar{y}}^2\right) = \frac{20}{25}\frac{\sigma^2}{n}$$

En consecuencia, los límites de error de dos desviaciones estándares para el CEM son $\pm 2\sigma\sqrt{20/(25n)} = \pm 1.78\sigma/\sqrt{n}$. Más información acerca del diseño factorial 2^k puede verse en Montgomery (1984).

La desviación estándar σ se estima por el método de la amplitud. Sean $y_i(n)$ la observación en el i-ésimo punto en el ciclo n, y $\bar{y}_i(n)$ la media correspondiente de $\bar{y}_i(n)$ después de n ciclos. Las cantidades en el renglón (iv) de la hoja de cálculo de la OPEV son las diferen-

Tabla 7-6 Hoja de cálculo de la OPEV, Ejemplo 7-4, n = 3

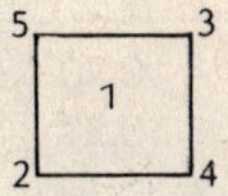

Ciclo: n = 3
Respuesta: Producción

Fase 1
Fecha: 14-06-91

Condiciones operativas	(1)	(2)	(3)	(4)	(5)	Cálculo de la desviación estándar
(i) Suma del ciclo anterior	169.4	168.8	170.8	168.0	168.3	Suma anterior S = 0.60
(ii) Media del ciclo anterior	84.70	84.40	85.40	84.00	84.15	Media anterior S = 0.60
(iii) Nuevas observaciones	85.0	84.0	86.0	84.9	85.2	Nueva S = amplitud × $f_{5,n}$ = 0.56
(iv) Diferencias [(ii) — (iii)]	—0.30	+0.40	—1.20	—1.90	—1.05	Amplitud de (iv) = 1.60
(v) Nuevas sumas [(i) + (iii)]	254.4	252.8	257.4	252.9	253.5	Nueva suma S = 1.16
(vi) Nuevas medias [$\bar{y}_i$ = (v)/n]	84.80	84.27	85.80	84.30	84.50	Nueva media $S = \dfrac{\text{Nueva suma } S}{n-1} = 0.58$

(Encabezado de las columnas (1)–(5): Cálculo de las medias)

Cálculo de efectos

Efecto de la temperatura $= \frac{1}{2}(\bar{y}_3 + \bar{y}_4 - \bar{y}_2 - \bar{y}_5) = 0.67$

Efecto de la presión $= \frac{1}{2}(\bar{y}_3 + \bar{y}_5 - \bar{y}_2 - \bar{y}_4) = 0.87$

Efecto de la interacción $T \times P = \frac{1}{2}(\bar{y}_2 + \bar{y}_3 + \bar{y}_4 + \bar{y}_5 - 4\bar{y}_1) = 0.64$

Efecto del cambio de la media $\frac{1}{2}(\bar{y}_2 + \bar{y}_3 + \bar{y}_4 + \bar{y}_5 - 4\bar{y}_1) = -0.07$

Cálculo de límites de error.

Para la nueva media $\dfrac{2}{\sqrt{n}} S = 0.67$

Para los nuevos efectos $\dfrac{2}{\sqrt{n}} S = 0.67$

Para el cambio en la media $\dfrac{1.78}{\sqrt{n}} S = 0.60$

Tabla 7-7 Tablero de información de OPEV, Tercer ciclo

Respuesta: Producción porcentual
Requerimiento: Maximizar

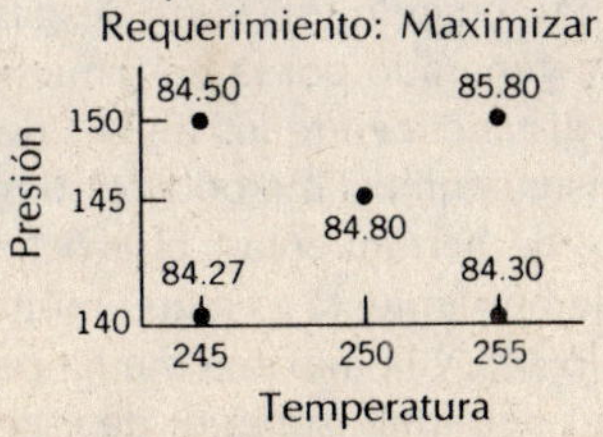

Efectos con límites de error de 95%		Límites de error para las medias: ± 0.67
Temperatura	0.67	± 0.67
Presión	0.87	± 0.67
$T \times P$	0.64	± 0.67
Cambio en la media	0.07	± 0.60

Desviación estándar: 0.58.

Tabla 7-8 Valores de $f_{k,n}$

$n =$	2	3	4	5	6	7	8	9	10
$k =$ 5	0.30	0.35	0.37	0.38	0.39	0.40	0.40	0.40	0.41
9	0.24	0.27	0.29	0.30	0.31	0.31	0.31	0.32	0.32
10	0.23	0.26	0.28	0.29	0.30	0.30	0.30	0.31	0.31

cias $\bar{y}_i(n) - \bar{y}_i(n-1)$. La variancia de estas diferencias es $V[\bar{y}_i(n) - \bar{y}_i(n-1) \equiv \sigma^2[n/(n-1)]$. La amplitud de las diferencias, R_D, está relacionada con la estimación de la distribución de las diferencias por $\sigma = R_D/d_2$. Ahora, $R_D/d_2 = \sigma\sqrt{n/(n-1)}$, de manera que puede utilizarse

$$\hat{\sigma} = \sqrt{\frac{(n-1)}{n}}\,\frac{R_D}{d_2} = (f_{k,n})R_D \equiv S$$

para estimar la desviación estándar de las observaciones, donde k denota el número de puntos usados en el diseño. Para un diseño 2^2 con un punto central, se tiene que $k = 5$, y para uno 2^3 con un punto central, $k = 9$. Los valores de $f_{k,n}$ se presentan en la Tabla 7-8.

■

7-8 OTROS PROCEDIMIENTOS

Existen muchas técnicas útiles de control de procesos además de las ya presentadas. En esta sección se describen brevemente algunos de esos métodos, junto con algunas referencias básicas. La selección de temas está lejos de ser exhaustiva, pero sí refleja un conjunto de ideas que son útiles en la práctica.

Desgaste de herramientas. ■ Muchos procesos de fabricación están sujetos al desgaste de las herramientas. Cuando esto sucede, suele observarse que la variabilidad del proceso en cualquier momento es considerablemente menor que la variabilidad permitida para la duración total de la herramienta. Además, cuando ésta sufre desgaste, habrá en general un cambio o tendencia hacia arriba en la media, generado por la herramienta desgastada, que produce mayores dimensiones. En tales casos la distancia entre los límites de especificación suele ser mucho mayor que, por ejemplo, 6σ. Por consiguiente, el método del diagrama de control modificado puede aplicarse al problema de desgaste de herramientas. El procedimiento se ilustra en la Fig. 7-18.

El ajuste inicial de la herramienta es algún múltiplo de σ_x por arriba del límite inferior de especificación, por ejemplo $3\sigma_x$, y la máxima media permisible del proceso se encuentra el mismo múltiplo de σ_x por debajo del límite superior de especificación. Si se conoce la tasa de desgaste, o puede estimarse a partir de los datos, es posible establecer un conjunto de límites de control inclinados en torno a la línea de tendencia para el desgaste de la herramienta, como se ve en la Fig. 7.18. Si los valores muestrales de $\bar{x}$ caen entre estos límites, el desgaste de la herramienta se encuentra bajo control. Cuando la línea de tendencia excede la máxima media permisible del proceso, habrá que ajustar el proceso o cambiar la herramienta.

Duncan (1974) y Manuele (1945) analizan con mayor detalle las gráficas de control para desgaste de herramientas. También es posible adaptar la gráfica de control de regresión al problema del desgaste de herramientas [véase Mandel (1969)].

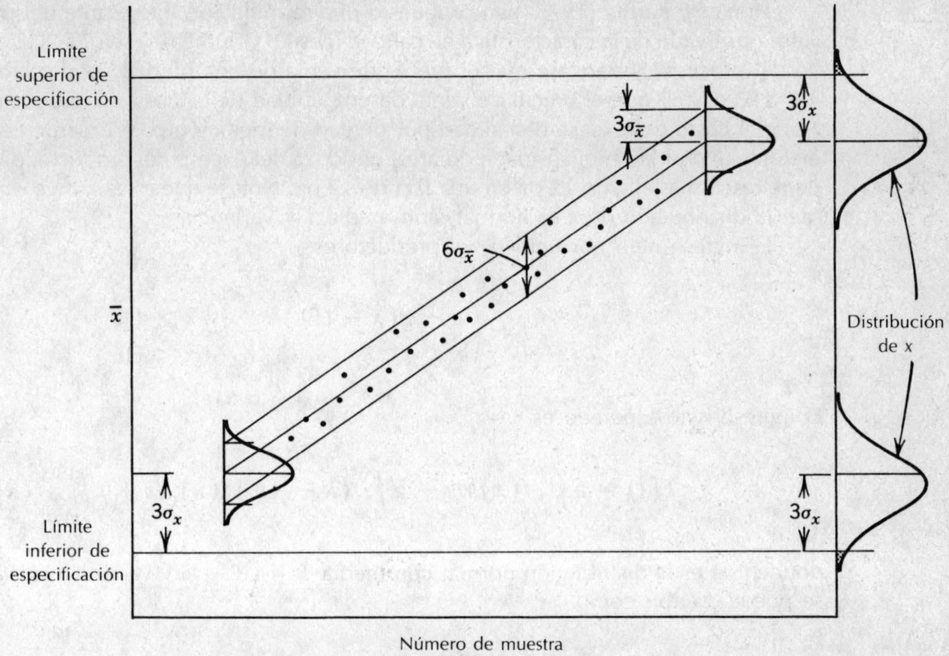

Figura 7-18. Diagrama de control para desgaste de herramientas.

Diagramas de control basados en otras estadísticas muestrales. ■ Algunos autores han sugerido el uso de la mediana en vez de $\bar{x}$ para complementar las gráficas de mediciones individuales. Por ejemplo, véanse Ferrell (1953), y Grant y Leavenworth (1980). También se han propuesto las medianas de R y S como las líneas centrales de estas gráficas, de manera que la asimetría de las distribuciones de estas estadísticas no influirá en el número de corridas o rachas por arriba y por debajo de la línea central. Cuando se realizan pares de observaciones acerca de cada unidad, o bien se desea comparar con una unidad o con un lote estándar, es posible graficar la diferencia $x_{1j} - x_{2j}$. Esto se llama a veces *diagrama de control de diferencias* [véase Grubbs (1946)]. Howell (1949) ha propuesto diagramas de control para los valores muestrales más grande y más pequeño.

Diagramas de control de grupos. ■ Esta técnica es en ocasiones útil cuando hay muestras de varias fuentes distintas, y es deseable combinar toda la información en un solo diagrama de control. El procedimiento consiste en graficar sólo el valor de $\bar{x}$ más grande y el más pequeño en un sólo diagrama, en vez de llevar un diagrama de $\bar{x}$ distinto para cada fuente muestral. Para el diagrama de R se sigue un procedimiento similar. Se determinan las líneas centrales y los límites de control para las gráficas combinando las muestras de todas las fuentes. Las ventajas del método del diagrama de control de grupos sobre la representación de un conjunto de gráficas separadas para cada fuente muestral son que resulta más sencillo de mantener e interpretar, y puede ser más fácil determinar si ciertas fuentes muestrales funcionan eficazmente o no. Grant y Leavenworth (1980) analizan el diagrama de control de grupos.

Selección del valor objetivo óptimo para un proceso. ■ Un problema importante en la fabricación es determinar el nivel objetivo óptimo para el proceso. Por ejemplo, supóngase que hay un límite inferior de especificación para el peso de un envase. En muchos procesos industriales o de manufactura, cada envase se pesa mediante una balanza automática. Si el envase pesa menos que el límite inferior de especificación (LIE), es rechazado automáticamente. Se desea determinar un valor objetivo para el llenado $T > \text{LIE}$ que en cierta manera resulte óptimo.

Hunter y Kartha (1977) han propuesto una formulación interesante del problema. Sea x el valor observado de la característica de calidad (peso o volumen), y sea T = LIE + δ el valor objetivo del proceso. Supóngase que el precio de venta de una unidad sin defectos del producto ($x \geq$ LIE) es a, y que el precio de venta de una unidad defectuosa del producto ($x <$ LIE) es r. Sea g el costo del exceso de calidad por unidad de medición para un artículo sin defectos. Por ejemplo, g podría ser el costo (en dólares) por onza del exceso del producto, digamos la cantidad de refresco mas allá de 12 oz en una lata de 12 oz. Nótese que $a > r$, y $g > 0$. Supongamos que la distribución de x es normal, con media T y variancia σ^2.

El ingreso neto por unidad del producto es

$$I = \begin{cases} a - g(x - \text{LSL}) & \text{si } x \geq \text{LIE} \\ r & \text{si } x < \text{LIE} \end{cases}$$

El ingreso neto esperado es

$$E(I) = a\int_{\text{LIE}}^{\infty} f(x)\,dx - g\int_{\text{LIE}}^{\infty} (x - \text{LIE})\,f(x)\,dx + r\int_{-\infty}^{\text{LSL}} f(x)\,dx \tag{7-39}$$

donde $f(x)$ es la distribución normal con media T = LIE + δ y variancia σ^2. La Ecuación (7-39) se puede escribir como

$$E(I) = a\Phi\left(\frac{\delta}{\sigma}\right) - g\int_{\text{LIE}}^{\infty} (x - \text{LIE})\,f(x)\,dx + r\Phi\left(\frac{-\delta}{\sigma}\right) \tag{7-40}$$

Obsérvese que δ es la cantidad media del producto que hay que "regalar"; es decir, es la distancia entre el límite inferior de especificación LIE y el valor objetivo T al que debe funcionar el proceso.

El valor óptimo para δ es la solución de

$$\frac{dE(I)}{d\delta} = \frac{a}{\sigma}\phi\left(\frac{\delta}{\sigma}\right) - g\Phi\left(\frac{\delta}{\sigma}\right) - \frac{r}{\sigma}\phi\left(\frac{-\delta}{\sigma}\right) = 0 \tag{7-41}$$

donde $\phi(z) = (2\pi)^{-1/2}\exp(-z^2/2)$. La solución de (7-41) es

$$\frac{\phi(\delta/\sigma)}{\Phi(\delta/\sigma)} = \frac{g\sigma}{a - r} \tag{7-42}$$

La Ecuación (7-42) puede resolverse por ensayo y error para valores específicos de a, r, g y σ, con objeto de encontrar el valor óptimo de δ^*, con la ayuda de una tabla de distribución acumulativa normal estándar. De manera alternativa, la solución puede obtenerse directamente a partir de la Fig. 7-19. Se ilustra el procedimiento mediante el siguiente ejemplo.

Ejemplo 7-5

Se utiliza una máquina para llenar latas de aluminio con un refresco gaseoso. El volumen nominal de llenado es de 12.0 oz. El costo de la bebida es \$0.01 (dólares) la onza. El precio de venta al por mayor de una lata es \$0.20. Se emplea una balanza automática para rechazar las latas con llenado bajo. Todas las que tienen este tipo de llenado se venden internamente al precio de \$0.10 cada una. Se usaron diagramas de $\bar{x}$ y R basados en muestras de tamaño

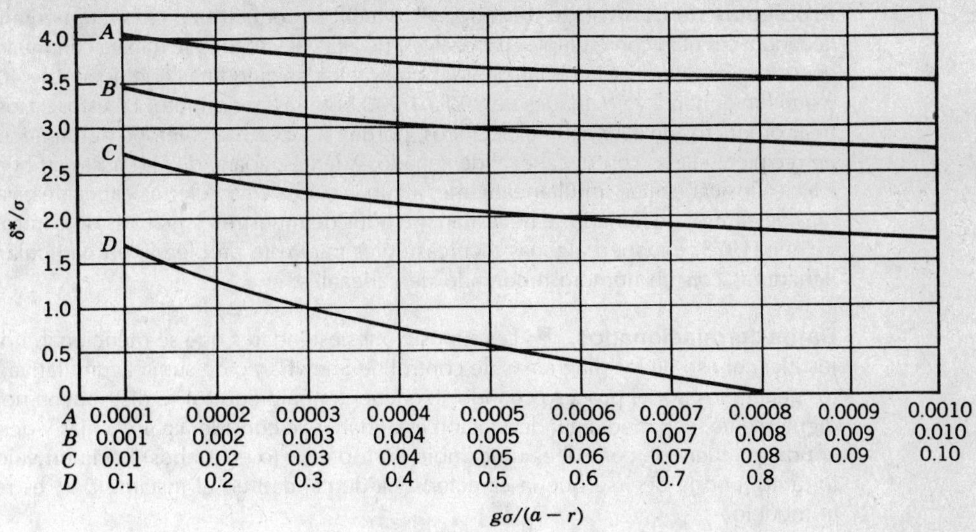

Figura 7-19. Gráfica aritmética de cuatro ciclos para determinar δ^*/σ, dado $g\sigma/(a - r)$. (De L. S. Nelson, "Best Target Value for a Production Process", *Journal of Quality Technology*, vol. 10, 1978, con permiso de la American Society for Quality Control.)

cinco para controlar el proceso. Ambas gráficas indican control, y la línea central del diagrama de R es de 0.15. Por consiguiente, se puede estimar la desviación estándar por medio de

$$\hat{\sigma} = \frac{\bar{R}}{d_2} = \frac{0.15}{2.326} = 0.0645$$

Para encontrar el valor objetivo óptimo del volumen medio de llenado, obsérvese que

$$\frac{g\sigma}{a - r} = \frac{(0.01)(0.0645)}{0.20 - 0.10} = 0.0065$$

Utilizando 0.0065 como el valor de la abscisa en la Fig. 7-19, se determina que el valor correspondiente de la ordenada es aproximadamente 2.85. Por lo tanto, como $\delta^*/\sigma = 2.85$, se tiene que

$$\delta^* = 2.85\sigma = 2.85(0.0645) = 0.1838$$

Así, el volumen medio de llenado económicamente óptimo para este proceso es

$$T = \text{LSL} + \delta^* = 12 + 0.1838 = 12.1838 \text{ fl oz}$$

■

Bisgaard, Hunter y Pallesen (1984) han extendido el procedimiento de Hunter y Kartha a un modelo económico más general, en el que el precio de venta de cada unidad con llenado insuficiente es proporcional al llenado real, y han dado soluciones detalladas para distribuciones normales, lognormales y de Poisson de la característica de calidad. Cuando el precio de mercado secundario es igual al costo de producción, las dos modelos coinciden exactamente. Además, cuando δ^*/σ es mayor que dos, los dos modelos producen resultados muy similares.

Problemas de control de llenado. ■ Muchos productos se envasan mediante una máquina llenadora circular, con múltiples cabezales y de alta velocidad, que trabaja continuamente. Es normal encontrar en la industria de las bebidas embotelladas máquinas que tienen de 40 a 72 cabezales y que funcionan a velocidades de 800 a 1 000 botellas por minuto. En estos casos es difícil muestrear productos de cabezales específicos, porque no existe un método automático para relacionar un recipiente lleno con su cabezal de llenado. Además, aparte de las causas atribuibles que afectan a todos los cabezales simultáneamente, algunas sólo afectan ciertos cabezales. Para estos problemas de control de llenado se necesitan métodos de muestreo y gráficas de control especiales. Ott y Snee (1973) exponen algunas técnicas útiles para este problema, en particular para máquinas llenadoras con un número moderado de cabezales.

Datos correlacionados. ■ Las suposiciones estándares que se mencionan normalmente para justificar el uso de los diagramas de control de Shewhart o de suma acumulativa, son que los datos generados por el proceso cuando se encuentra bajo control se distribuyen normal e independientemente, con media μ y desviación estándar σ. Se considera a μ y σ fijas y desconocidas. Una condición fuera de control es un cambio en μ o en σ (o en ambos) hacia un valor diferente. Por lo tanto, podría decirse que la característica de calidad en el instante t, x_t, es representada por el modelo

$$x_t = \mu + \epsilon_t \qquad t = 1, 2, \ldots$$

en donde ε se distribuye normal e independientemente, con media cero y desviación estándar σ.

Cuando se satisfacen estas suposiciones es posible utilizar los diagramas de control usuales de Shewhart o de suma acumulativa, u otros procedimientos, como la gráfica de la MMPE, y obtener conclusiones sobre el estado de control del proceso. Además, las propiedades estadísticas de la gráfica de control, como la tasa de falsas alarmas con límites de control de tres sigmas, o como la longitud media de corrida, pueden determinarse fácilmente, y utilizarse como una guía para la interpretación de las gráficas. Aun en situaciones en las que se infringieran en grado ligero o moderado estas suposiciones, tales diagramas de control funcionarían razonablemente bien.

La más importante de estas suposiciones es la *independencia* de las observaciones, porque los diagramas de control ordinarios no funcionan bien si las características de calidad exhiben una correlación en el tiempo. Específicamente, a menudo estos diagramas llevarán a resultados equivocados si los datos están correlacionados. Por desgracia, la suposición de observaciones no correlacionadas o independientes ni siquiera se satisface aproximadamente en algunos procesos de fabricación. Algunos ejemplos son procesos químicos, en los cuales las características del producto se correlacionan a menudo fuertemente entre lotes o procedimientos automáticos de pruebas e inspección, en los cuales se mide cada característica de calidad para cada unidad, en el orden de producción en el tiempo.

Un método que ha resultado útil para tratar datos correlacionados es modelar directamente la estructura correlativa, utilizar este modelo para eliminar la autocorrelación de los datos, y aplicar gráficas de control a los *residuos*. Por ejemplo, supongamos que la característica de calidad x_t se puede modelar mediante

$$x_t = \xi + \phi x_{t-1} + \epsilon_t$$

donde ξ y Φ son constantes conocidas, y ξ_t se distribuye normal e independientemente, con media cero y desviación estándar σ. Esto se llama *modelo de autorregresión de primer orden*; las observaciones x_t para tal modelo tienen media $\xi/(1 - \Phi)$, desviación estándar $\sigma/(1 - \xi^2)^{1/2}$, y las observaciones que se distancian en k periodos (x_t y x_{t+k}) tienen coeficiente de correlación Φ^k. Supóngase que Φ es un estimador de Φ, obtenido tal vez a partir del análisis de los datos muestrales del proceso, y que $\hat{x}_t$ es el valor ajustado de x_t. Entonces los residuos

$$e_t = x_t - \hat{x}_t$$

se distribuyen normal e independientemente, con media cero y variancia constante. Pueden aplicarse diagramas de control de Shewhart ordinarias o de suma acumulativa a la sucesión de residuos. Los puntos fuera de control o los patrones extraños en tales gráficas indicarían que cambió el parámetro Φ, implicando ello que la variable original x_t estaba fuera de control. Los modelos para datos autocorrelacionados se denominan por lo general *modelos de series de tiempo*. Véanse en Montgomery y Johnson (1976) o en Box y Jenkins (1976) más detalles para identificar, modelar y analizar datos de series de tiempo.

7-9 EJERCICIOS

7-1 Los valores de $\bar{x}$ y R para 20 muestras de tamaño 5 se presentan a continuación. Las especificaciones para este producto se establecieron en 0.550 ± 0.02.

Número de muestra	$\bar{x}$	R	Número de muestra	$\bar{x}$	R
1	0.549	0.0025	11	0.547	0.0020
2	0.548	0.0021	12	0.545	0.0030
3	0.548	0.0023	13	0.549	0.0031
4	0.551	0.0029	14	0.552	0.0022
5	0.553	0.0018	15	0.550	0.0023
6	0.552	0.0017	16	0.548	0.0021
7	0.550	0.0020	17	0.556	0.0019
8	0.551	0.0024	18	0.546	0.0018
9	0.553	0.0022	19	0.550	0.0021
10	0.556	0.0028	20	0.551	0.0022

(a) Trace un diagrama de control modificado con límites de tres sigmas, suponiendo que no se aceptará el proceso si su verdadera fracción disconforme es del 1%.

(b) Suponga que si la verdadera fracción disconforme del proceso es igual a 1%, se querrá detectar esta condición fuera de control mediante el diagrama de control modificado, con probabilidad de 0.90. Trace esta gráfica y compárela con la obtenida en el inciso (a).

7-2 Cada media hora se toma una muestra de cinco artículos de un proceso. Se sabe que la desviación estándar del proceso está bajo control, con $\sigma = 2.0$. Los valores $\bar{x}$ de las últimas 20 muestras son:

Número de muestra	$\bar{x}$	Número de muestra	$\bar{x}$
1	41.5	11	40.6
2	42.7	12	39.4
3	40.5	13	38.6
4	39.8	14	42.5
5	41.6	15	41.8
6	44.7	16	40.7
7	39.6	17	42.8
8	40.2	18	43.4
9	41.4	19	42.0
10	43.9	20	41.9

Las especificaciones para el producto son 40 ± 10.

(a) Trace un diagrama de control modificado para este proceso. Utilice límites de tres sigmas para el diagrama y suponga que la mayor fracción disconforme, todavía aceptable, es 0.1%.
(b) Trace de nuevo el diagrama del inciso (a), utilizando límites de dos sigmas. ¿Existe una diferencia en el análisis de los datos?
(c) Suponga que si la verdadera fracción disconforme del proceso es 5%, se querrá detectar esta condición con probabilidad de 0.95. Construya el diagrama de control modificado correspondiente.

7-3 Cierto proceso de manufactura funciona bajo control con una fracción disconforme de la producción a lo sumo de 0.1%, que la administración está dispuesta a aceptar 95% de las veces. Sin embargo, si aumenta la fracción disconforme hasta 2% o más, la administración querrá detectar este cambio con probabilidad de 0.90. Diseñe un diagrama de control modificado que sea apropiado para este proceso.

7-4 Considere un diagrama de control modificado con la línea central en $\mu = 0$, y $\sigma = 1.0$ (conocidos). Esboce la curva CO para el diagrama, si $n = 5$, si la fracción disconforme aceptable es $\delta = 0.00135$, y si los límites de control se encuentran en tres sigmas. Represente en el mismo conjunto de ejes la curva CO que corresponde a la gráfica con límites de dos sigmas.

7-5 Las especificaciones para un diámetro de cojinete se establecen en 8.00 ± 0.01 cm. Se utilizan muestras de tamaño $n = 8$, y una gráfica de s indica control estadístico, con la mejor estimación actual de la desviación estándar poblacional $s = 0.001$. Si la fracción de productos disconformes apenas aceptable es 0.135%, determine los límites de tres sigmas del diagrama de control modificado para este producto.

7-6 Se debe diseñar un diagrama de $\bar{x}$ para una característica de calidad que se supone normal, con desviación estándar de 4. Las especificaciones de la característica de calidad del producto son 50 ± 20. Hay que diseñar el diagrama de manera que si la fracción no conforme es 1%, la probabilidad de que un punto caiga entre los límites de control sea de 0.995. El tamaño muestral es $n = 4$. ¿Cuáles son los límites de control y la línea central de la gráfica?

7-7 Se debe establecer un diagrama de $\bar{x}$ para controlar una característica de calidad, que se supone distribuida normalmente, con desviación estándar de 4. Las especificaciones de la característica de calidad son 800 ± 20. Hay que diseñar la gráfica de manera que si la fracción disconforme es 1%, la probabilidad de que un punto caiga entre los límites de control sea de 0.90. El tamaño muestral es $n = 4$. ¿Cuáles son los límites de control y la línea central de la gráfica?

7-8 Una característica de calidad distribuida normalmente se controla mediante diagramas de $\bar{x}$ y R, con los parámetros siguientes:

Diagrama de *R*		**Diagrama de *x***	
LSC =	18.795	LSC =	626.00
Línea central =	8.236	Línea central =	620.00
LIC =	0	LIC =	614.00

Ambos diagramas indican control, y el tamaño muestral es $n = 4$.

(a) ¿Cuál es la desviación estándar estimada de la característica de calidad x?
(b) Si las especificaciones son 610 ± 15, ¿cuál será la estimación de la fracción de material disconforme producido por este proceso cuando se encuentra bajo control al nivel dado?
(c) Suponga que se quiere establecer un diagrama de $\bar{x}$ modificado para sustituir al original. Se tiene que controlar la media del proceso para que la fracción disconforme sea menor que 0.05. La probabilidad de error tipo I tiene que ser igual a 0.01. ¿Qué límites de control se recomiendan?

7-9 Los datos presentados a continuación corresponden a los promedios de muestras de tamaño cinco, seleccionadas cada hora de un proceso de manufactura, con $\sigma = 2.0$. Trace un diagrama de control de suma acumulativa y una mascarilla V para este proceso. Analice los datos.

Número de muestra	$\bar{x}$	Número de muestra	$\bar{x}$
1	10.45	11	11.39
2	10.55	12	11.69
3	10.37	13	11.51
4	10.64	14	11.28
5	10.95	15	11.38
6	10.08	16	11.25
7	10.50	17	11.63
8	10.87	18	11.88
9	11.25	19	11.46
10	11.46	20	11.67

7-10 Se usa una máquina llenadora de latas para envasar un aditivo de aceite para motores. Cada media hora se selecciona una muestra de cuatro latas y se obtiene el peso medio de éstas. Como el proceso de llenado es automático, tiene variabilidad muy estable, y la experiencia indica que $\sigma = 0.10$ oz. Trace un diagrama de control de suma acumulativa y una mascarilla V para los datos que siguen.

Número de muestra	$\bar{x}$	Número de muestra	$\bar{x}$
1	8.00	9	8.05
2	8.01	10	8.04
3	8.02	11	8.03
4	8.01	12	8.05
5	8.00	13	8.06
6	8.01	14	8.04
7	8.06	15	8.05
8	8.07	16	8.06

7-11 Considere los datos del Ejercicio 7-9. Suponga que es necesario diseñar el diagrama de control de suma acumulativa para detectar un cambio al 1.3 unidades en la media del proceso, y que $L(0) = 500$. Utilice la Tabla 7-1 para realizar el diseño.

7-12 Suponga que el analista del Ejercicio 7.11 quiere obtener un diagrama de control de suma acumulativa con $L(\Delta) \leq 4.0$. ¿Tiene la gráfica del Ejercicio 7.11 esta propiedad? Si no es así, utilice la Tabla 7-1 para diseñar una nueva gráfica. ¿Cuál es el valor de $L(0)$ para este diagrama de control de suma acumulativa?

7-13 Diseñe un diagrama de control de suma acumulativa, con $L(0) = 400$, para detectar un cambio de $\delta = 0.75$. ¿Es posible encontrar una gráfica de control de sumas acumuladas para detectar este cambio, con $L(0.75) \leq 12$? ¿Cuál es el valor de $L(0)$ para esta gráfica?

7-14 Considere el diagrama de control de suma acumulativa del Ejercicio 7-11. Exprese la mascarilla V en términos de los parámetros *a* y *b*.

7-15 **Mascarilla V tabulada.** Utilice la Ecuación (7-14) con el fin de expresar, en forma tabular, la mascarilla V para el diagrama de control de suma acumulativa del Ejercicio 7-11. ¿Son los resultados obtenidos similares a los de la mascarilla V ordinaria?

7-16 **Diagrama de control del rango secuencial con signo.** Construya una gráfica de control del rango secuencial con signo para los datos del Ejercicio 7-9. Seleccione *a* de tal manera que la LMR sea aproximadamente igual a 25 muestras cuando el proceso está bajo control.

7-17 **Diagrama de control de suma de corridas.** Establezca una gráfica de suma de corridas para los datos del Ejercicio 7-9. Analice los datos, suponiendo que el valor crítico es $c = 5$.

7-18 Analice los datos del Ejercicio 7-9 utilizando un diagrama de control de media móvil, con $w = 6$. Compare los resultados obtenidos con el diagrama de control de suma acumulativa del Ejercicio 7-9.

7-19 Analice los datos del Ejercicio 7-10 utilizando un diagrama de control de media móvil, con $w = 5$. Compare los resultados obtenidos con la gráfica de control de suma acumulativa del Ejercicio 7-10.

7-20 Analice los datos del Ejercicio 7-9, usando un diagrama de control de media móvil geométrica, con $r = 0.2$. Compare los resultados obtenidos con la gráfica de control de sumas acumuladas del Ejercicio 7-9.

7-21 Demuestre que si el proceso está bajo control a un nivel μ, la media móvil geométrica en la Ecuación (7-10) será una estimador nosesgado de la media del proceso.

7-22 Deduzca la variancia de la media móvil geométrica z_t dada en la Ecuación (7-23).

7-23 **Equivalencia de los diagramas de control de media móvil y media móvil geométrica.** Demuestre que si $r = 2/(w + 1)$ para un diagrama de media móvil geométrica, este diagrama será equivalente a una gráfica de control de media móvil con alcance o periodo w, en el sentido en que serán iguales para valores grandes de t.

7-24 **Continuación del Ejercicio 7-23.** Demuestre que si $r = 2/(w + 1)$, la "edad" media de los datos utilizados para calcular las estadísticas z_t y M_t es idéntica.

7-25 Los datos que siguen provienen de un proceso de fabricación con dos características de calidad observables, x_1 y x_2. Los datos son las medias muestrales para cada característica de calidad, con base en muestras de tamaño $n = 25$. Suponga que el valor nominal de las características de calidad y la matriz de covariancias son

$$\bar{\bar{\mathbf{x}}} = \begin{bmatrix} 55 \\ 30 \end{bmatrix} \qquad \mathbf{S} = \begin{bmatrix} 200 & 130 \\ 130 & 120 \end{bmatrix}$$

Construya un diagrama de control de T^2 con estos datos.

Número de muestra	$\bar{x}_1$	$\bar{x}_2$
1	58	32
2	60	33
3	50	27
4	54	31
5	63	38
6	53	30
7	42	20
8	55	31
9	46	25
10	50	29
11	49	27
12	57	30
13	58	33
14	75	45
15	55	27

7-26 Un producto tiene tres características de calidad. Los valores nominales de éstas y su matriz de covariancias, obtenidos a partir del análisis de muestras preliminares, son los siguientes:

$$\bar{\bar{\mathbf{x}}} = \begin{bmatrix} 3.0 \\ 3.5 \\ 2.8 \end{bmatrix} \qquad \mathbf{S} = \begin{bmatrix} 1.40 & 1.02 & 1.05 \\ 1.02 & 1.35 & 0.98 \\ 1.05 & 0.98 & 1.20 \end{bmatrix}$$

A continuación se presentan las medias muestrales para cada característica de calidad según 15 muestras adicionales de tamaño $n = 10$. ¿Se encuentra el proceso bajo control estadístico?

Número de muestra	$\bar{x}_1$	$\bar{x}_2$	$\bar{x}_3$
1	3.1	3.7	3.0
2	3.3	3.9	3.1
3	2.6	3.0	2.4
4	2.8	3.0	2.5
5	3.0	3.3	2.8
6	4.0	4.6	3.5
7	3.8	4.2	3.0
8	3.0	3.3	2.7
9	2.4	3.0	2.2
10	2.0	2.6	1.8
11	3.2	3.9	3.0
12	3.7	4.0	3.0
13	4.1	4.7	3.2
14	3.8	4.0	2.9
15	3.2	3.6	2.8

7-27 En seguida se indica la producción de los primeros cuatro ciclos de un proceso químico. Las variables son concentración porcentual (x_1), a los niveles 30, 31 y 32, y temperaturas (x_2) de 140°, 142° y 144°F. Analice estos datos por los métodos OPEV.

	Condiciones				
Cycle	**(1)**	**(2)**	**(3)**	**(4)**	**(5)**
1	60.7	59.8	60.2	64.2	57.5
2	59.1	62.8	62.5	64.6	58.3
3	56.6	59.1	59.0	62.3	61.1
4	60.5	59.8	64.5	61.0	60.1

7-28 **Diagrama de control para el desgaste de herramientas.** Se toma cada hora una muestra de cinco unidades del producto de un proceso de fabricación, y se obtienen los resultados siguientes:

Número de muestra	$\bar{x}$	R
1	1.0020	0.0008
2	1.0022	0.0009
3	1.0025	0.0006
4	1.0028	0.0007
5	1.0029	0.0005
6	1.0032	0.0006
Ajuste de la herramienta		
7	1.0018	0.0005
8	1.0021	0.0006
9	1.0024	0.0005
10	1.0026	0.0008
11	1.0029	0.0005
12	1.0031	0.0007

Suponga que las especificaciones para tal característica de calidad son 1.0015 y 1.0035. Establezca el diagrama de R para este proceso. Obtenga una gráfica de control para el desgaste de las herramientas.

7-29 Se usa una máquina automática para llenar latas con café. El peso nominal de cada envase es 16.0 oz. Se sabe que la desviación estándar del peso de llenado es igual a 0.10 oz. Se inspeccionan las latas automáticamente, y se rechazan las que tengan un llenado bajo. El precio de venta de una lata de café es de $3 (dólares). Las latas con llenado escaso pueden venderse a $1.75. El costo del café es de $0.10 por onza. Determine el nivel medio objetivo óptimo para la máquina de llenado.

7-30 Se llenan envases de acero inoxidable de cinco galones con jarabe para bebida dulce mediante una máquina automática. El proceso de llenado se controla mediante diagramas de $\bar{x}$ y R con base en muestras de tamaño 6. Estas gráficas indican que el proceso está bajo control, y la línea central del diagrama de R se encuentra en 0.20 oz. Se inspeccionan los envases llenos, y se rechazan los que tienen llenado bajo. Se vende cada lata en $10 (dólares); sin embargo, hay que llenar hasta el volumen correcto los envases rechazados. El costo asociado a este trabajo adicional es de $2. El costo del producto es de $0.10 por onza. ¿Cuál es el nivel medio objetivo óptimo para la máquina llenadora?

Capítulo 8

Análisis de la Capacidad o Aptitud de un Proceso

8-1 INTRODUCCIÓN

Las técnicas estadísticas pueden ser útiles en todo el ciclo de un producto, incluyendo las actividades de desarrollo previas a la fabricación, para cuantificar la variabilidad del proceso, analizar esta variabilidad en relación con los requisitos o especificaciones del producto, y para ayudar en el desarrollo y la manufactura, eliminando o reduciendo en gran medida esta variabilidad. Tal actividad general se denomina *análisis de la capacidad* (o *aptitud*) *del proceso.* En este capítulo se describen varios métodos estadísticos útiles en los estudios a este respecto, y se muestra cómo la información generada de esta manera es útil para establecer las especificaciones de partes o componentes individuales.

La *capacidad o aptitud de un proceso* se refiere a su *uniformidad.* Obviamente, la variabilidad del proceso es una medida de la uniformidad del rendimiento. Puede considerarse tal variabilidad de dos maneras:

1. La variabilidad natural o inherente en un instante especificado; es decir, la variabilidad "instantánea".
2. La variabilidad en el transcurso del tiempo.

Se exponen ahora métodos para investigar y evaluar ambos aspectos de la aptitud de un proceso.

Se acostumbra considerar un ancho de seis sigmas en la distribución de la característica de calidad del producto como una medida de la capacidad del proceso. En la Fig. 8.1 se muestra un proceso para el cual la característica de calidad tiene una distribución normal, con media μ y desviación estándar σ. Los límites superior e inferior de "tolerancia natural" del proceso se encuentran en $\mu + 3\sigma$ y $\mu - 3\sigma$, respectivamente. Es decir,

$$\text{LSTN} = \mu + 3\sigma$$
$$\text{LITN} = \mu - 3\sigma$$

Para una distribución normal, los límites de tolerancia natural incluyen 99.73% de la variable, o expresado de otra manera, sólo el 0.27% de la salida del proceso caerá fuera de los límites de tolerancia natural. Se deben recordar los dos puntos siguientes:

1. El 0.27% fuera de las tolerancias naturales parece poco, pero esto corresponde a 2 700 artículos disconformes por millón.

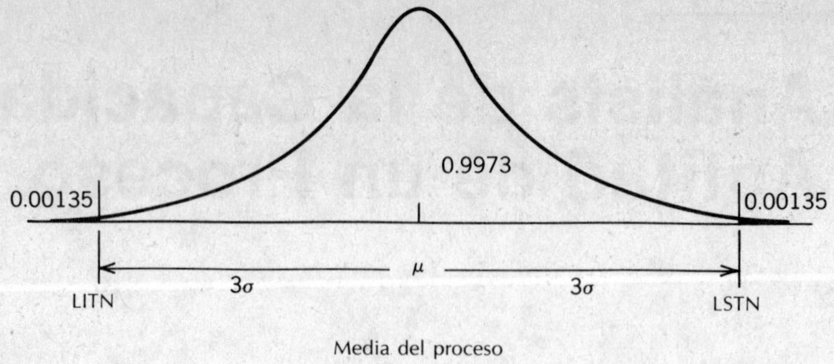

Figura 8-1. Límites superior e inferior de tolerancia natural en la distribución normal.

2. Si la distribución de la salida del proceso no es normal, entonces el porcentaje de la salida que cae fuera de $\mu \pm 3\sigma$ puede diferir considerablemente de 0.27%.

Se define el *análisis de la capacidad de un proceso* como un estudio de ingeniería orientado a estimar la aptitud del proceso. La estimación de tal característica puede ser como una distribución de probabilidad con forma, centro (media) y dispersión (desviación estándar) específicos. Por ejemplo, es posible determinar que la salida del proceso se distribuye normalmente con media $\mu = 1.0$ cm y desviación estándar $\sigma = 0.001$ cm. En este sentido, puede realizarse un análisis de la capacidad del proceso *sin tomar en cuenta las especificaciones de la característica de calidad*. De manera alternativa, la aptitud o capacidad del proceso puede expresarse como un porcentaje fuera de las especificaciones. Sin embargo, las especificaciones no son *necesarias* para realizar el análisis en cuestión.

Un estudio de capacidad de un proceso mide normalmente parámetros funcionales del producto y no del proceso mismo. Cuando el analista puede observar directamente el proceso y controlar o vigilar la actividad de la obtención de los datos, el estudio será una verdadera apreciación de la capacidad del proceso, porque controlando la obtención de los datos y conociendo la secuencia de éstos en el tiempo es posible hacer inferencias acerca de la estabilidad temporal del proceso. Sin embargo, cuando se dispone solamente de unidades muestrales del producto, quizá proporcionadas por un proveedor u obtenidas mediante una inspección de recepción, y no hay una observación directa del proceso o un historial de la producción, entonces el estudio se llamará más adecuadamente *caracterización del producto*. En tal estudio de caracterización solamente se puede estimar la distribución de la característica de calidad del producto o el rendimiento del proceso (fracción conforme con las especificaciones); no es posible decir nada respecto al comportamiento dinámico del proceso o a su estado de control estadístico.

El análisis de la capacidad de proceso es parte decisiva de un programa general de mejoramiento de la calidad. Entre los usos más importantes de los datos de un análisis de aptitud de proceso pueden mencionarse los siguientes:

1. Predecir cuán bien cumple el proceso las tolerancias.
2. Ayudar a los diseñadores o realizadores del producto a seleccionar o modificar un proceso.
3. Ayudar a establecer un intervalo entre muestreo y controles de procesos.
4. Especificar los requisitos para el funcionamiento de nuevos equipos.
5. Elegir entre diferentes proveedores.
6. Planear la sucesión de los procesos de producción cuando existe un efecto interactivo de los procesos sobre las tolerancias.
7. Reducir la variabilidad en un proceso de manufactura.

Así, el análisis de la capacidad de proceso es una técnica que tiene aplicación en muchas partes del ciclo productivo, incluyendo el diseño del producto y del proceso, la búsqueda de proveedores, la planeación de la producción o la fabricación, y la manufactura misma.

Hay tres métodos fundamentales que se utilizan en el análisis de la capacidad de proceso: histogramas o diagramas de probabilidades, diagramas de control, y experimentos diseñados. Se examinará e ilustrará a continuación cada uno de tales métodos.

8-2 ANÁLISIS DE LA CAPACIDAD DEL PROCESO MEDIANTE UN HISTOGRAMA O UN DIAGRAMA DE PROBABILIDADES

8.2.1 Utilización del Histograma

La distribución de frecuencias puede servir en la estimación de la aptitud o capacidad de proceso. Se tendría que disponer de por lo menos 50 a 100 o más observaciones para que el histograma sea moderadamente estable, a fin de obtener una estimación razonablemente confiable de la capacidad de proceso. Si el ingeniero de calidad tiene acceso al proceso y puede controlar la obtención de los datos, se deben seguir los siguientes pasos antes de dicha obtención:

1. Elegir las máquinas que se van a utilizar. Si los resultados de una o unas cuantas máquinas van a extenderse a una población más grande, la máquina seleccionada tendrá que ser representativa de toda la población. Además, si tiene varias estaciones de trabajo, puede ser importante recopilar los datos de manera que pueda aislarse la variabilidad de una estación a otra. Esto puede implicar el uso de experimentos diseñados (Sección 8.4).
2. Seleccionar las condiciones operacionales del proceso. Definir cuidadosamente las condiciones, como velocidades de corte y de avance, temperatura, etc., para referencias futuras. Puede ser importante estudiar los efectos de los cambios en estos factores sobre la capacidad de proceso.

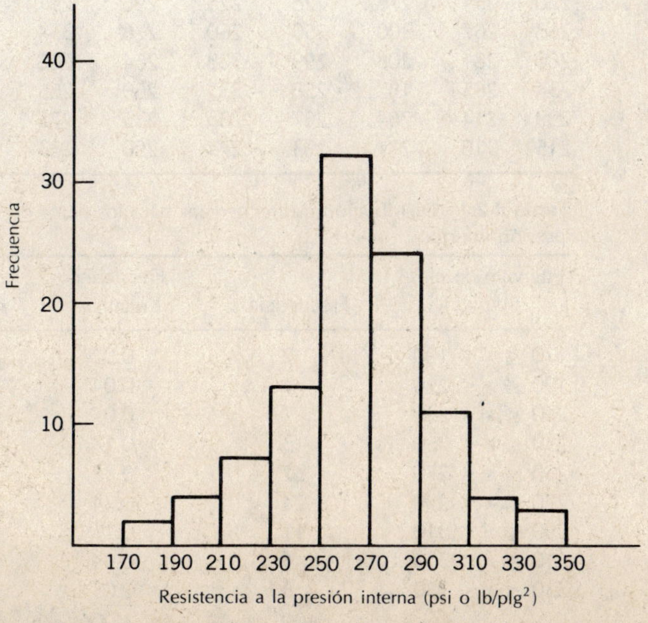

Figura 8-2. Histograma de los datos de resistencia a la presión interna.

3. Seleccionar un operario representativo. En algunos estudios, quizá sea importante estimar la variabilidad del *operario*. En estos casos se tendrán que elegir los operadores al azar dentro de la población de este personal.

4. Vigilar cuidadosamente el proceso de recopilación de los datos, y registrar el orden en el tiempo de la producción de cada artículo.

El histograma, junto con la media muestral $\bar{x}$ y la desviación estándar muestral S, proporciona información acerca de la capacidad de proceso. Conviene hacer un repaso de las directrices para la construcción de histogramas dadas en el Cap. 2.

A fin de ilustrar el procedimiento en la Fig. 8.2 se presenta un histograma de la resistencia a la presión interna (en psi, o lb/plg^2) de 100 botellas de vidrio de 1 litro para gaseosa. Los datos se muestran en la Tabla 8.1, y la distribución de frecuencias en la Tabla 8.2. El análisis de los 100 datos da

$$\bar{x} = 264.06 \qquad S = 32.02$$

Por consiguiente, la capacidad del proceso se estimaría como

$$\bar{x} \pm 3S$$

o sea

$$264.06 \pm 3(32.02) \simeq 264 \pm 96 \text{ psi}$$

Tabla 8-1. Resistencias a la presión interna de 100 botellas de vidrio de un litro para gaseosas

265	197	346	280	265	200	221	265	261	278
205	286	317	242	254	235	176	262	248	250
263	274	242	260	281	246	248	271	260	265
307	243	258	321	294	328	263	245	274	270
220	231	276	228	223	296	231	301	337	298
268	267	300	250	260	276	334	280	250	257
260	281	208	299	308	264	280	274	278	210
234	265	187	258	235	269	265	253	254	280
299	214	264	267	283	235	272	287	274	269
215	318	271	293	277	290	283	258	275	251

Tabla 8-2. Distribución de frecuencias para los datos de resistencia a la presión interna

Intervalo de clase (lb/plg^2)	Frecuencia	Frecuencia relativa	Frecuencia relativa acumulativa
$170 \leq x < 190$	2	0.02	0.02
$190 \leq x < 210$	4	0.04	0.06
$210 \leq x < 230$	7	0.07	0.13
$230 \leq x < 250$	13	0.13	0.26
$250 \leq x < 270$	32	0.32	0.58
$270 \leq x < 290$	24	0.24	0.82
$290 \leq x < 310$	11	0.11	0.93
$310 \leq x < 330$	4	0.04	0.97
$330 \leq x < 350$	3	0.03	1.00
	100	1.00	

Además, la forma del histograma indica que la distribución de las resistencias a la presión es aproximadamente normal, de modo que se estima que alrededor del 99.73% de las botellas producidas por este proceso, reventarán a entre 168 y 360 lb/plg^2. Obsérvese que es posible estimar la capacidad del proceso *sin importar las especificaciones para la resistencia a la presión.*

Una ventaja del método de la distribución de frecuencias para evaluar la capacidad del proceso es que proporciona una impresión visual inmediata del funcionamiento del proceso. También puede revelar inmediatamente el motivo de un rendimiento deficiente del proceso. Por ejemplo, la Fig. 8.3*a* representa un proceso con capacidad adecuada, pero cuyo objetivo está mal ubicado, mientras que la Fig. 8.3*b* ilustra un proceso con capacidad deficiente, debido a variabilidad excesiva.

Un modo conveniente de expresar la capacidad de proceso es por medio de la *relación de capacidad (o apatitud) del proceso* (RCP), presentada antes en el Cap. 6. Recuérdese que:

$$\text{RCP} = \frac{\text{LSE} - \text{LSI}}{6\sigma} \tag{8-1}$$

donde LSE y LIE son los límites superior e inferior de especificación, respectivamente. Se utiliza la Ecuación (8.1) para especificaciones bilaterales. En el caso de especificaciones unilaterales, la RCP se define como

$$\text{RCP} = \frac{\text{LSE} - \mu}{3\sigma} \quad \text{(sólo la especificación superior)} \tag{8-2}$$

o bien

$$\text{RCP} = \frac{\mu - \text{LIE}}{3\sigma} \quad \text{(sólo la especificación inferior)} \tag{8-3}$$

Para los datos de resistencia a la presión interna, supóngase que el límite inferior de especificación de la resistencia es de 200 lb/plg^2. Entonces la relación de capacidad del proceso es

$$\text{RCP} = \frac{\mu - \text{LIE}}{3\sigma} = \frac{264 - 200}{3(32)} = \frac{64}{96} = 0.67$$

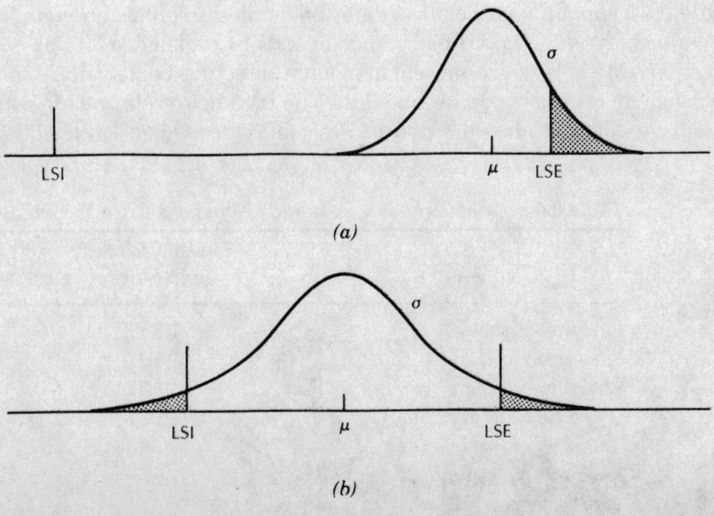

Figura 8-3. Algunas causas de capacidad de proceso deficiente. (a) Centrado inpropio del proceso. (b) Variabilidad excesiva del proceso.

Tabla 8-3. Valores de relación de capacidad de proceso (RCP) y rechazo de proceso correspondiente para un proceso distribuido normalmente (en ppm de defectuosos)

PCR	Rechazo del proceso (en ppm de defectuosos)	
	Especificaciones unilaterales	Especificaciones bilaterales
0.50	66,800	133,600
0.75	12,200	24,400
1.00	1,350	2,700
1.10	483	966
1.20	159	318
1.30	48	96
1.40	13	26
1.50	3.40	6.80
1.60	0.80	1.60
1.70	0.17	0.34
1.80	0.03	0.06
2.00	0.0009	0.0018

La fracción de botellas defectuosas producida por este proceso se estima encontrando el área a la izquierda de $Z = (\text{LIE} - \mu)/\sigma = (200 - 264)/32 = -2$ bajo la distribución normal estándar. El rechazo estimado es aproximadamente de 2.28% de productos defectuosos, o alrededor de 22 800 botellas disconformes por millón. Obsérvese que si la distribución normal hubiera sido un modelo inadecuado para la resistencia, se tendría que realizar este último cálculo mediante la distribución de referencia adecuada.

La relación de capacidad del proceso es una medida de su aptitud para fabricar productos que satisfagan las especificaciones. En la Tabla 8.3 se muestran varios valores de la RCP, junto con los valores correspondientes del rechazo del proceso, expresado en piezas defectuosas o disconformes por millón (ppm). Se calcularon estos rechazos del proceso suponiendo una distribución normal para la característica de calidad, y en el caso de especificaciones bilaterales, considerando una media del proceso centrada entre los límites superior e inferior de especificación. A fin de ilustrar el uso de la tabla, obsérvese que una RCP de 1.00 implica una tasa de rechazo de 2 700 ppm para especificaciones bilaterales, mientras que una RCP de 1.50 implica una tasa de rechazo de 3.4 ppm para especificaciones unilaterales.

En la Tabla 8.4 se presentan algunas directrices para valores mínimos de la RCP. La característica de resistencia de las botellas es un parámetro relacionado estrechamente con la seguridad del producto; las botellas con resistencia inadecuada a la presión pueden reventar y lesionar a

Tabla 8-4. Valores mínimos recomendados para la relación de capacidad de proceso

	Especificaciones bilaterales	Especificaciones unilaterales
Procesos existentes	1.33	1.25
Procesos nuevos	1.50	1.45
Parámetro de seguridad, de resistencia o crítico del proceso existente	1.50	1.45
Parámetro de seguridad, de resistencia o crítico del proceso nuevo	1.67	1.60

los consumidores. Esto implica que la RCP tendría que ser por lo menos igual a 1.45. Quizá una manera de mejorar la RCP sería aumentar la resistencia media de las botellas, vertiendo más vidrio en el molde.

8-2.2 Diagramas de Probabilidades

El diagrama o gráfica de probabilidades es una alternativa al histograma que puede servir para determinar la forma, el centro y la dispersión de la distribución. Tiene la ventaja de que no es necesario dividir la amplitud de la variable en intervalos de clase, y con frecuencia produce resultados razonables para muestras moderadamente pequeñas (lo que no hace el histograma). Un diagrama de probabilidades es una gráfica de los datos jerarquizados en función de la frecuencia acumulada de la muestra, elaborada en un papel especial y con la escala vertical de manera que la distribución acumulativa del tipo supuesto es una recta. Es posible conseguir papel especial de probabilidad para las distribuciones normal, exponencial, de Weibull y varias otras. Si, por ejemplo, los datos de una distribución normal se grafican en papel de probabilidad normal, los puntos caerán casi exactamente sobre una línea recta.

Para ilustrar este procedimiento, considérense las 20 observaciones de resistencia a la presión interna de botellas que aparecen a continuación, ya ordenadas por rango o jerarquía:

Rango de resistencia *j*, $\bar{x}_j$	Posición en la gráfica, P_j
1. 197	0.025
2. 200	0.075
3. 215	0.125
4. 221	0.175
5. 231	0.225
6. 242	0.275
7. 245	0.325
8. 258	0.375
9. 265	0.425
10. 265	0.475
11. 271	0.525
12. 275	0.575
13. 277	0.625
14. 278	0.675
15. 280	0.725
16. 283	0.775
17. 290	0.825
18. 301	0.875
19. 318	0.925
20. 346	0.975

La posición en la gráfica P_j de la observación con rango j se calcula de la manera siguiente:

$$P_j = \frac{j - \frac{1}{2}}{n} \tag{8-4}$$

donde n es el tamaño muestral. Por ejemplo, la posición del punto 1 es

$$P_1 = \frac{1 - \frac{1}{2}}{20} = \frac{0.5}{20} = 0.025$$

La Figura 8.4 es la gráfica de P_j en función de la resistencia x_j en un papel de probabilidad normal. Obsérvese que los datos caen casi sobre una misma recta, sugiriendo que es normal la distribución de las resistencias. La línea de la Fig. 8.4 se ajustó "a ojo". Al trazar la línea, es mejor dar más importancia a los puntos centrales de la gráfica que a los de los extremos.

La media de la distribución normal es el porcentil 50, el cual se puede estimar a partir de la Fig. 8.4 como aproximadamente 260 lb/plg^2. La desviación estándar de la distribución es la

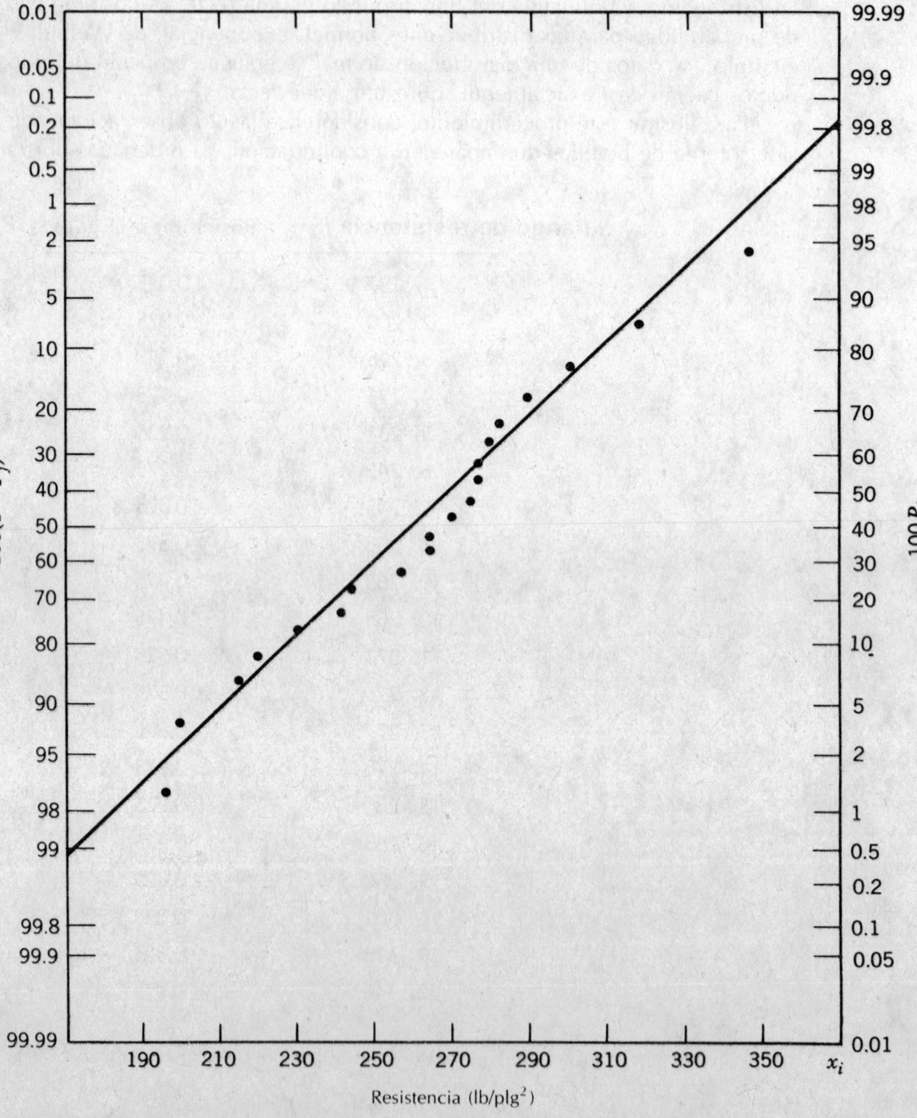

Figura 8-4. Diagrama de probabilidad normal para los datos de resistencia de botellas

pendiente de la recta. Conviene estimar la desviación estándar como la diferencia entre los porcentiles 84 y 50. Para los datos de resistencia, esto produce

$$\hat{\sigma} = \text{porcentil } 84 - \text{porcentil } 50$$
$$= 298 - 260 \text{ lb/plg}^2$$
$$= 38 \text{ lb/plg}^2$$

Obsérvese que $\hat{\mu} = 260$ lb/plg^2 y $\hat{\sigma} = 38$ lb/plg^2 no están lejos de la media muestral $\bar{x} = 264.06$ y la desviación estándar $S = 32.02$.

También es posible utilizar la gráfica de probabilidad normal para estimar los rendimientos de procesos y sus tasas de rechazo. Por ejemplo, la especificación para la resistencia de las bote-

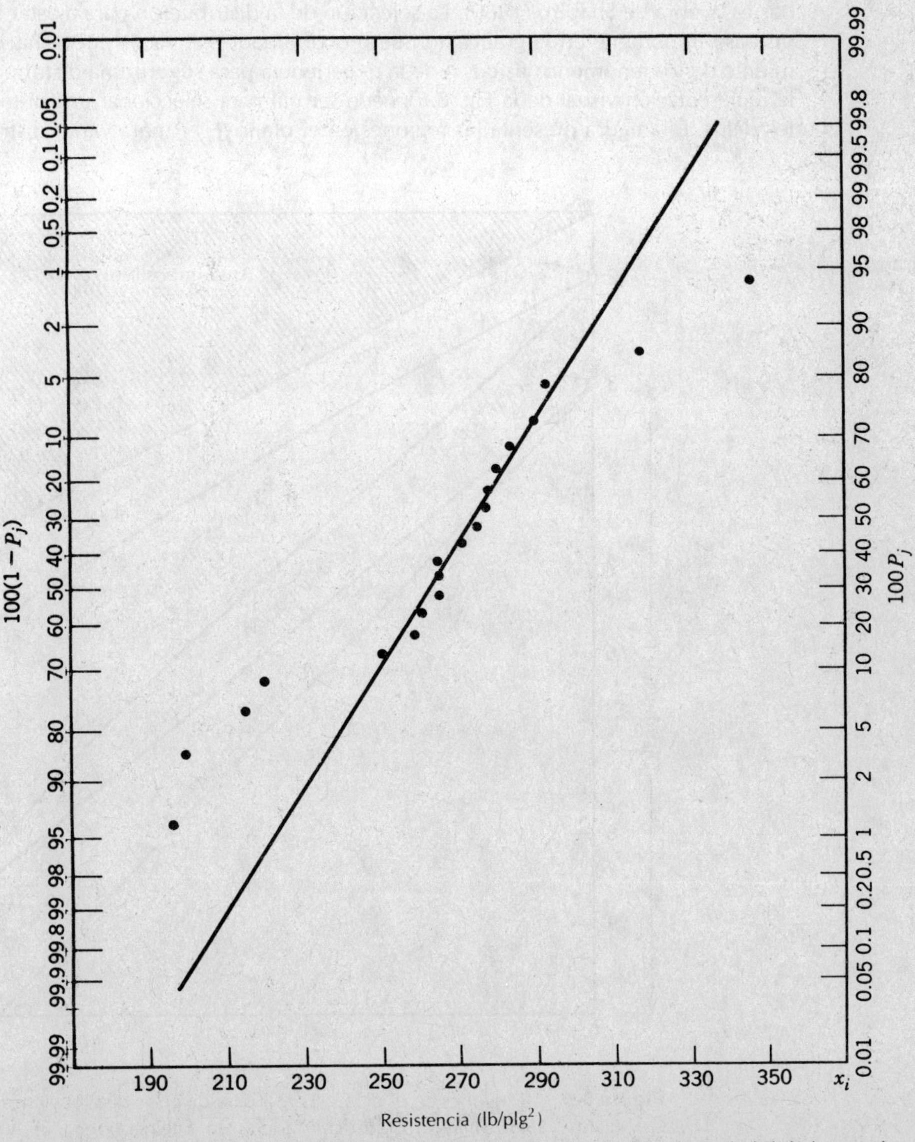

Figura 8-5. Representación de datos no normales en una gráfica de probabilidad normal.

llas es LIE = 200 lb/plg^2. De la Fig. 8.4, se estimaría que alrededor de 4.5% de las botellas fabricadas mediante dicho proceso reventarían para un valor inferior a tal límite.

Pero hay que tener cuidado al utilizar las gráficas de probabilidades. Si los datos no provienen de la distribución supuesta, las inferencias obtenidas acerca de la capacidad del proceso mediante el uso del diagrama podrán estar muy equivocadas. La Fig. 8.5 es una gráfica de probabilidad normal para datos no normales. Se puede deducir del examen de esta gráfica que la distribución de los datos tiene colas "más pesadas" de lo normal. Es decir, los valores extremos son mayores de lo que se podría esperar en el modelo normal. Por consiguiente, más áreas se encuentran fuera de los límites de tres sigmas que en el caso de la distribución normal.

Una desventaja obvia de las gráficas de probabilidades es que no se trata de un procedimiento objetivo. Es posible que dos analistas lleguen a diferentes conclusiones utilizando los mismos datos. Por este motivo, a menudo es deseable completar las gráficas de probabilidad con pruebas de bondad de ajuste, según una base estadística más formal. Una buena introducción a estas pruebas es la obra de Shapiro (1980). La selección de la distribución para ajustar los datos es también un paso importante en la graficación de probabilidades. A veces puede hacerse uso del conocimiento de los fenómenos físicos o de la experiencia para sugerir una distribución. En otros casos, la representación visual de la Fig. 8.6 puede ser útil para seleccionar una distribución que describe los datos. Esta figura presenta las regiones en el plano β_1, β_2 para varias distribuciones de proba-

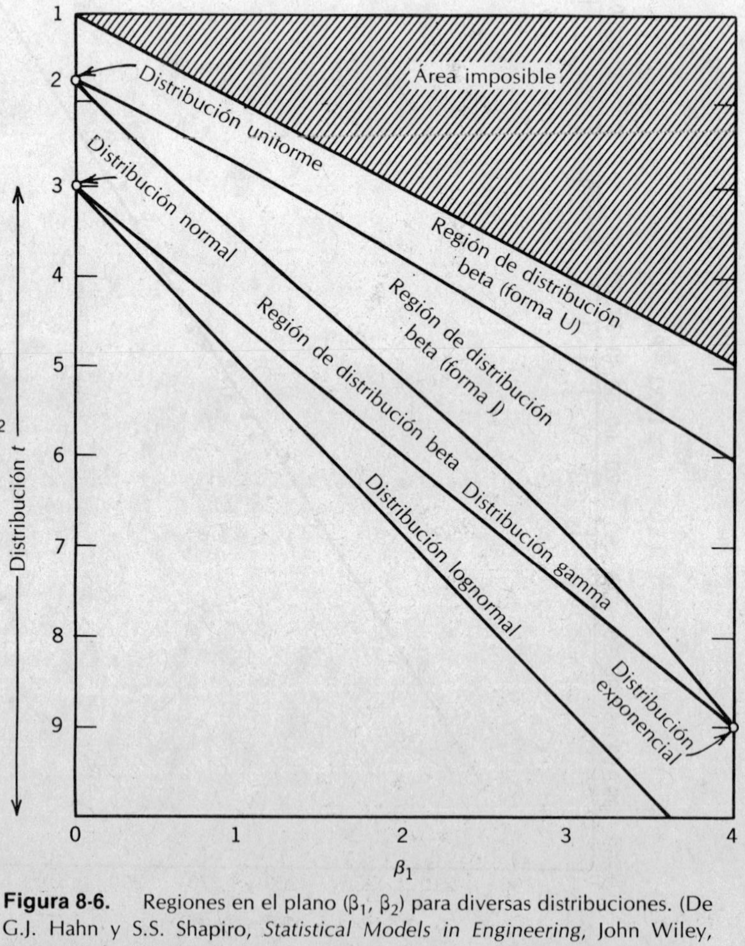

Figura 8-6. Regiones en el plano (β_1, β_2) para diversas distribuciones. (De G.J. Hahn y S.S. Shapiro, *Statistical Models in Engineering*, John Wiley, Nueva York, 1967.)

bilidad estándares, donde β_1 y β_2 son las medidas del *sesgo* y de la *curtosis*, respectivamente. Para utilizar la Fig. 8.6, debe calcularse el sesgo y la curtosis a partir de la muestra, por ejemplo:

$$\sqrt{\hat{\beta}_1} = \frac{M_3}{(M_2)^{3/2}} \tag{8-5}$$

y

$$\hat{\beta}_2 = \frac{M_4}{M_2^2} \tag{8-6}$$

en donde

$$M_j = \frac{\sum_{i=1}^{n} (x_i - \bar{x})^j}{n} \qquad j = 1, 2, 3, 4 \tag{8-7}$$

y ubicar el punto ($\hat{\beta}_1$, $\hat{\beta}_2$) en la gráfica. Si el punto cae cerca de un punto, línea o región que corresponde a una de las distribuciones en la figura, entonces tal distribución será una elección lógica para ser utilizada como un modelo de los datos. Si el punto cae en regiones del plano β_1, β_2 en las que *ninguna* de las distribuciones parece adecuada, podrán necesitarse otras distribuciones de probabilidad más generales, como las familias de distribuciones de Johnson o de Pearson. Hahn y Shapiro (1967) exponen procedimientos similares a la Fig. 8.6 para ajustar estas distribuciones y gráficas en.

8-3 ANÁLISIS DE LA CAPACIDAD DEL PROCESO MEDIANTE UN DIAGRAMA DE CONTROL

Los histogramas y gráficas de probabilidad resumen el funcionamiento del proceso. No exhiben necesariamente su capacidad *potencial*, porque su objetivo no es un *control estadístico*, ni muestran patrones sistemáticos en el rendimiento del proceso, cuya eliminación reduciría la variabilidad de la característica de calidad. Los diagramas de control son muy eficaces a este respecto, y deben considerarse la técnica principal en el análisis de capacidad de un proceso.

Se pueden utilizar los diagramas de control de atributos y de variables en el análisis de capacidad de un proceso. Deben emplearse las gráficas de $\bar{x}$ y R cuando sea posible, por su mayor potencialidad y porque proporcionan mejor información que los diagramas de atributos. Sin embargo, las gráficas de p y c (o u) son útiles para analizar la capacidad de proceso. En los Caps. 5 y 6 se presentaron las técnicas para la construcción y el uso de estos diagramas. Recuérdese que con objeto de poder usar el diagrama de p, se necesitan especificaciones para las características del producto. Las gráficas de $\bar{x}$ y R permiten estudiar los procesos sin tomar en cuenta las especificaciones.

Los diagramas de control de $\bar{x}$ y R permiten analizar a la vez la variabilidad instantánea (capacidad de proceso a corto plazo) y la variabilidad en el tiempo (capacidad de proceso a largo plazo). Es particularmente útil obtener los datos para un estudio de la capacidad de un proceso en dos o tres periodos diferentes (turnos, días, etc.).

Tabla 8-5. Datos de resistencia de botellas

Muestra	Datos					$\bar{x}$	R
1	265	205	263	307	220	252.0	102
2	268	260	234	299	215	255.2	84
3	197	286	274	243	231	246.2	89
4	267	281	265	214	318	269.0	104
5	346	317	242	258	276	287.8	104
6	300	208	187	264	271	246.0	113
7	280	242	260	321	228	266.2	93
8	250	299	258	267	293	273.4	49
9	265	254	281	294	223	263.4	71
10	260	308	235	283	277	272.6	73
11	200	235	246	328	296	261.0	128
12	276	264	269	235	290	266.8	55
13	221	176	248	263	231	227.8	87
14	334	280	265	272	283	286.8	69
15	265	262	271	245	301	268.8	56
16	280	274	253	287	258	270.4	34
17	261	248	260	274	337	276.0	89
18	250	278	254	274	275	266.2	28
19	278	250	265	270	298	272.2	48
20	257	210	280	269	251	253.4	70
						$\bar{\bar{x}} = 264.06$	$\bar{R} = 77.3$

En la Tabla 8-5 se muestran los datos de resistencia a la presión interna de botellas para gaseosas en 20 muestras de 5 observaciones cada una. A continuación se resumen los cálculos para los diagramas de $\bar{x}$ y $\bar{R}$:

Diagrama de R

$$\text{Línea central} = \bar{R} = 77.3$$

$$\text{LSC} = D_4\bar{R} = (2.115)(77.3) = 163.49$$

$$\text{LIC} = D_3\bar{R} = (0)(77.3) = 0$$

Diagrama de $\bar{x}$

$$\text{Línea central} = \bar{\bar{x}} = 264.06$$

$$\text{LSC} = \bar{\bar{x}} + A_2\bar{R} = 264.06 + (0.577)(77.3) = 308.66$$

$$\text{LIC} = \bar{\bar{x}} + A_2\bar{R} = 264.06 - (0.577)(77.3) = 210.46$$

En la Fig. 8-7 se presentan los diagramas de $\bar{x}$ y R para las 20 muestras de la Tabla 8-5. Ambos diagramas indican control estadístico. Se pueden estimar los parámetros del proceso a partir del diagrama de control, como sigue:

$$\hat{\mu} = \bar{\bar{x}} = 264.06$$

$$\hat{\sigma} = \frac{\bar{R}}{d_2} = \frac{77.3}{2.326} = 33.23$$

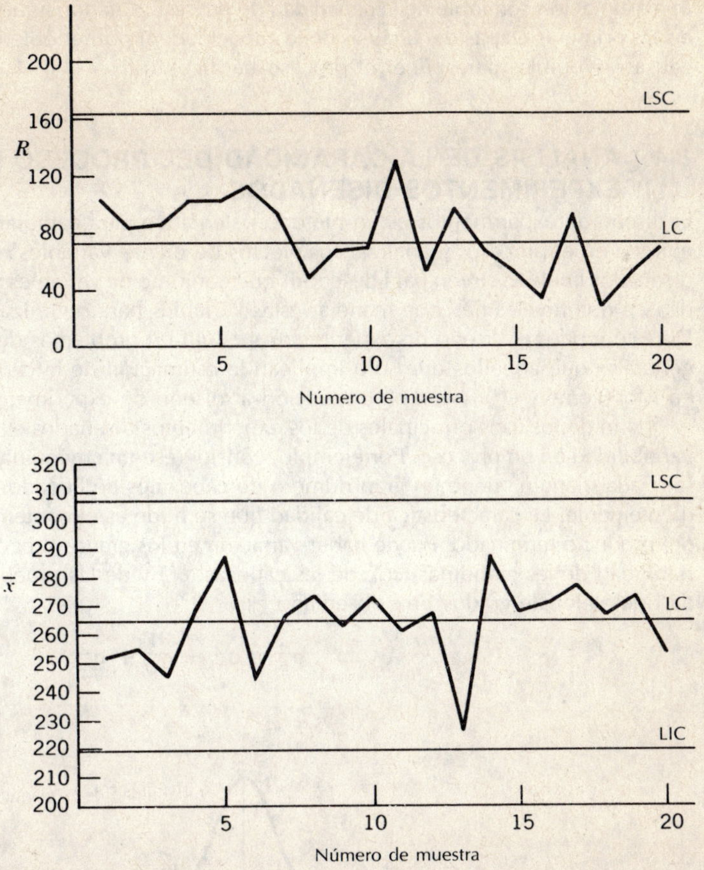

Figura 8-7. Diagramas de x y R para los datos de resistencia de botellas.

De modo que la relación de capacidad del proceso (RCP) es

$$\text{RCP} = \frac{\mu - \text{LSL}}{3\sigma}$$

$$= \frac{264.06 - 200}{3(33.23)}$$

$$= 0.64$$

Es claro que como la resistencia es un parámetro relacionado con la seguridad personal, la capacidad de proceso resulta inadecuada.

Este ejemplo ilustra un proceso que está bajo control, pero que funciona a un nivel inaceptable. No hay evidencia que indique que la producción de artículos disconformes es *controlable por el operario*. Se necesita la intervención de la administración para mejorar el proceso o cambiar los requisitos, si se desea resolver los problemas de la calidad de las botellas. El objetivo de estas intervenciones es elevar la relación de capacidad del proceso, hasta alcanzar un nivel mínimo aceptable. Puede usarse el diagrama de control como un dispositivo de vigilancia, o bien como un registro para mostrar el efecto de cambios en el proceso sobre el funcionamiento de éste.

A veces el análisis de la capacidad de proceso indica que éste se encuentra fuera de control. Es peligroso estimar la capacidad en estos casos. El proceso debe ser estable para que se obtenga una estimación confiable de la capacidad de proceso. Cuando aquél se encuentra fuera de control en las primeras etapas del análisis de la capacidad, el primer objetivo es encontrar y eliminar las causas atribuibles para poner el proceso bajo control.

8-4 ANÁLISIS DE LA CAPACIDAD DEL PROCESO MEDIANTE EXPERIMENTOS DISEÑADOS

El diseño de experimentos es un método sistemático para cambiar las variables *controlables* de entrada en el proceso, y analizar los efectos de dichas variables en la salida. Los experimentos diseñados también sirven para descubrir *qué* conjunto de variables del proceso influyen en la salida, y a qué niveles hay que manejar estas variables para optimizar el rendimiento del proceso. De este modo, el diseño de experimentos es útil en problemas de fabricación y desarrollo más generales que aquéllos que sólo implican la estimación de la capacidad de un proceso. Véase en Montgomery (1984) una introducción al diseño de experimentos.

Uno de los usos principales de los experimentos diseñados es aislar y estimar las *fuentes* de variabilidad en un proceso. Por ejemplo, considérese una máquina que llena botellas con gaseosa. Cada máquina tiene un gran número de cabezales de llenado que hay que ajustar independientemente. La característica de calidad que se mide es el contenido de jarabe (en grados brix) del producto terminado. Puede haber variación en los grados brix observados (σ_B^2) debido a la variabilidad de las máquinas (σ_M^2), de las cabezas (σ_H^2) y de las pruebas analíticas (σ_A^2). La variabilidad del valor de grados brix observado es

$$\sigma_B^2 = \sigma_M^2 + \sigma_H^2 + \sigma_A^2$$

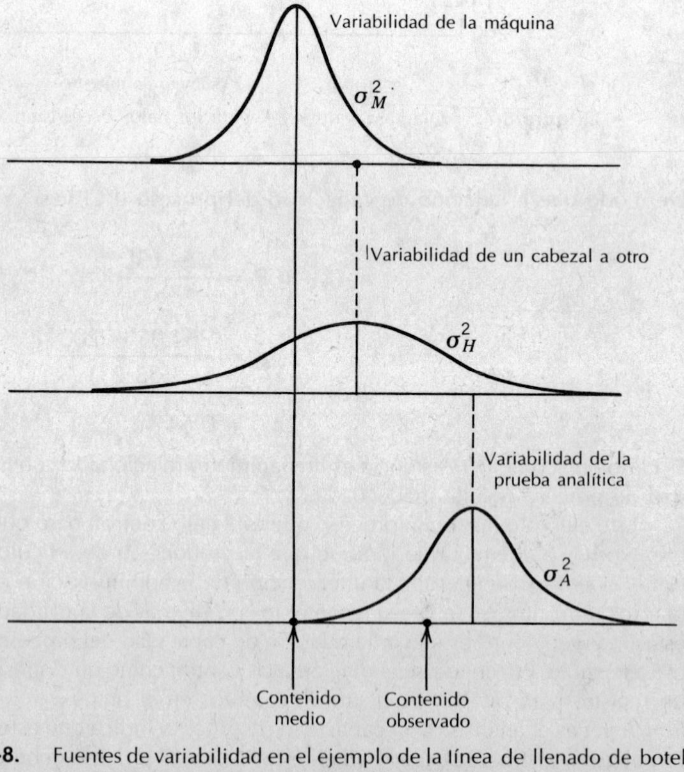

Figura 8-8. Fuentes de variabilidad en el ejemplo de la línea de llenado de botellas.

Se diseña un experimento, que incluye el muestreo en varias máquinas y en algunas cabezas de cada máquina, y la realización de varios análisis para cada botella, lo que permitirá estimar las variancias σ_M^2, σ_H^2 y σ_A^2. Supóngase que los resultados son como los de la Fig. 8-8. Como una porción sustancial de la variabilidad total de los grados brix observados se debe a la variabilidad entre los cabezales, quizá se podría mejorar más el proceso reduciendo esta última. Podría realizarse esto mediante un ajuste más cuidadoso, o controlando con mayor cuidado el funcionamiento de la máquina.

EJEMPLO 8-1

Considérese un ingeniero de manufactura que investiga la inserción manual de componentes electrónicos en tarjetas de circuitos impresos para reducir el número de artículos defectuosos producidos. Ha diseñado tres dispositivos de montaje y dos estaciones de trabajo que parecen prometedores. Se pide a los operarios que realicen el montaje, y se decide seleccionar al azar cuatro de ellos para cada combinación dispositivo-estación. Sin embargo, es difícil utilizar los *mismos* cuatro operadores para cada diseño, pues los lugares de trabajo se encuentran en diferentes puntos dentro de la fábrica. Por lo tanto, los cuatro operarios elegidos para el diseño 1 son diferentes de los cuatro para el diseño 2. Estos datos aparecen en la Tabla 8-6.

La técnica que se aplica para separar la variabilidad total en sus diversos componentes es el *análisis de variancia*. Los resultados de la aplicación de este procedimiento a los datos de los defectos en las tarjetas de circuitos impresos se encuentran en la Tabla 8-7. El análisis

Tabla 8-6. Datos de los defectos para el ejemplo de las tarjetas de circuitos impresos

	Estación de trabajo 1				Estación de trabajo 2				
Operario	1	2	3	4	1	2	3	4	Totales de dispositivos
Dispositivo 1	22	23	28	25	26	27	28	24	404
	24	24	29	23	28	25	25	23	
Dispositivo 2	30	29	30	27	29	30	24	28	447
	27	28	32	25	28	27	23	30	
Dispositivo 3	25	24	27	26	27	26	24	28	401
	21	22	25	23	25	24	27	27	
Totales de operarios	149	150	171	149	163	159	151	160	
Totales de estaciones		619				633			1252

Tabla 8-7. Análisis de variancia para los datos de defectos en las tarjetas de circuitos impresos

Fuente de variación	Suma de cuadrados	Grados de libertad	Cuadrado Medio	
Dispositivos (*D*)	82.80	2	41.40	7.54[b]
Estaciones (*E*)	4.08	1	4.08	0.34
Operadores (dentro de las estaciones), *O*(*E*)	71.91	6	11.99	5.15[b]
DE	19.04	2	9.52	1.73
DO(*E*)	65.84	12	5.49	2.36[a]
Error	56.00	24	2.33	
Total	299.67	47		

[a]Significativo al 5%.
[b]Significativo al 1%.

de variancia indica que los dispositivos de montaje difieren significativamente en su efecto sobre los defectos provocados por la inserción manual, pero no es así con las estaciones de trabajo. Es posible aislar una fuente de variabilidad debida a *operaciones dentro de las estaciones*, porque intervienen distintos operarios en cada una, y tal fuente también es estadísticamente significativa, lo que indica la existencia de un efecto de operario. También hay una interacción importante entre los dispositivos de ensamble y los operarios que están en las estaciones, lo cual indica que el efecto de los diferentes dispositivos no es igual para todos los operarios. Por lo tanto, a fin de reducir el número de defectos por la inserción manual, habrá que concentrarse en los dispositivos 1 y 3 (obsérvese que los totales de estos elementos en la Tabla 8-6 son menores para los tipos 1 y 3 que para el tipo 2). Además, la interacción entre operadores y dispositivos implica que algunos operarios son más eficientes que otros, usando los mismos elementos de ensamble. Se podrían realizar estudios de ingeniería para determinar el porqué de ésto, y usar la información para mejorar el rendimiento de los otros operarios.

■

EJEMPLO 8-2

Reducción de la variabilidad en un proceso. Se fabrican tablas u hojas de material aglomerado y otros productos de recubrimiento aglutinando virutas de madera con una resina de urea-formaldehído. Después de la fabricación, la emisión del formaldehído libre es una característica indeseable del producto. Los estándares actuales requieren que ninguna tabla emita más de 0.45 ppm de formaldehído.

Se cree que varios factores que pueden controlarse en el proceso de fabricación influyen en las emisiones de dicha sustancia. Aquéllos son:

A. Tipo de resina.

B. Concentración de la solución de limpieza.

C. Tiempo de ciclo en la prensa.

D. Temperatura de la prensa.

E. Contenido de humedad de las partículas de madera.

F. Presión.

El proceso opera actualmente a un nivel medio de emisión de 0.35 ppm y con desviación estándar aproximada de 0.25 ppm. Es obvio que el rendimiento del proceso es inaceptable. Se utilizará un experimento diseñado para tratar de reducir la variabilidad en las emisiones de formaldehído y mejorar la media del proceso.

En el diseño experimental, cada factor se aplica a dos niveles, llamados arbitrariamente bajo (—1) y alto (+1). En cada prueba se examinan cinco hojas, y se calculan la media y la desviación estándar de las emisiones de formaldehído. En la Tabla 8.8 se muestran el experimento y los datos resultantes. Los lectores familiarizados con experimentos diseñados podrán reconocer el diseño como la fracción 1/8 del diseño 2^6; es decir, un diseño factorial fraccionario 2^{6-3}. Este diseño permite estimar los efectos principales de los factores A, B, C, D, E y F únicamente. Véanse en Montgomery (1984) más detalles acerca de la elaboración y el análisis de estos diseños.

Tabla 8-8. Datos acerca de la emisión de formaldehído (Ejemplo 8.2)

	Factor						Datos de emisión		
Corrida	A	B	C	D	E	F	$\bar{x}$	$\hat{\sigma}$	S/N
1	−1	−1	−1	1	1	1	0.42	0.05	18.49
2	1	−1	−1	−1	−1	1	0.28	0.33	−1.43
3	−1	1	−1	−1	1	−1	0.49	0.35	2.92
4	1	1	−1	1	−1	−1	0.42	0.19	6.89
5	−1	−1	1	1	−1	−1	0.24	0.02	21.58
6	1	−1	1	−1	1	−1	0.38	0.29	2.35
7	−1	1	1	−1	−1	1	0.21	0.36	−4.68
8	1	1	1	1	1	1	0.40	0.38	0.45

En la Tabla 8.8 también se presentan la media muestral $\bar{x}$ y la desviación estándar $\sigma = R/d_2$, para cada prueba. Se utilizarán estos datos para minimizar la variabilidad en las emisiones de formaldehído y optimizar el rendimiento del proceso. En vez de trabajar directamente con la media y la desviación estándar, se empleará con la relación señal-ruido (S/R) de la Tabla 8.8, definida como

$$S/N = 20 \log_{10} \frac{\bar{x}}{\hat{\sigma}}$$

Así, S/R se define en la escala de decibeles. En términos de la optimización del proceso, se desea determinar los niveles de los factores que maximizan la relación señal-ruido, mientras se mantiene un bajo nivel medio de emisión. Se resuelve el problema en dos etapas:

1. Determinar los factores que tienen efecto significativo en la relación S/R. A veces se llaman estos factores *factores de control*, lo que indica que regulan la relación S/R. Hallar los niveles de los factores que maximizan S/R.

2. Seleccionar un factor que tenga el menor efecto (idealmente ninguno) en S/R entre todos los factores que afectan la media del proceso. Tal factor se denomina *factor de señal*. Ajustar el nivel de la señal para optimizar la media del proceso.

Es posible fijar en cualquier valor deseado o conveniente, según el proceso de operación, los factores que no influyen en la razón S/R ni en la media del proceso.

A fin de estimar el efecto de cualquier factor, por ejemplo A, se utilizará

$$A = \tfrac{1}{4} A'\mathbf{y}$$

donde $A' = [-1, +1, -1, +1, -1, +1, -1, +1]$ es la columna de los signos asociados con el factor A en la Tabla 8.8; **y** es el vector de las respuestas. Utilizando S/R como respuesta se pueden estimar los efectos de los factores sobre la relación como:

$$\begin{aligned} A &= -41 \quad \leftarrow \\ B &= -43 \quad \leftarrow \\ C &= 12 \\ D &= 29 \quad \leftarrow \\ E &= 10 \\ F &= -10 \end{aligned}$$

Son de gran magnitud los efectos de tipo de resina (A), concentración de limpiador (B) y temperatura de la prensa (D). Fijando A en el nivel bajo o —1, B en el nivel bajo o —1, y D en el nivel alto o +1, se maximizará la razón S/N. En realidad, a partir de la Tabla 8.8, las respuestas estimadas del proceso para este conjunto de condiciones o niveles de los *factores de control* son:

$$\text{Media} = (0.42 + 0.24)/2 = 0.33 \text{ ppm}$$

$$\text{Desviación estándar} = (0.05 + 0.02)/2 = 0.035 \text{ ppm}$$

Aunque la desviación estándar del proceso es menor para este conjunto de condiciones, su media es inaceptablemente alta. Se necesita examinar los datos para encontrar un factor *de señal,* y poder reducir la media del proceso hasta un nivel aceptable. Utilizando las medias muestrales $\bar{x}$ como variable de respuesta, las estimaciones de los efectos de las variables del proceso son:

$$\begin{aligned} A &= -0.10 \\ B &= -0.03 \\ C &= -0.15 \\ D &= -0.10 \\ E &= 0.77 \quad \leftarrow \\ F &= 0.01 \end{aligned}$$

El único factor de la señal es E (contenido de humedad). Debido al signo positivo de E, un aumento en el valor de este factor del nivel bajo al nivel alto incrementará la media, lo que es opuesto al efecto deseado. Por tanto, reduciendo el contenido de humedad bajará el nivel medio de emisión. Los datos de la Tabla 8.8 indican que si A y B están en el nivel bajo, D en el alto y E en el bajo, entonces la media del proceso es 0.24 ppm, y la desviación estándar, 0.02 ppm. Esto significa una mejora sustancial sobre el rendimiento actual del proceso.

■

Si conviene cambiar el factor de señal durante la fabricación, entonces puede convertirse en una parte principal de un método de control de procesos *en línea*. Cuando el diagrama de x indica un cambio de la media del proceso a un valor indeseable, puede ajustarse el factor de señal para que regrese al rumbo previsto. En el proceso de las hojas de material aglomerado, no es posible cambiar fácilmente el contenido de humedad en los trozos de madera durante el proceso, pero se puede controlar a fin de contar con un indicador por adelantado eficaz de problemas de emisión.

8-5 ESTABLECIMIENTO DE LÍMITES DE ESPECIFICACIÓN SOBRE COMPONENTES

A menudo es necesario utilizar la información proveniente de un estudio de capacidad de proceso con el fin de establecer especificaciones para partes o componentes discretos que interactúan con otros para constituir el producto final. Esto es particularmente importante en montajes complejos, o cuando hay muchas dimensiones que interactúan, con objeto de evitar "apilamiento de tolerancias". En esta sección se analizarán algunos aspectos del establecimiento de especificaciones en componentes para asegurar que el producto final satisfaga las especificaciones.

8-5.1 Combinaciones Lineales

En muchos casos, la dimensión de un artículo es una combinación lineal de las dimensiones de las partes componentes. Es decir, si las dimensiones de los componentes son $x_1, x_2, \ldots, x_n$, entonces la dimensión del montaje final es

$$y = a_1x_1 + a_2x_2 + \cdots + a_nx_n \tag{8-8}$$

Si las x_i se distribuyen normal e independientemente con media μ_i y variancia σ_i^2, entonces y tiene distribución normal, con media $\mu_y = \sum_{i=1}^n a_i\mu_i$ y variancia $\sigma_y^2 = \sum_{i=1}^n a_i^2\sigma_i^2$. Por tanto, si se conocen μ_i y σ_i^2 para cada componente, podrá determinarse la fracción de artículos ensamblados que quedan fuera de las especificaciones.

EJEMPLO 8-3

Un mecanismo de eslabones consta de cuatro componentes, como se ve en la Fig. 8-9. Se sabe que las longitudes de x_1, x_2, x_3 y x_4 son: $x_1 \sim N(2.0, 0.0004)$, $x_2 \sim N(4.5, 0.0009)$, $x_3 \sim N(3.0, 0.0004)$ y $x_4 \sim N(2.5, 0.0001)$. Pueden considerarse independientes las longitudes de los componentes, ya que éstos son producidos por máquinas distintas. Todas las longitudes se expresan en pulgadas.

Las especificaciones del diseño para la longitud del mecanismo ensamblado son 12.00 ± 0.10. Para encontrar la proporción de los mecanismos que caen entre estos límites de especificación, obsérvese que y está distribuida normalmente, con media

$$\mu_y = 2.0 + 4.5 + 3.0 + 2.5 = 12.0$$

y variancia

$$\sigma_y^2 = 0.0004 + 0.0009 + 0.0004 + 0.0001 = 0.0018$$

Para encontrar la fracción o proporción de mecanismos que cae entre las especificaciones debe evaluarse

$$\begin{aligned} P\{11.90 \le y \le 12.10\} &= P\{y \le 12.10\} - P\{y \le 11.90\} \\ &= \Phi\left(\frac{12.10 - 12.00}{\sqrt{0.0018}}\right) - \Phi\left(\frac{11.90 - 12.00}{\sqrt{0.0018}}\right) \\ &= \Phi(2.36) - \Phi(-2.36) \\ &= 0.99086 - 0.00914 \\ &= 0.98172 \end{aligned}$$

Por lo tanto, se concluye que 98.172% de los mecanismos ensamblados caerán entre los límites de especificación.

■

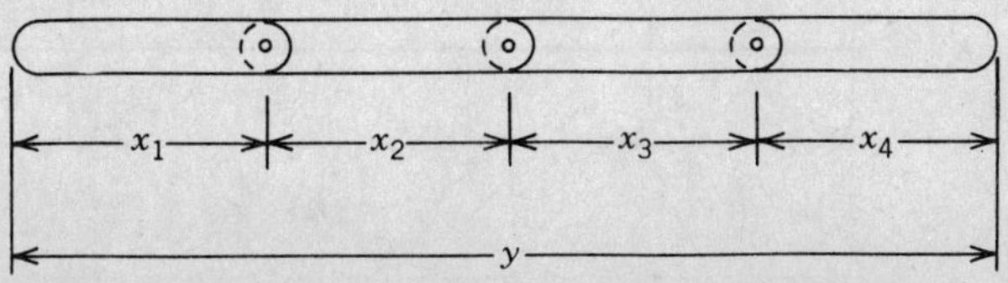

Figura 8-9. Mecanismo de eslabones articulados de cuatro componentes.

A veces es necesario determinar los límites de especificación para los componentes individuales de un montaje, con el fin de que se satisfagan los límites de especificación para el montaje final. Esto se ilustra en el siguiente ejemplo.

EJEMPLO 8-4

Considérese el montaje que aparece en la Fig. 8-10. Supongamos que las especificaciones para este ensamble son 6.00 $\pm$ 0.06 plg. Cada componente x_1, x_2 y x_3 se distribuye normal e independientemente, con medias $\mu_1 = 1.00$ plg, $\mu_2 = 3.00$ plg y $\mu_3 = 2.00$ plg, en ese orden. Supóngase que se definen los límites de tolerancia natural para cada componente, así como para el montaje final, de manera que la fracción de componentes o de montajes finales que caen fuera de estos límites sea igual a 0.0027. Además, se desea que los límites de especificación caigan un poco fuera de los límites de tolerancia natural del proceso, o bien sean iguales a ellos, para el montaje final (o sea RCP = 1, más o menos, para dicho montaje).

La longitud del ensamble final se distribuye normalmente. Además, si la fracción admisible de montajes disconformes con las especificaciones es 0.0027, esto implicará que los límites de tolerancia natural tendrán que encontrarse en $\mu_y \pm 3.00\,\sigma_y$. Ahora bien, $\mu_y = \mu_1 + \mu_2 + \mu_3 = 1.00 + 3.00 + 2.00 = 6.00$, y entonces el proceso se centra en el valor nominal. Por lo tanto, el máximo valor posible de σ_y que hace que los límites de tolerancia natural del montaje final sean exactamente iguales a los límites de especificación (RCP = 1) es

$$\sigma_y = \frac{0.06}{3.00} = 0.02$$

Es decir, si $\sigma_y \leq 0.02$, la especificación será igual a los límites de tolerancia natural, o bien caerá fuera de ellos, y la fracción de montajes disconformes producidos será menor que o igual a 0.0027.

Ahora veamos cómo afecta esto las especificaciones para los componentes individuales. La variancia de la longitud del montaje final es

$$\sigma_y^2 = \sigma_1^2 + \sigma_2^2 + \sigma_3^2 \leq (0.02)^2 = 0.0004$$

Supongamos que las variancias de las longitudes de los componentes son todas iguales, o sea, $\sigma_1^2 = \sigma_2^2 = \sigma_2^2 = \sigma_2$ (por ejemplo). Entonces

$$\sigma_y^2 = 3\sigma^2$$

y el máximo valor posible de la variancia de la longitud de cualquier componente será

$$\sigma^2 = \frac{\sigma_y^2}{3} = \frac{0.0004}{3} = 0.000133$$

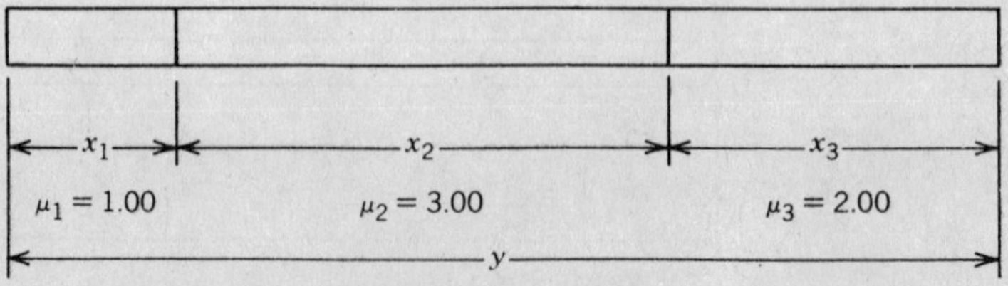

Figura 8-10. Montaje para el Ejemplo 8.4

En efecto, si $\sigma_2 \leq 0.000133$ para cada componente, entonces los límites de tolerencia natural para el montaje final serán iguales a (o caerán un poco hacia dentro de) los límites de especificación.

Esto puede traducirse en límites de especificación para los componentes individuales. Si se supone que los límites de tolerancia natural y los límites de especificación para los componentes tienen que coincidir exactamente, los límites de especificación para cada componente serán:

$$x_1: 1.00 \pm 3.00\sqrt{0.000133} = 1.00 \pm 0.0346$$

$$x_2: 3.00 \pm 3.00\sqrt{0.000133} = 3.00 \pm 0.0346$$

$$x_3: 2.00 \pm 3.00\sqrt{0.000133} = 2.00 \pm 0.0346$$

■

Es posible dar una solución general al problema del Ejemplo 8-4. Supóngase que el ensamble consta de n componentes, con variancia común σ_2. Si se definen las tolerancias naturales del montaje de manera que no más de α de los montajes caigan fuera de dichos límites, y si $2W$ es el ancho de los límites de especificación, entonces

$$\sigma_y^{2*} = \left(\frac{W}{Z_{\alpha/2}}\right)^2$$

es el máximo valor posible para la variancia del montaje final que permitirá la coincidencia de los límites de tolerancia natural y los de especificación. Por consiguiente, el máximo valor que se puede permitir para la variancia de los componentes individuales es

$$\sigma^{2*} = \frac{\sigma_y^{2*}}{n}$$

EJEMPLO 8-5

Se tiene que montar un eje en un cojinete. El diámetro interior del cojinete es una variable aleatoria normal, x_1, con media $\mu_1 = 1.500$ plg y desviación estándar $\sigma_1 = 0.0020$ plg. El diámetro exterior del eje, x_2, se distribuye normalmente, con media $\sigma_2 = 1.480$ plg y desviación estándar $\sigma_2 = 0.0040$ plg. El montaje se ilustra en la Fig. 8.11.

Cuando se monten las dos partes habrá interferencia si el diámetro del eje es mayor que el del cojinete, es decir, si

$$y = x_1 - x_2 < 0$$

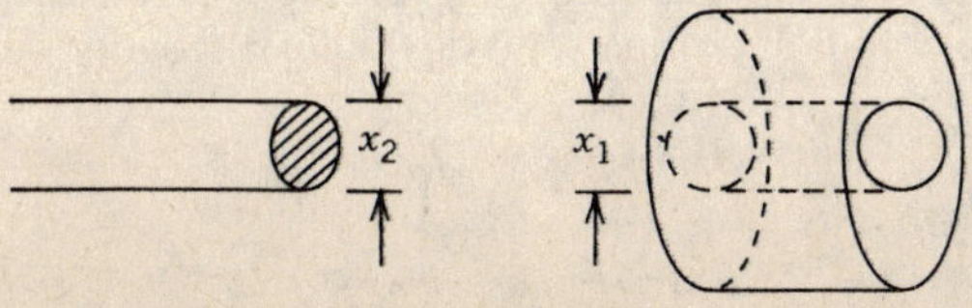

Figura 8-11. Montaje de un eje y un cojinete.

Obsérvese que la distribución de y es normal, con media

$$\mu_y = \mu_1 - \mu_2 = 1.500 - 1.480 = 0.020$$

y variancia

$$\sigma_y^2 = \sigma_1^2 + \sigma_2^2 = (0.0020)^2 + (0.0040)^2 = 0.00002$$

Por lo tanto, la probabilidad de interferencia es

$$\begin{aligned} P\{\text{interferencia}\} &= P\{y < 0\} \\ &= \Phi\left(\frac{0 - 0.020}{\sqrt{0.00002}}\right) \\ &= \Phi(-4.47) \\ &\simeq 0 \end{aligned}$$

Esto indica que, para todos los propósitos prácticos, nunca habrá interferencia.

En problemas de este tipo ocasionalmente se define una holgura mínima C, tal que

$$P\{\text{holgura} < C\} = \alpha$$

De este modo, C se convierte en la tolerancia natural para el montaje, y puede compararse con la especificación de diseño. En este ejemplo, si se establece $\alpha = 0.0027$ (es decir, sólo 27 de entre 10 000 montajes tendrán una holgura menor que o igual a C), resultará que

$$\frac{C - \mu_y}{\sigma_y} = -Z_{0.0027}$$

o bien

$$\frac{C - 0.020}{\sqrt{0.00002}} = -2.7825$$

lo cual implica que $C = 0.020 - (2.7825)\ \sqrt{0.00002} = 0.007556$. Es decir, únicamente 27 de entre 10 000 montajes tendrán holgura menor que 0.007556 plg.

■

8-5.2 Combinaciones No Lineales

En algunos problemas, la dimensión de interés puede ser una función no lineal de las dimensiones de n componentes $x_1, x_2, \ldots, x_n$, por ejemplo

$$y = g(x_1, x_2, \ldots, x_n) \tag{8-9}$$

En problemas de este tipo, el enfoque normal es aproximar la función no lineal g me iante una función lineal de x_i en la región de interés. Si $\mu_1, \mu_2, \ldots, \mu_n$ son las dimensiones nominales asociadas a los componentes $x_1, x_2, \ldots, x_n$, entonces se obtiene, desarrollando el segundo miembro de la Ecuación (8-9) en una serie de Taylor alrededor de $\mu_1, \mu_2, \ldots, \mu_n$

$$\begin{aligned} y &= g(x_1, x_2, \ldots, x_n) \\ &= g(\mu_1, \mu_2, \ldots, \mu_n) + \sum_{i=1}^{n} (x_i - \mu_i) \left.\frac{\partial g}{\partial x_i}\right|_{\mu_1, \mu_2, \ldots, \mu_n} + R \end{aligned} \tag{8-10}$$

donde R representa los términos de orden superior. Omitiendo dichos términos se tiene que

$$\mu_y \simeq g(\mu_1, \mu_2, \ldots, \mu_n) \tag{8-11}$$

y

$$\sigma_y^2 \simeq \sum_{i=1}^{n} \left(\left. \frac{\partial g}{\partial x_i} \right|_{\mu_1, \mu_2, \ldots, \mu_n} \right)^2 \sigma_i^2 \tag{8-12}$$

El ejemplo siguiente ilustra cómo estos resultados son útiles en problemas de tolerancias.

EJEMPLO 8-6

Considérense los componentes del circuito simple de CD que se indican en la Fig. 8-12. Supongamos que el voltaje entre los puntos (a, b) tiene que ser igual a 100 ± 2 V. Las especificaciones para la corriente y la resistencia del circuito se indican en la Fig. 8-12. Se supone que las variables aleatorias I y R de los componentes se distribuyen normal e independientemente, con medias iguales a sus valores nominales.

Por la ley de Ohm, el voltaje es

$$V = IR$$

Como se trata de una combinación no lineal, se desarrolla v en una serie de Taylor, alrededor de la corriente media μ_I y la resistencia media μ_R , lo que da

$$V \simeq \mu_I \mu_R + (I - \mu_I)\mu_R + (R - \mu_R)\mu_I$$

omitiendo los términos de orden superior. Ahora, la media y la variancia del voltaje son, aproximadamente,

$$\mu_V \simeq \mu_I \mu_R$$

y

$$\sigma_V^2 \simeq \mu_R^2\, \sigma_I^2 + \mu_I^2 \sigma_R^2$$

donde σ_I^2 y σ_R^2 son las varianzas de I y R, respectivamente.

Ahora, supongamos que I y R se centran en sus valores nominales y que los límites de tolerancia natural se definen de manera que $\alpha = 0.0027$ es la fracción de valores de cada componente que cae fuera de estos límites. Supóngase también que los límites de especificación son exactamente iguales a los de tolerancia natural. Para la corriente I se tiene que $I = 25 \pm 1$ A. Es decir, $24 \leq I \leq 26$ A corresponde a los límites de tolerancia natural y a las especificaciones. Como $I \sim N(25, \sigma_I^2)$, y puesto que $Z_{\alpha/2} = Z_{0.00135} = 3.00$, se tiene que

$$\frac{26 - 25}{\sigma_I} = 3.00$$

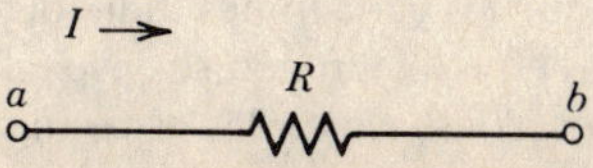

$I = 25 \pm 1$
$R = 4 \pm 0.06$

Figura 8-12. Circuito eléctrico para el Ejemplo 8.4.

o bien $\sigma_I = 0.33$. Para la resistencia, se tiene que $R = 4 \pm 0.06\ \Omega$ (ohm), como los límites de especificación y de tolerancia natural. Por lo tanto,

$$\frac{4.06 - 4.00}{\sigma_R} = 3.00$$

y σ_R. Obsérvese que σ_I y σ_R son los mayores valores posibles de las desviaciones estándares de los componentes, congruentes con los límites de tolerancia natural que caen entre los límites de especificación o son iguales a ellos.

Al utilizar estos resultados, y si se puede suponer que el voltaje V se distribuye de modo aproximadamente normal, entonces

$$\mu_V \simeq \mu_I \mu_R = (25)(4) = 100 \text{ V}$$

y

$$\begin{aligned}\sigma_V^2 &\simeq \mu_R^2\,\sigma_I^2 + \mu_I^2\sigma_R^2 \\ &= (4)^2(0.33)^2 + (25)^2(0.02)^2 = 1.99\end{aligned}$$

aproximadamente. De este modo, $\sigma_V \sqrt{1.99} = 1.41$. Por lo tanto, la probabilidad de que el voltaje caiga entre las especificaciones de diseño es

$$\begin{aligned}P\{98 \leq V \leq 102\} &= P\{V \leq 102\} - P\{V \leq 98\} \\ &= \Phi\left(\frac{102 - 100}{\sqrt{1.41}}\right) - \Phi\left(\frac{98 - 100}{\sqrt{1.41}}\right) \\ &= \Phi(1.42) - \Phi(-1.42) \\ &= 0.92219 - 0.07781 \\ &= 0.84500\end{aligned}$$

Es decir, sólo 84.5% de los voltajes de salida observados caerán entre las especificaciones de diseño. Obsérvese que los límites de tolerancia natural o la capacidad del proceso, para el voltaje de salida son

$$\mu_V \pm 3.00\sigma_V$$

o bien

$$100 + 4.23 \text{ V}$$

Para este problema, la relación de capacidad del proceso es

$$\begin{aligned}\text{RCP} &= \frac{\text{USL} - \text{LSL}}{6\sigma} \\ &= \frac{102 - 98}{6(1.41)} = 0.47\end{aligned}$$

Nótese que aunque las variaciones individuales de la corriente y la resistencia no son excesivamente grandes en relación con sus especificaciones, interactúan para producir un circuito cuyo rendimiento con base en las especificaciones del voltaje es muy deficiente, debido al "apilamiento de tolerancias". ■

8-6 Determinación de los límites de tolerancia natural de un proceso

En muchos tipos de procesos de producción se acostumbra considerar los límites de tolerancia natural, como aquellos que contienen cierta fracción, digamos $1 - \alpha$, de la distribución. En esta sección se presentan algunos métodos para estimar los límites de tolerancia natural de un proceso.

Si se conoce la distribución subyacente de una característica de calidad y sus parámetros con base en una larga experiencia, entonces es posible establecer fácilmente los límites de tolerancia. Por ejemplo, en la Sección 8-5 se estudiaron varios problemas relacionados con tolerancias cuando la característica de calidad se distribuía normalmente con media μ conocida y variancia σ_2 también conocida. Si en este caso se definen los límites de tolerancia como los que contienen $100(1 - \alpha)\%$ de la distribución de esta característica de calidad, entonces los límites de tolerancia son simplemente $\mu \pm Z_{\alpha/2}\sigma$. Si el valor de α es digamos 0.05, entonces dichos límites estarán dados por $\mu \pm 1.96\sigma$.

En la mayoría de los problemas prácticos, al mismo tiempo se desconocen la forma de la distribución y sus parámetros. Sin embargo, suele ser posible estimar los parámetros a partir de los datos muestrales. Entonces, en ciertos casos, es posible evaluar los límites de tolerancia del proceso mediante dichas estadísticas muestrales. Se examinarán dos procedimientos para estimar límites de tolerancia natural, uno para casos en los que la suposición de normalidad es razonable, y un enfoque no paramétrico, útil para aquellos casos en los que es inadecuado suponer normalidad.

La estimación de los límites de tolerancia natural de un proceso es un problema importante con muchas implicaciones prácticas significativas. Como ya se dijo, a menos que las especificaciones para el producto coincidan exactamente con, o excedan a, los límites de tolerancia natural del proceso (RCP $\geq$ 1), un porcentaje extremadamente alto de la producción caerá fuera de las especificaciones, lo que ocasiona una pérdida consierable o una alta tasa de retrabajo.

8-6.1 Límites de Tolerancia Basadas en la Distribución Normal

Supongamos que una variable aleatoria x se distribuye normalmente con media μ y variancia σ_2, ambas desconocidas. Pueden calcularse, a partir de una muestra aleatoria de n observaciones, la media muestral $\bar{x}$ y la variancia muestral S^2. Un procedimiento lógico para estimar los límites de tolerancia natural $\mu \pm Z_{\alpha/2}\sigma$ es reemplazar μ por $\bar{x}$ y σ por S, lo que produce

$$\bar{x} \pm Z_{\alpha/2}S$$

Como $\bar{x}$ y S son solamente estimaciones y no los valores *reales* de los parámetros, no se puede se puede decir que el intervalo anterior siempre contendrá $100(1 - \alpha)\%$ de la distribución. Sin embargo, es posible determinar una constante K, de manera que en un gran número de muestras, una fracción γ de los intervalos $\bar{x} + KS$ incluirá por lo menos $100(1 - \alpha)\%$ de la distribución. Los valores de K para $2 \leq n \leq 1000$, $\gamma = 0.90, 0.95, 0.99$, y $\alpha = 0.10, 0.05$ y 0.01, se presentan en la Tabla VII del Apéndice.

EJEMPLO 8-7

El fabricante de un propulsor sólido para cohetes está interesado en encontrar los límites de tolerancia del proceso, de manera que 95% de las tasas de combustión caigan entre estos límites, con probabilidad de 0.99. Se sabe, por experiencias, que la tasa de combustión está distribuida normalmente. Una muestra aleatoria de 25 observaciones hace ver que la media y la varianza muestral de la tasa de combustión son $\bar{x} = 40.75$ y $S^2 = 1.87$, respectivamente. Como $\alpha = 0.05$, $\gamma = 0.99$ y $n = 25$, se encuentra $K = 2.972$ a partir de la Tabla VII del Apéndice. Por lo tanto, los límites de tolerancia requeridos son $\bar{x} \pm 2.972S = 40.75 \pm (2.972)(1.37) = 40.75 \pm 4.06 = [36.69, 44.81]$.

■

Se observa que existe una diferencia fundamental entre los límites de confianza y los de tolerancia. Los *límites de confianza* se usan para proporcionar una estimación del intervalo del parámetro de una distribución, mientras que los *límites de tolerancia* sirven para indicar los límites entre los cuales es posible esperar que caiga una proporción específica de una población. Obsérvese que la extensión de un intervalo de confianza tiende a cero cuando n tiende a infinito, mientras que los límites de tolerancia se aproximan al valor correspondiente de la población. Así, en la Tabla VII del Apéndice, K se acerca a 1.96 cuando n tiende a infinito para $\alpha = 0.05$, por ejemplo.

También es posible especificar límites de tolerancia unilaterales, basados en la distribución normal. Es decir, se puede afirmar que, con una probabilidad de γ, por lo menos $100(1 - \alpha)\%$ de la distribución es mayor que un límite inferior de tolerancia $\bar{x} + KS$, o menor que uno superior $\bar{x} + KS$. Los valores de K para estos límites de tolerancia unilaterales para $2 \leq n \leq 1000$, $\gamma = 0.90, 0.95, 0.99$ y $\alpha = 0.10, 0.05, 0.01$ se encuentran en la Tabla VIII del Apéndice.

8-6 DETERMINACIÓN DE LOS LÍMITES DE TOLERANCIA NATURAL DE UN PROCESO

Es posible establecer límites de tolerancia no paramétricos (o libres de distribución) que son válidos para cualquier distribución de probabilidad continua. Tales intervalos se basan en la distribución de los valores extremos (la mayor y menor observación muestrales) en una muestra de una distribución continua arbitraria. Para límites de tolerancia bilaterales, el número de observaciones que hay que hacer para asegurar, con una probabilidad de γ, que por lo menos $100(1 - \alpha)\%$ de la distribución caerá entre la mayor y la menor observación de la muestra, es

$$n \simeq \frac{1}{2} + \left(\frac{2 - \alpha}{\alpha}\right)\frac{\chi^2_{1-\gamma,4}}{4}$$

aproximadamente. Por lo tanto, para tener una seguridad de 99% de que se incluirá por lo menos 95% de la población entre los valores extremos de la muestra, se tiene que $\alpha = 0.05$, $\gamma = 0.99$, y por consiguiente,

$$n \simeq \frac{1}{2} + \left(\frac{1.95}{0.05}\right)\frac{13.28}{4} = 130$$

Para límites de tolerancia no paramétricos unilaterales, tales que con probabilidad γ por lo menos $100(1 - \alpha)\%$ de la población exceda al menor valor muestral (o sea menor que el mayor valor muestral), se tiene que tomar una muestra de

$$n = \frac{\log(1 - \gamma)}{\log(1 - \alpha)}$$

observaciones. Así, el límite superior de tolerancia no paramétrico que contiene por lo menos 90% de la población con probabilidad de por lo menos 0.95 ($\alpha = 0.10$ y $\gamma = 0.95$) constituye la mayor observación en una muestra de

$$n = \frac{\log(1-\gamma)}{\log(1-\alpha)} = \frac{\log(0.05)}{\log(0.90)} = 28$$

observaciones.

En general, los límites de tolerancia no paramétricos tienen un valor práctico limitado, pues se necesitan muestras grandes para obtener intervalos adecuados que contengan una fracción relativamente grande de la distribución con una alta probabilidad. En algunos casos, los tamaños muestrales requeridos pueden ser tan grandes que impidan su uso. Si se puede especificar la *forma* de la distribución, es posible fijar intervalos de tolerancia, para una muestra dada, que sean más estrechos que los intervalos obtenidos mediante el enfoque no paramétrico.

8-7 EJERCICIOS

8-1 Considere los datos de los anillos para pistón de la Tabla 6.1. Elabore una distribución de frecuencias para estos datos y realice un análisis de la capacidad del proceso. Estime tal capacidad suponiendo que las especificaciones son 74.00 ± 0.03 mm.

8-2 Realice un análisis de la capacidad del proceso, utilizando gráficas de $\bar{x}$ y R para los datos del Ejercicio 6.1.

8-3 A continuación se muestran los valores de peso de envases de una libra (nominal) para un ingrediente químico concentrado. Trace una gráfica de la probabilidad normal de los datos y estime la capacidad del proceso.

0.9475	0.9775	0.9965	1.0075	1.0180
0.9705	0.9860	0.9975	1.0100	1.0200
0.9770	0.9960	1.0050	1.0175	1.0250

8-4 Se muestran a continuación los tiempos de falla, expresados en horas, de 10 dispositivos de memoria LSI. Represente los datos en una hoja de papel probabilidad normal, y estime la capacidad del proceso, si procede. ¿Es seguro estimar la proporción de los circuitos que fallan antes de 1 200 horas?

1210	2105
1275	2230
1400	2250
1695	2500
1900	2625

8-5 Se ensamblan tres piezas en serie de manera que sus dimensiones críticas x_1, x_2 y x_3 se sumen. Las dimensiones de cada parte se distribuyen normalmente con los siguientes parámetros: $\mu_1 = 100$, $\sigma_1 = 4$, $\mu_2 = 75$, $\sigma_2 = 4$, $\mu_3 = 75$ y $\sigma_3 = 2$. ¿Cuál es la probabilidad de que un montaje escogido al azar tenga una dimensión combinada mayor que 262?

8-6 Se ensamblan dos partes como se muestra a continuación. Las distribuciones de x_1 y x_2 son normales, con $\mu_1 = 20$, $\sigma_1 = 0.3$, $\mu_2 = 19.6$ y $\sigma_2 = 0.4$. Las especificaciones para la holgura entre las partes son 0.5 ± 0.4. ¿Qué fracción de los ensambles no satisfará las especificaciones si el montaje se realiza al azar?

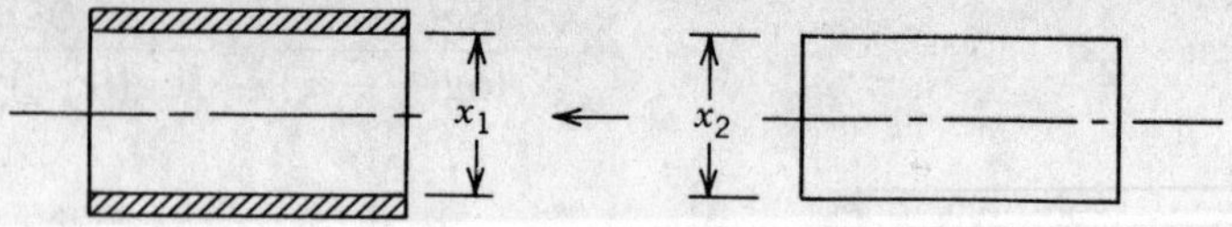

8-7 Se empaca un producto llenando un contenedor hasta el tope. Este embalaje tiene la forma y dimensiones que se indican. Se examina el proceso de fabricación de estos contenedores y se obtiene la información siguiente respecto a las tres dimensiones críticas:

Variable	Media	Variancia
L: Longitud	6.0	0.01
H: Ancho	3.0	0.01
W: Profundidad	4.0	0.01

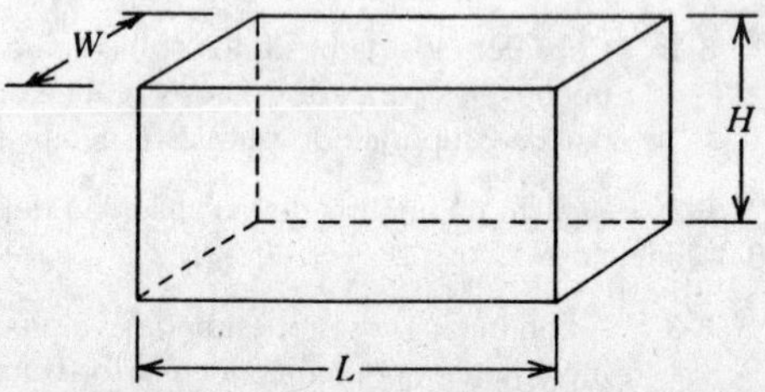

¿Cuáles son los valores aproximados de la media y la variancia del volumen del embalaje, suponiendo que las variables son independientes?

8-8 Se corta una pieza metálica de ancho W y longitud L, de una lámina de espesor T. Si W, L y T son variables aleatorias independientes con las medias y desviaciones estándares dadas a continuación, y si la densidad del metal es 0.08 g/cm^3, ¿cuáles serán las estimaciones de la media y la desviación estándar de los pesos de las piezas fabricadas por este proceso?

Variable	Media	Desviación estándar
W	10 cm	0.2 cm
L	20 cm	0.3 cm
T	3 cm	0.1 cm

8-9 La tensión superficial de un producto químico, medida en una escala codificada, se da mediante la relación

$$s = (3 + 0.05x)^2$$

donde x es un componente del producto con distribución de probabilidad

$$f(x) = \tfrac{1}{32}(5x - 2) \qquad 2 \leq x \leq 4$$

Determine la media y la variancia de s.

8-10 Se conectan dos resistores a una batería eléctrica, como se muestra. Obtenga expresiones aproximadas para la media y la variancia de la corriente (I). Las cantidades E, R_1 y R_2 son variables aleatorias con medias μ_E, μ_{R1}, μ_{r2} y variancias σ_E^2, σ_{R1}^2 y σ_{R2}^2, respectivamente.

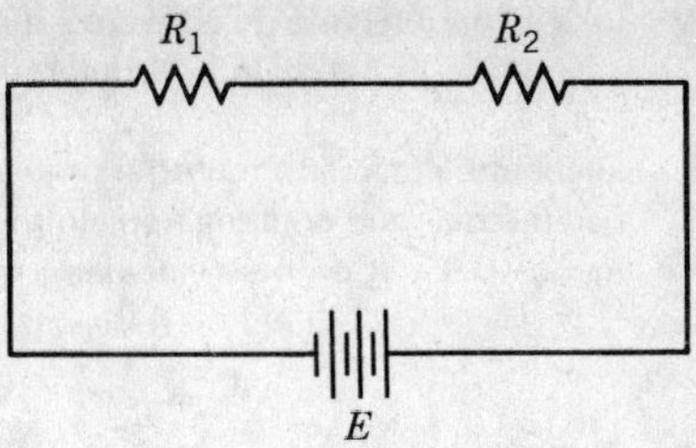

8-11 Dos piezas embonantes tienen dimensiones críticas x_1 y x_2, como se muestra.

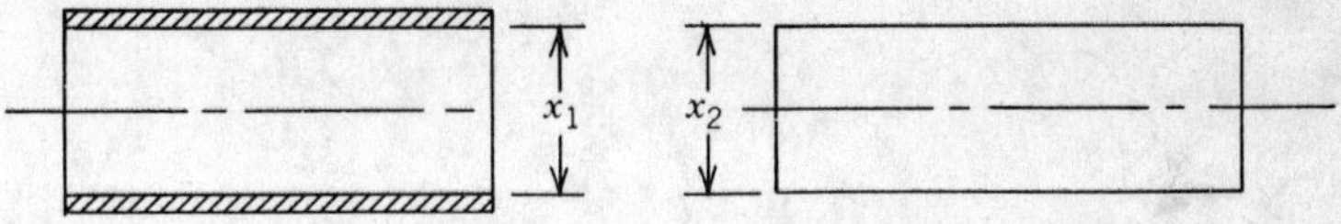

Suponga que x_1 y x_2 se distribuyen normalmente con medias μ_1 y μ_2, y desviaciones estándares $\sigma_1 = 0.400$ y $\sigma_2 = 0.300$. Si se desea que la probabilidad de una holgura (es decir, $x_1 - x_2$) menor que 0.09 sea 0.006, ¿qué distancia tendrían que especificar los diseñadores entre la dimensión media de las dos partes (o sea, $\mu_1 - \mu_2$)?

8-12 Un ensamble de dos partes consiste en un eje que entra en un cojinete. Se sabe que los diámetros interiores de los cojinetes se distribuyen normalmente, con media 2.01 cm y desviación estándar 0.002 cm, y que los diámetros exteriores de los ejes tienen distribución normal, con media 2.004 cm y desviación estándar 0.001 cm. Determine la distribución de los valores de holgura entre las partes, si se realiza el montaje aleatoriamente. ¿Cuál es la probabilidad de que la holgura sea positiva?

8-13 Se sabe que una combinación de inspector e instrumento de prueba verifica las piezas con un error medio igual a cero. Sin embargo, se sabe que la desviación estándar del error de medición es igual a 3. Se midieron muestras de un proceso bajo control, y los datos registrados tenían desviación estándar de 5. ¿Cuál es la desviación estándar real del proceso?

8-14 Se desea estimar un intervalo de tolerancia natural bilateral que incluirá 90% de los valores de una variable aleatoria, con probabilidad 0.80. Si nada se sabe de la distribución de la variable aleatoria, ¿cuán grande tendrá que ser la muestra?

8-15 Una muestra de 10 artículos de una población normal tuvo media de 300 y desviación estándar de 10. Utilizando estos datos, estime un valor para la variable aleatoria de manera que la probabilidad de que 90% de las mediciones de la variable queden por debajo de este valor sea igual a 0.95.

8-16 Una muestra de 25 mediciones de una característica de calidad distribuida normalmente tiene media 85 y desviación estándar 1. Encuentre un valor tal que 90% de las mediciones futuras de esta característica de calidad estén por arriba de dicho valor, utilizando una probabilidad de confianza de 0.95.

8-17 Una muestra de 20 mediciones de una característica de calidad, distribuida normalmente, tiene $\bar{x} = 350$ y $S = 10$. Determine un límite superior de tolerancia natural que tenga probabilidad de 0.90 de incluir 95% de la distribución de tal característica de calidad.

8-18 ¿Cuál debe ser el tamaño muestral para obtener un intervalo de tolerancia natural, que tenga probabilidad de 0.90 de incluir 95% de la distribución? ¿Cómo se establecería el intervalo después de obtener los datos?

8-19 Una muestra aleatoria de $n = 40$ tramos de tubos presentó un espesor medio de pared de 0.1264 plg y desviación estándar de 0.0003 plg. Se supone que el espesor tiene distribución normal.

(a) ¿Entre qué límites caerá el 95% de los espesores, con confianza de 95%?
(b) Fije un intervalo de confianza de 95% para el espesor medio real. Explique la diferencia entre este intervalo y el determinado en el inciso (a).

8-20 Encuentre el tamaño muestral requerido para establecer un límite superior de tolerancia no paramétrica que contenga por lo menos 95% de la población, con probabilidad de por lo menos 0.95. ¿Cómo se calcularía realmente este límite a partir de datos muestrales?

Capítulo 9

Diseño Económico de Diagramas de Control

9-1 INTRODUCCIÓN[1]

Los diagramas de control se usan ampliamente para establecer y mantener el control estadístico de un proceso. También son dispositivos eficaces para estimar parámetros de proceso, particularmente en estudios de capacidad o aptitud de proceso. Para emplear un diagrama de control es necesario que el ingeniero o analista seleccione un tamaño muestral, una frecuencia de muestreo o un intervalo entre dos muestras consecutivas, y los límites de control para el diagrama. La selección de estos parámetros se llama por lo regular *diseño* del diagrama de control.

Tradicionalmente, los diagramas de control se han diseñado sólo tomando en cuenta criterios estadísticos. Esto implica, normalmente, seleccionar el tamaño muestral y los límites de control de manera que el poder o potencia de la prueba para detectar un cambio particular en la característica de calidad y la probabilidad de un error tipo I sean iguales a valores especificados. La frecuencia de muestreo rara vez se trata analíticamente, y por lo general para seleccionar el intervalo de muestreo se aconseja considerar factores como tasa de producción, frecuencia esperada de cambios hacia un estado fuera de control y posibles consecuencias de tales cambios en el proceso. El uso de criterios estadísticos y de la experiencia práctica ha llevado, en muchos casos, al establecimiento de directrices generales para el diseño de diagramas de control. En los Caps. 5, 6 y 7 se estudiaron muchas de estas guías, así como el enfoque utilizado para desarrollarlas, en caso de tipos concretos de diagramas de control.

El diseño de un diagrama de control tiene consecuencias económicas, porque la selección de sus parámetros influye en los costos de muestreo y de prueba, los costos asociados a la investigación de señales de fuera de control y a la posible corrección de causas atribuibles, y los costos de permitir que artículos disconformes lleguen al consumidor. Por lo tanto, es lógico considerar el diseño de un diagrama de control desde un punto de vista económico. En los últimos años, muchas investigaciones se han dedicado a este problema. Este capítulo presentará varios modelos para el óptimo diseño económico de diagramas de control. También se analizarán algunas de las implicaciones prácticas de estos modelos.

9-1.1 Características del Proceso

Al formular un modelo económico para el diseño de un diagrama de control, es necesario hacer ciertas suposiciones sobre el comportamiento del proceso. Las suposiciones, resumidas a conti-

[1] En este capítulo se usan conceptos estadísticos más avanzados que en el resto del libro, y puede omitirse en una primera lectura, sin pérdida de continuidad.

nuación, son bastantes comunes, porque la mayoría de los modelos económicos los incorporan hasta cierto grado. En secciones posteriores se verá cómo se usan estas suposiciones para construir modelos específicos, y se analizará su importancia relativa.

Se considera que el proceso se caracteriza mediante un solo estado bajo control. Por ejemplo, si el proceso tiene una característica de calidad medible, entonces el estado bajo control corresponderá a la media de esta característica, cuando no hay causas atribuibles. Similarmente, cuando la característica de calidad es un atributo, el estado de control se representará por ejemplo mediante la fracción disconforme producida por el proceso, si no hay causas atribuibles. El proceso puede tener, en general, $s \geq 1$ estados de fuera de control. Cada estado se asocia normalmente a un tipo particular de causa atribuible.

La determinación de la naturaleza de las transiciones entre los estados bajo control y fuera de control necesita ciertas suposiciones. Se acostumbra suponer que las causas atribuibles ocurren en un intervalo de tiempo según un proceso de Poisson. Esto implica que el tiempo que el proceso permanece en el estado bajo control, dado que empieza en tal estado, es una variable exponencial. Esta consideración permite simplificar considerablemente el desarrollo de modelos económicos y, en algunos casos, da lugar a la estructura de un modelo de cadenas de Markov. La forma en que ocurren los cambios del proceso se llama a veces *mecanismo de falla del proceso*. A continuación se verá que ésta puede ser una suposición muy crítica. También se observa que la suposición de estados discretos y de la naturaleza del mecanismo de falla implica que son instantáneas las transiciones del proceso de un estado a otro. Los procesos que "se alejan" lentamente de un estado bajo control —como en el caso del desgaste de las herramientas— han recibido poca atención analítica.

También suele suponerse que el proceso no se puede corregir por sí solo. Es decir, una vez ocurrida una transición hacia un estado fuera de control, solamente se puede regresar al estado bajo control mediante la intervención de la administración, después de una señal adecuada de descontrol en el diagrama. En algunos casos, sin embargo, se permiten transiciones entre diferentes estados de fuera de control, con tal que las transiciones sean siempre congruentes con el deterioro adicional de la calidad.

9-1.2 Parámetros de Costos

Se acostumbra considerar tres categorías de costos en el diseño económico de diagramas de control. Éstas son: los costos de muestreo y pruebas, los asociados a la investigación de una señal de fuera de control y a la reparación o corrección de cualquier causa atribuible, y los asociados a la producción de artículos disconformes.

Los costos de muestreo y pruebas incluyen los gastos de sueldos y salarios de inspectores y técnicos, los costos de cualquier equipo de prueba necesario y, en el caso de pruebas destructivas, el costo unitario de los artículos utilizados. Se supone que el costo de muestreo y pruebas consta de componentes fijos y variables, por ejemplo a_1 + y a_2, respectivamente, tales que el costo total de muestreo y pruebas es

$$a_1 + a_2 n$$

El uso de relaciones más complejas es tal vez inadecuado, porque es difícil obtener y evaluar la información relacionada con los costos.

Los costos de investigación y de la posible corrección del proceso, después de una señal de fuera de control, se han tratado de diferentes maneras. Algunos autores han sugerido que los costos de la investigación de falsas alarmas difieren de los de corregir causas atribuibles. Por consiguiente, se tienen que representar estas dos situaciones en el modelo mediante diferentes coeficientes de costo. Además, el costo de la reparación o corrección del proceso podría depender del tipo de causas atribuibles. Así, en modelos con s estados de fuera de control, se podrían necesitar s

+ 1 coeficientes de costo para modelar los procedimientos de búsqueda y de ajuste asociados a señales de fuera de control. Normalmente se escogerían estos coeficientes de costo de manera que mayores cambios en el proceso correspondieran a mayores costos de reparación o ajuste. Otros autores argumentan que no es necesario modelar con tanto detalle, porque en muchos casos es difícil detectar pequeños cambios que resulta fácil corregir, mientras que es fácil detectar cambios grandes pero de difícil corrección; por lo tanto, se pierde poca exactitud utilizando un coeficiente único de costo para representar el costo *medio* de la investigación y de la posible corrección de señales de fuera de control.

Los costos relacionados con la fabricación de artículos disconformes son típicos costos de *fallas*; es decir, costos de retrabajo o de rechazo debido a fallas internas, o costos de reemplazo o de reparación de artículos cubiertos por garantía en el caso de fallas externas. Con las fallas externas también puede haber efectos secundarios a partir de la producción de artículos disconformes, si la insatisfacción del consumidor respecto al producto modifica las futuras compras del producto o de otros artículos fabricados por la compañía. Finalmente, pueden existir pérdidas debidas a demandas por responsabilidad legal del producto contra la empresa. La mayoría de los autores modelan estos costos mediante un único coeficiente medio de costo, por unidad de tiempo o por artículo.

Por lo general, los modelos económicos se formulan empleando una función del costo total, que expresa las relaciones entre los parámetros de diseño de los diagramas de control y los tres tipos de costos estudiados anteriormente. Se puede considerar la producción, la vigilancia y el ajuste del proceso como una serie de ciclos independientes en el tiempo. Cada ciclo empieza con el proceso de fabricación en un estado bajo control, y continúa hasta que la vigilancia del proceso, mediante el diagrama, produce una señal de fuera de control. Un nuevo ciclo empieza después de un ajuste para regresar al estado bajo control. Sea $E(T)$ la *extensión esperada* (es decir, la *extensión media a largo plazo*, o *promedio*) de un ciclo, y sea $E(C)$ el costo total esperado durante un ciclo. Entonces el costo esperado por unidad de tiempo, es

$$E(A) = \frac{E(C)}{E(T)} \tag{9-1}$$

Se aplican luego técnicas de optimización a la Ecuación (9-1) para determinar el óptimo diseño económico del diagrama de control. En las publicaciones informativas han aparecido variaciones menores de la expresión (9-1). Por ejemplo, algunos autores han elegido reemplazar $E(T)$ en (9-1) por el número esperado de unidades producidas durante el ciclo, lo que da como resultado el costo esperado por artículo, en vez de por unidad de tiempo. En otros estudios se utiliza una definición algo diferente de lo que es un ciclo, dependiendo de si se detiene el proceso o se permite continuar la operación, mientras se investigan las señales de fuera de control.

La estructura general del modelo en (9-1) tiene un aspecto preocupante. Obsérvese que C y T son variables aleatorias dependientes, y sin embargo se representó el valor esperado de su relación $E(A)$ mediante el cociente de sus valores esperados $E(C)/E(T)$. Es bien sabido que el valor esperado de un cociente no es igual al cociente de los valores esperados (aun para variables aleatorias independientes), así que se necesita alguna explicación adicional de la estructura de (9-1). Es posible representar la secuencia producción-vigilancia-ajuste, con la acumulación de costos durante el ciclo, mediante un tipo particular de proceso estocástico llamado *proceso de renovación-recompensa* [véase Ross (1970)]. Los procesos estocásticos de este tipo tienen la propiedad de que su costo medio de tiempo está dado por el cociente de la recompensa por ciclo sobre la extensión esperada del ciclo, como aparece en (9-1).

9-1.3 Primeros Estudios y Diseños Semieconómicos

Un trabajo fundamental en el área de la modelación de costos para sistemas de control de calidad fue publicado por Girshick y Rubin (1952). Ellos consideran el modelo de un proceso en el cual una máquina que produce artículos con una característica de calidad medible x puede encontrarse en uno de cuatro estados. Los estados 1 y 2 son de producción, y en el estado i la característica de calidad de salida es descrita por la función densidad de probabilidad $f_i(x)$, $i = 1, 2$. El estado 1 es el estado "bajo control". Cuando el proceso se halla en el estado 1, existe una probabilidad constante de cambio al estado 2. El proceso no se corrige por sí solo; es necesario repararlo para restituirlo al estado 1. Los estados $j = 3$ y $j = 4$ son estados en reparación, suponiendo que la máquina estaba antes en el estado $j — 2$. En el estado $j = 3, 4$ se requieren n_j unidades de tiempo para reparar; una unidad de tiempo se define como el lapso necesario para generar una unidad de producto. Girshick y Rubin ensayan reglas de inspección al 100% y de inspección periódica. El criterio económico es maximizar la rentabilidad (ingreso) esperada del proceso. Las reglas de control óptimo son difíciles de deducir, ya que requieren la solución de complejas ecuaciones integrales. Por consiguiente, el uso del modelo es muy limitado en la práctica.

Aunque ha tenido poca o ninguna aplicación práctica, el trabajo de Girshick y Rubin es de un valor teórico significativo. Fueron ellos los primeros investigadores que propusieron el criterio del costo (o ingreso) esperado por unidad de tiempo (9-1), y que demostraron rigurosamente su conveniencia para este problema. El uso posterior del criterio (9-1) por otros analistas se basa en lo desarrollado por Girshick y Rubin. Otros investigadores han examinado formulaciones generalizadas del modelo de Girshick-Rubin, entre ellos Bather (1963), Ross (1971), Savage (1962) y White (1974). Nuevamente, sus resultados son sobre todo de interés teórico, pues no llevan a reglas para el control de proceso que se puedan implementar fácilmente en la práctica.

Varios de los primeros investigadores analizaron el diseño económico de las gráficas de control Shewhart comunes. Se podría clasificar la mayor parte de sus trabajos como procedimientos de diseño semieconómicos, ya que el modelo propuesto no consideraba todos los costos relevantes, o bien no se aplicaban técnicas de optimización formales a la función de costo. Weiler (1952) sugirió que, para un diagrama de $\bar{x}$, el tamaño muestral óptimo tendría que minimizar la cantidad total de inspección requerida para detectar un cambio especificado. Si el cambio es de un estado bajo control μ_0 hacia un estado fuera de control $\mu_1 = \mu_0 + \delta\sigma$, entonces Weiler prueba que el óptimo tamaño muestral es

$$n = \frac{12.0}{\delta^2} \text{ cuando se utilizan límites de control de } \pm \text{ 3.09 sigmas}$$

$$n = \frac{11.1}{\delta^2} \text{ cuando se utilizan límites de control de } \pm \text{ 3 sigmas}$$

$$n = \frac{6.65}{\delta^2} \text{ cuando se utilizan límites de control de } \pm \text{ 2.58 sigmas}$$

$$n = \frac{11.1}{\delta^2} \text{ cuando se utilizan límites de control de } \pm \text{ 2.33 sigmas}$$

Obsérvese que Weiler no consideró formalmente los costos; la implicación es que al minimizar la inspección total se minimizarán los costos totales. Weiler utilizó un enfoque similar en el estudio de otras gráficas de control (1953) (1954), así como lo hicieron Aroian y Levine (1950).

Cowden (1957) y Barish y Hauser (1963) han informado de otros análisis semieconómicos. Cowden (1957) considera las tres categorías importantes de costos, pero no brinda un enfoque estructurado acerca de la optimización. Sus resultados consisten en una comparación de varias estrategias sencillas para el diseño de diagramas de control de $\bar{x}$, basadas en la evaluación numérica de la función de costos. Barish y Hauser (1963) utilizaron la simulación de Montecarlo con el fin de investigar varios diseños diferentes para gráficas de control de $\bar{x}$, incluyendo un cierto número de estrategias para el ajuste de proceso. No se usaron métodos formales de optimización. Además del costo esperado por unidad, también evaluaron el número de ajustes de proceso requeridos y la fracción de artículos disconformes producidos.

Taylor (1965) ha demostrado que los procedimientos de control basados en la toma de una muestra de tamaño constante a intervalos de tiempo fijos no son óptimos. Sugiere la determinación en cada momento del tamaño muestral y la frecuencia de muestreo con base en la probabilidad posterior de que el proceso esté en un estado fuera de control. Se utilizan extensamente en el desarrollo métodos dinámicos del tipo de programación. En un trabajo subsecuente, Taylor (1967) obtiene la regla óptima de control para un proceso de dos estados con una característica de calidad distribuida normalmente. En la práctica se usan mucho las reglas de control de tamaño muestral fijo y del intervalo de muestreo fijo por su sencillez administrativa, aunque el trabajo de Taylor ha hecho ver que no es lo óptimo. Por consiguiente, la mayoría de los investigadores se han dedicado al diseño económico óptimo de tales procedimientos. El resto de este capítulo se dedica al desarrollo y análisis de estos modelos.

9-2 MODELOS ECONOMICOS PARA EL DIAGRAMA DE CONTROL DE $\overline{X}$

Se ha dedicado mucha investigación al desarrollo de modelos económicos de diagramas de control de $\bar{x}$. El interés de los analistas por este diagrama proviene directamente de su uso general en la práctica. En esta sección se describen algunos de los modelos económicos disponibles en la actualidad.

9-2.1 Modelos de una Sola Causa Atribuible

En 1956, Duncan (1956) propuso un modelo para el diseño económico óptimo del diagrama de control de $\bar{x}$. Su trabajo fue el primero sobre un modelo económico completo de grafica de Shew hart, e incorporó una metodología formal de optimizacion para determinar los parámetros del diagrama de control. El trabajo de Duncan fue estímulo para gran parte de la investigación realizada después en esta área.

Duncan se basó en el trabajo previo de Girshick y Rubin (1952) al utilizar un criterio de diseño que maximiza el ingreso neto esperado por unidad de tiempo del proceso. En el desarrollo del modelo de costo, Duncan supone que el proceso está caracterizado por un estado bajo control μ_0, y que una causa atribuible única de magnitud δ, que ocurre al azar, provoca un cambio en la media de μ_0 hacia $\mu_0 + \delta\sigma$ o $\mu_0 - \delta\sigma$. Se vigila el proceso mediante un diagrama de $\bar{x}$ con línea cen tral μ_0 y límites superior e inferior $\mu_0 \pm k(\sigma/n)$. Hay que tomar muestras cada h horas. Cuando un punto cae fuera de los límites de control, se empieza una búsqueda para encontrar una causa atribuible. Durante la búsqueda de tal causa, el proceso sigue funcionando. Además, se supone que los costos del ajuste o las reparaciones (de ser necesarias) no cambian respecto al ingreso neto obtenido del proceso. Se consideran conocidos los parámetros μ_0, δ y σ, pero quedan por determinar n, k y h.

Se supone que la causa atribuible ocurre conforme a con un proceso de Poisson, con una intensidad de λ ocurrencias por hora. Es decir, suponiendo que el proceso empieza en el estado bajo control, el lapso que el proceso permanece en dicho estado es una variable aleatoria exponencial con media $1/\lambda$ h. Por lo tanto, dada la ocurrencia de la causa atribuible entre las muestras j y $j+1$, el tiempo esperado de ocurrencia dentro de este intervalo es

$$\tau = \frac{\int_{jh}^{(j+1)h} e^{-\lambda t}\lambda(t - jh)\, dt}{\int_{jh}^{(j+1)h} e^{-\lambda t}\lambda\, dt} = \frac{1-(1+\lambda h)e^{-\lambda h}}{\lambda(1 - e^{-\lambda h})} \tag{9-2}$$

Cuando aparece la causa atribuible, la probabilidad de que sea detectada en la muestra subsecuente es

$$1 - \beta = \int_{-\infty}^{-k-\delta\sqrt{n}} \phi(z)\, dz + \int_{k-\delta\sqrt{n}}^{\infty} \phi(z)\, dz \tag{9-3}$$

donde $\Phi(z) = (2\pi)^{-1/2} \exp(-z^2/2)$ es la función de densidad normal estándar. La cantidad $1 - \beta$ es el poder de la prueba, y β es la probabilidad del error tipo II. La probabilidad de una falsa alarma es

$$\alpha = 2\int_k^{\infty} \phi(z)\, dz \tag{9-4}$$

Un ciclo de producción se define como el intervalo de tiempo desde el inicio de la producción (se supone que el proceso empieza bajo control) hasta que se efectúa un ajuste debido a la detección y eliminación de una causa atribuible. El ciclo consta de cuatro partes: (1) periodo bajo control, (2) periodo fuera de control, (3) tiempo para tomar una muestra e interpretar los resultados, y (4) tiempo para encontrar la causa atribuible. La extensión esperada del periodo bajo control es $1/\lambda$. Observando que el número de muestras que se necesitan para producir una señal de fuera de control, dado que el proceso se halle realmente en tal condición, es una variable aleatoria geométrica con media $1/(1-\beta)$, se concluye que la extensión esperada del periodo fuera de control es $h/(1-\beta) - \tau$. El tiempo necesario para tomar una muestra e interpretar los resultados es una constante g proporcional al tamaño muestral, de manera que gn es la magnitud de este segmento del ciclo. El tiempo que se requiere para determinar la causa atribuible, después de una señal de acción, es una constante D. Por lo tanto, la extensión esperada de un ciclo es

$$E(T) = \frac{1}{\lambda} + \frac{h}{1-\beta} - \tau + gn + D \tag{9-5}$$

El ingreso neto por hora de operación en el estado bajo control es V_0, y en el estado fuera de control, es V_1. Se supone que el costo de tomar una muestra de tamaño n es de la forma $a_1 + a_2 n$; es decir, a_1 y a_2 representan, respectivamente, los componentes fijos y variables de los costos de muestreo. El número esperado de muestras tomadas durante un ciclo es la magnitud esperada del ciclo, dividida entre el intervalo entre dos muestras, o sea $E(T)/h$. El costo de encontrar un causa atribuible es a_3, y el de investigar una falsa alarma es a_3'. El número esperado de falsas alarmas generadas durante un ciclo es α veces el número esperado de muestras tomadas antes del cambio, o

$$\alpha \sum_{j=0}^{\infty} \int_{jh}^{(j+1)h} j e^{-\lambda t}\, dt = \frac{\alpha e^{-\lambda h}}{1 - e^{-\lambda h}} \tag{9-6}$$

Por lo tanto, el ingreso neto esperado por ciclo es

$$E(C) = V_0 \frac{1}{\lambda} + V_1\left(\frac{h}{1-\beta} - \tau + gn + D\right) - a_3 - \frac{a_3' e^{-\lambda h}}{1 - e^{-\lambda h}} - (a_1 + a_2 n)\frac{E(T)}{h} \tag{9-7}$$

El ingreso neto esperado por hora se evalúa dividiendo el ingreso neto esperado por ciclo (9-7) entre la extensión esperada del ciclo (9-5), lo que da

$$E(A) = \frac{E(C)}{E(T)} = \frac{V_0(1/\lambda) + V_1[h/(1-\beta) - \tau + gn + D] - a_3 - a_3'\alpha e^{-\lambda h}/(1 - e^{-\lambda h})}{1/\lambda + h/(1-\beta) - \tau + gn + D} - \frac{a_1 + a_2 n}{h} \tag{9-8}$$

Sea $a_4 = V_0 - V_1$; es decir, a_4 representa el costo o cargo de penalización por hora asociado a la producción en estado de fuera de control. Entonces se puede escribir (9-8) como

$$E(A) = V_0 - \frac{a_1 + a_2 n}{h} - \frac{a_4[h/(1-\beta) - \tau + gn + D] + a_3 + a_3' \alpha e^{-\lambda h}/(1 - e^{-\lambda h})}{1/\lambda + h/(1-\beta) - \tau + gn + D} \tag{9-9}$$

o bien

$$E(A) = V_0 - E(L)$$

donde

$$E(L) = \frac{a_1 + a_2 n}{h} + \frac{a_4[h/(1-\beta) - \tau + gn + D] + a_3 + a_3' \alpha e^{-\lambda h}/(1 - e^{-\lambda h})}{1/\lambda + h/(1-\beta) - \tau + gn + D} \tag{9-10}$$

La expresión $E(L)$ representa la pérdida esperada por hora del proceso. $E(L)$ es función de los parámetros del diagrama de control n, k y h. Es obvio que maximizar el ingreso neto esperado por hora equivale a minimizar $E(L)$.

Duncan presenta varias aproximaciones a fin de desarrollar un procedimiento de optimización para este modelo.[2] El procedimiento de optimización sugerido se basa en la resolución de aproximaciones numéricas para el sistema de derivadas parciales de primer orden de $E(L)$ respecto a n, k y h. Es necesario un procedimiento iterativo con objeto de obtener los valores óptimos para n y k. Se da una solución en forma cerrada para h usando los valores óptimos de n y k.

Varios autores han informado sobre métodos de optimización para el modelo de Duncan. Goel, Jain y Wu (1968) desarrollaron un procedimiento iterativo para minimizar $E(L)$ que producirá la solución óptima exacta. Su procedimiento es superior a la técnica de optimización aproximada de Duncan en casos en los que a_4 o g son grandes, o bien δ es pequeño. (Duncan omitió algunos términos relacionados con estas cantidades en el desarrollo de su técnica de solución). Tal trabajo incluye también un amplio análisis de sensibilidad. Chiu y Wetherill (1974) desarrollaron un procedimiento sencillo aproximado para optimizar el modelo de Duncan. En su procedimiento se utiliza una restricción para el poder de la prueba $(1 - \beta)$. Los valores recomendados son $1 - \beta = 0.90$ o bien $1 - \beta = 0.95$. Se proporcionan tablas para generar el diseño óptimo sujeto a esta restricción. Este procedimiento produce por lo general un diseño cercano al diseño óptimo verdadero. También se observa que se podría minimizar fácilmente $E(L)$ utilizando una técnica de optimización o de búsqueda sin restricciones, mediante la ayuda de un programa de computadora digital para evaluaciones repetidas de la función de costo. Tal enfoque para la optimización es el que se emplea con más frecuencia.

Ejemplo 9-1

Un fabricante produce botellas de vidrio no retornables para envasar gaseosas. El espesor de la pared de las botellas es una característica de calidad importante. Si la pared fuese demasiado delgada, la botella estallaría por la presión interna que se genera al llenarla. El fabrican-

[2] Se introducen también varias aproximaciones numéricas en la estructura real del modelo. Se usan aproximaciones para $\tau = h/2 - \lambda h^2/12$ y para el número esperado de falsas alarmas $\alpha e^{-\lambda h}/(1 - e^{\lambda h}) = \alpha/\lambda h$.

te ha usado durante algún tiempo diagramas de $\bar{x}$ y R para la vigilancia del proceso. Se diseñaron estos diagramas de control utilizando criterios estadísticos. Sin embargo, en un esfuerzo por reducir costos, el fabricante desea diseñar un diagrama de $\bar{x}$ económicamente óptimo para su proceso.

Se estima que el costo fijo de tomar una muestra es de \$1 (dólares), con base en un análisis de los sueldos de los técnicos de control de calidad y de los costos del equipo de prueba. Se calcula el costo variable del muestreo en \$0.10 (dólares) por botella, y se tarda aproximadamente 1 min (0.0167 h) en medir y registrar el espesor de la pared del envase.

El proceso está sujeto a diferentes tipos de causas atribuibles. Sin embargo, en promedio, cuando el proceso sale de control, la magnitud del cambio es aproximadamente de dos desviaciones estándares. Los cambios en el proceso ocurren al azar con una frecuencia de más o menos cada 20 horas de operación, y por lo tanto la distribución exponencial con parámetro $\lambda = 0.05$, es un modelo razonable para la extensión de la racha bajo control. El tiempo medio requerido para investigar una señal de fuera de control es 1 h. El costo de investigación de una causa atribuible es de \$25 (dólares), mientras que el de investigar una falsa alarma es de \$50.

Las botellas se venden a una empresa embotelladora de refrescos. Si las paredes son demasiado delgadas, un número excesivo de botellas se romperá durante el llenado. Cuando esto sucede, la práctica estándar de la embotelladora es cobrar al fabricante los costos por la limpieza y por la producción perdida. Basándose en esta práctica, el fabricante estima que el costo de penalización por funcionar en un estado fuera de control durante una hora es de \$100.

El costo esperado por hora, asociado al uso de una gráfica de $\bar{x}$ para este proceso, lo da la Ecuación (9.10), con $a_1 = \$1$, $a_2 = \$0.10$, $a_3 = \$25$, $a_3' = \$50$, $a_4 = \$100$, $\lambda = 0.05$, $\delta = 2.0$, $g = 0.0167$ y $D = 10$. En el Apéndice 9A al final de este capítulo se presenta un programa FORTRAN para la optimización de este modelo de costos. La salida del programa, usando los valores de parámetros dados arriba, se muestra en la Fig. 9-1. El programa calcula la distancia óptima de los límites de control k y la frecuencia de muestreo h para varios valores de n, así como el valor de la función de costo (9-10). Se proporcionan también el riesgo α correspondiente y el poder para cada combinación de n, k y h. Puede obtenerse el diseño óptimo del gráfica de control mediante la inspección de los valores de la función costo para encontrar el mínimo. De la Fig. 9-1 se observa que el costo mínimo es igual a \$10.38 por hora, y que en el diagrama de $\bar{x}$ económicamente óptimo usarían muestras de tamaño

N	ÓPTIMA	H ÓPTIMA	ALFA	PODER	COSTO
1	2.30	.45	.0214	.3821	14.71
2	2.52	.57	.0117	.6211	11.91
3	2.68	.66	.0074	.7835	10.90
4	2.84	.71	.0045	.8770	10.51
5	2.99	.76	.0028	.9308	10.38
6	3.13	.79	.0017	.9616	10.39
7	3.27	.82	.0011	.9784	10.48
8	3.40	.85	.0007	.9880	10.60
9	3.53	.87	.0004	.9932	10.75
10	3.66	.89	.0003	.9961	10.90
11	3.78	.92	.0002	.9978	11.06
12	3.90	.94	.0001	.9988	11.23
13	4.02	.96	.0001	.9993	11.39
14	4.14	.98	.0000	.9996	11.56
15	4.25	1.00	.0000	.9998	11.72

Figura 9-1. Solución óptima para el Ejemplo 9-1.

N	K ÓPTIMA	H ÓPTIMA	ALFA	PODER	COSTO
1	2.31	.37	.0209	.3783	19.17
2	2.52	.46	.0117	.6211	15.71
3	2.68	.54	.0074	.7835	14.48
4	2.84	.58	.0045	.8770	14.01
5	2.99	.62	.0028	.9308	13.88
6	3.13	.65	.0017	.9616	13.91
7	3.27	.67	.0011	.9784	14.04
8	3.40	.69	.0007	.9880	14.21
9	3.53	.71	.0004	.9932	14.41
10	3.66	.73	.0003	.9961	14.62
11	3.78	.75	.0002	.9978	14.84
12	3.90	.77	.0001	.9988	15.06
13	4.02	.78	.0001	.9993	15.28
14	4.14	.80	.0000	.9996	15.50

Figura 9.2. Diseño óptimo del diagrama de $\bar{x}$ para el Ejemplo 9.1, con a_4 = \$150.

n = 5, los límites de control se ubicarían en $\pm k\sigma$, con k = 2.99, y se tomarían las muestras a intervalos h = 0.76 h (aproximadamente cada 45 minutos). El riesgo α para esta gráfica de control es α = 0.0028, y el poder de la prueba es $1 - \beta = 0.9308$.

Después de estudiar el diseño del diagrama de $\bar{x}$ óptimo, el fabricante de botellas considera que no se estimaron exactamente los costos de penalización por funcionar fuera de control (a_4). En el peor caso puede haberse subestimado a_4 casi en 50%. Por tanto, se decide volver a correr el programa en la computadora, con a_4 = \$150, para investigar el efecto de la especificación equivocada de este parámetro. Los resultados de tal corrida adicional se presentan en la Fig. 9.2. Se observa que la solución óptima es ahora n = 5, k = 2.99 y h = 0.62, y que el costo por hora es de \$13.88. Obsérvese que no cambiaron el tamaño muestral óptimo y la separación de los límites de control. El efecto principal del aumento de a_4 en 50% es la reducción de la frecuencia de muestreo óptima de 0.76 h a 0.62 h (es decir, de 45 min a 37 min). El fabricante decide adoptar una frecuencia de 45 min, con base en este análisis, por su conveniencia administrativa.

■

A partir del análisis de problemas numéricos, como los del Ejemplo 9-1, es posible deducir varias conclusiones generales acerca del diseño económico óptimo del diagrama de $\bar{x}$. Algunas de dichas conclusiones se ilustran a continuación.

1. El tamaño muestral óptimo es determinado en gran parte por la magnitud del cambio δ. Por ejemplo, la Fig. 9.3 ilustra la solución del problema del Ejemplo 9-1, con δ = 1.0. Obsérvese que el tamaño muestral óptimo se ha incrementado bastante hasta n = 14. Los límites de control óptimos son ahora ligeramente más estrechos, y el intervalo de muestreo óptimo es un poco mayor. En general, cambios relativamente grandes, por ejemplo $\delta \geq 2$, dan como resultado a menudo tamaños muestrales óptimos relativamente pequeños, digamos $2 \leq n \leq 10$. Cambios más pequeños necesitan muestras mucho más grandes, y $1 \leq \delta \leq 2$ produce con frecuencia tamaños muestrales óptimos en el intervalo de $10 \leq n \leq 20$. Cambios muy pequeños, por ejemplo $\delta \leq 0.5$, pueden necesitar tamaños muestrales hasta de $n \geq 40$.

2. El costo de penalización por hora por la producción en el estado fuera de control a_4 afecta primordialmente el intervalo entre las muestras h. Valores mayores de a_4 implican valores

N	K ÓPTIMA	H ÓPTIMA	ALFA	PODER	COSTO
4	2.22	.53	.0264	.4129	15.47
5	2.27	.58	.0232	.4865	14.57
6	2.31	.64	.0209	.5555	13.95
7	2.35	.69	.0188	.6163	13.50
8	2.39	.73	.0168	.6695	13.18
9	2.43	.77	.0151	.7157	12.95
10	2.47	.81	.0135	.7556	12.79
11	2.50	.85	.0124	.7929	12.69
12	2.54	.88	.0111	.8223	12.62
13	2.58	.91	.0099	.8474	12.59
14	2.61	.94	.0091	.8711	12.59
15	2.65	.96	.0080	.8893	12.61
16	2.69	.99	.0071	.9049	12.65
17	2.72	1.02	.0065	.9197	12.71
18	2.76	1.04	.0058	.9309	12.77
19	2.79	1.06	.0053	.9417	12.85
20	2.83	1.08	.0047	.9497	12.94
21	2.87	1.10	.0041	.9566	13.03
22	2.90	1.12	.0037	.9633	13.13
23	2.94	1.14	.0033	.9683	13.24
24	2.97	1.16	.0030	.9731	13.35

Figura 9.3. Gráfica del diseño óptimo de $\bar{x}$ para el Ejemplo 9.1 con $\delta = 1.0$.

más pequeños de h (muestreo más frecuente), mientras que valores menores de a_4 implican valores más grandes de h (muestreo menos frecuente). El efecto de aumentar a_4 aparece en las Fig. 9-1 y 9-2 para los datos del Ejemplo 9-1.

3. Los costos asociados a la búsqueda de causas atribuibles (a_3 y a_3') afectan principalmente el ancho de los límites de control. También tienen un ligero efecto en el tamaño muestral n. La Fig. 9.4 ilustra la solución del Ejemplo 9.1 con $a_3 = a_3' = \$100$ (dólares). Obsérvese

N	K ÓPTIMA	H ÓPTIMA	ALFA	PODER	COSTO
1	2.53	.40	.0114	.2981	19.59
2	2.72	.53	.0065	.5432	16.03
3	2.87	.62	.0041	.7238	14.74
4	3.00	.70	.0027	.8413	14.20
5	3.13	.75	.0017	.9102	13.99
6	3.27	.78	.0011	.9483	13.95
7	3.40	.82	.0007	.9707	14.00
8	3.52	.84	.0004	.9837	14.10
9	3.65	.87	.0003	.9906	14.24
10	3.77	.89	.0002	.9947	14.38
11	3.89	.92	.0001	.9970	14.53
12	4.00	.94	.0001	.9983	14.69
13	4.12	.96	.0000	.9990	14.85
14	4.23	.98	.0000	.9994	15.01
15	4.34	1.00	.0000	.9997	15.17

Figura 9.4. Diseño óptimo de la gráfica de x para el Ejemplo 9.1, con $A_3 = a_3' = \$100$.

N	K óptimo	H óptimo	Alfa	Potencia	Costo
1	2.07	.71	.0385	.4721	16.31
2	2.33	.82	.0198	.6909	13.25
3	2.53	.90	.0114	.8249	12.10
4	2.71	.95	.0067	.9015	11.63
5	2.87	.98	.0041	.9454	11.45
6	3.03	1.01	.0024	.9692	11.43
7	3.18	1.04	.0015	.9826	11.48
8	3.32	1.06	.0009	.9903	11.58
9	3.46	1.08	.0005	.9945	11.70
10	3.59	1.10	.0003	.9969	11.84
11	3.72	1.11	.0002	.9982	11.98
12	3.85	1.13	.0001	.9990	12.12
13	3.97	1.15	.0001	.9994	12.27
14	4.09	1.17	.0000	.9997	12.42
15	4.21	1.18	.0000	.9998	12.56

Figura 9.5. Diseño óptimo para la gráfica de x del Ejemplo 9.1 con $a_1 = \$2$.

que el diseño óptimo del diagrama de $\overline{x}$ es ahora $n = 6$, $k = 3.27$ y $h = 0.78$. La mayor distancia de los límites de control y el cambio pequeño en n reducen en forma considerable el riesgo α hasta 0.0011, y elevan ligeramente el poder de la prueba hasta 0.9483. Esto es intuitivamente atractivo; cuando aumentan los costos de la investigación de señales de acción, se querrá reducir la frecuencia de falsas alarmas (esto es, reducir α).

4. La variación en los costos de muestreo afecta a los tres parámetros de diseño. El aumento de los costos fijos de muestreo acrecienta el intervalo entre las muestras. También genera, por lo regular, muestras ligeramente mayores. La Fig. 9.5 presenta la solución para el Ejemplo 9-1 con $a_1 = \$2$. Obsérvese que en la solución óptima, la frecuencia de muestreo se incrementó hasta $h = 1.01$ h, mientras que el tamaño muestral y el ancho entre los límites de control aumentaron hasta $n = 6$ y $k = 3.03$, respectivamente. Valores grandes de a_2, el costo variable del muestreo, implican muestras pequeñas, relativamente poco frecuentes, y límites de control estrechos. La Fig. 9.6 presenta la solución para el Ejemplo 9.1, con $a_1 = \$0.5$. Obsérvese que el tamaño muestral óptimo disminuyó hasta 4, la óptima frecuencia

N	K ÓPTIMA	H ÓPTIMA	ALFA	PODER	COSTO
1	2.19	.56	.0285	.4247	15.44
2	2.36	.78	.0183	.6803	13.02
3	2.51	.94	.0121	.8300	12.31
4	2.65	1.07	.0080	.9115	12.18
5	2.80	1.17	.0051	.9528	12.31
6	2.94	1.26	.0033	.9749	12.57
7	3.08	1.34	.0021	.9865	12.89
8	3.22	1.41	.0013	.9926	13.23
9	3.35	1.48	.0008	.9960	13.58
10	3.48	1.55	.0005	.9978	13.93
11	3.61	1.61	.0003	.9987	14.28
12	3.74	1.67	.0002	.9993	14.62
13	3.86	1.73	.0001	.9996	14.95
14	3.98	1.79	.0001	.9998	15.28

Figura 9.6 Diseño óptimo para la gráfica de $\overline{x}$ del Ejemplo 9.1 con $a_2 = \$0.5$.

de muestreo aumentó hasta $h = 1.07$, y el óptimo ancho entre los límites de control disminuyó hasta $k = 2.65$.

5. Los cambios en el número medio de ocurrencias de la causa atribuible por hora afectan primordialmente el intervalo entre las muestras. La Figura 9-7 da la solución óptima para el Ejemplo 9-1, con $\lambda = 0.01$ (es decir, la duración media bajo control es 100 h). Hay que hacer notar que el intervalo óptimo de muestreo aumentó en forma considerable hasta 1.76 h. También el óptimo tamaño muestral y los límites de control crecieron ligeramente.

6. El óptimo diseño económico es relativamente insensible a los errores en la estimación de los coeficientes de los costos. Es decir, la superficie de costo es relativamente plana en la vecindad de la situación óptima. Esto puede observarse en una dimensión, examinando las Fig. 9-1 a 9-7. Nótese que hay poco cambio en el costo óptimo cuando varía n. Hay indicios de que la superficie de costo es más inclinada cerca del origen, de manera que sería preferible sobreestimar un poco el valor óptimo de n, en vez de subestimarlo. El óptimo diseño económico es relativamente insensible a los errores en la estimación de la magnitud del cambio (δ), el estado bajo control (μ_0) y la desviación estándar del proceso (σ).

7. Hay que tener cuidado al utilizar diagramas de control de $\bar{x}$ diseñadas arbitrariamente. Duncan (1956) comparó el diseño económico óptimo con el diseño arbitrario $n = 5$, $k = 3.00$ y $h = 1$, para varios conjuntos de parámetros del sistema. Pueden resultar penalizaciones económicas muy grandes al utilizar el diseño arbitrario, dependiendo de los valores de los parámetros del sistema.

N	K ÓPTIMA	H ÓPTIMA	ALFA	PODER	COSTO
1	2.33	.98	.0198	.3707	5.42
2	2.54	1.25	.0111	.6135	4.03
3	2.70	1.45	.0069	.7776	3.52
4	2.85	1.59	.0044	.8749	3.31
6	3.14	1.76	.0017	.9607	3.21
7	3.28	1.83	.0010	.9779	3.24
8	3.41	1.89	.0006	.9877	3.28
9	3.54	1.95	.0004	.9931	3.33
10	3.76	2.00	.0002	.9960	3.38
11	3.79	2.05	.0002	.9978	3.44
12	3.91	2.10	.0001	.9987	3.50
13	4.03	2.14	.0001	.9993	3.56
14	4.15	2.19	.0000	.9996	3.62
15	4.26	2.24	.0000	.9998	3.68

Figura 9.7. Diseño óptimo para la gráfica de $\bar{x}$ del Ejemplo 9.1 con $\lambda = 0.01$.

Otros modelos de procesos. ■ Dos suposiciones fundamentales en el desarrollo del modelo económico (9-10) son que se permite al proceso continuar funcionando durante la búsqueda de una causa atribuible, y que no el costo de la eliminación de la causa atribuible se carga al ingreso neto para el período. Estas restricciones son irreales en muchos procesos, y sería interesante formular un modelo de costos basado en suposiciones algo diferentes. Supongamos que se detiene el proceso mientras que se busca la causa atribuible, después de una señal de fuera de control. Si la señal es una falsa alarma, transcurrirá un tiempo esperado de D_0 horas, y habrá un costo esperado de a_3'. Si existe la causa atribuible, se necesitará un tiempo esperado de D_1 horas para encontrarla y eliminarla, lo que representará un costo de $a_3 + \Delta$. Obsérvese que a_3 es el costo que conlleva determinar la causa atribuible, y Δ es lo que cuesta eliminarla. Después de completar la búsqueda se vuelve a iniciar el proceso de fabricación.

El ciclo de producción para este proceso consta de cuatro lapsos: (1) el periodo bajo control, con extensión esperada $1/\lambda$; (2) el periodo fuera de control, con extensión esperada $h/(1-\beta)-\tau$; (3) los periodos de búsqueda, debidos a falsas alarmas, con extensión esperada $\alpha D_0 e^{-\lambda h}/(1-e^{-\lambda h})$; y (4) el periodo de búsqueda y ajuste del proceso, que se debe a la causa atribuible, con extensión D_1. Por lo tanto, la magnitud media de un ciclo de producción es

$$E(T)=\frac{1}{\lambda}+\frac{h}{1-\beta}-\tau+\frac{\alpha D_0 e^{-\lambda h}}{1-e^{-\lambda h}}+D_1 \tag{9-11}$$

El ingreso neto esperado durante un ciclo es, por analogía con la Ecuación (9-7),

$$E(C)=V_0(1/\lambda)+V_1[h/(1-\beta)-\tau]-\frac{a_3'\alpha e^{-\lambda h}}{(1-e^{-\lambda h})}$$
$$-(a_3+\Delta)-\frac{(a_1+a_2 n)[1/\lambda+h/(1-\beta)-\tau]}{h} \tag{9-12}$$

El ingreso neto esperado por hora es

$$E(A)=\frac{E(C)}{E(T)}=\{V_0(1/\lambda)+V_1[h/(1-\beta)-\tau]-a_3'\alpha e^{-\lambda h}/(1-e^{-\lambda h})$$
$$-(a_3+\Delta)-(a_1+a_2 n)[1/\lambda+h/(1-\beta)-\tau]/h\}\div$$
$$\{1/\lambda+h/(1-\beta)-\tau+\alpha D_0 e^{-\lambda h}/(1-e^{-\lambda h})+D_1\} \tag{9-13}$$

Haciendo $a_4 = V_0 - V_1$, puede volverse a escribir (9-13) como $E(A) = V_0 - E(L)$, donde

$$E(L)=\{(a_1-a_2 n)[1/\lambda+h/(1-\beta)-\tau]/h+a_3+\Delta$$
$$+[\alpha e^{-\lambda h}/(1-e^{-\lambda h})](V_0 D_0+a_3')+V_0 D_0+a_4[h/(1-\beta)-\tau]\}\div$$
$$\{1/\lambda+h/(1-\beta)-\tau+\alpha D_0 e^{-\lambda h}/(1-e^{-\lambda h})+D_1\} \tag{9-14}$$

La expresión $E(L)$ representa la pérdida esperada por hora para el proceso. Obsérvese que (9-14) es una función de los parámetros de diseño, n, k y h, del diagrama de control. Se puede minimizar fácilmente por métodos directos de búsqueda.

En los modelos de procesos estudiados con anterioridad se supone que el mecanismo de falla del proceso (el tiempo que el proceso permanece fuera de control) es una variable aleatoria exponencial. Baker (1971) propuso un modelo que permite investigar tal suposición. Desarrolla dos modelos de tiempos discretos en los que se toma una muestra de tamaño n al final de cada periodo, y se representa la estadística de prueba en un diagrama de control con límites de k-sigmas. En el primer modelo se utiliza la distribución geométrica con espacio de variación 0, 1, 2, . . . para modelar el número de periodos que el proceso permanece bajo control (nótese que la distribución geométrica es una analogía de la distribución exponencial, pero para tiempos discretos). Se define un ciclo como la suma del número de periodos en que el proceso se halla bajo control y el número de periodos que el proceso está fuera de control, antes de detectar la causa atribuible. Si p es el parámetro de la distribución geométrica (es decir, la probabilidad de que el proceso cambie para quedar fuera de control al inicio del periodo $t+1$, dado que se encuentra bajo control al final del periodo t), entonces la magnitud esperada del ciclo será

$$E(T)=\frac{1-p}{p}+\frac{1}{1-\beta}$$

El costo esperado para el ciclo es la suma de los costos esperados de muestreo, los costos esperados de la investigación de las señales de fuera de control, y el costo esperado del funcionamiento fuera de control. Si hay M falsas alarmas en un ciclo, el costo esperado para el ciclo será

$$E(C) = a_2n[(1-p)/p + 1/(1-\beta)] + a_3[1 + E(M)] + a_4[1/(1-\beta)]$$

Obsérvese que el modelo no incluye un costo fijo de muestreo (a_1), ya que la frecuencia de muestreo no es una variable de decisión. Por consiguiente, el costo esperado por unidad de tiempo es

$$E(A) = \frac{E(C)}{E(T)} = a_2n + \frac{a_3[1 + E(M)] + a_4[1/(1-\beta)]}{(1-p)/p + 1/(1-\beta)} \qquad (9\text{-}15)$$

Como el número esperado de falsas alarmas en un ciclo es $E(M) = \alpha(1 - p)/p$, el costo esperado por unidad de tiempo es

$$E(A) = a_2n + \frac{a_3[(1-\beta)p + (1-\beta)\alpha(1-p)] + a_4p}{(1-\beta)(1-p) + p} \qquad (9\text{-}16)$$

El segundo modelo de Baker permite el uso de cualquier función discreta de probabilidad $p(t)$ para modelar el mecanismo de falla del proceso, o sea el número de periodos que el proceso permanece bajo control. En este modelo, un ciclo se define como el número de periodos entre la conclusión de la búsqueda de la causa atribuible y la siguiente señal de fuera de control. Sea T^* la extensión del ciclo, y S el número de periodos que el proceso está fuera de control. El costo esperado para el ciclo es

$$E(C) = a_2nT^* + a_3 + a_4E(S)$$

Por consiguiente, el costo esperado por unidad de tiempo es

$$E(A) = \frac{E(C)}{E(T^*)} = a_2n + \frac{a_3 + a_4E(S)}{E(T^*)} \qquad (9\text{-}17)$$

Es posible demostrar que

$$E(S) = \sum_{t=0}^{\infty} \frac{(1-\alpha)^t p(t)}{1-\beta}$$

$$E(T^*) = \sum_{t=0}^{\infty} \left[\frac{1}{\alpha} - (1-\alpha)^t\left(\frac{1}{\alpha} - \frac{1}{1-\beta}\right)\right]p(t)$$

La función de costo (9-17) es una expresión general que puede particularizarse dependiendo de la selección de un mecanismo de falla del proceso $p(t)$. Baker (1971) investiga más detalladamente el caso en que $p(t)$ sea de Poisson, y lo compara con el modelo geométrico del proceso (9-16). Observa que si el mecanismo de falla del proceso es de Poisson, resultarán tamaños muestrales más pequeños y límites de control más estrechos que en el caso geométrico económicamente óptimo. Se presentan dichos límites porque las falsas alarmas pueden ser benéficas. Es decir, una falsa alarma puede posponer un cambio real de estado, porque la extensión de una corrida o racha bajo control no tiene la propiedad "sin memoria" de la distribución geométrica. También se observa que el óptimo diseño económico del diagrama de control es relativamente sensible a la selección del mecanismo de falla del proceso. Se podrán presentar penalizaciones sustanciales de costo si se supone un mecanismo incorrecto de falla del proceso.

Gibra (1971) propuso un modelo económico de una causa atribuible única para el diagrama de $\bar{x}$. Este modelo es similar al de Duncan (1956) en que se supone que el proceso continúa funcionando durante las búsquedas de la causa atribuible. Se supone que el tiempo requerido para tomar una muestra e inspeccionarla, para interpretar los resultados, así como para buscar y eliminar la causa atribuible, es una variable aleatoria de Erlang. En el desarrollo del modelo de costos se propuso el concepto del peor nivel de calidad del ciclo (PNCC). Se define un ciclo de calidad como el intervalo que hay entre dos lapsos sucesivos bajo control, y el PNCC es el número esperado permisible de artículos disconformes producidos durante tal periodo. Así, el PNCC es un límite superior del número esperado de unidades no conformes producidas durante periodos de producción fuera de control. Se seleccionaron los parámetros de la gráfica de $\bar{x}$ para minimizar los costos esperados sujetos a la restricción de obtener un PNCC particular.

Gibra (1967) también investigó el óptimo diseño económico de diagramas de $\bar{x}$ que sirven para vigilar un proceso en el que la media de la característica de calidad exhibe una tendencia lineal en el tiempo. Éste sería un modelo adecuado para procesos con desgaste de herramientas. El procedimiento óptimo de control determina reglas de decisión con objeto de detener los procesos por ajustes debidos a los cambios, así como por la ocurrencia de una causa atribuible. Las reglas de control minimizan los costos de ajuste y los generados por la producción de artículos disconformes.

9-2.2 Modelos de Múltiples Causas Atribuibles

Los modelos de la sección anterior tratan el caso en el que una causa atribuible única, de efecto conocido, ocurre aleatoriamente. Muchos procesos de fabricación se ven afectados por varias causas de este tipo, y en tales casos, un modelo de una causa única parecería inadecuado. En esta sección se presentan modelos económicos diseñados para incorporar la ocurrencia de varias causas atribuibles. Han sido desarrollados dos métodos para modelar el problema de múltiples causas atribuibles, uno por Duncan (1971) y otro por Knappenberger y Grandage (1969).

Modelo de múltiples causas atribuibles de Duncan. ■ Este modelo de Duncan (1971) es una generalización de su modelo de causa atribuible (1956). Hay un estado bajo control μ_0. Cuando el proceso sale de él, lo hace a raíz de la ocurrencia de una causa atribuible δ_j, $j = 1, 2, \ldots, s$, de magnitud conocida. Este cambio tiende a modificar la media del proceso hacia $\mu_j = \mu_0 + \delta_j\sigma$, $j = 1, 2, \ldots, s$. Cuando el proceso se transforma en un estado fuera de control, permanece en él sin más deterioro de la calidad, hasta su detección. Se supone que el proceso sigue funcionando durante la búsqueda de una causa atribuible.

Se supone asimismo que los tiempos de ocurrencia de las causas atribuibles son variables aleatorias exponenciales independientes, con medias $1/\lambda_j$, $j = 1, 2, \ldots, s$. Por lo tanto, el tiempo de duración del proceso bajo control se distribuye como el mínimo de s variables aleatorias exponenciales independientes. Lo anterior es una variable aleatoria exponencial, con media $1/\lambda = 1/\Sigma_{j=1}^{s}\lambda_j$. El poder de la prueba del diagrama de control para detectar la j-ésima causa atribuible, una vez ocurrida, es

$$1 - \beta_j = \int_{-\infty}^{-k-\delta_j\sqrt{n}} \phi(z)\,dz + \int_{k-\delta_j\sqrt{n}}^{\infty} \phi(z)\,dz \tag{9-18}$$

Así, es $1/(1 - \beta_j)$ el número esperado de muestras tomadas después de la ocurrencia de la j-ésima causa atribuible. Además, una causa atribuible puede presentarse entre cualesquiera dos muestras sucesivas, con tiempo medio de

$$\tau_j = \frac{\int_{uh}^{(u+1)h} e^{-\lambda_j t}\lambda_j(t - uh)\,dt}{\int_{uh}^{(u+1)h} e^{-\lambda_j t}\lambda_j\,dt} = \frac{1 - (1 + \lambda_j h)e^{-\lambda_j h}}{\lambda_j(1 - e^{-\lambda_j h})} \tag{9-19}$$

Por lo tanto, el tiempo requerido para generar una señal de fuera de control, después de la ocurrencia de la j-ésima causa atribuible, es $h/(1 - \beta_j) - \tau_j$.

El ciclo de producción consta de cuatro lapsos: (1) el periodo bajo control, con extensión esperada $1/\lambda$; (2) el periodo fuera de control, con extensión esperada $\Sigma_{j=1}^{s} \lambda_j[h/(1 - \beta_j) - \tau_j]/\lambda$; (3) el tiempo para tomar y analizar una muestra de tamaño n; y (4) el tiempo requerido para encontrar la causa atribuible. Si se necesitan D_j horas para descubrir la j-ésima causa atribuible, entonces el tiempo esperado por ciclo para el descubrimiento de dicha causa será $\Sigma_{j=1}^{s} \lambda_j D_j/\lambda$. Por consiguiente, la longitud esperada de un ciclo es

$$E(T) = \frac{1}{\lambda} + \frac{\sum_{j=1}^{s} \lambda_j[h/(1 - \beta_j) - \tau_j]}{\lambda} + gn + \frac{\sum_{j=1}^{s} \lambda_j D_j}{\lambda}$$

$$= \frac{1 + \sum_{j=1}^{s} \lambda_j[h/(1 - \beta_j) - \tau_j + gn + D_j]}{\lambda} \qquad (9\text{-}20)$$

Sea a_{3j} el costo del descubrimiento de la j-ésima causa atribuible, y sea a_{4j} el costo por hora de la penalización por producir artículos disconformes, cuando está presente la j-ésima causa atribuible. De este modo el costo esperado en que e incurre en un ciclo es

$$E(C) = \frac{\sum_{j=1}^{s} a_{4j}\lambda_j[h/(1 - \beta_j) - \tau_j + gn + D_j] + \sum_{j=1}^{s} \lambda_j a_{3j}}{\lambda}$$

$$+ \frac{a_3'\alpha e^{-\lambda h}}{(1 - e^{-\lambda h})} + \frac{(a_1 + a_2 n)E(T)}{h} \qquad (9\text{-}21)$$

Por lo tanto, el costo esperado por unidad de tiempo es

$$E(A) = \frac{E(C)}{E(T)} = \frac{a_1 + a_2 n}{h}$$

$$+ \left\{ \sum_{j=1}^{s} a_{4j}\lambda_j[h/(1 - \beta_j) - \tau_j + gn + D_j] \Big/ \lambda \right.$$

$$\left. + \sum_{j=1}^{s} \lambda_j a_{3j}/\lambda + a_3'\alpha e^{-\lambda h} \Big/ (1 - e^{-\lambda h}) \right\} \div$$

$$\left\{ 1/\lambda + \sum_{j=1}^{s} \lambda_j[h/(1 - \beta_j) - \tau_j + gn + D_j] \Big/ \lambda \right\} \qquad (9\text{-}22)$$

Obsérvese que la función de costo (9-22) depende de los parámetros de diseño n, k y h del diagrama de control.

Duncan utilizó métodos directos de búsqueda para encontrar los valores de n, k y h que minimizan (9-22). Presenta la solución para problemas de varios ejemplos, y realiza un análisis de sensibilidad del modelo. Chiu (1973) observó que algunos resultados numéricos en el trabajo de Duncan están equivocados. Las discrepancias parecen ser el resultado de errores en el programa computacional de Duncan, y el uso de aritmética de precisión simple para calcular τ_j. Chiu sugiere el uso de aritmética de doble precisión o de aproximaciones numéricas, como lo utilizó Duncan en su trabajo original (1956) para calcular números tan pequeños como los τ_j. Los errores numéricos no parecen haber afectado seriamente el análisis general y las conclusiones obtenidas del modelo.

El modelo (9-22) no es completamente real, ya que no puede haber más deterioro de la calidad una vez ocurrido el cambio del proceso hacia un estado fuera de control. En el mismo trabajo, Duncan (1971) extiende (9-22) para un modelo de "ocurrencia doble". En esta formulación se supone que puede haber una segunda ocurrencia de una causa atribuible, después de un cambio inicial. El efecto conjunto de dos causas atribuibles es producir el cambio de una magnitud constante, digamos $\Delta\sigma$, sin que importe la naturaleza de las dos causas atribuibles. Duncan concluyó que esta modificación en el modelo del proceso afecta poco la solución del costo mínimo, aunque se observaron algunos cambios en el comportamiento de la superficie de costos.

Modelo de múltiples causas atribuibles de Knappenberger y Grandage. ■Estos investigadores (1969) desarrollaron también un modelo para el óptimo diseño económico de un diagrama de $\bar{x}$ cuando varias causas atribuibles afectan al proceso. El estado bajo control es μ_0, y los estados fuera de control son $\mu_1, \mu_2, \ldots, \mu_s$, donde $\mu_j > \mu_i$ si $j > i$. Su modelo difiere considerablemente del de Duncan (1971) en que son posibles transiciones entre los s estados fuera de control, y se supone una estructura simplificada de costos. También se considera que se detiene el proceso para investigar las señales de fuera de control. Después de terminar una búsqueda, se vuelve a iniciar el proceso. El objetivo es minimizar el costo esperado del procedimiento de control de procesos por unidad de producto,

$$E(C) = E(C_1) + E(C_2) + E(C_3) \qquad (9\text{-}23)$$

donde $E(C_1)$ es el costo esperado por unidad, de muestreo y pruebas; $E(C_2)$ es el costo esperado de investigar señales de fuera de control y corregir así el proceso, y $E(C_3)$ es el costo esperado de penalización por unidad, por producir artículos disconformes. Como parámetros del diseño del diagrama de control se toman el tamaño muestral n, el número m de unidades producidas entre dos muestras sucesivas, y el ancho k entre los límites de control, expresado como un múltiplo de σ. El costo de muestreo y pruebas es

$$E(C_1) = \frac{a_1 + a_2 n}{m} \qquad (9\text{-}24)$$

Nótese que m es el número de unidades producidas entre los primeros artículos incluidos en muestras sucesivas. Si R es la tasa de producción, en artículos por hora, entonces el número de horas entre dos muestras sucesivas es exactamente $h = m/R$.

Sea a_3 el costo de investigar una señal de fuera de control y ajustar el proceso, si fuera necesario. Como se detiene el proceso durante las búsquedas, a_3 tendría que incluir también las pérdidas de oportunidad que resultan de la producción no realizada durante una búsqueda. Obsérvese que la suposición es que son iguales los costos para investigar alarmas reales y falsas. Sea Z una variable aleatoria indicadora que se define de manera que $Z = 1$ si $\bar{x}$ se grafica como fuera de control. Entonces, si no se realizan búsquedas para determinar una causa atribuible cuando $\bar{x}$ se gráfica bajo control, el costo esperado por unidad, de la investigación y el posible ajuste del proceso, es

$$E(C_2) = \frac{a_3 P\{Z = 1\}}{m}$$

Se define μ_j, $j = 0, 1, \ldots, s$, con $j = 0, 1, \ldots, s$, como la probabilidad de que $\bar{x}$ se grafique fuera de control, dado que el proceso se encuentra en el estado μ_j. Es decir, α_0 es la probabilidad del error tipo I y α_j, $j = 1, 2, \ldots, s$, es el poder de la prueba [$\alpha_j = 1 - \beta_j$ se define en (9-18)]. También sea q_j, $j = 1, 2, \ldots, s$, la probabilidad estacionaria de que el proceso se halle en el estado μ_j al momento de tomar una muestra. Entonces, como $P\ Z = 1\ = \Sigma_{j=0}^{s}\alpha_{j};_{j}$, se tiene que

$$E(C_2) = \frac{a_3 \sum_{j=0}^{s} \alpha_j q_j}{m} \tag{9-25}$$

Sea W una variable aleatoria indicadora definida de manera que $W = 0$ si un artículo está conforme con los requisitos, y $W = 1$ si se trata de un artículo no conforme. Difínase f_j, $j = 0, 1, \ldots, s$, como la probabilidad de que un artículo sea disconforme, dado que el proceso se halla en el estado μ_j. Si LIE y LSE son el límite inferior y el superior de especificación del producto, entonces

$$f_j = 1 - \int_{\text{LIC}}^{\text{LSC}} \frac{1}{\sigma\sqrt{2\pi}} e^{-\frac{1}{2}\left(\frac{x-\mu_j}{\sigma}\right)^2} dx$$

Sea γ_j la probabilidad de que el proceso se encuentre en el estado μ_j en cualquier momento. Entonces el costo esperado de penalización por producir artículos no conformes es

$$E(C_3) = a_4 P\{W = 1\} = a_4 \sum_{j=0}^{s} f_j \gamma_j \tag{9-26}$$

El costo total esperado se encuentra sumando (9-24), (9-25) y (9-26), con lo que se obtiene

$$E(C) = \frac{a_1 + a_2 n}{m} + \frac{a_3 \sum_{j=0}^{s} \alpha_j q_j}{m} + a_4 \sum_{j=0}^{s} f_j \gamma_j \tag{9-27}$$

Los coeficientes de costo $\{a_i\}$ y las probabilidades $\{f_j\}$ son independientes de los parámetros de diseño n, m y K del diagrama de control. Sin embargo, $\{\alpha_j\}$,$\{q_j\}$y $\{\gamma_j\}$ dependen del diseño de dicho diagrama. Se definieron anteriormente los elementos$\{\alpha_j\}$. Ahora se determinarían los$\{q_j\}$ y $\{\gamma_j\}$.

Los elementos$\{q_j\}$son las probabilidades estacionarias de que el proceso se halle en el estado μ_j al momento de tomar una muestra. Se generan estas probabilidades mediante una matriz de transición. **B**. Sea que los elementos de **B** = β_{ij} representen la probabilidad de que el proceso cambie del estado μ_i al estado μ_j durante la producción de m artículos. Suponiendo que la extensión de corrida o racha del proceso bajo control, dado que empieza en el estado bajo control, es una variable aleatoria exponencial con media $1/\lambda$, la probabilidad de permanecer bajo control durante la producción de m artículos es

$$p_{00} = 1 - \int_{0}^{m/R} \lambda e^{-\lambda t} dt = e^{-\lambda m/k}$$

Es necesario idear un método para asignar la probabilidad restante 1 X — $e^{-\lambda m/R}$, de que el estado μ_0 cambie al estado μ_j. Knappenberger y Grandage (1969) sugieren hacer:

$$p_{0j} = \binom{s}{j} \frac{(1 - e^{-\lambda m/R})\theta^j(1-\theta)^{s-j}}{1-(1-\theta)^s} \qquad j = 1, 2, \ldots, s \tag{9-28}$$

Así, la distribución de probabilidad $\{p_{00}, p_{01}, p_{02} \ldots, p_s\}$ define las probabilidades de cambiar del estado μ_0 directamente a un estado fuera de control μ_j. Se controla la forma de la distribución mediante el parámetro θ; valores grandes de θ dan por resultado un sesgo negativo (es decir, las probabilidades relativamente mayores corresponden a estados con numeraciones más altas), mientras que valores pequeños de θ ocasionan un sesgo positivo (o sea, las probabilidades relativamente mayores corresponden a estados con numeraciones más bajas). La probabilidad de cambiar de un estado fuera de control μ_i a otro también fuera de control $\mu_j(j > i)$, se representa por p_{ij}. Knappenberger y Grandage suponen que la probabilidad de pasar de a es proporcional a la probabilidad de un cambio de μ_i a μ_j. Por lo tanto,

$$p_{ij} = \begin{cases} \dfrac{p_{0j}}{1 - p_{00}} & 0 < i < j \\ \dfrac{\sum\limits_{r=1}^{j} p_{0r}}{1 - p_{00}} & i = j > 0 \\ 0 & 0 < i > j \end{cases} \tag{9-29}$$

Estas suposiciones con respecto a los valores de $\{p_{ij}\}$ parecen muy complicadas. Sin embargo, la evidencia numérica indica que no tienen un cometido importante en el funcionamiento del modelo. En la práctica, el ingeniero de producción o de calidad podría determinar empíricamente $\{p_{ij}\}$, basándose en su experiencia con el proceso.

Ahora se pueden definir los elementos de la matriz de transición **B**, usando $\{p_{ij}\}$. Además de la suposición habitual de que el proceso no puede corregirse por sí mismo, se supone que sólo puede ocurrir un cambio entre muestras sucesivas, y que es cero la probabilidad de que ocurra un cambio mientras se toma una muestra. La probabilidad b_{0j} es la de que el proceso esté en un estado μ_0 al momento de la u-ésima muestra, y en el estado μ_j al momento de la $(u + 1)$-ésima muestra. Por definición, esto es igual a

$$b_{0j} = p_{0j} \qquad j \geq 0$$

Cuando $0 \leq j < i$, b_{ij} es la probabilidad de que el proceso se encuentre en el estado μ_i al momento de la u-ésima muestra, y esté en un mejor estado μ_j al momento de la $(u + 1)$-ésima muestra. Esto es igual a multiplicar la probabilidad de que se detecte el estado μ_i en la u-ésima muestra por la probabilidad de cambiar del estado μ_0 al estado μ_j durante la producción de los siguientes m artículos, o

$$b_{ij} = \alpha_i p_{0j} \qquad 0 \leq j < i$$

Para $j \geq i$, b_{ij} es la probabilidad de que el proceso se halle en el estado μ_i al momento de la u-ésima muestra, y se deteriore hasta el mismo estado, o un estado peor μ_j, al momento de la siguiente muestra. Es la multiplicación de la probabilidad de que se descubra el estado μ_i en la u-ésima muestra por la probabilidad de un cambio del estado μ_0 al estado μ_j antes de la siguiente muestra, más la probabilidad de que no se detecte el estado μ_i en la u-ésima muestra y el proceso cambie del estado μ_i al estado μ_j antes de la siguiente muestra. Es decir,

$$b_{ij} = \alpha_i p_{0j} + (1 - \alpha_i) p_{ij} \qquad j \geq i$$

La matriz **B** $(s + 1) \times (s + 1)$, es la matriz de transición de una cadena de Markov recurrente, positiva y a periódica. Por tanto, la probabilidad estacionaria de que el proceso se encuentre en el estado μ_j al momento de tomar una muestra es la solución de

$$\mathbf{q}' = \mathbf{q}'\mathbf{B} \tag{9-30}$$

donde $\mathbf{q}'$ $[q, q_1, q_2, ..., q_s]$ es un vector renglón con $s + 1$ elementos. Para determinar los elementos $\{q_j\}$, se pueden resolver cualesquiera s de las $s + 1$ ecuaciones de (9-30), junto con la restricción

$$\sum_{j=0}^{s} q_j = 1$$

Los elementos $\{\gamma_j\}$ son las probabilidades de que el proceso esté en el estado μ_j en cualquier momento. Nótese que γ_0 depende de la probabilidad de que el proceso se encuentre en el estado μ_0 al momento de la u-ésima muestra, y que permanezca en él hasta tomar la muestra siguiente, y de la probabilidad de que el proceso se halle en un estado μ_0 al momento de la u-ésima muestra, y que quede fuera de control antes de la siguiente. Así,

$$\gamma_0 = q_0 p_{00} + \tau q_0 (1 - p_{00}) \tag{9-31}$$

donde τ es el tiempo transcurrido antes del cambio, dada una transformación en el proceso entre las muestras u y $(u + 1)$. Para λ_j, $j > 0$, Knappenberger y Grandage (1969) suponen que

$$\gamma_j = q_j p_{jj} + (1 - \tau) q_0 p_{0j} + (1 - \tau) \sum_{l=1}^{j-1} q_l p_{lj}$$

$$+ \tau q_j \sum_{h=j+1}^{s} p_{jh} \qquad j > 0 \tag{9-32}$$

Es decir, el intervalo de tiempo que el proceso se halla en un estado con baja numeración cuando ocurre una transición a un estado con alta numeración, es el mismo lapso τ que el proceso permanece en el estado μ_0 dado que ha ocurrido un cambio hacia el estado μ_j. El tercer término en (9-32) es cero si $j = 1$, porque solamente se puede llegar al estado μ_1 a partir del estado μ_0, y el último término en (9-32) es cero cuando $j = s$, porque no puede haber más transiciones hacia estados de mayor numeración.

Knappenberger y Grandage sugieren un método de búsqueda de rejilla de dos etapas para minimizar (9-27). La primera etapa es una rejilla gruesa, seguida por una búsqueda de rejilla fina en la segunda. Presentan la solución a 81 problemas con una gran variedad de coeficientes de costo y otros parámetros del modelo. Se realiza un análisis limitado de sensibilidad.

Comparación de las estructuras de modelos ■ Se pueden realizar comparaciones interesantes entre los modelos de una única causa atribuible y de múltiples causas atribuibles, así como entre los modelos de múltiples causas atribuibles de Duncan (1971) y de Knappenberger y Grandage (1969). Se observa que estos últimos modelos son considerablemente más complejos que los de una única causa atribuible. Además, los modelos de causas múltiples tienen más parámetros desconocidos, que el usuario tiene que especificar a fin de determinar el diseño óptimo del diagrama de control. De este modo, tiene mucha importancia práctica investigar la sensibilidad del modelo respecto al número de estados fuera de control. Desde un punto de vista práctico, es difícil caracterizar los estados fuera de control de la manera precisa, requerida por los modelos. Se esperaría aproximar adecuadamente un proceso de fabricación, caracterizado por muchos estados fuera de control, con un modelo de un único estado fuera de control.

Duncan (1971) informa que un modelo de una única causa atribuible, que coincide con el verdadero sistema de múltiples causas atribuibles en cientos puntos importantes, produjo muy buenos resultados. Sugiere que la magnitud del cambio para el modelo de una única causa atribuible tendría que ser igual al cambio medio del sistema múltiple; es decir,

$$\delta = \sum_{j=1}^{s} \frac{\lambda_j \delta_j}{\lambda}$$

Además, se tendría que usar $\lambda = \Sigma_{j=1}^{s}\lambda_j$ como la duración media bajo control para el modelo de una causa única, y habría que escoger el costo de penalización a_4 de manera que

$$a_4 = \sum_{j=1}^{s} \frac{\lambda_j a_{4j}}{\lambda}$$

Knappenberger y Grandage (1969) también mencionan experiencias similares. Por lo tanto, parece razonable concluir que pueden aproximarse satisfactoriamente procesos muy complejos de estados múltiples con modelo que contiene sólo unos pocos estados, con tal que se puedan definir adecuadamente estos últimos.

Los modelos de múltiples causas de Duncan (1971) y Knappenberger y Grandage (1969) tienen diferentes funciones objetivas. El modelo de Duncan minimiza los costos por unidad de tiempo, y en él puede definirse la extensión del ciclo para permitir que el proceso siga funcionando durante la investigación de señales de acción, o que se detenga la producción durante las búsquedas. El modelo de Knappenberger y Grandage minimiza los costos por artículo producido, y en él se supone que el proceso se detiene al generarse una señal de acción. Definiendo adecuadamente el costo de la búsqueda a_3, los dos modelos dan resultados congruentes.

El modelo de múltiples causas de Duncan parece tener una estructura más real de costos que el de Knappenberger y Grandage, en el cual se tratan explícitamente los costos asociados a la búsqueda de diferentes causas atribuibles en el modelo. Sin embargo, el modelo de Knappenberger y Grandage permite el deterioro continuo de la calidad después del cambio inicial, lo que es probablemente una representación más real del comportamiento de procesos actuales de producción que los modelos de múltiples causas de uno o dos cambios de Duncan. Además, el modelo de Knappenberger y Grandage tiene menos parámetros que el de Duncan. Esto tiene implicaciones importantes para los usuarios.

9-2.3 Diseño Económico Conjunto de los Diagramas de Control de $\bar{x}$ y de R

Como normalmente los diagramas de $\bar{x}$ y R se utilizan al mismo tiempo para el control de procesos, parece necesario su diseño económico conjunto. Saniga (1978) presentó un modelo para este tipo de diseño de las gráficas de $\bar{x}$ y R. Supone que el proceso se caracteriza mediante tres estados. En el estado bajo control, la media del proceso y su desviación estándar son μ_0 y σ_0, respectivamente. Dos causas atribuibles generan los estados fuera de control. La primera provoca un cambio en la media del proceso de μ_0 hacia μ_0, pero no afecta la desviación estándar. La segunda provoca un cambio en la desviación estándar del proceso de σ_0 hacia σ_1. De este modo, se describen los dos estados fuera de control por $\mu_1 > \mu_0$ y σ_0, y por μ_0 y $\sigma_1 > \sigma_0$, respectivamente. No se considera un cambio simultáneo en la media y la desviación estándar del proceso. Los parámetros para el diseño de diagramas de control son el tamaño muestral n, el número m de artículos producidos entre dos muestras sucesivas, el ancho $k_{\bar{x}}$ entre los límites de control para el diagrama de $\bar{x}$ expresado en unidades de desviación estándar, y el factor del límite superior k_R para el diagrama de R, donde $LSC_R = k_R\sigma_0$.

El método general de modelación es semejante al de Knappenberger y Grandage (1969). En esa estructura del modelo, la ecuación (9-27), $\{\alpha_j\}$, $j = 1, 2$, se definen como la probabilidad condicional de que al menos un diagrama de control produzca una señal de acción, dado que el proceso está en el estado j. Sean $\sigma_0(\bar{x})$ y $\alpha_0(R)$ las probabilidades del error tipo I para los diagramas de $\bar{x}$ y R, respectivamente, y sean también $\sigma_j(\bar{x})$ y $\alpha_j(R)$, con $j > 0$, los poderes de los dos diagramas de control cuando el proceso está en el estado j. Entonces, como $\bar{x}$ y R son variables aleatorias independientes,

$$\alpha_0 = \alpha_0(\bar{x}) + \alpha_0(R) - \alpha_0(\bar{x})\alpha_0(R)$$
$$\alpha_j = \alpha_j(\bar{x}) + \alpha_j(R) - \alpha_j(\bar{x})\alpha_j(R) \qquad j = 1, 2$$

Obsérvese que σ_0 es la probabilidad de un error tipo I que resulta del uso conjunto de las gráficas, de $\bar{x}$ y R, mientras que, en igual forma, α_j, para $j > 0$, es el poder correspondiente de la prueba. Puede evaluarse directamente la función $\alpha_j(\bar{x})$, con $j \geq 0$, a partir de la distribución acumulativa normal estándar, mientras que se obtiene α_j, para $j \geq 0$, a partir de la distribución de la amplitud relativa.

Se utilizó una búsqueda de patrones para determinar los parámetros económicamente óptimos n, m, $k_{\bar{x}}$ y k_R. Saniga observó que la superficie de costo no es convexa, aunque el máximo local se halló en una región real en lo que se refiere a los parámetros del diagrama de control. La superficie de costo también es relativamente plana en la vecindad del valor óptimo, de manera que errores moderados en la estimación de los coeficientes de costo y de otros parámetros del modelo no afectarían seriamente los resultados. Se mencionan las soluciones de 81 ejemplos numericos, en todos los cuales se usan cambios relativamente grandes del proceso. Estos ejemplos indican que muestras con menor frecuencia son óptimas cuando se optimizan $\bar{x}$ y R conjuntamente, que en el caso de la óptimización sólo de la gráfica $\bar{x}$. Esto se debe tal vez al aumento del poder de la prueba por el uso conjunto de dos diagramas de control.

También se hace una comparación de los costos respecto al diseño arbitrario del diagrama de control para $n = 5$, $k_{\bar{x}} = 3.0$ y $k_R = 5.4$. Cuando se utiliza un valor económicamente óptimo de la frecuencia de muestreo m, junto con estos valores de los parámetros, la diferencia en el costo esperado entre el diseño arbitrario y el óptimo diseño completo queda entre 0.4% y 8.2%. Sin embargo, cuando se usan valores para m que no son óptimos, se provocan mayores penalizaciones económicas en el caso del diseño arbitrario. Además, todas las comparaciones numéricas tratan de problemas con cambios del proceso de dos desviaciones estándares y con costo de penalización muy pequeño por operar en el estado fuera de control. Si se experimentan cambios menores del proceso, mayores costos de penalización por producir artículos defectuosos, o ambas cosas, entonces la diferencia entre el diseño económicamente óptimo y el diseño arbitrario será mucho mayor.

9-3 DISEÑO ECONÓMICO DEL DIAGRAMA DE CONTROL DE LA FRACCIÓN DISCONFORME

Es posible adaptar fácilmente los modelos desarrollados en la Sección 9-2 para su uso con el diagrama de control de la fracción no conforme. Se supone que el diagrama tiene su línea central en p_0, lo que corresponde a la fracción disconforme producida, mientras que el proceso se encuentra bajo control, y tiene como límites superior e inferior

$$\begin{aligned} \text{LSC} &= p_0 + k\sqrt{\frac{p_0(1-p_0)}{n}} \\ \text{LIC} &= p_0 - k\sqrt{\frac{p_0(1-p_0)}{n}} \end{aligned} \tag{9-33}$$

donde n es el tamaño muestral y k es la separación de los límites de control, expresada en unidades de desviación estándar. Los parámetros de diseño son n, k y la frecuencia de muestreo.

Del Cap. 5, recuérdese que la estadística de prueba es

$$\hat{p} = \frac{D}{n}$$

donde D es el número de artículos disconformes en la muestra de tamaño n. La hipótesis de un control estadístico se apoya si $\hat{p}$ excede el LSC o el LIC. También puede diseñarse la regla de decisión empleando un *número de aceptación* c, de manera que se supone que el proceso está bajo control si $D \leq c$, y fuera de él si $D > c$. La relación entre k y c es

$$\frac{c}{n}\Bigg/\sqrt{\frac{p_0(1-p_0)}{n}} < k \leq \frac{c+1}{n}\Bigg/\sqrt{\frac{p_0(1-p_0)}{n}} \tag{9-34}$$

Obsérvese que (9-34) implica que hay una gama de valores para k correspondientes a una elección particular de n y c. Este fenómeno ocurre porque la estadística de prueba $\hat{p}$ es una variable aleatoria discreta con espacio muestral $\{0, 1/n, 2/n,..., (n-1)/n, 1\}$. Por ejemplo, si el estado bajo control corresponde a $p_0 = 0.01$, el tamaño muestral a $n = 27$, y el número de aceptación a $c = 2$, entonces se podría usar cualquier valor de k en el intervalo $3.87 < k \leq 5.80$ para el diagrama de control. Por esto muchos autores han escogido a c como un parámetro de diseño en vez de k. Utilizando este enfoque, pueden expresarse los riesgos α y β para la gráfica de control de la fracción no conforme de la manera siguiente:

$$\alpha = 1 - \sum_{x=0}^{c} \binom{n}{x} p_0^x (1-p_0)^{n-x} \tag{9-35}$$

y

$$\beta = \sum_{x=0}^{c} \binom{n}{x} p_1^x (1-p_1)^{n-x} \tag{9-36}$$

respectivamente, donde p_1 es la fracción no conforme producida cuando el proceso está fuera de control.

Varios autores han investigado modelos económicos con causa atribuible única para el diagrama de control de la fracción disconforme. Ladany (1973) propuso para la modelación un enfoque algo diferente del utilizado en la Sección 9-2. Formuló el costo total del muestreo, la búsqueda de causas atribuibles, el ajuste del proceso y la producción en el estado fuera de control durante un tiempo fijo. Se supone que este periodo de tiempo empieza y termina con un ajuste programado del proceso, que lo coloca bajo control. No menciona ningún resultado numérico, y recomienda métodos directos de búsqueda para optimizar los parámetros del diagrama de control. Ladany y Alperovitch (1975) desarrollan un modelo similar con ajustes no programados, y sugieren que es posible determinar un ajuste y una estrategia de control económicamente óptimas comparando los dos modelos. Chiu (1975) formuló un modelo de costos utilizando la variante de la estructura del modelo para el diagrama de $\bar{x}$ de Duncan (1956), dada en la ecuación (9-14). Escogió trabajar con la gráfica np en vez de hacerlo con la gráfica p de la fracción disconforme usual. (Véase en el Cap. 5 el análisis de la equivalencia entre los diagramas de np y p). Utiliza una variante de la búsqueda de Fibonacci con objeto de encontrar el óptimo diseño económico. También propone un procedimiento de diseño aproximadamente óptimo, similar al informado por Chiu and Wetherill (1974) para el diagrama de $\bar{x}$. Se presenta un breve análisis de sensibilidad para este modelo. El modelo es relativamente insensible a errores en la estimación de los coeficientes de costo, pero requiere estimaciones más precisas para p_0 y p_1. Gibra (1978) también investigó el diseño económico del diagrama de np. Desarrolla dos modelos de procesos diferentes, uno que supone que el proceso prosigue durante una busqueda. El enfoque general de modelación es similar al de Duncan (1956). Se emplean técnicas directas de búsqueda para optimizar la función objetivo.

En dos trabajos se han tratado modelos económicos de múltiples causas atribuibles para el diagrama de la fracción disconforme. Montgomery, Heikes y Mance (1975) desarrollaron un modelo utilizando el enfoque general de Knappenberger y Grandage [Ecuación (9-27)]. Utilizan a la vez métodos de búsqueda de rejilla y de patrones para minimitar la función costo. El artículo contiene las soluciones de aproximadamente 100 ejemplos numéricos, y los resultados de un análisis de sensibilidad. Advierten que la forma de la distribución de $\hat{p}$ depende del valor verdadero de p_0 y p_i, $i = 1, 2, \ldots, s$ (las fracciones no conformes en los estados fuera de control), y no sencillamente de la magnitud del cambio, como sería el caso para la gráfica de $\bar{x}$. Por ello, se necesitarán diferentes diseños de gráficas de control para detectar de manera óptima un cambio de $p_0 = 0.01$ a $p_1 = 0.06$, contra un cambio de $p_0 = 0.05$ a $p_1 = 0.10$, aunque el tamaño del cambio $\delta = 0.05$ sea igual en ambos casos. El modelo no es extremadamente sensible respecto al número de estados fuera de control que se usan y, por lo tanto, un modelo de una única causa atribuible, escogido adecuadamente, podrá ser a menudo una aproximación apropiada para un proceso completo de múltiples causas. También examinan la superficie de respuesta de costos, e informan que es convexa y relativamente plana en la vecindad del valor óptimo. Por consiguiente, es ligero el efecto de errores moderados en la estimación de los parámetros del modelo.

Chiu (1976a) también investigó un modelo económico de múltiples causas atribuibles para el diagrama de *np*. Su modelo es similar, en estructura, al de múltiples causas para la gráfica de $\bar{x}$ de Duncan, [Ecuación (9-22)], sólo que se considera que el proceso se detiene a fin de investigar señales de acción. Utiliza procedimientos de búsqueda de rejilla con el fin de determinar los parámetros económicamente óptimos para el diagrama de control.

Duncan (1978) informa de un extenso análisis de sensibilidad del diagrama de control de la fracción disconforme con una única causa atribuible. La estructura del modelo es similar a la que utilizó en su estudio del diagrama de $\bar{x}$. Los resultados se basan en las soluciones de 237 problemas. Duncan observa que el óptimo diseño de la gráfica de control de la fracción defectuosa no es estable para todos los cambios de magnitud δ, sino que depende de los niveles específicos del proceso p_0 y p_1. Sin embargo, afirma que si se expresa la magnitud del cambio en unidades de desviación estándar del proceso, $\delta\sigma_0 = \delta \sqrt{p_0(1 - p_0)}$, se presentaría una estabilización razonable, de manera que se pueden deducir algunas conclusiones generales. Estas pueden resumirse de la manera siguiente.

1. Para pequeños cambios del proceso del orden de $0.1\sigma_0$, el número de aceptación suele ser igual a cero. Estos pequeños cambios generalmente se acompañan de mayores tamaños muestrales e intervalos de muestreo más largos que lo óptimo para casos con cambios grandes. Existe poco apoyo para el uso general de tamaños muestrales arbitrarios de $n = 50$, como se recomienda frecuentemente.
2. Los cambios en los coeficientes de costo y en otros parámetros del modelo producen cambios en el diseño óptimo de gráficas de control que corresponden, en general, con lo que se podrá esperar. Por ejemplo, el aumento de los costos de inspección reduce el tamaño muestral e incrementa el intervalo de muestreo.
3. Cuanto más frecuentemente ocurra la causa atribuible, tanto más corto tendrá que ser el óptimo intervalo de muestreo, aunque en general cada muestra tendrá que ser menor. El efecto de un cambio más frecuente es aumentar la intensidad de muestreo.
4. Los resultados numéricos que se obtienen concuerdan básicamente con otros resultados informados.

Montgomery y Heikes (1976) investigaron los supuestos mecanismos de falla del proceso para el diagrama de control de la fracción disconforme. Específicamente, consideran modelos de tiempos discretos, similares a (9-16) y (9-17), e investigan el uso de las distribuciones geométricas, de Poisson, y las series logarítmicas para modelar la duración bajo control. Observan que la elección del mecanismo de falla del proceso es un aspecto importante del diseño óptimo de diagramas de control, y la especificación equivocada de esta propiedad puede desembocar en penalizaciones económicas significativas.

9-4 DISEÑO ECONÓMICO DE OTROS DIAGRAMAS DE CONTROL

El desarrollo de modelos económicos para el diseño de diagramas de control se ha concentrado en la gráfica de $\bar{x}$ y en la de la fracción no conforme. Sin embargo, se ha extendido el enfoque general a otros tipos de diagramas de control. Esta sección resume brevemente algo de este trabajo.

Taylor (1968) fue el primero en investigar el diseño económico de diagramas de control de suma acumulativa. Su modelo expresa el costo esperado por unidad de tiempo en función del tamaño muestral n, del intervalo de muestreo h, y de los parámetros de diseño, d y θ de la mascarilla V. Supone que una única causa atribuible de magnitud δ ocurre conforme a un proceso de Poisson. Para resolver el modelo, sin embargo, supone que se especifican n y h.

Goel y Wu (1973) también desarrollaron un modelo de causa única para el óptimo diseño económico de diagramas de control de suma acumulativa. Utilizan un modelo de costos similar en estructura al de Duncan de causa única para la gráfica de $\bar{x}$. Se analizan esquemas para la mascarilla V y para el intervalo de decisión (véase en la Sección 7-2 un estudio de los diagramas de control de suma acumulativa. Se emplea una busqueda de patrones con objeto de determinar el óptimo diseño económico para la gráfica de control. Su trabajo incluye los resultados de un análisis de sensibilidad para algunos de los parámetros del modelo. La magnitud del cambio afecta los parámetros del diseño óptimo en que pequeños cambios implican muestras mayores, con intervalos de muestreo más largos para un límite decreciente de decisión. Los costos de muestreo tienden a efectar principalmente la frecuencia de éste, ya que aumentos en los costos de muestreo fijos y variables generan muestras económicamente óptimas menos frecuentes. Decrementos en el parámetro λ también llevan a intervalos de muestreo más largos.

Goel (1968) comparó diagramas de $\bar{x}$ y de suma acumulativa económicamnte óptimos. Informa que, en general, hay poca diferencia entre los dos tipos de gráficas respecto al costo óptimo del sistema. Sin embargo, cuando se usan tamaños muestrales menores que los óptimos, las penalizaciones económicas resultantes son más severas para el diagrama de $\bar{x}$. Además, la gráfica de suma acumulativa no es tan sensible respecto a errores en la especificación del tamaño del cambio como la de $\bar{x}$.

Chiu (1974) también desarrolló un modelo económico de una única causa atribuible para el diagrama de suma acumulativa, según la estrategia general de modelación del modelo de Duncan para el diagrama de $\bar{x}$. No considera esquemas de mascarillas V, sino que elige optimizar el intervalo de decisión. Se presentan un método numérico de optimización y un procedimiento simplificado de solución por aproximaciones. Se hace un breve análisis de sensibilidad y se examina una extensión del modelo a un sistema de causas múltiples.

Varios autores han analizado el diseño económico de diagramas de $\bar{x}$ con límites de advertencia. En todos los casos, las investigaciones se restringieron a sistemas de una única causa atribuible. Tiago de Oliveira y Littauer (1966) desarrollaron un procedimiento para seleccionar los parámetros del diagrama de control con una base económica. Utilizaron en el procedimiento el tiempo medio de acción, es decir, el número medio de muestras entre dos señales de acción. Determinan un tamaño muestral y un intervalo de muestreo económicamente óptimos, suponiendo que se conocen los tiempos medios de acción en los estados bajo control y fuera de control.

Gordon y Weindling (1975) también estudiaron el diseño económico óptimo de diagramas de control con límites de advertencia. Proponen, como función objetivo, el costo medio por artículo correcto producido. Los parámetros de diseño en su modelo son el tamaño muestral n, la frecuencia de muestreo h, el ancho entre los límites de control externos (o de acción) k_a, el ancho entre los límites de advertencia k_w, y la magnitud de la racha r de las medias muestrales entre los límites de advertencia y acción que generan una señal. La formulación de su modelo es general, y se podría adaptar a cualquier tipo de diagrama de control. Se da un ejemplo numérico para el diagrama de $\bar{x}$. Se utiliza la busqueda de rejilla para optimizar el modelo.

Chiu y Cheung (1979) formulan un modelo económico para la gráfica de $\bar{x}$ con límites de advertencia, utilizando el costo esperado por unidad de tiempo como la función objetiva. Matemáticamente su tratamiento del problema es más sencillo que el de Gordon y Weindling (1975), y la estructura del modelo resultante es similar a la del modelo usual de Duncan para el diagrama de $\bar{x}$. También comparan la gráfica de $\bar{x}$ (con límites de advertencia) económicamente óptima con las gráficas de $\bar{x}$ comunes y las de suma acumulativa económicamente óptimas. Observan que los diagramas de $\bar{x}$, con límites de advertencia y los de suma acumulativa (ambos económicamente óptimos) son casi equivalentes, y los dos son apenas mejores que uno de $\bar{x}$ ordinario económicamente óptimo. También observan que la práctica industrial habitual de establecer el cociente entre la separación de los límites de advertencia y la de los límites de acción (k_w/k_a) en $\frac{2}{3}$ no es deseable desde un punto de vista económico. Una mejor elección en muchos casos es $k_w/k_a = 0.85$. Así, esta investigación proporciona un buen argumento para el uso en la práctica de las reglas de sensibilización dos de tres y cuatro de cinco, analizadas anteriormente.

Montgomery y Klatt (1972a, 1972b) investigaron el óptimo diseño económico de diagramas de control de T^2, el análogo multivariado de la gráfica de $\bar{x}$. Estos autores utilizan una versión de una única causa atribuible para la estructura del modelo de Knappenberger y Grandage. Sus resultados numéricos se limitan al caso de dos características de calidad. Se investiga la sensibilidad del modelo respecto a las estimaciones de los coeficientes de costo y a la estimación de la matriz de covariancia poblacional, y se concluye que los parámetros óptimos del diagrama de control son relativamente insensibles con respecto a errores en la estimación de dichos parámetros. Se Observa que la magnitud del cambio y el signo del coeficiente de correlación, que relaciona las dos características de calidad, afectan el óptimo diseño económico. Generalmente, si el cambio en ambas características de calidad se realiza en la misma dirección, una correlación negativa entre aquéllas llevará a muestras menores que en el caso de una correlación positiva. Estos ocurre porque una correlación negativa siempre lleva a una prueba más potente o poderosa si el cambio del proceso se realiza en la misma dirección para ambas características. Heikes, Montgomery y Yeung (1974) investigaron también la elección del mecanismo de falla del proceso en el diseño económico de diagramas de control de $\bar{x}$ y concluyeron que esto es una suposición crítica.

9-5 RESUMEN

Los procedimientos para el óptimo diseño económico de diagramas de control están bien desarrollados. Se investigó extensamente la mayoría de los tipos estándares de gráficas de control, como la de $\bar{x}$, la de p, y la de suma acumulativa. Se estudiaron diferentes modelos para un proceso, y el usuario puede escoger el modelo que describe mejor una operación de manufactura particular. La optimización de estos modelos es relativamente directo, y quizá el enfoque más usual lo constituyen las técnicas de búsqueda directa. La amplia disponibilidad de computadoras digitales tendrá que desempeñar un cometido importante en el desarrollo o implementación de estos procedimientos.

Varios autores realizaron análisis de sensibilidad para dichos modelos. En general, parece que los procesos de múltiples causas atribuibles pueden aproximarse bien mediante un modelo de una única causa atribuible, escogido apropiadamente. Esto es un descubrimiento importante, pues los modelos de causa única tienen menos parámetros que estimas, y son mucho más fáciles de manejar que los de causas múltiples. Además, los modelos mencionados en las publicaciones técnicas son relativamente insensibles a los errores en la estimación de los coeficientes de costo. Este resultado tiene una importancia práctica considerable, ya que es difícil determinar con exactitud algunos coeficientes de costo, como el costo de la producción de artículos defectuosos. Las superficies de costo estudiadas son, en general, planas en la vecindad del valor óptimo. Sin embargo, son más inclinadas cerca del origen. Por consiguiente, es mejor sobreestimar un parámetro que subestimarlo. Los modelos son sensibles a las estimaciones de los estados bajo control y fuera de control, y a la magnitud del cambio. Por lo regular, se estiman más fácilmente estos parámetros que los costos. Chiu (1976b) analiza la estimación de parámetros en el diseño económico de los diagramas de $\bar{x}$

También es importante modelar en forma adecuada la ocurrencia de causas atribuibles. En la mayoría de los modelos disponibles actualmente se supone que las causas atribuibles se presentan conforme a un proceso de Poisson; es decir, la duración del proceso bajo control, dado que empieza en tal condición, es una variable aleatoria exponencial. Si se puede considerar la ocurrencia de las causas atribuibles como "descargas" o "choques" aleatorios sobre el proceso —otras palabras, la probabilidad de que un cambio del proceso esté dentro de cualquier intervalo pequeño de tiempo es directamente proporcional a la magnitud del intervalo— entonces esta suposición será probablemente adecuada. Sin embargo, si las causas atribuibles ocurren como consecuencia de los efectos acumulativos de calor, vibración, choques o fenómenos similares, o como resultado de un ajuste inadecuado o una tensión excesiva durante el inicio del proceso, entonces podría ser inapropiado el uso de la distribución exponencial para modelar la duración bajo control. El uso equivocado de este supuesto puede tener consecuencias económicas serias.

Saniga y Shirland (1977), y Chiu y Wetherill (1975), mencionan que muy pocos usuarios han implementado modelos económicos para el diseño de diagramas de control. Esto es algo sorprendente, ya que la mayoría de los ingenieros de calidad afirman que un objetivo importante del uso de procedimientos estadísticos de control de procesos es reducir los costos. Existen por lo menos dos razones para la falta de una implementación práctica de esta metodología. Primera, los modelos matemáticos y sus esquemas de optimización relacionados son relativamente complejos y se presentan, a menudo, de manera que son difíciles de entender y usar por parte del usuario. La disponibilidad de programas de computadora para estos modelos y el desarrollo de procedimientos simplificados de optimización aproximada, adecuados para el cálculo manual, tendrá que ayudar a aliviar tal problema. La creciente disponibilidad de microcomputadoras y la facilidad con la que se pueden implementar estas aplicaciones para ellas, tendrá que contribuir también. Un segundo problema es la dificultad para estimar costos y otros parámetros de modelo. Por fortuna no hay que estimar los costos con alta precisión, aunque otros componentes del modelo, como la magnitud del cambio, necesitan una determinación relativamente exacta. El análisis de sensibilidad del modelo específico podrá ayudar al usuario a decidir cuáles son los parámetros críticos del problema.

Se sugiere, como guía para la implementación de estos modelos, que se evalúen los costos o el valor de los artículos, y se dediquen a los productos de mayor valor los esfuerzos iniciales en el diseño económico de los procedimientos de control. Se encuentra con frecuencia en que un porcentaje relativamente pequeño de los artículos producidos recae la mayor parte del costo de producción o de los ingresos por ventas. En un control de inventarios, el "sistema ABC" define esto como "artículos A", mientras que los "artículos B" y los "artículos C" son más numerosos, pero proporcionalmente de menos valor para la compañía. Por lo general, las técnicas más refinadas de control de inventarios se concentran en los artículos A. En forma parecida estos elementos son probablemente candidatos apropiados para el óptimo diseño económico de su procedimiento de control de proceso.

Apéndice 9A

Programa de Computadora para el Diseño Económico del Diagrama de Control de $\bar{x}$[1]

DESCRIPCIÓN

Este programa computacional sirve para encontrar el tamaño muestral n, el factor k de los límites de control y el intervalo de muestreo h, económicamente óptimos, para un diagrama de control de $\bar{x}$. Se utiliza el modelo del proceso de Duncan (1956); es decir, la función objetivo que se minimiza es la Ecuación (9-10). Es un programa interactivo, y el usuario debe introducir los valores de los parámetros a_1, a_2, a_3, a_1', a_4, λ, δ, g y D. El uso del programa, así como un ejemplo de la salida, se ilustran en el Ejemplo 9-1.

En el programa se emplea la aproximación sugerida por Duncan (1956) y Chiu y Wetherill (1974) para el intervalo óptimo de muestreo h. Goel, Jain y Wu (1968) obtuvieron una solución exacta de forma cerrada para el óptimo valor de h, dados n y k. Se podría utilizar este método más exacto para determinar h en vez de la presente aproximación, si así se desea.

LISTADO DEL PROGRAMA

```
      READ (5, 2) A1, A2, A3, A3P, A4, XLAM, DELT, G, D
  2   FORMAT (9F8.0)
      WRITE (6, 3)
  3   FORMAT (1H0, 3X, 'N', 5X, 'K OPTIMA', 3X, 'H OPTIMA'
      6X, 'ALFA', 5X, 'PODER', 4X, 'COSTO')
      AA = DELT**2*A3P/(A2 + XLAM*A4*G)
      XK = 0.
      DO 4 I = 1, 10
      RHS = (1.2826 + XK)/ORDN(XK)
      IF (RHS.GT.AA) GO TO 5
  4   XK = XK + 0.5
  5   XK = XK - 0.5
      IF (XK.LT.0) XK = 0.
      N = ((1.286 + XK)/DELT)**2 + 0.5
      NMIN = N - 10
```

[1] De Douglas C. Montgomery, "Economic Design of an $\bar{x}$ Control Chart", *Journal of Quality Technology*, Vol. 14, No. 1, 1982, con permiso del editor.

```
      IF (NMIN.LE.0) NMIN = 1
      NMAX = N + 10
      DO 9 I = NMIN, NMAX
      XN = I
      XK = 0.5
      STEP = 0.5
      DO 8 J = 1, 3
      BESTFN = 1.0E + 38
      IF (J.EQ.2) STEP = 0.1
      IF (J.EQ.3) STEP = 0.01
    6 ARG = -1.0★XK
      A = 2.0★PNORM (ARG)
      ARG = DELT★SQRT(XN) - XK
      P = PNORM (ARG)
      H = SQRT ((A★A3P + A1 + A2★XN)/(XLAM★A4★(1./P - 0.5)))
      B = H★(1./P - 0.5 + XLAM★H/12.) + G★XN + D
      OBJFN = (A4★XLAM★B + A3P/H + XLAM★A3)/(XLAM★B + 1.0)
     &+(A1 + A2★XN)/H
      IF (OBJFN.GT.BESTFN) GO TO 7
      BESTFN = OBJFN
      BESTA = A
      BESTP = P
      BESTK = XK
      BESTH = H
      XK = XK + STEP
      GO TO 6
    7 IF (J.EQ.3) GO TO 8
      XK = BESTK - STEP
    8 CONTINUE
    9 WRITE (6, 10) I,BESTK,BESTH,BESTA,BESTP,BESTFN
   10 FORMAT (1H ,I4,2(5X,F7.2),3X,2(3X,F7.4),4X,F7.2)
      STOP
      END
      FUNCTION ORDN(Z)
      ORDN = 0.39894228★EXP(-Z★Z/2)
      RETURN
      END
      FUNCTION PNORM(X)
      DIMENSION C(7)
      DATA C/.319381530,-.356563782,1.781477937,
     & - 1.821255978,1.330274429,.2316419,2.506628725/
      Y = X
      IF (X.LT.0.) Y = -X
      T = 1./(1.+ C(6)★Y)
      S = ((((C(5)★T + C(4))★T + C(3))★T + C(2))★T + C(1))★T
      PNORM = S★EXP(-Y★Y/2)/C(7)
      IF (X.GT.0.) PNORM = 1.- PNORM
      RETURN
      END
```

9-6 EJERCICIOS

9-1 Se utiliza un diagrama de $\bar{x}$ para controlar un proceso actualmente. Ocurre una causa atribuible única de magnitud 2δ, y la duración bajo control del proceso es una variable aleatoria exponencial, con parámetro 0.01. Suponga que los costos de muestreo son de \$ 0.50 (dólares) por muestra y \$ 0.10 por artículo, que cuesta \$ 5 investigar una falsa alarma y \$ 2.50 encontrar la causa atribuible, y que \$ 100 es el costo de penalización por hora debido a que se opera en el estado fuera de control. El tiempo necesario para obtener y evaluar una muestra es 0.05 h, y tarda 2 h determinar la causa atribuible. Suponga que se permite que el proceso siga funcionando durante las búsquedas de la causa atribuible.

(a) Cuál es el costo asociado al diseño arbitrario del diagrama de control, para $n = 5$, $k = 3$ y $h = 1$?
(b) Obtenga el diseño de la gráfica de control que minimice la función de costo dada por la Ecuación (9-10).

9-2 Se usa un diagrama de $\bar{x}$ para controlar un proceso actualmente. Los parámetros de costo son $a_1 = \$ 0.50$ (dólares), $a_2 = \$ 0.10$, $a_3 = \$ 25$, $a_3' = \$ 50$ y $a_4 = \$ 100$. Ocurre una causa atribuible única de tamaño $\delta = 2$, y la duración del proceso bajo control es una variable aleatoria exponencial con media 0.01 h. El muestreo y las pruebas llevan 0.05 h, y tarda 2 h localizar la causa atribuible. Suponga que la Ecuación (9-10) es el modelo adecuado del proceso.

(a) Evalúe el costo del diseño arbitrario del diagrama de control para $n = 5$, $k = 3$, $h = 1$.
(b) Evalué el costo del diseño arbitrario del diagrama de control para $n = 5$, $k = 3$, $h = 0.5$.
(c) Determine el óptimo diseño económico.

9-3 Considere la información respecto a los costos dada en el Ejercicio 9-1. Suponga que es adecuado el modelo del proceso representado por la Ecuación (9-14). Se necesitan 2 h para investigar una falsa alarma, la ganancia por hora de operación en el estado bajo control es \$ 500 (dólares), y cuesta \$ 25 eliminar la causa atribuible. Evalúe el costo del diseño arbitrario del diagrama de control para $n = 5$, $k = 3$ y $h = 1$.

9-4 Se utiliza un diagrama de $\bar{x}$ para controlar actualmente un proceso. Los parámetros de costo son $a_1 = \$ 2$ (dólares), $a_2 = \$ 0.50$, $a_3 = \$ 50$, $a_3' = \$ 75$ y $a_4 = \$ 200$. Ocurre una causa atribuible única, con magnitud $\delta = 1$, y la extensión de racha del proceso bajo control se distribuye exponencialmente con media 0.01 h. Se necesita 0.05 h para la muestra y las pruebas, y 1 h para determinar la causa atribuible. Suponga que se permite que siga funcionando el proceso durante las búsquedas de la causa atribuible.

(a) Evalué el costo del diseño arbitrario del diagrama de $\bar{x}$ para $n = 5$, $k = 3$ y $h = 0.5$.
(b) Obtenga el óptimo diseño económico.

9-5 Suponga que una característica de calidad medible se somete a una única causa atribuible, que ocurre al azar, con una tasa media de ocurrencia igual a uno cada $1/\lambda$ horas de funcionamiento. El efecto de la causa atribuible es aumentar la media μ_0 en δ_t, donde δ 0 y t es el tiempo de funcionamiento. Desarrolle un modelo económico de la gráfica de $\bar{x}$ que se utiliza para vigilar y controlar este proceso.

9-6 Una herramienta nueva, que cuesta \$ 100 (dólares), se puede afilar unas 100 veces en promedio, con un costo de \$ 1 cada vez. Puede admitirse que la vida o duración de la herramienta entre afilados se distribuye normalmente con media 6 h y desviación estándar 2 h. La instalación de una herramienta nueva cuesta \$ 3, y provoca una pérdida en el tiempo de producción de 0.5 h, mientras que no se pierde tiempo cuando se la afila. La tasa de producción es de 100 artículos por hora. Los costos de producción son \$ 0.25 (dólares) por artículo y los ingresos por ventas son \$ 0.50 por producto. Cuando falla la herramienta, todas las partes producidas subsecuentemente resultan defectuosas. Cuesta \$ 0.50 inspeccionar el proceso. Cuando se detectan artículos defectuosos, hay que examinar todos los que se han producido desde la última inspección a un costo de $ 0.01 por artículo, y se descartan los defectuosos. El procedimiento de control de calidad consiste en inspeccionar el proceso cada h horas, y en el afilado automático de la herramienta a intervalos de $r = kh$ horas, donde k es un entero positivo.

(a) Halle los valores de k y h que minimizan los costos totales de producción por hora.
(b) Determine otro procedimiento de control que sea superior en términos de costo mínimo de producción por hora.

9-7 **Método simplificado para el diseño óptimo de gráficas de $\bar{x}$.** Chiu y Wetherill (1974) sugirieron un procedimiento para el diseño aproximadamente óptimo de diagramas de $\bar{x}$ utilizando el modelo del proceso dado en la Ecuación (9-10). Su modelo usa ciertas simplificaciones en la función de costo y en sus derivadas parciales, e impone una restricción en el poder $(1 - \beta)$ de la prueba. Para implementar su procedimiento hay que resolver las ecuaciones que siguen:

$$1 - \beta = \Phi(\delta\sqrt{n} - k) \tag{1}$$

o bien

$$\delta\sqrt{n} - k = a$$

donde $a = 1.2826$ si $1 - \beta = 0.90$ y $a = 1.6499$ si $1 - \beta = 0.95$,

$$\frac{a + k}{\phi(k)} = \frac{\delta^2 a_3'}{a_2 + \lambda g a_4} \tag{2}$$

y

$$h = \left\{ \frac{\alpha a_3' + a_1 + a_2 n}{\lambda a_4\left[(1 - \beta)^{-1} - 0.5\right]} \right\}^{1/2} \tag{3}$$

donde $\Phi(z) = (2\pi)^{-1/2}\exp(-z^2/2)$. El procedimiento de solución consiste en seleccionar un valor para $1 - \beta$, resolver (2) para hallar k, utilizar este valor de k en (1) para obtener n, y después resolver (3), con estos valores de k y n, con el fin de evaluar h. Aplique este método a los datos del Ejercicio 9-1. Compare las respuesta obtenida con la solución óptima exacta.

9-8 En un proceso de producción se fabrican artículos a razón de R artículos por hora. Todas las partes producidas satisfacen las especificaciones cuando el proceso está bajo control. Sin embargo, una causa atribuible se origina al azar a razón de λ ocurrencias por hora. Cuando se presenta esta causa atribuible, ninguno de los productos fabricados satisface las especificaciones. Sea a_4 el costo de cada artículo no conforme, y a_1 el de la inspección del proceso. La regla de control de calidad consiste en inspeccionar el proceso cada h horas. Si el proceso está fuera de control, se retira la causa atribuible, y se descartan todas las unidades disconformes producidas después de la última inspección.

(a) Obtenga una función de costo adecuada para este proceso.
(b) Analice cómo encontrar el valor óptimo de h.
(c) Encuentre la desviación estándar de h en términos de σ_R, σ_λ, σ_{a1} y σ_{a4}. Explique el efecto de estas desviaciones estándares sobre la desviación estándar de h.

9-9 Demuestre que es posible obtener la Ecuación (9-16) a partir de la Ecuación (9-14), suponiendo que las muestras se toman cada $h = 1$ unidades de tiempo, y que $a_1 = a_3' = \Delta = D_0 = D_1 = \tau = 0$.

9-10) Se vigila un proceso de fabricación mediante un diagrama de $\bar{x}$, con muestras de tamaño n tomadas cada hora. Se representa la estadística de prueba en un diagrama de control con límites de k sigmas. El número de periodos que el proceso permanece bajo control antes de que ocurra un cambio es una variable aleatoria geométrica con parámetro $p = 0.0385$. La magnitud del cambio es $\delta = 1.5$. Evalúe el costo del procedimiento arbitrario de control, para $n = 8$ y $k = 2.50$, si el costo de muestreo es \$ 0.50 (dólares) por periodo; el costo de búsqueda y posible eliminación de causas atribuibles es \$ 50; y el costo de funcionar fuera de control durante un periodo es \$ 5.

9-11 Considere el modelo del proceso dado por la Ecuación (9-17). Evalúe $E(S)$ y $E(T^*)$ para el caso en que el número de periodos que el proceso está bajo control es una variable aleatoria de Poisson, con parámetro θ.

(a) Evalúe el costo del procedimiento de control, para $n = 8$ y $k = 2.50$, usando la información del Ejercicio 9-10 y suponiendo que $\theta = 25$.
(b) Evalúe la función de costo utilizando $n = 2$ y $k = 1.45$. ¿Es mejor este procedimiento de control?
(c) Describa un proceso de producción en el que la distribución de Poisson sea un modelo razonable para el mecanismo de falla del proceso.

9-12 Considere el modelo del proceso dado por la Ecuación (9-17). Demuestre que (9-17) se convierte en (9-16) cuando $p(t)$ es la distribución geométrica, o sea,

$$p(t) = p(1-p)^t \qquad t = 0, 1, \ldots$$

9-13 Obtenga las expresiones generales para $E(S)$ y $E(T^*)$ que se utilizan en la Ecuación (9-17).

9-14 Suponga que $p(t)$ es la distribución en serie logarítmica,

$$p(t) = \begin{cases} \rho & t = 0 \\ \dfrac{\gamma\theta(1-\rho)}{t} & t = 1, 2, \ldots \end{cases}$$

donde $0 < \theta < 1$ y $\gamma = -[\ln(1-\theta)]^{-1}$.

(a) Encuentre la media de esta distribución.
(b) Determine la forma del modelo del proceso (9-17), suponiendo que esta distribución representa la duracción del proceso bajo control.
(c) Evalué el costo del procedimiento de control para $n = 8$ y $h = 2.50$, utilizando la información respecto a los costos del Ejercicio 9-10. Compare el tiempo medio bajo control con el que se da en el ejercicio.
(d) Describa un proceso para el que la distribución en serie logarítmica sería un mecanismo razonable de la falla del proceso.

9-15 Se vigila un proceso mediante un diagrama de $\bar{x}$. Pueden presentarse dos causas atribuibles, con magnitudes $\delta_1 = 0.5$ y $\delta_2 = 2.0$, y tiempos medios de ocurrencia $1/\lambda_1 = 5.0$ y $1/\lambda_2 = 100$ h. Los tiempos para detectar estas causas son $D_1 = 1$ y $D_2 = 1.5$ h, y el tiempo de demora para el muestreo es $g = 0.05$. Los coeficientes de costo son $a_1 = \$0.50$, $a_2 = \$0.10$, $a_{31} = \$10$, $a_{32} = \$50$, $a_3' = \$25$, $a_{41} = \$100$ y $a_{42} = \$500$.

(a) Evalúe el costo del procedimiento de control, para $n = 5$, $k = 3$ y $h = 1$, usando la Ecuación (9-22).
(b) Determine el correspondiente modelo aproximado de causa única para esta situación. Evalúe el costo del procedimiento de control dado en el inciso (a). ¿Aproxima el modelo de causa única adecuadamente al proceso de dos causas atribuibles en este caso?
(c) Aplique el procedimiento de optimización aproximada del Ejercicio 9-7 al modelo del inciso (b).
(d) Halle la óptima solución para el modelo de causa única. Compare esta solución con la solución aproximada del inciso (c).

9-16 Desarrolle un modelo del proceso con múltiples causas atribuibles que es una extensión de la Ecuación (9-14). Es decir, suponga que se detiene el proceso durante las búsquedas de una causa atribuible. Sea D_0 el tiempo de búsqueda para una falsa alarma, y sean D_j, $j = 1, 2, ..., s$, los tiempos de búsqueda para la j-ésima causa. Suponga que el costo del ajuste es Δ_j si existe la j-ésima causa atribuible.

9-17 Se vigila un proceso mediante un diagrama de control de la fracción disconforme, con parámetros $n = 25$, $k = 3$ y $h = 1$. El estado bajo control corresponde a $p_0 = 0.01$, y cuando ocurre la causa única, el proceso cambia a $p_1 = 0.10$. El tiempo medio de ocurrencia de la causa atribuible es $1/\lambda = 100$ h. Encuentre el costo esperado por hora del procedimiento de control, suponiendo que $g = 0.01$, $D = 0.5$, $a_1 = \$0.50$ (dólares), $a_3 = \$25$, $a_3' = \$50$ y $a_4 = \$100$.

9-18 Se usa un diagrama de control de la fracción disconforme, con $n = 25$, $k = 3$ y $h = 1$, para vigilar un proceso con dos estados, $p_0 = 0.05$ y $p_1 = 0.10$. El tiempo medio de ocurrencia de la causa atribuible es $1/\lambda = 50$ h. Los costos de los otros parámetros son $a_1 = \$0.50$ (dólares), $a_2 = \$0.05$, $a_3' = \$75$, $a_4 = \$150$, $g = 0.01$ y $D = 1$.

(a) Halle el costo por hora del procedimiento de control.
(b) Suponga que el tamaño muestral aumenta hasta $n = 50$. ¿Cuál es el efecto en el costo por hora?
(c) Considere que se cambia la frecuencia de muestreo a $h = 0.5$. ¿Cuál es el efecto en el costo por hora?

9-19 Considere el modelo de costos (9-27) para el caso especial de $s = 1$. Formule en detalle el modelo de los costos para este caso. Obtenga las probabilidades estables q_1 y q_2. Suponga que se utiliza un diagrama de $\bar{x}$, con $n = 5$, $k = 3$ y $m = 250$. Si la tasa de producción es $R = 500$ artículos por hora, la magnitud del cambio es $\delta = 1.5$, el tiempo medio de ocurrencia de la causa atribuible es $1/\lambda = 50$ h, las especificaciones son $\mu_0 \pm 3\sigma$, y los costos son $a_1 = \$1$, $a_2 = \$0.25$, $a_3 = \$25$ y $a_4 = \$100$, evalúe el costo por artículo del procedimiento de control.

9-20 Suponga que se debe modificar el modelo de costos (9-27) para usarlo con un diagrama de control de la fracción disconforme. Describa los cambios que se tienen que hacer en el modelo.

Parte III

Muestreo para Aceptación

La inspección de materias primas, productos semiterminados o productos terminados es parte importante del aseguramiento de la calidad. Cuando el propósito de la inspección es la aceptación o el rechazo de un producto, con base en la conformidad respecto a un estándar, el tipo de procedimiento de inspección que se utiliza se llama normalmente *muestreo para aceptación*. Esta parte consta de tres capítulos que tratan del diseño y uso de planes, métodos y sistemas de muestreo. El principal punto de interés es en el muestreo para aceptación lote por lote.

En el Cap. 10 se exponen planes de muestreo para aceptación lote por lote considerando los atributos. En este capítulo se incluye un análisis de la norma MIL STD 105D y su contraparte civil, la ANSI/ASQC Z1.4. En el Cap. 11 se presentan planes de muestreo para variables y se consideran la MIL STD 414 y su contraparte civil, la ANSI/ASQC Z1.9. También se analizan varios aspectos de la relación entre los planes de muestreo estándares de índole militar y civil. El Cap. 12 presenta un panorama de varios temas útiles en el muestreo para aceptación, incluyendo planes de muestreo en cadena, planes para producción continua, planes con lotes salteados, el efecto de errores de inspección en el muestreo para aceptación, y el diseño económico de los planes de muestreo para aceptación.

El conocimiento y consideraciones subyacentes son que el muestreo para aceptación no es un sustituto de los controles adecuados de proceso. En realidad, según nuestra opinión, que el uso exitoso de técnicas de control de procesos en las etapas iniciales de la fabricación, incluyendo la implementación de tales controles estadísticos al nivel de proveedor o abastecedor, puede reducir, y en algunos casos eliminar, la necesidad de una inspección por muestreo extensa.

Capítulo 10

Muestreo para Aceptación Lote por Lote por Atributos

10-1 PROBLEMA DEL MUESTREO PARA ACEPTACIÓN

El muestreo para aceptación es un campo importante del control estadístico de calidad. Una aplicación usual del muestreo para aceptación es la siguiente: Una compañía recibe el envío de un producto de un proveedor. Este artículo suele ser un componente o materia prima que se usa en el proceso de fabricación de la compañía. Se toma una muestra del lote y se inspecciona alguna característica de calidad de las unidades de la muestra. Se toma una decisión sobre el destino del lote, con base en la información de dicha muestra. Normalmente, la decisión consiste en aceptar o rechazar el lote en cuestión. Algunas veces esto se denomina *veredicto del lote*. Se incorporan los lotes aceptados (o "buenos") a la producción, es posible devolver los lotes rechazados (o "malos") al proveedor, o bien pueden someterse a alguna otra *acción de destino del lote*.

Aunque se acostumbra considerar al muestreo para aceptación una actividad de inspección al recibir, hay otros usos para los métodos de muestreo. Por ejemplo, con frecuencia un fabricante tomará muestras e inspeccionará su propia producción en sus diferentes etapas. Los lotes aceptados siguen adelante en el proceso de fabricación, mientras que se pueden retrabajar o descartar los lotes rechazados.

Hay tres aspectos importantes en el muestreo:

1. El propósito del muestreo para aceptación es juzgar los lotes, no estimar su calidad. La mayoría de los planes de muestreo para aceptación no están diseñados para hacer estimaciones.
2. Los planes de muestreo para aceptación no proporcionan alguna forma *directa* de control de calidad. El muestreo de aceptación simplemente admite o descarta lotes. Aunque todos éstos tengan la misma calidad, el muestreo aceptará algunos y rechazará otros, sin que necesariamente sean mejores los aceptados que los rechazados. Los procesos de control se usan para vigilar y mejorar sistemáticamente la calidad, pero ello no sucede con el muestreo para aceptación.
3. El uso más eficiente del muestreo para aceptación *no* es "inyectar calidad al producto mediante la inspección", sino más bien como una herramienta de verificación con objeto de asegurar que la producción o salida de un proceso está conforme con los requisitos.

Generalmente existen tres enfoques para juzgar un lote: (1) aceptarlo sin inspección; (2) efectuar una inspección al 100% —es decir, inspeccionar cada artículo en el lote, quitar todas las unidades defectuosas[1] encontradas (se pueden devolver al proveedor, retrabajarlas, cambiarlas por

[1] En capítulos anteriores se utilizó la terminología *disconforme* y *disconformidad* en vez de defectuoso y defecto. Esto se debe a que el significado usual de "defectuoso" y "defecto" difiere de su acepción técnica, y han provocado malentendidos considerables, particularmente en litigios por responsabilidad de un producto. En el campo de la inspección por muestreo se siguen utilizando "defectuoso" y "defecto" en su significado técnico; es decir, no conformidad con los requisitos.

artículos conformes, o rechazarlas—, y (3) utilizar el muestreo para aceptación. La alternativa de no inspección es útil en los casos en que el proceso del proveedor es tan adecuado que casi nunca genera artículos defectuosos, o en los que no existe una justificación económica para buscar artículos defectuosos. Por ejemplo, si la relación de capacidad del proceso del proveedor es igual a 3 o 4, es poco probable que el muestreo de aceptación vaya a encontrar artículos defectuosos. Por lo regular se usa una inspección al 100% en situaciones en las que el componente es muy crítico, y dejar pasar un artículo defectuoso daría como resultado un costo inaceptablemente alto de una falla en etapas sucesivas, o cuando la capacidad del proceso del abastecedor es inadecuada para satisfacer las especificaciones. El muestreo para aceptación es muy probablemente útil en las situaciones siguientes:

1. Cuando la prueba es destructiva.
2. Cuando es muy alto el costo de una inspección al 100%.
3. Cuando una inspección al 100% no es tecnológicamente factible, o cuando se necesitaría tanto tiempo que la planeación de la producción se vería afectada seriamente.
4. Cuando hay que inspeccionar muchos artículos, y la tasa de errores de inspección es suficientemente alta para que una inspección al 100% pudiera dejar pasar un mayor porcentaje de artículos defectuosos que en el caso de un plan de muestreo.
5. Cuando el proveedor tiene un excelente historial de calidad, y se desea alguna reducción en la inspección al 100%, pero la relación de capacidad del proceso de aquél es lo bastante baja para que la no inspección sea una alternativa insatisfactoria.
6. Cuando existen riesgos potencialmente serios respecto a la responsibilidad legal por el producto, y aunque es satisfactorio el proceso del abastecedor, se necesita disponer de un programa de vigilancia continua.

10-1.1 Ventajas y Desventajas del Muestreo

Cuando se compara el muestreo para aceptación con una inspección al 100%, el primero tiene las ventajas siguientes:

1. Por lo general es menos costoso, pues requiere menos inspección.
2. Hay un menor manejo del producto y, por tanto, se reducen los daños.
3. Puede aplicarse en el caso de pruebas destructivas.
4. Hay menos personal implicado en las actividades de inspección.
5. A menudo reduce notablemente la cantidad de errores de inspección.
6. El rechazo de lotes completos, en vez de la simple devolución de artículos defectuosos, constituye una motivación más fuerte para que el proveedor mejore la calidad.

El muestreo para aceptación, sin embargo, tiene también varias desventajas. Entre ellas están las siguientes:

1. Existe el riesgo de aceptar lotes "malos" y rechazar lotes "buenos".
2. Se genera normalmente menos información sobre el producto o el proceso de fabricación del producto.
3. El muestreo para aceptación necesita planeación y documentación del procedimiento de muestreo, mientras que una inspección al 100% no lo requiere.

Aunque a menudo se menciona este último punto como una desventaja del muestreo para aceptación, el diseño adecuado de un plan de este tipo suele requerir un estudio del nivel actual de calidad demandado por el consumidor. Este conocimiento es con frecuencia una entrada útil para la planeación general de la calidad y el proceso de ingeniería. Así, en muchas aplicaciones puede no ser un inconveniente significativo.

Se señaló que el muestreo para aceptación es un "campo intermedio" entre los extremos de una inspección al 100% y ninguna inspección. Frecuentemente proporciona una metodología para oscilar entre estos extremos, ya que se obtiene suficiente información acerca del control del proceso de manufactura del producto. Aunque no hay un control directo de la calidad al aplicar un plan de muestreo para aceptación a un lote aislado, cuando se aplica el plan a un cúmulo de lotes de un proveedor dicho plan se convierte en un medio para proteger a la vez al productor y al consumidor del lote. También permite acumular el historial de la calidad del proceso en el que se fabrica el producto, y hace posible una retroalimentación que es útil en el control del proceso, por ejemplo para determinar cuándo no son adecuados los controles de proceso en la fábrica del proveedor. Finalmente, puede aplicar una presión económica o psicológica sobre el proveedor a fin de mejorar el proceso de producción.

10-1.2 Tipos de Planes de Muestreo

Hay varias maneras de clasificar los planes de muestreo para aceptación. Una clasificación importante es por atributos y por variables. Las *variables*, naturalmente, son características de calidad que se miden en una escala númerica. Los *atributos* son características de calidad que se expresan en forma de "pasa, no pasa". Este capítulo trata sobre planes de muestreo de aceptación lote por lote por atributos. Los planes de muestreo son el tema del Cap. 11. En el Cap. 12 se analizan algunos procedimientos especiales de muestreo para aceptación.

Un plan de muestreo simple es un procedimiento en el que se toma una muestra aleatoria de n unidades del lote para su apreciación, y se determina el destino del lote con base en la información contenida en la muestra. Por ejemplo, un plan de muestreo simple para atributos consistiría en una muestra de tamaño n y un número de aceptación c. El método funcionaría de la manera siguiente: Seleccionar n artículos del lote. Si hay c o menos artículos defectuosos en la muestra, se acepta el lote, y si hay más de c de ellos en la muestra, se rechaza el lote. Este tipo de plan de muestreo se investiga extensamente en la Sección 10-2.

Los planes de muestreo doble son un poco más complicados. Después de una muestra inicial se toma una decisión basada en la información de esta muestra para 1) aceptar el lote, 2) rechazarlo, o 3) tomar una segunda muestra. Si se toma esta última, se combina la información de ambas muestras para decidir sobre la aceptación o el rechazo del lote. Los planes de muestreo doble se examinan en la Sección 10-3.

Un plan de muestreo múltiple es una extensión del concepto de muestreo doble, en el que pueden necesitarse más de dos muestras para llegar a una decisión acerca de la suerte del lote. Los tamaños muestrales suelen ser menores que en un muestreo simple o doble. La última extensión del muestreo múltiple es el muestreo secuencial, en el que se seleccionan artículos (uno a la vez) del lote y, según la inspección de cada unidad, se toma una decisión para aceptar o rechazar el lote, o seleccionar otro artículo. Los planes de muestreo múltiple y secuencial se analizan también en la Sección 10-3.

Es posible diseñar los planes de muestreo simple, doble, múltiple y secuencial, de manera que produzcan resultados equivalentes. Es decir, se pueden diseñar estos procedimientos de manera que un lote, de una calidad dada, tenga exactamente la misma probabilidad de aceptación en todos los cuatro tipos de planes de muestreo. Por consiguiente, al seleccionar el tipo de procedimiento de muestreo se deben que considerar factores como eficacia administrativa, tipo de información producida por el plan, cantidad media de inspección requerida por el procedimiento y repercusión que cierto procedimiento puede tener en el flujo del material en la organización manufacturera. Estos temas se estudian más detalladamente en la Sección 10-3.

10-1.3 Conformación del Lote

La conformación de un lote puede influir en la eficacia del plan de muestreo para aceptación. Existen varias consideraciones importantes para formar lotes destinados a la inspección. Algunas son las siguientes:

1. **Los lotes deben ser homogéneos.** En el lote, las unidades tienen que provenir de las mismas máquinas, los mismos operadores y la materia prima común en aproximadamente el mismo momento. Cuando los lotes no son homogéneos, como sucede cuando se mezclan las salidas de dos diferentes líneas de producción, el método de muestreo para aceptación no podrá funcionar tan eficazmente como debería. Lotes no homogéneos complican también la toma de acciones correctivas dirigidas a eliminar la fuente de productos defectuosos.
2. **Son preferibles lotes grandes en vez de pequeños.** Por lo general, es económicamente más eficiente inspeccionar lotes grandes que pequeños.
3. **Los lotes deben adecuarse a los sistemas de manejo o manipulación de materiales que se utilizan en las instalaciones del proveedor y el consumidor.** Asimismo, los artículos de los lotes deben empacarse de modo que se minimicen los riesgos de embarque y manipulación, y para que sea relativamente fácil la selección de unidades de la muestra.

10-1.4 Muestreo Aleatorio

Las unidades de un lote deben elegirse al azar para la inspección, y estas unidades deben ser representativas de todos los artículos del lote. El concepto de muestreo aleatorio es extremadamente importante en el muestreo para aceptación. Si no se usan muestras aleatorias se introducirá un sesgo. Por ejemplo, el proveedor puede asegurarse de que las unidades que se encuentran en la parte superior del lote sean de calidad excepcional, sabiendo que el inspector tomará la muestra de la capa de arriba. "Arreglar" un lote de esta manera no es práctica común, pero si sucede y se utilizan métodos no aleatorios de muestreo, se destruirá la eficacia del proceso de inspección.

Se sugiere a menudo la siguiente forma de tomar una muestra aleatoria: Se asigna un número a cada artículo en el lote. Luego se eligen n números aleatorios, que pueden variar del 1 a un máximo, que corresponde al número de unidades en el lote. Esta sucesión de números aleatorios determina qué artículos del lote formarán parte de la muestra. Es posible generar convenientemente números aleatorios mediante una computadora, calculadora de bolsillo o tablas de números aleatorios, como la Tabla IX del Apéndice. Si los productos tienen números de serie u otros guarismos clave, se podrán emplear éstos para evitar el proceso de asignar realmente un número a cada artículo. Otra posibilidad sería utilizar un número aleatorio de tres dígitos con el fin de representar la longitud, el ancho y la profundidad de un contenedor. Por ejemplo, el número aleatorio 482 representaría el artículo localizado en el cuarto nivel, en la octava fila y en la segunda columna del contenedor.

En situaciones en las que no es posible asignar un número a cada artículo, utilizar números de serie o clave, o bien determinar en forma aleatoria la ubicación de cada unidad muestral, hay que usar alguna otra técnica para asegurar la aleatoriedad y la representatividad de la muestra. Algunas veces el inspector puede "estratificar" el lote. Esto consiste en dividir el citado lote en estratos o capas, y después subdividir cada estrato en cubos, como se indica en la Fig. 10-1. Después se seleccionan artículos del interior de cada cubo. Aunque esta estratificación del lote es por lo regular una actividad imaginaria que realiza el inspector, y aunque no asegura necesariamente muestras aleatorias, al menos hace que se seleccionen los artículos de todas las posiciones en el lote.

No es posible insistir suficientemente en la importancia del muestreo aleatorio. Si se usan métodos de juicio para seleccionar la muestra, se perderá la base estadística del procedimiento de muestreo para aceptación.

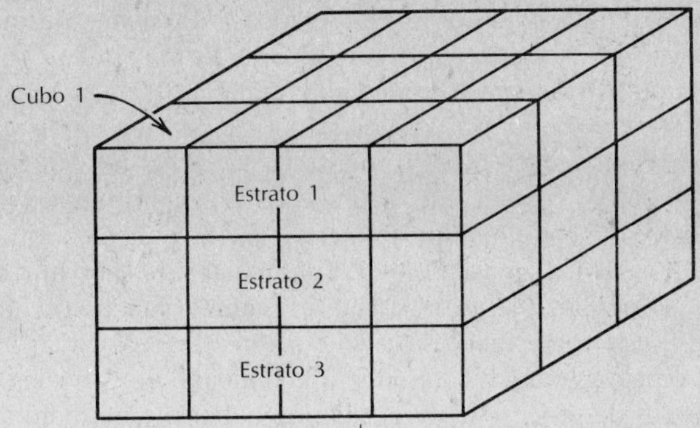

Figura 10-1. Estratificación de un lote.

10-1.5 Directrices sobre el Uso del Muestreo para Aceptación

Un plan de muestreo para aceptación es un planteamiento del tamaño muestral que hay que utilizar y de los criterios de aceptación o de rechazo correspondientes para juzgar lotes individuales. Un esquema de muestreo se define como un conjunto de procedimientos que consiste en planes de muestreo de aceptación en los que se relacionan con el muestreo los tamaños de los lotes, los tamaños muestrales y los criterios para la aceptación o rechazo, así como la magnitud de la inspección al 100%. Finalmente, un sistema de muestreo es una colección unificada de uno o más métodos de muestreo. En este capítulo se verán ejemplos de planes, esquemas y sistemas de muestreo.

En la Tabla 10-1 se presentan los principales tipos de procedimientos de muestreo para aceptación. En general, la selección de un procedimiento de muestreo para aceptación depende del objetivo de la organización del muestreo, así como del historial de la empresa cuyo producto se muestrea. Además, la aplicación de la metodología de muestreo no es estática. Es decir, hay una evolución natural de un nivel del esfuerzo de muestreo hacia otro. Por ejemplo, al tratar con un proveedor que cuenta con un excelente historial de calidad, se podrá empezar con un plan de muestreo por atributos. A medida que aumente la experiencia con los servicios del proveedor, podrá cambiarse hacia un procedimiento de muestreo que requiera mucho menos inspec-

Tabla 10-1 Procedimientos de muestreo para aceptación.

Objetivo	Procedimiento por atributos	Procedimiento por variables
Asegurar los niveles de calidad para el consumidor/productor	Seleccionar el plan para una curva CO específica	Seleccionar el plan para una curva CO específica
Mantener la calidad en el objetivo	Sistema NCA; MIL STD 105D, ANSI/ASQC Z1.4	Sistema NCA; MIL STD 414, ANSI/ASQC Z1.9
Asegurar el límite de calidad media de salida	Sistema LCMS; planes de Dodge-Romig	Sistema LCMS
Reducir la inspección con tamaños muestrales pequeños, historial de buena calidad	Muestreo en cadena	Calibración con límites estrechos
Reducir la inspección después de un historial de buena calidad	Muestreo de lotes salteados; muestreo doble	Muestreo de lotes salteados; muestreo doble
Asegurar una calidad no peor que el objetivo	Plan PDTL; planes de hopótesis	Plan PDTL; pruebas de Dodge-Romig

ción, como el muestreo por lotes salteados. Finalmente, después de una experiencia extensa con el abastecedor, y si su capacidad del proceso es muy buena, se podrían parar todas las actividades de muestreo para aceptación acerca del producto. En otra situación en la que se tiene poco conocimiento de/o experiencia con los esfuerzos de aseguramiento de calidad por parte del proveedor, podría empezarse con un muestreo por atributos utilizando un plan que asegurara que la calidad de lotes aceptados no es peor que un valor objetivo especificado. Si este plan resulta ser un éxito, y si el rendimiento del proveedor es satisfactorio, se podrá cambiar de la inspección por atributos a otra por variables, en particular si se sabe más acerca de la naturaleza del proceso del proveedor. Finalmente, podría usarse la información obtenida en los planes de muestreo para variables junto con esfuerzos realizados directamente en las instalaciones de fabricación del proveedor, con objeto de ayudar en la implantación de controles de procesos. Un exitoso programa de controles de proceso al nivel del proveedor podría mejorar la capacidad del proceso de éste hasta un nivel en el que se podría suspender la inspección.

Estos ejemplos ilustran que existe un ciclo de vida en la aplicación de técnicas de muestreo para aceptación. Esto también se refleja en el diagrama de fase (Fig. 1-2) que presenta el porcentaje de la aplicación de varias técnicas de aseguramiento de calidad como función de la madurez de la organización administrativa. Es un hecho generalizado el que las empresas que realizan relativamente nuevos esfuerzos respecto al aseguramiento de calidad confían mucho en el muestreo de aceptación. Al aumentar su madurez y desarrollarse la organización de la calidad, empiezan a depender menos del muestreo para aceptación y más de los controles estadísticos de procesos.

La importancia de la calidad de los componentes y la materia prima ha obligado a muchas empresas industriales a ejercer presión considerable sobre sus proveedores y suministradores, con el fin de mejorar la calidad. El uso adecuado de planes de muestreo para aceptación es un aspecto integral de esta actividad. Recuérdese, sin embargo, que hay que incorporar la calidad en el producto. En un artículo del *Wall Street Journal*[2] se afirma que

> *...algunos fabricantes han inducido a sus proveedores a instalar un medio administrativo llamado "control estadístico de procesos". Los administradores e ingenieros fijan estándares para la calidad de partes o materiales, como el espesor mínimo y el máximo de láminas de acero. Luego se prueban los productos a medida que son producidos; cuando la calidad varía demasiado, se corrige el proceso. Esto suena obvio, pero los ingenieros dicen que la mezcla de computadoras, estadística e información inmediata permite a las compañías afrontar bien los problemas cuando ocurren.*

En realidad, hay que confiar más en controles adecuados de procesos al nivel del proveedor con objeto de asegurar la calidad, y utilizar el muestreo de aceptación como una herramienta de verificación de conformidad, no como una técnica para tratar de incorporar calidad en el producto mediante la inspección, o para separar los lotes buenos de los malos.

Los fabricantes también intentan mejorar la calidad de sus productos reduciendo el número de proveedores que les proporcionan componentes, y trabajando más intensamente con los que conservan. Una vez más, la herramienta clave en este esfuerzo para mejorar la calidad es el control estadístico de procesos. El muestreo de aceptación será siempre un ingrediente importante de cualquier programa de aseguramiento de calidad; sin embargo, hay que recordar que ésta es una actividad que se trata de evitar. Es mucho más eficaz, desde el punto de vista de los costos, aplicar controles adecuados de procesos en la etapa apropiada del proceso de fabricación. Los métodos de muestreo serán una herramienta que empleará en el camino hacia la meta final.

[2] "'Concerns' Push to Improve Quality of Products Puts Heat on Suppliers", *The Wall Street Journal*, 20 de septiembre, 1983.

10-2 PLANES DE MUESTREO SIMPLES POR ATRIBUTOS

10-2.1 Definición de un Plan de Muestreo Simple

Supongamos que se somete un lote de tamaño N a una inspección. Se define un plan de muestreo simple mediante el tamaño muestral n y el número de aceptación c. Por lo tanto, si el tamaño del lote es $N = 10\,000$, entonces el plan de muestreo

$$n = 89$$
$$c = 2$$

significa que se inspecciona una muestra aleatoria de $n = 89$ unidades, tomada de un lote de tamaño $N = 10\,000$, y que se observa el número de artículos disconformes o defectuosos d. Si el número de artículos no conformes observados d es menor que o igual a $c = 2$, se aceptará el lote. Si el número de dichos artículos (d) es mayor que 2, se rechazará el lote. Como la característica de calidad inspeccionada es un atributo, se verifica si cada artículo en la muestra es conforme o no. Pueden inspeccionarse uno o varios atributos en la misma muestra; generalmente, un artículo que no es conforme respecto a uno o más atributos se considera defectuoso. Este procedimiento se llama *plan de muestreo simple* porque se juzga el lote basándose en la información contenida en una sola muestra de tamaño n.

10-2.2 Curva CO

Una medida importante del funcionamiento de un plan de muestreo para aceptación es la curva de característica de operación (CO). Esta curva representa la probabilidad de aceptar el lote contra la fracción muestral defectuosa. Por lo tanto, la curva CO representa el poder discriminatorio del plan de muestreo. Es decir, muestra la probabilidad de que un lote con cierta fracción de artículos defectuosos sea aceptado o rechazado. En la Fig. 10-2 se presenta la curva CO del plan de mues-

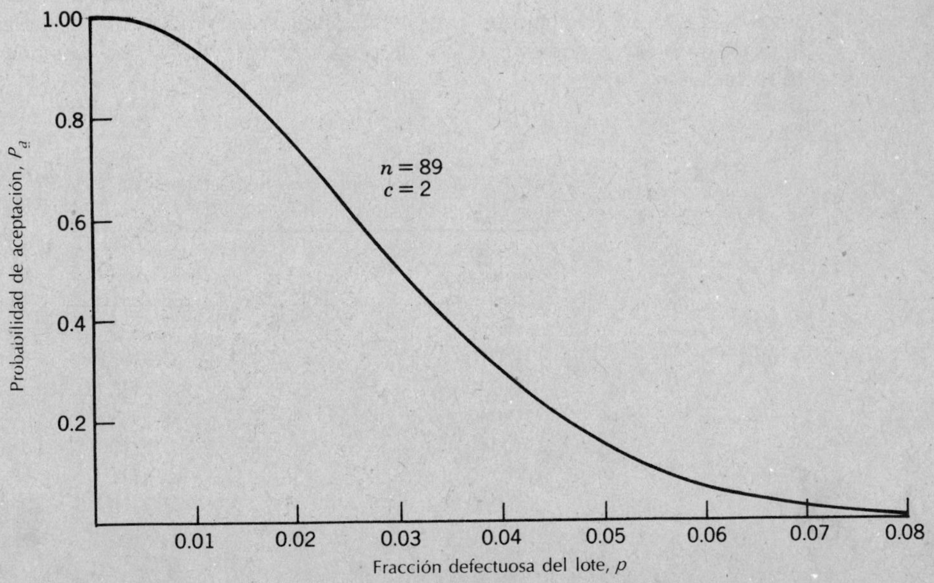

Figura 10-2. Curva CO para el plan de muestreo simple $n = 89$, $c = 2$

treo $n = 89$, $c = 2$. Es fácil demostrar cómo se obtienen los puntos para esta curva. Supongamos que el tamaño del lote N es grande (teóricamente infinito). Bajo esta condición, la distribución del número de artículos defectuosos d en una muestra aleatoria de n artículos es binomial con parámetros n y p, donde p es la fracción de artículos defectuosos en el lote. Una manera equivalente de conceptualizar esto es tomar al azar lotes de N artículos de un proceso en teoría infinito, y después obtener muestras aleatorias de tamaño n de estos lotes. Muestrear el lote de esta manera equivale a hacerlo directamente del proceso. La probabilidad de observar exactamente d artículos defectuosos es

$$P\{\text{ artículos defectuosos }\} = f(d) = \frac{n!}{d!\,(n-d)!}p^d(1-p)^{n-d} \tag{10-1}$$

La probabilidad de aceptación es exactamente la probabilidad de que d sea menor que o igual a c, o

$$P_a = P\{d \le c\} = \sum_{d=0}^{c} \frac{n!}{d!\,(n-d)!}p^d(1-p)^{n-d} \tag{10-2}$$

Por ejemplo, si la fracción defectuosa del lote es $p = 0.01$, $n = 89$ y $c = 2$, entonces

$$\begin{aligned} P_a = P\{d \le 2\} &= \sum_{d=0}^{2} \frac{89!}{d!\,(89-d)!}(0.01)^d(0.99)^{89-d} \\ &= \frac{89!}{0!\,89!}(0.01)^0(0.99)^{89} + \frac{89!}{1!\,88!}(0.01)^1(0.99)^{88} + \frac{89!}{2!\,(87)!}(0.01)^2(0.99)^{87} \\ &= 0.9397 \end{aligned}$$

Se desarrolla la curva CO evaluando (10-2) para varios valores de p. En la Tabla 10-2 se muestran los valores calculados para diversos puntos de la curva.

La curva CO indica el poder discriminatorio del plan de muestreo. Por ejemplo, en el plan de muestreo $n = 89$, $c = 2$, la probabilidad de aceptación será, aproximadamente, igual a 0.74, si los lotes son 2% defectuosos. Esto significa que si se sometieran a este plan de muestreo 100 lotes de un proceso que origina 2% de productos defectuosos, se aceptarían 74 de los lotes y se rechazarían 26.

Tabla 10-2 Probabilidades de aceptación para el plan de muestreo simple $n = 89$, $c = 2$

Fracción defectuosa, p	Probabilidad de aceptación, P_a
0.005	0.9897
0.010	0.9397
0.020	0.7366
0.030	0.4985
0.040	0.3042
0.050	0.1721
0.060	0.0919
0.070	0.0468
0.080	0.0230
0.090	0.0109

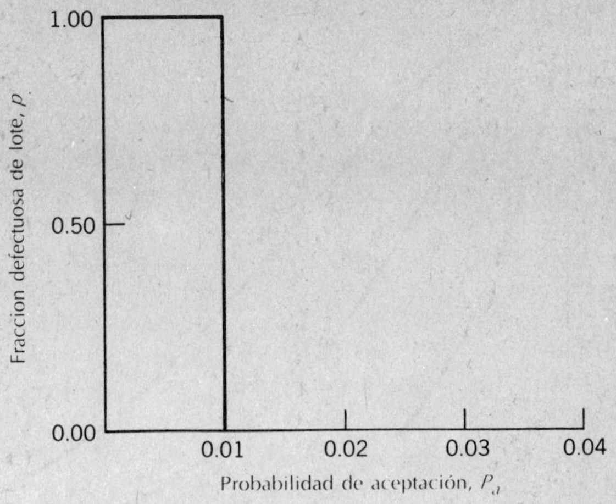

Figura 10-3. Curva CO ideal.

Efecto de *n* y *c* sobre las curvas CO. ■ Un plan de muestreo que discriminara perfectamente entre lotes "buenos" y "malos" tendría una curva CO como la que se presenta en la Fig. 10-3. La curva CO es horizontal para una probabilidad de aceptación $P_a = 1.00$, hasta llegar a un nivel de calidad del lote que se considera "mala", y en este punto la curva cae verticalmente hasta una probabilidad de aceptación $P_a = 0.00$, después permanece horizontal para todas las fracciones defectuosas del lote mayores que el nivel indeseable. Si se pudiera usar un plan de muestreo como éste, se rechazarían todos los lotes de mala calidad, y se aceptarían todos los de buena calidad.

Desafortunadamente, es casi imposible obtener en la práctica la curva ideal CO de la Fig. 10-3. En teoría, se podría lograr mediante una inspección de 100%, si ésta fuera sin errores. Sin embargo, es posible acercarse a la forma de la curva CO ideal incrementando el tamaño muestral. La Fig. 10-4 hace ver que tal curva CO se parece cada vez más a la ideal cuando aumenta

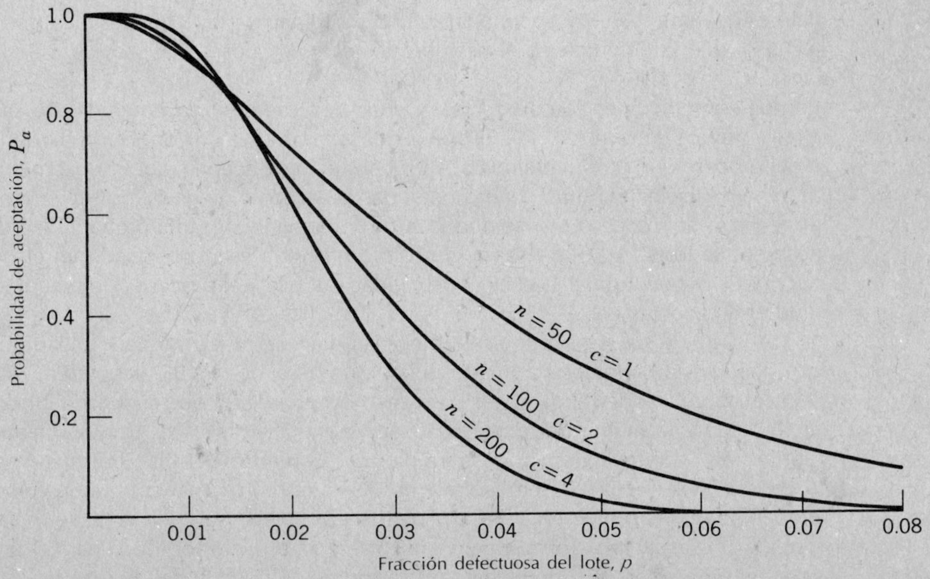

Figura 10-4. Curvas OC para tamaños muestrales diferentes.

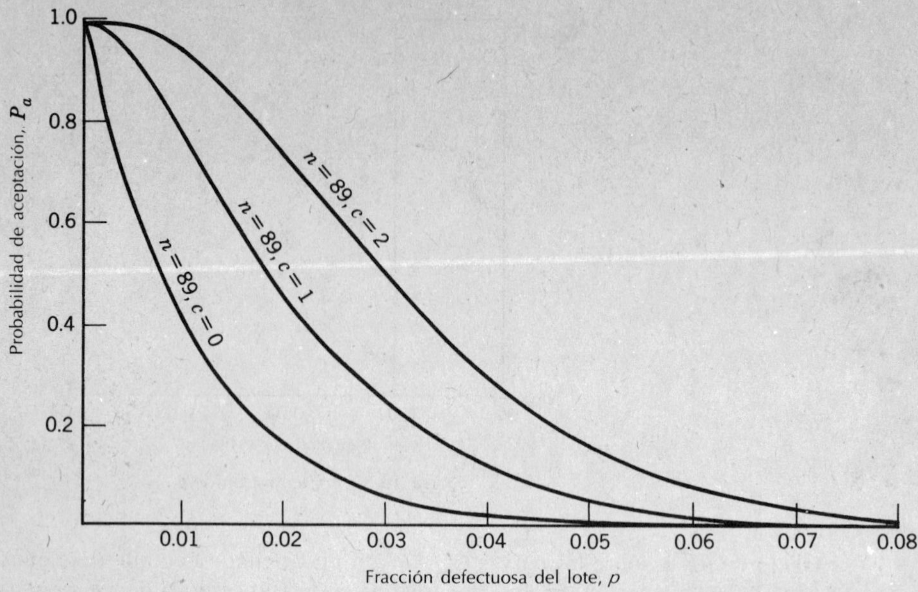

Figura 10-5. Efecto del cambio del número de aceptación en la curva CO.

el tamaño muestral (hay que advertir que se mantiene el número de aceptación c proporcional a n). Así, la precisión con que un plan de muestreo distingue entre lotes buenos y malos crece con el tamaño de la muestra. Cuanto más grande sea la pendiente de la curva CO, tanto mayor será el poder discriminatorio.

La Fig. 10-5 indica cómo varía la curva CO cuando cambia el número de aceptación. En general, el cambio del número de aceptación no afecta notablemente la pendiente de la curva CO. Al reducirse el número de aceptación, la curva se desplaza hacia la izquierda. Los planes con valores de c más bajos proporcionan una discriminación para niveles menores de la fracción defectuosa que la obtenida en el caso de planes con valores mayores de c.

Puntos específicos en la curva CO. ■ Frecuentemente a un ingeniero de calidad le interesan ciertos puntos en la curva CO. El proveedor tiene interés en conocer el nivel de calidad del lote o del proceso que produciría una alta probabilidad de aceptación. Por ejemplo, el proveedor podría interesarse en el punto con probabilidad de aceptación de 0.95. Este punto indicaría el nivel de rechazo del proceso que se podría sufrir y todavía tener una probabilidad de 95% de que se acepten los lotes. A la inversa, el consumidor podría estar interesado en el otro extremo de la curva CO. Es decir, ¿cuál es el nivel de calidad del lote o el proceso que producirá una baja probabilidad de aceptación?

A menudo, un consumidor establece un plan de muestreo para un suministro continuo de componentes o de materia prima respecto a un *nivel de calidad aceptable*, NCA. El NCA representa el peor nivel de calidad para el proceso del proveedor que el consumidor consideraría aceptable como una media del proceso. Obsérvese que el NCA es una propiedad del proceso de fabricación del proveedor; no se trata de una propiedad del plan de muestreo. Con frecuencia el consumidor diseñará el procedimiento de muestreo de manera que la curva CO dé una alta probabilidad de aceptación al NCA. Además, normalmente el NCA no se proyecta con el fin de que sea una especificación para el producto, ni es un valor objetivo para el proceso de producción del proveedor. Es simplemente un estándar contra el cual se juzgan los lotes. Se espera que el proceso del proveedor o fabricante opere a un nivel de rechazo que es nucho mejor que el NCA.

El consumidor estará interesado también en el otro extremo de la curva CO. Es decir, en la protección que se obtiene contra lotes individuales de calidad deficiente. En tal situación el consumidor puede establecer un *porcentaje defectuoso tolerable por lote* (PDTL). El PDTL es el peor nivel de calidad que el consumidor está dispuesto a aceptar en un lote individual. Obsérvese que el porcentaje defectuoso tolerable por lote no es una característica del plan de muestreo, sino un nivel de calidad del lote que especifica el consumidor. Algunos nombres alternos para el PDTL son *nivel de calidad rechazable* (NCR) y el *nivel de calidad limitativo* (NCL). Es posible diseñar planes de muestreo para aceptación que proporcionan probabilidades especificadas de aceptación al punto PDTL. Se verá más adelante cómo diseñar planes de muestreo que tienen un rendimiento especificado en los puntos NCA y PDTL.

Curvas CO; tipo A y tipo B. ▪ Las curvas CO elaboradas para los ejemplos anteriores se denominan curvas CO *tipo B*. En el trazo de la curva CO se supuso que las muestras porvenían de un lote grande, o que se estaba muestreando a partir de un flujo de lotes seleccionados aleatoriamente de un proceso. En este caso, la distribución binomial es la distribución de probabilidad correcta para calcular la probabilidad de aceptación del lote. Tal curva se considera una curva CO tipo B.

Se utiliza la curva CO *tipo A* con objeto de calcular las probabilidades de aceptación para un lote aislado de tamaño finito. Supongamos que el tamaño del lote es N, que el tamaño muestral es n, y que el número de aceptación es c. La distribución muestral exacta del número de artículos defectuosos en la muestra es la distribución hipergeométrica.

En la Fig. 10.6 se presenta la curva CO tipo A para un plan de muestreo simple con $n = 50$, $c = 1$ y tamaño de lote $N = 500$. Las probabilidades de aceptación que determinan la curva CO se calcularon utilizando la distribución hipergeométrica. También se muestra en esta figura la curva CO tipo A para $N = 2\,000$, $n = 50$ y $c = 1$. Obsérvese que las dos curvas CO son muy similares. En general, cuando aumenta el tamaño del lote, éste tiene un impacto decreciente en la curva CO. En realidad, si el tamaño del lote es por lo menos 10 veces el tamaño muestral ($n/N \leq 0.10$), virtualmente no se puede distinguir entre la curva CO tipo A y la tipo B. Como ilustración, en la Fig. 10.6 se presenta también la curva CO tipo B para el plan de muestreo $n = 50$, $c = 1$. Nótese que es idéntica a la curva CO tipo A basada en un lote de tamaño $N = 2\,000$.

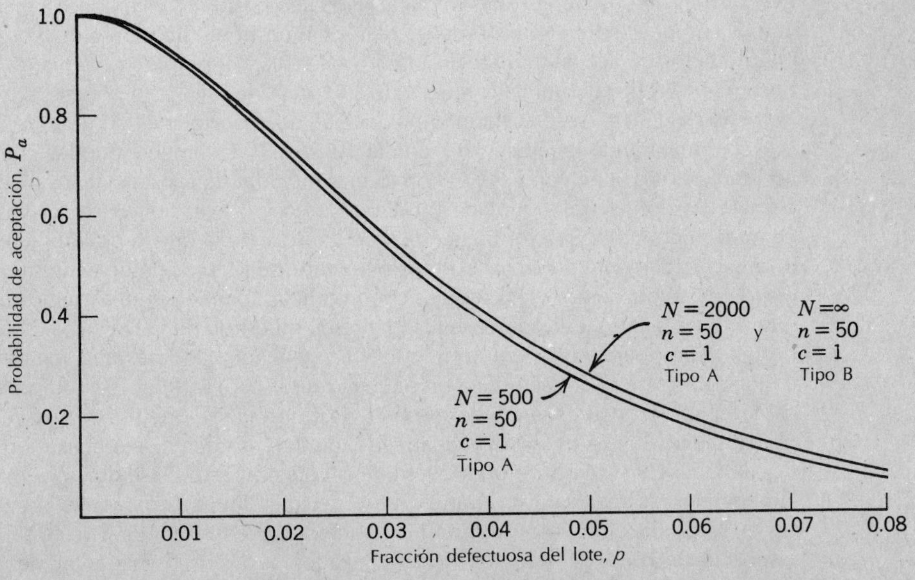

Figura 10-6. Curvas CO tipo A y tipo B.

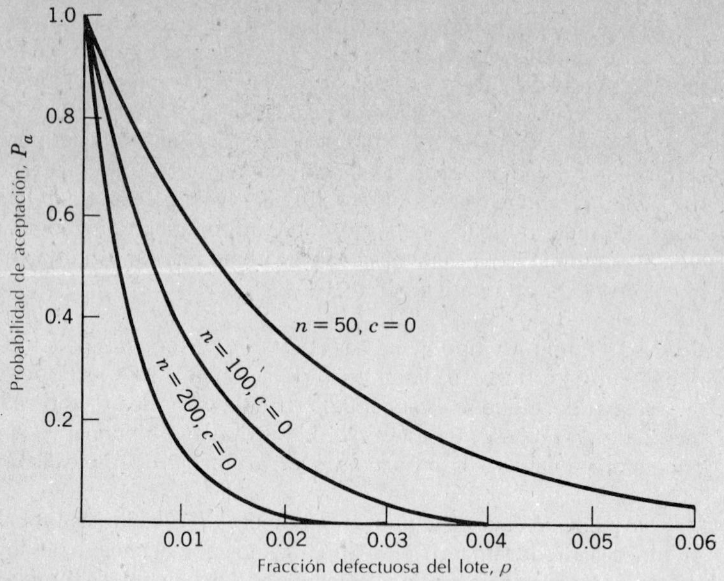

Figura 10-7. Curvas CO para planes de muestreo simples, con $c = 0$.

La curva CO tipo A se encontrará siempre por debajo de la curva CO tipo B. Es decir, si se utiliza esta última para aproximar una curva tipo A, las probabilidades de aceptación calculadas para la curva tipo B siempre serán mayores que las calculadas mediante la tipo A. Sin embargo, esta diferencia es sólo significativa para tamaños del lote relativamente pequeños respecto al tamaño muestral. A menos que se especifique de otra manera, todos los análisis de curvas CO en este libro se hacen en términos de la curva CO tipo B.

Otros aspectos del comportamiento de la curva CO. ■ En la práctica, existen dos enfoques para diseñar planes de muestreo que tienen ciertas implicaciones respecto al comportamiento de la curva CO. Como no todas estas implicaciones son positivas, vale la pena mencionar brevemente ambos enfoques para el diseño de un plan de muestreo. Ellos son el uso de planes de muestreo con números de aceptación iguales a cero ($c = 0$), y el empleo de tamaños muestrales que son un porcentaje fijo del tamaño muestral.

En la Fig. 10-7 se presentan varias curvas CO para planes de muestreo de aceptación con $c = 0$. Comparando la Figura 10-7 con la 10-5, se ve fácilmente que los planes con números de aceptación cero tienen curvas CO con formas muy diferentes a las de los planes de muestreo con $c > 0$. Por lo general, los planes de muestreo con $c = 0$ tienen curvas CO que son convexas en todo su dominio. Esta forma tiene como consecuencia que la probabilidad de aceptación disminuya rápidamente, aun para valores pequeños de la fracción defectuosa del lote. Esto es muy difícil para el proveedor y, en algunas circunstancias, puede ser en extremo costoso para el consumidor. Por ejemplo, considérense los planes de muestreo de la Fig. 10-5. Supóngase que el nivel de calidad aceptable es 1%. Esto implica que se aceptarían lotes que son defectuosos en un 1% o menos. Nótese que si se utiliza un plan de muestreo $n = 89$, $c = 1$, la probabilidad de aceptación del lote al NCA es alrededor de 0.78. Por otro lado, si se usa el plan $n = 89$, $c = 0$, dicha probabilidad al NCA es, aproximadamente, de 0.41. Es decir, se rechazará casi 60% de los lotes de calidad NCA si se utiliza un número de aceptación cero. Si se devuelven los lotes rechazados al vendedor, se regresará un gran número de lotes innecesariamente, provocando quizá retrasos en la producción en el sitio de manufactura del consumidor. Si éste selecciona o hace una inspección al 100% de todos los lotes rechazados, se tamizará un gran número de lotes de calidad aceptable. Esto es, en el mejor de los casos, un uso ineficaz de los recursos de muestreo. En el

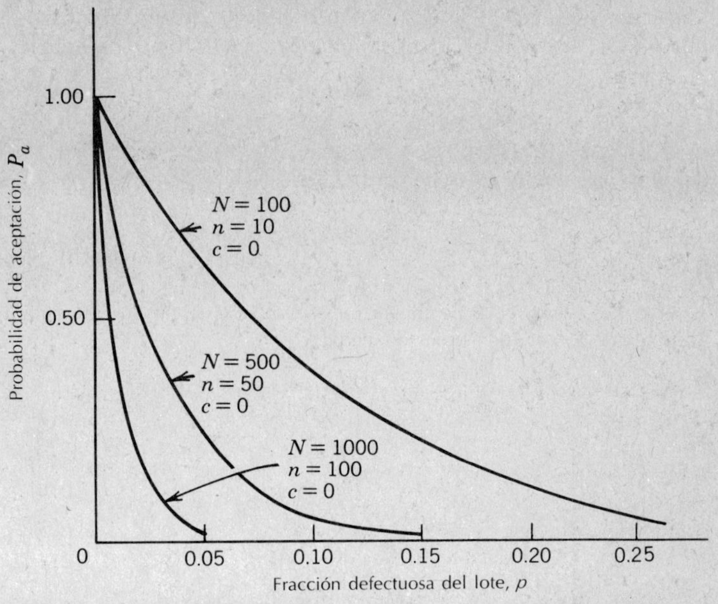

Figura 10-8. Curvas CO para planes de muestreo en que el tamaño muestral n es el 10% del tamaño del lote.

Cap. 12 se sugiere un método alternativo para el uso de números de aceptación nulos, llamado *planes de muestreo en cadena*. En ciertas circunstancias, dicho muestreo funciona considerablemente mejor que los planes de muestreo para aceptación con $c = 0$.

En la Fig. 10-8 se presentan las curvas CO para planes de muestreo en los cuales el tamaño muestral es un porcentaje fijo del tamaño del lote. La principal desventaja de este enfoque es que los tamaños muestrales diferentes ofrecen distintos niveles de protección. No es lógico que el nivel de protección que goza el consumidor para una pieza o componente críticos varíe al cambiar el tamaño del lote. Procedimientos de muestreo como el anterior se utilizaban ampliamente antes del conocimiento generalizado de los principios estadísticos del muestreo de aceptación, pero su uso (por desgracia) no ha desaparecido del todo.

10-2.3 Diseño de un Plan de Muestreo Simple con una Curva CO Especificada

Un método común para el diseño de un plan de muestreo para aceptación consiste en exigir que la curva CO pase por dos puntos designados. Nótese que un punto no es suficiente para especificar por completo el plan de muestreo, pero dos puntos sí lo son. En general, no importa cuáles puntos se especifiquen.

Supongamos que se quiere elaborar un plan de muestreo tal que la probabilidad de aceptación sea $1 - \alpha$ para lotes con una fracción defectuosa p_1, y β para lotes con una fracción defectuosa p_2. Suponiendo que el muestreo binomial (curvas CO tipo B) es el adecuado, el tamaño muestral n y el número de aceptación c son la solución de

$$
\begin{aligned}
1 - \alpha &= \sum_{d=0}^{c} \frac{n!}{d!\,(n-d)!} p_1^d (1 - p_1)^{n-d} \\
\beta &= \sum_{d=0}^{c} \frac{n!}{d!\,(n-d)!} p_2^d (1 - p_2)^{n-d}
\end{aligned}
\qquad (10\text{-}3)
$$

Las ecuaciones (10-3) se obtuvieron usando la distribución binomial para los dos puntos de la curva CO. Las dos ecuaciones simultáneas de (10-3) no son lineales, y no hay una solución directa sencilla.

Ejemplo

Se desea: un plan de muestreo con

$$P = 0.95 \quad \text{en} \quad p = 0.02$$
$$P = 0.10 \quad \text{en} \quad p = 0.08$$

Solución: se trazan rectas de alineación y se obtienen el tamaño muestral (*n*) y el número de aceptación (*c*), como aparece en el diagrama suiguiente:

$$P\{m \leqslant c\} = \sum_{m=0}^{c} \frac{n!}{m!(n-m)!} p^m(1-p)^{n-m} \qquad \frac{n}{N} \leqslant 0.1$$

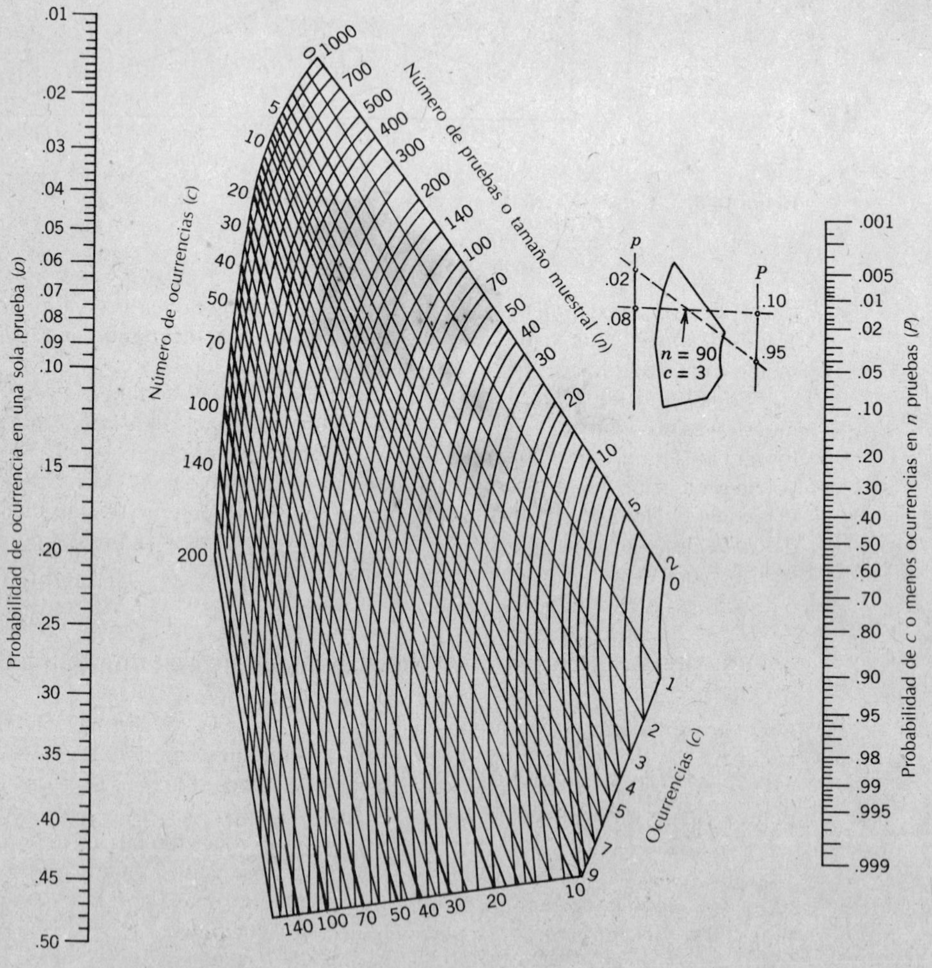

Nota:

Si p es menor que 0.01, se ubica $k \times p$ en la escala p, y se multiplican por k los valores de la escala n, donde $k = 0.01/p$ (redondeando k hasta el siguiente entero).

Figura 10-9. Nomograma binomial

Puede utilizarse el nomograma de la Fig. 10-9 para resolver estas ecuaciones. El uso de dicho nomograma es muy simple se trazan dos rectas de alineación en el nomograma, una que une p_1 y $1 - \alpha$, y otra que une p_2 y β. La intersección de las dos rectas indica la región del nomograma en la que se ubica el plan de muestreo deseado. Para ilustrar el uso del nomograma, supongamos que se desea elaborar un plan de muestreo para el cual $p_1 = 0.01$, $\alpha = 0.05$, $p_2 = 0.06$ y $\beta = 0.10$. Localizando la intersección de las dos rectas que unen ($p_1 = 0.01$, $1 - \alpha = 0.95$) y ($p_2 = 0.06$, $\beta = 0.10$) en el nomograma, se encuentra que el plan $n = 89$, $c = 2$ casi pasa por estos dos puntos de la curva CO. Obviamente, como n y c tienen que ser enteros, este procedimiento producirá en realidad varios planes con curvas CO que pasan cerca de los puntos deseados. Por ejemplo, si se sigue la primera recta hacia la línea c, justo por arriba del punto de intersección, o hacia la c, justo por debajo de este punto, se obtendrán dos planes que corresponden casi exactamente al punto p_1, $1 - \alpha$, pero que podrían desviarse algo del punto p_2, β. Sería posible usar un procedimiento similar para la línea p_2, β. El resultado de seguir ambas líneas serían cuatro planes que corresponden aproximadamente, a los dos puntos especificados de la curva CO.

Para diseñar planes de muestreo con curvas CO especificadas, además del procedimiento gráfico descrito anteriormente, existen también procedimientos tabulares. Duncan (1974) ofrece una buena descripción de estas técnicas.

Se puede utilizar cualquier par de puntos para definir el plan de muestreo, pero en muchas industrias se acostumbra usar los puntos del NCA y el PDTL con este fin. Cuando los niveles de calidad del lote especificados son p_1 = NCA y p_2 = PDTL, los puntos correspondientes en la curva CO se llaman normalmente punto del riesgo del fabricante y punto del riesgo del consumidor, respectivamente. Así, α se denominaría riesgo del fabricante, y β, riesgo del consumidor.

10-2.4 Inspección Rectificadora

Los programas de muestreo para aceptación suelen requerir una acción correctiva cuando se rechazan lotes. En general, esto toma la forma de una inspección al 100% o *tamizado* de los lotes rechazados, en la que todos los artículos defectuosos que se encuentran se retiran para una recuperación subsecuente o su devolución al vendedor, o bien su reemplazo por existencias de artículos conformes. Tales programas de muestreo se llaman *programas de inspección rectificadora*, porque la actividad de inspección influye en la calidad final del producto que sale. Lo anterior se ilustra en la Fig. 10-10. Supongamos que los lotes que entran a la actividad de inspección tienen una fracción defectuosa p_0. Algunos de éstos serán aceptados, y otros serán rechazados. Se tamizarán los lotes rechazados, y su fracción defectuosa final será cero. Sin embargo, los aceptados tienen una fracción defectuosa p_0; por consiguiente, los lotes que salen de la actividad de inspección constituyen una mezcla de lotes con una fracción defectuosa p_0 y otra cero, de manera que la fracción media defectuosa en el flujo de lotes que salen es p_1, la cual es menor que p_0. Por lo tanto, un programa de inspección rectificadora sirve para "corregir" la calidad del lote.

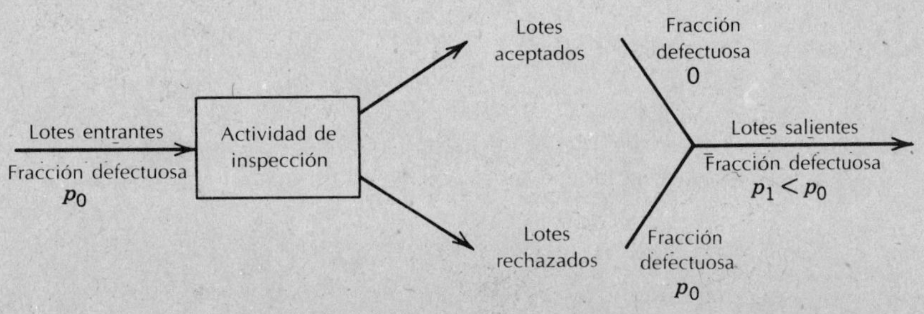

Figura 10-10. Inspección rectificadora.

Los programas de inspección rectificadora no son nuevos. Harold F. Dodge y Harry G. Romig desarrollaron estos programas en los Bell Telephone Laboratories, y se usaron en Western Electric antes de la Segunda Guerra Mundial. Se emplean en casos en que el fabricante desea conocer el nivel medio de calidad que es probable que resulte en una etapa dada de las operaciones de fabricación. De este modo, los programas mencionados se aplican en la inspección de recepción, la que se realiza en el proceso de productos semiterminados, o la que se hace al final con productos terminados. El objetivo del uso dentro de fábrica es garantizar la calidad media del material que se utiliza en la siguiente etapa de las operaciones de fabricación.

Los lotes rechazados pueden manejarse de muchas maneras. El mejor enfoque es devolver los lotes rechazados al proveedor, y exigirle que realice las actividades de tamizado y de reelaboración. Esto tiene el efecto psicológico de hacer responsable al proveedor de la calidad deficiente, y puede ejercer presión sobre éste para que mejore sus procesos de fabricación o instale mejores controles de proceso. Sin embargo, en muchos casos el tamizado y la reelaboración se realizan a nivel del consumidor, porque se necesitan los componentes o la materia prima para cumplir con los planes de producción. Ésta no es la situación más deseable.

La calidad media de la producción o salida se usa ampliamente para evaluar un plan de muestreo rectificador. Tal calidad media es la calidad en el lote que resulta de aplicar la inspección rectificadora. Es el valor medio de la calidad del lote que se obtendría a partir de una larga sucesión de lotes de un proceso con una fracción defectuosa p. Es fácil deducir una fórmula para la calidad media de salida (CMS). Supongamos que el tamaño del lote es N, y que se reemplazan todos los artículos defectuosos por artículos conformes. Entonces, en lotes de tamaño N, se tienen:

1. n partidas de la muestra que, después de la inspección, no contiene artículos defectuosos, porque se reemplazan todos los que se hallen.
2. $N - n$ partidas que tampoco contienen defectuosos, después de haber sido rechazado el lote.
3. $N - n$ partidas que contienen $p(N - n)$ defectuosos, cuando se acepta el lote.

De esta manera, los lotes en la etapa de salida de la inspección tienen un número esperado de artículos defectuosos igual a $P_a p(N - n)$, lo cual puede expresarse como una *fracción media defectuosa*, llamada la calidad media de salida, o

$$\text{CMS} = \frac{P_a p(N - n)}{N} \tag{10-4}$$

Para ilustrar el uso de la Ecuación (10-4), supongamos que $N = 10\ 000$, $n = 89$ y $c = 2$, y que los lotes que llegan tienen calidad $p = 0.01$. Ahora, para $p = 0.01$, se tiene $P_a = 0.9397$, y la CMS es

$$\begin{aligned} \text{CMS} &= \frac{P_a p(N - n)}{N} \\ &= \frac{(0.9397)(0.01)(10{,}000 - 89)}{10{,}000} \\ &= 0.0093 \end{aligned}$$

Es decir, la calidad media de salida es 0.93% defectuosa. Obsérvese que cuando el tamaño del lote N se hace grande respecto al tamaño muestral n, es posible escribir (10-4) como

$$\text{CMS} \simeq P_a p \tag{10-5}$$

De modo que la calidad media de salida varía con la fracción defectuosa de los lotes que llegan. La curva que representa la calidad media de salida contra la calidad del lote a la llegada

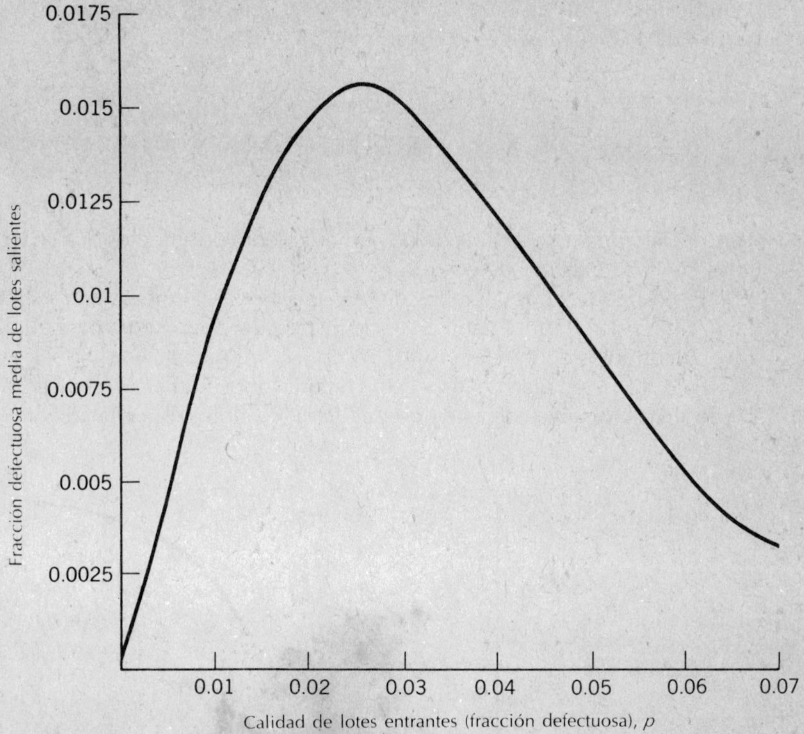

Figura 10-11. Curva de la calidad media de salida para $n = 89$, $c = 2$.

se denomina *curva CMS*. La curva CMS para el plan de muestreo $n = 89$, $c = 2$ se presenta en la Fig. 10-11. Examinando esta curva, se advierte que cuando la calidad a la llegada es muy buena, la calidad media de salida también lo es. Por el contrario, si la calidad del lote a la llegada es muy mala, se rechaza y se tamiza la mayoría de los lotes, lo que lleva a un muy buen nivel de calidad en los lotes que salen. Entre estos dos extremos, la curva CMS aumenta, pasa por un máximo y luego decrece. La máxima ordenada de la curva CMS representa la peor calidad media posible que resultaría del programa de inspección rectificadora, y este punto se llama *límite de la calidad media de salida* (LCMS). Examinando la Fig. 10-11, el LCMS parece ser aproximadamente igual a 0.0155. Es decir, sin importar lo deficiente que sea la fracción defectuosa de los lotes que llegan, los que salen nunca tendrán, en promedio, un nivel de calidad peor que 1.55% de artículos defectuosos. Hay que insistir que este LCMS es un *nivel medio de calidad, a través de un flujo grande de lotes*. No garantiza que todos los lotes tendrán una calidad igual o mejor que 1.55% de artículos defectuosos.

Otra medida importante con respecto a la inspección rectificadora es la cantidad total de inspección que requiere el programa de muestreo. Si los lotes no contienen artículos defectuosos, no se rechazará lote alguno, y la cantidad de inspección por lote será el tamaño muestral n. Si todos los artículos son defectuosos, se someterá a todos los lotes a una inspección de 100%, y el grado de inspección por lote será el tamaño del lote N. Si la calidad del lote es $0 < p < 1$, el grado medio de inspección por lote variará entre el tamaño muestral n y el tamaño del lote N. Si el lote tiene la calidad p y su probabilidad de aceptación es P_a, entonces la inspección total media será igual a

$$\text{ITM} = n + (1 - P_a)(N - n) \qquad (10\text{-}6)$$

Para ilustrar el uso de (10-6), considérese el ejemplo anterior con $N = 10000$, $n = 89$, $c = 2$ y $p = 0.01$. Entonces, como $P_a = 0.9397$, se tiene

$$\begin{aligned} \text{ITM} &= n + (1 - P_a)(N - n) \\ &= 89 + (1 - 0.9397)(10{,}000 - 89) \\ &= 687 \end{aligned}$$

Hay que recordar que se trata de un número medio de artículos que se inspeccionan para *muchos* lotes con una fracción defectuosa $p = 0.01$.

Es posible trazar una gráfica de la inspección total media en función de la calidad del lote. En la Fig. 10-12 se presentan curvas de inspección total media para el plan de muestreo $n = 89$, $c = 2$, con lotes de tamaño 1000, 5000 y 1 0000.

El LCMS de un plan de inspección rectificadora es una característica muy importante. Es posible diseñar programas de este tipo que tengan valores especificados del LCMS. Sin embargo, la

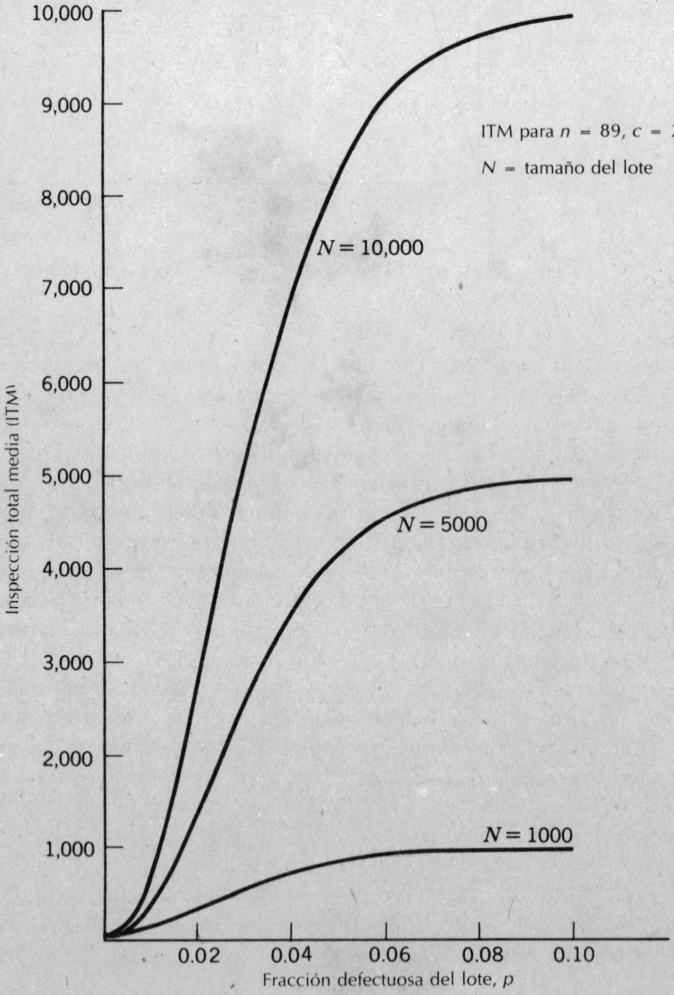

Figura 10-12. Curvas de la inspección total media del plan de muestreo $n = 89$, $c = 2$, para lotes de tamaño 1 000, 5 000 y 10 000.

especificación del LCMS no basta para determinar un plan de muestreo de manera única. Por lo tanto, es práctica relativamente común elegir el plan de muestreo que tenga un LCMS especificado y, por añadidura, que produzca una mínima ITM para un nivel de calidad particular. Como límite de la calidad del lote suele elegirse el nivel más probable de la calidad de los lotes que llegan, denominado generalmente *promedio del proceso*. El procedimiento para generar estos planes es relativamente directo y se ilustra en Duncan (1974). Normalmente, no es necesario seguir todo el procedimiento, ya que Dodge y Romig desarrollaron tablas de planes de muestreo que minimizan la ITM para un LCMS y un promedio del proceso p especificados. En la Sección 10-6 se describe el uso de estas tablas.

También es posible diseñar un programa de inspección rectificadora que dé un nivel especificado de protección en el punto del PDTL, y que minimice la inspección total media para un promedio del proceso p dado. Las tablas de inspección por muestreo de Dodge-Romig también proporcionan estos planes del PDTL. En la Sección 10-6 se analiza el uso de las tablas Dodge-Romig a fin de encontrar planes que ofrecen una proteccción especificada para el PDTL.

10-3 MUESTREO DOBLE, MÚLTIPLE Y SECUENCIAL

Existen varias ampliasiones de los planes de muestreo simple para atributos que son útiles. Entre ellas se incluyen los planes de muestreo doble, múltiple y secuencial. En esta sección se examinan el diseño y la aplicación de estos planes de muestreo.

10-3.1 Planes de Muestreo Doble

Un plan de muestreo doble es un procedimiento en el que bajo ciertas circunstancias se necesita una segunda muestra antes de juzgar un lote. Un plan de muestreo doble se define mediante cuatro parámetros:[3]

n_1 = tamaño muestral de la primera muestra
c_1 = número de aceptación de la primera muestra
n_2 = tamaño muestral de la segunda muestra
c_2 = número de aceptación para ambas muestras combinadas

Como ejemplo, supongamos que $n_1 = 50$, $c_1 = 1$, $n_2 = 100$ y $c_2 = 3$. De esta manera, se selecciona una muestra aleatoria de $n_1 = 50$ artículos del lote, y se observa el número de artículos defectuosos, d_1, en ella. Si $d_1 \leq c_1 = 1$, se aceptará el lote en la primera muestra. Si $d_1 > c_2 = 3$, se rechazará el lote en la primera muestra. Si $c_1 < d_1 \leq c_2$, se tomará una segunda muestra aleatoria de tamaño $n_2 = 100$ del lote, y se observará el número de artículos defectuosos, d_2, en esta segunda muestra. Ahora se utiliza el número combinado de artículos defectuosos observados en ambas muestras, $d_1 + d_2$, para determinar la suerte del lote. Si $d_1 + d_2 \leq c_2 = 3$, se aceptará el lote. Sin embargo, si $d_1 + d_2 > c_2 = 3$, se le rechazará. En la Fig. 10-13 se ilustra gráficamente el funcionamiento de este plan de muestreo doble.

La ventaja principal de un plan de muestreo doble con respecto al muestreo simple es que puede reducir la cantidad total de inspección requerida. Supongamos que la primera muestra seleccionada en un plan de muestreo doble es menor que la requerida para un plan de muestreo

[3]Algunos autores prefieren la notación n_1, Ac_1, Re_1, n_2, Ac_2, $Re_2 = Ac_2 + 1$. Como el número de rechazo en la primera muestra Re_1 no necesariamente es igual a Re_2, esto permite cierta flexibilidad extra en el diseño de planes de muestreo doble. En las normas MIL STD 105D y ANSI/ASQC Z1.4 actualmente se usa esta notación. Sin embargo, como la suposición $Re_1 = Re_2$ no afecta significativamente los planes que se obtienen, se ha elegido analizar este sistema, que es un poco más sencillo.

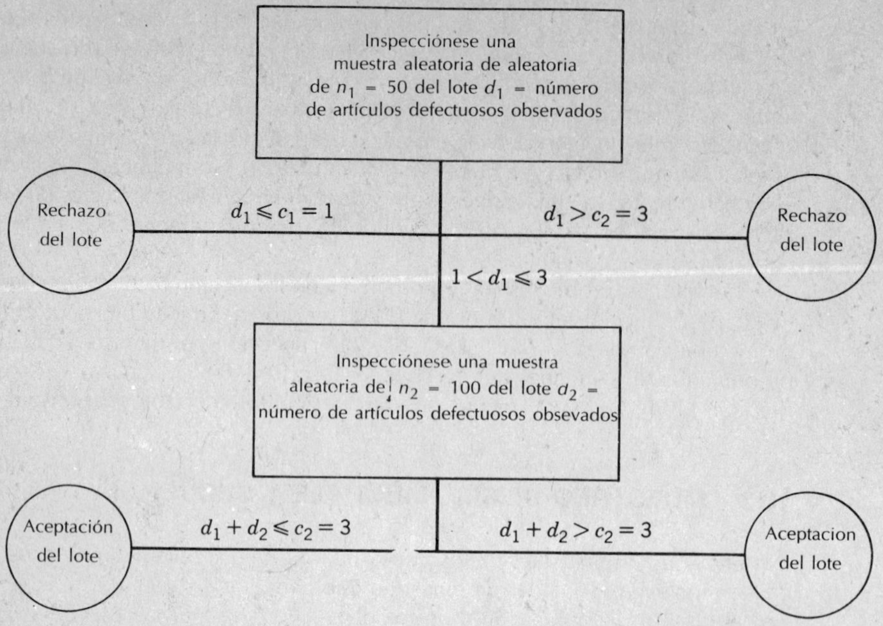

Figura 10-13. Funcionamiento del plan de muestreo doble, $n_1 = 50$, $c_1 = 1$, $n_2 = 100$, $c_2 = 3$.

simple que ofrece al consumidor la misma protección. Entonces, para todos los casos en los que se acepta o se rechaza un lote en la primera muestra, los costos de inspección serán menores en el muestreo doble que en el simple. También es posible rechazar un lote sin una inspección completa de la segunda muestra (esto se llama *reducción* de la segunda muestra). Por consiguiente, el uso de muestreo doble puede generar a menudo costos totales de inspección más bajos. Además, en algunos casos un plan de muestreo doble tiene la ventaja psicológica de dar una segunda oportunidad al lote. Esta puede presentar cierto atractivo para el proveedor. Sin embargo, no hay una ventaja real en un muestreo doble en este aspecto, porque los planes de muestreo simple y doble pueden elegirse de manera que tengan las mismas curvas CO; así ambos planes ofrecerán los mismos riesgos de aceptación o rechazo de lotes de una calidad especificada.

El muestreo doble tiene dos desventajas potenciales. Primero, en ciertas circunstancias puede requerir más inspección total que un plan de muestreo simple que ofrezca la misma protección, a menos que se use una reducción para la segunda muestra. Luego, a menos que el muestreo doble se utilice de manera cuidadosa, es posible perder su ventaja económica potencial. La segunda desventaja del muestreo doble es que es más complicado administrativamente, los que puede incrementar la posibilidad de cometer errores de inspección. Además, puede haber problemas para almacenar y manipular materia prima o partes componentes de los que ya se obtuvo la primera muestra, pero que esperan ahora una segunda antes de que sea posible tomar una decisión final respecto a la suerte del lote.

Curva CO. ■ El funcionamiento del muestreo doble puede resumirse convenientemente por medio de su curva característica de operación (CO). La curva CO de un plan de muestreo doble es un poco más complicada que la curva CO para un muestreo simple. En esta sección se describe la construcción de las curvas CO de tipo B para el muestreo doble. Un plan de este tipo de muestreo tiene una curva CO primaria que da la probabilidad de aceptación en función de la calidad del lote o del proceso. También tiene curvas CO suplementarias que muestran la probabilidad

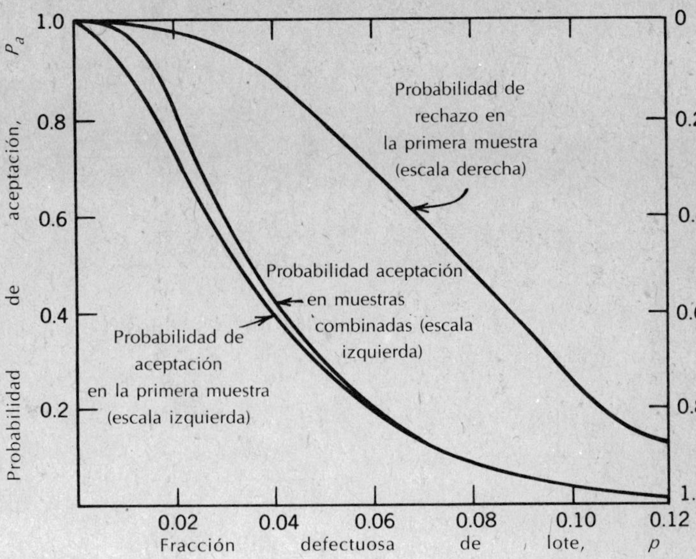

Figura 10-14. Curvas CO para el plan de muestreo doble, $n_1 = 50$, $c_1 = 1$, $n_2 = 100$, $c_2 = 3$.

de aceptación y de rechazo en la primera muestra. La curva CO para la probabilidad de rechazo en la primera muestra se obtiene a partir de la curva CO para el plan de muestreo simple $n = n_1$ y $c = c_2$. En la Fig. 10-14 se muestran la curva CO primaria y las curvas CO suplementarias para el plan $n_1 = 50$, $c_1 = 1$, $n_2 = 100$, $c_2 = 3$.

Se ilustra ahora el cálculo de la curva CO para el plan $n_1 = 50$, $c_1 = 1$, $n_2 = 100$, $c_2 = 3$. Si P_a denota la probabilidad de aceptación en las muestras combinadas, y P_a^{I} y P_a^{II} la probabilidad de aceptación en la primera y segunda muestras, respectivamente, entonces

$$P_a = P_a^{I} + P_a^{II}$$

Ahora P_a^{I} es exactamente la probabilidad de observar $d \leq c_1 = 1$ artículos defectuosos en una muestra aleatoria de $n_1 = 50$. Por lo tanto,

$$P_a^{I} = \sum_{d_1=0}^{1} \frac{50!}{d_1!\,(50-d_1)!} p^{d_1}(1-p)^{50-d_1}$$

Si $p = 0.05$ es la fracción defectuosa del lote que llega, entonces

$$P_a^{I} = \sum_{d_1=0}^{1} \frac{50!}{d_1!\,(50-d_1)} (0.05)^{d_1}(0.95)^{50-d_1} = 0.279$$

Para obtener la probabilidad de aceptación en la segunda muestra, hay que listar el número de maneras de obtener esta última. Se toma una segunda muestra *solamente* cuando hay 2 o 3 defectos en la primera; es decir, si $c_1 < d_1 \leq c_2$. Se acepta el lote en la segunda muestra *sólo* si:

1. $d_1 = 2$ y $d_2 = 0$ o 1; esto es, se encuentran dos artículos defectuosos en la primera muestra y a lo más uno en la segunda. La probabilidad de este caso es

$$\begin{aligned} P\{d_1 = 2, d_2 \leq 1\} &= P\{d_1 = 2\} \cdot P\{d_2 \leq 1\} \\ &= \frac{50!}{2!\,48!}(0.05)^2(0.95)^{48} \\ &\quad \times \sum_{d_2=0}^{1} \frac{100!}{d_2!\,(100-d_2)!}(0.05)^{d_2}(0.95)^{100-d_2} \\ &= (0.261)(0.037) \\ &= 0.009 \end{aligned}$$

2. $d_1 = 3$ y $d_2 = 0$; es decir, se hallan tres defectuosos en la primera muestra y ninguno en la segunda. La probabilidad de esta situación es

$$\begin{aligned} P\{d_1 = 3, d_2 = 0\} &= P\{d_1 = 3\} \cdot P\{d_2 = 0\} \\ &= \frac{50!}{3!\,(47)!}(0.05)^3(0.95)^{47}\frac{100!}{0!\,100!}(0.05)^0(0.95)^{100} \\ &= (0.220)(0.0059) \\ &= 0.001 \end{aligned}$$

Por lo tanto, la probabilidad de aceptación en la segunda muestra es

$$\begin{aligned} P_a^{II} &= P\{d_1 = 2, d_2 \leq 1\} + P\{d_1 = 3, d_2 = 0\} \\ &= 0.009 + 0.001 \\ &= 0.010 \end{aligned}$$

La probabilidad de aceptación de un lote que tiene una fracción defectuosa $p = 0.05$ es, por lo tanto,

$$\begin{aligned} P_a &= P_a^{I} + P_a^{II} \\ &= 0.279 + 0.010 \\ &= 0.289 \end{aligned}$$

Otros puntos en la curva CO se calculan de modo similar.

Curva del número muestral medio. ■ Esta curva para un plan de muestreo doble normalmente también interesa al ingeniero de calidad. En el muestreo simple, el tamaño de la muestra inspeccionada del lote siempre es constante, mientras que en el muestreo doble la selección del tamaño de la muestra depende de si se necesita la segunda o no. La probabilidad de tener que tomar esta última varía con la fracción defectuosa del lote que llega. Con la inspección completa de la segunda muestra, el tamaño muestral medio en un muestreo doble es igual al producto del tamaño de la primera muestra por la probabilidad de que vaya a haber solamente una muestra, más el producto del tamaño de las muestras combinadas por la probabilidad de que sea necesaria una segunda muestra. Por lo tanto, una fórmula general para el tamaño muestral medio en un muestreo doble, suponiendo una inspección completa de la segunda muestra, es

$$\begin{aligned} \text{NMM} &= n_1 P_1 + (n_1 + n_2)(1 - P_1) \\ &= n_1 + n_2(1 - P_1) \end{aligned} \qquad (10\text{-}7)$$

donde P_I es la probabilidad de tomar una decisión, respecto a la suerte del lote, en la *primera* muestra. O sea,

$$P_I = P\{\text{se acepta el lote en la primera muestra}\}$$
$$+ P\{\text{se rechaza el lote en la primera muestra}\}$$

Si se evalúa la Ecuación (10-7) para varios valores de la fracción defectuosa p del lote, la gráfica del NMM en función de p se llama *curva del número muestral medio.*

En la práctica, normalmente se da por terminada la inspección y se rechaza el lote en cuanto el número de artículos defectuosos observados en las muestras combinadas excede el segundo número de aceptación. Esto se conoce como reducción de la segunda muestra. El uso de una inspección reducida abate el número muestral medio, requerido en el muestreo doble. No se recomienda utilizar la reducción en una muestreo simple, o en la primera muestra de un muestreo doble, porque normalmente es deseable tener una inspección completa de un tamaño muestral fijo, para asegurar un estimador nosesgado de la calidad del material suministrado por el vendedor. Si se utiliza una inspección reducida en un muestreo simple, o en la primera muestra de un muestreo doble, será sesgada la estimación del rechazo del lote o del proceso obtenida a partir de estos datos. Por ejemplo, supongamos que el número de aceptación es uno. Si los primeros dos artículos en la muestra son defectuosos, y se reduce el proceso de inspección, la estimación de la fracción defectuosa del lote o del proceso será igual a 100%. Basándose en estos datos, incluso los administradores e ingenieros sin una información en estadística estarán muy reacios en creer que el lote realmente es 100% defectuoso.

La fórmula de la curva NMM para el plan de muestreo doble, con reducción en la segunda muestra, es

$$\text{NMM} = n_1 + \sum_{j=c_1+1}^{c_2} P(n_1, j)\left[n_2 P_L(n_2, c_2 - j) + \frac{c_2 - j + 1}{p} P_M(n_2 + 1, c_2 - j + 2)\right] \tag{10-8}$$

En la Ecuación (10-8), $P(n_1, j)$ es la probabilidad de observar exactamente j artículos defectuosos en una muestra de tamaño n_1, $P_L(n_2, c_2 —)$ es la probabilidad de hallar $c_2 — j$ defectuosos o menos en una muestra de tamaño n_2, y $P_M(n_2 + 1, c_2 — 2)$ es la probabilidad de observar $c_2 — j + 2$ defectuosos en una muestra de tamaño $n_2 + 1$.

En la Fig. 10-15 se comparan las curvas del número muestral medio para la inspección completa y reducida dado el plan de muestreo doble $n_1 = 60$, $c_1 = 2$, $n_2 = 120$, $c_2 = 3$, y el tamaño medio muestral que se utilizaría en un muestreo simple con $n = 89$, $c = 2$. Obviamente, el tamaño muestral en el plan de muestreo simple es siempre constante. Se escogió este plan de muestreo doble porque tiene una curva CO que es casi idéntica a la curva CO para el plan de muestreo simple. Es decir, ambos planes ofrecen una protección equivalente al fabricante y al consumidor. Nótese, en la Fig. 10-15, que la curva NMM para un muestreo doble sin reducción en la segunda muestra no es menor que el tamaño muestral empleado en un muestreo simple en todo el intervalo de la fracción defectuosa. Si los lotes son de muy buena calidad, serán aceptados normalmente en la primera muestra, mientras que si son muy deficientes, por lo regular se rechazarán en la primera muestra. Esto da un NMM para el muestreo doble que es menor que el tamaño muestral utilizado en el muestreo simple para lotes que son muy "buenos" o muy "malos". Sin embargo, si los lotes tienen una calidad intermedia se necesitará la segunda muestra en un gran número de casos, antes de poder tomar una decisión sobre la suerte del lote. Para esta parte del intervalo de la calidad del lote, el rendimiento del NMM del muestreo doble es peor que en el muestreo simple.

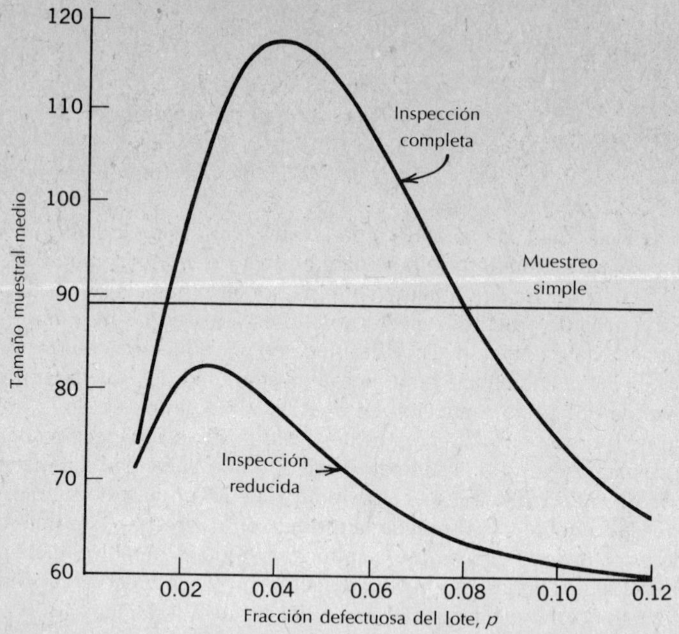

Figura 10-15. Curvas de número medio muestral para muestreo simple y doble.

Tabla 10-3 Tabla de Grubbs para $n_1 = n_2$ $(\alpha = 0.05, \beta = 0.10)$

Números de plan	$R = p_2/p_1$	Números de aceptación		Valores aproximados de pn_1	
		c_1	c_2	$P = 0.95$	$P = 0.10$
1	11.90	0	1	0.21	2.50
2	7.54	1	2	0.52	3.92
3	6.79	0	2	0.43	2.96
4	5.39	1	3	0.76	4.11
5	4.65	2	4	1.16	5.39
6	4.25	1	4	1.04	4.42
7	3.88	2	5	1.43	5.55
8	3.63	3	6	1.87	6.78
9	3.38	2	6	1.72	5.82
10	3.21	3	7	2.15	6.91
11	3.09	4	8	2.62	8.10
12	2.85	4	9	2.90	8.26
13	2.60	5	11	3.68	9.56
14	2.44	5	12	4.00	9.77
15	2.32	5	13	4.35	10.08
16	2.22	5	14	4.70	10.45
17	2.12	5	16	5.39	11.41

Fuente: Formato adoptado con permiso de A.J. Duncan, *Quality Control and Industrial Statistics*, 4a ed., Irwin, Homewood, Ill. 1974. Valores adoptados del Manual No. 2 de Chemical Corps Engineering Agency, *Master Sampling Plans for Single, Duplicate, Double and Multiple Sampling*, Army Chemical Center, Edgewood Arsenal, Md., 1953.

Este ejemplo indica que es importante utilizar el muestreo doble con mucha cautela. Si no se tiene cuidado para asegurar que la calidad del lote o del proceso se halle el intervalo en que el muestreo doble es lo más eficaz, entonces pueden perderse las ventajas económicas de un muestreo doble respecto a un muestreo simple. Es conveniente mantener una estimación móvil del rechazo del lote o del proceso del proveedor, de manera que si cambia hacia una parte en la que un muestreo doble no es económicamente eficaz, se pueda cambiar hacia un muestreo simple (o alguna otra estratégia apropiada). Otra manera de realizar esto sería registrar la proporción de veces que se necesita la segunda muestra para poder tomar una decisión.

En la Fig. 10-15 también se presenta la curva NMM cuando se usa una reducción en la segunda muestra. Nótese que si se utiliza la reducción, la curva NMM para el muestreo doble siempre se encontrará por abajo el tamaño muestral que se utiliza en un muestreo simple.

Diseño de planes de muestreo doble con p_1, 1 — α, p_2 y β especificados. ■ Con frecuencia es necesario poder diseñar un plan de muestreo doble que tiene una curva CO especificada. Sean $(p_1, 1 - \alpha)$ y (p_2, β) los dos puntos de interés en la curva. Si, además, se impone otra relación entre los parámetros del plan de muestreo, entonces se podrá usar un procedimiento muy sencillo para obtener tales planes. La restricción más común es requerir que n_2 sea un múltiplo de n_1. Las Tablas 10-3 y 10-4 permiten la construcción de estos planes para los casos en que $\alpha = 0.05$ y $\beta = 0.10$. La Tabla 10-3 es para el caso $n_1 = n_2$, y la Tabla 10-4, para el caso $n_2 = 2n_1$. Estas tablas se denominan con frecuencia tablas *tipo Grubbs* (en honor a Frank E. Grubbs, quien sugirió su uso en el muestreo simple). Ahora se ilustrará el empleo de estas tablas.

Supongamos que se quiere obtener un plan de muestreo doble, con $p_1 = 0.01$, $\alpha = 0.05$, $p_2 = 0.06$, $\beta = 0.10$ y $n_2 = 2n_1$. Se utiliza la Tabla 10-4, porque se escogió $n_2 = 2n_1$. Los planes se clasifican en las tablas mediante la razón

$$R = p_2/p_1$$

Tabla 10-4 Tabla de Grubbs para $n_2 = 2n_1$ $(\alpha = 0.05, \beta = 0.10)$

Número de plan	$R = p_2/p_1$	Números de aceptación c_1	c_2	Valores aproximados de pn_1 para $P = 0.95$	$P = 0.10$
1	14.50	0	1	0.16	2.32
2	8.07	0	2	0.30	2.42
3	6.48	1	3	0.60	3.89
4	5.39	0	3	0.49	2.64
5	5.09	1	4	0.77	3.92
6	4.31	0	4	0.68	2.93
7	4.19	1	5	0.96	4.02
8	3.60	1	6	1.16	4.17
9	3.26	2	8	1.68	5.47
10	2.96	3	10	2.27	6.72
11	2.77	3	11	2.46	6.82
12	2.62	4	13	3.07	8.05
13	2.46	4	14	3.29	8.11
14	2.21	3	15	3.41	7.55
15	1.97	4	20	4.75	9.35
16	1.74	6	30	7.45	12.96

Fuente: Formato adoptado con permiso de A.J. Duncan, *Quality Control and Industrial Statistics*, 4a. ed. Irwin, Homewood, Ill. 1974. Los valores se tomaron, en parte, del Manual No. 2 de Chemical Corps Engineering Agency, *Master Plans for Single, Duplicate, Double and Multiple Sampling*, Armuy Chemical Center, Edgewood Arsenal, Md. 1953, y adaptados, en parte, de H.C. Hamaker, "The Theory of Sampling Inspection Plans", *Philips Technical Review*, Vol XI, p. 266, 1950.

En este ejemplo se obtiene $R = p_2/p_1 = 0.06/0.01 = 6$. Luego se encuentra el plan con un valor de R lo más cercano posible al valor calculado de R. En este ejemplo es el plan 3, con $c_1 = 1$ y $c_2 = 3$. El valor de n_1 se determina a partir de cualquiera de las dos columnas encabezadas con pn_1. Éstas corresponden a mantener α constante en 0.05 (dado $P_a = 0.95$) y a mantener β constante en 0.10 (dado $P_a = 0.10$). En este problema, si se mantiene α constante en 0.05, se obtendrá $pn_1 = 0.60$. Así,

$$n_1 = pn_1/p_1 = 0.60/0.01 = 60$$

y, por lo tanto, el plan de muestreo deseado es

$$n_1 = 60 \qquad c_1 = 1 \qquad n_2 = 120 \qquad c_3 = 3$$

Si se mantiene β constante en 0.10, se obtendrá $pn_1 = 3.89$, y

$$n_1 = pn_1/p_2 = 3.89/0.06 = 65$$

Por lo tanto, el plan de muestreo deseado es

$$n_1 = 65 \qquad c_1 = 1 \qquad n_2 = 130 \qquad c_2 = 3$$

Cualquiera de estos planes pasará aproximadamente por los dos puntos requeridos de la curva CO.

Inspección rectificadora. ▪ Cuando se realiza una inspección rectificadora con un muestreo doble, la curva de calidad media de salida (CMS) se obtiene mediante

$$\text{CMS} = \frac{\left[P_a^{\text{I}}(N - n_1) + P_a^{\text{II}}(N - n_1 - n_2)\right]p}{N} \tag{10-9}$$

suponiendo que se reemplazan todos los artículos defectuosos descubiertos, mediante un muestreo o una inspección al 100%. La curva de inspección total media (ITM) está dada por

$$\text{IIM} = n_1P_a^{\text{I}} + (n_1 + n_2)P_a^{\text{II}} + N(1 - P_a) \tag{10-10}$$

Recuérdese que $P_a = P_a^{\text{I}} + P_a^{\text{II}}$ es la probabilidad de la aceptación final del lote, y que las probabilidades de aceptación dependen del nivel p de la calidad del lote o del proceso.

10-3.2 Planes de Muestreo Múltiple

Un plan de muestreo múltiple es una extensión del muestreo doble en el que se pueden necesitar más de dos muestras para juzgar un lote. Un ejemplo de dicho plan con cinco etapas es como sigue.

Tamaño muestral acumulativo	Número de aceptación	Número de rechazo
20	0	3
40	1	4
60	3	5
80	5	7
100	8	9

Este plan funciona de la manera siguiente: si al terminar cualquier etapa del muestreo el número de artículos defectuosos es menor que o igual al número de captación, se aceptará el lote. Si la unidad de artículos defectuosos, durante cualquier etapa del muestreo, es igual a, o mayor que el número de rechazo, se descartará el lote; de otra manera se tomará la siguiente muestra. Este procedimiento de muestreo múltiple continúa hasta extraer la quinta muestra, y en este momento hay que tomar una decisión sobre la suerte del lote. Normalmente se realiza una inspección al 100% de la primera muestra, aunque se pueden reducir las muestras subsecuentes.

El trazo de las curvas CO para un muestreo múltiple es una extensión directa del enfoque usado en el muestreo doble. De modo similar, también es posible calcular la curva del número muestral medio para los planes de muestreo múltiple. Asimismo pueden construirse tablas tipo Grubbs a fin de que diseñar un plan de muestreo múltiple para valores especificados de p_1, $1 - \alpha$, p_2 y β. Véase en Duncan (1974) un amplio análisis de estas técnicas.

La ventaja principal de los planes de muestreo múltiple es que las muestras requeridas en cada etapa son normalmente más pequeñas que las de un muestreo simple o doble, y así hay alguna eficiencia económica asociada al uso de este procedimiento. Sin embargo, el muestreo múltiple es mucho más complicado de administrar.

10-3.3 Planes de Muestreo Secuencial

Este muestreo es una extensión del concepto de muestreo doble y múltiple. En el muestreo secuencial se toma una sucesión de muestras del lote, y los resultados del proceso de muestreo determinan por completo el número de muestras que se toma. El muestreo secuencial puede proseguir en teoría indefinidamente, hasta realizar una inspección al 100%. Sin embargo, en la práctica los planes de muestreo secuencial se cortan, por lo regular después de que el número de artículos inspeccionados es igual a tres veces dicho número utilizando un plan de muestreo simple correspondiente. Si el tamaño muestral seleccionado en cada etapa es mayor que 1, el proceso

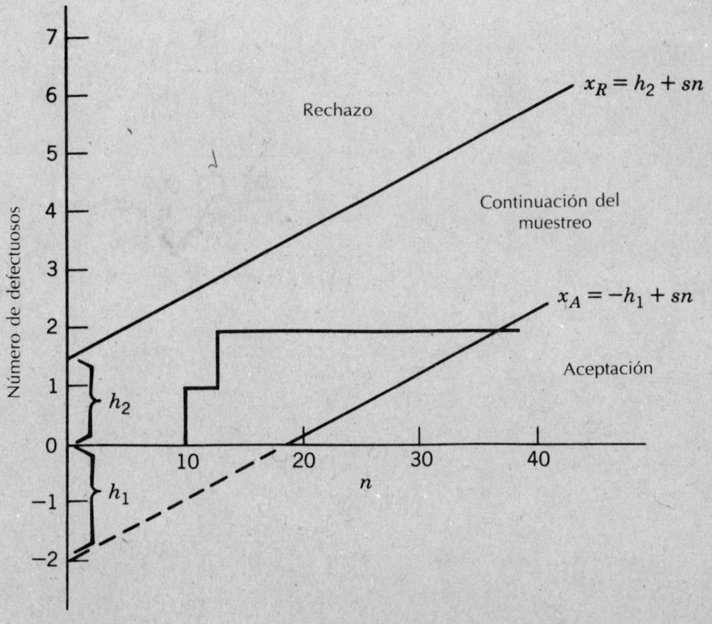

Figura 10-16. Funcionamiento gráfico del muestreo secuencial.

se llamará normalmente muestreo secuencial *grupal*. Si el tamaño de muestra inspeccionado en cada etapa es 1, el procedimiento suele denominarse muestreo secuencial *elemento por elemento*.

Este último tipo de muestreo se basa en la *prueba de razón de probabilidades secuenciales* (PRPS), desarrollada por Wald (1947). En la Fig. 10-16 se ilustra el funcionamiento de un plan de muestreo secuencial elemento por elemento. El número acumulativo de defectuosos observados se representa en la gráfica. Para cada punto, la abscisa representa el número total de artículos seleccionados hasta ese momento, y la ordenada es el número total de defectuosos observado. Si los puntos quedan entre las fronteras de las líneas de aceptación y de rechazo, hay que tomar otra muestra. En cuanto un punto cae en la línea superior o por arriba de ésta, se rechaza el lote. Cuando un punto muestral queda en la línea inferior o por debajo de ésta, se acepta el lote. La ecuaciones de las dos líneas limitantes para valores especificados de p_1, $1 - \alpha$, p_2 y β son:

$$X_A = -h_1 + sn \quad \text{(línea de aceptación)} \tag{10-11a}$$

$$X_R = h_2 + sn \quad \text{(línea de rechazo)} \tag{10-11b}$$

donde

$$h_1 = \left(\log \frac{1-\alpha}{\beta}\right) \Big/ k \tag{10-12}$$

$$h_2 = \left(\log \frac{1-\beta}{\alpha}\right) \Big/ k \tag{10-13}$$

$$k = \log \frac{p_2(1-p_1)}{p_1(1-p_2)} \tag{10-14}$$

$$s = (\log[(1-p_1)/(1-p_2)])/k \tag{10-15}$$

Para ilustar el uso de estas ecuaciones, supongamos que se quiere determinar un plan de muestreo secuencial para el cual $p_1 = 0.01, \alpha = 0.05$, $p_2 = 0.06$ y $\beta = 0.10$. Así,

$$\begin{aligned}
k &= \log \frac{p_2(1-p_1)}{p_1(1-p_2)} \\
&= \log \frac{(0.06)(0.99)}{(0.01)(0.94)} \\
&= 0.80066 \\
h_1 &= \left(\log \frac{1-\alpha}{\beta}\right) \Big/ k \\
&= \left(\log \frac{0.95}{0.10}\right) \Big/ 0.80066 \\
&= 1.22 \\
h_2 &= \left(\log \frac{1-\beta}{\alpha}\right) \Big/ k \\
&= \left(\log \frac{0.90}{0.05}\right) \Big/ 0.80066 = 1.57 \\
s &= \log[(1-p_1)/(1-p_2)]/k \\
&= (\log[0.99/0.94])/0.80066 = 0.028
\end{aligned}$$

Por lo tanto, las líneas limitantes son

$$X_A = -1.22 + 0.028n \qquad \text{(aceptación)}$$

y

$$X_R = 1.57 + 0.028n \qquad \text{(rechazo)}$$

En vez de utilizar una gráfica para determinar la suerte del lote, se puede representar el plan de muestreo secuencial en una tabla, como la 10-5. Las entradas de la tabla se obtienen sustituyendo los valores de n en las ecuaciones de las líneas de aceptación y de rechazo, y calculando los números respectivos. Por ejemplo, los cálculos para $n = 45$ son:

$$\begin{aligned} X_A &= -1.22 + 0.028n \\ &= -1.22 + 0.028(45) = 0.04 \qquad \text{(aceptación)} \\ X_R &= 1.57 + 0.028n \\ &= 1.57 + 0.028(45) = 2.83 \qquad \text{(rechazo)} \end{aligned}$$

Ahora bien, los números de aceptación y de rechazo tienen que ser enteros, de manera que el número de aceptación es el entero más cercano menor que o igual a X_A, y el número de rechazo es el entero más cercano mayor que o igual a X_R. Así, para $n = 45$, el número de aceptación es 0 y el de rechazo es 3. Obsérvese que no es posible aceptar el lote sino hasta después de probar por lo menos 44 artículos. La Tabla 10-5 muestra sólo los primeros 46 artículos. Normalmente

Tabla 10-5 Plan de muestreo secuencial elemento por elemento, $p_1 = 0.01$, $\alpha = 0.05$, $p_2 = 0.06$, $\beta = 0.10$ (solamente los primeros 46 artículos)

Número de artículos inspeccionados, n	Número de aceptación	Número de rechazo	Número de inspeccionados, n	Número de aceptación	Número de rechazo
1	a	b	24	a	3
2	a	2	25	a	3
3	a	2	26	a	3
4	a	2	27	a	3
5	a	2	28	a	3
6	a	2	29	a	3
7	a	2	30	a	3
8	a	2	31	a	3
9	a	2	32	a	3
10	a	2	33	a	3
11	a	2	34	a	3
12	a	2	35	a	3
13	a	2	36	a	3
14	a	2	37	a	3
15	a	2	38	a	3
16	a	3	39	a	3
17	a	3	40	a	3
18	a	3	41	a	3
19	a	3	42	a	3
20	a	3	43	a	3
21	a	3	44	0	3
22	a	3	45	0	3
23	a	3	46	0	3

a Indica que no es posible la aceptación.
b Indica que no es posible el rechazo.

se cortaría el plan después de la inspección de 267 artículos, lo que es tres veces el tamaño muestral requerido para un plan de muestreo simple equivalente.

Curvas CO y NMM para muestreo secuencial. ▪ Puede obtenerse fácilmente la curva CO para el muestreo secuencial. Dos puntos de la curva son $(p_1, 1 - \alpha)$ y (p_2, β). Un tercero, cerca de la mitad de la curva, es $p = s$ y $P_a = h_2/(h_1 + h_2)$.

El número muestral medio para un muestreo secuencial es

$$\text{NMM} = P_a\left(\frac{A}{C}\right) + (1 - P_a)\frac{B}{C} \tag{10-16}$$

donde

$$A = \log\frac{\beta}{1 - \alpha}$$

$$B = \log\frac{1 - \beta}{\alpha}$$

y

$$C = p\log\left(\frac{p_2}{p_1}\right) + (1 - p)\log\left(\frac{1 - p_2}{1 - p_1}\right)$$

Inspección rectificadora. ▪ La calidad media de salida (CMS) para un muestreo secuencial está dada aproximadamente por

$$\text{CMS} \simeq P_a p \tag{10-17}$$

La inspección total media (ITM) se obtiene también con facilidad. Obsérvese que el grado de muestreo es A/C cuando se acepta un lote, y N cuando se rechaza. Por lo tanto, la inspección total media es

$$\text{ITM} = P_a\left(\frac{A}{C}\right) + (1 - P_a)N \tag{10-18}$$

10-4 PLAN DE MUESTREO (PDTL) DE CONFORMIDAD SENSIBLE A LOS LOTES

En esta sección se presenta un plan de muestreo que puede aplicarse al de aceptación en general, pero que es particularmente útil en las pruebas de conformidad, o en el muestreo de características del producto relacionadas con la seguridad. El procedimiento también sería útil en cualquier situación en la que se necesitan tamaños muestrales mínimos. Los planes estipulan que hay que rechazar el lote si se descubre cualquier número de artículos defectuosos en la muestra. Se basan también en una relación bien definida entre el plan de muestreo y el tamaño de los lotes que se someten a inspección. El procedimiento de muestreo establece la proporción del lote que hay que muestrear, para garantizar que la fracción defectuosa en el lote sea menor que un límite prescrito con una probabilidad de 0.90. Es decir, para un PDTL especificado, la probabilidad de aceptar el lote es 0.10. Los tamaños muestrales se basan en la distribución hipergeométrica.

Tabla 10-6 Valores de $D = Np_L$ correspondientes a f

f	0.00	0.01	0.02	0.03	0.04	0.05	0.06	0.07	0.08	0.09
0.9	1.0000	0.9562	0.9117	0.8659	0.8184	0.7686	0.7153	0.6567	0.5886	0.5000
0.8	1.4307	1.3865	1.3428	1.2995	1.2565	1.2137	1.1711	1.1286	1.0860	1.0432
0.7	1.9125	1.8601	1.8088	1.7586	1.7093	1.6610	1.6135	1.5667	1.5207	1.4754
0.6	2.5129	2.4454	2.3797	2.3159	2.2538	2.1933	2.1344	2.0769	2.0208	1.9660
0.5	3.3219	3.2278	3.1372	3.0497	2.9652	2.8836	2.8047	2.7283	2.6543	2.5825
0.4	4.5076	4.3640	4.2270	4.0963	3.9712	3.8515	3.7368	3.6268	3.5212	3.4196
0.3	6.4557	6.2054	5.9705	5.7496	5.5415	5.3451	5.1594	4.9836	4.8168	4.6583
0.2	10.3189	9.7682	9.2674	8.8099	8.3902	8.0039	7.6471	7.3165	7.0093	6.7231
0.1	21.8543	19.7589	18.0124	16.5342	15.2668	14.1681	13.2064	12.3576	11.6028	10.9272
0.0	[a]	229.1053	113.9741	75.5957	56.4055	44.8906	37.2133	31.7289	27.6150	24.4149

Adaptado de E.G. Schilling, "A Lot Sensitive Sampling Plan for Compliance Testing and Acceptance Inspection", *Journal of Quality Technology*, Vol. 10, No. 2, 1978, con permiso de American Society for Quality Control.

[a] Para valores de $f < 0.01$, utilícese $f = 2.303/D$; para un tamaño muestral infinito, empléese como tamaño muestral $n = 2.303/p_L$.

Recuérdese que los planes de muestreo para aceptación con un número de aceptación cero, tienen curvas CO con forma muy poco deseable para bajas fracciones disconformes. Como se aceptará sólo el lote si el número observado de defectuosos en la muestra es cero, el proceso del fabricante tiene que funcionar a un nivel de rechazo menor que aproximadamente 5% del PDTL, para asegurar una probabilidad razonablemente pequeña (alrededor de 0.1) de rechazar un lote conforme. Cuando el valor del PDTL está más cerca que lo anterior a la media del proceso del proveedor, no son adecuados los planes de muestreo para aceptación con $c = 0$. Cuando el PDTL se acerca al nivel de rechazo del proceso, se tendrán que utilizar planes de muestreo que permitan la aceptación del lote para uno o más artículos defectuosos en la muestra. Los planes Dodge-Roming, descritos en la Sección 10-6, serían procedimientos eficaces para implementar en estos casos. Estos planes requieren tamaños muestrales mucho mayores que los planes de muestreo de conformidad sensibles a los lotes que se presentan en esta sección.

Se usa la Tabla 10-6 para obtener el plan de muestreo de conformidad sensible a los lotes. Tal tabla se aplica de la manera siguiente:

1. Se determina el tamaño del lote N.
2. Se especifica el nivel de calidad del PDTL, p_L. El plan debe proteger contra este nivel de calidad.
3. Se calcula el producto $D = Np_L$.
4. Se halla en la Tabla 10-6 el valor más cercano a D, y se obtiene el valor correspondiente de f como la suma de los encabezados del renglón y de la columna asociados.

$$f = \text{fracción del lote que hay que inspeccionar}$$

5. El plan de muestreo es

$$n = \text{tamaño muestral} = fN$$

$$c = \text{número de aceptación} = 0$$

Se redondea al calcular el tamaño muestral. Se aplica entonces el plan, seleccionando una muestra aleatoria de n elementos del lote de N artículos, y se rechaza el lote si se encuentra cualquier número de defectuosos en la muestra.

Para ilustrar el uso de esta tabla, supongamos que $N = 100$ y el PDTL $= p_L = 0.10$. Entonces $D = Np_L = 100(0.1) = 10$. La Tabla 10-6 da entonces f = 0.21, que corresponde al valor más cercano a $D = 10$. El plan de muestreo deseado es entonces

$$n = 0.21(100) = 21$$
$$c = 0$$

Así, dicho plan consiste en seleccionar, al azar, 21 artículos del lote de tamaño 100, y en rechazar el lote si se encuentran uno o más defectuosos.

Si se usa una inspección rectificadora se podrá calcular el LCMS para planes de muestreo de conformidad sensibles a los lotes, como

$$\text{LCMS} = \frac{0.3679}{N}\left(\frac{1}{f} - 1\right)$$

Si el lote no contiene artículos defectuosos, la probabilidad de aceptación es 1; así, el riesgo del productor para tal lote sería 0. Si el lote contiene sólo un artículo defectuoso, la probabilidad de aceptarlo es sólo

$$P_a = 1 - f$$

El riesgo del fabricante para este lote es

$$1 - P_a = f$$

De manera que en el ejemplo anterior, en el que la fracción inspeccionada del lote es $f = 0.21$ y el tamaño del lote es igual a 100, la probabilidad de aceptar un lote con 1% de defectuosos (es decir, un artículo defectuoso) es

$$P_a = 1 - f$$
$$= 1 - 0.21 = 0.79$$

Así, el riesgo del fabricante para este lote es

$$1 - P_a = 0.21$$

Esto constituye un límite inferior para el riesgo del fabricante, ya que un lote con más de un artículo defectuoso tendrá una probabilidad más alta de ser rechazado.

Recordemos que no se deben usar indiscriminadamente los planes de muestreo con números de aceptación iguales a cero. Estos planes deben emplearse para juzgar un lote sólo cuando el proceso de fabricación funcionará en un entorno de casi cero defectos.

10-5 NORMA MILITAR 105D (ANSI/ASQC Z1.4)

10-5.1 Descripción de la Norma

Durante la Segunda Guerra Mundial se desarrollaron procedimientos estándares de muestreo para la inspección por atributos. La norma MIL STD 105D es el sistema de muestreo para aceptación por atributos de mayor uso en el mundo actualmente. La versión original de la norma, la

MIL STD 105A, se expidió en 1950. Desde entonces ha habido tres revisiones; la última versión, la MIL STD 105D, se publicó en 1963.

Los planes de muestreo considerados en secciones anteriores de este capítulo son planes de muestreo individual. Un esquema de muestreo es una estrategia general que especifica de qué manera habría que utilizar dichos planes. La MIL STD 105D es una colección de esquemas de muestreo; por lo tanto, constituye un sistema de muestreo para aceptación. El análisis se centrará primordialmente en la MIL STD 105D; sin embargo, existe una norma civil derivada de aquélla, la ANSI/ASQC Z1.4, que es muy similar a la militar.

La norma proporciona tres tipos de muestreo: simple, doble y múltiple. Para cada tipo de plan de muestreo se prevé una inspección normal, una estricta, o una reducida. Se utiliza la inspección normal al inicio de la actividad de inspección. Se establece una estricta cuando el reciente historial de la calidad del proveedor se ha deteriorado. Los requisitos para la aceptación en una inspección estricta son más severos que en una normal. Se establece una inspección reducida cuando el reciente historial de la calidad del proveedor ha sido excepcionalmente bueno. El tamaño muestral que se usa generalmente en una inspección reducida es menor que en una normal.

El punto focal principal de la MIL STD 105D es el *nivel de calidad aceptable* (NCA). Se clasifica la norma según una serie de NCA. Cuando se emplea la norma para planes de porcentajes defectuosos, los NCA varían de 0.1% a 10%. Para planes de defectos por unidad, hay unos diez NCA adicionales que crecen rápidamente hasta 1 000 defectos por 100 unidades. Habría que advertir que se puede utilizar el mismo plan de muestreo para controlar una fracción defectuosa o un número de defectos por unidad, para los niveles más pequeños del NCA. Los NCA se ordenan en una progresión, en la que cada NCA es aproximadamente 1.585 veces el anterior.

Por lo regular, el NCA se especifica en el contrato, o por la autoridad responsable del muestreo. Es posible diseñar diferentes NCA para distintos tipos de defectos. Por ejemplo, la norma distingue entre defectos críticos, defectos importantes y defectos menores. Es práctica relativamente común escoger un NCA de 1% para defectos importantes, y un NCA de 2.5% para defectos menores. No se aceptan defectos críticos.

El tamaño muestral que se usa en la MIL STD 105D se determina mediante el tamaño del lote y la selección de un nivel de inspección. Se proporcionan tres niveles de inspección. El nivel II se considera normal. El nivel I necesita alrededor de la mitad del grado de inspección que el II, y es posible utilizarlo cuando se necesita menos discriminación. El nivel III requiere casi el doble de inspección que el nivel II, y puede usarse cuando se necesita más discriminación. También existen cuatro niveles especiales de inspección, S1, S2, S3 y S4. Los niveles especiales de inspección utilizan muestras muy pequeñas, y tendrían que ser utilizados sólo cuando son necesarios tamaños muestrales pequeños y cuando se tienen o pueden tolerarse grandes riesgos de muestreo.

Para un NCA y un nivel de inspección especificados y un tamaño muestral dado, la MIL STD 105D proporciona un plan de muestreo normal que hay que utilizar en tanto el proveedor produce el artículo al NCA o a uno mejor. También ofrece un procedimiento para cambiar a una inspección estricta o reducida, cada vez que haya una indicación de un cambio en la calidad del proveedor. En el diagrama de la Fig. 10-17 se ilustran los procedimientos del cambio entre las inspecciones normal, estricta y reducida, que también se describen a continuación.

1. **De normal a estricta.** Cuando está vigente la inspección normal, se establece la estricta cuando dos de cinco lotes consecutivos resultan rechazados por la inspección original.
2. **De estricta a normal.** Cuando está vigente la inspección estricta se establecerá la inspección normal cuando cinco lotes consecutivos resultan aceptados por la inspección original.
3. **De normal a reducida.** Cuando está vigente la inspección normal se establecerá la inspección reducida cuando se cumplen todas las cuatro condiciones siguientes:

   a De los 10 lotes precedentes en la inspección normal, ninguno ha sido rechazado por la inspección original.

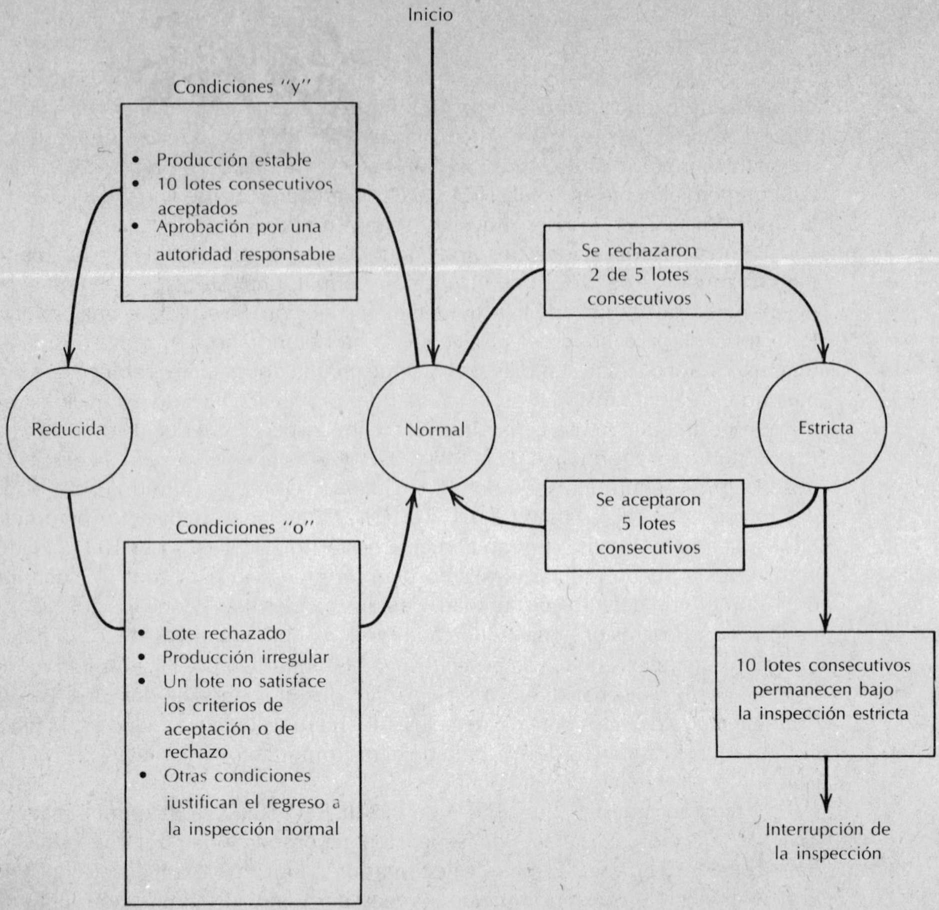

Figura 10-17. Reglas para el cambio entre la inspección normal, la estricta y la reducida; MIL STD 105D.

b. El número total de artículos defectuosos en las muestras de los 10 lotes precedentes es igual a o inferior al número aplicable dado en la Tabla 10-17 del texto.
c. La producción es estable; es decir, no se han presentado últimamente dificultades, como averías de máquinas, escasez de material u otros problemas.
d. La autoridad responsable del muestreo considera conveniente la inspección reducida.

4. **De reducida a normal.** Cuando está vigente la inspección reducida, se establecerá la inspección normal cuando se cumple cualquiera de las cuatro condiciones siguientes:

a. Se rechaza un lote.
b. Cuando termina el procedimiento de muestreo sin satisfacer el criterio de aceptación o de rechazo, se admite el lote pero se vuelve a la inspección normal con el lote siguiente.
c. La producción es irregular o se retrasa.
d. Otras condiciones justifican el regreso a la inspección normal.

5. **Interrupción de la inspección.** En el caso de que 10 lotes sucesivos permanezcan en la inspección estricta, se tendrá que dar por terminada la inspección bajo las condiciones de la MIL STD 105D, y habrá que tomar acciones al nivel del proveedor para mejorar la calidad de los lotes suministrados.

10-5.2 Procedimiento

A continuación se presenta un procedimiento paso por paso para el uso de la MIL STD 105D.

1. Elegir el NCA.
2. Seleccionar el nivel de inspección.
3. Determinar el tamaño del lote.
4. Hallar la letra código del tamaño de la muestra adecuada en la Tabla 10-7.
5. Determinar el tipo adecuado del plan de muestreo que se va a utilizar (simple, doble, múltiple).
6. Emplear la tabla apropiada para encontrar el tipo de plan que habrá que utilizar.
7. Determinar los planes de inspección normal y reducida correspondientes para su uso cuando sea necesario.

En la Tabla 10-7 se presentan las letras código del tamaño de la muestra para la MIL STD 105D. La Tablas 10-8, 10-9 y 10-10 presentan los planes de muestreo simple para la inspección normal, estricta y reducida, respectivamente. En las Tablas 10-11, 10-12 y 10-13 aparecen los planes de muestreo doble para la inspección normal, estricta y reducida. Los planes de muestreo múltiple para la inspección normal, estricta y reducida se indican en las Tablas 10-14, 10-15 y 10-16. La Tabla 10-17 presenta los números límites para la inspección reducida.

A fin de ilustrar el uso de la MIL STD 105D, supongamos que se suministra un producto en lotes de $N = 2\,000$. El nivel de calidad aceptable es 0.65%. Se usará la norma con objeto de generar planes de muestreo simple normal, estricto y reducido para este caso. Para lotes de tamaño 2 000, con el nivel II de inspección general, la Tabla 10-7 indica que la letra código del tamaño de muestra adecuado es *K*. Por lo tanto, en la Tabla 10-8, para planes de muestreo simple con inspección normal, el plan de inspección normal es $n = 125$, $c = 2$. La Tabla 10-9 indica que el plan de inspección estricta correspondiente es $n = 125$, $c = 1$. Obsérvese que cambiando de la inspección normal a la inspección estricta, el tamaño muestral permanece igual, pero que el número de aceptación se reduce en *una* unidad. Se usa esta estrategia general en toda la MIL STD 105D para una transición hacia la inspección estricta. Si el número de aceptación de la inspección normal es 1, 2 o 3, el número de aceptación para el plan de inspección estricta correspondiente se reducirá en una unidad. Si el número de aceptación de la inspección normal es 5, 7, 10 o 14, la reducción en el número de aceptación para la inspección estricta es de *dos* unidades. Para un número de aceptación normal de 21, la reducción es de *tres* unidades. La Tabla 10-.10 indica que para la inspección reducida, el tamaño muestral para este ejemplo sería $n = 50$, el número de aceptación sería $c = 1$ y el número de rechazo sería $r = 3$. De modo que si se encontraran dos artículos defectuosos, se aceptaría el lote, pero se inspeccionaría el siguiente con la inspección normal.

Al examinar las tablas hay que observar que si se encuentra una flecha vertical, se tendrá que utilizar el primer plan de muestreo por arriba o por debajo de la flecha. Cuando esto sucede, la letra de código del tamaño de la muestra y el tamaño muestral cambiarán. Por ejemplo, si se señala un plan de muestreo simple con NCA de 1.5% y con letra código del tamaño de la muestra *F*, la letra código cambiará a *G*, y el tamaño muestral cambiará de 20 a 32.

Como un segundo ejemplo, considérese el establecimiento de una esquema de muestreo doble, a partir de la MIL STD 105D, para el caso de $N = 2\,000$, NCA = 0.65, y un nivel II de inspec-

Tabla 10-7 Letras de código para tamaño de muestra (MIL STD 105D, Tabla 1)

Tamaño de lote			Niveles de inspección especiales				Niveles de inspección generales		
			S-1	S-2	S-3	S-4	I	II	III
2	a	8	A	A	A	A	A	A	B
9	a	15	A	A	A	A	A	B	C
16	a	25	A	A	B	B	B	C	D
26	a	50	A	B	B	C	C	D	E
51	a	90	B	B	C	C	C	E	F
91	a	150	B	B	C	D	D	F	G
151	a	280	B	C	D	E	E	G	H
281	a	500	B	C	D	E	F	H	J
501	a	1200	C	C	E	F	G	J	K
1201	a	3200	C	D	E	G	H	K	L
3201	a	10000	C	D	F	G	J	L	M
10001	a	35000	C	D	F	H	K	M	N
35001	a	150000	D	E	G	J	L	N	P
150001	a	500000	D	E	G	J	M	P	Q
500001	y	mayores	D	E	H	K	N	Q	R

Tabla 10-8 Tabla maestra para inspección normal: muestreo simple (MIL STD 105D, Tabla II-A)

Letra de código de tamaño muestral	Tamaño muestral	Niveles de calidad aceptable (inspección normal) 0.010	0.015	0.025	0.040	0.065	0.10	0.15	0.25	0.40	0.65	1.0	1.5	2.5	4.0	6.5	10	15	25	40	65	100	150	250	400	650	1000
		Ac Re	Ac Re	Ac Re	Ac Re	Ac Re	Ac Re	Ac Re	Ac Re	Ac Re	Ac Re	Ac Re	Ac Re	Ac Re	Ac Re	Ac Re	Ac Re	Ac Re	Ac Re	Ac Re	Ac Re	Ac Re	Ac Re	Ac Re	Ac Re	Ac Re	Ac Re
A	2	↓	↓	↓	↓	↓	↓	↓	↓	↓	↓	↓	↓	↓	↓	0 1	↓	↓	1 2	2 3	3 4	5 6	7 8	10 11	14 15	21 22	30 31
B	3	↓	↓	↓	↓	↓	↓	↓	↓	↓	↓	↓	↓	↓	0 1	↑	↓	1 2	2 3	3 4	5 6	7 8	10 11	14 15	21 22	30 31	44 45
C	5	↓	↓	↓	↓	↓	↓	↓	↓	↓	↓	↓	↓	0 1	↑	↓	1 2	2 3	3 4	5 6	7 8	10 11	14 15	21 22	30 31	44 45	↑
D	8	↓	↓	↓	↓	↓	↓	↓	↓	↓	↓	↓	0 1	↑	↓	1 2	2 3	3 4	5 6	7 8	10 11	14 15	21 22	30 31	44 45	↑	↑
E	13	↓	↓	↓	↓	↓	↓	↓	↓	↓	↓	0 1	↑	↓	1 2	2 3	3 4	5 6	7 8	10 11	14 15	21 22	30 31	44 45	↑	↑	↑
F	20	↓	↓	↓	↓	↓	↓	↓	↓	↓	0 1	↑	↓	1 2	2 3	3 4	5 6	7 8	10 11	14 15	21 22	↑	↑	↑	↑	↑	↑
G	32	↓	↓	↓	↓	↓	↓	↓	↓	0 1	↑	↓	1 2	2 3	3 4	5 6	7 8	10 11	14 15	21 22	↑	↑	↑	↑	↑	↑	↑
H	50	↓	↓	↓	↓	↓	↓	↓	0 1	↑	↓	1 2	2 3	3 4	5 6	7 8	10 11	14 15	21 22	↑	↑	↑	↑	↑	↑	↑	↑
J	80	↓	↓	↓	↓	↓	↓	0 1	↑	↓	1 2	2 3	3 4	5 6	7 8	10 11	14 15	21 22	↑	↑	↑	↑	↑	↑	↑	↑	↑
K	125	↓	↓	↓	↓	↓	0 1	↑	↓	1 2	2 3	3 4	5 6	7 8	10 11	14 15	21 22	↑	↑	↑	↑	↑	↑	↑	↑	↑	↑
L	200	↓	↓	↓	↓	0 1	↑	↓	1 2	2 3	3 4	5 6	7 8	10 11	14 15	21 22	↑	↑	↑	↑	↑	↑	↑	↑	↑	↑	↑
M	315	↓	↓	↓	0 1	↑	↓	1 2	2 3	3 4	5 6	7 8	10 11	14 15	21 22	↑	↑	↑	↑	↑	↑	↑	↑	↑	↑	↑	↑
N	500	↓	↓	0 1	↑	↓	1 2	2 3	3 4	5 6	7 8	10 11	14 15	21 22	↑	↑	↑	↑	↑	↑	↑	↑	↑	↑	↑	↑	↑
P	800	↓	0 1	↑	↓	1 2	2 3	3 4	5 6	7 8	10 11	14 15	21 22	↑	↑	↑	↑	↑	↑	↑	↑	↑	↑	↑	↑	↑	↑
Q	1250	0 1	↑	↓	1 2	2 3	3 4	5 6	7 8	10 11	14 15	21 22	↑	↑	↑	↑	↑	↑	↑	↑	↑	↑	↑	↑	↑	↑	↑
R	2000	↑	↑	1 2	2 3	3 4	5 6	7 8	10 11	14 15	21 22	↑	↑	↑	↑	↑	↑	↑	↑	↑	↑	↑	↑	↑	↑	↑	↑

↓ = Use el primer plan de mustreo indicado abajo de la flecha. Si el tamaño muestral es igual a, o excede el tamaño del lote, se realiza una inspección al 100%.

↑ = Use el primer plan de muestro indicado arriba de la flecha.

Ac = Número de aceptación.

Re = Número de rechazo.

Tabla 10-9 Tabla maestra para inspección estricta: muestreo simple (MIL STD 105D, Tabla II-B)

Letra código del tamaño muestral	Tamaño muestral	Niveles de calidad aceptable (inspección reducida)																								
		0.010	0.015	0.025	0.040	0.065	0.10	0.15	0.25	0.40	0.65	1.0	1.5	2.5	4.0	6.5	10	15	25	40	65	100	150	250	400	650	1000
		Ac Re	Ac Re	Ac Re	Ac Re	Ac Re	Ac Re	Ac Re	Ac Re	Ac Re	Ac Re	Ac Re	Ac Re	Ac Re	Ac Re	Ac Re	Ac Re	Ac Re	Ac Re	Ac Re	Ac Re	Ac Re	Ac Re	Ac Re	Ac Re	Ac Re	Ac Re
A	2	↓	↓	↓	↓	↓	↓	↓	↓	↓	↓	↓	↓	↓	↓	↓	↓	↓	↓	1 2	2 3	3 4	5 6	8 9	12 13	18 19	27 28
B	3	↓	↓	↓	↓	↓	↓	↓	↓	↓	↓	↓	↓	↓	↓	0 1	↓	↓	1 2	2 3	3 4	5 6	8 9	12 13	18 19	27 28	41 42
C	5	↓	↓	↓	↓	↓	↓	↓	↓	↓	↓	↓	↓	↓	0 1	↓	↓	1 2	2 3	3 4	5 6	8 9	12 13	18 19	27 28	41 42	↑
D	8	↓	↓	↓	↓	↓	↓	↓	↓	↓	↓	↓	↓	0 1	↓	↓	1 2	2 3	3 4	5 6	8 9	12 13	18 19	27 28	41 42	↑	↑
E	13	↓	↓	↓	↓	↓	↓	↓	↓	↓	↓	↓	0 1	↓	↓	1 2	2 3	3 4	5 6	8 9	12 13	18 19	27 28	41 42	↑	↑	↑
F	20	↓	↓	↓	↓	↓	↓	↓	↓	↓	↓	0 1	↓	↓	1 2	2 3	3 4	5 6	8 9	12 13	18 19	↑	↑	↑	↑	↑	↑
G	32	↓	↓	↓	↓	↓	↓	↓	↓	↓	0 1	↓	↓	1 2	2 3	3 4	5 6	8 9	12 13	18 19	↑	↑	↑	↑	↑	↑	↑
H	50	↓	↓	↓	↓	↓	↓	↓	↓	0 1	↓	↓	1 2	2 3	3 4	5 6	8 9	12 13	18 19	↑	↑	↑	↑	↑	↑	↑	↑
J	80	↓	↓	↓	↓	↓	↓	↓	0 1	↓	↓	1 2	2 3	3 4	5 6	8 9	12 13	18 19	↑	↑	↑	↑	↑	↑	↑	↑	↑
K	125	↓	↓	↓	↓	↓	↓	0 1	↓	↓	1 2	2 3	3 4	5 6	8 9	12 13	18 19	↑	↑	↑	↑	↑	↑	↑	↑	↑	↑
L	200	↓	↓	↓	↓	↓	0 1	↓	↓	1 2	2 3	3 4	5 6	8 9	12 13	18 19	↑	↑	↑	↑	↑	↑	↑	↑	↑	↑	↑
M	315	↓	↓	↓	↓	0 1	↓	↓	1 2	2 3	3 4	5 6	8 9	12 13	18 19	↑	↑	↑	↑	↑	↑	↑	↑	↑	↑	↑	↑
N	500	↓	↓	↓	0 1	↓	↓	1 2	2 3	3 4	5 6	8 9	12 13	18 19	↑	↑	↑	↑	↑	↑	↑	↑	↑	↑	↑	↑	↑
P	800	↓	↓	0 1	↓	↓	1 2	2 3	3 4	5 6	8 9	12 13	18 19	↑	↑	↑	↑	↑	↑	↑	↑	↑	↑	↑	↑	↑	↑
Q	1250	↓	0 1	↓	↓	1 2	2 3	3 4	5 6	8 9	12 13	18 19	↑	↑	↑	↑	↑	↑	↑	↑	↑	↑	↑	↑	↑	↑	↑
R	2000	0 1	↑	↓	1 2	2 3	3 4	5 6	8 9	12 13	18 19	↑	↑	↑	↑	↑	↑	↑	↑	↑	↑	↑	↑	↑	↑	↑	↑
S	3150			1 2																							

⇩ = Use el primer plan de mustreo indicado abajo de la flecha. Si el tamaño muestral es igual a, o excede el tamaño del lote, se realiza una inspección al 100%.

⇧ = Use el primer plan de muestro indicado arriba de la flecha.

Ac = Número de aceptación.

Re = Número de rechazo

Tabla 10-10 Tabla maestra para inspección reducida: muestreo simple (MIL STD 105D, Tabla II-C)

Letra código del tamaño muestral	Tamaño muestral	Niveles de calidad aceptable (inspección reducida)†																									
		0.010	0.015	0.025	0.040	0.065	0.10	0.15	0.25	0.40	0.65	1.0	1.5	2.5	4.0	6.5	10	15	25	40	65	100	150	250	400	650	1000
		Ac Re	Ac Re	Ac Re	Ac Re	Ac Re	Ac Re	Ac Re	Ac Re	Ac Re	Ac Re	Ac Re	Ac Re	Ac Re	Ac Re	Ac Re	Ac Re	Ac Re	Ac Re	Ac Re	Ac Re	Ac Re	Ac Re	Ac Re	Ac Re	Ac Re	Ac Re
A	2	↓	↓	↓	↓	↓	↓	↓	↓	↓	↓	↓	↓	↓	↓	0 1	↓	↓	1 2	2 3	3 4	5 6	7 8	10 11	14 15	21 22	30 31
B	2	↓	↓	↓	↓	↓	↓	↓	↓	↓	↓	↓	↓	↓	0 1	↑	↓	0 2	1 3	2 4	3 5	5 6	7 8	10 11	14 15	21 22	30 31
C	2	↓	↓	↓	↓	↓	↓	↓	↓	↓	↓	↓	↓	0 1	↑	↓	0 2	1 3	1 4	2 5	3 6	5 8	7 10	10 13	14 17	21 24	↑
D	3	↓	↓	↓	↓	↓	↓	↓	↓	↓	↓	↓	0 1	↑	↓	0 2	1 3	1 4	2 5	3 6	5 8	7 10	10 13	14 17	21 24	↑	↑
E	5	↓	↓	↓	↓	↓	↓	↓	↓	↓	↓	0 1	↑	↓	0 2	1 3	1 4	2 5	3 6	5 8	7 10	10 13	14 17	21 24	↑	↑	↑
F	8	↓	↓	↓	↓	↓	↓	↓	↓	↓	0 1	↑	↓	0 2	1 3	1 4	2 5	3 6	5 8	7 10	10 13	↑	↑	↑	↑	↑	↑
G	13	↓	↓	↓	↓	↓	↓	↓	↓	0 1	↑	↓	0 2	1 3	1 4	2 5	3 6	5 8	7 10	10 13	↑	↑	↑	↑	↑	↑	↑
H	20	↓	↓	↓	↓	↓	↓	↓	0 1	↑	↓	0 2	1 3	1 4	2 5	3 6	5 8	7 10	10 13	↑	↑	↑	↑	↑	↑	↑	↑
J	32	↓	↓	↓	↓	↓	↓	0 1	↑	↓	0 2	1 3	1 4	2 5	3 6	5 8	7 10	10 13	↑	↑	↑	↑	↑	↑	↑	↑	↑
K	50	↓	↓	↓	↓	↓	0 1	↑	↓	0 2	1 3	1 4	2 5	3 6	5 8	7 10	10 13	↑	↑	↑	↑	↑	↑	↑	↑	↑	↑
L	80	↓	↓	↓	↓	0 1	↑	↓	0 2	1 3	1 4	2 5	3 6	5 8	7 10	10 13	↑	↑	↑	↑	↑	↑	↑	↑	↑	↑	↑
M	125	↓	↓	↓	0 1	↑	↓	0 2	1 3	1 4	2 5	3 6	5 8	7 10	10 13	↑	↑	↑	↑	↑	↑	↑	↑	↑	↑	↑	↑
N	200	↓	↓	0 1	↑	↓	0 2	1 3	1 4	2 5	3 6	5 8	7 10	10 13	↑	↑	↑	↑	↑	↑	↑	↑	↑	↑	↑	↑	↑
P	315	↓	0 1	↑	↓	0 2	1 3	1 4	2 5	3 6	5 8	7 10	10 13	↑	↑	↑	↑	↑	↑	↑	↑	↑	↑	↑	↑	↑	↑
Q	500	0 1	↑	↓	0 2	1 3	1 4	2 5	3 6	5 8	7 10	10 13	↑	↑	↑	↑	↑	↑	↑	↑	↑	↑	↑	↑	↑	↑	↑
R	800	↑	↑	0 2	1 3	1 4	2 5	3 6	5 8	7 10	10 13	↑	↑	↑	↑	↑	↑	↑	↑	↑	↑	↑	↑	↑	↑	↑	↑

↓ = Use el primer plan de mustreo indicado abajo de la flecha. Si el tamaño muestral es igual a, o excede el tamaño del lote, se realiza una inspección al 100%.

↑ = Use el primer plan de muestro indicado arriba de la flecha.

Ac = Número de aceptación.

Re = Número de rechazo.

† = Si se ha rebasado el número de aceptación, pero sin llegar al número de rechazo, se acepta el lote, pero se reinstaura la inspección normal.

Tabla 10-11 Tabla maestra para inspección normal: muestreo doble (MIL STD 105D, Tabla III-A)

Letra código de Tamaño muestral	Muestra	Tamaño muestral	Tamaño muestral acumulativo	Niveles de calidad aceptable (inspección normal)																									
				0.010	0.015	0.025	0.040	0.065	0.10	0.15	0.25	0.40	0.65	1.0	1.5	2.5	4.0	6.5	10	15	25	40	65	100	150	250	400	650	1000
				Ac Re	Ac Re	Ac Re	Ac Re	Ac Re	Ac Re	Ac Re	Ac Re	Ac Re	Ac Re	Ac Re	Ac Re	Ac Re	Ac Re	Ac Re	Ac Re	Ac Re	Ac Re	Ac Re	Ac Re	Ac Re	Ac Re	Ac Re	Ac Re	Ac Re	Ac Re
A				↓	↓	↓	↓	↓	↓	↓	↓	↓	↓	↓	↓	↓	↓	•	↓	↓	•	•	•	•	•	•	•	•	•
B	Primera	2	2	↓	↓	↓	↓	↓	↓	↓	↓	↓	↓	↓	↓	↓	•	↑	↓	0 2	0 3	1 4	2 5	3 7	5 9	7 11	11 16	17 22	25 31
	Segunda	2	4																	1 2	3 4	4 5	6 7	8 9	12 13	18 19	26 27	37 38	56 57
C	Primera	3	3	↓	↓	↓	↓	↓	↓	↓	↓	↓	↓	↓	↓	•	↑	↓	0 2	0 3	1 4	2 5	3 7	5 9	7 11	11 16	17 22	25 31	↑
	Segunda	3	6																1 2	3 4	4 5	6 7	8 9	12 13	18 19	26 27	37 38	56 57	
D	Primera	5	5	↓	↓	↓	↓	↓	↓	↓	↓	↓	↓	↓	•	↑	↓	0 2	0 3	1 4	2 5	3 7	5 9	7 11	11 16	17 22	25 31	↑	↑
	Segunda	5	10															1 2	3 4	4 5	6 7	8 9	12 13	18 19	26 27	37 38	56 57		
E	Primera	8	8	↓	↓	↓	↓	↓	↓	↓	↓	↓	↓	•	↑	↓	0 2	0 3	1 4	2 5	3 7	5 9	7 11	11 16	17 22	25 31	↑	↑	↑
	Segunda	8	16													1 2	3 4	4 5	6 7	8 9	12 13	18 19	26 27	37 38	56 57				
F	Primera	13	13	↓	↓	↓	↓	↓	↓	↓	↓	↓	•	↑	↓	0 2	0 3	1 4	2 5	3 7	5 9	7 11	11 16	↑	↑	↑	↑	↑	↑
	Segunda	13	26													1 2	3 4	4 5	6 7	8 9	12 13	18 19	26 27						
G	Primera	20	20	↓	↓	↓	↓	↓	↓	↓	↓	•	↑	↓	0 2	0 3	1 4	2 5	3 7	5 9	7 11	11 16	↑	↑	↑	↑	↑	↑	↑
	Segunda	20	40											1 2	3 4	4 5	6 7	8 9	12 13	18 19	26 27								
H	Primera	32	32	↓	↓	↓	↓	↓	↓	↓	•	↑	↓	0 2	0 3	1 4	2 5	3 7	5 9	7 11	11 16	↑	↑	↑	↑	↑	↑	↑	↑
	Segunda	32	64											1 2	3 4	4 5	6 7	8 9	12 13	18 19	26 27								
J	Primera	50	50	↓	↓	↓	↓	↓	↓	•	↑	↓	0 2	0 3	1 4	2 5	3 7	5 9	7 11	11 16	↑	↑	↑	↑	↑	↑	↑	↑	↑
	Segunda	50	100									1 2	3 4	4 5	6 7	8 9	12 13	18 19	26 27										
K	Primera	80	80	↓	↓	↓	↓	↓	•	↑	↓	0 2	0 3	1 4	2 5	3 7	5 9	7 11	11 16	↑	↑	↑	↑	↑	↑	↑	↑	↑	↑
	Segunda	80	160									1 2	3 4	4 5	6 7	8 9	12 13	18 19	26 27										
L	Primera	125	125	↓	↓	↓	↓	•	↑	↓	0 2	0 3	1 4	2 5	3 7	5 9	7 11	11 16	↑	↑	↑	↑	↑	↑	↑	↑	↑	↑	↑
	Segunda	125	250								1 2	3 4	4 5	6 7	8 9	12 13	18 19	26 27											
M	Primera	200	200	↓	↓	↓	•	↑	↓	0 2	0 3	1 4	2 5	3 7	5 9	7 11	11 16	↑	↑	↑	↑	↑	↑	↑	↑	↑	↑	↑	↑
	Segunda	200	400							1 2	3 4	4 5	6 7	8 9	12 13	18 19	26 27												
N	Primera	315	315	↓	↓	•	↑	↓	0 2	0 3	1 4	2 5	3 7	5 9	7 11	11 16	↑	↑	↑	↑	↑	↑	↑	↑	↑	↑	↑	↑	↑
	Segunda	315	630						1 2	3 4	4 5	6 7	8 9	12 13	18 19	26 27													
P	Primera	500	500	↓	•	↑	↓	0 2	0 3	1 4	2 5	3 7	5 9	7 11	11 16	↑	↑	↑	↑	↑	↑	↑	↑	↑	↑	↑	↑	↑	↑
	Segunda	500	1000					1 2	3 4	4 5	6 7	8 9	12 13	18 19	26 27														
Q	Primera	800	800	•	↑	↓	0 2	0 3	1 4	2 5	3 7	5 9	7 11	11 16	↑	↑	↑	↑	↑	↑	↑	↑	↑	↑	↑	↑	↑	↑	↑
	Segunda	800	1600				1 2	3 4	4 5	6 7	8 9	12 13	18 19	26 27															
R	Primera	1250	1250	↑	↑	0 2	0 3	1 4	2 5	3 7	5 9	7 11	11 16	↑	↑	↑	↑	↑	↑	↑	↑	↑	↑	↑	↑	↑	↑	↑	↑
	Segunda	1250	2500			1 2	3 4	4 5	6 7	8 9	12 13	18 19	26 27																

↓ = Use el primer plan de mustreo indicado abajo de la flecha. Si el tamaño muestral es igual a, o excede el tamaño del lote, se realiza una inspección al 100%.

↑ = Use el primer plan de muestro indicado arriba de la flecha.

Ac = Número de aceptación.

Re = Número de rechazo.

* = Use el plan de muestreo simple correspondiente (o, en alternativa, el plan de muestreo doble que sigue abajo, cuando esté disponible).

Tabla 10-12 Tabla maestra para inspección estricta: muestreo doble (MIL STD 105D, Tabla III-B)

Letra código de tamaño muestral	Muestra	Tamaño muestral	Tamaño muestral acumulativo	Niveles de calidad aceptable (inspección estricta)																									
				0.010	0.015	0.025	0.040	0.065	0.10	0.15	0.25	0.40	0.65	1.0	1.5	2.5	4.0	6.5	10	15	25	40	65	100	150	250	400	650	1000
				Ac Re	Ac Re	Ac Re	Ac Re	Ac Re	Ac Re	Ac Re	Ac Re	Ac Re	Ac Re	Ac Re	Ac Re	Ac Re	Ac Re	Ac Re	Ac Re	Ac Re	Ac Re	Ac Re	Ac Re	Ac Re	Ac Re	Ac Re	Ac Re	Ac Re	Ac Re
A				↓	↓	↓	↓	↓	↓	↓	↓	↓	↓	↓	↓	↓	↓	↓	↓	↓	↓	•	•	•	•	•	•	•	•
B	Primera	2	2	↓	↓	↓	↓	↓	↓	↓	↓	↓	↓	↓	↓	↓	↓	•	↓	↓	0 2	0 3	1 4	2 5	3 7	6 10	9 14	15 20	23 29
	Segunda	2	4																		1 2	3 4	4 5	6 7	11 12	15 16	23 24	34 35	52 53
C	Primera	3	3	↓	↓	↓	↓	↓	↓	↓	↓	↓	↓	↓	↓	↓	•	↓	↓	0 2	0 3	1 4	2 5	3 7	6 10	9 14	15 20	23 29	↑
	Segunda	3	6																	1 2	3 4	4 5	6 7	11 12	15 16	23 24	34 35	52 53	
D	Primera	5	5	↓	↓	↓	↓	↓	↓	↓	↓	↓	↓	↓	↓	•	↓	↓	0 2	0 3	1 4	2 5	3 7	6 10	9 14	15 20	23 29	↑	↑
	Segunda	5	10															1 2	3 4	4 5	6 7	11 12	15 16	23 24	34 35	52 53		
E	Primera	8	8	↓	↓	↓	↓	↓	↓	↓	↓	↓	↓	↓	•	↓	↓	0 2	0 3	1 4	2 5	3 7	6 10	9 14	15 20	23 29	↑	↑	↑
	Segunda	8	16														1 2	3 4	4 5	6 7	11 12	15 16	23 24	34 35	52 53			
F	Primera	13	13	↓	↓	↓	↓	↓	↓	↓	↓	↓	↓	•	↓	↓	0 2	0 3	1 4	2 5	3 7	6 10	9 14	↑	↑	↑	↑	↑	↑
	Segunda	13	26													1 2	3 4	4 5	6 7	11 12	15 16	23 24						
G	Primera	20	20	↓	↓	↓	↓	↓	↓	↓	↓	↓	•	↓	↓	0 2	0 3	1 4	2 5	3 7	6 10	9 14	↑	↑	↑	↑	↑	↑	↑
	Segunda	20	40												1 2	3 4	4 5	6 7	11 12	15 16	23 24							
H	Primera	32	32	↓	↓	↓	↓	↓	↓	↓	↓	•	↓	↓	0 2	0 3	1 4	2 5	3 7	6 10	9 14	↑	↑	↑	↑	↑	↑	↑	↑
	Segunda	32	64											1 2	3 4	4 5	6 7	11 12	15 16	23 24								
J	Primera	50	50	↓	↓	↓	↓	↓	↓	↓	•	↓	↓	0 2	0 3	1 4	2 5	3 7	6 10	9 14	↑	↑	↑	↑	↑	↑	↑	↑	↑
	Segunda	50	100										1 2	3 4	4 5	6 7	11 12	15 16	23 24									
K	Primera	80	80	↓	↓	↓	↓	↓	↓	•	↓	↓	0 2	0 3	1 4	2 5	3 7	6 10	9 14	↑	↑	↑	↑	↑	↑	↑	↑	↑	↑
	Segunda	80	160									1 2	3 4	4 5	6 7	11 12	15 16	23 24										
L	Primera	125	125	↓	↓	↓	↓	↓	•	↓	↓	0 2	0 3	1 4	2 5	3 7	6 10	9 14	↑	↑	↑	↑	↑	↑	↑	↑	↑	↑	↑
	Segunda	125	250								1 2	3 4	4 5	6 7	11 12	15 16	23 24											
M	Primera	200	200	↓	↓	↓	↓	•	↓	↓	0 2	0 3	1 4	2 5	3 7	6 10	9 14	↑	↑	↑	↑	↑	↑	↑	↑	↑	↑	↑	↑
	Segunda	200	400							1 2	3 4	4 5	6 7	11 12	15 16	23 24												
N	Primera	315	315	↓	↓	↓	•	↓	↓	0 2	0 3	1 4	2 5	3 7	6 10	9 14	↑	↑	↑	↑	↑	↑	↑	↑	↑	↑	↑	↑	↑
	Segunda	315	630							1 2	3 4	4 5	6 7	11 12	15 16	23 24													
P	Primera	500	500	↓	↓	•	↓	↓	0 2	0 3	1 4	2 5	3 7	6 10	9 14	↑	↑	↑	↑	↑	↑	↑	↑	↑	↑	↑	↑	↑	↑
	Segunda	500	1000						1 2	3 4	4 5	6 7	11 12	15 16	23 24														
Q	Primera	800	800	↓	•	↓	↓	0 2	0 3	1 4	2 5	3 7	6 10	9 14	↑	↑	↑	↑	↑	↑	↑	↑	↑	↑	↑	↑	↑	↑	↑
	Segunda	800	1600					1 2	3 4	4 5	6 7	11 12	15 16	23 24															
R	Primera	1250	1250	•	↑	↓	0 2	0 3	1 4	2 5	3 7	6 10	9 14	↑	↑	↑	↑	↑	↑	↑	↑	↑	↑	↑	↑	↑	↑	↑	↑
	Segunda	1250	2500				1 2	3 4	4 5	6 7	11 12	15 16	23 24																
S	Primera	2000	2000			0 2																							
	Segunda	2000	4000			1 2																							

⇩ = Use el primer plan de mustreo indicado abajo de la flecha. Si el tamaño muestral es igual a, o excede el tamaño del lote, se realiza una inspección al 100%.

⇧ = Use el primer plan de muestro indicado arriba de la flecha.

Ac = Número de aceptación.

Re = Número de rechazo.

* = Use el plan de muestreo simple correspondiente (o, en alternativa, el plan de muestreo doble que sigue abajo, cuando esté disponible).

Tabla 10-13 Tabla maestra para inspección reducida: muestreo doble (MIL STD 105D, Tabla III-C)

Letra código de tamaño muestral	Tamaño muestral	Muestra	Tamaño muestral acumulativo	Niveles de calidad aceptable (inspección reducida)†																									
				0.010	0.015	0.025	0.040	0.065	0.10	0.15	0.25	0.40	0.65	1.0	1.5	2.5	4.0	6.5	10	15	25	40	65	100	150	250	400	650	1000
				Ac Re	Ac Re	Ac Re	Ac Re	Ac Re	Ac Re	Ac Re	Ac Re	Ac Re	Ac Re	Ac Re	Ac Re	Ac Re	Ac Re	Ac Re	Ac Re	Ac Re	Ac Re	Ac Re	Ac Re	Ac Re	Ac Re	Ac Re	Ac Re	Ac Re	Ac Re
A				↓	↓	↓	↓	↓	↓	↓	↓	↓	↓	↓	↓	↓	↓	*	↓	↓	*	*	*	*	*	*	*	*	*
B				↓	↓	↓	↓	↓	↓	↓	↓	↓	↓	↓	↓	↓	*	↑	↓	*	*	*	*	*	*	*	*	*	*
C				↓	↓	↓	↓	↓	↓	↓	↓	↓	↓	↓	↓	*	↑	↓	*	*	*	*	*	*	*	*	*	*	↑
D	Primera	2	2	↓	↓	↓	↓	↓	↓	↓	↓	↓	↓	↓	*	↑	↓	0 2	0 3	0 4	0 4	1 5	2 7	3 8	5 10	7 12	11 17	↑	↑
	Segunda	2	4															0 2	0 4	1 5	3 6	4 7	6 9	8 12	12 16	18 22	26 30		
E	Primera	3	3	↓	↓	↓	↓	↓	↓	↓	↓	↓	↓	*	↑	↓	0 2	0 3	0 4	0 4	1 5	2 7	3 8	5 10	7 12	11 17	↑	↑	↑
	Segunda	3	6														0 2	0 4	1 5	3 6	4 7	6 9	8 12	12 16	18 22	26 30			
F	Primera	5	5	↓	↓	↓	↓	↓	↓	↓	↓	↓	*	↑	↓	0 2	0 3	0 4	0 4	1 5	2 7	3 8	5 10	↑	↑	↑	↑	↑	↑
	Segunda	5	10													0 2	0 4	1 5	3 6	4 7	6 9	8 12	12 16						
G	Primera	8	8	↓	↓	↓	↓	↓	↓	↓	↓	*	↑	↓	0 2	0 3	0 4	0 4	1 5	2 7	3 8	5 10	↑	↑	↑	↑	↑	↑	↑
	Segunda	8	16											0 2	0 4	1 5	3 6	4 7	6 9	8 12	12 16								
H	Primera	13	13	↓	↓	↓	↓	↓	↓	↓	*	↑	↓	0 2	0 3	0 4	0 4	1 5	2 7	3 8	5 10	↑	↑	↑	↑	↑	↑	↑	↑
	Segunda	13	26											0 2	0 4	1 5	3 6	4 7	6 9	8 12	12 16								
J	Primera	20	20	↓	↓	↓	↓	↓	↓	*	↑	↓	0 2	0 3	0 4	0 4	1 5	2 7	3 8	5 10	↑	↑	↑	↑	↑	↑	↑	↑	↑
	Segunda	20	40										0 2	0 4	1 5	3 6	4 7	6 9	8 12	12 16									
K	Primera	32	32	↓	↓	↓	↓	↓	*	↑	↓	0 2	0 3	0 4	0 4	1 5	2 7	3 8	5 10	↑	↑	↑	↑	↑	↑	↑	↑	↑	↑
	Segunda	32	64									0 2	0 4	1 5	3 6	4 7	6 9	8 12	12 16										
L	Primera	50	50	↓	↓	↓	↓	*	↑	↓	0 2	0 3	0 4	0 4	1 5	2 7	3 8	5 10	↑	↑	↑	↑	↑	↑	↑	↑	↑	↑	↑
	Segunda	50	100								0 2	0 4	1 5	3 6	4 7	6 9	8 12	12 16											
M	Primera	80	80	↓	↓	↓	*	↑	↓	0 2	0 3	0 4	0 4	1 5	2 7	3 8	5 10	↑	↑	↑	↑	↑	↑	↑	↑	↑	↑	↑	↑
	Segunda	80	160							0 2	0 4	1 5	3 6	4 7	6 9	8 12	12 16												
N	Primera	125	125	↓	↓	*	↑	↓	0 2	0 3	0 4	0 4	1 5	2 7	3 8	5 10	↑	↑	↑	↑	↑	↑	↑	↑	↑	↑	↑	↑	↑
	Segunda	125	250						0 2	0 4	1 5	3 6	4 7	6 9	8 12	12 16													
P	Primera	200	200	↓	*	↑	↓	0 2	0 3	0 4	0 4	1 5	2 7	3 8	5 10	↑	↑	↑	↑	↑	↑	↑	↑	↑	↑	↑	↑	↑	↑
	Segunda	200	400					0 2	0 4	1 5	3 6	4 7	6 9	8 12	12 16														
Q	Primera	315	315	*	↑	↓	0 2	0 3	0 4	0 4	1 5	2 7	3 8	5 10	↑	↑	↑	↑	↑	↑	↑	↑	↑	↑	↑	↑	↑	↑	↑
	Segunda	315	630				0 2	0 4	1 5	3 6	4 7	6 9	8 12	12 16															
R	Primera	500	500	↑	↑	0 2	0 3	0 4	0 4	1 5	2 7	3 8	5 10	↑	↑	↑	↑	↑	↑	↑	↑	↑	↑	↑	↑	↑	↑	↑	↑
	Segunda	500	1000			0 2	0 4	1 5	3 6	4 7	6 9	8 12	12 16																

↓ = Use el primer plan de mustreo indicado abajo de la flecha. Si el tamaño muestral es igual a, o excede el tamaño del lote, se realiza una inspección al 100%.

↑ = Use el primer plan de muestro indicado arriba de la flecha.

Ac = Número de aceptación.

Re = Número de rechazo.

* = Use el plan de muestreo simple correspondiente (o, en alternativa, el plan de muestreo doble que sigue abajo, cuando esté disponible).

† = Si después de la segunda muestra se excede el número de aceptación, pero sin llegar al número de rechazo, se acepta el lote, pero se reinstaura la inspección normal.

Tabla 10-14 Tabla maestra para inspección normal: muestreo doble múltiple (MIL STD 105D, Tabla IV-A)

Letra código de tamaño muestral	Muestra	Tamaño muestral	Tamaño muestral acumulativo	Niveles de calidad aceptable (inspección normal)																									
				0.010	0.015	0.025	0.040	0.065	0.10	0.15	0.25	0.40	0.65	1.0	1.5	2.5	4.0	6.5	10	15	25	40	65	100	150	250	400	650	1000
				Ac Re	Ac Re	Ac Re	Ac Re	Ac Re	Ac Re	Ac Re	Ac Re	Ac Re	Ac Re	Ac Re	Ac Re	Ac Re	Ac Re	Ac Re	Ac Re	Ac Re	Ac Re	Ac Re	Ac Re	Ac Re	Ac Re	Ac Re	Ac Re	Ac Re	Ac Re
A				↓	↓	↓	↓	↓	↓	↓	↓	↓	↓	↓	↓	↓	↓	•	↓	↓	•	•	•	•	•	•	•	•	•
B				↓	↓	↓	↓	↓	↓	↓	↓	↓	↓	↓	↓	↓	•	↑	↓	++	++	++	++	++	++	++	++	++	++
C				↓	↓	↓	↓	↓	↓	↓	↓	↓	↓	↓	↓	•	↑	↓	++	++	++	++	++	++	++	++	++	++	↑
D	Primera	2	2	↓	↓	↓	↓	↓	↓	↓	↓	↓	↓	↓	•	↑	↓	# 2	# 2	# 3	# 4	0 4	0 5	1 7	2 9	4 12	6 16	↑	↑
	Segunda	2	4															# 2	0 3	0 3	1 5	1 6	3 8	4 10	7 14	11 19	17 27		
	Tercera	2	6															0 2	0 3	1 4	2 6	3 8	6 10	8 13	13 19	19 27	29 39		
	Cuarta	2	8															0 3	1 4	2 5	3 7	5 10	8 13	12 17	19 25	27 34	40 49		
	Quinta	2	10															1 3	2 4	3 6	5 8	7 11	11 15	17 20	25 29	36 40	53 58		
	Sexta	2	12															1 3	3 5	4 6	7 9	10 12	14 17	21 23	31 33	45 47	65 68		
	Séptima	2	14															2 3	4 5	6 7	9 10	13 14	18 19	25 26	37 38	53 54	77 78		
E	Primera	3	3	↓	↓	↓	↓	↓	↓	↓	↓	↓	↓	•	↑	↓	# 2	# 2	# 3	# 4	0 4	0 5	1 7	2 9	4 12	6 16	↑	↑	↑
	Segunda	3	6														# 2	0 3	0 3	1 5	1 6	3 8	4 10	7 14	11 19	17 27			
	Tercera	3	9														0 2	0 3	1 4	2 6	3 8	6 10	8 13	13 19	19 27	29 39			
	Cuarta	3	12														0 3	1 4	2 5	3 7	5 10	8 13	12 17	19 25	27 34	40 49			
	Quinta	3	15														1 3	2 4	3 6	5 8	7 11	11 15	17 20	25 29	36 40	53 58			
	Sexta	3	18														1 3	3 5	4 6	7 9	10 12	14 17	21 23	31 33	45 47	65 68			
	Séptima	3	21														2 3	4 5	6 7	9 10	13 14	18 19	25 26	37 38	53 54	77 78			
F	Primera	5	5	↓	↓	↓	↓	↓	↓	↓	↓	↓	•	↑	↓	# 2	# 2	# 3	# 4	0 4	0 5	1 7	2 9	↑	↑	↑	↑	↑	↑
	Segunda	5	10													# 2	0 3	0 3	1 5	1 6	3 8	4 10	7 14						
	Tercera	5	15													0 2	0 3	1 4	2 6	3 8	6 10	8 13	13 19						
	Cuarta	5	20													0 3	1 4	2 5	3 7	5 10	8 13	12 17	19 25						
	Quinta	5	25													1 3	2 4	3 6	5 8	7 11	11 15	17 20	25 29						
	Sexta	5	30													1 3	3 5	4 6	7 9	10 12	14 17	21 23	31 33						
	Séptima	5	35													2 3	4 5	6 7	9 10	13 14	18 19	25 26	37 38						
G	Primera	8	8	↓	↓	↓	↓	↓	↓	↓	↓	•	↑	↓	# 2	# 2	# 3	# 4	0 4	0 5	1 7	2 9	↑	↑	↑	↑	↑	↑	↑
	Segunda	8	16											# 2	0 3	0 3	1 5	1 6	3 8	4 10	7 14								
	Tercera	8	24											0 2	0 3	1 4	2 6	3 8	6 10	8 13	13 19								
	Cuarta	8	32											0 3	1 4	2 5	3 7	5 10	8 13	12 17	19 25								
	Quinta	8	40											1 3	2 4	3 6	5 8	7 11	11 15	17 20	25 29								
	Sexta	8	48											1 3	3 5	4 6	7 9	10 12	14 17	21 23	31 33								
	Séptima	8	56											2 3	4 5	6 7	9 10	13 14	18 19	25 26	37 38								
H	Primera	13	13	↓	↓	↓	↓	↓	↓	↓	•	↑	↓	# 2	# 2	# 3	# 4	0 4	0 5	1 7	2 9	↑	↑	↑	↑	↑	↑	↑	↑
	Segunda	13	26											# 2	0 3	0 3	1 5	1 6	3 8	4 10	7 14								
	Tercera	13	39											0 2	0 3	1 4	2 6	3 8	6 10	8 13	13 19								
	Cuarta	13	52											0 3	1 4	2 5	3 7	5 10	8 13	12 17	19 25								
	Quinta	13	65											1 3	2 4	3 6	5 8	7 11	11 15	17 20	25 29								
	Sexta	13	78											1 3	3 5	4 6	7 9	10 12	14 17	21 23	31 33								
	Séptima	13	91											2 3	4 5	6 7	9 10	13 14	18 19	25 26	37 38								
J	Primera	20	20	↓	↓	↓	↓	↓	↓	•	↑	↓	# 2	# 2	# 3	# 4	0 4	0 5	1 7	2 9	↑	↑	↑	↑	↑	↑	↑	↑	↑
	Segunda	20	40										# 2	0 3	0 3	1 5	1 6	3 8	4 10	7 14									
	Tercera	20	60										0 2	0 3	1 4	2 6	3 8	6 10	8 13	13 19									
	Cuarta	20	80										0 3	1 4	2 5	3 7	5 10	8 13	12 17	19 25									
	Quinta	20	100										1 3	2 4	3 6	5 8	7 11	11 15	17 20	25 29									
	Sexta	20	120										1 3	3 5	4 6	7 9	10 12	14 17	21 23	31 33									
	Séptima	20	140										2 3	4 5	6 7	9 10	13 14	18 19	25 26	37 38									

↓ = Use el primer plan de mustreo indicado abajo de la flecha (cuando sea necesario, refiérase a la continuación de la tabla en la página siguiente). Si el tamaño muestral es igual a, o excede el tamaño del lote, se realiza una inspección al 100%.

↑ = Use el primer plan de muestro indicado arriba de la flecha.

Ac = Número de aceptación.

Re = Número de rechazo.

• = Use el plan de muestreo simple correspondiente (o, en alternativa, el plan de muestreo múltiple que sigue abajo, cuando esté disponible).

++ = Utilice el plan de muestreo doble correspondiente (o, en alternativa, el plan de muestreo múltiple que sigue abajo, cuando esté disponible).

= No se permite la aceptación para este tamaño muestral.

Tabla 10-14 *(Continuación)*

Letra código de tamaño muestral	Muestra	Tamaño muestral	Tamaño muestral acumulativo	Niveles de calidad aceptable (inspección normal)																									
				0.010	0.015	0.025	0.040	0.065	0.10	0.15	0.25	0.40	0.65	1.0	1.5	2.5	4.0	6.5	10	15	25	40	65	100	150	250	400	650	1000
				Ac Re	Ac Re	Ac Re	Ac Re	Ac Re	Ac Re	Ac Re	Ac Re	Ac Re	Ac Re	Ac Re	Ac Re	Ac Re	Ac Re	Ac Re	Ac Re	Ac Re	Ac Re	Ac Re	Ac Re	Ac Re	Ac Re	Ac Re	Ac Re	Ac Re	Ac Re
K	Primera	32	32	↓	↓	↓	↓	↓	•	↑	↓	* 2	* 2	* 3	* 4	0 4	0 5	1 7	2 9	↑	↑	↑	↑	↑	↑	↑	↑	↑	↑
	Segunda	32	64									* 2	0 3	0 3	1 5	1 6	3 8	4 10	7 14										
	Tercera	32	96									0 2	0 3	1 4	2 6	3 8	6 10	8 13	13 19										
	Cuarta	32	128									0 3	1 4	2 5	3 7	5 10	8 13	12 17	19 25										
	Quinta	32	160									1 3	2 4	3 6	5 8	7 11	11 15	17 20	25 29										
	Sexta	32	192									1 3	3 5	4 6	7 9	10 12	14 17	21 23	31 33										
	Séptima	32	224									2 3	4 5	6 7	9 10	13 14	18 19	25 26	37 38										
L	Primera	50	50	↓	↓	↓	↓	•	↑	↓	* 2	* 2	* 3	* 4	0 4	0 5	1 7	2 9	↑	↑	↑	↑	↑	↑	↑	↑	↑	↑	↑
	Segunda	50	100								* 2	0 3	0 3	1 5	1 6	3 8	4 10	7 14											
	Tercera	50	150								0 2	0 3	1 4	2 6	3 8	6 10	8 13	13 19											
	Cuarta	50	200								0 3	1 4	2 5	3 7	5 10	8 13	12 17	19 25											
	Quinta	50	250								1 3	2 4	3 6	5 8	7 11	11 15	17 20	25 29											
	Sexta	50	300								1 3	3 5	4 6	7 9	10 12	14 17	21 23	31 33											
	Séptima	50	350								2 3	4 5	6 7	9 10	13 14	18 19	25 26	37 38											
M	Primera	80	80	↓	↓	↓	•	↑	↓	* 2	* 2	* 3	* 4	0 4	0 5	1 7	2 9	↑	↑	↑	↑	↑	↑	↑	↑	↑	↑	↑	↑
	Segunda	80	160							* 2	0 3	0 3	1 5	1 6	3 8	4 10	7 14												
	Tercera	80	240							0 2	0 3	1 4	2 6	3 8	6 10	8 13	13 19												
	Cuarta	80	320							0 3	1 4	2 5	3 7	5 10	8 13	12 17	19 25												
	Quinta	80	400							1 3	2 4	3 6	5 8	7 11	11 15	17 20	25 29												
	Sexta	80	480							1 3	3 5	4 6	7 9	10 12	14 17	21 23	31 33												
	Séptima	80	560							2 3	4 5	6 7	9 10	13 14	18 19	25 26	37 38												
N	Primera	125	125	↓	↓	•	↑	↓	* 2	* 2	* 3	* 4	0 4	0 5	1 7	2 9	↑	↑	↑	↑	↑	↑	↑	↑	↑	↑	↑	↑	↑
	Segunda	125	250						* 2	0 3	0 3	1 5	1 6	3 8	4 10	7 14													
	Tercera	125	375						0 2	0 3	1 4	2 6	3 8	6 10	8 13	13 19													
	Cuarta	125	500						0 3	1 4	2 5	3 7	5 10	8 13	12 17	19 25													
	Quinta	125	625						1 3	2 4	3 6	5 8	7 11	11 15	17 20	25 29													
	Sexta	125	750						1 3	3 5	4 6	7 9	10 12	14 17	21 23	31 33													
	Séptima	125	875						2 3	4 5	6 7	9 10	13 14	18 19	25 26	37 38													
P	Primera	200	200	↓	•	↑	↓	* 2	* 2	* 3	* 4	0 4	0 5	1 7	2 9	↑	↑	↑	↑	↑	↑	↑	↑	↑	↑	↑	↑	↑	↑
	Segunda	200	400					* 2	0 3	0 3	1 5	1 6	3 8	4 10	7 14														
	Tercera	200	600					0 2	0 3	1 4	2 6	3 8	6 10	8 13	13 19														
	Cuarta	200	800					0 3	1 4	2 5	3 7	5 10	8 13	12 17	19 25														
	Quinta	200	1000					1 3	2 4	3 6	5 8	7 11	11 15	17 20	25 29														
	Sexta	200	1200					1 3	3 5	4 6	7 9	10 12	14 17	21 23	31 33														
	Séptima	200	1400					2 3	4 5	6 7	9 10	13 14	18 19	25 26	37 38														
Q	Primera	315	315	•	↑	↓	* 2	* 2	* 3	* 4	0 4	0 5	1 7	2 9	↑	↑	↑	↑	↑	↑	↑	↑	↑	↑	↑	↑	↑	↑	↑
	Segunda	315	630				* 2	0 3	0 3	1 5	1 6	3 8	4 10	7 14															
	Tercera	315	945				0 2	0 3	1 4	2 6	3 8	6 10	8 13	13 19															
	Cuarta	315	1260				0 3	1 4	2 5	3 7	5 10	8 13	12 17	19 25															
	Quinta	315	1575				1 3	2 4	3 6	5 8	7 11	11 15	17 20	25 29															
	Sexta	315	1890				1 3	3 5	4 6	7 9	10 12	14 17	21 23	31 33															
	Séptima	315	2205				2 3	4 5	6 7	9 10	13 14	18 19	25 26	37 38															
R	Primera	500	500	↑	↑	* 2	* 2	* 3	* 4	0 4	0 5	1 7	2 9	↑	↑	↑	↑	↑	↑	↑	↑	↑	↑	↑	↑	↑	↑	↑	↑
	Segunda	500	1000			* 2	0 3	0 3	1 5	1 6	3 8	4 10	7 14																
	Tercera	500	1500			0 2	0 3	1 4	2 6	3 8	6 10	8 13	13 19																
	Cuarta	500	2000			0 3	1 4	2 5	3 7	5 10	8 13	12 17	19 25																
	Quinta	500	2500			1 3	2 4	3 6	5 8	7 11	11 15	17 20	25 29																
	Sexta	500	3000			1 3	3 5	4 6	7 9	10 12	14 17	21 23	31 33																
	Séptima	500	3500			2 3	4 5	6 7	9 10	13 14	18 19	25 26	37 38																

↓ = Use el primer plan de mustreo indicado abajo de la flecha. Si el tamaño muestral es igual a, o excede el tamaño del lote, se realiza una inspección al 100%.

↑ = Use el primer plan de muestro indicado arriba de la flecha (refiérase a la página anterior, cuando haga falta.

Ac = Número de aceptación.

Re = Número de rechazo.

* = Use el plan de muestreo simple correspondiente (o, en alternativa, el plan de muestreo múltiple que sigue abajo, cuando esté disponible).

• = No se permite la aceptación para este tamaño muestral.

Tabla 10-15 Tabla maestra para inspección estricta: muestreo múltiple (MIL STD 105D, Tabla IV-B)

Letra código de tamaño muestral	Muestra	Tamaño muestral	Tamaño muestral acumulativo	Niveles de calidad aceptable (inspección normal)																									
				0.010	0.015	0.025	0.040	0.065	0.10	0.15	0.25	0.40	0.65	1.0	1.5	2.5	4.0	6.5	10	15	25	40	65	100	150	250	400	650	1000
				Ac Re	Ac Re	Ac Re	Ac Re	Ac Re	Ac Re	Ac Re	Ac Re	Ac Re	Ac Re	Ac Re	Ac Re	Ac Re	Ac Re	Ac Re	Ac Re	Ac Re	Ac Re	Ac Re	Ac Re	Ac Re	Ac Re	Ac Re	Ac Re	Ac Re	Ac Re
A				↓	↓	↓	↓	↓	↓	↓	↓	↓	↓	↓	↓	↓	↓	↓	↓	↓	↓	•	•	•	•	•	•	•	•
B				↓	↓	↓	↓	↓	↓	↓	↓	↓	↓	↓	↓	↓	↓	•	↓	↓	++	++	++	++	++	++	++	++	++
C				↓	↓	↓	↓	↓	↓	↓	↓	↓	↓	↓	↓	↓	•	↓	↓	++	++	++	++	++	++	++	++	++	↑
D	Primera	2	2	↓	↓	↓	↓	↓	↓	↓	↓	↓	↓	↓	↓	•	↓	↓	# 2	# 2	# 3	# 4	0 4	0 6	1 8	3 10	6 15	↑	↑
	Segunda	2	4																# 2	0 3	0 3	1 5	2 7	3 9	6 12	10 17	16 25		
	Tercera	2	6																0 2	0 3	1 4	2 6	4 9	7 12	11 17	17 24	26 36		
	Cuarta	2	8																0 3	1 4	2 5	3 7	6 11	10 15	16 22	24 31	37 46		
	Quinta	2	10																1 3	2 4	3 6	5 8	9 12	14 17	22 25	32 37	49 55		
	Sexta	2	12																1 3	3 5	4 6	7 9	12 14	18 20	27 29	40 43	61 64		
	Séptima	2	14																2 3	4 5	6 7	9 10	14 15	21 22	32 33	48 49	72 73		
E	Primera	3	3	↓	↓	↓	↓	↓	↓	↓	↓	↓	↓	↓	•	↓	↓	# 2	# 2	# 3	# 4	0 4	0 6	1 8	3 10	6 15	↑	↑	↑
	Segunda	3	6															# 2	0 3	0 3	1 5	2 7	3 9	6 12	10 17	16 25			
	Tercera	3	9															0 2	0 3	1 4	2 6	4 9	7 12	11 17	17 24	26 36			
	Cuarta	3	12															0 3	1 4	2 5	3 7	6 11	10 15	16 22	24 31	37 46			
	Quinta	3	15															1 3	2 4	3 6	5 8	9 12	14 17	22 25	32 37	49 55			
	Sexta	3	18															1 3	3 5	4 6	7 9	12 14	18 20	27 29	40 43	61 64			
	Séptima	3	21															2 3	4 5	6 7	9 10	14 15	21 22	32 33	48 49	72 73			
F	Primera	5	5	↓	↓	↓	↓	↓	↓	↓	↓	↓	↓	•	↓	↓	# 2	# 2	# 3	# 4	0 4	0 6	1 8	↑	↑	↑	↑	↑	↑
	Segunda	5	10														# 2	0 3	0 3	1 5	2 7	3 9	6 12						
	Tercera	5	15														0 2	0 3	1 4	2 6	4 9	7 12	11 17						
	Cuarta	5	20														0 3	1 4	2 5	3 7	6 11	10 15	16 22						
	Quinta	5	25														1 3	2 4	3 6	5 8	9 12	14 17	22 25						
	Sexta	5	30														1 3	3 5	4 6	7 9	12 14	18 20	27 29						
	Séptima	5	35														2 3	4 5	6 7	9 10	14 15	21 22	32 33						
G	Primera	8	8	↓	↓	↓	↓	↓	↓	↓	↓	↓	•	↓	↓	# 2	# 2	# 3	# 4	0 4	0 6	1 8	↑	↑	↑	↑	↑	↑	↑
	Segunda	8	16												# 2	0 3	0 3	1 5	2 7	3 9	6 12							
	Tercera	8	24												0 2	0 3	1 4	2 6	4 9	7 12	11 17							
	Cuarta	8	32												0 3	1 4	2 5	3 7	6 11	10 15	16 22							
	Quinta	8	40												1 3	2 4	3 6	5 8	9 12	14 17	22 25							
	Sexta	8	48												1 3	3 5	4 6	7 9	12 14	18 20	27 29							
	Séptima	8	56												2 3	4 5	6 7	9 10	14 15	21 22	32 33							
H	Primera	13	13	↓	↓	↓	↓	↓	↓	↓	↓	•	↓	↓	# 2	# 2	# 3	# 4	0 4	0 6	1 8	↑	↑	↑	↑	↑	↑	↑	↑
	Segunda	13	26											# 2	0 3	0 3	1 5	2 7	3 9	6 12								
	Tercera	13	39											0 2	0 3	1 4	2 6	4 9	7 12	11 17								
	Cuarta	13	52											0 3	1 4	2 5	3 7	6 11	10 15	16 22								
	Quinta	13	65											1 3	2 4	3 6	5 8	9 12	14 17	22 25								
	Sexta	13	78											1 3	3 5	4 6	7 9	12 14	18 20	27 29								
	Séptima	13	91											2 3	4 5	6 7	9 10	14 15	21 22	32 33								
J	Primera	20	20	↓	↓	↓	↓	↓	↓	↓	•	↓	↓	# 2	# 2	# 3	# 4	0 4	0 6	1 8	↑	↑	↑	↑	↑	↑	↑	↑	↑
	Segunda	20	40										# 2	0 3	0 3	1 5	2 7	3 9	6 12									
	Tercera	20	60										0 2	0 3	1 4	2 6	4 9	7 12	11 17									
	Cuarta	20	80										0 3	1 4	2 5	3 7	6 11	10 15	16 22									
	Quinta	20	100										1 3	2 4	3 6	5 8	9 12	14 17	22 25									
	Sexta	20	120										1 3	3 5	4 6	7 9	12 14	18 20	27 29									
	Séptima	20	140										2 3	4 5	6 7	9 10	14 15	21 22	32 33									

↓ = Use el primer plan de mustreo ındicado abajo de la flecha (cuando sea necesario, refiérase a la continuación de la tabla en la página siguiente). Si el tamaño muestral es igual a, o excede el tamaño del lote, se realiza una inspección al 100%.

↑ = Use el primer plan de muestro indicado arriba de la flecha.

Ac = Número de aceptación.

Re = Número de rechazo.

* = Use el plan de muestreo simple correspondiente (o, en alternativa, el plan de muestreo múltiple que sigue abajo, cuando esté disponible).

\+ + = Utilice el plan de muestreo doble correspondiente (o, en alternativa, el plan de muestreo múltiple que sigue abajo, cuando esté disponible).

= No se permite la aceptación para este tamaño muestral.

Tabla 10-15 *(Continuación)*

Letra código de tamaño muestral	Muestra	Tamaño muestral	Tamaño muestral acumulativo	Niveles de calidad aceptable (inspección normal)																									
				0.010 Ac Re	0.015 Ac Re	0.025 Ac Re	0.040 Ac Re	0.065 Ac Re	0.10 Ac Re	0.15 Ac Re	0.25 Ac Re	0.40 Ac Re	0.65 Ac Re	1.0 Ac Re	1.5 Ac Re	2.5 Ac Re	4.0 Ac Re	6.5 Ac Re	10 Ac Re	15 Ac Re	25 Ac Re	40 Ac Re	65 Ac Re	100 Ac Re	150 Ac Re	250 Ac Re	400 Ac Re	650 Ac Re	1000 Ac Re
K	Primera	32	32	↓	↓	↓	↓	↓	↓	•	↓	↓	# 2	# 2	# 3	# 4	0 4	0 6	1 8	↑	↑	↑	↑	↑	↑	↑	↑	↑	↑
	Segunda	32	64										# 2	0 3	0 3	1 5	2 7	3 9	6 12										
	Tercera	32	96										0 2	0 3	1 4	2 6	4 9	7 12	11 17										
	Cuarta	32	128										0 3	1 4	2 5	3 7	6 11	10 15	16 22										
	Quinta	32	160										1 3	2 4	3 6	5 8	9 12	14 17	22 25										
	Sexta	32	192										1 3	3 5	4 6	7 9	12 14	18 20	27 29										
	Séptima	32	224										2 3	4 5	6 7	9 10	14 15	21 22	32 33										
L	Primera	50	50	↓	↓	↓	↓	↓	•	↓	↓	# 2	# 2	# 3	# 4	0 4	0 6	1 8	↑	↑	↑	↑	↑	↑	↑	↑	↑	↑	↑
	Segunda	50	100									# 2	0 3	0 3	1 5	2 7	3 9	6 12											
	Tercera	50	150									0 2	0 3	1 4	2 6	4 9	7 12	11 17											
	Cuarta	50	200									0 3	1 4	2 5	3 7	6 11	10 15	16 22											
	Quinta	50	250									1 3	2 4	3 6	5 8	9 12	14 17	22 25											
	Sexta	50	300									1 3	3 5	4 6	7 9	12 14	18 20	27 29											
	Séptima	50	350									2 3	4 5	6 7	9 10	14 15	21 22	32 33											
M	Primera	80	80	↓	↓	↓	↓	•	↓	↓	# 2	# 2	# 3	# 4	0 4	0 6	1 8	↑	↑	↑	↑	↑	↑	↑	↑	↑	↑	↑	↑
	Segunda	80	160								# 2	0 3	0 3	1 5	2 7	3 9	6 12												
	Tercera	80	240								0 2	0 3	1 4	2 6	4 9	7 12	11 17												
	Cuarta	80	320								0 3	1 4	2 5	3 7	6 11	10 15	16 22												
	Quinta	80	400								1 3	2 4	3 6	5 8	9 12	14 17	22 25												
	Sexta	80	480								1 3	3 5	4 6	7 9	12 14	18 20	27 29												
	Séptima	80	560								2 3	4 5	6 7	9 10	14 15	21 22	32 33												
N	Primera	125	125	↓	↓	↓	•	↓	↓	# 2	# 2	# 3	# 4	0 4	0 6	1 8	↑	↑	↑	↑	↑	↑	↑	↑	↑	↑	↑	↑	↑
	Segunda	125	250							# 2	0 3	0 3	1 5	2 7	3 9	6 12													
	Tercera	125	375							0 2	0 3	1 4	2 6	4 9	7 12	11 17													
	Cuarta	125	500							0 3	1 4	2 5	3 7	6 11	10 15	16 22													
	Quinta	125	625							1 3	2 4	3 6	5 8	9 12	14 17	22 25													
	Sexta	125	750							1 3	3 5	4 6	7 9	12 14	18 20	27 29													
	Séptima	125	875							2 3	4 5	6 7	9 10	14 15	21 22	32 33													
P	Primera	200	200	↓	↓	•	↓	↓	# 2	# 2	# 3	# 4	0 4	0 6	1 8	↑	↑	↑	↑	↑	↑	↑	↑	↑	↑	↑	↑	↑	↑
	Segunda	200	400						# 2	0 3	0 3	1 5	2 7	3 9	6 12														
	Tercera	200	600						0 2	0 3	1 4	2 6	4 9	7 12	11 17														
	Cuarta	200	800						0 3	1 4	2 5	3 7	6 11	10 15	16 22														
	Quinta	200	1000						1 3	2 4	3 6	5 8	9 12	14 17	22 25														
	Sexta	200	1200						1 3	3 5	4 6	7 9	12 14	18 20	27 29														
	Séptima	200	1400						2 3	4 5	6 7	9 10	14 15	21 22	32 33														
Q	Primera	315	315	↓	•	↓	↓	# 2	# 2	# 3	# 4	0 4	0 6	1 8	↑	↑	↑	↑	↑	↑	↑	↑	↑	↑	↑	↑	↑	↑	↑
	Segunda	315	630					# 2	0 3	0 3	1 5	2 7	3 9	6 12															
	Tercera	315	945					0 2	0 3	1 4	2 6	4 9	7 12	11 17															
	Cuarta	315	1260					0 3	1 4	2 5	3 7	6 11	10 15	16 22															
	Quinta	315	1575					1 3	2 4	3 6	5 8	9 12	14 17	22 25															
	Sexta	315	1890					1 3	3 5	4 6	7 9	12 14	18 20	27 29															
	Séptima	315	2205					2 3	4 5	6 7	9 10	14 15	21 22	32 33															
R	Primera	500	500	•	↑	↓	# 2	# 2	# 3	# 4	0 4	0 6	1 8	↑	↑	↑	↑	↑	↑	↑	↑	↑	↑	↑	↑	↑	↑	↑	↑
	Segunda	500	1000				# 2	0 3	0 3	1 5	2 7	3 9	6 12																
	Tercera	500	1500				0 2	0 3	1 4	2 6	4 9	7 12	11 17																
	Cuarta	500	2000				0 3	1 4	2 5	3 7	6 11	10 15	16 22																
	Quinta	500	2500				1 3	2 4	3 6	5 8	9 12	14 17	22 25																
	Sexta	500	3000				1 3	3 5	4 6	7 9	12 14	18 20	27 29																
	Séptima	500	3500				2 3	4 5	6 7	9 10	14 15	21 22	32 33																
S	Primera	800	800			# 2																							
	Segunda	800	1600			# 2																							
	Tercera	800	2400			0 2																							
	Cuarta	800	3200			0 3																							
	Quinta	800	4000			1 3																							
	Sexta	800	4800			1 3																							
	Séptima	800	5600			2 3																							

⇩ Use el primer plan de muestreo indicado abajo de la flecha. Si el tamaño muestral es igual a, o excede el tamaño del lote, se realiza una inspección al 100%.
⇧ Use el primer plan de muestreo indicado arriba de la flecha (refiérase a la página anterior, cuando sea necesario).
Ac Número de aceptación.
Re Número de rechazo.
\# No se permite la aceptación para este tamaño muestra.
• Si, después de la última muestra, se excede el número de aceptación, pero sin llegar al número de rechazo, se acepta el lote, pero se reintaure la inspección normal.

Tabla 10-16 Tabla maestra para inspección reducida: muestreo múltiple (MIL STD 105D, Tabla IV-C)

Letra código de tamaño muestral	Muestra	Tamaño muestral	Tamaño muestral acumulativo	Niveles de calidad aceptable (inspección reducida) †																									
				0.010	0.015	0.025	0.040	0.065	0.10	0.15	0.25	0.40	0.65	1.0	1.5	2.5	4.0	6.5	10	15	25	40	65	100	150	250	400	650	1000
				Ac Re	Ac Re	Ac Re	Ac Re	Ac Re	Ac Re	Ac Re	Ac Re	Ac Re	Ac Re	Ac Re	Ac Re	Ac Re	Ac Re	Ac Re	Ac Re	Ac Re	Ac Re	Ac Re	Ac Re	Ac Re	Ac Re	Ac Re	Ac Re	Ac Re	Ac Re
A				↓	↓	↓	↓	↓	↓	↓	↓	↓	↓	↓	↓	↓	↓	•	↓	↓	•	•	•	•	•	•	•	•	•
B				↓	↓	↓	↓	↓	↓	↓	↓	↓	↓	↓	↓	↓	•	↑	↓	•	•	•	•	•	•	•	•	•	•
C				↓	↓	↓	↓	↓	↓	↓	↓	↓	↓	↓	↓	•	↑	↓	•	•	•	•	•	•	•	•	•	•	↑
D				↓	↓	↓	↓	↓	↓	↓	↓	↓	↓	↓	•	↑	↓	++	++	++	++	++	++	++	++	++	++	↑	↑
E				↓	↓	↓	↓	↓	↓	↓	↓	↓	↓	•	↑	↓	++	++	++	++	++	++	++	++	++	++	↑	↑	↑
F	Primera	2	2	↓	↓	↓	↓	↓	↓	↓	↓	↓	•	↑	↓	# 2	# 2	# 3	# 3	# 4	# 4	0 5	0 6	↑	↑	↑	↑	↑	↑
	Segunda	2	4													# 2	# 3	# 3	0 4	0 5	1 6	1 7	3 9						
	Tercera	2	6													0 2	0 3	0 4	0 5	1 6	2 8	3 9	6 12						
	Cuarta	2	8													0 3	0 4	0 5	1 6	2 7	3 10	5 12	8 15						
	Quinta	2	10													0 3	0 4	1 6	2 7	3 8	5 11	7 13	11 17						
	Sexta	2	12													0 3	1 5	1 6	3 7	4 9	7 12	10 15	14 20						
	Séptima	2	14													1 3	1 5	2 7	4 8	6 10	9 14	13 17	18 22						
G	Primera	3	3	↓	↓	↓	↓	↓	↓	↓	↓	•	↑	↓	# 2	# 2	# 3	# 3	# 4	# 4	0 5	0 6	↑	↑	↑	↑	↑	↑	↑
	Segunda	3	6												# 2	# 3	# 3	0 4	0 5	1 6	1 7	3 9							
	Tercera	3	9												0 2	0 3	0 4	0 5	1 6	2 8	3 9	6 12							
	Cuarta	3	12												0 3	0 4	0 5	1 6	2 7	3 10	5 12	8 15							
	Quinta	3	15												0 3	0 4	1 6	2 7	3 8	5 11	7 13	11 17							
	Sexta	3	18												0 3	1 5	1 6	3 7	4 9	7 12	10 15	14 20							
	Séptima	3	21												1 3	1 5	2 7	4 8	6 10	9 14	13 17	18 22							
H	Primera	5	5	↓	↓	↓	↓	↓	↓	↓	•	↑	↓	# 2	# 2	# 3	# 3	# 4	# 4	0 5	0 6	↑	↑	↑	↑	↑	↑	↑	↑
	Segunda	5	10											# 2	# 3	# 3	0 4	0 5	1 6	1 7	3 9								
	Tercera	5	15											0 2	0 3	0 4	0 5	1 6	2 8	3 9	6 12								
	Cuarta	5	20											0 3	0 4	0 5	1 6	2 7	3 10	5 12	8 15								
	Quinta	5	25											0 3	0 4	1 6	2 7	3 8	5 11	7 13	11 17								
	Sexta	5	30											0 3	1 5	1 6	3 7	4 9	7 12	10 15	14 20								
	Séptima	5	35											1 3	1 5	2 7	4 8	6 10	9 14	13 17	18 22								
J	Primera	8	8	↓	↓	↓	↓	↓	↓	•	↑	↓	# 2	# 2	# 3	# 3	# 4	# 4	0 5	0 6	↑	↑	↑	↑	↑	↑	↑	↑	↑
	Segunda	8	16										# 2	# 3	# 3	0 4	0 5	1 6	1 7	3 9									
	Tercera	8	24										0 2	0 3	0 4	0 5	1 6	2 8	3 9	6 12									
	Cuarta	8	32										0 3	0 4	0 5	1 6	2 7	3 10	5 12	8 15									
	Quinta	8	40										0 3	0 4	1 6	2 7	3 8	5 11	7 13	11 17									
	Sexta	8	48										0 3	1 5	1 6	3 7	4 9	7 12	10 15	14 20									
	Séptima	8	56										1 3	1 5	2 7	4 8	6 10	9 14	13 17	18 22									
K	Primera	13	13	↓	↓	↓	↓	↓	•	↑	↓	# 2	# 2	# 3	# 3	# 4	# 4	0 5	0 6	↑	↑	↑	↑	↑	↑	↑	↑	↑	↑
	Segunda	13	26									# 2	# 3	# 3	0 4	0 5	1 6	1 7	3 9										
	Tercera	13	39									0 2	0 3	0 4	0 5	1 6	2 8	3 9	6 12										
	Cuarta	13	52									0 3	0 4	0 5	1 6	2 7	3 10	5 12	8 15										
	Quinta	13	65									0 3	0 4	1 6	2 7	3 8	5 11	7 13	11 17										
	Sexta	13	78									0 3	1 5	1 6	3 7	4 9	7 12	10 15	14 20										
	Séptima	13	91									1 3	1 5	2 7	4 8	6 10	9 14	13 17	18 22										

↓ = Use el primer plan de mustreo indicado abajo de la flecha (cuando sea necesario, refiérase a la continuación de la tabla en la página siguiente). Si el tamaño muestral es igual a, o excede el tamaño del lote, se realiza una inspección al 100%.

↑ = Use el primer plan de muestreo indicado arriba de la flecha.

Ac = Número de aceptación.

Re = Número de rechazo.

* = Use el plan de muestreo simple correspondiente (o, en alternativa, el plan de muestreo múltiple que sigue abajo, cuando esté disponible).

++ = Use el plan de muestreo doble correspondiente (o, en alternativa, el plan de muestreo múltiple que sigue abajo, cuando esté disponible).

= No se permite la aceptación para este tamaño muestral.

= Si, después de la última muestra, se excede de aceptación, pero sin llegar al número de rechazo, se acepta el lote, pero se reinstaure la inspección normal.

Tabla 10-16 *(Continuación)*

Letra código de tamaño muestral	Muestra	Tamaño muestral	Tamaño muestral acumulativo	Niveles de calidad aceptable (inspección reducida)†																																																	
				0.010		0.015		0.025		0.040		0.065		0.10		0.15		0.25		0.40		0.65		1.0		1.5		2.5		4.0		6.5		10		15		25		40		65		100		150		250		400		650		1000	
				Ac	Re	Ac	Re	Ac	Re	Ac	Re	Ac	Re	Ac	Re	Ac	Re	Ac	Re	Ac	Re	Ac	Re	Ac	Re	Ac	Re	Ac	Re	Ac	Re	Ac	Re	Ac	Re	Ac	Re	Ac	Re	Ac	Re	Ac	Re	Ac	Re	Ac	Re	Ac	Re	Ac	Re	Ac	Re	Ac	Re	Ac	Re
L	Primera	20	20	↓		↓		↓		↓		•		↑		↓		*	2	*	2	*	3	*	3	*	4	*	4	0	5	0	6	↑		↑		↑		↑		↑		↑		↑		↑		↑		↑		↑	
	Segunda	20	40															*	2	*	3	*	3	0	4	0	5	1	6	1	7	3	9																						
	Tercera	20	60															0	2	0	3	0	4	0	5	1	6	2	8	3	9	6	12																						
	Cuarta	20	80															0	3	0	4	0	5	1	6	2	7	3	10	5	12	8	15																						
	Quinta	20	100															0	3	0	4	1	6	2	7	3	8	5	11	7	13	11	17																						
	Sexta	20	120															0	3	1	5	1	6	3	7	4	9	7	12	10	15	14	20																						
	Séptima	20	140															1	3	1	5	2	7	4	8	6	10	9	14	13	17	18	22																						
M	Primera	32	32	↓		↓		↓		•		↑		↓		*	2	*	2	*	3	*	3	*	4	*	4	0	5	0	6	↑		↑		↑		↑		↑		↑		↑		↑		↑		↑		↑		↑	
	Segunda	32	64													*	2	*	3	*	3	0	4	0	5	1	6	1	7	3	9																								
	Tercera	32	96													0	2	0	3	0	4	0	5	1	6	2	8	3	9	6	12																								
	Cuarta	32	128													0	3	0	4	0	5	1	6	2	7	3	10	5	12	8	15																								
	Quinta	32	160													0	3	0	4	1	6	2	7	3	8	5	11	7	13	11	17																								
	Sexta	32	192													0	3	1	5	1	6	3	7	4	9	7	12	10	15	14	20																								
	Séptima	32	224													1	3	1	5	2	7	4	8	6	10	9	14	13	17	18	22																								
N	Primera	50	50	↓		↓		•		↑		↓		*	2	*	2	*	3	*	3	*	4	*	4	0	5	0	6	↑		↑		↑		↑		↑		↑		↑		↑		↑		↑		↑		↑		↑	
	Segunda	50	100											*	2	*	3	*	3	0	4	0	5	1	6	1	7	3	9																										
	Tercera	50	150											0	2	0	3	0	4	0	5	1	6	2	8	3	9	6	12																										
	Cuarta	50	200											0	3	0	4	0	5	1	6	2	7	3	10	5	12	8	15																										
	Quinta	50	250											0	3	0	4	1	6	2	7	3	8	5	11	7	13	11	17																										
	Sexta	50	300											0	3	1	5	1	6	3	7	4	9	7	12	10	15	14	20																										
	Séptima	50	350											1	3	1	5	2	7	4	8	6	10	9	14	13	17	18	22																										
P	Primera	80	80	↓		•		↑		↓		*	2	*	2	*	3	*	3	*	4	*	4	0	5	0	6	↑		↑		↑		↑		↑		↑		↑		↑		↑		↑		↑		↑		↑		↑	
	Segunda	80	160									*	2	*	3	*	3	0	4	0	5	1	6	1	7	3	9																												
	Tercera	80	240									0	2	0	3	0	4	0	5	1	6	2	8	3	9	6	12																												
	Cuarta	80	320									0	3	0	4	0	5	1	6	2	7	3	10	5	12	8	15																												
	Quinta	80	400									0	3	0	4	1	6	2	7	3	8	5	11	7	13	11	17																												
	Sexta	80	480									0	3	1	5	1	6	3	7	4	9	7	12	10	15	14	20																												
	Séptima	80	560									1	3	1	5	2	7	4	8	6	10	9	14	13	17	18	22																												
Q	Primera	125	125	•		↑		↓		*	2	*	2	*	3	*	3	*	4	*	4	0	5	0	6	↑		↑		↑		↑		↑		↑		↑		↑		↑		↑		↑		↑		↑		↑		↑	
	Segunda	125	250							*	2	*	3	*	3	0	4	0	5	1	6	1	7	3	9																														
	Tercera	125	375							0	2	0	3	0	4	0	5	1	6	2	8	3	9	6	12																														
	Cuarta	125	500							0	3	0	4	0	5	1	6	2	7	3	10	5	12	8	15																														
	Quinta	125	625							0	3	0	4	1	6	2	7	3	8	5	11	7	13	11	17																														
	Sexta	125	750							0	3	1	5	1	6	3	7	4	9	7	12	10	15	14	20																														
	Séptima	125	875							1	3	1	5	2	7	4	8	6	10	9	14	13	17	18	22																														
R	Primera	200	200	↑		↑		*	2	*	2	*	3	*	3	*	4	*	4	0	5	0	6	↑		↑		↑		↑		↑		↑		↑		↑		↑		↑		↑		↑		↑		↑		↑		↑	
	Segunda	200	400					*	2	*	3	*	3	0	4	0	5	1	6	1	7	3	9																																
	Tercera	200	600					0	2	0	3	0	4	0	5	1	6	2	8	3	9	6	12																																
	Cuarta	200	800					0	3	0	4	0	5	1	6	2	7	3	10	5	12	8	15																																
	Quinta	200	1000					0	3	0	4	1	6	2	7	3	8	5	11	7	13	11	17																																
	Sexta	200	1200					0	3	1	5	1	6	3	7	4	9	7	12	10	15	14	20																																
	Séptima	200	1400					1	3	1	5	2	7	4	8	6	10	9	14	13	17	18	22																																

↓ = Use el primer plan de mustreo indicado abajo de la flecha. Si el tamaño muestral es igual a, o excede el tamaño del lote, se realiza una inspección al 100%.

↑ = Use el primer plan de muestro indicado arriba de la flecha (refiérase a la página anterior, cuando sea necesario).

Ac = Número de aceptación.

Re = Número de rechazo.

\+ * = No se permite la aceptación para este tamaño muestra.

• = Si, después de la última muestra, se excede el número de aceptación, pero sin llegar al número de rechazo, se acepta el lote, pero se reintaure la inspección normal.

†

Tabla 10-17 Números límites para inspección reducida (MIL STD 105D, Tabla VIII)

Número de unidades muestrales de los últimos 10 lotes	Nivel de calidad aceptable																									
	0.010	0.015	0.025	0.040	0.065	0.10	0.15	0.25	0.40	0.65	1.0	1.5	2.5	4.0	6.5	10	15	25	40	65	100	150	250	400	650	1000
20 - 29	*	*	*	*	*	*	*	*	*	*	*	*	*	*	*	0	0	2	4	8	14	22	40	68	115	181
30 - 49	*	*	*	*	*	*	*	*	*	*	*	*	*	*	0	0	1	3	7	13	22	36	63	105	178	277
50 - 79	*	*	*	*	*	*	*	*	*	*	*	*	*	0	0	2	3	7	14	25	40	63	110	181	301	
80 - 129	*	*	*	*	*	*	*	*	*	*	*	*	0	0	2	4	7	14	24	42	68	105	181	297		
130 - 199	*	*	*	*	*	*	*	*	*	*	*	0	0	2	4	7	13	25	42	72	115	177	301	490		
200 - 319	*	*	*	*	*	*	*	*	*	*	0	0	2	4	8	14	22	40	68	115	181	277	471			
320 - 499	*	*	*	*	*	*	*	*	*	0	0	1	4	8	14	24	39	68	113	189						
500 - 799	*	*	*	*	*	*	*	*	0	0	2	3	7	14	25	40	63	110	181							
800 - 1249	*	*	*	*	*	*	*	0	0	2	4	7	14	24	42	68	105	181								
1250 - 1999	*	*	*	*	*	*	0	0	2	4	7	13	24	40	69	110	169									
2000 - 3149	*	*	*	*	*	0	0	2	4	8	14	22	40	68	115	181										
3150 - 4999	*	*	*	*	0	0	1	4	8	14	24	38	67	111	186											
5000 - 7999	*	*	*	0	0	2	3	7	14	25	40	63	110	181												
8000 - 12499	*	*	0	0	2	4	7	14	24	42	68	105	181													
12500 - 19999	*	0	0	2	4	7	13	24	40	69	110	169														
20000 - 31499	0	0	2	4	8	14	22	40	68	115	181															
31500 - 49999	0	1	4	8	14	24	38	67	111	186																
50000 & Over	2	3	7	14	25	40	63	110	181	301																

*Indica que el número de unidades muestrales de los 10 últimos lotes no es suficiente para una inspección reducida según este NCA. En tal caso se pueden usar más de 10 lotes para el cálculo, siempre que dichos lotes sean los más recientes de la secuencia, que tengan todos inspección normal y que no se haya rechazado ninguno durante la inspección original.

ción general. La letra código del tamaño de la muestra es K, y de las Tablas 10-11, 10-12 y 10-13 pueden obtenerse los planes de muestreo normal, estricto y reducido, de la manera siguiente:

Inspección Normal

Tamaño muestral	Número de aceptación	Número de rechazo
80	0	3
80	3	4

Así que se inspecciona una muestra aleatoria de $n_1 = 80$ artículos a partir de un lote de $N = 2\,000$. Si no hay defectuosos, se acepta el lote. Si hay tres o más defectuosos, se rechaza. Si hay uno o dos defectuosos, se toma una segunda muestra de $n_2 = 80$ artículos. Si el número combinado de defectuosos es tres o menos, se acepta el lote. Si hay cuatro o más defectuosos en total, se rechaza el lote.

Inspección Estricta

Tamaño muestral	Número de aceptación	Número de rechazo
80	0	2
80	1	2

Con la inspección estricta se toma una muestra aleatoria de $n_1 = 80$ artículos del lote. Si no hay defectuosos, se acepta el lote, y si hay dos o más defectuosos, se rechaza. Si hay un artículo defectuoso, se toma una segunda muestra de $n_2 = 80$ artículos. Si el número total de artículos defectuosos es uno, se acepta el lote, mientras que para un total de dos o más se rechaza.

Inspección Reducida

Tamaño muestral	Número de aceptación	Número de rechazo
32	0	3
32	0	4

En esta inspección se toma una muestra aleatoria de $n_1 = 32$ del lote. Si no hay artículos defectuosos en el lote se acepta éste, y si se encuentran tres o más se rechaza y se vuelve a la inspección normal. Si hay uno o dos defectuosos en la primera muestra, se selecciona una segunda de $n_2 = 32$ artículos. Obsérvese ahora que el segundo número de aceptación es 0, y que el número de rechazo correspondiente es 4. Esto implica que para un *total* de 1, 2 o 3 defectuosos (nótese que *no puede* haber un total de cero defectuosos después de la segunda muestra) se acepta el lote, pero se vuelve a la inspección normal. Si hay cuatro o más defectuosos, se rechaza el lote y se reinstaura dicha inspección.

10-5.3 análisis de la MIL STD 105D

La MIL STD 105D presenta las gráficas CO para planes de muestreo simple. Todas son curvas CO tipo B. Tales curvas CO para los planes de muestreo doble y múltiple correspondientes se pueden

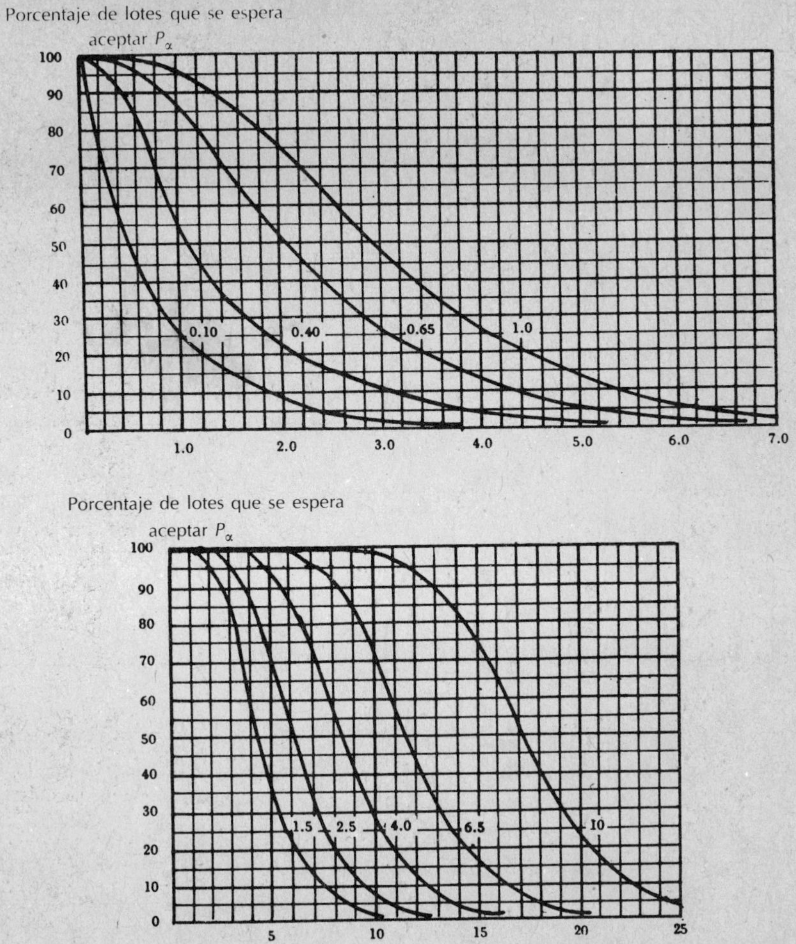

Figura 10-18. Curvas CO para la letra código del tamaño de la muestra K, MIL STD 105D.

comparar aproximadamente con las curvas de planes de muestreo simple. La Fig. 10-18 es un ejemplo de estas curvas para la letra código *K*. Las curvas CO que presenta la norma son sólo para el plan de muestreo inicial. No son para el programa global de inspección,[4] incluyendo los cambios hacia y desde la inspección estricta.

Se dan curvas del tamaño medio muestral para muestreo doble y múltiple, suponiendo que no se utiliza una reducción. Estas curvas se presentan en la Fig. 10-19, y sirven para evaluar los tamaños muestrales medios que podrían ocurrir con varios planes de muestreo para una calidad dada del lote o el proceso.

La norma tiene también tablas suplementarias que dan los puntos de 10% y 5% de las curvas CO. La Tabla 10-18 presenta estos valores para la letra código del tamaño de muestra *K*. Éstas se incluyen en beneficio de quienes desean controlar el riesgo de aceptación de lotes individuales, a un nivel menor que un PDTL especificado. Además, hay una tabla de valores LCMS para planes de inspección normal y estricta, de manera que es posible evaluar el funcionamiento de un plan de muestreo con la inspección estricta para aceptación individual.

[4] La ANSI/ASQC Z1.4 presenta el rendimiento del esquema de la norma, con las curvas CO y los correspondientes puntos porcentuales.

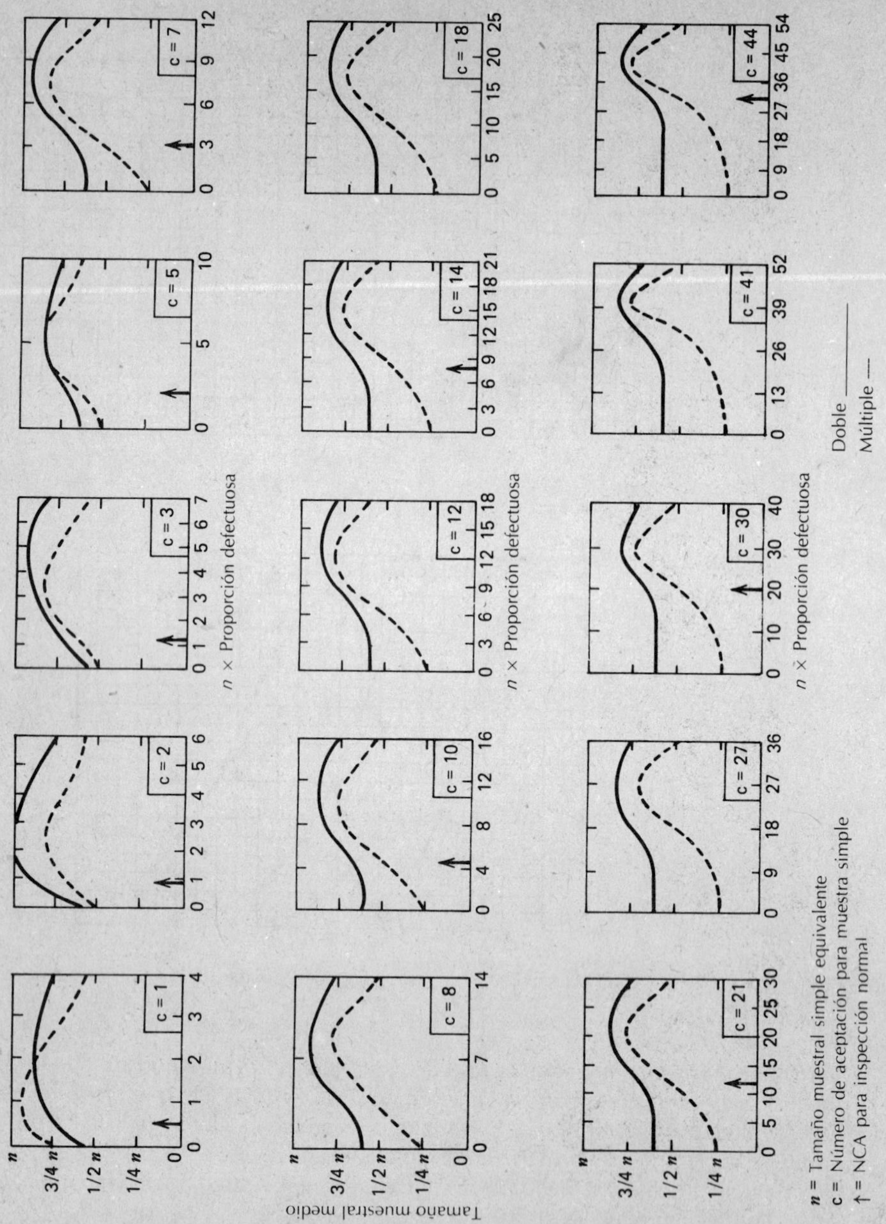

Figura 10-19. Curvas NMM para el muestreo doble y múltiple, MIL STD 105D.

Hay que insistir en varios puntos acerca de la MIL STD 105D, como los siguientes. Primero, la MIL STD 105D se basa en el NCA. Fija su atención en el extremo de la curva CO que corresponde al riesgo del fabricante. El único control sobre el poder discriminatorio del plan de muestreo (es decir, la pendiente de la curva CO) se ejerce mediante la elección del nivel de inspección.

Segundo, los tamaños muestrales elegidos para su uso en la MIL STD 105D, son 2, 3, 5, 8, 13, 20, 32, 50, 80, 125, 315, 500, 800, 1250 y 2000. Así que no todos los tamaños muestrales son factibles. Obsérvese que existen algunas bastante significativas, como entre 125 y 200, y entre 200 y 315.

Tabla 10-18 Valores de las curvas CO para la letra código del tamaño muestral *K* (MIL STD 105D, Tabla X-K-1)

P_a	Niveles de calidad aceptable (inspección normal)											
	0.10	0.40	0.65	1.0	1.5	2.5	X	4.0	X	6.5	X	10
	p (en porcentaje defectuoso o defectos por cien unidades)											
99.0	0.0081	0.119	0.349	0.658	1.43	2.33	2.81	3.82	4.88	5.98	8.28	10.1
95.0	0.0410	0.284	0.654	1.09	2.09	3.19	3.76	4.94	6.15	7.40	9.95	11.9
90.0	0.0840	0.426	0.882	1.40	2.52	3.73	4.35	5.62	6.92	8.24	10.9	13.0
75.0	0.230	0.769	0.382	2.03	3.38	4.77	5.47	6.90	8.34	9.79	12.7	14.9
50.0	0.554	1.34	2.14	2.94	4.54	6.14	6.94	8.53	10.1	11.7	14.9	17.3
25.0	1.11	2.15	3.14	4.09	5.94	7.75	8.64	10.4	12.2	13.9	17.4	20.0
10.0	1.84	3.11	4.26	5.35	7.42	9.42	10.4	12.3	14.2	16.1	19.8	22.5
5.0	2.40	3.80	5.04	6.20	8.41	10.5	11.5	13.6	15.6	17.5	21.4	24.2
1.0	3.68	5.31	6.73	8.04	10.5	12.8	18.3	16.1	18.3	20.4	24.5	27.5
	0.15	0.65	1.0	1.5	2.5	X	4.0	X	6.5	X	10	X
	Niveles de calidad aceptable (inspección estricta)											

Nota: Todos los valores en la tabla anterior se basan en una distribución de Poisson como aproximación a la binomial.

Tercero, los tamaños muestrales en la MIL STD 105D tienen relación con los tamaños de los lotes. Para ver la naturaleza de esta relación, calcúlese el punto medio de cada intervalo de tamaños de lotes, y grafíquese el logaritmo del tamaño muestral para este tamaño de lote en función del logaritmo del punto medio del intervalo de tamaños de lotes. La gráfica seguirá aproximadamente una línea recta hasta $n = 80$, y después, otra recta con pendiente más leve. Por lo tanto, el tamaño muestral aumentará con el tamaño de lote. Sin embargo, la razón del tamaño muestral respecto al tamaño de lote disminuirá rápidamente. Esto permite economizar en grado significativo los costos de inspección por unidad cuando el proveedor suministra lotes grandes. Para un NCA dado, el efecto de este aumento en el tamaño muestral, cuando se incrementa el tamaño del lote, es elevar la probabilidad de aceptación para los lotes recibidos con una calidad que corresponde al NCA. La probabilidad de aceptación para un NCA dado variará de aproximadamente 0.91 a alrededor de 0.99 al aumentar el tamaño muestral. Esta característica de la norma era, y todavía es, algo controvertido. El argumento a favor del enfoque de la MIL STD 105D es que el rechazo de un lote grande tiene consecuencias más graves que el rechazo de uno pequeño, y si la probabilidad de aceptación al NCA aumenta con el tamaño muestral, esto reducirá el riesgo de un rechazo equivocado de un lote grande. Además, la muestra grande proporciona también una curva CO que discrimina más, lo que significa que también aumentará la protección que recibe el consumidor contra la aceptación de un lote "malo" aislado.

Cuarto, también son objeto de cierta crítica las reglas de cambio de una inspección normal a una estricta, y de una estricta a una normal. En particular, a los ingenieros japoneses de control de calidad no les agradan las reglas de cambio, porque —argumentan— hay a menudo una cantidad considerable de cambios equivocados de la inspección normal a estricta, y de la normal a la reducida, cuando el proceso produce realmente lotes de una calidad NCA. También han señalado que existe una probabilidad significativa de parar incluso la producción, aunque no haya habido un deterioro real en la calidad. Como el punto de vista japonés acerca de la inspección estricta es que se trata de una situación deshonrosa, en Japón no se utilizan las reglas de cambio de la MIL STD 105D. Las reglas de cambio japonesas usan un procedimiento en el que se estima el promedio del proceso para los últimos cinco lotes. Esto es similar a las reglas de cambio usadas en las versiones anteriores de la MIL STD 105D. Debe notarse que el NCA es un máximo porcentaje defectuoso aceptable, y que el promedio del proceso tendría que ser realmente menor que el NCA. Las reglas de cambio que estimulan la producción al NCA, como las reglas usadas en Japón, reducen la protección del consumidor cuando el promedio del proceso se mueve arriba del NCA.

Quinto, un abuso flagrante y común de la MIL STD 105D es no utilizar las reglas de cambio para nada. Cuando se hace esto, el resultado es una inspección ineficaz y decepcionante, y un incremento sustancial en el riesgo del consumidor. No se recomienda implementar la MIL STD 105D sin el uso de las reglas de cambio de la inspeción normal a estricta, y de la normal a la reducida.

Como se mencionó anteriormente, una norma civil, la ANSI/ASQC Z1.4, es una réplica de la MIL STD 105D. Parece apropiado terminar este análisis de la MIL STD 105D con una comparación de la norma militar y la norma civil. Enseguida se presentan algunos aspectos de la ANSI/ASQC Z1.4 que difieren de la MIL STD 105D.

1. Se utiliza la terminología "disconformidad", "calidad de disconforme" y "porcentaje de disconformes" (o "disconforme").
2. Se cambiaron ligeramente las reglas de cambio con el fin de proporcionar una opción para la inspección reducida sin el uso de números límite.
3. Se introdujeron varias tablas que muestran medidas del funcionamiento del esquema (*incluyendo* las reglas de cambio). Algunas de estas medidas son el LCMS, la calidad limitante para la que $P_a = 0.10$ y $P_a = 0.05$, el NMM, y las curvas características de operación.
4. Se añadió una sección que describe el uso adecuado de planes de muestreo individuales, extraídos del sistema.
5. Se añadió una figura que ilustra las reglas de cambio.

Estas revisiones modernizan la terminología y destacan el concepto de sistema de la norma. En la ANSI/ASQC Z1.4 se conservan todas las tablas, números y procedimientos que se utilizan en la MIL STD 105D.

10-6 PLANES DE MUESTREO DE DODGE-ROMIG

H.F. Dodge y H.G. Romig desarrollaron un conjunto de tablas de inspección muestral para la inspección lote por lote por atributos de productos. Estos planes se desarrollaron en la década de 1920, y gozan de un amplio uso industrial. En las tablas se presentan dos tipos de planes de muestreo —planes para la protección del porcentaje defectuoso tolerable por lote (PDTL), y planes que proporcionan un límite de la calidad media de salida (LCMS) especificado. Existen tablas para el muestreo simple y doble en cada uno de estos métodos para el diseño de planes de muestreo.

Los planes de muestreo que destacan la protección del PDTL, como los planes de Dodge-Romig y los de conformidad sensible a los lotes de la Sección 10-4, a menudo se prefieren sobre los orientados hacia el NCA, como los planes de la MIL STD 105D, particularmente para componentes y partes críticos. Muchos fabricantes creen que en el pasado dependían demasiado de los NCA, y ahora ponen de relieve otras medidas del funcionamiento, como partes defectuosas por millón (ppm). Considérese lo siguiente:

NCA	Partes defectuosas por millón
10%	100,000
1%	10,000
0.1%	1,000
0.01%	100
0.001%	10
0.0001%	1

Así, incluso los NCA muy pequeñas implican un gran número de ppm defectuosas. En productos complicados, el efecto de esto puede ser catastrófico. Por ejemplo, supongamos que una tarjeta de un circuito impreso contiene 100 elementos, producidos cada uno por un proceso que trabaja con 0.5% de defectuosos. Si los NCA para todos estos elementos son 0.5%, y todos los elementos en la tarjeta del circuito impreso tienen que funcionar para que la tarjeta trabaje adecuadamente, entonces la probabilidad de que ésta funcione será igual a

$$P(\text{funciona adecuadamente}) = (0.995)^{100} = 0.6058.$$

Así, existe una evidente necesidad de planes de muestreo que pongan de manifiesto la protección del PDTL, aun cuando el rechazo medio del proceso sea bajo. Los planes de Dodge-Roming son con frecuencia útiles en estas situaciones.

Los planes LCMS de Dodge-Romig se diseñaron con objeto de minimizar la inspección total media para un LCMS dado y una media del proceso p especificada. De modo semejante, los planes PDTL se diseñaron para minimizar la inspección total media. Esto hace que los planes de Dodge-Romig sean muy útiles para la inspección en fábrica de productos semiterminados.

Los planes de Dodge-Romig se aplican sólo a programas que someten los lotes rechazados a una inspección de 100%. El concepto del LCMS no tiene sentido, a menos que se aplique la inspección rectificadora. Además, para poder utilizar los planes, hay que conocer la media del proceso, es decir, la fracción media disconforme del producto que llega. Por lo regular no se sabe cuál es el rechazo del proceso de un proveedor relativamente nuevo. A veces es posible estimarlo a partir de una muestra preliminar, o de datos proporcionados por el proveedor. Se podría utilizar como alternativa la media del proceso más alta posible en la tabla, hasta generar suficiente información para ofrecer una estimación más exacta del rechazo del proceso del proveedor. El obtener una estimación más exacta de la fracción disconforme que llega, o de la media del proceso, permitirá el uso de un plan de muestreo más apropiado. Es común encontrar que la inspección muestral empieza con un plan, y después de la generación de suficiente información para volver a estimar el rechazo del proceso del proveedor, se utiliza un nuevo plan. En la Sección 10-6.3 se estudiará más en detalle la estimación de la media del proceso.

10-6.1 Planes de LCMS

Los tablas de Dodge-Romig [1959] indican los planes de muestreo del LCMS para valores del LCMS de 0.1%, 0.25%, 0.75%, 1%, 1.5%, 2%, 2.5%, 3%, 4%, 5%, 7% y 10%. Para cada uno de estos valores del LCMS, se especifican seis clases de valores para la media del proceso. Se proporcionan tablas para el muestreo simple y doble, a la vez. Estas tablas se diseñaron con el fin de minimizar aproximadamente la inspección total media para el LCMS, y la media del proceso dado.

En las Tablas 10-19,[5] 10-20, 10-21, y 10-22 se presenta una selección de los planes de muestreo de Dodge-Romig. Las Tablas 10-9 a 10-21 son planes de muestreo simple para valores del LCMS de 2%, 2.5% y 3%. La Tabla 10-22 es de muestreo doble para un LCMS de 3%.

Para ilustrar el uso de las tablas del LCMS de Dodge-Romig, supongamos que se inspeccionan los elementos de memoria LSI de una computadora personal, y que se remiten los elementos en lotes de tamaño $N = 5\,000$. El rechazo medio del proceso del proveedor es de 1% de disconformes. Se quiere encontrar un plan de muestreo simple con LCMS = 3%. De la Tabla 10-21 se obtiene que el plan es

$$n = 65 \qquad c = 3$$

La Tabla 10-21 también indica que el PDTL para este plan de muestreo es 10.3%. Éste es el punto en la curva CO para el cual $P_a = 0.10$. Por lo tanto, el plan de muestreo $n = 65$, $c = 3$ corresponde a un LCMS de 3% de disconformes y da una seguridad de que serán rechazados 90% de los lotes que llegan hasta con 10.3% de defectuosos. La inspección total media para este plan, suponiendo que la calidad a la llegada es igual al promedio del proceso y que la probabilidad de la aceptación del lote a este nivel de calidad es $P_a = 0.9957$, es

$$\begin{aligned} \text{ITM} &= n + (1 - P_a)(N - n) \\ &= 65 + (1 - 0.9957)(5000 - 65) \\ &= 86.22 \end{aligned}$$

De manera que se inspeccionarán aproximadamente 86 artículos, en promedio, para juzgar un lote.

10-6.2 Planes de PDTL

Las tablas del PDTL de Dodge-Romig se diseñaron de manera que la probabilidad de aceptación de un lote para el PDTL sea 0.1. Se proporcionan tablas para valores del PDTL de 0.5%, 1%, 2%, 3%, 4%, 5%, 7% y 10%. Las Tablas 10.23 a 10.26 forman un conjunto representativo de tablas de Dodge-Romig. Las Tablas 10.23, 10.24 y 10.25 presentan los planes de muestreo simple para valores del PDTL de 1%, 2% y 5%, respectivamente. En la Tabla 10.26 aparecen planes de muestreo doble para PDTL de 1% de defectuosos.

[5] Las Tablas 10-19 a 10-26 fueron adaptadas de H.F. Dodge y H.G. Roming, *Sampling Inspection Tables, Single and Double Sampling*, 2a. ed., John Wiley & Sons, Nueva york, 1959, con permiso del editor.

Tabla 10-19 Tabla de inspección de Dodge-Romig: planes de muestreo simple, LCMS = 2.0%

	Promedio del proceso																	
	0–0.04%			0.05–0.40%			0.41–0.80%			0.81–1.20%			1.21–1.60%			1.61–2.00%		
Tamaño del lote	*n*	*c*	PDTL %	*n*	*c*	PDTL %	*n*	*c*	PDTL %	*n*	*c*	PDTL %	*n*	*c*	PDTL %	*n*	*c*	PDTL %
1–15	Todos	0		Todos	0	—	Todos	0	—	Todos	0	—	Todos	0	—	Todos	0	—
16–50	14	0	13.6	14	0	13.6	14	0	13.6	14	0	13.6	14	0	13.6	14	0	13.6
51–100	16	0	12.4	16	0	12.4	16	0	12.4	16	0	12.4	16	0	12.4	16	0	12.4
101–200	17	0	12.2	17	0	12.2	17	0	12.2	17	0	12.2	35	1	10.5	35	1	10.5
201–300	17	0	12.3	17	0	12.3	17	0	12.3	37	1	10.2	37	1	10.2	37	1	10.2
301–400	18	0	11.8	18	0	11.8	38	1	10.0	38	1	10.0	38	1	10.0	60	2	8.5
401–500	18	0	11.9	18	0	11.9	39	1	9.8	39	1	9.8	60	2	8.6	60	2	8.6
501–600	18	0	11.9	18	0	11.9	39	1	9.8	39	1	9.8	60	2	8.6	60	2	8.6
601–800	18	0	11.9	40	1	9.6	40	1	9.6	65	2	8.0	65	2	8.0	85	3	7.5
801–1000	18	0	12.0	40	1	9.6	40	1	9.6	65	2	8.1	65	2	8.1	90	3	7.4
1001–2000	18	0	12.0	41	1	9.4	65	2	8.2	65	2	8.2	95	3	7.0	120	4	6.5
2001–3000	18	0	12.0	41	1	9.4	65	2	8.2	95	3	7.0	120	4	6.5	180	6	5.8
3001–4000	18	0	12.0	42	1	9.3	65	2	8.2	95	3	7.0	155	5	6.0	210	7	5.5
4001–5000	18	0	12.0	42	1	9.3	70	2	7.5	125	4	6.4	155	5	6.0	245	8	5.3
5001–7000	18	0	12.0	42	1	9.3	95	3	7.0	125	4	6.4	185	6	5.6	280	9	5.1
7001–10,000	42	1	9.3	70	2	7.5	95	3	7.0	155	5	6.0	220	7	5.4	350	11	4.8
10,001–20,000	42	1	9.3	70	2	7.6	95	3	7.0	190	6	5.6	290	9	4.9	460	14	4.4
20,001–50,000	42	1	9.3	70	2	7.6	125	4	6.4	220	7	5.4	395	12	4.5	720	21	3.9
50,001–100,000	42	1	9.3	95	3	7.0	160	5	5.9	290	9	4.9	505	15	4.2	955	27	3.7

Tabla 10-20 Tabla de inspección de Dodge-Romig: planes de muestreo simple, LCMS = 2.5%

	Promedio del proceso																	
	0–0.05%			0.06–0.50%			0.51 – 1.00%			1.01–1.50%			1.51–2.00%			2.01–2.50%		
			PDTL			PDTL			PDTL			PDTL			PDTL	PDTL		
Tamaño del lote	*n*	*c*	%	*n*	*c*	%	*n*	*c*	%	*n*	*c*	%	*n*	*c*	%	*n*	*c*	%
1–10	Todos	0	—	Todos	0	—	Todos	0	—	Todos	0	—	Todos	0	—	Todos	0	—
11–50	11	0	17.6	11	0	17.6	11	0	17.6	11	0	17.6	11	0	17.6	11	0	17.6
51–100	13	0	15.3	13	0	15.3	13	0	15.3	13	0	15.3	13	0	15.3	13	0	15.3
101–200	14	0	14.7	14	0	14.7	14	0	14.7	29	1	12.9	29	1	12.9	29	1	12.9
202–300	14	0	14.9	14	0	14.9	30	1	12.7	30	1	12.7	30	1	12.7	30	1	12.7
301–400	14	0	15.0	14	0	15.0	31	1	12.3	31	1	12.3	31	1	12.3	48	2	10.7
401–500	14	0	15.0	14	0	15.0	32	1	12.0	32	1	12.0	49	2	10.6	49	2	10.6
501–600	14	0	15.1	32	1	12.0	32	1	12.0	50	2	10.4	50	2	10.4	70	3	9.3
601–800	14	0	15.1	32	1	12.0	32	1	12.0	50	2	10.5	50	2	10.5	70	3	9.4
801–1000	15	0	14.2	33	1	11.7	33	1	11.7	50	2	10.6	70	3	9.4	90	4	8.5
1001–2000	15	0	14.2	33	1	11.7	55	2	9.3	75	3	8.8	95	4	8.0	120	5	7.6
2001–3000	15	0	14.2	33	1	11.8	55	2	9.4	75	3	8.8	120	5	7.6	145	6	7.2
3001–4000	15	0	14.3	33	1	11.8	55	2	9.5	100	4	7.9	125	5	7.4	195	8	6.6
4001–5000	15	0	14.3	33	1	11.8	75	3	8.9	100	4	7.9	150	6	7.0	225	9	6.3
5001–7000	33	1	11.8	55	2	9.7	75	3	8.9	125	5	7.4	175	7	6.7	250	10	6.1
7001–10,000	34	1	11.4	55	2	9.7	75	3	8.9	125	5	7.4	200	8	6.4	310	12	5.8
10,001–20,000	34	1	11.4	55	2	9.7	100	4	8.0	150	6	7.0	260	10	6.0	425	16	5.3
20,001–50,000	34	1	11.4	55	2	9.7	100	4	8.0	180	7	6.7	345	13	5.5	640	23	4.8
50,001–100,000	34	1	11.4	80	3	8.4	125	5	7.4	235	9	6.1	435	16	5.2	800	28	4.5

Tabla 10-21 Tabla de inspección de Dodge-Romig: planes de muestreo simple, LCMS = 3.0%

	Promedio del proceso																	
	0—0.06%			0.07–0.60%			0.61–1.20%			1.21–1.80%			1.81–2.40%			2.41–3.00%		
Tamaño del lote	*n*	*c*	PDTL %	*n*	*c*	PDTL %	*n*	*c*	PDTL %	*n*	*c*	PDTL %	*n*	*c*	PDTL %	*n*	*c*	PDTL %
1–10	Todos	0	—	Todos	0	—	Todos	0	—	Todos	0	—	Todos	0	—	Todos	0	—
11–50	10	0	19.0	10	0	19.0	10	0	19.0	10	0	19.0	10	0	19.0	10	0	19.0
51–100	11	0	18.0	11	0	18.0	11	0	18.0	11	0	18.0	11	0	18.0	22	1	16.4
101–200	12	0	17.0	12	0	17.0	12	0	17.0	25	1	15.1	25	1	15.1	25	1	15.1
201–300	12	0	17.0	12	0	17.0	26	1	14.6	26	1	14.6	26	1	14.6	40	2	12.8
301–400	12	0	17.1	12	0	17.1	26	1	14.7	26	1	14.7	41	2	12.7	41	2	12.7
401–500	12	0	17.2	27	1	14.1	27	1	14.1	42	2	12.4	42	2	12.4	42	2	12.4
501–600	12	0	17.3	27	1	14.2	27	1	14.2	42	2	12.4	42	2	12.4	60	3	10.8
601–800	12	0	17.3	27	1	14.2	27	1	14.2	43	2	12.1	60	3	10.9	60	3	10.9
801–1,000	12	0	17.4	27	1	14.2	44	2	11.8	44	2	11.8	60	3	11.0	80	4	9.8
1,001–2,000	12	0	17.5	28	1	13.8	45	2	11.7	65	3	10.2	80	4	9.8	100	5	9.1
2,001–3,000	12	0	17.5	28	1	13.8	45	2	11.7	65	3	10.2	100	5	9.1	140	7	8.2
3,001–4,000	12	0	17.5	28	1	13.8	65	3	10.3	85	4	9.5	125	6	8.4	165	8	7.8
4,001–5,000	28	1	13.8	28	1	13.8	65	3	10.3	85	4	9.5	125	6	8.4	210	10	7.4
5,001–7,000	28	1	13.8	45	2	11.8	65	3	10.3	105	5	8.8	145	7	8.1	235	11	7.1
7,001–10,000	28	1	13.9	46	2	11.6	65	3	10.3	105	5	8.8	170	8	7.6	280	13	6.8
10,001–20,000	28	1	13.9	46	2	11.7	85	4	9.5	125	6	8.4	215	10	7.2	380	17	6.2
20,001–50,000	28	1	13.9	65	3	10.3	105	5	8.8	170	8	7.6	310	14	6.5	560	24	5.7
50,001–100,000	28	1	13.9	65	3	10.3	125	6	8.4	215	10	7.2	385	17	6.2	690	29	5.4

Tabla 10-22 Tabla de inspección de Dodge-Romig: planes de muestreo doble, LCMS = 3.0%

	Promedio del proceso																	
	0–0.06%						0.07–0.60%						0.61–1.20;					
	Prueba 1		Prueba 2			PDTL	Prueba 1		Prueba 2			PDTL	Prueba 1		Prueba 2			PDTL
Tamaño del lote	n_1		n_2	$n_1 + n_2$	c_2	%	n_1		n_2	$n_1 + n_2$	c_2	%	n_1		n_2	$n_1 + n_2$	c_2	%
1–10	Todos	0	—	—	—	—	Todos	0	—	—	—	—	Todos	0	—	—	—	—
11–50	10	0	—	—	—	19.0	10	0	—	—	—	19.0	10	0	—	—	—	19.0
51–100	16	0	9	25	1	16.4	16	0	9	25	1	16.4	16	0	9	25	1	16.4
101–200	17	0	9	26	1	16.0	17	0	9	26	1	16.0	17	0	9	26	1	16.0
201–300	18	0	10	28	1	15.5	18	0	10	28	1	15.5	21	0	23	44	2	13.3
301–400	18	0	11	29	1	15.2	21	0	24	45	2	13.2	23	0	37	60	3	12.0
401–500	18	0	11	29	1	15.2	21	0	25	46	2	13.0	24	0	36	60	3	11.7
501–600	18	0	12	30	1	15.0	21	0	25	46	2	13.0	24	0	41	65	3	11.5
601–800	21	0	25	46	2	13.0	21	0	25	46	2	13.0	24	0	41	65	3	11.5
801–1,000	21	0	26	47	2	12.8	21	0	26	47	2	12.8	25	0	40	65	3	11.4
1,001–2,000	22	0	26	48	2	12.6	22	0	26	48	2	12.6	27	0	58	85	4	10.3
2,001–3,000	22	0	26	48	2	12.6	25	0	40	65	3	11.4	28	0	62	90	4	10.0
3,001–4,000	23	0	26	49	2	12.4	25	0	45	70	3	11.0	29	0	76	105	5	9.6
4,001–5,000	23	0	26	49	2	12.4	26	0	44	70	3	11.0	30	0	75	105	5	9.5
5,001–7,000	23	0	27	50	2	12.2	26	0	44	70	3	11.0	30	0	80	110	5	9.4
7,001–10,000	23	0	27	50	2	12.2	27	0	43	70	3	11.0	30	0	80	110	5	9.4
10,001–20,000	23	0	27	50	2	12.2	27	0	43	70	3	11.0	31	0	94	125	6	9.2
20,001–50,000	23	0	27	50	2	12.2	28	0	67	95	4	9.7	55	1	120	175	8	8.0
50,001–100,000	23	0	27	50	2	12.2	31	0	84	115	5	9.0	60	1	140	200	9	7.6

Tabla 10-22 (Continuación)

Tamaño del lote	Promedio del proceso 1.21–1.80%						1.81–2.40%						2.41–3.00%					
	Prueba 1		Prueba 2			PDTL	Prueba 1		Prueba 2			PDTL	Prueba 1		Prueba 2			PDTL
	n_1	c_1	n_2	$n_1 + n_2$	c_2	%	n_1	c_1	n_2	$n_1 + n_2$	c_2	%	n_1	c_1	n_2	$n_1 + n_2$	c_2	%
1–10	Todos	0	—	—	—	—	Todos	0	—	—	—	—	Todos	0	—	—	—	—
11–50	10	0	—	—	—	19.0	10	0	—	—	—	19.0	10	0	—	—	—	19.0
51–100	17	0	17	34	2	15.8	17	0	17	34	2	15.8	17	0	17	34	2	15.8
101–200	20	0	21	41	2	13.7	22	0	33	55	3	12.4	22	0	33	55	3	12.4
201–300	23	0	37	60	3	12.0	23	0	37	60	3	12.0	24	0	51	75	4	11.1
301–400	23	0	37	60	3	12.0	25	0	55	80	4	10.8	42	1	63	105	6	10.4
401–500	24	0	36	60	3	11.7	25	0	55	80	4	10.8	46	1	79	125	7	9.7
501–600	26	0	54	80	4	10.7	46	1	69	115	6	9.7	48	1	97	145	8	9.2
601–800	26	0	54	80	4	10.7	49	1	81	130	7	9.4	50	1	115	165	9	8.9
801–1,000	27	0	58	85	4	10.3	49	1	86	135	7	9.2	70	2	120	190	10	8.4
1,001–2,000	49	1	76	125	6	9.1	50	1	150	200	10	8.0	100	3	180	280	14	7.5
2,001–3,000	50	1	95	145	7	8.7	80	2	165	245	12	7.6	130	4	260	390	19	6.9
3,001–4,000	55	1	110	165	8	8.5	105	3	200	305	14	7.0	155	5	330	485	23	6.5
4,001–5,000	60	1	135	195	9	7.8	110	3	225	335	15	6.7	215	7	390	605	27	6.0
5,001–7,000	60	1	165	225	10	7.3	110	3	250	360	16	6.6	270	9	505	775	34	5.7
7,001–10,000	85	2	160	245	11	7.2	115	3	290	405	18	6.5	285	9	680	965	41	5.4
10,001–20,000	85	2	180	265	12	7.2	140	4	315	455	20	6.3	315	10	805	1,120	47	5.3
20,001–50,000	85	2	205	290	13	7.0	170	5	420	590	26	6.0	390	13	940	1,330	56	5.2
50,001–100,000	90	2	245	335	15	6.8	200	6	505	705	30	5.7	445	15	1,105	1,550	65	5.1

Para ilustrar el uso de estas tablas, supongamos que el proveedor envía elementos de memoria LSI para una computadora personal en lotes de tamaño $N = 5\,000$. El rechazo medio del proceso del proveedor es 0.25% de disconformes, y se desea utilizar un plan de muestreo simple con un PDTL de 1%. De la Tabla 10.23 se obtiene que el plan de muestreo tendría que ser

$$n = 770 \qquad c = 4$$

Suponiendo que los lotes rechazados se tamizan al 100% y se reemplazan por conformes los artículos defectuosos, el LCMS para este plan es aproximadamente igual a 0.28%.

Nótese, observando las tablas del PDTL de Dodge-Romig, que los valores del promedio del proceso cubren un intervalo desde cero hasta la mitad del PDTL. No se necesita disponer de promedios más grandes del proceso, ya que la inspección al 100% es más eficaz económicamente que la inspección muestral cuando el promedio del proceso es mayor que la mitad del PDTL deseado.

10-6.3 Estimación del Promedio del Proceso

Como es observó, la selección de un plan de Dodge-Romig depende del conocimiento del rechazo medio o del porcentaje disconforme del proceso del proveedor. Podría obtenerse una estimación del promedio del proceso utilizando una gráfica de control de la fracción defectuosa. Esta gráfica se basa en los primeros 25 lotes suministrados por el abastecedor. Si se usa el muestreo doble, se tendrán que incluir en los cálculos sólo los resultados de la primera muestra. Cualquier fracción defectuosa del lote mayor que el límite superior de control se elimina siempre y cuando exista una causa atribuible, y se calcula una nueva media del proceso. Se recomienda utilizar la media más grande del proceso en la tabla adecuada, hasta acumular los resultados de los 25 lotes.

Tabla 10-23 Tabla de muestreo simple de Dodge-Romig para el porcentaje de defectuosos tolerable por lote (PDTL) = 1.0%

	Promedio del proceso																	
	0–0.010%			0.011–0.10%			0.11–0.20%			0.21–0.30%			0.31–0.40%			0.41–0.50%		
Tamaño del lote	*n*	*c*	AOQL %	*n*	*c*	AOQL %	*n*	*c*	AOQL %	*n*	*c*	AOQL %	*n*	*c*	AOQL %	*n*	*c*	AOQL %
1–120	Todos	0	0	Todos	0	0	Todos	0	0	Todos	0	0	Todos	0	0	Todos	0	0
121–150	120	0	0.06	120	0	0.06	120	0	0.06	120	0	0.06	120	0	0.06	120	0	0.06
151–200	140	0	0.08	140	0	0.08	140	0	0.08	140	0	0.08	140	0	0.08	140	0	0.08
201–300	165	0	0.10	165	0	0.10	165	0	0.10	165	0	0.10	165	0	0.10	165	0	0.10
301–400	175	0	0.12	175	0	0.12	175	0	0.12	175	0	0.12	175	0	0.12	175	0	0.12
401–500	180	0	0.13	180	0	0.13	180	0	0.13	180	0	0.13	180	0	0.13	180	0	0.13
501–600	190	0	0.13	190	0	0.13	190	0	0.13	190	0	0.13	190	0	0.13	305	1	0.14
601–800	200	0	0.14	200	0	0.14	200	0	0.14	330	1	0.15	330	1	0.15	330	1	0.15
801–1,000	205	0	0.14	205	0	0.14	205	0	0.14	335	1	0.17	335	1	0.17	335	1	0.17
1,001–2,000	220	0	0.15	220	0	0.15	360	1	0.19	490	2	0.21	490	2	0.21	610	3	0.22
2,001–3,000	220	0	0.15	375	1	0.20	505	2	0.23	630	3	0.24	745	4	0.26	870	5	0.26
3,001–4,000	225	0	0.15	380	1	0.20	510	2	0.24	645	3	0.25	880	5	0.28	1,000	6	0.29
4,001–5,000	225	0	0.16	380	1	0.20	520	2	0.24	770	4	0.28	895	5	0.29	1,120	7	0.31
5,001–7,000	230	0	0.16	385	1	0.21	655	3	0.27	780	4	0.29	1,020	6	0.32	1,260	8	0.34
7,001–10,000	230	0	0.16	520	2	0.25	660	3	0.28	910	5	0.32	1,150	7	0.34	1,500	10	0.37
10,001–20,000	390	1	0.21	525	2	0.26	785	4	0.31	1,040	6	0.35	1,400	9	0.39	1,980	14	0.43
20,001–50,000	390	1	0.21	530	2	0.26	920	5	0.34	1,300	8	0.39	1,890	13	0.44	2,570	19	0.48
50,001–100,000	390	1	0.21	670	3	0.29	1,040	6	0.36	1,420	9	0.41	2,120	15	0.47	3,150	23	0.50

Tabla 10-24 Tabla de muestreo simple de Dodge-Romig para el porcentaje de defectuosos tolerable por lote (PDTL) = 2.0%

	Promedio del proceso																	
	0–0.02%			0.03–0.20%			0.21–0.40%			0.41–0.60%			0.61–0.80%			0.81–1.00%		
Tamaño del lote	*n*	*c*	LCMS %	*n*	*c*	LCMS %	*n*	*c*	LCMS %	*n*	*c*	LCMS %	*n*	*c*	LCMS %	*n*	*c*	LCMS %
1–75	Todos	0	0	Todos	0	0	Todos	0	0	Todos	0	0	Todos	0	0	Todos	0	0
76–100	70	0	0.16	70	0	0.16	70	0	0.16	70	0	0.16	70	0	0.16	70	0	0.16
101–200	85	0	0.25	85	0	0.25	85	0	0.25	85	0	0.25	85	0	0.25	85	0	0.25
201–300	95	0	0.26	95	0	0.26	95	0	0.26	95	0	0.26	95	0	0.26	95	0	0.26
301–400	100	0	0.28	100	0	0.28	100	0	0.28	160	1	0.32	160	1	0.32	160	1	0.32
401–500	105	0	0.28	105	0	0.28	105	0	0.28	165	1	0.34	165	1	0.34	165	1	0.34
501–600	105	0	0.29	105	0	0.29	175	1	0.34	175	1	0.34	175	1	0.34	235	2	0.36
601–800	110	0	0.29	110	0	0.29	180	1	0.36	240	2	0.40	240	2	0.40	300	3	0.41
801–1000	115	0	0.28	115	0	0.28	185	1	0.37	245	2	0.42	305	3	0.44	305	3	0.44
1001–2000	115	0	0.30	190	1	0.40	255	2	0.47	325	3	0.50	380	4	0.54	440	5	0.56
2001–3000	115	0	0.31	190	1	0.41	260	2	0.48	385	4	0.58	450	5	0.60	565	7	0.64
3001–4000	115	0	0.31	195	1	0.41	330	3	0.54	450	5	0.63	510	6	0.65	690	9	0.70
4001–5000	195	1	0.41	260	2	0.50	335	3	0.54	455	5	0.63	575	7	0.69	750	10	0.74
5001–7000	195	1	0.42	265	2	0.50	335	3	0.55	515	6	0.69	640	8	0.73	870	12	0.80
7001–10,000	195	1	0.42	265	2	0.50	395	4	0.62	520	6	0.69	760	10	0.79	1050	15	0.86
10,001–20,000	200	1	0.42	265	2	0.51	460	5	0.67	650	8	0.77	885	12	0.86	1230	18	0.94
20,001–50,000	200	1	0.42	335	3	0.58	520	6	0.73	710	9	0.81	1060	15	0.93	1520	23	1.0
50,001–100,000	200	1	0.42	335	3	0.58	585	7	0.76	770	10	0.84	1180	17	0.97	1690	26	1.1

Tabla 10-25 Tabla de muestreo simple de Dodge-Romig para el porcentaje de defectuosos tolerable por lote (PDTL) = 5.0%

	Promedio del proceso																	
	0–0.05%			0.06–0.50%			0.51–1.00%			1.01–1.50%			1.51–2.00%			2.01–2.50%		
Tamaño del lote	*n*	*c*	LCMS %	*n*	*c*	LCMS %	*n*	*c*	LCMS %	*n*	*c*	LCMS %	*n*	*c*	LCMS %	*n*	*c*	LCMS %
1–30	Todos	0	0	Todos	0	0	Todos	0		Todos	0	0	Todos	0	0	Todos	0	0
31–50	30	0	0.49	30	0	0.49	30	0	0.49	30	0	0.49	30	0	0.49	30	0	0.49
51–100	37	0	0.63	37	0	0.63	37	0	0.63	37	0	0.63	37	0	0.63	37	0	0.63
101–200	40	0	0.74	40	0	0.74	40	0	0.74	40	0	0.74	40	0	0.74	40	0	0.74
201–300	43	0	0.74	43	0	0.74	70	1	0.92	70	1	0.92	95	2	0.99	95	2	0.99
301–400	44	0	0.74	44	0	0.74	70	1	0.99	100	2	1.0	120	3	1.1	145	4	1.1
401–500	45	0	0.75	75	1	0.95	100	2	1.1	100	2	1.1	125	3	1.2	150	4	1.2
501–600	45	0	0.76	75	1	0.98	100	2	1.1	125	3	1.2	150	4	1.3	175	5	1.3
601–800	45	0	0.77	75	1	1.0	100	2	1.2	130	3	1.2	175	5	1.4	200	6	1.4
801–1000	45	0	0.78	75	1	1.0	105	2	1.2	155	4	1.4	180	5	1.4	225	7	1.5
1001–2000	45	0	0.80	75	1	1.0	130	3	1.4	180	5	1.6	230	7	1.7	280	9	1.8
2001–3000	75	1	1.1	105	2	1.3	135	3	1.4	210	6	1.7	280	9	1.9	370	13	2.1
3001–4000	75	1	1.1	105	2	1.3	160	4	1.5	210	6	1.7	305	10	2.0	420	15	2.2
4001–5000	75	1	1.1	105	2	1.3	160	4	1.5	235	7	1.8	330	11	2.0	440	16	2.2
5001–7000	75	1	1.1	105	2	1.3	185	5	1.7	260	8	1.9	350	12	2.2	490	18	2.4
7001–10,000	75	1	1.1	105	2	1.3	185	5	1.7	260	8	1.9	380	13	2.2	535	20	2.5
10,001–20,000	75	1	1.1	135	3	1.4	210	6	1.8	285	9	2.0	425	15	2.3	610	23	2.6
20,001–50,000	75	1	1.1	135	3	1.4	235	7	1.9	305	10	2.1	470	17	2.4	700	27	2.7
50,001–100,000	75	1	1.1	160	4	1.6	235	7	1.9	355	12	2.2	515	19	2.5	770	30	2.8

Tabla 10-26 Tabla de muestreo doble de Dodge-Romig para el porcentaje de defectuosos tolerable por lote (PDTL) = 1%

	Promedio del proceso																	
	0–0.010%						0.011–0.10%						0.11–0.20%					
	Trial 1		Trial 2			LCMS	Trial 1		Trial 2			LCMS	Trial 1		Trial 2			LCMS
Tamaño del lote	n_1	c_1	n_2	$n_1 + n_2$	c_2	%	n_1	c_1	n_2	$n_1 + n_2$	c_2	%	n_1	c_1	n_2	$n_1 + n_2$	c_2	%
1–120	Todos	0	—	—	—	0	Todos	0	—	—	—	0	Todos	0	—	—	—	0
121–150	120	0	—	—	—	0.06	120	0	—	—	—	0.06	120	0	—	—	—	0.06
151–200	140	0	—	—	—	0.08	140	0	—	—	—	0.08	140	0	—	—	—	0.08
201–260	165	0	—	—	—	0.10	165	0	—	—	—	0.10	165	0	—	—	—	0.10
261–300	180	0	75	255	1	0.10	180	0	75	255	1	0.10	180	0	75	255	1	0.10
301–400	200	0	90	290	1	0.12	200	0	90	290	1	0.12	200	0	90	290	1	0.12
401–500	215	0	100	315	1	0.14	215	0	100	315	1	0.14	215	0	100	315	1	0.14
501–600	225	0	115	340	1	0.15	225	0	115	340	1	0.15	225	0	115	340	1	0.15
601–800	235	0	125	360	1	0.16	235	0	125	360	1	0.16	235	0	125	360	1	0.16
801–1,000	245	0	135	380	1	0.17	245	0	135	380	1	0.17	245	0	250	495	2	0.19
1,001–2,000	265	0	155	420	1	0.18	265	0	155	420	1	0.18	265	0	285	550	2	0.21
2,001–3,000	270	0	160	430	1	0.19	270	0	300	570	2	0.22	270	0	420	690	3	0.25
3,001–4,000	275	0	160	435	1	0.19	275	0	305	580	2	0.22	275	0	435	710	3	0.25
4,001–5,000	275	0	165	440	1	0.19	275	0	310	585	2	0.23	275	0	565	840	4	0.28
5,001–7,000	275	0	170	445	1	0.20	275	0	315	590	2	0.23	275	0	580	855	4	0.29
7,001–10,000	280	0	320	600	1	0.24	280	0	460	740	3	0.26	280	0	590	870	4	0.30
10,001–20,000	280	0	325	605	1	0.24	280	0	465	745	3	0.27	450	1	700	1,150	6	0.33
30,001–50,000	280	0	325	605	1	0.25	280	0	605	885	4	0.30	450	1	830	1,280	7	0.36
50,001–100,000	280	0	325	605	1	0.25	280	0	605	885	4	0.30	450	1	960	1,410	8	0.38

Tabla 10-26 (Continuación)

	Promedio del proceso																	
	0.21–0.30%						0.31–0.40%						0.41–0.50%					
	Trial 1		Trial 2			LCMS	Trial 1		Trial 2			LCMS	Trial 1		Trial 2			LCMS
Tamaño del lote	n_1	c_1	n_2	$n_1 + n_2$	c_2	%	n_1	c_1	n_2	$n_1 + n_2$	c_2	%	n_1	c_1	n_2	$n_1 + n_2$	c_2	%
1–120	Todos	0	—	—	—	0	Todos	0	—	—	—	0	Todos	0	—	—	—	0
121–150	120	0	—	—	—	0.06	120	0	—	—	—	0.06	120	0	—	—	—	0.06
151–200	140	0	—	—	—	0.08	140	0	—	—	—	0.08	140	0	—	—	—	0.08
201–260	165	0	—	—	—	0.10	165	0	—	—	—	0.10	165	0	—	—	—	0.10
261–300	180	0	75	255	1	0.10	180	0	75	255	1	0.10	180	0	75	255	1	0.10
301–400	200	0	90	290	1	0.12	200	0	90	290	1	0.12	200	0	90	290	1	0.12
401–500	215	0	100	315	1	0.14	215	0	100	315	1	0.14	215	0	100	315	1	0.14
501–600	225	0	115	340	1	0.15	225	0	115	340	1	0.15	225	0	205	430	2	0.16
601–800	235	0	230	465	2	0.18	235	0	230	465	2	0.18	235	0	230	465	2	0.18
801–1,000	245	0	250	495	2	0.19	245	0	250	495	2	0.19	245	0	250	495	2	0.19
1,001–2,000	265	0	405	670	3	0.23	265	0	515	780	4	0.24	265	0	515	780	4	0.24
2,001–3,000	270	0	545	815	4	0.26	430	1	620	1,050	6	0.28	430	1	830	1,260	8	0.30
3,001–4,000	435	1	645	1,080	6	0.29	435	1	865	1,300	8	0.30	580	2	940	1,520	10	0.33
4,001–5,000	440	1	660	1,100	6	0.30	440	1	1,000	1,440	9	0.33	585	2	1,075	1,660	11	0.35
5,001–7,000	445	1	785	1,230	7	0.33	590	2	990	1,580	10	0.36	730	3	1,190	1,920	13	0.38
7,001–10,000	450	1	920	1,370	8	0.35	600	2	1,240	1,840	12	0.39	870	4	1,540	2,410	17	0.41
10,001–20,000	605	2	1,0.5	1,640	10	0.39	745	3	1,485	2,230	15	0.43	1,150	6	1,990	3,140	23	0.44
20,001–50,000	605	2	1,295	1,900	12	0.42	885	4	1,845	2,730	19	0.47	1,280	7	2,600	3,880	29	0.52
50,001–100,000	605	2	1,545	2,150	14	0.44	885	4	2,085	2,970	21	0.49	1,410	8	3,280	4,690	36	0.55

10-7 EJERCICIOS

10-1 Trace la curva CO tipo B para el plan de muestreo simple $n = 50$, $c = 2$.

10-2 Trace la curva CO tipo B para el plan de muestreo simple $n = 100$, $c = 3$.

10-3. Supongamos que se envía un producto en lotes de tamaño $N = 5\,000$. El procedimiento de inspección en la recepción es un muestreo simple con $n = 50$ y $c = 1$.

(a) Trace la curva CO tipo A para el plan.
(b) Trace la curva CO tipo B para el plan y compárela con la curva CO tipo A del inciso (a).
(c) ¿Qué curva es la más adecuada para esta situación?

10-4 Encuentre un plan de muestreo simple para el cual $p_1 = 0.01$, $\alpha = 0.05$, $p_2 = 0.10$ y $\beta = 0.10$.

10-5 Determine un plan de muestreo simple para el cual $p_1 = 0.05$, $\alpha = 0.05$, $p_2 = 0.15$ y $\beta = 0.10$.

10-6 Obtenga un plan de muestreo simple para el cual $p_1 = 0.01$, $\alpha = 0.01$, $p_2 = 0.06$ y $\beta = 0.10$.

10-7 Una compañía utiliza el siguiente procedimiento de muestreo para aceptación. Se toma una muestra igual al 10% del lote. Si el 2% o menos de los artículos son defectuosos, se acepta el lote; de otra manera se rechaza. Si los lotes enviados varían en tamaño de 5 000 a 10 000 artículos, ¿qué se puede decir acerca de la protección mediante este plan? ¿Ofrece este esquema una protección razonable para el consumidor, si el PDTL deseado es 0.05?

10-8. Una compañía utiliza un tamaño muestral igual a la raíz cuadrada del tamaño del lote. Si 1% o menos de los artículos en la muestra son defectuosos, se acepta el lote; de otra manera, se rechaza. Los lotes enviados varían en tamaño de 1 000 a 5 000 artículos. Comente la eficacia de este procedimiento.

10-9 Considere el plan de muestreo simple encontrado en el Ejercicio 10.4. Suponga que se someten lotes de $N = 2\,000$ a la inspección. Trace la curva ITM para este plan. Trace también la curva CMS y determine el LCMS.

10-10 Suponga que se usa un plan de muestreo simple con $n = 150$ y $c = 2$ en la inspección a la recepción para un producto que el proveedor envía en lotes de tamaño $N = 3\,000$.

(a) Trace la curva CO para este plan.
(b) Grafique la curva CMS y encuentre el LCMS.
(c) Dibuje la curva ITM para este plan.

10-11 Suponga que un proveedor envía componentes en lotes de tamaño 5 000. Se utiliza un plan de muestreo simple con $n = 50$ y $c = 2$ para inspección a la recepción. Se tamizan los lotes rechazados y se vuelven a trabajar todos los artículos defectuosos para después regresarlos al lote.

(a) Trace la curva CO para este plan.
(b) Obtenga el nivel de calidad del lote que se rechazaría el 90% de las veces.
(c) La administración se opuso al empleo del procedimiento anterior de muestreo, y quiere usar un plan con número de aceptación $c = 0$, argumentando que esto es más acorde con su programa de cero defectos. ¿Qué opina de esto?
(d) Diseñe un plan de muestreo simple con $c = 0$ que corresponde a una probabilidad de 0.90 de rechazar lotes con el nivel de calidad encontrado en el inciso (b). Observe que los dos planes se equiparan ahora en el punto del PTDL. Trace la curva CO para este plan y compárelo con aquél para el cual $n = 50$, $c = 2$, del inciso (a).

(e) Suponga que los lotes que llegan son 0.5% no conformes. ¿Cuál es la probabilidad de rechazar estos lotes con ambos planes? Calcule la ITM en este punto para ambos planes. ¿Qué plan es preferible? ¿Por qué?

10·12 Trace las curvas CO primaria y suplementaria para un plan de muestreo con $n_1 = 50$, $c_1 = 2$, $n_2 = 100$, $c_2 = 6$. Si los lotes que llegan tienen una fracción no conforme $p = 0.05$, ¿cuál será la probabilidad de aceptación en la primera muestra? ¿Cuál será la probabilidad de aceptación final? Calcule la probabilidad de rechazo en la primera muestra.

10·13 Diseñe un plan de muestreo doble, para el cual $n_2 = 2\,n_1$, en el caso en el que $p_1 = 0.01$, $\alpha = 0.05$, $p_2 = 0.10$ y $\beta = 0.10$.

10·14 Considere el plan de muestreo doble del Ejercicio 10.13. Trace las curvas TMM, considerando la reducción y la no reducción de la segunda muestra. Compare el funcionamiento de este plan con el de muestreo simple correspondiente del Ejercicio 10.4.

10·15 (a) Diseñe un plan de muestreo doble con $n_2 = 2n_1$ para el caso en que $p_1 = 0.02$, $\alpha = 0.05$, $p_2 = 0.12$ y $\beta = 0.10$. Trace la curva ITM para este plan, suponiendo que el tamaño del lote es $N = 15\,000$.

(b) Repita el inciso (a), suponiendo que $n_1 = n_2$. ¿Qué plan sería preferible, comparando las curvas ITM?

10·16 (a) Deduzca un plan de muestreo secuencial elemento por elemento para el cual $p_1 = 0.01$, $\alpha = 0.05$, $p_2 = 0.10$ y $\beta = 0.10$.

(b) Trace la curva CO para este plan.

10·17 (a) Obtenga un plan de muestreo secuencial elemento por elemento para el cual $p_1 = 0.02$, $\alpha = 0.05$, $p_2 = 0.15$ y $\beta = 0.10$.

(b) Trace la curva CO para este plan.

10·18. Considere la inspección rectificadora para el muestreo simple. Desarrolle una ecuación CMS, suponiendo que se eliminan todos los artículos defectuosos, pero *sin* reemplazarlos por artículos conformes.

10·19 El proveedor surte un componente o pieza en lotes de tamaño $N = 3\,000$. Se estableció el NCA para este producto en 1%. Determine los planes de muestreo normal, estricto y reducido para este caso, a partir de la MIL STD 105D, suponiendo que el nivel II de inspección general es el adecuado.

10·20 Repita el Ejercicio 10.19, utilizando el nivel I de inspección general. Analice las diferencias para varios planes de muestreo.

10·21 Se suministra un producto en lotes de tamaño $N = 10\,000$. El NCA se especifica en 1%.

(a) Determine los planes de muestreo simple normal, estricto y reducido a pertir de la MIL STD 105D, suponiendo el nivel II de inspección general.

(b) Determine los planes de muestreo doble normal, estricto y reducido a partir de la MIL STD 105D, utilizando el nivel III de inspección general.

10·22 Se usa la MIL STD 105D para inspeccionar lotes recibidos de tamaño $N = 5\,000$. Se aplica el muestreo simple, el nivel III de inspección general, y un NCA de 0.65%.

(a) Obtenga los planes de inspección normal, estricta y reducida.

(b) Los últimos 10 lotes tienen las siguientes cantidades de artículos defectuosos observados: 0, 1, 0, 3, 0, 4, 5, 4, 2 y 0. ¿Qué secuencia de planes de inspección normal, estricta y reducida se utilizó?

(c) Trace las curvas CO de los planes de inspección normal, estricta y reducida en la misma gráfica.

10-23 Se surte un producto en lotes de tamaño $N = 2\,000$. Encuentre un plan de muestreo simple de Dodge-Romig para el cual el PDTL = 2%, suponiendo que el promedio del proceso es 0.25% de defectuosos. Trace las curvas CO e ITM para este plan. ¿Cuál es el LCMS para este plan de muestreo?

10-24 Se quiere encontrar un plan de muestreo simple para un caso en el que el proveedor envía ciertos lotes. El proceso del abastecedor funciona a un nivel de rechazo de 0.50% de defectuosos. Se desea que el LCMS de la inspección sea igual a 3%.

(a) Determine el plan adecuado de Dodge-Romig.
(b) Dibuje las curvas CO e ITM para este plan. ¿Qué grado de inspección se necesitará, en promedio, si el proceso del proveedor funciona cerca del nivel medio de rechazo?
(c) ¿Cuál es la protección PDTL para este plan?

10-25 Un proveedor surte un producto en lotes de tamaño $N = 5\,000$. Se desea tener un LCMS de 2.5%, y se utilizará un muestreo simple. No se conoce el rechazo del proceso del proveedor, pero se sospecha que es de alrededor de 1% de defectuosos.

(a) Obtenga el plan de Dodge-Romig apropiado.
(b) Halle el ITM para este plan, suponiendo que los lotes que llegan tienen 1% de defectuosos.
(c) Suponga que su estimación del promedio del proceso del proveedor es incorrecta, y que realmente es igual a 0.25% de defectuosos. ¿Qué plan de muestreo se hubiera tenido que usar? ¿Cuál habría sido la reducción en el ITM si se hubiera utilizado el plan correcto?

Capítulo 11

Muestreo para Aceptación por Variables

Los planes de muestreo por variables especifican el número de artículos que hay que muestrear, y el criterio para juzgar los lotes cuando se obtienen datos de las mediciones respecto a la característica de calidad que interesa. Estos planes se basan generalmente en la media y la desviación estándar muestrales de la característica de calidad. Cuando se conoce la distribución de tal característica en el lote o el proceso, es posible diseñar planes de muestreo por variables que tengan riesgos especificados de aceptar y de rechazar lotes de una calidad dada. Estos planes de muestreo por variables constituyen el tema de este capítulo.

11-1 INTRODUCCIÓN AL MUESTREO POR VARIABLES

11-1.1 Ventajas y Desventajas del Muestreo por Variables

La ventaja principal de los planes de muestreo por variables es que se puede obtener la misma curva característica de operación con un tamaño muestral menor que lo requerido por un plan de muestreo por atributos. Así, un plan de muestreo para aceptación por variables que propocione la misma protección que un plan de muestreo para aceptación por atributos necesitará menos muestreo. Los datos de mediciones requeridos por un plan de muestreo por variables costarán probablemente más por observación que los datos para atributos. Sin embargo, la reducción en el tamaño muestral puede compensar este incremento en el costo. Supongamos que un plan de muestreo por atributos requiere una muestra de 100 artículos, pero el plan de muestreo por variables equivalente requiere un tamaño muestral de sólo 65 artículos. Si el costo de los datos de las mediciones es menos de 1.61 veces el costo de medición de observaciones en una escala de atributos, el plan de muestreo por variables será más eficiente económicamente, considerando sólo los costos de muestreo. Cuando se utilizan pruebas destructivas, el muestreo por variables es particularmente útil para reducir los costos de inspección.

Una segunda ventaja es que los datos de mediciones proporcionan normalmente más información sobre el proceso de manufactura o el lote que los datos de atributos. En general, las mediciones numéricas de las características de calidad son más útiles que la simple clasificación de un artículo como defectuoso o no.

El punto final que hay que destacar es que para niveles de calidad aceptable muy pequeños, los planes de muestreo por atributos necesitan tamaños muestrales muy grandes. En estas circunstancias puede haber ventajas significativas en el cambio a mediciones de variables. Así, como muchos fabricantes empiezan a insistir en números aceptables de piezas defectuosas por millón, el muestreo por variables se vuelve muy atractivo.

Los planes de este tipo de muestreo tienen varias desventajas. Quizá la principal es que se debe conocer la distribución de la característica de calidad. Además, en la mayoría de los planes estándares de muestreo para aceptación por variables se supone que la distribución de la característica de calidad es normal. Si tal distribución no es normal y se utiliza un plan basado en la suposición de normalidad, se podrán encontrar desviaciones graves respecto de los riesgos anunciados para la aceptación o el rechazo de lotes con una calidad dada. En la Sección 11.1.3 se analiza este punto con más detalle. La segunda desventaja del muestreo por variables es que se debe usar un plan para cada característica de calidad que hay que inspeccionar. Por ejemplo, si las que se inspeccionan en un artículo son cuatro, es necesario tener cuatro planes de muestreo por separado para inspeccionar las variables. Si se inspeccionara este mismo producto mediante un muestreo por atributos, se podría utilizar un solo plan. Finalmente, es posible que el uso de un plan de muestreo por variables lleve al rechazo de un lote aunque la muestra que se inspecciona realmente no tenga ningún artículo defectuoso. Esto no sucede a menudo, pero cuando ocurre genera un descontento considerable en las organizaciones del proveedor y el consumidor, particularmente si el rechazo del lote provoca el cierre de una instalación manufacturera o su funcionamiento con un programa de producción reducido.

11-1.2 Tipos de Planes de Muestreo Disponibles

Existen dos tipos generales de procedimientos de muestreo por variables; planes que controlan la fracción defectuosa (o no conforme) del lote o el proceso, y planes que controlan un parámetro (normalmente la media) del lote o el proceso. En las Secciones 11.2 y 11.3 se presentan planes de muestreo por variables para controlar la fracción defectuosa del proceso. En la Sección 11.4 se exponen planes de muestreo por variables para la media, así como otras variantes del muestreo por variables.

Considérese un plan de muestreo por variables para controlar la fracción no conforme del lote o el proceso. Como la característica de calidad es una variable, habrá un límite inferior de especificación (LIE), o uno superior (LSE), o bien ambos, lo que define los valores aceptables de este parámetro. La Fig. 11-1 ilustra la situación en que la característica de calidad x está distribuida normalmente y existe un límite inferior de especificación para este parámetro. El símbolo p representa la fracción defectuosa del lote. Obsérvese que la fracción defectuosa es función de la media μ del lote o el proceso, y de la desviación estándar σ del lote o el proceso.

Supongamos que se conoce la desviación estándar σ. En esta condición, se desea muestrear el lote para determinar si el valor de la media permite o no aceptar la fracción defectuosa p. Enseguida se presentan dos maneras de organizar los cálculos en un plan de muestreo por variables.

Procedimiento 1. ■ Se obtiene una muestra aleatoria de n artículos del lote y se calcula la estadística

$$Z_{LIE} = \frac{\bar{x} - LIE}{\sigma} \tag{11-1}$$

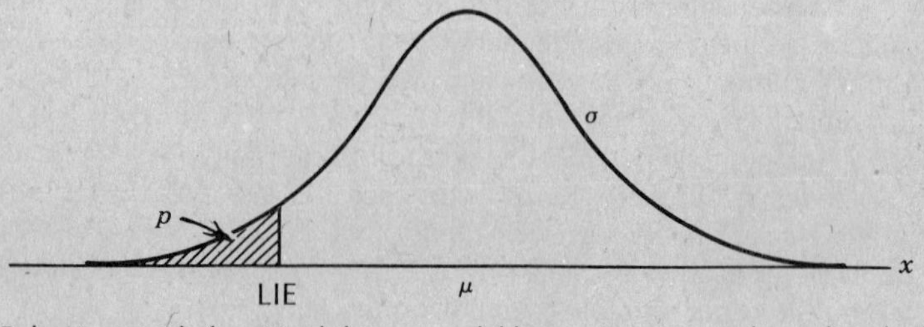

Figura 11-1. Relación entre la fracción defectuosa p del lote o el proceso, y la media y la desviación estándar de una distribución normal.

Observemos que en (11-1) Z_{LIE} expresa exactamente la distancia entre la media muestral $\bar{x}$ y el límite inferior de especificación en unidades de desviación estándar. Cuanto más grandes sean los valores de Z_{LIE}, tanto más lejos se encuentra la media muestral $\bar{x}$ respecto del límite inferior de especificación y, por consiguiente, tanto más pequeña es la fracción defectuosa p del lote. Si hay un valor crítico de p de interés que no debe excederse con una probabilidad dada, entonces se podrá traducir este valor de p en una *distancia crítica*, por ejemplo k, para Z_{LIE}. Así, si $Z_{LIE} \geq k$, se aceptará el lote porque los datos muestrales indican que la media del lote se halla suficientemente arriba del LIE para asegurar que la fracción no conforme del lote es satisfactoria. Sin embargo, si $Z_{LIE} < k$, la media está demasiado cerca del LIE y se tendrá que rechazar el lote.

Procedimiento 2. ■ Se obtiene una muestra aleatoria de n artículos del lote y se calcula Z_{LIE} mediante la Ecuación (11.1). Para estimar la fracción defectuosa del lote o el proceso se utiliza Z_{LIE} como el área bajo la curva normal estándar a la izquierda de Z_{LIE}. [En realidad, usar $Q_{LIE} = Z_{LIE}\sqrt{n/(n-1)}$ como una variable normal estándar es un poco mejor, porque da una mejor estimación de $\hat{p}$]. Sea p el estimador de $\hat{p}$ que se obtiene de esta manera. Si el valor del estimador p es mayor que un máximo especificado M, se rechazará el lote; de otra manera, se aceptará.

Pueden diseñarse los dos procedimientos de manera que den resultados equivalentes. Cuando hay un sólo límite de especificación (LIE o LSE), se puede utilizar cualquiera de los dos procedimientos. Es evidente que en el caso de un límite superior de confianza se calcularía

$$Z_{LSE} = \frac{LSE - \bar{x}}{\sigma} \tag{11-2}$$

en vez de utilizar (11.1). Cuando están presentes los límites inferior y superior a la vez, se tendrá que utilizar el Procedimiento 2, el método de M.

Cuando se desconoce la desviación estándar σ, se la estima mediante la desviación estándar muestral S, y se sustituye σ en (11-1) y (11-2) por S. También es posible diseñar planes que se basen en la amplitud muestral R en vez de S. Sin embargo, en este capítulo no se examinan estos planes porque el uso de la desviación estándar lleva a tamaños muestrales más pequeños. Antes se utilizaban ampliamente los planes basados en R, porque es más fácil calcular manualmente R que S, pero el cálculo ya no presenta problemas en la actualidad.

11-1.3 Precaución en el Uso del Muestreo por Variables

Se ha insistido en que hay que conocer la forma de la distribución de la característica de calidad para poder utilizar el muestreo por variables. Además, la suposición común es que el parámetro de interés tiene distribución normal. El motivo de esta suposición es tan crítico que todos los planes de muestreo por variables requieren algún método para convertir una media y una desviación estándar muestral en una fracción defectuosa del lote o el proceso. Si el parámetro de interés no está distribuido normalmente, las estimaciones de la fracción defectuosa basadas en la media y la desviación estándar muestrales no serán las mismas que si el parámetro tuviera una distribución normal. La diferencia entre estas fracciones defectuosas estimadas puede ser grande cuando se trata de fracciones defectuosas pequeñas. Por ejemplo, si la media de una distribución está tres desviaciones estándares por debajo del límite superior de especificación, el lote tendrá no más de 0.135% de artículos defectuosos. De otra manera, si la característica de calidad en el lote o el proceso tiene una distribución muy diferente a la normal, será muy probable que el lote tenga más de 1% de artículos defectuosos. En la Fig. 11-2 se presentan las áreas de la cola de la distribución normal y de varias distribuciones no normales. Es obvio, examinando esta figura, que se debe tener muchísimo cuidado respecto a la suposición de normalidad cuando se trata de fracciones defectuosas pequeñas, por ejemplo por debajo de 1%.

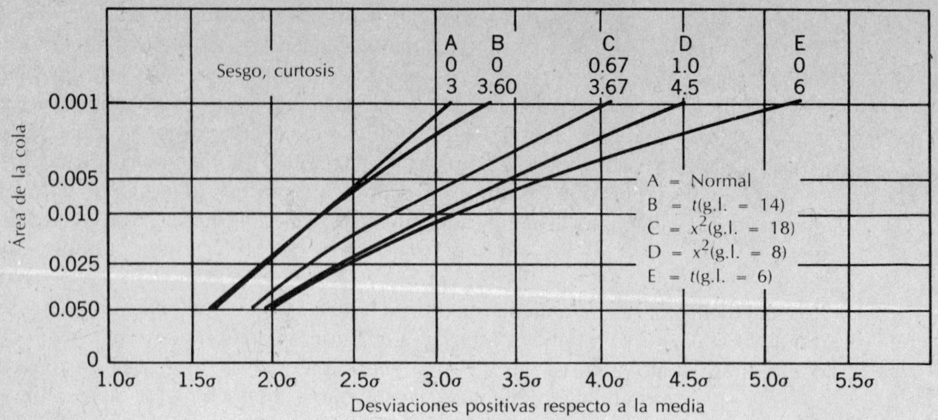

Figura 11-2. Áreas de las colas de la distribución normal y de varias distribuciones no normales. (Adaptado de A.J. Duncan, *Quality Control and Industrial Statistics*, 4a. ed., Irwin, Homewood, Ill., 1974, con permiso del editor.)

Se pueden utilizar planes de muestreo por variables cuando el parámetro de interés no tiene distribución normal. Es posible diseñar un procedimiento para aplicar un plan de este tipo, siempre que se conozca la forma de la distribución, o que haya una manera de determinar la fracción defectuosa a partir de la media y desviación estándar muestrales (u otras estadísticas de muestra adecuadas). Duncan (1974), por ejemplo, presenta un procedimiento para usar un plan de muestreo por variables cuando se puede describir la distribución de la característica de calidad mediante una distribución de Pearson tipo III. Sin embargo, un análisis general del muestreo por variables en el caso no normal queda fuera del alcance de este libro.

11-2 DISEÑO DE UN PLAN DE MUESTREO POR VARIABLES CON UNA CURVA CO ESPECÍFICA

El diseño de un plan de muestreo por variables es fácil mediante el Procedimiento 1, método de k, que tiene una curva CO específica. Sean $(p_1, 1 - \alpha)$ y (p_2, β) los dos puntos de la curva CO de interés. Obsérvese que p_1 y p_2 pueden ser los niveles de la fracción no conforme del lote o del proceso que corresponden a niveles de calidad de aceptación y de rechazo, respectivamente.

El nomograma que se presenta en la Fig. 11-3 permite al ingeniero de calidad encontrar el tamaño muestral n y el valor crítico k necesarios con el fin de satisfacer un conjunto de condiciones dadas p_1, $1 - \alpha$, p_2, β para los dos casos: se conoce σ o no. El nomograma tiene escalas separadas para el tamaño muestral en las dos situaciones. La mayor inseguridad en el caso de no conocer la desviación estándar implica el uso de un tamaño muestral mayor que cuando se conoce σ, pero se utiliza el mismo valor de k. Además, para un plan de muestreo dado, es posible determinar la probabilidad de aceptación para cualquier fracción defectuosa en el nomograma. Ubicando varios de estos puntos, el ingeniero de calidad puede trazar una curva característica de operación para el plan de muestreo. Se ilustra el uso de este nomograma en el siguiente ejemplo.

Ejemplo 11-1

Una empresa embotelladora de gaseosas compra botellas no retornables a un proveedor. El embotellador ha establecido una especificación inferior de 225 lb/plg² (psi) para la resistencia a la presión interna de las botellas. Si el 1% o menos de los envases pueden romperse

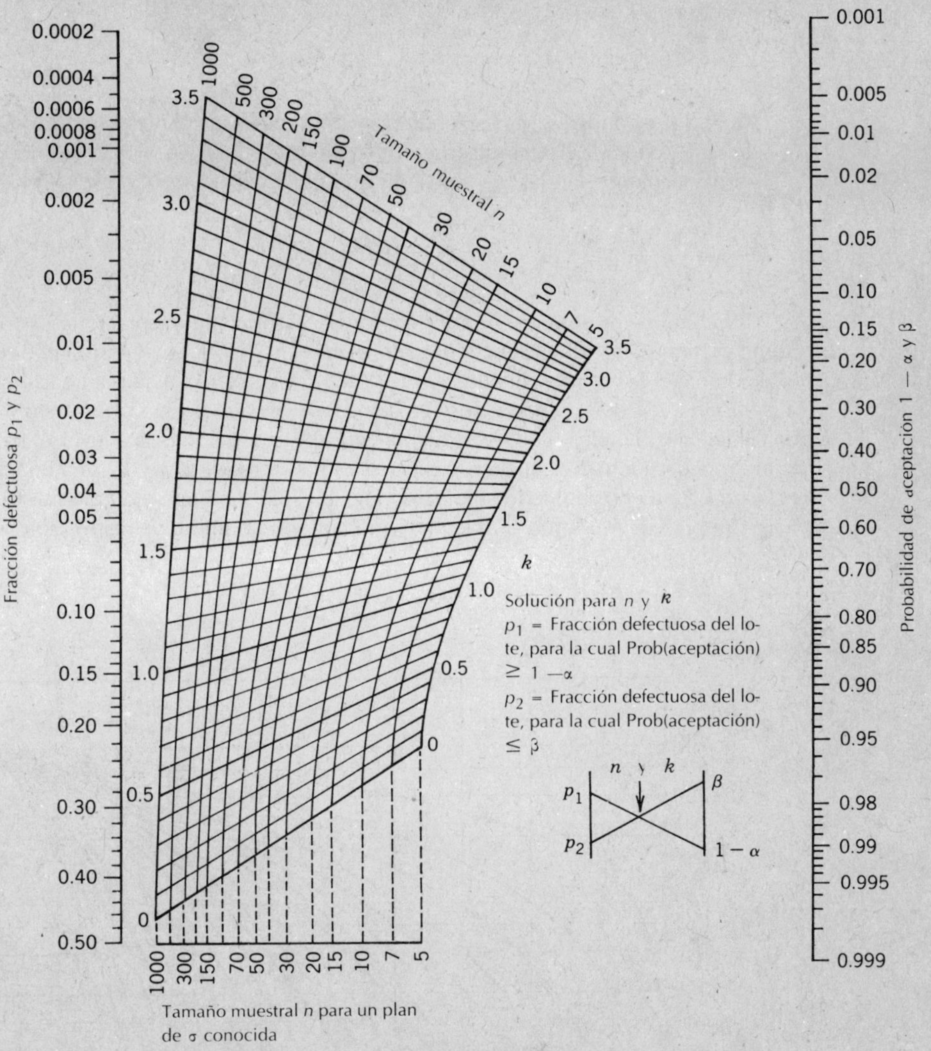

Figura 11-3. Nomograma para diseñar planes de muestreo por variables.

por debajo de este límite, la empresa pretende aceptar el lote con una probabilidad de 0.95 (p_1 = 0.01, 1 — α = 0.95), mientras que si 6% o más de las botellas revientan a un valor debajo de este límite, rechazará el lote con una probabilidad de 0.90 (p_2 = 0.06, β = 0.10). Para obtener el plan de muestreo, se traza una recta que una el punto 0.01 en la escala de la fracción defectuosa con el punto 0.95 en la escala de la probabilidad de aceptación. Después se traza una recta similar, que una los puntos p_2 = 0.06 y P_a = 0.10. En la intersección de estas líneas se encuentra k = 1.9. Supongamos que se desconoce σ. Siguiendo la curva desde el punto de intersección hasta la escala superior del tamaño muestral, se obtiene n = 40. Por lo tanto, el procedimiento consiste en tomar una muestra aleatoria de n = 40 botellas, observar sus resistencias a la presión interna, calcular $\bar{x}$ y S, calcular luego

$$Z_{\text{LIE}} = \frac{\bar{x} - \text{LIE}}{S}$$

y aceptar el lote si

$$Z_{LSE} \geq k = 1.9$$

Cuando se conoce σ, se desciende verticalmente desde el punto de intersección hasta la escala de σ conocida. Esto indicaría un tamaño muestral de $n = 15$. De modo que si se conoce la desviación estándar, será posible una reducción considerable en el tamaño muestral.

■

También es posible diseñar un plan de muestreo para aceptación por variables a partir del nomograma, utilizando el Procedimiento 2 (método de M). Se necesita un paso extra para hacerlo. En la Fig. 11-4 se presenta una gráfica para determinar la máxima fracción defectuosa aceptable M. Una vez determinados los valores de n y k para el plan de muestreo apropiado a partir de la Fig. 11-3, puede obtenerse directamente un valor de M de la Fig. 11-4. Para utilizar realmente el Procedimiento 2 es necesario convertir los valores de Z_{LIE} y Z_{LSE} en una fracción defectuosa estimada. Para ello se puede emplear la Fig. 11-5. El siguiente ejemplo ilustra cómo puede diseñarse un plan de muestreo simple por variables con un límite de inspección unilateral utilizando el Procedimiento 2.

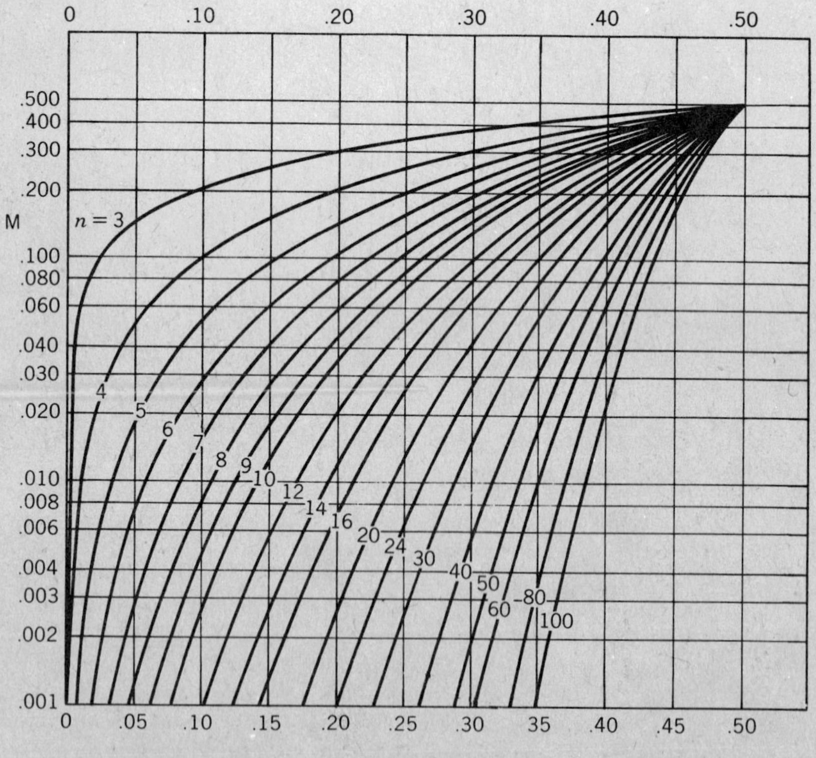

Para planes de la desviación estándar, tómese la abscisa = $\frac{1 - k\sqrt{n}/(n-1)}{2}$

Figura 11-4. Gráfica para determinar la máxima fracción defectuosa aceptable M. (De A. J. Duncan, *Quality Control and Industrial Statistics*, 4a. ed., Richard D. Irwin, Inc.: Homewood, Ill., 1974. Con permiso del editor.)

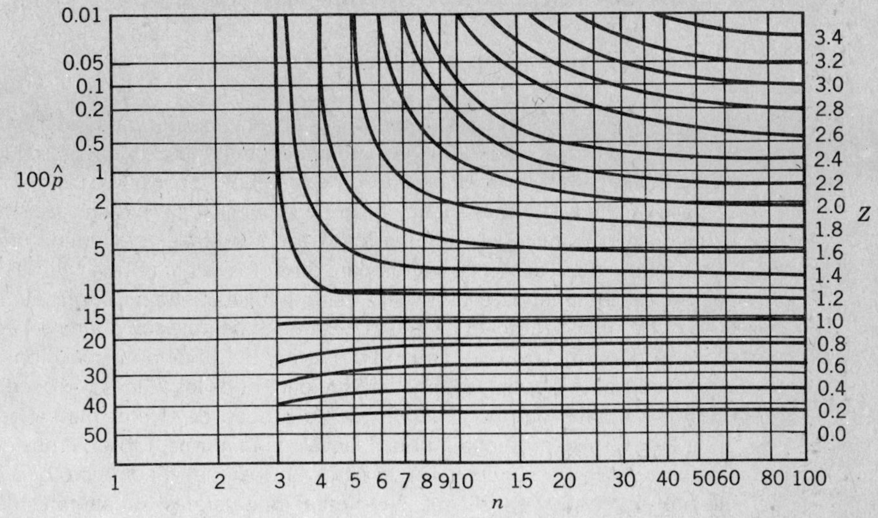

Figura 11-5. Gráfica para determinar $\hat{p}$ a partir de Z. (De A. J. Duncan, *Quality Control and Industrial Statistics*, 4a. ed., Irwin, Homewood, Ill., 1974. Con permiso del editor.)

Ejemplo 11-2

Considérese la situación descrita en el Ejemplo 11.1. Como se sabe que $n = 40$ y $k = 1.9$, se entra en la Fig. 11-1 con $n = 40$ y un valor para la abscisa de

$$\frac{1 - \dfrac{k\sqrt{n}}{(n-1)}}{2} = \frac{1 - \dfrac{1.9\sqrt{40}}{39}}{2} = 0.35$$

Esto indica que $M = 0.030$. Ahora supóngase que se toma una muestra con $n = 40$, y se observan $\bar{x} = 255$ y $S = 15$. El valor de Z_{LIE} es

$$Z_{LIE} = \frac{\bar{x} - LIE}{s} = \frac{255 - 225}{15} = 2$$

De la Fig. 11-5 se obtiene $\hat{p} = 0.020$. Se aceptaría el lote, ya que $\hat{p} = 0.020$ es menor que $M = 0.030$.

■

Cuando hay límites de especificación bilaterales, se podrá utilizar directamente el Procedimiento 2. Se empieza obteniendo el tamaño muestral n y el valor crítico k para un plan con un solo límite con los mismos valores de p_1, p_2, α y β que se desean usar en el plan con límites bilaterales de especificación. Después se obtiene directamente el valor de M en la Fig. 11-4. Ahora bien, con objeto de emplear el plan de muestreo para aceptación, se calculan Z_{LIE} y Z_{LSE}, y de la Fig. 11-5 se determinan las estimaciones correspondientes para la fracción defectuosa, digamos $\hat{p}_{LIE}$ y $\hat{p}_{LSE}$. Después, si $\hat{p}_{LIE} + \hat{p}_{LSE} \leq M$, se aceptará el lote; de otra manera será rechazado.

También es posible utilizar el Procedimiento 1 para límites bilaterales de especificación. Sin embargo, se tiene que cambiar mucho el procedimiento. En Duncan (1974) pueden verse los detalles de esta modificación.

11-3 NORMA MIL STD 414 (ANSI/ASQC Z1.9)

11-3.1 Descripción General de la Norma

La MIL STD 414 es un plan de muestreo para aceptación por variables. Se introdujo esta norma en 1957. Su punto focal es el nivel de calidad aceptable (NCA), que varía de 0.04% a 15%. Existen cinco niveles generales de inspección, y el nivel IV se considera "normal". El nivel de inspección V da una curva CO más inclinada que el nivel IV. Se pueden usar niveles de inspección más bajos cuando es necesario reducir los costos muestrales y pueden o deben tolerarse riesgos mayores. Como en el caso de la norma para atributos, en la norma MIL STD 105D se utilizan letras código para el tamaño de la muestra, pero la misma letra no implica el mismo tamaño muestral en las dos normas. También las clases de tamaño del lote son diferentes en ambas. Los tamaños muestrales son una función del tamaño del lote y del nivel de inspección. Se dispone de tablas para las inspecciones normal, estricta y reducida. Todos los planes y procedimientos de muestreo en la norma suponen que la característica de calidad de interés tiene distribución normal.

En la Fig. 11-6 se presenta la organización de la norma. Observemos que es posible diseñar planes de muestreo para aceptación en casos en los que se conoce o desconoce la variabilidad del lote o el proceso, y en los que hay límites unilaterales o bilaterales de especificación para la característica de calidad. En el caso de los unilaterales se puede aplicar el Procedimiento 1 o el Procedimiento 2. Si hay límites bilaterales, entonces habrá que utilizar el Procedimiento 2. Si se conoce y es estable la variabilidad del lote o del proceso, los planes que corresponden a una variabilidad conocida son los más eficaces económicamente. Cuando se desconoce la variabilidad del lote o del proceso se podrán usar la desviación estándar o la amplitud de la muestra para el plan de muestreo. El método de la amplitud necesita un tamaño muestral más grande y, por lo general, no se recomienda su uso.

La MIL STD 414 se divide en cuatro secciones. La Sección A es una descripción general de los planes de muestreo, incluyendo definiciones, letras código para el tamaño de la muestra, y curvas CO para varios planes de muestreo. La Sección B de la norma ofrece planes de muestreo por variables que se basan en la desviación estándar de la muestra, para el caso en cual se desconoce la variabilidad del lote o del proceso. La Sección C presenta planes de muestreo por variables que se basan en el método de la amplitud muestral. La Sección D proporciona planes de muestreo por variables para el caso en el que se conoce la desviación estándar del proceso.

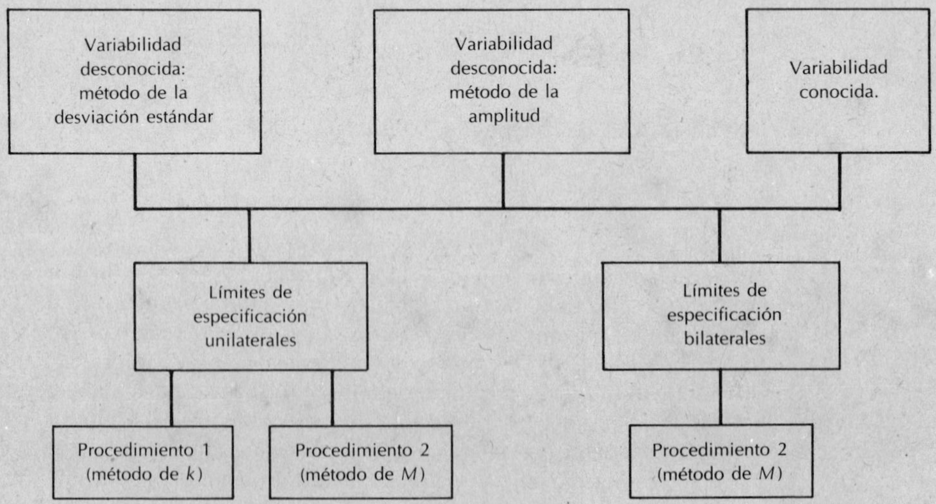

Figura 11-6. Organización de la MIL STD 414.

11-3.2 Uso de las Tablas

Las tablas más importantes de la MIL STD 414 se reproducen aquí en las Tablas 11-1 a 11-7. El ejemplo siguiente ilustra el uso de estas tablas.

Ejemplo 11-3

Considérese la embotelladora de gaseosas de los dos ejemplos anteriores, que compra botellas a un proveedor. El límite inferior de especificación para la resistencia a la presión interna es 225 lb/plg^2. Supóngase que el NCA para este límite de especificación es 1%. Además considérese que se embarcan lotes de tamaño 100 000. Se desea obtener un plan de muestreo por variables que use el Procedimiento 2 de la MIL STD 414, admitiendo que se desconoce la desviación estándar del lote.

A partir de la Tabla 11-1, utilizando el nivel de inspección IV, se obtiene la letra código para el tamaño de muestra O. En la Tabla 11-2 se encuentra que la letra de código para el tamaño de muestra O implica un tamaño muestral de $n = 100$. A un nivel de calidad aceptable de 1%, el valor de M es 2.20% para la inspección normal. Si se aplica la inspección estricta, el valor apropiado de M será 1.53%. Obsérvese que para la inspección normal y la estricta se utilizan las mismas tablas. Los valores del NCA para la normal se indican en la parte superior de la tabla, mientras los valores para la estricta se encuentran en la parte inferior de la tabla.

■

Tabla 11-1 (Tabla A.2. MIL STD 414) Letras código de tamaño muestral*

Tamaño del lote	Niveles de inspección Niveles de inspección I	II	III	IV	V
3 a 8	B	B	B	B	C
9 a 15	B	B	B	B	D
16 a 25	B	B	B	C	E
26 a 40	B	B	B	D	F
41 a 65	B	B	C	E	G
66 a 110	B	B	D	F	H
111 a 180	B	C	E	G	I
181 a 300	B	D	F	H	J
301 a 500	C	E	G	I	K
501 a 800	D	F	H	J	L
801 a 1,300	E	G	I	K	L
1,301 a 3,200	F	H	J	L	M
3,201 a 8,000	G	I	L	M	N
8,001 a 22,000	H	J	M	N	O
22,001 a 110,000	I	K	N	O	P
110,000 a 550,000	I	K	O	P	Q
550,000 y mayor	I	K	P	Q	Q

Tabla 11-2 Tabla maestra para inspecciones normal y estricta para planes que se basan en una variabilidad desconocida (método de la desviación estándar) (límite de especificación simple: forma 1) (Tabla B.1, MIL STD 414)

Letra código de tamaño muestral	Tamaño muestral	Niveles de calidad aceptable (inspección normal)													
		.04	.065	.10	.15	.25	.40	.65	1.00	1.50	2.50	4.00	6.50	10.00	15.00
		k	k	k	k	k	k	k	k	k	k	k	k	k	k
B	3	↓	↓	↓	↓	↓	↓	↓	▼	▼	1.12	.958	.765	.566	.341
C	4	↓	↓	↓	↓	↓	↓	↓	1.45	1.34	1.17	1.01	.814	.617	.393
D	5	↓	↓	↓	↓	↓	↓	1.65	1.53	1.40	1.24	1.07	.874	.675	.455
E	7	↓	↓	↓	↓	2.00	1.88	1.75	1.62	1.50	1.33	1.15	.955	.755	.536
F	10	↓	↓	↓	2.24	2.11	1.98	1.84	1.72	1.58	1.41	1.23	1.03	.828	.611
G	15	2.64	2.53	2.42	2.32	2.20	2.06	1.91	1.79	1.65	1.47	1.30	1.09	.886	.664
H	20	2.69	2.58	2.47	2.36	2.24	2.11	1.96	1.82	1.69	1.51	1.33	1.12	.917	.695
I	25	2.72	2.61	2.50	2.40	2.26	2.14	1.98	1.85	1.72	1.53	1.35	1.14	.936	.712
J	30	2.73	2.61	2.51	2.41	2.28	2.15	2.00	1.86	1.73	1.55	1.36	1.15	.946	.723
K	35	2.77	2.65	2.54	2.45	2.31	2.18	2.03	1.89	1.76	1.57	1.39	1.18	.969	.745
L	40	2.77	2.66	2.55	2.44	2.31	2.18	2.03	1.89	1.76	1.58	1.39	1.18	.971	.746
M	50	2.83	2.71	2.60	2.50	2.35	2.22	2.08	1.93	1.80	1.61	1.42	1.21	1.00	.774
N	75	2.90	2.77	2.66	2.55	2.41	2.27	2.12	1.98	1.84	1.65	1.46	1.24	1.03	.804
O	100	2.92	2.80	2.69	2.58	2.43	2.29	2.14	2.00	1.86	1.67	1.48	1.26	1.05	.819
P	150	2.96	2.84	2.73	2.61	2.47	2.33	2.18	2.03	1.89	1.70	1.51	1.29	1.07	.841
Q	200	2.97	2.85	2.73	2.62	2.47	2.33	2.18	2.04	1.89	1.70	1.51	1.29	1.07	.845
		.065	.10	.15	.25	.40	.65	1.00	1.50	2.50	4.00	6.50	10.00	15.00	
		Niveles de calidad aceptables (inspección estricta)													

Todos los valores del NCA se dan en porcentaje de defectuosos.

Aplique el primer plan de muestreo ubicado abajo de la flecha, es decir, el tamaño muestral y el valor de k. Cuando el tamaño muestral es igual a, o excede el tamaño del lote, hay que inspeccionar cada artículo del lote.

Tabla 11-3 Tabla maestra para inspecciones normal y estricta para planes que se basan en una variabilidad desconocida (método de la desviación estándar) (límite de especificación doble y Forma 2: límite de especificación simple) (Tabla B.3, MIL STD 414)

Letra código de tamaño muestral	Tamaño muestral	Niveles de calidad aceptables (inspección normal)													
		.04	.065	.10	.15	.25	.40	.65	1.00	1.50	2.50	4.00	6.50	10.00	15.00
		M	M	M	M	M	M	M	M	M	M	M	M	M	M
B	3	↓	↓	↓	↓	↓	↓	↓	▼	▼	7.59	18.86	26.94	33.69	40.47
C	4	↓	↓	↓	↓	↓	↓	↓	1.53	5.50	10.92	16.45	22.86	29.45	36.90
D	5	↓	↓	↓	↓	↓	↓	1.33	3.32	5.83	9.80	14.39	20.19	26.56	33.99
E	7	↓	↓	↓	↓	0.422	1.06	2.14	3.55	5.35	8.40	12.20	17.35	23.29	30.50
F	10	↓	↓	↓	0.349	0.716	1.30	2.17	3.26	4.77	7.29	10.54	15.17	20.74	27.57
G	15	0.099	0.186	0.312	0.503	0.818	1.31	2.11	3.05	4.31	6.56	9.46	13.71	18.94	25.61
H	20	0.135	0.228	0.365	0.544	0.846	1.29	2.05	2.95	4.09	6.17	8.92	12.99	18.03	24.53
I	25	0.155	0.250	0.380	0.551	0.877	1.29	2.00	2.86	3.97	5.97	8.63	12.57	17.51	23.97
J	30	0.179	0.280	0.413	0.581	0.879	1.29	1.98	2.83	3.91	5.86	8.47	12.36	17.24	23.58
K	35	0.170	0.264	0.388	0.535	0.847	1.23	1.87	2.68	3.70	5.57	8.10	11.87	16.65	22.91
L	40	0.179	0.275	0.401	0.566	0.873	1.26	1.88	2.71	3.72	5.58	8.09	11.85	16.61	22.86
M	50	0.163	0.250	0.363	0.503	0.789	1.17	1.71	2.49	3.45	5.20	7.61	11.23	15.87	22.00
N	75	0.147	0.228	0.330	0.467	0.720	1.07	1.60	2.29	3.20	4.87	7.15	10.63	15.13	21.11
O	100	0.145	0.220	0.317	0.447	0.689	1.02	1.53	2.20	3.07	4.69	6.91	10.32	14.75	20.66
P	150	0.134	0.203	0.293	0.413	0.638	0.949	1.43	2.05	2.89	4.43	6.57	9.88	14.20	20.02
Q	200	0.135	0.204	0.294	0.414	0.637	0.945	1.42	2.04	2.87	4.40	6.53	9.81	14.12	19.92
		.065	.10	.15	.25	.40	.65	1.00	1.50	2.50	4.00	6.50	10.00	15.00	
		Niveles de calidad aceptables (inspección estricta)													

Todos los valores del NCA y de la tabla se dan en porcentaje de defectuosos.

Aplique el primer plan de muestreo ubicado abajo de la flecha; es decir, el tamaño muestral y el valor de *k*. Cuando el tamaño muestral es igual a, o excede el tamaño del lote, hay que inspeccionar cada artículo del lote.

Tabla 11-4 Tabla maestra para inspecciones normal y estricta para planes que se basan en una variabilidad desconocida (método de la amplitud) (límite de especificación simplei: Forma 1) (Tabla C.1, MIL STD 414)

Letra código de tamaño muestral	Tamaño muestral	Niveles de calidad aceptables (inspección normal)													
		.04	.065	.10	.15	.25	.40	.65	1.00	1.50	2.50	4.00	6.50	10.00	15.00
		k	k	k	k	k	k	k	k	k	k	k	k	k	k
B	3	↓	↓	↓	↓	↓	↓	↓	▼	▼	.587	.502	.401	.296	.178
C	4	↓	↓	↓	↓	↓	↓	↓	.651	.598	.525	.450	.364	.276	.176
D	5	↓	↓	↓	↓	↓	↓	.663	.614	.565	.498	.431	.352	.272	.184
E	7	↓	↓	↓	↓	.702	.659	.613	.569	.525	.465	.405	.336	.266	.189
F	10	↓	↓	↓	.916	.863	.811	.755	.703	.650	.579	.507	.424	.341	.252
G	15	1.09	1.04	.999	.958	.903	.850	.792	.738	.684	.610	.536	.452	.368	.276
H	25	1.14	1.10	1.05	1.01	.951	.896	.835	.779	.723	.647	.571	.484	.398	.305
I	30	1.15	1.10	1.06	1.02	.959	.904	.843	.787	.730	.654	.577	.490	.403	.310
J	35	1.16	1.11	1.07	1.02	.964	.908	.848	.791	.734	.658	.581	.494	.406	.313
K	40	1.18	1.13	1.08	1.04	.978	.921	.860	.803	.746	.668	.591	.503	.415	.321
L	50	1.19	1.14	1.09	1.05	.988	.931	.893	.812	.754	.676	.598	.510	.421	.327
M	60	1.21	1.16	1.11	1.06	1.00	.948	.885	.826	.768	.689	.610	.521	.432	.336
N	85	1.23	1.17	1.13	1.08	1.02	.962	.899	.839	.780	.701	.621	.530	.441	.345
O	115	1.24	1.19	1.14	1.09	1.03	.975	.911	.851	.791	.711	.631	.539	.449	.353
P	175	1.26	1.21	1.16	1.11	1.05	.994	.929	.868	.807	.726	.644	.552	.460	.363
Q	230	1.27	1.21	1.16	1.12	1.06	.996	.931	.870	.809	.728	.646	.553	.462	.364
		.065	.10	.15	.25	.40	.65	1.00	1.50	2.50	4.00	6.50	10.00	15.00	
		Niveles de calidad aceptables (inspección estricta)													

Todos los valores del NCA se dan en porcentaje de defectuosos.

Aplique el primer plan de muestreo ubicado abajo de la flecha; es decir, el tamaño muestral y el valor de *k*. Cuando el tamaño muestral es igual a, o excede el tamaño del lote, hay que inspeccionar cada artículo del lote.

Tabla 11-5 Tabla maestra para inspecciones normal y estricta para planes que se basan en una variabilidad desconocida (método de la amplitud) (límite de especificación doble y forma 2: límite de especificación simple) (Tabla C.3, MIL STD 414)

Letra código de tamaño muestral	Tamaño muestral	Factor c	Niveles de calidad aceptables (inspección normal)													
			.04	.065	.10	.15	.25	.40	.65	1.00	1.50	2.50	4.00	6.50	10.00	15.00
			M	M	M	M	M	M	M	M	M	M	M	M	M	M
B	3	1.910	↓	↓	↓	↓	↓	↓	↓	▼	▼	7.59	18.86	26.94	33.69	40.47
C	4	2.234	↓	↓	↓	↓	↓	↓	↓	1.53	5.50	10.92	16.45	22.86	29.45	36.90
D	5	2.474	↓	↓	↓	↓	↓	↓	1.42	3.44	5.93	9.90	14.47	20.27	26.59	33.95
E	7	2.830	↓	↓	↓	↓	.28	.89	1.99	3.46	5.32	8.47	12.35	17.54	23.50	30.66
F	10	2.405	↓	↓	↓	.23	.58	1.14	2.05	3.23	4.77	7.42	10.79	15.49	21.06	27.90
G	15	2.379	.061	.136	.253	.430	.786	1.30	2.10	3.11	4.44	6.76	9.76	14.09	19.30	25.92
H	25	2.358	.125	.214	.336	.506	.827	1.27	1.95	2.82	3.96	5.98	8.65	12.59	17.48	23.79
I	30	2.353	.147	.240	.366	.537	.856	1.29	1.96	2.81	3.92	5.88	8.50	12.36	17.19	23.42
J	35	2.349	.165	.261	.391	.564	.883	1.33	1.98	2.82	3.90	5.85	8.42	12.24	17.03	23.21
K	40	2.346	.160	.252	.375	.539	.842	1.25	1.88	2.69	3.73	5.61	8.11	11.84	16.55	22.38
L	50	2.342	.169	.261	.381	.542	.838	1.25	1.60	2.63	3.64	5.47	7.91	11.57	16.20	22.26
M	60	2.339	.158	.244	.356	.504	.781	1.16	1.74	2.47	3.44	5.17	7.54	11.10	15.64	21.63
N	85	2.335	.156	.242	.350	.493	.755	1.12	1.67	2.37	3.30	4.97	7.27	10.73	15.17	21.05
O	115	2.333	.153	.230	.333	.468	.718	1.06	1.58	2.25	3.14	4.76	6.99	10.37	14.74	20.57
P	175	2.331	.139	.210	.303	.427	.655	.972	1.46	2.08	2.93	4.47	6.60	9.89	14.15	19.88
Q	230	2.330	.142	.215	.308	.432	.661	.976	1.47	2.08	2.92	4.46	6.57	9.84	14.10	19.82
			.065	.10	.15	.25	.40	.65	1.00	1.50	2.50	4.00	6.50	10.00	15.00	
			Niveles de calidad aceptables (inspección estricta)													

Todos los valores del NCA se dan en porcentaje de defectuosos.

Aplique el primer plan de muestreo ubicado abajo de la flecha; es decir, el tamaño muestral y el valor de k. Cuando el tamaño muestral es igual a, o excede el tamaño del lote, hay que inspeccionar cada artículo del lote.

Tabla 11-6 Valores de *T* para la inspección estricta (método de la desviación estándar) (Tabla B.6, MIL STD 414)

Letra código de de tamaño muestral	Niveles de calidad aceptable (en porcentaje de defectuosos)														Tamaño de lotes
	.04	.065	.10	.15	.25	.40	.65	1.0	1.5	2.5	4.0	6.5	10.0	15.0	
										2	3	4	4	4	5
B	*	*	*	*	*	*	*	*	*	4	5	6	7	8	10
										5	6	8	9	11	15
								2	2	3	3	4	4	4	5
C	*	*	*	*	*	*	*	3	4	5	6	7	7	8	10
								5	6	7	8	9	10	11	15
							2	3	3	3	4	4	4	4	5
D	*	*	*	*	*	*	4	4	5	6	6	7	7	8	10
							5	6	7	8	9	10	10	11	15
					2	3	3	3	4	4	4	4	4	4	5
E	*	*	*	*	4	4	5	5	6	6	7	7	8	8	10
					5	6	6	7	8	9	9	10	11	11	15
				3	3	3	3	4	4	4	4	4	4	4	5
F	*	*	*	4	5	5	6	6	6	7	7	8	8	8	10
				6	6	7	8	8	9	9	10	11	11	11	15
	3	3	3	3	3	4	4	4	4	4	4	4	4	4	5
G	4	5	5	5	6	6	6	7	7	7	7	8	8	8	10
	6	6	6	7	7	8	9	9	9	10	10	11	11	11	15
	3	3	3	3	4	4	4	4	4	4	4	4	4	4	5
H	5	5	5	6	6	6	7	7	7	7	8	8	8	8	10
	6	7	7	8	8	9	9	9	10	10	11	11	11	11	15
	3	3	4	4	4	4	4	4	4	4	4	4	4	4	5
I	5	6	6	6	6	7	7	7	7	7	8	8	8	8	10
	7	7	8	8	9	9	9	10	10	10	11	11	11	11	15
	3	4	4	4	4	4	4	4	4	4	4	4	4	4	5
J	6	6	6	6	7	7	7	7	7	8	8	8	8	8	10
	8	8	8	9	9	9	10	10	10	11	11	11	11	11	15
	4	4	4	4	4	4	4	4	4	4	4	4	4	4	5
K	6	6	6	6	7	7	7	7	8	8	8	8	8	8	10
	8	8	9	9	9	9	10	10	10	11	11	11	11	11	15
	4	4	4	4	4	4	4	4	4	4	4	4	4	4	5
L	6	6	6	7	7	7	7	7	8	8	8	8	8	8	10
	8	9	9	9	9	10	10	10	10	11	11	11	11	11	15
	4	4	4	4	4	4	4	4	4	4	4	4	4	4	5
M	6	7	7	7	7	7	7	7	8	8	8	8	8	8	10
	9	9	9	9	10	10	10	10	11	11	11	11	11	11	15
	4	4	4	4	4	4	4	4	4	4	4	4	4	4	5
N	7	7	7	7	7	7	8	8	8	8	8	8	8	8	10
	9	9	10	10	10	10	11	11	11	11	11	11	11	11	15
	4	4	4	4	4	4	4	4	4	4	4	4	4	4	5
O	7	7	7	7	7	8	8	8	8	8	8	8	8	8	10
	10	10	10	10	10	11	11	11	11	11	11	11	11	11	15
	4	4	4	4	4	4	4	4	4	4	4	4	4	4	5
P	7	7	7	8	8	8	8	8	8	8	8	8	8	8	10
	10	10	10	10	11	11	11	11	11	11	11	11	11	12	15
	4	4	4	4	4	4	4	4	4	4	4	4	4	4	5
Q	7	8	8	8	8	8	8	8	8	8	8	8	8	8	10
	10	11	11	11	11	11	11	11	11	11	11	11	11	12	15

*En esta forma no se proporcionan planes de muestreo para estas letras de código y para estos valores del NCA.

En cada bloque, el número de arriba se refiere a los 5 lotes anteriores, el de en medio a los 10 lotes anteriores, y el de abajo a los 15 lotes anteriores.

Se necesita la inspección estricta cuando el número de lotes con estimaciones del porcentaje de defectuosos mayores que el NCA de los 5, 10 o 15 lotes anteriores es mayor que el valor dado de *T* en la tabla, y la media del proceso de estos lotes excede el NCA.

Todos las estimaciones del porcentaje defectuoso de los lotes se obtienen de la Tabla B.5.

La MIL STD 414 proporciona información para un cambio a la inspección estricta o a la reducida, cuando ello se justifica. Se usa la media del proceso como base para determinar cuándo se realizará dicho cambio. Como media del proceso se toma el promedio de las estimaciones muestrales del porcentaje defectuoso, calculadas a partir de los lotes sometidos a la inspección original. Normalmente la media del proceso se calcula a partir de la información de los 10 lotes anteriores. Debe implantarse la inspección estricta siempre que la media del proceso exceda al NCA, y cierto número de los lotes (mayor que un valor T en los que se basa la media del proceso tenga estimaciones del porcentaje defectuoso mayores que el NCA. La Tabla 11-6 presenta los valores de T. Se utiliza la inspección reducida cuando 1) los 10 lotes anteriores han estado bajo la inspección normal y no se ha rechazado ninguno; 2) el porcentaje defectuoso estimado para cada uno de dichos lotes es menor que un límite inferior especificado, para el cual se proporciona una tabla especial o, en ciertos planes, cuando el porcentaje defectuoso estimado es igual a cero para un número especificado de lotes consecutivos; y 3) la producción es estable. Los detalles completos de los procedimientos de cambio a la inspección reducida se hallan en un memorando técnico sobre la MIL STD 414, emitido por el United States Department of the Navy, Bureau of Ordinance.

Es necesario estimar la fracción defectuosa cuando se aplica el Procedimiento 2 de la MIL STD 414. También se requiere al implementar las reglas de cambio entre la inspección normal, la estricta y la reducida. En la norma se proporcionan tres tablas para estimar la fracción defectuosa. La selección de la tabla adecuada depende de que se suponga conocida la desviación estándar, se estime la desviación estándar mediante la desviación estándar muestral, o se use la amplitud de los datos muestrales. Estas tablas se denominan, a veces, *tablas de Lieberman-Resnikoff*, en honor a las personas que las desarrollaron (1955). La Tabla 11-7 es la tabla de Lieberman-Resnikoff para estimar la fracción defectuosa correspondiente a Z_{LIE} y Z_{LSE} cuando se desconoce la variabilidad del proceso, y se estima mediante la desviación estándar muestral. Los números en la tabla son las probabilidades de que la variable normal sea menor que o igual a Z. Estas tablas no sólo son útiles para el muestreo por variables, sino también para cualquier situación problemática en la que se necesita una estimación de los porcentiles de una distribución normal con una media y una desviación estándar desconocidas.

Cuando se empieza a utilizar la MIL STD 414 puede elegirse entre los procedimientos de la desviación estándar conocida y la desviación estándar desconocida. Cuando no se tiene alguna base para conocer σ, debe utilizarse obviamente el plan de la desviación estándar desconocida. Sin embargo, es conveniente llevar una gráfica de R o de S para los resultados de cada lote, con objeto de obtener cierta información acerca del estado de control estadístico de la dispersión en el proceso de manufactura. Si este diagrama indica un control estadístico, será posible cambiar a un plan de σ conocida. Tal cambio reduciría el tamaño muestral requerido. Incluso en un proceso sin control perfecto, la gráfica de control podría proporcionar información conduncente a una estimación conservadora de σ para su uso en un plan de σ conocida. Cuando se utiliza un plan de σ conocida, es necesario llevar un diagrama de control para R o S como una verificación continua de la suposición de variabilidad estable y conocida del proceso.

La MIL STD 414 contiene un procedimiento especial para planes mixtos de muestreo de aceptación por variables y atributos. Si el lote no satisface los criterios de aceptación del plan por variables, se obtendrá un plan de muestreo por atributos de la MIL STD 105D utilizando la inspección estricta y el mismo NCA. Se puede aceptar un lote por cualquiera de los planes, pero tiene que ser rechazado por ambos métodos, por variables y por atributos.

11-3.3 Análisis de la MIL STD 414 y la ANSI/ASQC Z1.9

En 1980, el American National Standards Institute (ANSI) y la American Society for Quality Control (ASQC) publicaron una versión civil actualizada de la MIL STD 414 conocida como ANSI/ASQC Z1.9. Originalmente la MIL STD 414 se estructuró para dar protección equivalente

Tabla 11-7 Tabla para estimar el porcentaje defectuoso del lote (p_{LSE} o p_{LIE}) a partir de Z_{LSE} o Z_{LIE} utilizando el método de la desviación estándar (Tabla B.5 del MIL STD 414)

Z_{LSE} o Z_{LIE}	Tamaño muestral															
	3	4	5	7	10	15	20	25	30	35	40	50	75	100	150	200
0	50.00	50.00	50.00	50.00	50.00	50.00	50.00	50.00	50.00	50.00	50.00	50.00	50.00	50.00	50.00	50.00
.1	47.24	46.67	46.44	46.26	46.16	46.10	46.08	46.06	46.05	46.05	46.04	46.04	46.03	46.03	46.02	46.02
.2	44.46	43.33	42.90	42.54	42.35	42.24	42.19	42.16	42.15	42.13	42.13	42.11	42.10	42.09	42.08	42.08
.3	41.63	40.00	39.37	38.87	38.60	38.44	38.37	38.33	38.31	38.29	38.28	38.27	38.25	38.24	38.22	38.22
.31	41.35	39.67	39.02	38.50	38.23	38.06	37.99	37.95	37.93	37.91	37.90	37.89	37.87	37.86	37.84	37.84
.32	41.06	39.33	38.67	38.14	37.86	37.69	37.62	37.58	37.55	37.54	37.52	37.51	37.49	37.48	37.46	37.46
.33	40.77	39.00	38.32	37.78	37.49	37.31	37.24	37.20	37.18	37.16	37.15	37.13	37.11	37.10	37.09	37.08
.34	40.49	38.67	37.97	37.42	37.12	36.94	36.87	36.83	36.80	36.78	36.77	36.75	36.73	36.72	36.71	36.71
.35	40.20	38.33	37.62	37.06	36.75	36.57	36.49	36.45	36.43	36.41	36.40	36.38	36.36	36.35	36.33	36.33
.36	39.91	38.00	37.28	36.69	36.38	36.20	36.12	36.08	36.05	36.04	36.02	36.01	35.98	35.97	35.96	35.96
.37	39.62	37.67	36.93	36.33	36.02	35.83	35.75	35.71	35.68	35.66	35.65	35.63	35.61	35.60	35.59	35.58
.38	39.33	37.33	36.58	35.98	35.65	35.46	35.38	35.34	35.31	35.29	35.28	35.26	35.24	35.23	35.22	35.21
.39	39.03	37.00	36.23	35.62	35.29	35.10	35.01	34.97	34.94	34.93	34.91	34.89	34.87	34.86	34.85	34.84
.40	38.74	36.67	35.88	35.26	34.93	34.73	34.65	34.60	34.58	34.56	34.54	34.53	34.50	34.49	34.48	34.47
.41	38.45	36.33	35.54	34.90	34.57	34.37	34.28	34.24	34.21	34.19	34.18	34.16	34.13	34.12	34.11	34.10
.42	38.15	36.00	35.19	34.55	34.21	34.00	33.92	33.87	33.85	33.83	33.81	33.79	33.77	33.76	33.74	33.74
.43	37.85	35.67	34.85	34.19	33.85	33.64	33.56	33.51	33.48	33.46	33.45	33.43	33.40	33.39	33.38	33.37
.44	37.56	35.33	34.50	33.84	33.49	33.28	33.20	33.15	33.12	33.10	33.09	33.07	33.04	33.03	33.02	33.01
.45	37.26	35.00	34.16	33.49	33.13	32.92	32.84	32.79	32.76	32.74	32.73	32.71	32.68	32.67	32.66	32.65
.46	36.96	34.67	33.81	33.13	32.78	32.57	32.48	32.43	32.40	32.38	32.37	32.35	32.32	32.31	32.30	32.29
.47	36.66	34.33	33.47	32.78	32.42	32.21	32.12	32.07	32.04	32.02	32.01	31.99	31.96	31.95	31.94	31.93
.48	36.35	34.00	33.12	32.43	32.07	31.85	31.77	31.72	31.69	31.67	31.65	31.63	31.61	31.60	31.58	31.58
.49	36.05	33.67	32.78	32.08	31.72	31.50	31.41	31.36	31.33	31.31	31.30	31.28	31.25	31.24	31.23	31.22
.50	35.75	33.33	32.44	31.74	31.37	31.15	31.06	31.01	30.98	30.96	30.95	30.93	30.90	30.89	30.87	30.87
.51	35.44	33.00	32.10	31.39	31.02	30.80	30.71	30.66	30.63	30.61	30.60	30.57	30.55	30.54	30.52	30.52
.52	35.13	32.67	31.76	31.04	30.67	30.45	30.36	30.31	30.28	30.26	30.25	30.23	30.20	30.19	30.17	30.17
.53	34.82	32.33	31.42	30.70	30.32	30.10	30.01	29.96	29.93	29.91	29.90	29.88	29.85	29.84	29.83	29.82
.54	34.51	32.00	31.08	30.36	29.98	29.76	29.67	29.62	29.59	29.57	29.55	29.53	29.51	29.49	29.48	29.48
.55	34.20	31.67	30.74	30.01	29.64	29.41	29.32	29.27	29.24	29.22	29.21	29.19	29.16	29.15	29.14	29.13
.56	33.88	31.33	30.40	29.67	29.29	29.07	28.98	28.93	28.90	28.88	28.87	28.85	28.82	28.81	28.79	28.79
.57	33.57	31.00	30.06	29.33	28.95	28.73	28.64	28.59	28.56	28.54	28.53	28.51	28.48	28.47	28.45	28.45
.58	33.25	30.67	29.73	28.99	28.61	28.39	28.30	28.25	28.22	28.20	28.19	28.17	28.14	28.13	28.12	28.11
.59	32.93	30.33	29.39	28.66	28.28	28.05	27.96	27.92	27.89	27.87	27.85	27.83	27.81	27.79	27.78	27.77
.60	32.61	30.00	29.05	28.32	27.94	27.72	27.63	27.58	27.55	27.53	27.52	27.50	27.47	27.46	27.45	27.44
.61	32.28	29.67	28.72	27.98	27.60	27.39	27.30	27.25	27.22	27.20	27.18	27.16	27.14	27.13	27.11	27.11
.62	31.96	29.33	28.39	27.65	27.27	27.05	26.96	26.92	26.89	26.87	26.85	26.83	26.81	26.80	26.78	26.78
.63	31.63	29.00	28.05	27.32	26.94	26.72	26.63	26.59	26.56	26.54	26.52	26.50	26.48	26.47	26.45	26.45
.64	31.30	28.67	27.72	26.99	26.61	26.39	26.31	26.26	26.23	26.21	26.20	26.18	26.15	26.14	26.13	26.12
.65	30.97	28.33	27.39	26.66	26.28	26.07	25.98	25.93	25.90	25.88	25.87	25.85	25.83	25.82	25.80	25.80
.66	30.63	28.00	27.06	26.33	25.96	25.74	25.66	25.61	25.58	25.56	25.55	25.53	25.51	25.49	25.48	25.48
.67	30.30	27.67	26.73	26.00	25.63	25.42	25.33	25.29	25.26	25.24	25.23	25.21	25.19	25.17	25.16	25.16
.68	29.96	27.33	26.40	25.68	25.31	25.10	25.01	24.97	24.94	24.92	24.91	24.89	24.87	24.86	24.84	24.84
.69	29.61	27.00	26.07	25.35	24.99	24.78	24.70	24.65	24.62	24.60	24.59	24.57	24.55	24.54	24.53	24.52

[1]Valores totalizados en porcentajes

Z_{LSE} o Z_{LIE}	Tamaño muestral															
	3	4	5	7	10	15	20	25	30	35	40	50	75	100	150	200
.70	29.27	26.67	25.74	25.03	24.67	24.46	24.38	24.33	24.31	24.29	24.28	24.26	24.24	24.23	24.21	24.21
.71	28.92	26.33	25.41	24.71	24.35	24.15	24.06	24.02	23.99	23.98	23.96	23.95	23.92	23.91	23.90	23.90
.72	28.57	26.00	25.09	24.39	24.03	23.83	23.75	23.71	23.68	23.67	23.65	23.64	23.61	23.60	23.59	23.59
.73	28.22	25.67	24.76	24.07	23.72	23.52	23.44	23.40	23.37	23.36	23.34	23.33	23.31	23.30	23.29	23.28
.74	27.86	25.33	24.44	23.75	23.41	23.21	23.13	23.09	23.07	23.05	23.04	23.02	23.00	22.99	22.98	22.98
.75	27.50	25.00	24.11	23.44	23.10	22.90	22.83	22.79	22.76	22.75	22.73	22.72	22.70	22.69	22.68	22.67
.76	27.13	24.67	23.79	23.12	22.79	22.60	22.52	22.48	22.46	22.44	22.43	22.42	22.40	22.39	22.38	22.37
.77	26.77	24.33	23.47	22.81	22.48	22.30	22.22	22.18	22.16	22.14	22.13	22.12	22.10	22.09	22.08	22.08
.78	26.39	24.00	23.15	22.50	22.18	21.99	21.92	21.89	21.86	21.85	21.84	21.82	21.80	21.79	21.78	21.78
.79	26.02	23.67	22.83	22.19	21.87	21.70	21.63	21.59	21.57	21.55	21.54	21.53	21.51	21.50	21.49	21.49
.80	25.64	23.33	22.51	21.88	21.57	21.40	21.33	21.29	21.27	21.26	21.25	21.23	21.22	21.21	21.20	21.20
.81	25.25	23.00	22.19	21.58	21.27	21.10	21.04	21.00	20.98	20.97	20.96	20.94	20.93	20.92	20.91	20.91
.82	24.86	22.67	21.87	21.27	20.98	20.81	20.75	20.71	20.69	20.68	20.67	20.65	20.64	20.63	20.62	20.62
.83	24.47	22.33	21.56	20.97	20.68	20.52	20.46	20.42	20.40	20.39	20.38	20.37	20.35	20.35	20.34	20.34
.84	24.07	22.00	21.24	20.67	20.39	20.23	20.17	20.14	20.12	20.11	20.10	20.09	20.07	20.06	20.06	20.05
.85	23.67	21.67	20.93	20.37	20.10	19.94	19.89	19.86	19.84	19.82	19.82	19.80	19.79	19.78	19.78	19.77
.86	23.26	21.33	20.62	20.07	19.81	19.66	19.60	19.57	19.56	19.54	19.54	19.53	19.51	19.51	19.50	19.50
.87	22.84	21.00	20.31	19.78	19.52	19.38	19.32	19.30	19.28	19.27	19.26	19.25	19.24	19.23	19.22	19.22
.88	22.42	20.67	20.00	19.41	19.23	19.10	19.04	19.02	19.00	18.99	18.98	18.98	18.96	18.96	18.95	18.95
.89	21.99	20.33	19.69	19.19	18.95	18.82	18.77	18.74	18.73	18.72	18.71	18.70	18.69	18.69	18.68	18.68
.90	21.55	20.00	19.38	18.90	18.67	18.54	18.50	18.47	18.46	18.45	18.44	18.43	18.42	18.42	18.41	18.41
.91	21.11	19.67	19.07	18.61	18.39	18.27	18.22	18.20	18.19	18.18	18.17	18.17	18.16	18.15	18.15	18.15
.92	20.66	19.33	18.77	18.33	18.11	18.00	17.96	17.94	17.92	17.92	17.91	17.90	17.89	17.89	17.88	17.88
.93	20.20	19.00	18.46	18.04	17.84	17.73	17.69	17.67	17.66	17.65	17.65	17.64	17.63	17.63	17.62	17.62
.94	19.74	18.67	18.16	17.76	17.57	17.46	17.43	17.41	17.40	17.39	17.39	17.38	17.37	17.37	17.36	17.36
.95	19.25	18.33	17.86	17.48	17.29	17.20	17.17	17.15	17.14	17.13	17.13	17.12	17.12	17.11	17.11	17.11
.96	18.76	18.00	17.56	17.20	17.03	16.94	16.91	16.89	16.88	16.88	16.87	16.87	16.86	16.86	16.86	16.85
.97	18.25	17.67	17.25	16.92	16.76	16.68	16.65	16.63	16.63	16.62	16.62	16.61	16.61	16.61	16.60	16.60
.98	17.74	17.33	16.96	16.65	16.49	16.42	16.39	16.38	16.37	16.37	16.37	16.36	16.36	16.36	16.36	16.36
.99	17.21	17.00	16.66	16.37	16.23	16.16	16.14	16.13	16.12	16.12	16.12	16.12	16.11	16.11	16.11	16.11
1.00	16.67	16.67	16.36	16.10	15.97	15.91	15.89	15.88	15.88	15.87	15.87	15.87	15.87	15.87	15.87	15.87
1.01	16.11	16.33	16.07	15.83	15.72	15.66	15.64	15.63	15.63	15.63	15.63	15.63	15.62	15.62	15.62	15.62
1.02	15.53	16.00	15.78	15.56	15.46	15.41	15.40	15.39	15.39	15.39	15.39	15.38	15.38	15.38	15.38	15.38
1.03	14.93	15.67	15.48	15.30	15.21	15.17	15.15	15.15	15.15	15.15	15.15	15.15	15.15	15.15	15.15	15.15
1.04	14.31	15.33	15.19	15.03	14.96	14.92	14.91	14.91	14.91	14.91	14.91	14.91	14.91	14.91	14.91	14.91
1.05	13.66	15.00	14.91	14.77	14.71	14.68	14.67	14.67	14.67	14.67	14.68	14.68	14.68	14.68	14.68	14.68
1.06	12.98	14.67	14.62	14.51	14.46	14.44	14.44	14.44	14.44	14.44	14.44	14.45	14.45	14.45	14.45	14.45
1.07	12.27	14.33	14.33	14.26	14.22	14.20	14.20	14.21	14.21	14.21	14.21	14.22	14.22	14.22	14.22	14.23
1.08	11.51	14.00	14.05	14.00	13.97	13.97	13.97	13.98	13.98	13.98	13.99	13.99	13.99	14.00	14.00	14.00
1.09	10.71	13.67	13.76	13.73	13.73	13.74	13.74	13.75	13.75	13.76	13.76	13.77	13.77	13.77	13.78	13.78

Tabla 11-7 *(Continuación)*

Z_{LSE} o Z_{LIE}	Tamaño muestral															
	3	4	5	7	10	15	20	25	30	35	40	50	75	100	150	200
1.10	9.84	13.33	13.48	13.49	13.50	13.51	13.52	13.52	13.53	13.54	13.54	13.54	13.55	13.55	13.56	13.56
1.11	8.89	13.00	13.20	13.25	13.26	13.28	13.29	13.30	13.31	13.31	13.32	13.32	13.33	13.34	13.34	13.34
1.12	7.82	12.67	12.93	13.00	13.03	13.05	13.07	13.08	13.09	13.10	13.10	13.11	13.12	13.12	13.12	13.13
1.13	6.60	12.33	12.65	12.75	12.80	12.83	12.85	12.86	12.87	12.88	12.89	12.89	12.90	12.91	12.91	12.92
1.14	5.08	12.00	12.37	12.51	12.57	12.61	12.63	12.65	12.66	12.67	12.67	12.68	12.69	12.70	12.70	12.70
1.15	0.29	11.67	12.10	12.27	12.34	12.39	12.42	12.44	12.45	12.46	12.46	12.47	12.48	12.49	12.49	12.50
1.16	0.00	11.33	11.83	12.03	12.12	12.18	12.21	12.22	12.24	12.25	12.25	12.26	12.28	12.28	12.29	12.29
1.17	0.00	11.00	11.56	11.79	11.90	11.96	12.00	12.02	12.03	12.04	12.05	12.06	12.07	12.08	12.08	12.09
1.18	0.00	10.67	11.29	11.56	11.68	11.75	11.79	11.81	11.82	11.84	11.84	11.85	11.87	11.88	11.88	11.89
1.19	0.00	10.33	11.02	11.33	11.46	11.54	11.58	11.61	11.62	11.63	11.64	11.65	11.67	11.68	11.69	11.69
1.20	0.00	10.00	10.76	11.10	11.24	11.34	11.38	11.41	11.42	11.43	11.44	11.46	11.47	11.48	11.49	11.49
1.21	0.00	9.67	10.50	10.87	11.03	11.13	11.18	11.21	11.22	11.24	11.25	11.26	11.28	11.29	11.30	11.30
1.22	0.00	9.33	10.23	10.65	10.82	10.93	10.98	11.01	11.03	11.04	11.05	11.07	11.09	11.09	11.10	11.11
1.23	0.00	9.00	9.97	10.42	10.61	10.73	10.75	10.81	10.84	10.55	10.86	10.88	10.90	10.91	10.91	10.92
1.24	0.00	8.67	9.72	10.20	10.41	10.53	10.59	10.62	10.64	10.66	10.67	10.69	10.71	10.72	10.73	10.73
1.25	0.00	8.33	9.46	9.98	10.21	10.34	10.40	10.43	10.46	10.47	10.48	10.50	10.52	10.53	10.54	10.55
1.26	0.00	8.00	9.21	9.77	10.00	10.15	10.21	10.25	10.27	10.29	10.30	10.32	10.34	10.35	10.36	10.37
1.27	0.00	7.67	8.96	9.55	9.81	9.96	10.02	10.06	10.09	10.10	10.12	10.13	10.16	10.17	10.18	10.19
1.28	0.00	7.33	8.71	9.34	9.61	9.77	9.84	9.88	9.90	9.92	9.94	9.95	9.98	9.99	10.00	10.01
1.29	0.00	7.00	8.46	9.13	9.42	9.58	9.65	9.70	9.72	9.74	9.76	9.78	9.80	9.82	9.83	9.83
1.30	0.00	6.67	8.21	8.93	9.22	9.40	9.48	9.52	9.55	9.57	9.58	9.60	9.63	9.64	9.65	9.66
1.31	0.00	6.33	7.97	8.72	9.03	9.22	9.30	9.34	9.37	9.39	9.41	9.43	9.46	9.47	9.48	9.49
1.32	0.00	6.00	7.73	8.52	8.85	9.04	9.12	9.17	9.20	9.22	9.24	9.26	9.29	9.30	9.31	9.32
1.33	0.00	5.67	7.49	8.32	8.66	8.86	8.95	9.00	9.03	9.05	9.07	9.09	9.12	9.13	9.15	9.15
1.34	0.00	5.33	7.25	8.12	8.48	8.69	8.78	8.83	8.86	8.88	8.90	8.92	8.95	8.97	8.98	8.99
1.35	0.00	5.00	7.02	7.92	8.30	8.52	8.61	8.66	8.69	8.72	8.74	8.76	8.79	8.81	8.82	8.83
1.36	0.00	4.67	6.79	7.73	8.12	8.35	8.44	8.50	8.53	8.55	8.57	8.60	8.63	8.65	8.66	8.67
1.37	0.00	4.33	6.56	7.54	7.95	8.18	8.28	8.33	8.37	8.39	8.41	8.44	8.47	8.49	8.50	8.51
1.38	0.00	4.00	6.33	7.35	7.77	8.01	8.12	8.17	8.21	8.24	8.25	8.28	8.31	8.33	8.35	8.35
1.39	0.00	3.67	6.10	7.17	7.60	7.85	7.96	8.01	8.05	8.08	8.10	8.12	8.16	8.18	8.19	8.20
1.40	0.00	3.33	5.88	6.98	7.44	7.69	7.80	7.86	7.90	7.92	7.94	7.97	8.01	8.02	8.04	8.05
1.41	0.00	3.00	5.66	6.80	7.27	7.53	7.64	7.70	7.74	7.77	7.79	7.82	7.86	7.87	7.89	7.90
1.42	0.00	2.67	5.44	6.62	7.10	7.37	7.49	7.55	7.59	7.62	7.64	7.67	7.71	7.73	7.74	7.75
1.43	0.00	2.33	5.23	6.45	6.94	7.22	7.34	7.40	7.44	7.47	7.50	7.52	7.56	7.58	7.60	7.61
1.44	0.00	2.00	5.01	6.27	6.78	7.07	7.19	7.26	7.30	7.33	7.35	7.38	7.42	7.44	7.46	7.47
1.45	0.00	1.67	4.81	6.10	6.63	6.92	7.04	7.11	7.15	7.18	7.21	7.24	7.28	7.30	7.31	7.33
1.46	0.00	1.33	4.60	5.93	6.47	6.77	6.90	6.97	7.01	7.04	7.07	7.10	7.14	7.16	7.18	7.19
1.47	0.00	1.00	4.39	5.77	6.32	6.63	6.75	6.83	6.87	6.90	6.93	6.96	7.00	7.02	7.04	7.05
1.48	0.00	.67	4.19	5.60	6.17	6.48	6.61	6.69	6.73	6.77	6.79	6.82	6.86	6.88	6.90	6.91
1.49	0.00	.33	3.99	5.44	6.02	6.34	6.48	6.55	6.60	6.63	6.65	6.69	6.73	6.75	6.77	6.78

Z_{LSE} o Z_{LIE}	Tamaño muestral															
	3	4	5	7	10	15	20	25	30	35	40	50	75	100	150	200
1.50	0.00	0.00	3.80	5.28	5.87	6.20	6.34	6.41	6.46	6.50	6.52	6.55	6.60	6.62	6.64	6.65
1.51	0.00	0.00	3.61	5.13	5.73	6.06	6.20	6.28	6.33	6.36	6.39	6.42	6.47	6.49	6.51	6.52
1.52	0.00	0.00	3.42	4.97	5.59	5.93	6.07	6.15	6.20	6.23	6.26	6.29	6.34	6.36	6.38	6.39
1.53	0.00	0.00	3.23	4.82	5.45	5.80	5.94	6.02	6.07	6.11	6.13	6.17	6.21	6.24	6.26	6.27
1.54	0.00	0.00	3.05	4.67	5.31	5.67	5.81	5.89	5.95	5.98	6.01	6.04	6.09	6.11	6.13	6.15
1.55	0.00	0.00	2.87	4.52	5.18	5.54	5.69	5.77	5.82	5.86	5.88	5.92	5.97	5.99	6.01	6.02
1.56	0.00	0.00	2.69	4.38	5.05	5.41	5.56	5.65	5.70	5.74	5.76	5.80	5.85	5.87	5.89	5.90
1.57	0.00	0.00	2.52	4.24	4.92	5.29	5.44	5.53	5.58	5.62	5.64	5.68	5.73	5.75	5.78	5.79
1.58	0.00	0.00	2.35	4.10	4.79	5.16	5.32	5.41	5.46	5.50	5.53	5.56	5.61	5.64	5.66	5.67
1.59	0.00	0.00	2.19	3.96	4.66	5.04	5.20	5.29	5.34	5.38	5.41	5.45	5.50	5.52	5.54	5.56
1.60	0.00	0.00	2.03	3.83	4.54	4.92	5.09	5.17	5.23	5.27	5.30	5.33	5.38	5.41	5.43	5.44
1.61	0.00	0.00	1.87	3.69	4.41	4.81	4.97	5.06	5.12	5.16	5.18	5.22	5.27	5.30	5.32	5.33
1.62	0.00	0.00	1.72	3.57	4.30	4.69	4.66	4.95	5.01	5.04	5.07	5.11	5.16	5.19	5.21	5.23
1.63	0.00	0.00	1.57	3.44	4.18	4.58	4.75	4.84	4.90	4.94	4.97	5.01	5.06	5.08	5.11	5.12
1.64	0.00	0.00	1.42	3.31	4.06	4.47	4.64	4.73	4.79	4.83	4.86	4.90	4.95	4.98	5.00	5.01
1.65	0.00	0.00	1.28	3.19	3.95	4.36	4.53	4.62	4.68	4.72	4.75	4.79	4.85	4.87	4.90	4.91
1.66	0.00	0.00	1.15	3.07	3.84	4.25	4.43	4.52	4.58	4.62	4.65	4.69	4.74	4.77	4.80	4.81
1.67	0.00	0.00	1.02	2.95	3.73	4.15	4.32	4.42	4.48	4.52	4.55	4.59	4.64	4.67	4.70	4.71
1.68	0.00	0.00	0.89	2.84	3.62	4.05	4.22	4.32	4.38	4.42	4.45	4.49	4.55	4.57	4.60	4.61
1.69	0.00	0.00	0.77	2.73	3.52	3.94	4.12	4.22	4.28	4.32	4.35	4.39	4.45	4.47	4.50	4.51
1.70	0.00	0.00	0.66	2.62	3.41	3.84	4.02	4.12	4.18	4.22	4.25	4.30	4.35	4.38	4.41	4.42
1.71	0.00	0.00	0.55	2.51	3.31	3.75	3.93	4.02	4.09	4.13	4.16	4.20	4.26	4.29	4.31	4.32
1.72	0.00	0.00	0.45	2.41	3.21	3.65	3.83	3.93	3.99	4.04	4.07	4.11	4.17	4.19	4.22	4.23
1.73	0.00	0.00	0.36	2.30	3.11	3.56	3.74	3.84	3.90	3.94	3.98	4.02	4.08	4.10	4.13	4.14
1.74	0.00	0.00	0.27	2.20	3.02	3.46	3.65	3.75	3.81	3.85	3.89	3.93	3.99	4.01	4.04	4.05
1.75	0.00	0.00	0.19	2.11	2.93	3.37	3.56	3.66	3.72	3.77	3.80	3.84	3.90	3.93	3.95	3.97
1.76	0.00	0.00	0.12	2.01	2.83	3.28	3.47	3.57	3.63	3.68	3.71	3.76	3.81	3.84	3.87	3.88
1.77	0.00	0.00	0.06	1.92	2.74	3.20	3.38	3.48	3.55	3.59	3.63	3.67	3.73	3.76	3.78	3.80
1.78	0.00	0.00	0.02	1.83	2.66	3.11	3.30	3.40	3.47	3.51	3.54	3.59	3.64	3.67	3.70	3.71
1.79	0.00	0.00	0.00	1.74	2.57	3.03	3.21	3.32	3.38	3.43	3.46	3.51	3.56	3.59	3.63	3.63
1.80	0.00	0.00	0.00	1.65	2.49	2.94	3.13	3.24	3.30	3.35	3.38	3.43	3.48	3.51	3.54	3.55
1.81	0.00	0.00	0.00	1.57	2.40	2.86	3.05	3.16	3.22	3.27	3.30	3.35	3.40	3.43	3.46	3.47
1.82	0.00	0.00	0.00	1.49	2.32	2.79	2.98	3.08	3.15	3.19	3.22	3.27	3.33	3.36	3.38	3.40
1.83	0.00	0.00	0.00	1.41	2.25	2.71	2.90	3.00	3.07	3.11	3.15	3.19	3.25	3.28	3.31	3.32
1.84	0.00	0.00	0.00	1.34	2.17	2.63	2.82	2.93	2.99	3.04	3.07	3.12	3.18	3.21	3.23	3.25
1.85	0.00	0.00	0.00	1.26	2.09	2.56	2.75	2.85	2.92	2.97	3.00	3.05	3.10	3.13	3.16	3.17
1.86	0.00	0.00	0.00	1.19	2.02	2.48	2.68	2.78	2.85	2.89	2.93	2.97	3.03	3.06	3.09	3.10
1.87	0.00	0.00	0.00	1.12	1.95	2.41	2.61	2.71	2.78	2.82	2.86	2.90	2.96	2.99	3.02	3.03
1.88	0.00	0.00	0.00	1.06	1.88	2.34	2.54	2.64	2.71	2.75	2.79	2.83	2.89	2.92	2.95	2.96
1.89	0.00	0.00	0.00	0.99	1.81	2.28	2.47	2.57	2.64	2.69	2.72	2.77	2.83	2.85	2.88	2.90

Tabla 11-7 *(Continuación)*

Z_{LSE} o Z_{LIE}	Tamaño muestral															
	3	4	5	7	10	15	20	25	30	35	40	50	75	100	150	200
1.90	0.00	0.00	0.00	0.93	1.75	2.21	2.40	2.51	2.57	2.62	2.65	2.70	2.76	2.79	2.82	2.83
1.91	0.00	0.00	0.00	0.87	1.68	2.14	2.34	2.44	2.51	2.56	2.59	2.63	2.69	2.72	2.75	2.77
1.92	0.00	0.00	0.00	0.81	1.62	2.08	2.27	2.38	2.45	2.49	2.52	2.57	2.63	2.66	2.69	2.70
1.93	0.00	0.00	0.00	0.76	1.56	2.02	2.21	2.32	2.38	2.43	2.46	2.51	2.57	2.60	2.62	2.64
1.94	0.00	0.00	0.00	0.70	1.50	1.96	2.15	2.25	2.32	2.37	2.40	2.45	2.51	2.54	2.56	2.58
1.95	0.00	0.00	0.00	0.65	1.44	1.90	2.09	2.19	2.26	2.31	2.34	2.39	2.45	2.48	2.50	2.52
1.96	0.00	0.00	0.00	0.60	1.38	1.84	2.03	2.14	2.20	2.25	2.28	2.33	2.39	2.42	2.44	2.46
1.97	0.00	0.00	0.00	0.56	1.33	1.78	1.97	2.08	2.14	2.19	2.22	2.27	2.33	2.36	2.39	2.40
1.98	0.00	0.00	0.00	0.51	1.27	1.73	1.92	2.02	2.09	2.13	2.17	2.21	2.27	2.30	2.33	2.34
1.99	0.00	0.00	0.00	0.47	1.22	1.67	1.86	1.97	2.03	2.08	2.11	2.16	2.22	2.25	2.27	2.29
2.00	0.00	0.00	0.00	0.43	1.17	1.62	1.81	1.91	1.98	2.03	2.06	2.10	2.16	2.19	2.22	2.23
2.01	0.00	0.00	0.00	0.39	1.12	1.57	1.76	1.86	1.93	1.97	2.01	2.05	2.11	2.14	2.17	2.18
2.02	0.00	0.00	0.00	0.36	1.07	1.52	1.71	1.81	1.87	1.92	1.95	2.00	2.06	2.09	2.11	2.13
2.03	0.00	0.00	0.00	0.32	1.03	1.47	1.66	1.76	1.82	1.87	1.90	1.95	2.01	2.04	2.06	2.08
2.04	0.00	0.00	0.00	0.29	0.98	1.42	1.61	1.71	1.77	1.82	1.85	1.90	1.96	1.99	2.01	2.05
2.05	0.00	0.00	0.00	0.26	0.94	1.37	1.56	1.66	1.73	1.77	1.80	1.85	1.91	1.94	1.96	1.98
2.06	0.00	0.00	0.00	0.23	0.90	1.33	1.51	1.61	1.68	1.72	1.76	1.80	1.86	1.89	1.92	1.93
2.07	0.00	0.00	0.00	0.21	0.86	1.28	1.47	1.57	1.63	1.68	1.71	1.76	1.81	1.84	1.87	1.88
2.08	0.00	0.00	0.00	0.18	0.82	1.24	1.42	1.52	1.59	1.63	1.66	1.71	1.77	1.79	1.82	1.84
2.09	0.00	0.00	0.00	0.16	0.78	1.20	1.38	1.48	1.54	1.59	1.62	1.66	1.72	1.75	1.78	1.79
2.10	0.00	0.00	0.00	0.14	0.74	1.16	1.34	1.44	1.50	1.54	1.58	1.62	1.68	1.71	1.73	1.75
2.11	0.00	0.00	0.00	0.12	0.71	1.12	1.30	1.39	1.46	1.50	1.53	1.58	1.63	1.66	1.69	1.70
2.12	0.00	0.00	0.00	0.10	0.67	1.08	1.26	1.35	1.42	1.46	1.49	1.54	1.59	1.62	1.65	1.66
2.13	0.00	0.00	0.00	0.08	0.64	1.04	1.22	1.31	1.38	1.42	1.45	1.50	1.55	1.58	1.61	1.62
2.14	0.00	0.00	0.00	0.07	0.61	1.00	1.18	1.28	1.34	1.38	1.41	1.46	1.51	1.54	1.57	1.58
2.15	0.00	0.00	0.00	0.06	0.58	0.97	1.14	1.24	1.30	1.34	1.37	1.42	1.47	1.50	1.53	1.54
2.16	0.00	0.00	0.00	0.05	0.55	0.93	1.10	1.20	1.26	1.30	1.34	1.38	1.43	1.46	1.49	1.50
2.17	0.00	0.00	0.00	0.04	0.52	0.90	1.07	1.16	1.22	1.27	1.30	1.34	1.40	1.42	1.45	1.46
2.18	0.00	0.00	0.00	0.03	0.49	0.87	1.03	1.13	1.19	1.23	1.26	1.30	1.36	1.39	1.41	1.42
2.19	0.00	0.00	0.00	0.02	0.46	0.83	1.00	1.09	1.15	1.20	1.23	1.27	1.32	1.35	1.38	1.39
2.20	0.000	0.000	0.000	0.015	0.437	0.803	0.968	1.061	1.120	1.161	1.192	1.233	1.287	1.314	1.340	1.352
2.21	0.000	0.000	0.000	0.010	0.413	0.772	0.936	1.028	1.087	1.128	1.158	1.199	1.253	1.279	1.305	1.318
2.22	0.000	0.000	0.000	0.006	0.389	0.743	0.905	0.996	1.054	1.095	1.125	1.166	1.219	1.245	1.271	1.283
2.23	0.000	0.000	0.000	0.003	0.366	0.715	0.875	0.965	1.023	1.063	1.093	1.134	1.186	1.212	1.238	1.250
2.24	0.000	0.000	0.000	0.002	0.345	0.687	0.845	0.935	0.992	1.032	1.061	1.102	1.154	1.180	1.205	1.218
2.25	0.000	0.000	0.000	0.001	0.324	0.660	0.816	0.905	0.962	1.002	1.031	1.071	1.123	1.148	1.173	1.186
2.26	0.000	0.000	0.000	0.000	0.304	0.634	0.789	0.876	0.933	0.972	1.001	1.041	1.092	1.117	1.142	1.155
2.27	0.000	0.000	0.000	0.000	0.285	0.609	0.762	0.848	0.904	0.943	0.972	1.011	1.062	1.087	1.112	1.124
2.28	0.000	0.000	0.000	0.000	0.267	0.585	0.735	0.821	0.876	0.915	0.943	0.982	1.033	1.058	1.082	1.094
2.29	0.000	0.000	0.000	0.000	0.250	0.561	0.710	0.794	0.849	0.887	0.915	0.954	1.004	1.029	1.053	1.065

Z_{LIE} o Z_{LSE}	Tamaño muestral															
	3	4	5	7	10	15	20	25	30	35	40	50	75	100	150	200
2.30	0.000	0.000	0.000	0.000	0.233	0.538	0.685	0.769	0.823	0.861	0.888	0.927	0.977	1.001	1.025	1.037
2.31	0.000	0.000	0.000	0.000	0.218	0.516	0.661	0.743	0.797	0.834	0.862	0.900	0.949	0.974	0.997	1.009
2.32	0.000	0.000	0.000	0.000	0.203	0.495	0.637	0.719	0.772	0.809	0.836	0.874	0.923	0.947	0.971	0.982
2.33	0.000	0.000	0.000	0.000	0.189	0.474	0.614	0.695	0.748	0.784	0.811	0.848	0.897	0.921	0.944	0.956
2.34	0.000	0.000	0.000	0.000	0.175	0.454	0.592	0.672	0.724	0.760	0.787	0.824	0.872	0.895	0.915	0.930
2.35	0.000	0.000	0.000	0.000	0.163	0.435	0.571	0.650	0.701	0.736	0.763	0.799	0.847	0.870	0.893	0.903
2.36	0.000	0.000	0.000	0.000	0.151	0.416	0.550	0.628	0.678	0.714	0.740	0.776	0.823	0.846	0.869	0.880
2.37	0.000	0.000	0.000	0.000	0.139	0.398	0.530	0.606	0.656	0.691	0.717	0.753	0.799	0.822	0.845	0.856
2.38	0.000	0.000	0.000	0.000	0.128	0.381	0.510	0.586	0.635	0.670	0.695	0.730	0.777	0.799	0.822	0.833
2.39	0.000	0.000	0.000	0.000	0.118	0.364	0.491	0.566	0.614	0.648	0.674	0.709	0.754	0.777	0.799	0.810
2.40	0.000	0.000	0.000	0.000	0.109	0.348	0.473	0.546	0.594	0.628	0.653	0.687	0.732	0.755	0.777	0.737
2.41	0.000	0.000	0.000	0.000	0.100	0.332	0.455	0.527	0.575	0.608	0.633	0.667	0.711	0.733	0.755	0.766
2.42	0.000	0.000	0.000	0.000	0.091	0.317	0.437	0.509	0.555	0.588	0.613	0.646	0.691	0.712	0.734	0.744
2.43	0.000	0.000	0.000	0.000	0.083	0.302	0.421	0.491	0.537	0.569	0.593	0.627	0.670	0.692	0.713	0.724
2.44	0.000	0.000	0.000	0.000	0.076	0.288	0.404	0.474	0.519	0.551	0.575	0.608	0.651	0.672	0.693	0.703
2.45	0.000	0.000	0.000	0.000	0.069	0.275	0.389	0.457	0.501	0.533	0.556	0.589	0.632	0.653	0.673	0.684
2.46	0.000	0.000	0.000	0.000	0.063	0.262	0.373	0.440	0.484	0.516	0.539	0.571	0.613	0.634	0.654	0.664
2.47	0.000	0.000	0.000	0.000	0.057	0.249	0.359	0.425	0.468	0.499	0.521	0.553	0.595	0.615	0.635	0.646
2.48	0.000	0.000	0.000	0.000	0.051	0.237	0.344	0.409	0.452	0.482	0.505	0.536	0.577	0.597	0.617	0.627
2.49	0.000	0.000	0.000	0.000	0.046	0.226	0.331	0.394	0.436	0.466	0.488	0.519	0.560	0.580	0.600	0.609
2.50	0.000	0.000	0.000	0.000	0.041	0.214	0.317	0.380	0.421	0.451	0.473	0.503	0.543	0.563	0.582	0.592
2.51	0.000	0.000	0.000	0.000	0.037	0.204	0.304	0.366	0.407	0.436	0.457	0.487	0.527	0.546	0.565	0.575
2.52	0.000	0.000	0.000	0.000	0.033	0.193	0.292	0.352	0.392	0.421	0.442	0.472	0.511	0.530	0.549	0.558
2.53	0.000	0.000	0.000	0.000	0.029	0.184	0.280	0.339	0.379	0.407	0.428	0.457	0.495	0.514	0.533	0.542
2.54	0.000	0.000	0.000	0.000	0.026	0.174	0.268	0.326	0.365	0.393	0.413	0.442	0.480	0.499	0.517	0.527
2.55	0.000	0.000	0.000	0.000	0.023	0.165	0.257	0.314	0.352	0.379	0.400	0.428	0.465	0.484	0.502	0.511
2.56	0.000	0.000	0.000	0.000	0.020	0.156	0.246	0.302	0.340	0.366	0.386	0.414	0.451	0.469	0.487	0.496
2.57	0.000	0.000	0.000	0.000	0.017	0.148	0.236	0.291	0.327	0.354	0.373	0.401	0.437	0.455	0.473	0.452
2.58	0.000	0.000	0.000	0.000	0.015	0.140	0.226	0.279	0.316	0.341	0.361	0.388	0.424	0.441	0.459	0.468
2.59	0.000	0.000	0.000	0.000	0.013	0.133	0.216	0.269	0.304	0.330	0.349	0.375	0.410	0.428	0.445	0.454
2.60	0.000	0.000	0.000	0.000	0.011	0.125	0.207	0.258	0.293	0.318	0.337	0.363	0.398	0.415	0.432	0.441
2.61	0.000	0.000	0.000	0.000	0.009	0.118	0.198	0.248	0.282	0.307	0.325	0.351	0.385	0.402	0.419	0.428
2.62	0.000	0.000	0.000	0.000	0.008	0.112	0.189	0.238	0.272	0.296	0.314	0.339	0.373	0.390	0.406	0.415
2.63	0.000	0.000	0.000	0.000	0.007	0.105	0.181	0.229	0.262	0.285	0.303	0.328	0.361	0.378	0.394	0.402
2.64	0.000	0.000	0.000	0.000	0.005	0.099	0.172	0.220	0.252	0.275	0.293	0.317	0.350	0.366	0.382	0.390
2.65	0.000	0.000	0.000	0.000	0.005	0.094	0.165	0.211	0.243	0.265	0.282	0.307	0.339	0.355	0.371	0.379
2.66	0.000	0.000	0.000	0.000	0.004	0.088	0.157	0.202	0.233	0.256	0.273	0.296	0.328	0.344	0.359	0.367
2.67	0.000	0.000	0.000	0.000	0.003	0.083	0.150	0.194	0.224	0.246	0.263	0.286	0.317	0.333	0.348	0.356
2.68	0.000	0.000	0.000	0.000	0.002	0.078	0.143	0.186	0.216	0.237	0.254	0.277	0.307	0.322	0.338	0.345
2.69	0.000	0.000	0.000	0.000	0.002	0.073	0.136	0.179	0.208	0.229	0.245	0.267	0.297	0.312	0.327	0.335

Tabla 11-7 *(Continuación)*

Z_{LSE} o Z_{LIE}	Tamaño muestral															
	3	4	5	7	10	15	20	25	30	35	40	50	75	100	150	200
2.70	0.000	0.000	0.000	0.000	0.001	0.069	0.130	0.171	0.200	0.220	0.236	0.258	0.288	0.302	0.317	0.325
2.71	0.000	0.000	0.000	0.000	0.001	0.064	0.124	0.164	0.192	0.212	0.227	0.249	0.278	0.293	0.307	0.315
2.72	0.000	0.000	0.000	0.000	0.000	0.060	0.118	0.157	0.184	0.204	0.219	0.241	0.269	0.283	0.298	0.305
2.73	0.000	0.000	0.000	0.000	0.000	0.057	0.112	0.151	0.177	0.197	0.211	0.232	0.260	0.274	0.288	0.296
2.74	0.000	0.000	0.000	0.000	0.000	0.053	0.107	0.144	0.170	0.189	0.204	0.224	0.252	0.266	0.279	0.286
2.75	0.000	0.000	0.000	0.000	0.000	0.049	0.102	0.138	0.163	0.182	0.196	0.216	0.243	0.257	0.271	0.277
2.76	0.000	0.000	0.000	0.000	0.000	0.046	0.097	0.132	0.157	0.175	0.189	0.209	0.235	0.249	0.262	0.269
2.77	0.000	0.000	0.000	0.000	0.000	0.043	0.092	0.126	0.151	0.168	0.182	0.201	0.227	0.241	0.254	0.260
2.78	0.000	0.000	0.000	0.000	0.000	0.040	0.087	0.121	0.145	0.162	0.175	0.194	0.220	0.233	0.246	0.252
2.79	0.000	0.000	0.000	0.000	0.000	0.037	0.083	0.115	0.139	0.156	0.169	0.187	0.212	0.225	0.238	0.244
2.80	0.000	0.000	0.000	0.000	0.000	0.035	0.079	0.110	0.133	0.150	0.162	0.181	0.205	0.218	0.230	0.237
2.81	0.000	0.000	0.000	0.000	0.000	0.032	0.075	0.105	0.128	0.144	0.156	0.174	0.198	0.211	0.223	0.229
2.82	0.000	0.000	0.000	0.000	0.000	0.030	0.071	0.101	0.122	0.138	0.150	0.168	0.192	0.204	0.216	0.222
2.83	0.000	0.000	0.000	0.000	0.000	0.028	0.067	0.096	0.117	0.133	0.145	0.162	0.185	0.197	0.209	0.215
2.84	0.000	0.000	0.000	0.000	0.000	0.026	0.064	0.092	0.112	0.128	0.139	0.156	0.179	0.190	0.202	0.208
2.85	0.000	0.000	0.000	0.000	0.000	0.024	0.060	0.088	0.108	0.122	0.134	0.150	0.173	0.184	0.195	0.201
2.86	0.000	0.000	0.000	0.000	0.000	0.022	0.057	0.084	0.103	0.118	0.129	0.145	0.167	0.178	0.189	0.195
2.87	0.000	0.000	0.000	0.000	0.000	0.020	0.054	0.080	0.099	0.113	0.124	0.139	0.161	0.172	0.183	0.188
2.88	0.000	0.000	0.000	0.000	0.000	0.019	0.051	0.076	0.094	0.108	0.119	0.134	0.155	0.166	0.177	0.182
2.89	0.000	0.000	0.000	0.000	0.000	0.017	0.048	0.073	0.090	0.104	0.114	0.129	0.150	0.160	0.171	0.176
2.90	0.000	0.000	0.000	0.000	0.000	0.016	0.046	0.069	0.087	0.100	0.110	0.125	0.145	0.155	0.165	0.171
2.91	0.000	0.000	0.000	0.000	0.000	0.015	0.043	0.066	0.083	0.096	0.106	0.120	0.140	0.150	0.160	0.165
2.92	0.000	0.000	0.000	0.000	0.000	0.013	0.041	0.063	0.079	0.092	0.101	0.115	0.135	0.145	0.155	0.160
2.93	0.000	0.000	0.000	0.000	0.000	0.012	0.038	0.060	0.076	0.088	0.097	0.111	0.130	0.140	0.149	0.154
2.94	0.000	0.000	0.000	0.000	0.000	0.011	0.036	0.057	0.072	0.084	0.093	0.107	0.125	0.135	0.144	0.149
2.95	0.000	0.000	0.000	0.000	0.000	0.010	0.034	0.054	0.069	0.081	0.090	0.103	0.121	0.130	0.140	0.144
2.96	0.000	0.000	0.000	0.000	0.000	0.009	0.032	0.051	0.066	0.077	0.086	0.099	0.117	0.126	0.135	0.140
2.97	0.000	0.000	0.000	0.000	0.000	0.009	0.030	0.049	0.063	0.074	0.083	0.095	0.112	0.121	0.130	0.135
2.98	0.000	0.000	0.000	0.000	0.000	0.008	0.028	0.046	0.060	0.071	0.079	0.091	0.108	0.117	0.126	0.130
2.99	0.000	0.000	0.000	0.000	0.000	0.007	0.027	0.044	0.057	0.068	0.076	0.088	0.104	0.113	0.122	0.126
3.00	0.000	0.000	0.000	0.000	0.000	0.006	0.025	0.042	0.055	0.065	0.073	0.084	0.101	0.109	0.118	0.122
3.01	0.000	0.000	0.000	0.000	0.000	0.006	0.024	0.040	0.052	0.062	0.070	0.081	0.097	0.105	0.114	0.118
3.02	0.000	0.000	0.000	0.000	0.000	0.005	0.022	0.038	0.050	0.059	0.067	0.078	0.093	0.101	0.110	0.114
3.03	0.000	0.000	0.000	0.000	0.000	0.005	0.021	0.036	0.048	0.057	0.064	0.075	0.090	0.098	0.106	0.110
3.04	0.000	0.000	0.000	0.000	0.000	0.004	0.019	0.034	0.045	0.054	0.061	0.072	0.087	0.094	0.102	0.106
3.05	0.000	0.000	0.000	0.000	0.000	0.004	0.018	0.032	0.043	0.052	0.059	0.069	0.083	0.091	0.099	0.103
3.06	0.000	0.000	0.000	0.000	0.000	0.003	0.017	0.030	0.041	0.050	0.056	0.066	0.080	0.088	0.095	0.099
3.07	0.000	0.000	0.000	0.000	0.000	0.003	0.016	0.029	0.039	0.047	0.054	0.064	0.077	0.085	0.092	0.096
3.08	0.000	0.000	0.000	0.000	0.000	0.003	0.015	0.027	0.037	0.045	0.052	0.061	0.074	0.081	0.089	0.092
3.09	0.000	0.000	0.000	0.000	0.000	0.002	0.014	0.026	0.036	0.043	0.049	0.059	0.072	0.079	0.086	0.089

Z_{LSE} o Z_{LIE}	Tamaño muestral															
	3	4	5	7	10	15	20	25	30	35	40	50	75	100	150	200
3.10	0.000	0.000	0.000	0.000	0.000	0.002	0.013	0.024	0.034	0.041	0.047	0.056	0.069	0.076	0.083	0.086
3.11	0.000	0.000	0.000	0.000	0.000	0.002	0.012	0.023	0.032	0.039	0.045	0.054	0.066	0.073	0.080	0.083
3.12	0.000	0.000	0.000	0.000	0.000	0.002	0.011	0.022	0.031	0.038	0.043	0.052	0.064	0.070	0.077	0.080
3.13	0.000	0.000	0.000	0.000	0.000	0.002	0.011	0.021	0.029	0.036	0.041	0.050	0.061	0.068	0.074	0.077
3.14	0.000	0.000	0.000	0.000	0.000	0.001	0.010	0.019	0.028	0.034	0.040	0.048	0.059	0.065	0.071	0.075
3.15	0.000	0.000	0.000	0.000	0.000	0.001	0.009	0.018	0.026	0.033	0.038	0.046	0.057	0.063	0.069	0.072
3.16	0.000	0.000	0.000	0.000	0.000	0.001	0.009	0.017	0.025	0.031	0.036	0.044	0.055	0.060	0.066	0.069
3.17	0.000	0.000	0.000	0.000	0.000	0.001	0.008	0.016	0.024	0.030	0.035	0.042	0.053	0.058	0.064	0.067
3.18	0.000	0.000	0.000	0.000	0.000	0.001	0.007	0.015	0.022	0.028	0.033	0.040	0.050	0.056	0.062	0.065
3.19	0.000	0.000	0.000	0.000	0.000	0.001	0.007	0.015	0.021	0.027	0.032	0.038	0.049	0.054	0.059	0.062
3.20	0.000	0.000	0.000	0.000	0.000	0.001	0.006	0.014	0.020	0.026	0.030	0.037	0.047	0.052	0.057	0.060
3.21	0.000	0.000	0.000	0.000	0.000	0.000	0.006	0.013	0.019	0.024	0.029	0.035	0.045	0.050	0.055	0.058
3.22	0.000	0.000	0.000	0.000	0.000	0.000	0.005	0.012	0.018	0.023	0.027	0.034	0.043	0.048	0.053	0.056
3.23	0.000	0.000	0.000	0.000	0.000	0.000	0.005	0.011	0.017	0.022	0.026	0.032	0.041	0.046	0.051	0.054
3.24	0.000	0.000	0.000	0.000	0.000	0.000	0.005	0.011	0.016	0.021	0.025	0.031	0.040	0.044	0.049	0.052
3.25	0.000	0.000	0.000	0.000	0.000	0.000	0.004	0.010	0.015	0.020	0.024	0.030	0.038	0.043	0.048	0.050
3.26	0.000	0.000	0.000	0.000	0.000	0.000	0.004	0.009	0.015	0.019	0.023	0.028	0.037	0.041	0.046	0.048
3.27	0.000	0.000	0.000	0.000	0.000	0.000	0.004	0.009	0.014	0.019	0.022	0.027	0.035	0.040	0.044	0.046
3.28	0.000	0.000	0.000	0.000	0.000	0.000	0.003	0.008	0.013	0.017	0.021	0.026	0.034	0.038	0.042	0.045
3.29	0.000	0.000	0.000	0.000	0.000	0.000	0.003	0.008	0.012	0.016	0.020	0.025	0.032	0.037	0.041	0.043
3.30	0.000	0.000	0.000	0.000	0.000	0.000	0.003	0.007	0.012	0.015	0.019	0.024	0.031	0.035	0.039	0.042
3.31	0.000	0.000	0.000	0.000	0.000	0.000	0.003	0.007	0.011	0.015	0.018	0.023	0.030	0.034	0.038	0.040
3.32	0.000	0.000	0.000	0.000	0.000	0.000	0.002	0.006	0.010	0.014	0.017	0.022	0.029	0.032	0.036	0.039
3.33	0.000	0.000	0.000	0.000	0.000	0.000	0.002	0.006	0.010	0.013	0.016	0.021	0.027	0.031	0.035	0.037
3.34	0.000	0.000	0.000	0.000	0.000	0.000	0.002	0.006	0.009	0.013	0.015	0.020	0.026	0.030	0.034	0.036
3.35	0.000	0.000	0.000	0.000	0.000	0.000	0.002	0.005	0.009	0.012	0.015	0.019	0.025	0.029	0.032	0.034
3.36	0.000	0.000	0.000	0.000	0.000	0.000	0.002	0.005	0.008	0.011	0.014	0.018	0.024	0.028	0.031	0.033
3.37	0.000	0.000	0.000	0.000	0.000	0.000	0.002	0.005	0.008	0.011	0.013	0.017	0.023	0.026	0.030	0.032
3.38	0.000	0.000	0.000	0.000	0.000	0.000	0.001	0.004	0.007	0.010	0.013	0.016	0.022	0.025	0.029	0.031
3.39	0.000	0.000	0.000	0.000	0.000	0.000	0.001	0.004	0.007	0.010	0.012	0.016	0.021	0.024	0.028	0.029
3.40	0.000	0.000	0.000	0.000	0.000	0.000	0.001	0.004	0.007	0.009	0.011	0.015	0.020	0.023	0.027	0.028
3.41	0.000	0.000	0.000	0.000	0.000	0.000	0.001	0.003	0.006	0.009	0.011	0.014	0.020	0.022	0.026	0.027
3.42	0.000	0.000	0.000	0.000	0.000	0.000	0.001	0.003	0.006	0.008	0.010	0.014	0.019	0.022	0.025	0.026
3.43	0.000	0.000	0.000	0.000	0.000	0.000	0.001	0.003	0.005	0.008	0.010	0.013	0.018	0.021	0.024	0.025
3.44	0.000	0.000	0.000	0.000	0.000	0.000	0.001	0.003	0.005	0.007	0.009	0.012	0.017	0.020	0.023	0.024
3.45	0.000	0.000	0.000	0.000	0.000	0.000	0.001	0.003	0.005	0.007	0.009	0.012	0.016	0.019	0.022	0.023
3.46	0.000	0.000	0.000	0.000	0.000	0.000	0.001	0.002	0.005	0.007	0.008	0.011	0.016	0.018	0.021	0.022
3.47	0.000	0.000	0.000	0.000	0.000	0.000	0.001	0.002	0.004	0.006	0.008	0.011	0.015	0.017	0.020	0.022
3.48	0.000	0.000	0.000	0.000	0.000	0.000	0.001	0.002	0.004	0.006	0.007	0.010	0.014	0.017	0.019	0.021
3.49	0.000	0.000	0.000	0.000	0.000	0.000	0.000	0.002	0.004	0.005	0.007	0.010	0.014	0.016	0.019	0.020

Tabla 11-7 *(Continuación)*

Z_{LSE} o Z_{LIE}	Tamaño muestral															
	3	4	5	7	10	15	20	25	30	35	40	50	75	100	150	200
3.50	0.000	0.000	0.000	0.000	0.000	0.000	0.000	0.002	0.003	0.005	0.007	0.009	0.013	0.015	0.018	0.019
3.51	0.000	0.000	0.000	0.000	0.000	0.000	0.000	0.002	0.003	0.005	0.006	0.009	0.013	0.015	0.017	0.018
3.52	0.000	0.000	0.000	0.000	0.000	0.000	0.000	0.002	0.003	0.005	0.006	0.008	0.012	0.014	0.017	0.018
3.53	0.000	0.000	0.000	0.000	0.000	0.000	0.000	0.001	0.003	0.004	0.006	0.008	0.012	0.014	0.016	0.017
3.54	0.000	0.000	0.000	0.000	0.000	0.000	0.000	0.001	0.003	0.004	0.005	0.008	0.011	0.013	0.015	0.016
3.55	0.000	0.000	0.000	0.000	0.000	0.000	0.000	0.001	0.003	0.004	0.005	0.007	0.011	0.012	0.015	0.016
3.56	0.000	0.000	0.000	0.000	0.000	0.000	0.000	0.001	0.002	0.004	0.005	0.007	0.010	0.012	0.014	0.015
3.57	0.000	0.000	0.000	0.000	0.000	0.000	0.000	0.001	0.002	0.003	0.005	0.006	0.010	0.011	0.013	0.014
3.58	0.000	0.000	0.000	0.000	0.000	0.000	0.000	0.001	0.002	0.003	0.004	0.006	0.009	0.011	0.013	0.014
3.59	0.000	0.000	0.000	0.000	0.000	0.000	0.000	0.001	0.002	0.003	0.004	0.006	0.009	0.010	0.012	0.013
3.60	0.000	0.000	0.000	0.000	0.000	0.000	0.000	0.001	0.002	0.003	0.004	0.006	0.008	0.010	0.012	0.013
3.61	0.000	0.000	0.000	0.000	0.000	0.000	0.000	0.001	0.002	0.003	0.004	0.005	0.008	0.010	0.011	0.012
3.62	0.000	0.000	0.000	0.000	0.000	0.000	0.000	0.001	0.002	0.003	0.003	0.005	0.008	0.009	0.011	0.012
3.63	0.000	0.000	0.000	0.000	0.000	0.000	0.000	0.001	0.001	0.002	0.003	0.005	0.007	0.009	0.010	0.011
3.64	0.000	0.000	0.000	0.000	0.000	0.000	0.000	0.001	0.001	0.002	0.003	0.004	0.007	0.008	0.010	0.011
3.65	0.000	0.000	0.000	0.000	0.000	0.000	0.000	0.001	0.001	0.002	0.003	0.004	0.007	0.008	0.010	0.010
3.66	0.000	0.000	0.000	0.000	0.000	0.000	0.000	0.000	0.001	0.002	0.003	0.004	0.006	0.008	0.009	0.010
3.67	0.000	0.000	0.000	0.000	0.000	0.000	0.000	0.000	0.001	0.002	0.003	0.004	0.006	0.007	0.009	0.010
3.68	0.000	0.000	0.000	0.000	0.000	0.000	0.000	0.000	0.001	0.002	0.002	0.004	0.006	0.007	0.008	0.009
3.69	0.000	0.000	0.000	0.000	0.000	0.000	0.000	0.000	0.001	0.002	0.002	0.003	0.005	0.007	0.008	0.009
3.70	0.000	0.000	0.000	0.000	0.000	0.000	0.000	0.000	0.001	0.002	0.002	0.003	0.005	0.006	0.008	0.008
3.71	0.000	0.000	0.000	0.000	0.000	0.000	0.000	0.000	0.001	0.001	0.002	0.003	0.005	0.006	0.007	0.008
3.72	0.000	0.000	0.000	0.000	0.000	0.000	0.000	0.000	0.001	0.001	0.002	0.003	0.005	0.006	0.007	0.008
3.73	0.000	0.000	0.000	0.000	0.000	0.000	0.000	0.000	0.001	0.001	0.002	0.003	0.005	0.006	0.007	0.007
3.74	0.000	0.000	0.000	0.000	0.000	0.000	0.000	0.000	0.001	0.001	0.002	0.003	0.004	0.005	0.007	0.007
3.75	0.000	0.000	0.000	0.000	0.000	0.000	0.000	0.000	0.001	0.001	0.002	0.002	0.004	0.005	0.006	0.007
3.76	0.000	0.000	0.000	0.000	0.000	0.000	0.000	0.000	0.001	0.001	0.001	0.002	0.004	0.005	0.006	0.007
3.77	0.000	0.000	0.000	0.000	0.000	0.000	0.000	0.000	0.001	0.001	0.001	0.002	0.004	0.005	0.006	0.006
3.78	0.000	0.000	0.000	0.000	0.000	0.000	0.000	0.000	0.000	0.001	0.001	0.002	0.004	0.004	0.005	0.006
3.79	0.000	0.000	0.000	0.000	0.000	0.000	0.000	0.000	0.000	0.001	0.001	0.002	0.003	0.004	0.005	0.006
3.80	0.000	0.000	0.000	0.000	0.000	0.000	0.000	0.000	0.000	0.001	0.001	0.002	0.003	0.004	0.005	0.006
3.81	0.000	0.000	0.000	0.000	0.000	0.000	0.000	0.000	0.000	0.001	0.001	0.002	0.003	0.004	0.005	0.005
3.82	0.000	0.000	0.000	0.000	0.000	0.000	0.000	0.000	0.000	0.001	0.001	0.002	0.003	0.004	0.005	0.005
3.83	0.000	0.000	0.000	0.000	0.000	0.000	0.000	0.000	0.000	0.001	0.001	0.002	0.003	0.004	0.004	0.005
3.84	0.000	0.000	0.000	0.000	0.000	0.000	0.000	0.000	0.000	0.001	0.001	0.001	0.003	0.003	0.004	0.005
3.85	0.000	0.000	0.000	0.000	0.000	0.000	0.000	0.000	0.000	0.001	0.001	0.001	0.002	0.003	0.004	0.004
3.86	0.000	0.000	0.000	0.000	0.000	0.000	0.000	0.000	0.000	0.000	0.001	0.001	0.002	0.003	0.004	0.004
3.87	0.000	0.000	0.000	0.000	0.000	0.000	0.000	0.000	0.000	0.000	0.001	0.001	0.002	0.003	0.004	0.004
3.88	0.000	0.000	0.000	0.000	0.000	0.000	0.000	0.000	0.000	0.000	0.001	0.001	0.002	0.003	0.004	0.004
3.89	0.000	0.000	0.000	0.000	0.000	0.000	0.000	0.000	0.000	0.000	0.001	0.001	0.002	0.003	0.003	0.004
3.90	0.000	0.000	0.000	0.000	0.000	0.000	0.000	0.000	0.000	0.000	0.001	0.001	0.002	0.003	0.003	0.004

en lo esencial a la MIL STD 105A (1950). Cuando se adoptó el estándar MIL STD 105D en 1963, esta nueva norma contenía tablas y procedimientos revisados sustancialmente que llevaban a diferencias de protección respecto de la MIL STD 414. En consecuencia, no será posible pasar directamente de un plan de muestreo por atributos de la MIL STD 105D a un plan correspondiente por variables de la MIL STD 414, si se desea asegurar una protección continua para ciertos lotes y NCA.

La réplica civil de la MIL STD 414, la ANSI/ASQC Z1.9, vuelve a establecer esta correspondencia original. Es decir, la ANSI/ASQC Z1.9 es ahora directamente compatible con la MIL STD 105D (y su contraparte civil equivalente, la ANSI/ASQC Z1.4). Se obtuvo esta equivalencia incorporando en la ANSI/ASQC Z1.9 las revisiones siguientes:

1. Se ajustaron los intervalos de tamaños de lotes para corresponder con la MIL STD 105D.
2. Se ordenaron las letras código asignadas a los diversos intervalos de los tamaños de lotes, a fin de tener la misma protección que con la MIL STD 105D.
3. Se suprimieron los NCA de 0.04, 0.065 y 15.
4. Los niveles de inspección originales I, II, II, IV y V se renominaron S3, S4, I, II, III.
5. Se reemplazaron las reglas de cambio originales por las de la MIL STD 105D, con ligeras modificaciones.

Además, para modernizar la terminología se utilizó la palabra disconformidad en vez de defecto, la palabra disconforme en lugar de defectuoso, y la expresión porcentaje disconforme (o de disconformes) en vez de porcentaje defectuoso. Se volvieron a calcular y a trazar las curvas características de operación, y se hicieron varios cambios editoriales al material descriptivo de la norma, a fin de concordar lo más posible con la MIL STD 105D. Finalmente, se incluyó un apéndice, que muestra la correspondencia entre la ANSI/ASQC Z1.9, la MIL STD 105D y su versión civil correspondiente, la ANSI Z1.4. Este apéndice también proporcionó puntos porcentuales determinados de las curvas CO para estas normas, y sus diferencias.

A la fecha de escribir este libro, el Department of Defense de Estados Unidos no ha adoptado oficialmente la ANSI/ANQC Z1.9, y sigue utilizando la MIL STD 414. Es probable que ambas normas se utilicen en el futuro. La ventaja principal de la norma ANSI/ASQC Z1.9 es que con ella es posible empezar la inspección utilizando un esquema de muestreo por atributos según la MIL STD 105D, o la ANSI/ASQC Z1.4, obtener suficiente información para usar una inspección por variables, y después cambiar al esquema por variables, manteniendo la misma combinación NCA-letra código. Luego será posible volver al esquema por atributos si parece que la adopción del esquema por variables no es satisfactorio. También es posible aprovechar la información obtenida en una inspección coordinada por atributos y por variables, para cambiar lógicamente del muestreo para aceptación hacia el control estadístico del proceso.

Como en la MIL STD 414, en la ANSI/ASQC Z1.9 se considera que la característica de calidad tiene distribución normal. Esta suposición es muy importante, lo que ya se comentó con anterioridad. Hemos sugerido la incorporación de una prueba para la normalidad como parte de la norma. Una manera para realizar esto sería utilizar un diagrama de control de $\bar{x}$ y S (o de $\bar{x}$ y R) a partir de los datos de las variables para cada lote. Después de obtener una cantidad suficiente de observaciones, se podría utilizar una prueba de normalidad. Esto puede hacerse graficando las mediciones individuales en un papel probabilidad normal, o realizando una de las pruebas estadísticas especializadas para la normalidad. Se recomienda utilizar un tamaño muestral relativamente grande para esta prueba estadística. Tendrán que obtenerse por lo menos 100 observaciones antes de realizar una prueba de normalidad, y creemos que se tendría que incrementar el tamaño muestral de manera inversamente proporcional al NCA. Si se infringe la suposición de normalidad en forma importante, se tendrá que desarrollar un procedimiento especial de muestreo por variables, o regresar a la inspección por atributos.

Una ventaja más de la aplicación de un diagrama de control a los resultados de cada lote es que podrá cambiarse a un plan de la desviación estándar conocida, si la variabilidad del proceso ha estado bajo control durante por lo menos 30 muestras. Esto permitiría un reducción sustancial en el tamaño de la muestra. Es posible instituir esto en cualquier programa combinado de inspección por atributos y por variables, pero es fácil de realizar usando los lineamientos de la ANSI/ASQC, debido a la equivalencia en el diseño entre los procedimientos por atributos y por variables.

11-4 OTROS PROCEDIMIENTOS DE MUESTREO POR VARIABLES

11-4.1 Muestro por Variables para Dar Seguridad Respecto a la Media del Lote o del Proceso

También se pueden usar planes de muestreo por variables para dar seguridad respecto a la calidad *media* de un material, en vez de la fracción defectuosa. Tales planes de muestreo se utilizan sobre todo en el muestreo de materiales sueltos que vienen en bolsas, tambores (o bidones) o cualquier otro envase. Sin embargo, pueden aplicarse también a piezas discretas, y a otras variables, como la pérdida de energía en transformadores de potencia. El enfoque general que se utiliza para este tipo de muestreo por variables es la prueba estadística de hipótesis. Ahora se expondrá un ejemplo del procedimiento.

Ejemplo 11-4

Un fabricante de tableros de madera muestrea la materia prima comprada a un proveedor, para determinar su nivel de emisión de formaldehído. Se considera aceptable el lote en tanto el nivel medio de la emisión sea menor de 0.3 ppm. Se diseñará un procedimiento de muestreo por variables que dé a los lotes con un nivel medio de emisión de 0.3 ppm una probabilidad de aceptación de 0.95, y a los lotes con un nivel medio de emisión de 0.4 ppm, una probabilidad de 0.10. Por experiencia se sabe que el mayor valor posible de la desviación estándar de los niveles de emisión es $\sigma = 0.10$ ppm.

Sea $\bar{x}_A$ el valor de la media muestral por arriba del cual se aceptará el lote. Entonces se sabe que

$$\frac{\bar{x}_A - 0.30}{\sigma/\sqrt{n}} = \frac{\bar{x}_A - 0.30}{0.10/\sqrt{n}}$$

está distribuida como una variable normal estándar. Si los lotes de este tipo tienen una probabilidad de aceptación de 0.95,

$$\frac{\bar{x}_A - 0.30}{0.10/\sqrt{n}} = +1.645$$

De modo similar, si los lotes con nivel medio de emisión de 0.40 ppm deben tener una probabilidad de aceptación de 0.10,

$$\frac{\bar{x}_A - 0.40}{0.10/\sqrt{n}} = -1.282$$

Se pueden resolver estas dos ecuaciones para hallar n y $\bar{x}_A$, lo que da $n = 9$ y $\bar{x}_A = 0.355$. También sería posible diseñar el plan de muestreo mediante el método de la curva CO.

■

Es posible asimismo diseñar procedimientos de muestreo de aceptación por variables como el anterior para casos en los que se desconoce la desviación estándar. De igual forma se pueden deducir planes de muestreo de aceptación por variables elemento por elemento, con el fin de dar seguridad respecto a la desviación estándar de un lote o un proceso. Es posible usar las técnicas estándares de la prueba estadística de hipótesis para medias y variancias con objeto de obtener procedimientos de muestreo con curvas CO específicas. Un amplio análisis de estos procedimientos puede verse en Hines y Montgomery (1980).

11-4.2 Muestreo Secuencial por Variables

Así como el muestreo secuencial es útil en la inspección por atributos, también puede aplicarse en la inspección por variables. Las suposiciones usuales son que la característica de calidad se distribuye normalmente, y que se conoce la desviación estándar del lote o del proceso. En el plan de muestreo secuencial por variables elemento por elemento se grafica la suma acumulativa de las mediciones de la característica de calidad. Las líneas de límite para aceptar el lote, para rechazarlo y para seguir con el muestreo se trazan de manera muy similar a como se hace en el caso de la inspección por atributos. Duncan (1974) analiza de manera detallada el diseño de estos planes.

11-4.3 Método del Diagrama del Lote

El método del diagrama del lote es un plan de muestreo por variables que desarrolló Dorian Shainin cuando era inspector jefe en la Hamilton Standard Division de United Aircraft Corporation. (Hamilton Standard es ahora filial de United Technologies, Inc.) En dicho método se utiliza una distribución de frecuencias para los datos muestrales a fin de juzgar el lote. Una característica importante de este método es que puede usarse para distribuciones tanto normales como no normales de la característica de calidad.

El método consiste en tomar 10 muestras aleatorias del lote, cada una de cinco artículos. Se usa después un procedimiento especializado, con el fin de construir un histograma o una distribución de frecuencias para estos resultados muestrales. Se calculan límites superior e inferior del lote a partir del histograma, utilizando un enfoque muy similar al que se empleó para encontrar límites superior e inferior en un diagrama de controlde $\bar{x}$. Una vez obtenidos el diagrama del lote y sus límites se puede juzgar el lote. El veredicto se basa en la comparación del diagrama del lote con 11 diferentes tipos de diagramas de este tipo. Es posible aplicar los diagramas del lote tanto para características de calidad distribuidas en forma normal como no normal.

Se utilizan muchas variantes del método del diagrama del lote. El procedimiento es relativamente sencillo, y muchas veces tiene como resultado una mejor calidad y menores costos de inspección. La mayor desventaja del procedimiento es que la distribución de frecuencias no siempre da una indicación efectiva de la distribución real de la característica de calidad en el lote o el proceso. Por lo regular, los tamaños muestrales que se usan en el método del diagrama del lote no son suficientemente grandes para discriminar con exactitud lotes "buenos" y lotes "malos" cuando se tienen que detectar niveles muy bajos de la fracción no conforme.

11-4.4 Calibración con Límites Estrechos

Un procedimiento alterno para el muestreo por variables, cuando se conoce la desviación estándar, consiste en utilizar un plan de muestreo por atributos con límites de especificación más estrechos que los descritos por el diseño de ingeniería. Este procedimiento se llama a menudo *calibración con límites estrechos* (o comprimidos), o bien prueba de severidad aumentada.[1] Consideremos

[1]Véase en la Sección 7-4 otra aplicación de la calibración con límites estrechos, el PRE-control.

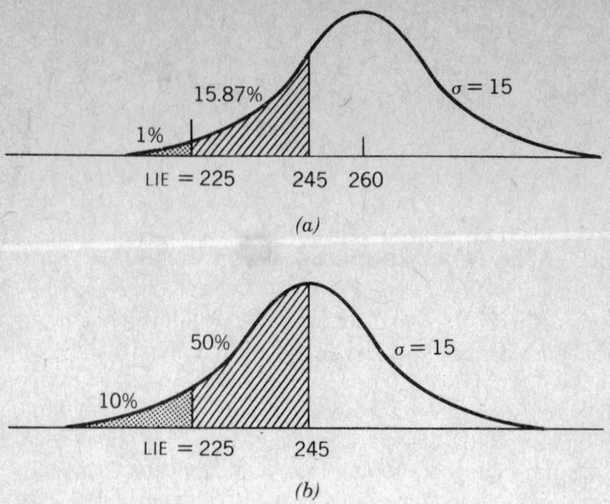

Figura 11-7. Calibración con límites estrechos.

que se puede admitir que los artículos en un proceso o un lote se distribuyen normalmente, y que se conoce la desviación estándar. En tal caso puede trabajarse con límites ficticios de especificación. Refiérase al problema de la prueba de botellas expuesto en los Ejemplos 11-1 y 11-2, y supóngase que el proceso tiene desviación estándar conocida de σ = 15, y límite inferior de especificación LIE = 225. Si la media del proceso es de 260 lb/plg^2, entonces la fracción que cae por debajo del límite inferior de especificación será igual a 1%. Se supondrá que hay disposición a aceptar tales lotes el 95% de las veces. Si la media cae hasta 245 lb/plg^2, entonces 10% de las botellas se encontrarán por debajo del límite inferior de especificación. Admitamos que se desea aceptar tales lotes sólo 10% de las veces. En la Fig. 11-7 se ilustra este caso. Ahora se supone que el límite inferior de especificación aumenta hasta 245 lb/plg^2. Obsérvese, a partir de la Fig. 11-7, que un proceso con 1% de los envases por debajo de 225 lb/plg^2 también tiene 15.87% de botellas por debajo de 245 lb/plg^2. Además, un proceso con 10% de las botellas por debajo de 225 lb/plg^2 tiene 50% por debajo de 245 lb/plg^2. Por lo tanto, en vez de utilizar un plan de muestreo basado en el LIE de 225 lb/plg^2 y las fracciones defectuosas de 1% y 10% en este punto, se podría usar un plan de muestreo por atributos, basado en 245 como límite de especificación, con p_1 = 15.85%, α = 0.05, p_2 = 50% y β = 0.10. El plan de muestreo por atributos para este caso tiene n = 14 y c = 4. Es decir, se inspeccionarían 14 botellas, y cualquier botella con resistencia a la presión interna por debajo de 245 lb/plg^2 se consideraría un envase "defectuoso". Si se observan más de cuatro botellas defectuosas, se rechazará el lote. Un plan convencional de muestreo por atributos, basado en el límite de especificación de 225 lb/plg^2, requeriría un tamaño muestral aproximado de 40. Un plan de muestreo por variables, suponiendo una variabilidad desconocida del proceso, necesitaría un tamaño muestral aproximado de 20. Por lo tanto, el uso de la calibración con límites estrechos redujo sustancialmente el tamaño muestral en esta situación.

La calibración con límites estrechos puede ser útil cuando las fracciones defectuosas p_1 y p_2 son muy pequeñas, y el muestreo por variables es muy costoso o no se puede realizar desde el punto de vista tecnológico. Obsérvese, sin embargo, que la utilidad de la calibración con límites estrechos depende de la distribución de la característica de calidad. En el ejemplo anterior, se supuso que la forma de la distribución era la normal. Si fuera incorrecto supuner esto, el plan de calibración obtenido con límites estrechos no funcionaría como sería de esperar. También se consideró que se conocía la desviación estándar del lote o del proceso, y que permanecía constante. Se recomienda utilizar con mucho cuidado los planes de calibración con límites estrechos.

11-5 EJERCICIOS

11-1 Se requiere que la densidad de una pieza de plástico que se usa en una calculadora de bolsillo sea por lo menos igual a 0.70 g/cm^3. Se reciben las piezas en lotes grandes, y se debe utilizar un plan de muestreo por variables para juzgar los lotes. Se desea que $p_1 = 0.02$, $p_2 = 0.10$, $\alpha = 0.10$ y $\beta = 0.05$. Se desconoce la variabilidad del proceso de fabricación, pero será estimada mediante la desviación estándar de la muestra.

(a) Obtenga un plan adecuado de muestreo por variables, usando el Procedimiento 1.
(b) Considérese que se toma una muestra del tamaño adecuado, y que $\bar{x} = 0.73$, $s = 1.05 \times 10^{-2}$. ¿Se tendrá que aceptar o rechazar el lote?
(c) Trace la curva CO para este plan de muestreo. Determine la probabilidad de aceptar lotes con una fracción defectuosa de 5%.

11-2 Una banda de transmisión que se emplea en el mecanismo de una máquina copiadora debe tener una resistencia mínima a la tensión de LIE = 150 lb. Se sabe, basándose en una larga experiencia, que $\sigma = 5$ lb para esta banda en particular. Obtenga un plan de muestreo por variables de manera que $p_1 = 0.005$, $p_2 = 0.02$, $\alpha = 0.05$ y $\beta = 0.10$. Suponga que hay que utilizar el Procedimiento 1.

11-3 Determine los criterios para juzgar los lotes del problema descrito en el Ejercicio 11-1, suponiendo que se usa el Procedimiento 2.

11-4 Determine el procedimiento para juzgar los lotes para el problema descrito en el Ejercicio 11-2, si se utilizara el Procedimiento 2.

11-5 Describa cómo se puede utilizar la inspección rectificadora en un muestreo por variables. ¿Cuáles son las ecuaciones apropiadas para el NCA y el ITM, suponiendo muestreo simple y exigiendo que se reemplacen por artículos "buenos" todos los artículos defectuosos encontrados en el muestreo o en la inspección al 100%.

11-6 Un inspector de un organismo militar quiere utilizar un plan de muestreo por variables con NCA de 1.5% para lotes de tamaño 7 000. Si se desconoce la desviación estándar del lote o del proceso, obtenga dos planes de muestreo utilizando el Procedimiento 1 y el Procedimiento 2 de la MIL STD 414.

11-7 Compare los tamaños muestrales encontrados en el Ejercicio 11-6 con los que se hubieran obtenido a partir de la MIL STD 105D.

11-8 Se inspecciona un lote de 500 artículos. Suponga que se desea encontrar un plan de la MIL STD 414, con un nivel II de inspección. Si el NCA es 4%, encuentre los planes de muestreo con el Procedimiento 1 y con el Procedimiento 2, a partir de la norma.

11-9 Una embotelladora de gaseosas adquiere botellas de vidrio no retornables de un proveedor. El límite inferior de especificación de la resistencia a la presión interna para las botellas es 225 lb/plg^2. La empresa quiere utilizar un muestreo por variables para juzgar los lotes, y decide usar un NCA de 1%. Halle un conjunto apropiado de planes de muestreo normal y estricto con base en la norma. Suponga que se inspecciona un lote de tamaño 100 000, y que los resultados de la muestra son

$$\bar{x} = 255 \qquad s = 10$$

Determine la suerte del lote, usando el Procedimiento 2.

11-10 Repita el Ejercicio 11-9, pero aplicando el Procedimiento 1.

11-11 Se envasa un ingrediente químico en contenedores metálicos. Se entregó una gran remesa de estos contenedores en las instalaciones de manufactura. La densidad media a granel de este ingrediente no debe estar por debajo de 0.15 g/cm^2. Suponga que ciertos lotes de esta calidad tienen probabilidad de aceptación de 0.95. Si la densidad media es igual a 0.1450, la probabilidad de aceptación del lote será igual a 0.10. Considere que se sabe que la desviación estándar de la densidad a granel es, aproximadamente, igual a 0.005 g/cm^2. Obtenga un plan de muestreo por variables que se podría utilizar para juzgar los lotes.

11-12 Se estableció una norma de 0.3 ppm para el nivel de emisión de formaldehído en productos de madera. Suponga que la desviación estándar de las emisiones para un tipo de tablero particular es $\sigma = 0.10$ ppm. Se considera aceptable cualquier lote con el 1% de sus artículos por arriba de 0.3 ppm, e inaceptable cualquier lote con 8% o más de sus artículos por arriba de 0.3 ppm. Hay que aceptar los lotes "buenos" con una probabilidad de 0.95, y rechazar los lotes "malos" con una probabilidad de 0.90.

(a) Obtenga un plan de muestreo por variables para esta situación.
(b) Encuentre un conjunto apropiado de planes de muestreo a partir de la MIL STD 414, utilizando el nivel de disconformidad de 1% como NCA, y suponiendo que los lotes contienen 5 000 tableros o paneles. Compare los tamaños muestrales y la protección que obtienen el productor y el consumidor mediante este plan, con el plan que se dedujo en el inciso (a).
(c) Determine un plan de muestreo por atributos que tenga la misma curva CO que el de muestreo por variables obtenido en el inciso (a). Compare los tamaños muestrales requeridos para una protección equivalente. ¿En qué condiciones el muestreo por variables será más eficaz económicamente?
(d) Obtenga un plan de muestreo por atributos a partir de la MIL STD 105D, utilizando la no conformidad de 1% como NCA. Compare los tamaños muestrales y la protección que ofrece el plan con los planes obtenidos en los incisos (a), (b) y (c).
(e) Desarrolle un plan apropiado de calibración con límites estrechos para este caso, suponiendo que la tasa de emisión de formaldehido se distribuye normalmente. Compare el tamaño muestral en el plan de calibración con límites estrechos, con los tamaños muestrales en los planes de los incisos (a), (b), (c) y (d).

Capítulo 12

Otros Procedimientos de Muestreo para Aceptación

En este capítulo se presentan varias técnicas que con frecuencia son útiles en un muestreo para aceptación. Entre ellas se incluyen los planes de muestreo en cadena, de muestreo continuo, y de muestreo de lotes salteados. Se considera además el efecto del error de inspección sobre el muestreo para aceptación, y se presenta el diseño económico de procedimientos de muestreo para aceptación.

12-1 MUESTREO EN CADENA

En casos en que las pruebas son destructivas o costosas, normalmente se seleccionan planes de muestreo con tamaño muestrales pequeños. Estos planes tienen a menudo número de aceptación iguales a cero. Sin embargo, muchas veces los planes con números de aceptación nulos no son deseables, ya que sus curvas CO son convexas en toda su longitud. Esto implica que la probabilidad de aceptar un lote empieza a disminuir muy rápidamente cuando la fracción defectuosa del lote es mayor que cero. Esto es muchas veces injusto para el fabricante, y puede exigir del usuario que tamice un gran número de lotes que son esencialmente de calidad aceptable en situaciones en que se usa la inspección rectificadora. Las Figs. 10-5 y 10-7 del Cap. 10 son curvas CO de planes de muestreo con números de aceptación cero y mayores que cero.

Dodge (1955) sugirió un procedimiento alternativo, conocido como *plan de muestreo en cadena* (ChSP, de *chain sampling plan*), que en ciertas circunstancias puede ser un sustituto de planes de muestreo simple con números de aceptación cero. En los planes de muestreo en cadena se usan los resultados acumulativos de varios lotes precedentes. El procedimiento en general es como sigue:

1. Para cada lote se elige una muestra de tamaño n y se observa el número de artículos defectuosos.
2. Si la muestra no tiene artículos defectuosos, se acepta el lote; si tiene dos o más, se rechaza; y si en la muestra hay un artículo defectuoso, se acepta el lote siempre que no haya habido defectuosos en los i lotes precedentes.

Por tanto, para un plan de muestreo en cadena dado por $n = 5$, $i = 3$, se aceptará un lote si no existen artículos defectuosos en la muestra de tamaño 5, o si hay uno en la muestra de tamaño 5 y ninguno en las muestras de los tres lotes precedentes. Este plan se conoce como *plan ChSP-1*.

El efecto del muestreo en cadena consiste en cambiar la forma de la curva CO cerca del origen para que tenga una forma más aceptable. Es decir, es más difícil rechazar lotes con fracciones

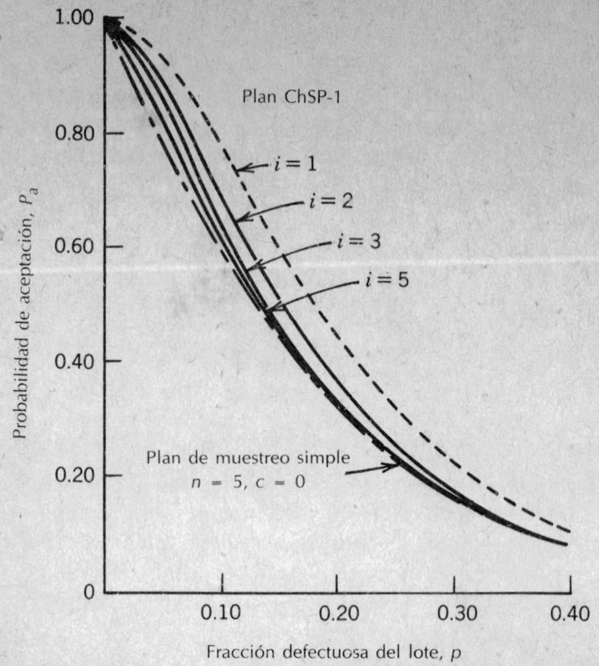

Figura 12-1. Curvas CO para el plan ChSP-1 con $n = 5$, $c = 0$, $i = 1, 2, 3, 5$. (Reproducido con permiso de H. F. Dodge, "Chain Sampling Inspección Plans", *Industrial Quality Control*, Vol. 11,, No. 4, 1955.)

defectuosas muy pequeñas con un plan ChSP-1 que con un muestreo normal simple. En la Fig. 12-1 se muestran curvas CO para el ChSP-1 con $n = 5$, $c = 0$ e $i = 1, 2, 3, 5$. La curva para $i = 1$ está indicada por trazos, y no es una buena elección. En la práctica, los valores de i varían normalmente entre 3 y 5, ya que las curvas CO para tales planes se aproximan a las de planes de muestreo simple. Los puntos en la curva CO de un plan de muestreo ChSP-1 están dados por la ecuación

$$P_a = P(0,n) + P(1,n)[P(0,n)]^i \tag{12-1}$$

donde $P(0, n)$ y $P(1, n)$ son las probabilidades de obtener 0 y 1 artículos defectuosos, respectivamente, de una muestra aleatoria de tamaño n. Para ilustrar los cálculos, considérese el plan ChSP-1 con $n = 5$, $c = 0$, $i = 3$. Para $p = 0.10$, se tiene que

$$P(0,n) = \frac{n!}{d!\,(n-d)!}p^d(1-p)^{n-d} = \frac{5!}{0!\,5!}(0.10)^0(0.90)^5 = 0.590$$

$$P(1,n) = \frac{n!}{d!\,(n-d)!}p^d(1-p)^{n-d} = \frac{5!}{1!\,(5-1)!}(0.10)^1(0.90)^4 = 0.328$$

y

$$P_a = P(0,n) + P(1,n)[P(0,n)]^i = 0.590 + (0.328)(0.590)^3$$
$$= 0.657$$

Para el uso adecuado del muestreo en cadena se requiere el cumplimiento de las condiciones siguientes:

1. El lote debe formar parte de un flujo continuo de lotes de un proceso, en el que existe una producción repetitiva bajo las mismas condiciones, y en el cual los lotes de los productos se presentan para su aceptación sustancialmente en el orden de producción.
2. Suele suponerse que los lotes son esencialmente de la misma calidad.
3. La organización o agencia del muestreo no debe tener fundamentos para creer que el lote actual es de peor calidad que los inmediatos precedentes.
4. Debe haber un buen registro del rendimiento de la calidad por parte del proveedor.
5. La agencia de muestreo debe tener confianza de que el proveedor no abusará de sus buenos registros para mandar ocasionalmente un lote defectuoso, con una muy alta posibilidad de ser aceptado.

12-2 MUESTREO CONTINUO

Todos los planes de muestreo analizados anteriormente son de lote por lote. Para estos planes existe la suposición explícita de que el producto se reúne en lotes, y el propósito del plan de muestreo es juzgar lotes individuales. Sin embargo, muchas operaciones de manufactura, sobre todo procesos complejos de montaje, no dan como resultado la formación natural de lotes. Por ejemplo, la fabricación de muchos productos electrónicos, como computadoras personales, se realiza en una línea de montaje de cinta transportadora.

Cuando la producción es continua, hay dos métodos para formar lotes. El primer procedimiento es permitir la acumulación de la producción en puntos dados del proceso de montaje. Esto tiene la desventaja de crear en varios puntos existencias o "inventarios en el proceso", que necesitan espacio adicional que puede constituir un riesgo de seguridad. Además, éste suele ser un enfoque ineficiente para manejar una línea de montaje. El segundo procedimiento es considerar un segmento dado de la producción como un "lote". La desventaja de esto es que si se rechaza un lote, y se requiere subsecuentemente una inspección del lote al 100%, podría ser necesario regresar productos de las operaciones manufactureras que se hallan más adelante en la producción. Esto puede implicar el desmontaje o por lo menos la destrucción parcial de artículos semiterminados.

Por estas razones se desarrollaron planes especiales de muestreo para una producción continua. Los planes de muestreo continuo están formados por secuencias alternantes de una inspección por muestreo y un tamizado (inspección al 100%). Los planes empiezan normalmente con una inspección al 100%, y cuando se encuentra que un número fijo de artículos están libres de defectos (el número i de unidades se llama normalmente *número de aprobación*), se cambia a una inspección por muestreo. Se sigue con ésta hasta encontrar un número dado de artículos defectuosos, y en este momento se regresa a la inspección al 100%. Los planes de muestreo continuo son planes de inspección rectificadora, en los que se mejora la calidad de producto mediante un tamizado parcial.

12-2.1 Plan CSP-1

Harold F. Dodge (1943) propuso por primera vez *los planes de muestreo continuo*. El plan inicial de Dodge se denomina *CSP-1* (de *continuous sampling plan*). Al inicio del plan se inspecciona el 100% de los artículos. Tan pronto como se llega al número de aprobación —es decir, una vez que se encuentran i artículos consecutivos sin defectos— se interrumpe la inspección al 100%,

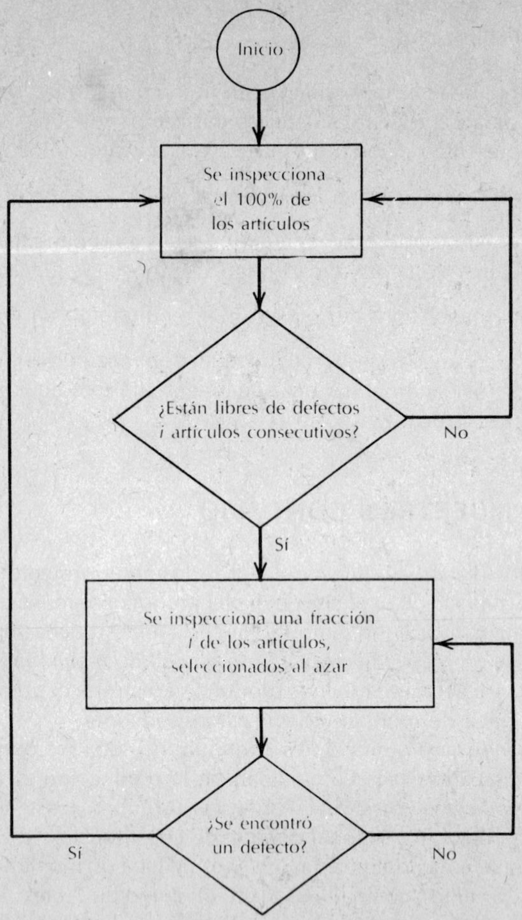

Figura 12-2. Vakires de *i* para Planes CSP-2.

y se inspecciona sólo una fracción (f) de los artículos. Se seleccionan estas unidades muestrales aleatoriamente, una a la vez, del flujo de la producción. Si se encuentra una unidad defectuosa, se vuelve a la inspección al 100%. Todos los artículos defectuosos encontrados se corrigen o cambian por artículos aceptables. En la Fig. 12-2 se muestra el procedimiento para el CSP-1.

Un plan CSP-1 tiene un LCMS global. El valor del LCMS depende de los valores del número de aprobación i y de la fracción f de la muestra. Es posible obtener el mismo LCMS mediante diferentes combinaciones de i y f. En la Tabla 12-1 se presentan varios valores de i y f para el CSP-1 que llevará a un LCMS especificado. Obsérvese, por inspección de la tabla, que puede obtenerse un LCMS de 0.79% mediante un plan de muestreo con $i = 59$ y $f = \frac{1}{3}$, o bien con $i = 113$ y $f = \frac{1}{7}$.

La elección de i y f suele basarse en consideraciones prácticas acerca del proceso de fabricación. Por ejemplo, la carga de trabajo de los inspectores y operarios del sistema puede influir en los valores de i y f. Es práctica muy común utilizar inspectores de aseguramiento de calidad para realizar la inspección por muestreo, y dejar de inspección al 100% bajo la responsabilidad de la división de manufactura. Sin embargo, como regla general no es conveniente elegir valores $\frac{1}{200}$, de f menores que porque la protección contra la mala calidad en una racha o corrida de la producción se vuelve entonces muy deficiente.

Tabla 12-1 Valores de *i* para planes CSP-1

	LMCS, (%)															
f	0.018	0.033	0.046	0.074	0.113	0.143	0.198	0.33	0.53	0.79	1.22	1.90	2.90	4.94	7.12	11.46
$\frac{1}{2}$	1,540	840	600	375	245	194	140	84	53	36	23	15	10	6	5	3
$\frac{1}{3}$	2,550	1,390	1,000	620	405	321	232	140	87	59	38	25	16	10	7	5
$\frac{1}{4}$	3,340	1,820	1,310	810	530	420	303	182	113	76	49	32	21	13	9	6
$\frac{1}{5}$	3,960	2,160	1,550	965	630	498	360	217	135	91	58	38	25	15	11	7
$\frac{1}{7}$	4,950	2,700	1,940	1,205	790	623	450	270	168	113	73	47	31	18	13	8
$\frac{1}{10}$	6,050	3,300	2,370	1,470	965	762	550	335	207	138	89	57	38	22	16	10
$\frac{1}{15}$	7,390	4,030	2,890	1,800	1,180	930	672	410	255	170	108	70	46	27	19	12
$\frac{1}{25}$	9,110	4,970	3,570	2,215	1,450	1,147	828	500	315	210	134	86	57	33	23	14
$\frac{1}{50}$	11,730	6,400	4,590	2,855	1,870	1,477	1,067	640	400	270	175	110	72	42	29	18
$\frac{1}{100}$	14,320	7,810	5,600	3,485	2,305	1,820	1,302	790	500	330	215	135	89	52	36	22
$\frac{1}{200}$	17,420	9,500	6,810	4,235	2,760	2,178	1,583	950	590	400	255	165	106	62	43	26

El número medio de unidades inspeccionadas en una secuencia de inspección al 100%, después de la ocurrencia de un defecto, es igual a

$$u = \frac{1 - q^i}{pq^i} \qquad (12\text{-}2)$$

donde $q = 1 - p$, y p es la fracción defectuosa producida cuando el proceso está bajo control. El número medio de unidades que pasan por el procedimiento de inspección por muestreo, antes de encontrar una unidad defectuosa, es

$$v = \frac{1}{fp} \qquad (12\text{-}3)$$

La fracción promedio del total de artículos producidos e inspeccionados a largo plazo es igual a

$$\text{FPI} = \frac{u + fv}{u + v} \qquad (12\text{-}4)$$

La fracción promedio de unidades producidas que pasan por el procedimiento de muestreo es

$$P_a = \frac{v}{u + v} \qquad (12\text{-}5)$$

Cuando se grafica P_a en función de p, se obtiene una curva característica de operación para un plan de muestreo continuo. Obsérvese que la curva CO para un plan de muestreo de aceptación lote por lote da el porcentaje de *lotes* que pasan bajo inspección por muestreo, pero que la curva CO para un plan de muestreo continuo proporciona el porcentaje de *artículos* que pasan bajo inspección por muestreo. En la Fig. 12-3 se presentan las curvas características de operación para varios valores de f e i en planes CSP-1. Obsérvese que para valores moderados a pequeños de f, i influye más en la forma que f.

Los planes CSP-1 se utilizan ampliamente en procesos complejos de montaje de productos de alta tecnología. En este tipo de situaciones, se acostumbra realizar la inspección para detectar defectos, en vez de unidades defectuosas. Se pueden aplicar separadamente planes CSP-1 a diferentes clases de defectos, digamos mayores y menores. Es muy común tener diferentes valores

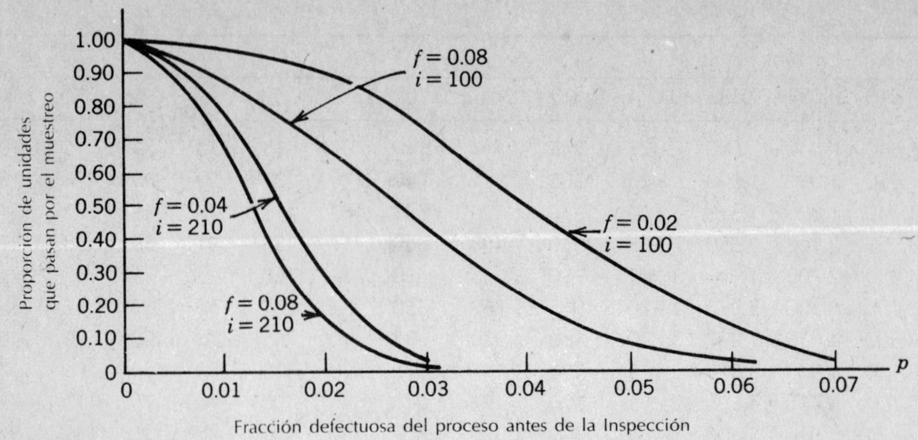

Figura 12-3. Curva características de operación para algunos planes de muestreo continuo, CSP-1. (Adaptado con permiso de A. J. Duncan, *Quality Control And Industrial Statestics*, 4a. ed., Irwino: Homewood, Ill., 1974.)

de *i* para cada clase de defecto, pero por lo regular conviene usar el mismo valor de *f*. Obsérvese que es posible que una producción sea sometida a inspección al 100% para los defectos mayores, pero a inspección por muestreo para los menores, y viceversa. Además, si la producción se encuentra bajo una inspección al 100% para defectos mayores, pero bajo inspección por muestreo para defectos menores, el descubrimiento de una unidad con un defecto menor entre las unidades no muestreadas que se inspeccionan al 100% para detectar defectos mayores no tendrá que ser la razón para cambiar de una inspección por muestreo a una de 100% en el caso de defectos menores. Se aplicaría la misma regla cuando los defectos menores estuvieran bajo inspección al 100% y los defectos mayores bajo una por muestreo.

Procede hacer un comentario final sobre la importancia del muestreo aleatorio cuando se usan planes de muestreo continuo. Como los artículos se producen en una línea continua de fabricación, y las unidades forman parte de una secuencia definida, parece que tal situación se presta fácilmente al uso de números aleatorios. Esto puede realizarse de una de dos maneras. Para cada grupo de $1/f$ artículos es posible seleccionar un número de un grupo de números aleatorios entre 1 y $1/f$. Por lo tanto, si $f = 0.10$, se podrá seleccionar un número aleatorio del intervalo de 1 a 10, a partir de una tabla de números aleatorios, para cada grupo de 10 artículos fabricados, y esto indica los artículos que habrá que muestrear. El segundo método es usar una tabla de números aleatorios para determinar si hay que inspeccionar un artículo individual de la línea de producción, o dejarlo pasar sin realizar inspección. Si el número aleatorio es menor que 0.1, hay que inspeccionar el artículo.

12-2.2 Planes CSP-2, CSP-3 y de Multiniveles

Se han producido algunas variantes del plan original CSP-1 de Dodge. Una de ellas se diseñó para responder a la objeción de que la ocurrencia de un solo artículo defectuoso aislado a veces no justifica el regreso a la inspección al 100%. Esto es particularmente cierto cuando se trata de defectos menores. Para responder a esta objeción, Dodge y Torrey (1951) propusieron los CSP-2 y CSP-3. Según el CSP-2, se regresará a la inspección al 100% sólo cuando en un proceso que está bajo la inspección por muestreo se encuentran dos unidades muestrales defectuosas, con una separación de *K* unidades muestrales entre una y otra. Es práctica común elegir *K* igual al número de aprobación *i*. En la Fig. 12-4 se presenta el procedimiento CSP-2 cuando *K* es igual a *i*. Los

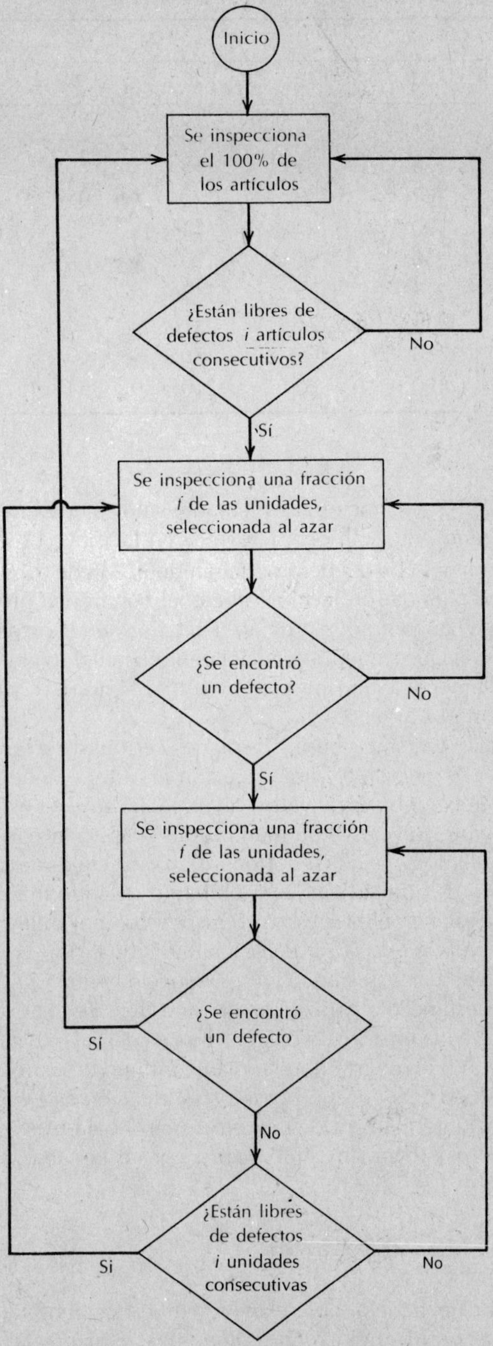

Figura 12-4. Procedimiento para planes CSP-2.

Tabla 12-2 Valores de *i* para planes CSP-2

	LMCS, (%)							
f	0.53	0.79	1.22	1.90	2.90	4.94	7.12	11.46
$\frac{1}{2}$	80	54	35	23	15	9	7	4
$\frac{1}{3}$	128	86	55	36	24	14	10	7
$\frac{1}{4}$	162	109	70	45	30	18	12	8
$\frac{1}{5}$	190	127	81	52	35	20	14	9
$\frac{1}{7}$	230	155	99	64	42	25	17	11
$\frac{1}{10}$	275	185	118	76	50	29	20	13
$\frac{1}{15}$	330	220	140	90	59	35	24	15
$\frac{1}{25}$	395	265	170	109	71	42	29	18
$\frac{1}{50}$	490	330	210	134	88	52	36	22

planes CSP-2 se caracterizan mediante valores de LCMS que pueden obtenerse con combinaciones diferentes de *i* y *f*, como aparece en la Tabla 12-2. Así, $i = 54$, $f = \frac{1}{2}$, e $i = 155$, $f = \frac{1}{7}$, son dos planes CSP-2 que producirán un LCMS de 0.79%. El CSP-3 es muy similar al CSP-2, pero se diseñó para dar protección adicional contra una producción desigual. Este plan requiere que después de encontrar un artículo defectuoso en la inspección por muestreo se examinen los cuatro artículos que siguen inmediatamente. Si cualquiera de ellos resulta ser defectuoso, se regresa inmediatamente a la inspección al 100%. Si no se descubre un artículo defectuoso, el plan sigue como con el CSP-2.

Otra objeción común a los planes de muestreo continuo es la transición brusca entre la inspección por muestreo y la inspección al 100%. Lieberman y Solomon (1955) diseñaron planes de muestreo continuo de varios niveles para superar esta objeción. Los planes de muestreo continuo de varios niveles o de multiniveles empiezan con la inspección al 100%, como lo hace el CSP-1, y cambian a la inspección de una fracción *f* de la producción tan pronto como se alcance el número de aprobación *i*. Sin embargo, cuando una racha de *i* artículos se encuentra libre de defectos, estando el proceso bajo inspección por muestreo con una fracción *f*, el muestreo continuará a una tasa de f^2. Si una racha adicional de *i* artículos está libre de defectos, el muestreo puede continuar a una tasa f^3. Esta reducción en la frecuencia del muestreo puede continuar hasta donde lo estime la organización de muestreo. Se regresará inmediatamente a un nivel menos elevado si se halla un artículo defectuoso en cualquier instante cuando el proceso está bajo la inspección por muestreo. Este tipo de plan continuo de varios niveles reduce enormemente el esfuerzo del muestreo cuando el proceso de fabricación está funcionando muy bien, o incrementa el esfuerzo durante los periodos de producción baja. Además, esta transición en la intensidad de la inspección se logra sin cambios bruscos en la carga de esta última.

12-2.3 MIL STD 1235B

Gran parte del trabajo sobre planes de muestreo continuo se ha incorporado en la MIL STD 1235B. La norma considera cinco tipos diferentes de planes de muestreo continuo. En la norma se exponen tablas que ayudan al analista en el diseño de planes de muestreo. El CSP-1 y CSP-2 forman parte de la MIL STD 1235B. Además, hay otros dos procedimientos de muestreo continuo de un solo nivel, el CSP-F y el CSP-V. El quinto plan en la norma es el CSP-T, un plan de muestreo continuo de multiniveles.

El procedimiento para el CSP-T se ilustra en la Fig. 12-5. El CSP-T empieza con una inspección al 100% de la producción. Tan pronto como se alcanza el número de aprobación *i*, se cam-

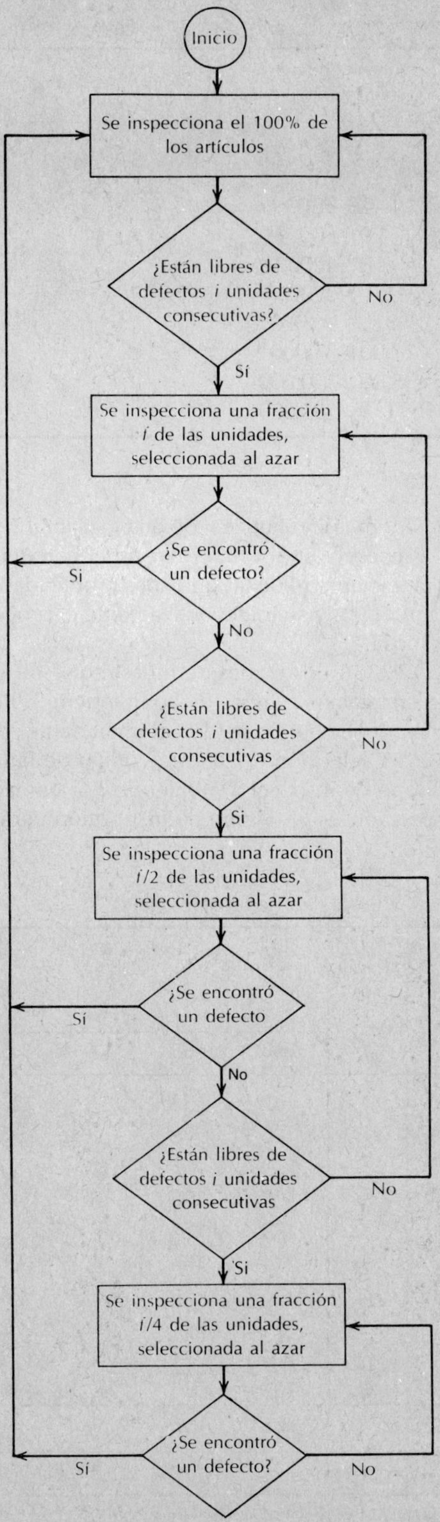

Figura 12-5. Procedimiento para planes CSP-T.

Tabla 12-3 Letras código de frecuencia de muestreo, MIL STD 1235B

Número de unidades en el intervalo de producción	Letras código permisibles
2–8	A–B
9–25	A–C
26–90	A–D
91–500	A–E
501–1200	A–F
1201–3200	A–G
3201–10,000	A–H
10,001–35,000	A–I
35,001–150,000	A–J
>150,000	A–K

bia a la inspección por muestreo, utilizando una fracción *f* de las unidades producidas. Si *i* unidades consecutivas en la inspección por muestreo no tienen defectos, entonces se reduce el nivel de muestreo hasta una fracción *f*/4 de las unidades producidas por el muestreo. En el CSP-T, se regresa a la inspección al 100% y se inicia nuevamente el procedimiento tan pronto como se detecta una unidad defectuosa.

En la MIL STD 1235B, los planes de muestreo se designan por medio de letras códigos. La Tabla 12-3 indica una gama de letras de código permisibles basadas en el número de unidades en el intervalo de producción, que se toma normalmente como un turno de ocho horas. Los factores que influyen en la selección de la letra código de la frecuencia de muestreo son la tasa de producción, el tiempo de inspección requerido por unidad del producto, y la cercanía de otras estaciones de inspección. Si el tiempo de inspección perdido es una consideración importante,

Tabla 12-4 Valores de *i* para planes CSP-T

Letra código de frecuencia de muestreo	*f*	NCA[a], %							
		0.40	0.65	1.0	1.5	2.5	4.0	6.5	10.0
A	$\frac{1}{2}$	87	58	38	25	16	10	7	5
B	$\frac{1}{3}$	116	78	51	33	22	13	9	6
C	$\frac{1}{4}$	139	93	61	39	26	15	11	7
D	$\frac{1}{5}$	158	106	69	44	29	17	12	8
E	$\frac{1}{7}$	189	127	82	53	35	21	14	9
F	$\frac{1}{10}$	224	150	97	63	41	24	17	11
G	$\frac{1}{15}$	226	179	116	74	49	29	20	13
H	$\frac{1}{25}$	324	217	141	90	59	35	24	15
I	$\frac{1}{50}$	409	274	177	114	75	44	30	19
J, K	$\frac{1}{100}$	499	335	217	139	91	53	37	23
		0.53	0.79	1.22	1.90	2.90	4.94	7.12	11.46
		LMCS, (%)							

[a] Se proporcionan los NCA como índices para simplificar el uso de esta tabla, pero no tienen ningún otro significado respecto a los planes.

entonces será más deseable utilizar un plan con mayor frecuencia de muestreo y un número de aprobación más bajo.

Los planes de muestreo en la MIL STD 1235B están caracterizados por la letra de código de la frecuencia y el LCMS, y también por medio de los NCA en la MIL STD 105D. Este aspecto de la MIL 1235B ha causado una polémica considerable. Los planes CSP no son planes de NCA, no tienen valores de NCA asociados por naturaleza. La MIL STD 105D, que se concentra en el NCA, está diseñada para situaciones de manufactura en las cuales la formación de lotes es un aspecto natural de la producción, y proporciona un conjunto de reglas de decisión para juzgar los lotes con el fin de obtener cierta protección del NCA. Los planes CSP se diseñan para estos casos en que la producción es continua y la formación de lotes no es un aspecto natural de la situación de manufactura. En la MIL STD 1235B, las tablas de los planes de muestreo tienen una nota al pie que indica que los NCA no significan nada respecto al plan, y son sólo índices. Un ejemplo del formato de las tablas puede verse en la Tabla 12-4.

12-3 PLANES DE MUESTREO DE LOTES SALTEADOS

En esta sección se presenta algo del desarrollo y la evaluación de un sistema de planes de inspección por muestreo lote por lote en el que se prevé la inspección de sólo cierta fracción de los lotes sometidos. Estos planes se conocen como *planes de muestreo de lotes salteados*. En general, se tendrán que utilizar únicamente tales planes cuando es buena la calidad del producto bajo inspección, como consta por el historial de la calidad del proveedor.

Dodge (1956) presentó inicialmente los planes de muestreo de lotes salteados como una extensión de los planes de muestreo continuo tipo CSP. En realidad, un plan de muestreo de lotes salteados es la aplicación del muestreo continuo a lotes en vez de a unidades individuales de la producción en una línea de montaje. En la versión del muestreo de lotes salteados propuesta inicialmente por Dodge se requería una sola determinación o análisis para comprobar la aceptación o el rechazo del lote. Estos planes se llaman *SkSP-1* (de *skip-lot sampling plan*). Los planes de muestreo de lotes salteados designados SkSP-2 avanzan el siguiente paso lógico; es decir, en ellos se muestrea cada lote que hay que evaluar según un plan particular de inspección de lotes por atributos. Perry (1973) hace un buen análisis de estos planes.

En un plan de muestreo de lotes salteados del tipo SkSP-2 se utiliza un método de inspección de lotes denominado "plan de muestreo de referencia", junto con las reglas siguientes:

1. Se empieza con la inspección normal, utilizando el plan de referencia. En esta etapa de la operación, se inspecciona cada lote.
2. Cuando se aceptan i lotes consecutivos con la inspección normal, se cambia a la salteada, y se inspecciona una fracción f de los lotes.
3. Cuando se rechaza un lote con la inspección salteada se regresa a la inspección normal.

Los parámetros f e i son los del plan de muestreo con lotes salteados SkSP-2. En general, el número de aprobación i es un entero positivo, y la fracción de muestreo f cae en un intervalo 0 f 1. Cuando la fracción de muestreo f es igual a 1, el plan de muestreo de lotes salteados se reduce al plan original de muestreo de referencia. Sea P la probabilidad de aceptación de un lote para el plan de muestreo de referencia. Entonces, $P_a(f, i)$ es la probabilidad de aceptación para el plan de muestreo de lotes salteados SkSP-2, donde

$$P_a(f,i) = \frac{fP + (1 - f)P^i}{f + (1 - f)P^i} \qquad (12\text{-}6)$$

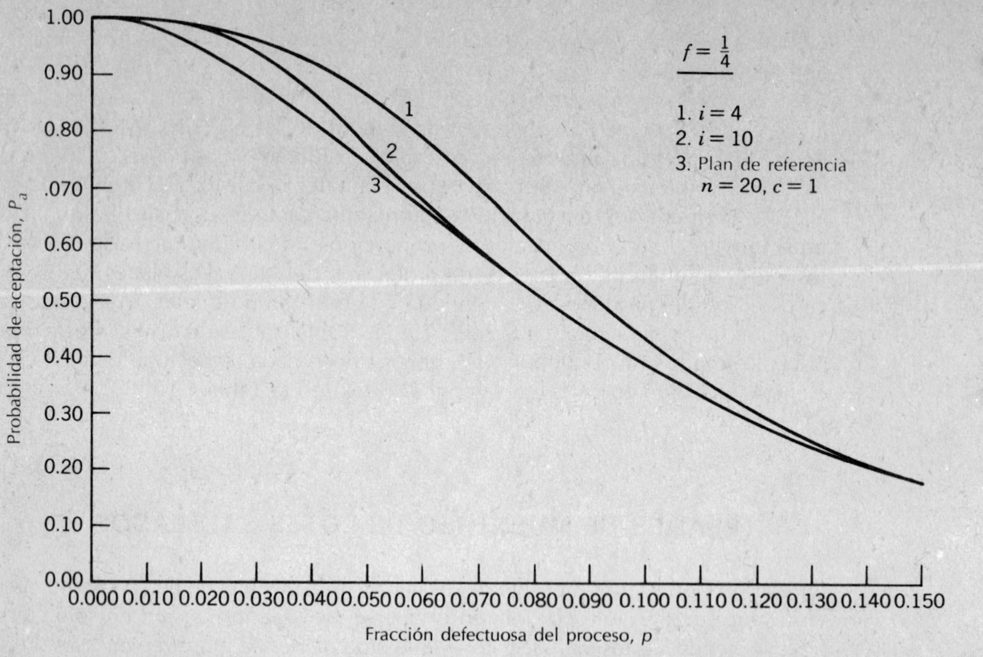

Figura 12-6. Curvas CO para planes de lotes salteados SkSO-2: plan de referencia de muestreo simple, el mismo valor de f, pero diferentes valores de i. (De R. L. Perry, "Skip-Lot Sampling Plans", *Journal of Quality Technology*, Vol. 5, 1973, con permiso de American Society for Quality Control.)

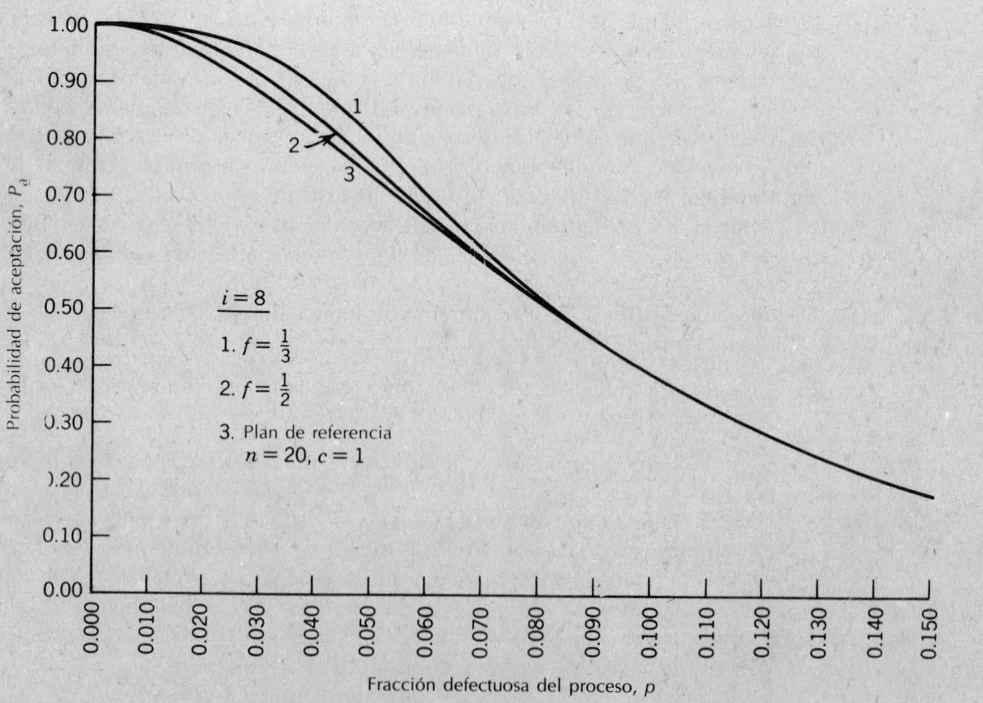

Figura 12-7. Curvas CO para planes de lotes salteados SkSO-2: plan de referencia de muestreo simple, el mismo valor de i, pero diferentes valores de f. (De R. L. Perry, "Skip-Lot Sampling Plans", *Journal of Quality Technology*, Vol. 5, 1973, con permiso de American Society for Quality Control.)

Se puede demostrar que para $F_2 < F_1$, un valor dado del número de aprobación i y un plan especificado de muestreo de referencia,

$$P_a(f_1, i) \leq P_a(f_2, i) \tag{12-7}$$

Además, para números enteros de aprobación $i < j$, un valor fijo de f, y un plan dado de muestreo de referencia,

$$P_a(f, j) \leq P_a(f, i) \tag{12-8}$$

Estas propiedades de un plan de muestreo de lotes salteados aparecen en las Figs. 12-6 y 12-7 para el plan de muestreo de referencia $n = 20$, $c = 1$. La curva CO del plan de muestreo de referencia también se indica en estas gráficas.

Una propiedad muy importante del plan de muestreo de lotes salteados es la cantidad promedio de inspección requerida. En general, estos planes de muestreo se utilizan cuando es necesario reducir la cantidad promedio de inspección requerida. El número muestral medio de un plan de muestreo de lotes salteados es

$$\text{NMM}(SkSP) = \text{ASN}(R)F \tag{12-9}$$

donde F es la fracción media de lotes considerados que se muestran, y NMM(R) es el número muestral medio del plan de muestreo de referencia. Puede demostrarse que

$$F = \frac{f}{(1 - f)P^i + f} \tag{12-10}$$

Así como $0 < F < 1$, se deduce que

$$\text{NMM}(SkSP) < \text{ASN}(R) \tag{12-11}$$

Por lo tanto, el muestreo de lotes salteados produce una reducción en el número muestral medio. Esta reducción en el esfuerzo de inspección puede ser significativa en casos en que es muy alta la calidad de los lotes que llegan.

Para ilustrar el comportamiento del número muestral medio de un plan de muestreo de lotes salteados, considérese un plan de muestreo de referencia de $n = 20$ y $c = 1$. Como el número muestral medio para un plan de muestreo simple es NMM $= n$,

$$\text{NMM}(SkSP) = n(F)$$

En la Fig. 12-8 se presenta la curva NMM para el plan de muestreo de referencia $n = 20$, $c = 1$, y los siguientes planes de muestreo de lotes salteados:

1. $f = \frac{1}{5}$, $i = 4$
2. $f = \frac{1}{5}$, $i = 14$
3. $f = \frac{2}{3}$, $i = 4$
4. $f = \frac{2}{3}$, $i = 14$

Examinando la Fig. 12-8 se observa que, para valores pequeños de la fracción defectuosa de los lotes que llegan, las reducciones en el número muestral medio son muy sustanciales para los planes de muestreo de lotes salteados que se evalúan. Si es muy buena la calidad de los lotes que llegan, por ejemplo bastante cerca a una fracción disconforme igual a cero, se podrá utilizar en-

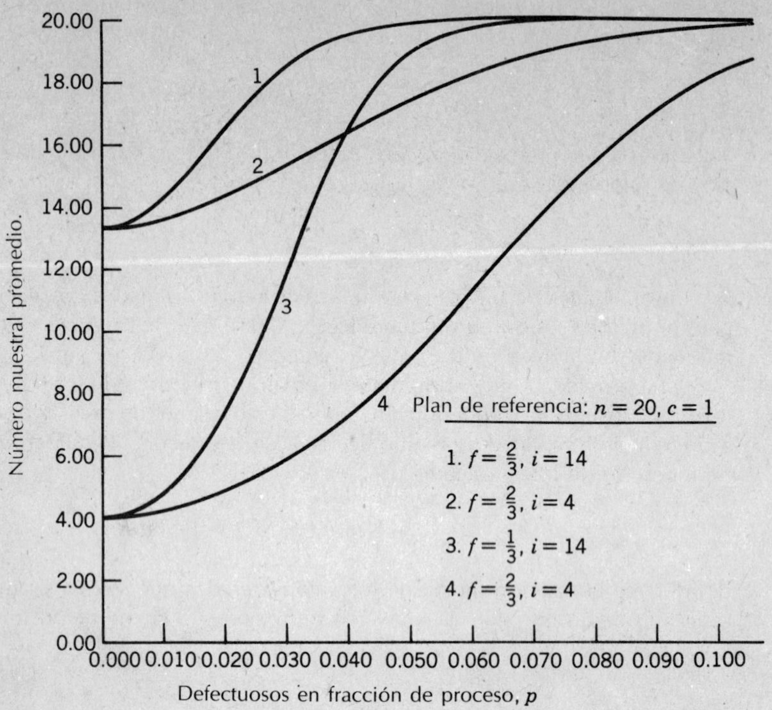

Figura 12.8 Curvas de número muestral medio (NMM) para planes de lotes salteados SkSP-2 con el plan de referencia de muestreo simple. (De R. L. Perry, "Skip-Lot Sampling Plans", *Journal of Quality Technology*, Vol. 5, 1973, con permiso de American Society for Quality Control.)

tonces un valor pequeño de f, quizá $\frac{1}{4}$ o $\frac{1}{5}$. Si la calidad de los lotes que llegan es ligeramente peor, entonces un valor apropiado de f podría ser $\frac{1}{2}$.

Los planes de muestreo de lotes salteados han tenido una amplia aplicación industrial en los últimos años. Constituyen un procedimiento eficaz de muestreo para aceptación y pueden ser muy útiles como sistema de inspección reducida. Su eficacia es particularmente apropiada cuando la calidad de los lotes sometidos es muy buena. Sin embargo, hay que tener cuidado de usar los planes de muestreo de lotes salteados sólo en casos en los que existe un historial suficiente de la calidad del proveedor, a fin de asegurar que es muy buena la calidad de los lotes sometidos. Además, si el proceso del proveedor es muy desigual, y hay una gran variabilidad de un lote a otro, los planes de muestreo de lotes salteados resultan inadecuados. Parecen funcionar mejor cuando los procesos del proveedor se encuentran en un estado de control estadístico, y cuando la tasa de la capacidad del proceso es lo bastante alta para asegurar una producción virtualmente libre de defectos.

12-4 CONSIDERACIÓN DEL ERROR DE INSPECCIÓN

En el diseño de planes de muestreo para aceptación se supone implícitamente que los procedimientos de inspección están libres de errores. Sin embargo, muchas tareas de inspección no lo están, y por lo contrario, pueden estar propensas al error. Aunque los errores que se producen en las operaciones de inspección son involuntarios, pueden distorsionar las mediciones del funcionamiento de cualquier plan de muestreo de aceptación en cuyo diseño se haya ignorado su existencia. Es común encontrar tasas de errores de inspección de 25 o 30% en actividades de inspección complejas. Mejores métodos de entrenamiento para los inspectores y la automatización de los procesos de inspección reducirán los errores de ésta, pero probablemente nunca los eliminarán.

En esta sección se considera el problema de evaluar y diseñar planes de muestreo para aceptación cuando el proceso de inspección está sujeto a errores. El interés se centra en los planes de muestreo simple por atributos. Como a menudo los planes de muestreo simple se determinan especificando los puntos en la curva CO correspondientes al riesgo del fabricante y el riesgo del consumidor, se presenta un método que permite mantener los niveles deseados de los riesgos del productor y del consumidor, aunque el procedimiento de muestreo esté sujeto a errores.

Existen dos tipos de errores en el muestreo por atributos. Es posible clasificar un artículo aceptable como defectuoso (esto se llama error tipo I), o un artículo defectuoso como aceptable (lo que se denomina error tipo II). Se define

E_1 = evento de clasificar un artículo aceptable como defectuoso

E_2 = evento de clasificar un artículo defectuoso como aceptable

A = evento de haber un artículo defectuoso

B = evento de clasificar un artículo como defectuoso

Entonces

$$P(B) = P(A)P(\bar{E}_2) + P(\bar{A})P(E_1) \tag{12-12}$$

Definiendo las cantidades

$p = P(A)$, la verdadera fracción defectuosa

$p_e = P(B)$, la fracción defectuosa aparente

$e_1 = P(E_1)$, la probabilidad de que ocurra el evento E_1

$e_2 = P(E_2)$, la probabilidad de que ocurra el evento E_2

puede escribirse la expresión para la fracción defectuosa aparente como

$$p_e = p(1 - e_2) + (1 - p)e_1 \tag{12-13}$$

La curva CO de un plan de muestreo es una gráfica de la probabilidad de aceptación de un lote en función de la fracción defectuosa del lote. Cuando hay un error de inspección, la probabilidad de aceptación de un lote es simplemente

$$P_{a(e)} = \sum_{d=0}^{c} \binom{n}{d} p_e^d (1 - p_e)^{n-d} \tag{12-14}$$

Por lo tanto, la curva CO de un plan de muestreo con un error de inspección presente se puede obtener con facilidad.

Ahora se verá cómo un error de inspección influye en la calidad media de salida (CMS) y en la inspección total media (ITM). Si en la inspección no hay errores, la CMS para un muestreo simple por atributos es

$$\text{CMS} = \frac{(N - n)pP_a}{N} \tag{12-15}$$

Si se reponen o reemplazan los artículos defectuosos, y si la inspección de los repuestos incluye error de inspección, entonces los CMS se convertirá en

$$\text{CMS} = \frac{npe_2 + p(N-n)(1-p_e)P_{a(e)} + p(N-n)(1-P_{a(e)})e_2}{N(1-p_e)} \tag{12-16}$$

Si no se reemplazan los artículos defectuosos encontrados, entonces

$$\text{CMS} = \frac{npe_2 + p(N-n)P_{a(e)} + p(N-n)(1-P_{a(e)})e_2}{N - np_e - (1-P_{a(e)})(N-n)p_e} \tag{12-17}$$

La inspección total media (ITM), suponiendo una inspección libre de errores con un tamizado al 100% de los lotes rechazados, es

$$\text{ITM} = n + (1-P_a)(N-n) \tag{12-18}$$

La inspección total media, suponiendo que se reemplazan los artículos defectuosos hallados y que el proceso de reemplazo está sujeto a error de inspección, es

$$\text{ITM} = \frac{n + (1-P_{a(e)})(N-n)}{1-p_e} \tag{12-19}$$

Si no se reemplazan los artículos defectuosos descubiertos, entonces

$$\text{ITM} = n + (1-P_{a(e)})(N-n) \tag{12-20}$$

El diseño de un plan de muestreo simple por atributos se basa a menudo en la selección de dos puntos de la curva CO. Éstos son típicamente los niveles de calidad NCA y PDTL, asociados por lo regular al riesgo del productor y el consumidor, en ese orden. En las condiciones de error de inspección, las fracciones defectuosas NCA y PDTL deseadas ya no tienen las probabilidades de aceptación especificadas por la curva CO que se hubieran obtenido con una inspección perfecta. Sin embargo, es posible modificar el procedimiento para diseñar el plan de muestreo de aceptación obligando a que la curva CO real pase por los puntos deseados.

Supongamos que se desea aceptar lotes de calidad NCA con una probabilidad $1 - \alpha$, y lotes de calidad PDTL con una probabilidad β. Con objeto de obtener estos riesgos es necesario diseñar el plan de muestreo para NCA_e y PDTL_e, donde

$$\text{NCA}_e = \text{NCA}(1-e_2) + (1-\text{NCA})e_1 \tag{12-21}$$

y

$$\text{PDTL}_e = \text{PDTL}(1-e_2) + (1-\text{PDTL})e_1 \tag{12-22}$$

Si la curva CO observada pasa por los puntos (NCA_e, $1 - \alpha$) y (PFTL_e, β), entonces la curva CO *real* pasará por los puntos (NCA, $1 - \alpha$) y (PDTL, β).

Para ilustrar este procedimiento, supongamos que NCA = 0.01, $1 - \alpha = 0.95$, PDTL = 0.06 y $\beta = 0.10$. Se demostró ya que el plan correspondiente de muestreo simple es $n = 89$, $c = 2$. La curva CO para este plan de muestreo aparece en la Fig. 10-2. Ahora supóngase que

$$e_1 = \text{tasa de error tipo I} = 0.01$$

$$e_2 = \text{tasa de error tipo II} = 0.15$$

Entonces, a partir de (12-21) y (12-22),

$$\begin{aligned} \mathrm{NCA}_e &= \mathrm{NCA}(1 - e_2) + (1 - \mathrm{NCA})e_1 \\ &= 0.01(1 - 0.15) + (1 - 0.01)(0.01) \\ &= 0.0184 \end{aligned}$$

y

$$\begin{aligned} \mathrm{PDTL}_e &= \mathrm{PDTL}(1 - e_2) + (1 - \mathrm{PDTL})e_1 \\ &= 0.06(1 - 0.15) + (1 - 0.06)(0.01) \\ &= 0.0604 \end{aligned}$$

A partir del nomograma de la Fig. 10-9, se ve que el plan de muestreo simple que pasa por los puntos (0.0184, 0.95) y (0.0604, 0.10) tiene los parámetros $n = 150$, $c = 5$. Obsérvese que el efecto del error de inspección es incrementar muchísimo el tamaño muestral requerido, con objeto de obtener la protección deseada para los niveles NCA = 0.01 y PDTL = 0.06, respectivamente.

Se puede hallar un punto para el cual las fracciones defectuosas aparente y verdadera son iguales; es decir, el punto para el que $p = P_e$. Este nivel de calidad es

$$p = \frac{e_1}{e_1 + e_2} \tag{12-23}$$

Por lo tanto, en el ejemplo anterior, las fracciones defectuosas aparente y verdadera sólo son iguales para una fracción defectuosa del lote

$$p = \frac{e_1}{e_1 + e_2} = \frac{0.01}{0.01 + 0.15} = 0.0625$$

En general, el efecto de un error de inspección tipo I es reducir la probabilidad de aceptación para todos los valores posibles de la fracción defectuosa p del lote. De modo similar, el efecto de un error de inspección tipo II es incrementar la probabilidad de aceptación para todos los valores posibles de calidad p del lote. Se prevén estos resultados, ya que un error de inspección tipo I ocurre cuando se clasifica incorrectamente como defectuoso un artículo aceptable, y uno tipo II cuando se clasifica en forma incorrecta un artículo defectuoso como aceptable. Si la inspección está sujeta a los dos tipos de errores, entonces la probabilidad observada de aceptación será menor que la obtenida en un ambiente de inspección libre de errores para valores de calidad p del lote menores que

$$p^* = \frac{e_1}{e_1 + e_2} \tag{12-24}$$

En el caso de valores de calidad del lote mayores que p^*, la probabilidad observada de aceptación es mayor que la probabilidad que se había obtenido si no hubiera errores de inspección.

El error de inspección tiene también un efecto en la calidad media de salida. La clasificación incorrecta de un artículo aceptable reduce la calidad medio de salida, porque hay más inspección de tamizado. La clasificación incorrecta de un artículo deficiente produce mayores valores que la CMS para todos los valores de la fracción defectuosa del lote, pues reduce la posibilidad del tamizado de lotes. Los errores tipo I provocan también un cambio significativo en la forma de la curva CMS. Al nivel de calidad para el cual tiende a cero la probabilidad de aceptación bajo una inspección propensa a errores, la curva CMS crece rápidamente debido al incremento en el número de artículos defectuosos clasificados como aceptables. Por lo tanto, si el procedimiento de muestreo está sujeto a errores de inspección tipo II, las medias convencionales del límite de calidad media de salida (LCMS) no podrán ser significativas.

Los errores de inspección tipo I y tipo II influyen también en la inspección total media. El efecto general de un error de inspección tipo I es incrementar dicha inspección. De modo similar, el efecto de un error de inspección tipo II es reducir la inspección total media.

12-5 DISEÑO ECONÓMICO DE PLANES DE MUESTREO PARA ACEPTACIÓN

El enfoque tradicional para diseñar planes de muestreo de aceptación es usar sólo criterios estadísticos. Específicamente, el enfoque que se sugiere con frecuencia es determinar una curva característica de operación y un tipo de plan de muestreo (como el simple, el doble, etc.), y escoger después los parámetros del plan para obtener la curva CO deseada. Normalmente se especifican dos puntos en la curva, como los que corresponden a los riesgos del productor y del consumidor, y el plan resultante de muestreo se denomina plan de muestreo de "dos puntos".

También es posible diseñar esquemas de muestreo para aceptación con respecto a criterios económicos. En esto ha existido interés considerable en los últimos años, por la creciente atención a los costos de la calidad. Los planes de muestreo, con base económica consideran de manera explícita factores como costos de inspección, costos de aprobar artículos defectuosos y costos de rechazar artículos aceptables en un esfuerzo para diseñar planes eficaces desde el punto de vista de costos. Con frecuencia se diseñan estos planes desde un punto de vista bayesiano; es decir, para el diseño del plan de muestreo se toma en cuenta el historial de lotes similares sometidos anteriormente a la inspección.

Para los planes de muestreo bayesianos, el diseñador debe especificar explícitamente la distribución de los artículos defectuosos de un lote a otro. Esta distribución se llama *distribución a priori*, y describe lo que piensa el diseñador del plan de muestreo, antes de este último, respecto a la distribución de los artículos defectuosos de un lote a otro. Después, las decisiones para aceptar el lote se basan en una distribución a posteriori que combina el conocimiento a priori del usuario y los resultados de la inspección por muestreo.

Un plan de muestreo simple se clasifica por atributos mediante tres números: el tamaño N del lote, el tamaño n de la muestra y el número c de aceptación. Si en una muestra aleatoria con tamaño muestral n se encuentran c o menos artículos defectuosos, se aceptará el lote, pero si se descubren más de c defectuosos, se le rechazará. La probabilidad de aceptarlo es

$$P_a(\theta) = \sum_{d=0}^{c} \frac{\binom{N\theta}{d}\binom{N-N\theta}{n-d}}{\binom{N}{n}} \tag{12-25}$$

donde θ es la fracción defectuosa del lote. La gráfica de $P_a(\theta)$ en función de θ, para $0 \leq \theta \leq 1$, se denomina curva característica de operación (o CO) del plan. Cuando N es relativamente grande respecto a n, la distribución hipergeométrica en (12-25) puede reemplazarse por la distribución binomial.

La fracción defectuosa θ del lote es función de dos fuentes de variabilidad: la variabilidad de la fracción defectuosa p del proceso, y la de θ alrededor de p. Normalmente conviene suponer que la calidad del lote tiene distribución binomial mixta; es decir, se produce cada lote mediante un proceso de fabricación que está bajo control al nivel p, pero p varía de un lote a otro según una distribución de probabilidad $f(p)$. La distribución $f(p)$ es la distribución a priori de p o la *curva del proceso*. Es muy importante observar que si la calidad del proceso es estable, de manera que $f(p) = 1$ cuando $p = P_0$ y $f(p) = 0$ cuando p 3, entonces no habrá necesidad de muestreo (este resultado se llama *teorema de Mood*).

Existen muchas posibles distribuciones a priori para p, pero algunas de las más importantes son las siguientes: la *distribución beta continua,*

$$f(p) = \frac{\Gamma(u+v)}{\Gamma(u)\Gamma(v)} p^{u-1}(1-p)^{v-1} \tag{12-26}$$

la *distribución binomial discreta de dos puntos,*

$$P(p = p_i) = f_i \qquad i = 1, 2 \tag{12-27}$$

y la *distribución general normal,*

$$f(p) = \sigma^{-1} \exp\left[\tfrac{1}{2}\mu^2 - \tfrac{1}{2}(\mu - m)^2/\sigma^2\right] \tag{12-28}$$

donde $p = \Phi(-\mu)$. En la práctica es importante saber con qué exactitud debe especificarse la distribución a priori. Por lo regular, el analísta no tiene suficiente información acerca del proceso para especificar la distribución a priori con mucha confianza. Por fortuna, la mayoría de los resultados indican que la especificación precisa no es crítica, siempre que se escoja una distribución razonable. Se cree en general que las distribuciones a priori continuas son más apropiadas que las discretas, y se ha utilizado ampliamente la distribución beta. Sin embargo, cuando la característica de calidad subyacente es una variable continua con distribución normal dentro de cada lote, y cuando la media de dicha característica también tiene distribución normal a priori, entonces la distribución a priori de p tendrá la forma (12-28). Las distribuciones beta y generada normal puede tener formas muy diferentes para las mismas media y variancia, de manera que pueden surgir diferencias significativas en los planes de muestreo óptimos. Para más análisis acerca de las distribuciones a priori véase Wetherill y Chiu (1975).

Dados una distribución a priori conveniente y un conjunto de costos o pérdidas asociados a la operación del plan de muestreo, es deseable elegir los parámetros de dicho plan que minimicen los costos totales. Es posible que el modelo de mayor uso y más detallado sea el de Guthrie y Johns (1959). Hald (1960) presenta también una versión simplificada de este modelo, que es uno lineal de costos. Todas las formulaciones lineales de los costos llevan a la misma función de pérdida esperada. Hald utiliza el concepto de *calidad que cubre los gastos* p_r, un valor de la fracción defectuosa para el que es igual de costoso aceptar o rechazar el lote. La pérdida esperada por lotes es

$$L = an + (N - n)\left\{\int_0^{p_r} (p_r - p)[1 - P(p)]\, f(p)\, dp + \int_{p_r}^{1} (p - p_r) P(p) f(p)\, dp\right\} \tag{12-29}$$

donde a es una constante proporcional al costo variable del muestreo y

$$P_a(p) = \sum_{d=0}^{c} \binom{n}{d} p^d (1-p)^{n-d}$$

es la probabilidad de aceptar un lote de calidad p. La minimización de L respecto a n y c producirá el plan de muestreo óptimo. Esto se llama a veces *enfoque bayesiano* para diseñar un plan de muestreo.

El mayor interés de la investigación en esta área empezó con el modelo de Guthrie y John. Hald ha hecho contribuciones importantes en este campo, junto con algunos de sus colaboradores. El principal punto de atención ha sido encontrar relaciones asintóticas entre n y c para diversas curvas del proceso, y producir tablas convenientes. Hald (1960) presenta varios resultados significativos en su trabajo. En una parte de éste investiga la *distribución hipergeométrica compuesta*; es decir, la distribución de probabilidad del número de artículos defectuosos d en una muestra aleatoria de tamaño n, dada una distribución a priori. En la segunda parte se dedica a encontrar realmente planes de muestreo óptimos para distribuciones a priori rectangular, beta y binomial doble. Se da una solución general, suponiendo el modelo lineal de costos, y se proporcionan desigualdades para n y c. Hald (1965) presentó tablas para la distribución a priori binomial doble y, subsecuentemente [véase Hald (1968)], también para la distribución a priori beta, junto con relaciones asintóticas entre n y c, y entre N y n.

A pesar de la importancia del trabajo de Hald, las tablas que proporciona a menudo son difíciles de usar debido a la gran cantidad de información que se necesita. Un enfoque alternativo consiste en formular un modelo apropiado de los costos y optimizarlo para un problema específico, utilizando métodos de búsqueda directos. G. K. Bennett, K. E. Case y J. W. Schmidt y sus adeptos han realizado trabajo considerable en esta área. Por ejemplo, en su artículo de 1975 desarrollan modelos económicos para planes de muestreo simple, con objeto de manejar simultáneamente varios atributos. Los modelos de costos contienen un componente que representa los costos de inspección, otro que representa los costos esperados del rechazo de un lote y uno más que representa los costos esperados de la aceptación de un lote. Se utiliza una búsqueda de patrones para optimizar el modelo. En general, los métodos de búsqueda directos representan un enfoque muy eficaz con el fin de determinar planes de muestreo para aceptación económicamente óptimos.

También se ha investigado el efecto económico de la política de disposición de los lotes rechazados. Existen varias políticas posibles para la disposición de los lotes, pero los dos casos que se han investigado más ampliamente son aquellos en que se desechan o tamizan (inspección al 100%) los lotes rechazados.

Se han dedicado muchos otros estudios al diseño económico de planes de muestreo para aceptación; por ejemplo, un informe de Wetherill y Chiu (1975) menciona 253 referencias. La mayor parte del trabajo se centra en el muestreo simple por atributos, pero ha habido algo de investigación respecto al diseño económico de planes de muestreo más refinados. Por ejemplo, Stewart, Montgomery y Heikes (1978) describen un procedimiento para la selección de planes de muestreo doble por atributos, con base en distribuciones y costos a priori. Se presentan modelos para los casos en los que se desechan o tamizan lotes rechazados. Advierten que muchas veces hay poca diferencia en el costo entre planes de muestreo simple y doble económicamente óptimos. Sin embargo, cuando los costos de muestreo son altos, los planes de muestreo doble tienen mucho que ofrecer. También observan que planes arbitrarios de muestreo doble, como los de la MIL STD 105D, pueden estar muy lejos de la óptima solución económica.

El efecto de los errores de inspección en el diseño de planes de muestreo también ha recibido atención considerable. Si un inspector clasifica erróneamente los artículos "buenos" y "malos" con probabilidades constantes, el efecto será la traslación de la curva CO del plan de muestreo, de manera que la curva CO *real o efectiva* es algo diferente de la curva CO *nominal* o *anunciada*. Si se conocen las probabilidades de una clasificación errónea, podrá incorporarse directamente tal información en el diseño económico del plan de muestreo. Por lo general, la presencia de errores de inspección implica la necesidad de muestras de mayores tamaños. Es posible encontrar un buen repaso de la información de esta área en Dorris y Foote (1978).

El muestreo de aceptación por variables ha sido objeto de poco estudio. No se utiliza el muestreo por variables tan ampliamente en la práctica como el muestreo por atributos, pero recuérdese que el primero puede reducir mucho el tamaño muestral requerido, y que generalmente proporciona mayor información sobre la calidad del lote o del proceso. Puede consultarse más información acerca del diseño económico de planes de muestreo por variables en Ailor, Schmidt y Bennett (1975); Schmidt, Bennett y Case (1976); y Schmidt, Case y Bennett (1974). Los investigadores Ailor, Schmidt y Bennett (1975) estudian la situación en la que las características de calidad constituyen una mezcla de atributos y variables. En todos estos estudios, el enfoque considerado consiste en formular un modelo de los costos y optimizarlo mediante métodos directos de búsqueda.

12-6 EJERCICIOS

12-1 Considere un plan de muestreo simple con $n = 25$, $c = 0$. Trace la curva CO para este plan. Ahora considere los planes de muestreo en cadena, con $n = 25$, $c = 0$, e $i = 1, 2, 5, 7$. Trace las curvas CO para estos planes en los mismos ejes. Analice el comportamiento del muestreo en cadena en esta situación con el plan de muestreo simple usual con $c = 0$.

12-2 Un fabricante de equipo electrónico compra a un proveedor elementos de memoria LSI en grandes lotes. El abastecedor tiene un largo registro de servicios de buena calidad, con una fracción defectuosa de aproximadamente 0.10%. El departamento de ingeniería de calidad sugirió el uso de un plan de muestreo para aceptación ordinario con $n = 32$, $c = 0$.

(a) Trace la curva CO para este plan de muestreo.
(b) Si los lotes tienen calidad cercana al promedio a largo plazo del proceso del proveedor, ¿cuál será la inspección total media para este nivel de calidad?
(c) Considere un plan de muestreo en cadena, con $n = 32$, $c = 0$ e $i = 3$. Compare el funcionamiento de este plan con el del plan de muestreo ordinario $n = 32$, $c = 0$.
(d) ¿Cuál será el cambio en el funcionamiento de este plan de muestreo en cadena si se utiliza $i = 4$ en el inciso (c)?

12-3 Un plan ChSP-1 tiene $n = 4$, $c = 0$ e $i = 3$. Grafique la curva CO para este plan.

12-4 Se utiliza un plan de muestreo en cadena para la inspección de lotes de tamaño $N = 500$. El tamaño muestral es $n = 6$. Si la muestra no contiene artículos defectuosos, se acepta el lote. Si se encuentra uno defectuoso, se acepta el lote siempre que las muestras de los cuatro lotes anteriores estén libres de este tipo de artículos. Determine la probabilidad de aceptación de un lote que es 2% defectuoso.

12-5 Suponga que un proceso de manufactura funciona con producción continua, de modo que se podrían aplicar planes de muestreo también continuos. Obtenga tres diferentes planes de muestreo continuo CSP-1 que se podrían utilizar para un LCMS de 0.198%.

12-6 Compare el funcionamiento de los planes de muestreo desarrollados en el Ejercicio 12-5 en cuanto a la fracción media rechazo inspeccionada, si el proceso está bajo control a un nivel medio de 0.15%. Compare los planes en cuanto a sus curvas características de operación.

12-7 Suponga que se usa el CSP-1 para un proceso de manufactura en el que se desea mantener un LCMS de 1.90%. Especifique dos planes CSP-1 que satisfarían este objeto del LCMS.

12-8 Compare los planes de muestreo desarrollados en el Ejercicio 12-7 en cuanto a la fracción media inspeccionada y en cuanto a sus curvas de características de operación. ¿Qué plan preferiría?

12-9 Determine un plan CSP-2 adecuado para un LCMS objetivo de 1.90%. Compare las diferencias en la operación del CSP-2 y el CSP-1.

12-10 Encuentre un plan CSP-2 para un LCMS objetivo de 0.79% y una frecuencia de muestreo de 20%. Compare esto con el plan CSP-1 que tiene la misma CMS objetivo. Describa el funcionamiento de los dos procedimientos.

12-11 Determine un plan de muestreo CSP-T con un LCMS de 1.22% y una frecuencia de muestreo de 25%.

12-12 Obtenga un plan CSP-T para un LCMS de 1.90% y una frecuencia de muestreo de 10%. Describa en detalle cómo se aplicarían este plan para una operación de manufactura.

12-13 Se utiliza un muestreo simple por atributos en una situación en la que están presentes errores de inspección. Suponga que el NCA es igual a 2% y el PDTL a 8%. El riesgo deseado del fabricante es $1 - \alpha = 0.95$, y el del consumidor es $\beta = 0.10$. Determine el plan de muestreo para aceptación que sería adecuado si no hubiera errores de inspección. Si las tasas del error de inspección son e_1 = riesgo tipo I = 0.01, y e_2 = riesgo tipo II = 0.30, determine el tamaño muestral y el número de aceptación que se tendrían que utilizar para obtener la curva CO deseada.

12-14 Esboce la curva CMS para los dos planes de muestreo hallados en el Ejercicio 12-13. ¿Cuál es el efecto del error de inspección sobre la CMS? Suponga que se reemplazan todos los artículos defectuosos encontrados, y que la inspección de los reemplazos también está propensa a errores.

12-15 Trace la curva ITM para los dos planes de muestreo obtenidos en el Ejercicio 12-13. ¿Cuál es el efecto del error de inspección sobre el rendimiento de la ITM? Suponga que se reemplazan todos los artículos defectuosos, y que la inspección de los artículos de reemplazo también está propensa a error.

12-16 Un proceso de inspección de muestreo por atributos es propenso a errores, con tasas de error $e_1 = 0.05$ y $e_2 = 0.25$. Suponga que el LCMS deseado es 0.05, y que el PDTL deseado es 0.10. Los valores nominales de los riesgos del fabricante y del consumidor son $1 - \alpha = 0.95$ y $\beta = 0.10$, respectivamente.

(a) Encuentre el plan de muestreo que sería apropiado si no hubiera error de inspección.
(b) Determine el plan de muestreo que se utilizaría de suponer que la inspección es propensa al error, pero se desea obtener los puntos de los riesgos del fabricante y del consumidor especificados antes. ¿Qué tanto aumentó el tamaño muestral debido a la presencia del error de inspección?

12-17 Dibuje las curvas de la calidad media de salida para los dos planes de muestreo generados en el Ejercicio 12-16. Suponga que no se reemplazan los artículos defectuosos encontrados en el muestreo o en la inspección al 100%. ¿Cuál es el efecto del error de inspección en la calidad media de salida?

12-18 Dibuje las curvas ITM para los dos planes de muestreo encontrados en el Ejercicio 12-16. Suponga que no se reemplazan los artículos defectuosos encontrados. ¿Cuál es el efecto del error de inspección en la inspección total media? Suponga que el tamaño del lote es $N = 5\,000$.

12-19 Considere un plan de muestreo de aceptación para un lote de tamaño $N = 4\,000$, para el cual $n = 150$, $c = 5$. Trace la curva de la calidad media de salida para este plan, suponiendo que no hay error de inspección. Dibuje la curva de calidad media de salida para este plan de muestreo, suponiendo que la inspección es propensa al error, con $e_1 = 0.01$ y $e_2 = 0.15$. Considere que no se reemplazan los artículos defectuosos encontrados durante el muestreo y la inspección al 100%. Analice la forma de la curva CMS.

12-20 Considere la inspección total media de un plan de muestreo para aceptación por atributos, con errores de inspección. En el texto se proporcionaron ecuaciones para calcular la inspección total media en dos casos: una política en la que no se reemplazaban los artículos defectuosos encontrados, y otra según la cual se reemplazaban todos los artículos defectuosos descubiertos y en la que el proceso de reemplazo también era propenso a error. Examine el comportamiento limitante de la curva ITM en estos dos casos, cuando la fracción defectuosa observada se hace grande. ¿Afectaría el comportamiento de la inspección total media, según estas dos políticas de reemplazo, al costo del funcionamiento del plan de muestreo?

Bibliografía

1. Aroian, L., y H. Levine (1950). "The Effectiveness of Quality Control Charts," *Journal of the American Statistical Association*, Vol. 44.
2. Ailor, R. B., J. W. Schmidt, y G. K, Bennett (1975). "The Design of Economic Acceptance Sampling Plans for a Mixture of Attributes and Variables," *AIIE Transactions*, Vol. 7.
3. Baker, K. R. (1971). "Two Process Models in the Economic Design of an $\overline{x}$ Chart," *AIIE Transactions*, Vol. 3.
4. Barish, N. N., y N. Hauser (1963). "Economic Design for Control Decisions," *Journal of Industrial Engineering*, Vol. 14.
5. Barnard, G. A. (1959). "Control Charts and Stochastic Processes," *Journal of the Royal Statistical Society*, (B), Vol. 21.
6. Bather, J. A. (1963). "Control Charts and the Minimization of Costs," *Journal of the Royal Statistical Society*, (B), Vol. 25.
7. Bisgaard, S., W. G. Hunter, y L. Pallesen (1984). "Economic Selection of Quality of Manufactured Product," *Technometrics*, Vol. 26.
8. Bowker, A. H., y G. J. Lieberman (1972). *Engineering Statistics, 2a. ed., Prentice-Hall, Englewood Cliffs, N. J.*
9. *Box, G. E. P. (1957). "Evolutionary Operation: A Method for Increasing Industrial Productivity," Applied Statistics*, Vol. 6.
10. Box, G. E. P., y N. R. Draper (1969). *Evolutionary Operation*, John Wiley, Nueva York.
11. Box, G. E. P., y G. M. Jenkins (1976). *Time Series Analysis, Forecasting, and Control*, 2a. ed., Holden-Day, San Francisco, Calif.
12. Burr, I. J. (1967). "The Effect of Nonnormality on Constants for $\overline{x}$ and *R* Charts," *Industrial Quality Control*, Vol. 23.
13. Case, K. E., J. W. Schmidt, y G. K. Bennett (1975). "Discrete Economic Multiattribute Acceptance Sampling," *AIIE Transactions*, Vol. 7.
14. Chiu, W. K. (1973). "Comments on the Economic Design of $\overline{x}$-CHarts," *Journal of the American Statistical Association*, Vol. 68.
15. Chiu, W. K. (1974). "The Economic Design of Cusum Charts for Controlling Normal Means," *Applied Statistics*, Vol. 23.
16. Chiu, W. K. (1975). "Economic Design of Attribute Control Charts," *Technometrics*, Vol. 17.
17. Chiu, W. K. (1976a). "Economic Design of np-Charts for Processes Subject to a Multiplicity of Assignable Causes," *Management Science*, Vol. 23.
18. Chiu, W. K. (1976b). "On the Estimation of Data Parameters for Economic Optimum $\overline{X}$-Charts," *Metrika*, Vol. 23.
19. Chiu, W. K. y K. C. Cheung (1977). "An Economic Study of $\overline{x}$-Charts with Warning Limits," *Journal of Quality Technology*, Vol. 9.
20. Chiu, W. K. y G. B. Wetherill (1974). "A Simplified Scheme for the Economic Design of $\overline{x}$-Charts," *Journal of Quality Technology*, Vol. 6.

21. Chiu, W. K., y G. B. Wetherill (1975). "Quality Control Practices," *International Journal of Production Research*, Vol. 13.
22. Cowden, D. J. (1957). *Statistical Methods in Quality Control*, Prentice-Hall, Englewood Cliffs, N. J.
23. Dodge, H. F. (1943). "A Sampling Plan for Continuous Production," *Annals of Mathematical Statistics*, Vol. 14.
24. Dodge, H. F. (1955). "Chain Sampling Inspection Plans," *Industrial Quality Control*, Vol. 11.
25. Dodge, H. F. (1956). "Skip-Lot Sampling Plan," *Industrial Quality Control*, Vol. 11.
26. Dodge, H. F., y H. G. Roming (1959). *Sampling Inspection Tables, Single and Double Sampling, 2a. ed., John Wiley, Nueva York.*
27. *Dodge, H. F., y M. N. Torrey (1951). "Additional Continuous Sampling Inspection Plans," Industrial Quality Control*, Vol. 7.
28. Dorris, A. L., y B. J. Foote (1978). "Inspection Error and Statistical Quality Control: A Survey," *AIIE Transactions*, Vol. 10.
29. Duncan, A. J. (1956). "The Economic Design of $\overline{X}$-Charts Used to Maintain Current Control of a Process," *Journal of the American Statistical Association*, Vol. 51.
30. Duncan, A. J. (1971). "The Economic Design of $\overline{X}$-Charts When There is a Multiplicity of Assignable Causes," *Journal of the American Statistical Association*, Vol. 66.
31. Duncan, A. J. (1974). *Quality Control and Industrial Statistics, 4a ed., Irwin, Homewood, Ill.*
32. *Duncan, A. J. (1978). "The Economic Design of p*-Charts to Maintain Current Control of a Process: Some Numerical Results," *Technometrics*, Vol. 20.
33. Ewan, W. D. (1963). "When and How to Use Cu-Sum Charts," *Technometrics*, Vol. 5.
34. Ferrell, E. B. (1953). "Control Charts Using Midranges and Medians," *Industrial Quality Control*, Vol. 9.
35. Freund, R. A. (1957). "Acceptance Control Charts," *Industrial Quality Control*, Vol. 12.
36. Gibra, I. N. (1967). "Optimal Control of Processes Subject to Linear Trends," *Journal of Industrial Engineering*, Vol. 18.
37. Gibra, I. N. (1971). "Economical Optimal Determination of the Parameters of an $\overline{X}$-Control Chart," *Management Science*, Vol. 17.
38. Gibra, I. N. (1978). "Economically Optical Determination of the Parameters of *np*-Control Charts," *Journal of Quality Technology*, Vol. 10.
39. Girshick, M. A., y H. Rubin (1952). "A Bayes' Approach to a Quality Control Model," *Annals of Mathematical Statistics*, Vol. 23.
40. Goel, A. L. (1968). "A Comparative and Economic Investigation of $\overline{X}$ and Cumulative Sum Control Charts," Ph. D. Dissertation, Universidad de Wisconsin, Madison, Wis.
41. Goel, A. L., S. C. Jain, y S. M. Wu (1968). "An Algorithm for the Determination of the Economic Design of $\overline{X}$-Charts Based on Duncan's Model," *Journal of the American Statistical Association*, Vol. 62.
42. Goel, A. L., y S. M. Wu (1971). "Determination of ARL and a Contour Nomogram for Cusum Charts to Control Normal Means," *Technometric*, Vol. 13.
43. Goel, A. L., y S. M. Wu (1973). "Economically Optimum Design of Cusum Charts," *Management Science*, Vol. 19.
44. Gordon, G. G., y J. I. Weindling (1975). "A Cost Model for Economic Design of Warning Limit Control Chart Schemes," *AIIE Transactions*, Vol. 7.
45. Grant, E. L., y R. S. Leavenworth (1980). *Statistical Quality Control*, 5a ed., McGraw-Will, Nueva York.
46. Grubbs, F. E. (1946). "The Difference Control Chart with an Example of Its Use," *Industrial Quality Control*, Vol. 2.
47. Guenther, W. C., (1972). "Tolerance Intervals for Univariate Distributions," *Naval Research Logistics Quarterly*, Vol. 19.
48. Guthrie, D., y M. V. Johns (1959). "Bayes Acceptance Sampling Procedures for Large Lots," *Annals of Mathematical Statistics*, Vol. 30.
49. Hahn, G. J., y S. S. Shapiro (1967). *Statistical Models in Engineering*, John Wiley, Nueva York.

50. Hald, A. (1960). "The Compound Hypergeometric Distribution and a System of Single sampling Inspection Plans Based on Prior Distributions and Costs," *Technometrics*, Vol. 2.
51. Hald, A. (1965). "Bayesian Single Sampling Attribute Plans for Discrete Prior Distributions," *Mat. Fys. Dkr. Dan. Vid. Selsk.*, Vol. 3.
52. Hald, A. (1968). "Bayesian Single Sampling Attributes Plans for Continuos Prior Distributions," *Technometrics*, Vol. 10.
53. Heikes, R. G., D. C. Montgomery, y J. Y. H. Yeung (1974). "Alternative Process Models in the Economic Design of T^2 Control Charts," *AIIE Transactions*, Vol. 6.
54. Hicks, C. R. (1955). "Some Applications of Hotelling's T^2," *Industrial Quality Control*, Vol. 11.
55. Hill, D. (1956). "Modified Control Limits," *Applied Statistics*, Vol. 5.
56. Hillier, F. S. (1969). "$\overline{x}$ y R Chart Control Limits Based on a Small Number of Subgroups," *Journal of Quality Technology*, Vol. 1.
57. Hines, W. W., y D. C. Montgomery (1980). *Probability and Statistics in Engineering and Management Science*, 2a ed., John Wiley, New York.
58. Hotelling, H. (1947). "Multivariate Quality Control," *Techniques of Statistical Analysis*, Eisenhart, Hastay, and Wallis, Eds., McGraw-Hill, Nueva York.
59. Howell, J. M. (1949). "Control Chart in Largest and Smallest Value," *Annals of Mathematical Statistics*, Vol. 20.
60. Hunter, W. G., y C. P. Kartha (1977). "Determining the Most Profitable Target Value for a Production Process," *Journal of Quality Technology*, Vol. 9.
61. Jackson, J. E. (1956). "Quality Control Methods for Two Related Variables," *Industrial Quality Control*, Vol. 12.
62. Jackson, J. E. (1959). "Quality Control Methods for Several Related Variables," *Technometrics*, Vol. 1.
63. Jackson, J. E. (1972). "All Count Distributions Are Not Alike," *Journal of Quality Technology*, Vol. 4.
64. Johnson, N. L. (1961). "A Simple Theoretical Approach to Cumulative Sum Control Charts," *Journal of the American Statistical Association*, Vol. 54.
65. Johnson, N. L., y S Kotz (1969). *Discrete Distributions*, Houghton Mifflin, Boston, Mass.
66. Johnson, N. L., y F.C. Leone (1962a). "Cumulative Sum Control Charts —Mathematical Principles Applied to Their Construction and Use," *Industrial Quality Control*, Vol. 18.
67. Johnson, N. L., y F. C. Leone (1962b). "Cumulative Sum Control Charts —Mathematical Principles Applied to Their Construction and Use," *Industrial Quality Control*, Vol. 18.
68. Johnson, N. L., y F. C. Leone (1962c). "Cumulative Sum Control Charts —Mathematical Principles Applied to Their Construction and Use," *Industrial Quality Control*, Vol. 18.
69. Juran, J. M., y F. M. Gryna, Jr. (1980). *Quality Planning and Analysis*, 2a ed., McGraw-Hill, Nueva York.
70. Knappenberger, H. A., y A. H. E. Grandage (1969). "Minimum Cost Quality Control Tests," *AIIE Transactions*, Vol. 1.
71. Ladany, S. P. (1973). "Optimal Use of Control Charts for Controlling Current Production," *Management Science*, Vol. 19.
72. Ladany, S. P., y Y. Alperovitch (1975). "An Optimal Set-up Policy for Control Charts," *Omega*, Vol. 3.
73. Lieberman, G. J., y G. J. Resnikoff (1955). "Sampling Plans for Inspection by Variables," *Journal of the American Statistical Association*.
74. Lieberman, G. J., y H. Solomon (1955). "Multi-Level Continuous Sampling Plans," *Annals of Mathematical Statistics*, Vol. 26.
75. Lucas, J. M. (1973). "A Modified V-Mask Control Scheme," *Technometrics*, Vol. 15.
76. Lucas, J. M. (1976). "The Design and Use of Cumulative Sum Quality Control Schemes," *Journal of Quality Technology*, Vol. 8.
77. Lucas, J. M. (1982). "Combined Shewhart-CUSUM Quality Control Schemes," *Journal of Quality Technology*, Vol. 14.

78. Lucas, J. M., y Crosier, R. B. (1982). "Fast Initial Response for CUSUM Quality Control Schemes," *Technometrics*, Vol. 24.
79. Mandel, J. (1969). "The Regression Control Chart," *Journal of Quality Technology*, Vol. 1.
80. Manuele, J. (1945). "Control Chart for Determining Tool Wear," *Industrial Quality Control*, Vol. 1.
81. Molina, E. C. (1942). *Poisson's Exponential Binomial Limit*, Van Nostrand Reinhold, Nueva York.
82. Montgomery, D. C. (1984). *Design and Analysis of Experiments*, 2a ed., John Wiley, Nueva York.
83. Montgomery, D. C., y R. G. Heikes (1976). "Process Failure Mechanisms and Optimal Design of Fraction Defective Control Charts," *AIIE Transactions*, Vol. 8.
84. Montgomery, D. C., R. G. Heikes, y J. F. Mance (1975). "Economic Design of Fraction Defective Control Charts," *Management Science*, Vol. 21.
85. Montgomery, D. C., y L. A. Johnson (1976). *Forecasting and Time Series Analysis*, McGraw-Hill, Nueva York.
86. Montgomery, D. C., y P. J. Klatt (1972)a. "Economic Design of T^2 Control Charts to Maintain Current Control of a Process," *Management Science*, Vol. 19.
87. Montgomery, D. C., y P. J. Klatt (1972b). "Minimum Cost Multivariate Quality Control Tests," *AIIE Transactions*, Vol. 4.
88. Montgomery, D. C., y E. A. Peck (1982). *Introduction to Linear Regression Analysis*, John Wiley, Nueva York.
89. Montgomery, D. C., y H. M. Wadsworth, Jr. (1972). "Some Techniques for Multivariate Quality Control Applications," *ASQC Technical Conference Transactions*, Washington, D.C.
90. Nelson, L. S. (1978). "Best Target Value for a Production Process," *Journal of Quality Technology*, Vol. 10.
91. Ott, E. R. (1975). *Process Quality Control*, McGraw-Hill, Nueva York.
92. Ott, E. R., y R. D. Snee (1973). "Identifying Useful Differences in a Multiple-Head Machine," *Journal of Quality Technology*, Vol. 5.
93. Page, E. S. (1954). "Continuous Inspection Schemes," *Biometrics*, Vol. 41.
94. Page, E. S. (1961). "Cumulative Sum Control Charts," *Technometrics*, Vol. 3.
95. Page, E. S. (1963). "Controlling the Standard Deviation by Cusums and Warning Lines," *Technometrics*, Vol. 5.
96. Perry, R. L. (1973). "Skip-Lot Sampling Plans," *Journal of Quality Technology*, Vol. 5.
97. Reynolds, J. H. (1971). "The Run Sum Control Chart Procedure," *Journal of Quality Technology*, Vol. 3.
98. Roberts, S. W. (1958). "Properties of Control Chart Zone Tests," *Bell System Technical Journal*, Vol. 37.
99. Roberts, S. W. (1959). "Control Chart Tests Based on Geometric Moving Averages," *Technometrics*, Vol. 1.
100. Ross, S. M. (1970). *Applied Probability Models with Optimization Applications*, Holden-Day, San Francisco, Calif.
101. Ross, S. M. (1971). "Quality Control Under Markovian Deterioration," *Management Science*, Vol. 17.
102. Saniga, E. M. (1978). "Joint Economically Optimal Design of $\overline{x}$and R Control Charts," *Management Science*, Vol. 24.
103. Saniga, E. M., y L. E. Shirland (1977). "Quality Control in Practice—A Survey," *Quality Progress*, Vol. 10.
104. Savage, I. R. (1962). "Surveillance Problems," *Naval Research Logistics Quarterly*, Vol. 9.
105. Schilling, E. G., y P. R. Nelson (1976). "The Effect of Nonnormality on the Control Limits of $\overline{x}$ Charts," *Journal of Quality Technology*, Vol. 8.
106. Schmidt, J. W., G. K. Bennett, y K. E. Case (1976). "A Three-Action Cost Model for Acceptance Sampling by Variables," *Journal of Quality Technology*, Vol. 12.

107. Schmidt, J. W., K. E. Case, y G. K. Bennett (1974). "The Choice of Variables Sampling Plans Using Cost Effective Criteria," *AIIE Transactions*, Vol. 6.
108. Shapiro, S. S. (1980). *How to Test Normality and Other Distributional Assumptions*, Vol. 3, *The ASQC Basic References in Quality Control: Statistical Techniques*, ASQC, Milwaukee, Wis.
109. Sheaffer, R. L., y R. S. Leavenworrth (1976). "The Negative Binomial Model for Counts in Units of Varying Size," *Journal of Quality Technology*, Vol. 8.
110. Stephens, K. S. (1979). *How to Perform Continuous Sampling* (*CSP*), Vol. 2. *The ASQC Basic References in Quality Control: Statistical Techniques*, ASQC, Milwaukee, Wis.
111. Stewart, R. D., D. C. Montgomery, y R. G. Heikes (1978). "Choice of Double Sampling Plans Based on Prior Distributions and Costs," *AIIE Transactions*, Vol. 10.
112. Taylor, H. M. (1965). "Markovian Sequential Replacement Processes," *Annals of Mathematical Statistics*, Vol. 36.
113. Taylor, H. M. (1967). "Statistical Control of a Gaussian Process," *Technometrics*, Vol. 9.
114. Taylor, H. M. (1968). "The Economic Design of Cumulative Sum Control Charts," *Technometrics*, Vol. 10.
115. Tiago De Oliveira, J., y S. B. Littauer (1966). "Techniques for Economic Use of Control Charts," *Revue de Statistique Appliquée*, Vol. 14.
116. Departamento de Defensa de los Estados Unidos (1957). *Sampling Procedures and Tables for Inspection by Variables for Percent Defective*, MIL STD 414, U.S. Government Printing Office, Washington, D.C.
117. Departamento de Defensa de los Estados Unidos (1963). *Sampling Procedures and Tables for Inspection by Attributes*, MIL STD 105D, U.S. Government Printing Office, Washington, D.C.
118. Wald, A. (1947). *Sequential Analysis*, John Wiley, Nueva York.
119. Wang, C.-H., y F. S. Hillier (1970). "Mean and Variance Control Chart Limits Based on a Small Number of Subgroups," *Journal of Quality Technology*, Vol. 2.
120. Weiler, H., (1952). "On the Most Economical Sample Size for Controlling the Mean of a Population," *Annals of Mathematical Statistics*, Vol. 23.
121. Weiler, H. (1953). "The Use of Runs to Control the Mean in Quality Control," *Journal of the American Statistical Association*, Vol. 48.
122. Weiler, H. (1954). "A New Type of Control Limit for Means, Ranges, and Sequential Runs," *Journal of the American Statistical Association*, Vol. 49.
123. Wetherill, G. B., y W. K. (Chiu (1975). "A Review of Acceptance Sampling Schemes with Emphasis on the Economic Aspect," *International Statistical Review*, Vol. 43.
124. Western Electric (1956). *Statistical Quality Control Handbook*, Western Electric Corporation, Indianapolis, Ind.
125. White, C. C. (1974). "A Markov Quality Control Process Subject to Partial Observation," *Management Science*, Vol. 23.

Apéndice

Tabla Pág.

Tabla I Distribución acumulativa de Poisson[a]

x	λ 0.01	0.05	0.10	0.20	0.30	0.40	0.50	0.60
0	0.990	0.951	0.904	0.818	0.740	0.670	0.606	0.548
1	0.999	0.998	0.995	0.982	0.963	0.938	0.909	0.878
2		0.999	0.999	0.998	0.996	0.992	0.985	0.976
3				0.999	0.999	0.999	0.998	0.996
4					0.999	0.999	0.999	0.999
5							0.999	0.999

x	λ 0.70	0.80	0.90	1.00	1.10	1.20	1.30	1.40
0	0.496	0.449	0.406	0.367	0.332	0.301	0.272	0.246
1	0.844	0.808	0.772	0.735	0.699	0.662	0.626	0.591
2	0.965	0.952	0.937	0.919	0.900	0.879	0.857	0.833
3	0.994	0.990	0.986	0.981	0.974	0.966	0.956	0.946
4	0.999	0.998	0.997	0.996	0.994	0.992	0.989	0.985
5	0.999	0.999	0.999	0.999	0.999	0.998	0.997	0.996
6		0.999	0.999	0.999	0.999	0.999	0.999	0.999
7				0.999	0.999	0.999	0.999	0.999
8							0.999	0.999

x	λ 1.50	1.60	1.70	1.80	1.90	2.00	2.10	2.20
0	0.223	0.201	0.182	0.165	0.149	0.135	0.122	0.110
1	0.557	0.524	0.493	0.462	0.433	0.406	0.379	0.354
2	0.808	0.783	0.757	0.730	0.703	0.676	0.649	0.622
3	0.934	0.921	0.906	0.891	0.874	0.857	0.838	0.819
4	0.981	0.976	0.970	0.963	0.955	0.947	0.937	0.927
5	0.995	0.993	0.992	0.989	0.986	0.983	0.979	0.975
6	0.999	0.998	0.998	0.997	0.996	0.995	0.994	0.992
7	0.999	0.999	0.999	0.999	0.999	0.998	0.998	0.998
8	0.999	0.999	0.999	0.999	0.999	0.999	0.999	0.999
9			0.999	0.999	0.999	0.999	0.999	0.999
10							0.999	0.999

Tabla I (Continuación)

	λ							
x	2.30	2.40	2.50	2.60	2.70	2.80	2.90	3.00
0	0.100	0.090	0.082	0.074	0.067	0.060	0.055	0.049
1	0.330	0.308	0.287	0.267	0.248	0.231	0.214	0.199
2	0.596	0.569	0.543	0.518	0.493	0.469	0.445	0.423
3	0.799	0.778	0.757	0.736	0.714	0.691	0.669	0.647
4	0.916	0.904	0.891	0.877	0.862	0.847	0.831	0.815
5	0.970	0.964	0.957	0.950	0.943	0.934	0.925	0.916
6	0.990	0.988	0.985	0.982	0.979	0.975	0.971	0.966
7	0.997	0.996	0.995	0.994	0.993	0.991	0.990	0.988
8	0.999	0.999	0.998	0.998	0.998	0.997	0.996	0.996
9	0.999	0.999	0.999	0.999	0.999	0.999	0.999	0.998
10	0.999	0.999	0.999	0.999	0.999	0.999	0.999	0.999
11			0.999	0.999	0.999	0.999	0.999	0.999
12							0.999	0.999

	λ							
x	3.50	4.00	4.50	5.00	5.50	6.00	6.50	7.00
0	0.030	0.018	0.011	0.006	0.004	0.002	0.001	0.000
1	0.135	0.091	0.061	0.040	0.026	0.017	0.011	0.007
2	0.320	0.238	0.173	0.124	0.088	0.061	0.043	0.029
3	0.536	0.433	0.342	0.265	0.201	0.151	0.111	0.081
4	0.725	0.628	0.532	0.440	0.357	0.285	0.223	0.172
5	0.857	0.785	0.702	0.615	0.528	0.445	0.369	0.300
6	0.934	0.889	0.831	0.762	0.686	0.606	0.526	0.449
7	0.973	0.948	0.913	0.866	0.809	0.743	0.672	0.598
8	0.990	0.978	0.959	0.931	0.894	0.847	0.791	0.729
9	0.996	0.991	0.982	0.968	0.946	0.916	0.877	0.830
10	0.998	0.997	0.993	0.986	0.974	0.957	0.933	0.901
11	0.999	0.999	0.997	0.994	0.989	0.979	0.966	0.946
12	0.999	0.999	0.999	0.997	0.995	0.991	0.983	0.973
13	0.999	0.999	0.999	0.999	0.998	0.996	0.992	0.987
14		0.999	0.999	0.999	0.999	0.998	0.997	0.994
15			0.999	0.999	0.999	0.999	0.998	0.997
16				0.999	0.999	0.999	0.999	0.999
17					0.999	0.999	0.999	0.999
18						0.999	0.999	0.999
19							0.999	0.999
20								0.999

Tabla I (Continuación)

	λ							
x	7.50	8.00	8.50	9.00	9.50	10.0	15.0	20.0
0	0.000	0.000	0.000	0.000	0.000	0.000	0.000	0.000
1	0.004	0.003	0.001	0.001	0.000	0.000	0.000	0.000
2	0.020	0.013	0.009	0.006	0.004	0.002	0.000	0.000
3	0.059	0.042	0.030	0.021	0.014	0.010	0.000	0.000
4	0.132	0.099	0.074	0.054	0.040	0.029	0.000	0.000
5	0.241	0.191	0.149	0.115	0.088	0.067	0.002	0.000
6	0.378	0.313	0.256	0.206	0.164	0.130	0.007	0.000
7	0.524	0.452	0.385	0.323	0.268	0.220	0.018	0.000
8	0.661	0.592	0.523	0.455	0.391	0.332	0.037	0.002
9	0.776	0.716	0.652	0.587	0.521	0.457	0.069	0.005
10	0.862	0.815	0.763	0.705	0.645	0.583	0.118	0.010
11	0.920	0.888	0.848	0.803	0.751	0.696	0.184	0.021
12	0.957	0.936	0.909	0.875	0.836	0.791	0.267	0.039
13	0.978	0.965	0.948	0.926	0.898	0.864	0.363	0.066
14	0.989	0.982	0.972	0.958	0.940	0.916	0.465	0.104
15	0.995	0.991	0.986	0.977	0.966	0.951	0.568	0.156
16	0.998	0.996	0.993	0.988	0.982	0.972	0.664	0.221
17	0.999	0.998	0.997	0.994	0.991	0.985	0.748	0.297
18	0.999	0.999	0.998	0.997	0.995	0.992	0.819	0.381
19	0.999	0.999	0.999	0.998	0.998	0.996	0.875	0.470
20	0.999	0.999	0.999	0.999	0.999	0.998	0.917	0.559
21	0.999	0.999	0.999	0.999	0.999	0.999	0.946	0.643
22		0.999	0.999	0.999	0.999	0.999	0.967	0.720
23			0.999	0.999	0.999	0.999	0.980	0.787
24					0.999	0.999	0.988	0.843
25						0.999	0.993	0.887
26							0.996	0.922
27							0.998	0.947
28							0.999	0.965
29							0.999	0.978
30							0.999	0.986
31							0.999	0.991
32							0.999	0.995
33							0.999	0.997
34								0.998

[a]Los valores del cuerpo de la tabla corresponden a $F(x) = P(X \le x) = \sum_{c=0}^{x} (e^{-\lambda}\lambda^{c}/c!)$. Los espacios en blanco abajo del último registro en cualquier columna se pueden considerar como 1.0; los espacios en blanco arriba del primer registro en cualquier columna se pueden considerar 0.0.

Tabla II Distribución acumulativa normal estándar

$$\Phi(z) = \int_{-\infty}^{z} \frac{1}{\sqrt{2\pi}} e^{-u^2/2}\, du$$

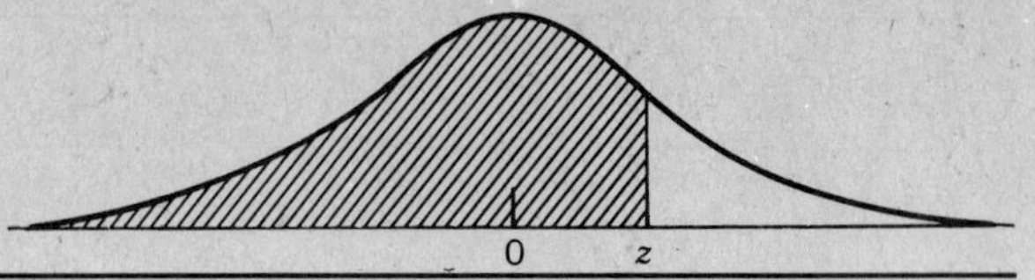

z	0.00	0.01	0.02	0.03	0.04	z
0.0	0.500 00	0.503 99	0.507 98	0.511 97	0.515 95	0.0
0.1	0.539 83	0.543 79	0.547 76	0.551 72	0.555 67	0.1
0.2	0.579 26	0.583 17	0.587 06	0.590 95	0.594 83	0.2
0.3	0.617 91	0.621 72	0.625 51	0.629 30	0.633 07	0.3
0.4	0.655 42	0.659 10	0.662 76	0.666 40	0.670 03	0.4
0.5	0.691 46	0.694 97	0.698 47	0.701 94	0.705 40	0.5
0.6	0.725 75	0.729 07	0.732 37	0.735 65	0.738 91	0.6
0.7	0.758 03	0.761 15	0.764 24	0.767 30	0.770 35	0.7
0.8	0.788 14	0.791 03	0.793 89	0.796 73	0.799 54	0.8
0.9	0.815 94	0.818 59	0.821 21	0.823 81	0.826 39	0.9
1.0	0.841 34	0.843 75	0.846 13	0.848 49	0.850 83	1.0
1.1	0.864 33	0.866 50	0.868 64	0.870 76	0.872 85	1.1
1.2	0.884 93	0.886 86	0.888 77	0.890 65	0.892 51	1.2
1.3	0.903 20	0.904 90	0.906 58	0.908 24	0.909 88	1.3
1.4	0.919 24	0.920 73	0.922 19	0.923 64	0.925 06	1.4
1.5	0.933 19	0.934 48	0.935 74	0.936 99	0.938 22	1.5
1.6	0.945 20	0.946 30	0.947 38	0.948 45	0.949 50	1.6
1.7	0.955 43	0.956 37	0.957 28	0.958 18	0.959 07	1.7
1.8	0.964 07	0.964 85	0.965 62	0.966 37	0.967 11	1.8
1.9	0.971 28	0.971 93	0.972 57	0.973 20	0.973 81	1.9
2.0	0.977 25	0.977 78	0.978 31	0.978 82	0.979 32	2.0
2.1	0.982 14	0.982 57	0.983 00	0.983 41	0.983 82	2.1
2.2	0.986 10	0.986 45	0.986 79	0.987 13	0.987 45	2.2
2.3	0.989 28	0.989 56	0.989 83	0.990 10	0.990 36	2.3
2.4	0.991 80	0.992 02	0.992 24	0.992 45	0.992 66	2.4
2.5	0.993 79	0.993 96	0.994 13	0.994 30	0.994 46	2.5
2.6	0.995 34	0.995 47	0.995 60	0.995 73	0.995 85	2.6
2.7	0.996 53	0.996 64	0.996 74	0.996 83	0.996 93	2.7
2.8	0.997 44	0.997 52	0.997 60	0.997 67	0.997 74	2.8
2.9	0.998 13	0.998 19	0.998 25	0.998 31	0.998 36	2.9
3.0	0.998 65	0.998 69	0.998 74	0.998 78	0.998 82	3.0
3.1	0.999 03	0.999 06	0.999 10	0.999 13	0.999 16	3.1
3.2	0.999 31	0.999 34	0.999 36	0.999 38	0.999 40	3.2
3.3	0.999 52	0.999 53	0.999 55	0.999 57	0.999 58	3.3
3.4	0.999 66	0.999 68	0.999 69	0.999 70	0.999 71	3.4
3.5	0.999 77	0.999 78	0.999 78	0.999 79	0.999 80	3.5
3.6	0.999 84	0.999 85	0.999 85	0.999 86	0.999 86	3.6
3.7	0.999 89	0.999 90	0.999 90	0.999 90	0.999 91	3.7
3.8	0.999 93	0.999 93	0.999 93	0.999 94	0.999 94	3.8
3.9	0.999 95	0.999 95	0.999 96	0.999 96	0.999 96	3.9

Tabla II (Continuación)

$$\Phi(z) = \int_{-\infty}^{z} \frac{1}{\sqrt{2\pi}} e^{-u^2/2}\, du$$

z	0.05	0.06	0.07	0.08	0.09	z
0.0	0.519 94	0.523 92	0.527 90	0.531 88	0.535 86	0.0
0.1	0.559 62	0.563 56	0.567 49	0.571 42	0.575 34	0.1
0.2	0.598 71	0.602 57	0.606 42	0.610 26	0.614 09	0.2
0.3	0.636 83	0.640 58	0.644 31	0.648 03	0.651 73	0.3
0.4	0.673 64	0.677 24	0.680 82	0.684 38	0.687 93	0.4
0.5	0.708 84	0.712 26	0.715 66	0.719 04	0.722 40	0.5
0.6	0.742 15	0.745 37	0.748 57	0.751 75	0.754 90	0.6
0.7	0.773 37	0.776 37	0.779 35	0.782 30	0.785 23	0.7
0.8	0.802 34	0.805 10	0.807 85	0.810 57	0.813 27	0.8
0.9	0.828 94	0.831 47	0.833 97	0.836 46	0.838 91	0.9
1.0	0.853 14	0.855 43	0.857 69	0.859 93	0.862 14	1.0
1.1	0.874 93	0.876 97	0.879 00	0.881 00	0.882 97	1.1
1.2	0.894 35	0.896 16	0.897 96	0.899 73	0.901 47	1.2
1.3	0.911 49	0.913 08	0.914 65	0.916 21	0.917 73	1.3
1.4	0.926 47	0.927 85	0.929 22	0.930 56	0.931 89	1.4
1.5	0.939 43	0.940 62	0.941 79	0.942 95	0.944 08	1.5
1.6	0.950 53	0.951 54	0.952 54	0.953 52	0.954 48	1.6
1.7	0.959 94	0.960 80	0.961 64	0.962 46	0.963 27	1.7
1.8	0.967 84	0.968 56	0.969 26	0.969 95	0.970 62	1.8
1.9	0.974 41	0.975 00	0.975 58	0.976 15	0.976 70	1.9
2.0	0.979 82	0.980 30	0.980 77	0.981 24	0.981 69	2.0
2.1	0.984 22	0.984 61	0.985 00	0.985 37	0.985 74	2.1
2.2	0.987 78	0.988 09	0.988 40	0.988 70	0.988 99	2.2
2.3	0.990 61	0.990 86	0.991 11	0.991 34	0.991 58	2.3
2.4	0.992 86	0.993 05	0.993 24	0.993 43	0.993 61	2.4
2.5	0.994 61	0.994 77	0.994 92	0.995 06	0.995 20	2.5
2.6	0.995 98	0.996 09	0.996 21	0.996 32	0.996 43	2.6
2.7	0.997 02	0.997 11	0.997 20	0.997 28	0.997 36	2.7
2.8	0.997 81	0.997 88	0.997 95	0.998 01	0.998 07	2.8
2.9	0.998 41	0.998 46	0.998 51	0.998 56	0.998 61	2.9
3.0	0.998 86	0.998 89	0.998 93	0.998 97	0.999 00	3.0
3.1	0.999 18	0.999 21	0.999 24	0.999 26	0.999 29	3.1
3.2	0.999 42	0.999 44	0.999 46	0.999 48	0.999 50	3.2
3.3	0.999 60	0.999 61	0.999 62	0.999 64	0.999 65	3.3
3.4	0.999 72	0.999 73	0.999 74	0.999 75	0.999 76	3.4
3.5	0.999 81	0.999 81	0.999 82	0.999 83	0.999 83	3.5
3.6	0.999 87	0.999 87	0.999 88	0.999 88	0.999 89	3.6
3.7	0.999 91	0.999 92	0.999 92	0.999 92	0.999 92	3.7
3.8	0.999 94	0.999 94	0.999 95	0.999 95	0.999 95	3.8
3.9	0.999 96	0.999 96	0.999 96	0.999 97	0.999 97	3.9

Tabla III Puntos porcentuales de la distribución $\chi^{2,a}$

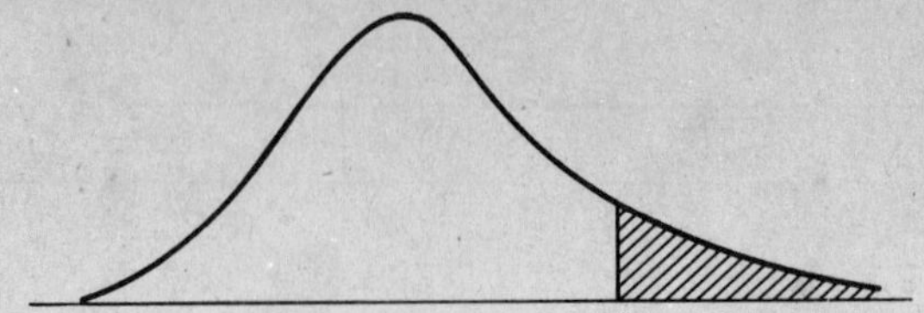

ν	α = 0.995	0.990	0.975	0.950	0.500	0.050	0.025	0.010	0.005
1	0.00 +	0.00 +	0.00 +	0.00 +	0.45	3.84	5.02	6.63	7.88
2	0.01	0.02	0.05	0.10	1.39	5.99	7.38	9.21	10.60
3	0.07	0.11	0.22	0.35	2.37	7.81	9.35	11.34	12.84
4	0.21	0.30	0.48	0.71	3.36	9.49	11.14	13.28	14.86
5	0.41	0.55	0.83	1.15	4.35	11.07	12.38	15.09	16.75
6	0.68	0.87	1.24	1.64	5.35	12.59	14.45	16.81	18.55
7	0.99	1.24	1.69	2.17	6.35	14.07	16.01	18.48	20.28
8	1.34	1.65	2.18	2.73	7.34	15.51	17.53	20.09	21.96
9	1.73	2.09	2.70	3.33	8.34	16.92	19.02	21.67	23.59
10	2.16	2.56	3.25	3.94	9.34	18.31	20.48	23.21	25.19
11	2.60	3.05	3.82	4.57	10.34	19.68	21.92	24.72	26.76
12	3.07	3.57	4.40	5.23	11.34	21.03	23.34	26.22	28.30
13	3.57	4.11	5.01	5.89	12.34	22.36	24.74	27.69	29.82
14	4.07	4.66	5.63	6.57	13.34	23.68	26.12	29.14	31.32
15	4.60	5.23	6.27	7.26	14.34	25.00	27.49	30.58	32.80
16	5.14	5.81	6.91	7.96	15.34	26.30	28.85	32.00	34.27
17	5.70	6.41	7.56	8.67	16.34	27.59	30.19	33.41	35.72
18	6.26	7.01	8.23	9.39	17.34	28.87	31.53	34.81	37.16
19	6.84	7.63	8.91	10.12	18.34	30.14	32.85	36.19	38.58
20	7.43	8.26	9.59	10.85	19.34	31.41	34.17	37.57	40.00
25	10.52	11.52	13.12	14.61	24.34	37.65	40.65	44.31	46.93
30	13.79	14.95	16.79	18.49	29.34	43.77	46.98	50.89	53.67
40	20.71	22.16	24.43	26.51	39.34	55.76	59.34	63.69	66.77
50	27.99	29.71	32.36	34.76	49.33	67.50	71.42	76.15	79.49
60	35.53	37.48	40.48	43.19	59.33	79.08	83.30	88.38	91.95
70	43.28	45.44	48.76	51.74	69.33	90.53	95.02	100.42	104.22
80	51.17	53.54	57.15	60.39	79.33	101.88	106.63	112.33	116.32
90	59.20	61.75	65.65	69.13	89.33	113.14	118.14	124.12	128.30
100	67.33	70.06	74.22	77.93	99.33	124.34	129.56	135.81	140.17

ν = grados de libertad.

[a] Adaptado con permiso de *Biometrika Tables for Statisticians*, Vol. 1, 3ª ed., por E.S. Pearson y H.O. Hartley, Cambridge University Press, Cambridge, 1966.

Tabla IV Puntos porcentuales de la distribución t[a]

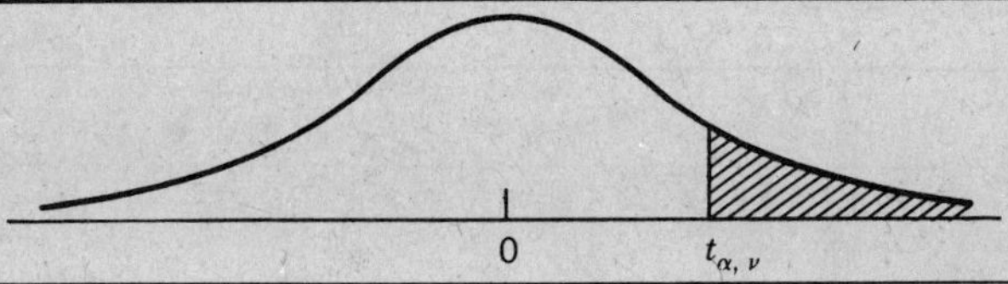

ν \ α	0.40	0.25	0.10	0.05	0.025	0.01	0.005	0.0025	0.001	0.0005
1	0.325	1.000	3.078	6.314	12.706	31.821	63.657	127.32	318.31	636.62
2	0.289	0.816	1.886	2.920	4.303	6.965	9.925	14.089	23.326	31.598
3	0.277	0.765	1.638	2.353	3.182	4.541	5.841	7.453	10.213	12.924
4	0.271	0.741	1.533	2.132	2.776	3.747	4.604	5.598	7.173	8.610
5	0.267	0.727	1.476	2.015	2.571	3.365	4.032	4.773	5.893	6.869
6	0.265	0.727	1.440	1.943	2.447	3.143	3.707	4.317	5.208	5.959
7	0.263	0.711	1.415	1.895	2.365	2.998	3.499	4.019	4.785	5.408
8	0.262	0.706	1.397	1.860	2.306	2.896	3.355	3.833	4.501	5.041
9	0.261	0.703	1.383	1.833	2.262	2.821	3.250	3.690	4.297	4.781
10	0.260	0.700	1.372	1.812	2.228	2.764	3.169	3.581	4.144	4.587
11	0.260	0.697	1.363	1.796	2.201	2.718	3.106	3.497	4.025	4.437
12	0.259	0.695	1.356	1.782	2.179	2.681	3.055	3.428	3,930	4.318
13	0.259	0.694	1.350	1.771	2.160	2.650	3.012	3.372	3.852	4.221
14	0.258	0.692	1.345	1.761	2.145	2.624	2.977	3.326	3.787	4.140
15	0.258	0.691	1.341	1.753	2.131	2.602	2.947	3.286	3.733	4.073
16	0.258	0.690	1.337	1.746	2.120	2.583	2.921	3.252	3.686	4.015
17	0.257	0.689	1.333	1.740	2.110	2.567	2.898	3.222	3.646	3.965
18	0.257	0.688	1.330	1.734	2.101	2.552	2.878	3.197	3.610	3.922
19	0.257	0.688	1.328	1.729	2.093	2.539	2.861	3.174	3.579	3.883
20	0.257	0.687	1.325	1.725	2.086	2.528	2.845	3.153	3.552	3.850
21	0.257	0.686	1.323	1.721	2.080	2.518	2.831	3.135	3.527	3.819
22	0.256	0.686	1.321	1.717	2.074	2.508	2.819	3.119	3.505	3.792
23	0.256	0.685	1.319	1.714	2.069	2.500	2.807	3.104	3.485	3.767
24	0.256	0.685	1.318	1.711	2.064	2.492	2.797	3.091	3.467	3.745
25	0.256	0.684	1.316	1.708	2.060	2.485	2.787	3.078	3.450	3.725
26	0.256	0.684	1.315	1.706	2.056	2.479	2.779	3.067	3.435	3.707
27	0.256	0.684	1.314	1.703	2.052	2.473	2.771	3.057	3.421	3.690
28	0.256	0.683	1.313	1.701	2.048	2.467	2.763	3.047	3.408	3.674
29	0.256	0.683	1.311	1.699	2.045	2.462	2.756	3.038	3.396	3.659
30	0.256	0.683	1.310	1.697	2.042	2.457	2.750	3.030	3.385	3.646
40	0.255	0.681	1.303	1.684	2.021	2.423	2.704	2.971	3.307	3.551
60	0.254	0.679	1.296	1.671	2.000	2.390	2.660	2.915	3.232	3.460
120	0.254	0.677	1.289	1.658	1.980	2.358	2.617	2.860	3.160	3.373
∞	0.253	0.674	1.282	1.645	1.960	2.326	2.576	2.807	3.090	3.291

ν = grados de libertad.

[a]Adaptado con permiso de *Biometrika Tables for Staticians*, Vol. 1, 3a. ed., por E.S. Pearson y H.O. Hartley, Cambridge University Press, Cambridgé, 1966.

Tabla V Puntos porcentuales de la distribución *F*

$F_{0.25,\nu_1,\nu_2}$

ν_2 \ ν_1	Grados de libertad del numerador (ν_1) 1	2	3	4	5	6	7	8	9	10	12	15	20	24	30	40	60	120	∞
1	5.83	7.50	8.20	8.58	8.82	8.98	9.10	9.19	9.26	9.32	9.41	9.49	9.58	9.63	9.67	9.71	9.76	9.80	9.85
2	2.57	3.00	3.15	3.23	3.28	3.31	3.34	3.35	3.37	3.38	3.39	3.41	3.43	3.43	3.44	3.45	3.46	3.47	3.48
3	2.02	2.28	2.36	2.39	2.41	2.42	2.43	2.44	2.44	2.44	2.45	2.46	2.46	2.46	2.47	2.47	2.47	2.47	2.47
4	1.81	2.00	2.05	2.06	2.07	2.08	2.08	2.08	2.08	2.08	2.08	2.08	2.08	2.08	2.08	2.08	2.08	2.08	2.08
5	1.69	1.85	1.88	1.89	1.89	1.89	1.89	1.89	1.89	1.89	1.89	1.89	1.88	1.88	1.88	1.88	1.87	1.87	1.87
6	1.62	1.76	1.78	1.79	1.79	1.78	1.78	1.78	1.77	1.77	1.77	1.76	1.76	1.75	1.75	1.75	1.74	1.74	1.74
7	1.57	1.70	1.72	1.72	1.71	1.71	1.70	1.70	1.70	1.69	1.68	1.68	1.67	1.67	1.66	1.66	1.65	1.65	1.65
8	1.54	1.66	1.67	1.66	1.66	1.65	1.64	1.64	1.63	1.63	1.62	1.62	1.61	1.60	1.60	1.59	1.59	1.58	1.58
9	1.51	1.62	1.63	1.63	1.62	1.61	1.60	1.60	1.59	1.59	1.58	1.57	1.56	1.56	1.55	1.54	1.54	1.53	1.53
10	1.49	1.60	1.60	1.59	1.59	1.58	1.57	1.56	1.56	1.55	1.54	1.53	1.52	1.52	1.51	1.51	1.50	1.49	1.48
11	1.47	1.58	1.58	1.57	1.56	1.55	1.54	1.53	1.53	1.52	1.51	1.50	1.49	1.49	1.48	1.47	1.47	1.46	1.45
12	1.46	1.56	1.56	1.55	1.54	1.53	1.52	1.51	1.51	1.50	1.49	1.48	1.47	1.46	1.45	1.45	1.44	1.43	1.42
13	1.45	1.55	1.55	1.53	1.52	1.51	1.50	1.49	1.49	1.48	1.47	1.46	1.45	1.44	1.43	1.42	1.42	1.41	1.40
14	1.44	1.53	1.53	1.52	1.51	1.50	1.49	1.48	1.47	1.46	1.45	1.44	1.43	1.42	1.41	1.41	1.40	1.39	1.38
15	1.43	1.52	1.52	1.51	1.49	1.48	1.47	1.46	1.46	1.45	1.44	1.43	1.41	1.41	1.40	1.39	1.38	1.37	1.36
16	1.42	1.51	1.51	1.50	1.48	1.47	1.46	1.45	1.44	1.44	1.43	1.41	1.40	1.39	1.38	1.37	1.36	1.35	1.34
17	1.42	1.51	1.50	1.49	1.47	1.46	1.45	1.44	1.43	1.43	1.41	1.40	1.39	1.38	1.37	1.36	1.35	1.34	1.33
18	1.41	1.50	1.49	1.48	1.46	1.45	1.44	1.43	1.42	1.42	1.40	1.39	1.38	1.37	1.36	1.35	1.34	1.33	1.32
19	1.41	1.49	1.49	1.47	1.46	1.44	1.43	1.42	1.41	1.41	1.40	1.38	1.37	1.36	1.35	1.34	1.33	1.32	1.30
20	1.40	1.49	1.48	1.47	1.45	1.44	1.43	1.42	1.41	1.40	1.39	1.37	1.36	1.35	1.34	1.33	1.32	1.31	1.29
21	1.40	1.48	1.48	1.46	1.44	1.43	1.42	1.41	1.40	1.39	1.38	1.37	1.35	1.34	1.33	1.32	1.31	1.30	1.28
22	1.40	1.48	1.47	1.45	1.44	1.42	1.41	1.40	1.39	1.39	1.37	1.36	1.34	1.33	1.32	1.31	1.30	1.29	1.28
23	1.39	1.47	1.47	1.45	1.43	1.42	1.41	1.40	1.39	1.38	1.37	1.35	1.34	1.33	1.32	1.31	1.30	1.28	1.27
24	1.39	1.47	1.46	1.44	1.43	1.41	1.40	1.39	1.38	1.38	1.36	1.35	1.33	1.32	1.31	1.30	1.29	1.28	1.26
25	1.39	1.47	1.46	1.44	1.42	1.41	1.40	1.39	1.38	1.37	1.36	1.34	1.33	1.32	1.31	1.29	1.28	1.27	1.25
26	1.38	1.46	1.45	1.44	1.42	1.41	1.39	1.38	1.37	1.37	1.35	1.34	1.32	1.31	1.30	1.29	1.28	1.26	1.25
27	1.38	1.46	1.45	1.43	1.42	1.40	1.39	1.38	1.37	1.36	1.35	1.33	1.32	1.31	1.30	1.28	1.27	1.26	1.24
28	1.38	1.46	1.45	1.43	1.41	1.40	1.39	1.38	1.37	1.36	1.34	1.33	1.31	1.30	1.29	1.28	1.27	1.25	1.24
29	1.38	1.45	1.45	1.43	1.41	1.40	1.38	1.37	1.36	1.35	1.34	1.32	1.31	1.30	1.29	1.27	1.26	1.25	1.23
30	1.38	1.45	1.44	1.42	1.41	1.39	1.38	1.37	1.36	1.35	1.34	1.32	1.30	1.29	1.28	1.27	1.26	1.24	1.23
40	1.36	1.44	1.42	1.40	1.39	1.37	1.36	1.35	1.34	1.33	1.31	1.30	1.28	1.26	1.25	1.24	1.22	1.21	1.19
60	1.35	1.42	1.41	1.38	1.37	1.35	1.33	1.32	1.31	1.30	1.29	1.27	1.25	1.24	1.22	1.21	1.19	1.17	1.15
120	1.34	1.40	1.39	1.37	1.35	1.33	1.31	1.30	1.29	1.28	1.26	1.24	1.22	1.21	1.19	1.18	1.16	1.13	1.10
∞	1.32	1.39	1.37	1.35	1.33	1.31	1.29	1.28	1.27	1.25	1.24	1.22	1.19	1.18	1.16	1.14	1.12	1.08	1.00

(Rows: Grados de libertad del denominador (ν_2))

Nota: $F_{0.75,\nu_1,\nu_2} = 1/F_{0.25,\nu_2,\nu_1}$

Fuente: Adaptado con permiso de *Biometrika Tables for Statisticians*, Vol. 1, 3ª ed., por E.S. Pearson y H.O. Hartley, Cambridge University Press, Cambridge, 1966.

Tabla V (Continuación)

$F_{0.10,\nu_1,\nu_2}$

ν_2 \ ν_1	1	2	3	4	5	6	7	8	9	10	12	15	20	24	30	40	60	120	∞
1	39.86	49.50	53.59	55.83	57.24	58.20	58.91	59.44	59.86	60.19	60.71	61.22	61.74	62.00	62.26	62.53	62.79	63.06	63.33
2	8.53	9.00	9.16	9.24	9.29	9.33	9.35	9.37	9.38	9.39	9.41	9.42	9.44	9.45	9.46	9.47	9.47	9.48	9.49
3	5.54	5.46	5.39	5.34	5.31	5.28	5.27	5.25	5.24	5.23	5.22	5.20	5.18	5.18	5.17	5.16	5.15	5.14	5.13
4	4.54	4.32	4.19	4.11	4.05	4.01	3.98	3.95	3.94	3.92	3.90	3.87	3.84	3.83	3.82	3.80	3.79	3.78	3.76
5	4.06	3.78	3.62	3.52	3.45	3.40	3.37	3.34	3.32	3.30	3.27	3.24	3.21	3.19	3.17	3.16	3.14	3.12	3.10
6	3.78	3.46	3.29	3.18	3.11	3.05	3.01	2.98	2.96	2.94	2.90	2.87	2.84	2.82	2.80	2.78	2.76	2.74	2.72
7	3.59	3.26	3.07	2.96	2.88	2.83	2.78	2.75	2.72	2.70	2.67	2.63	2.59	2.58	2.56	2.54	2.51	2.49	2.47
8	3.46	3.11	2.92	2.81	2.73	2.67	2.62	2.59	2.56	2.54	2.50	2.46	2.42	2.40	2.38	2.36	2.34	2.32	2.29
9	3.36	3.01	2.81	2.69	2.61	2.55	2.51	2.47	2.44	2.42	2.38	2.34	2.30	2.28	2.25	2.23	2.21	2.18	2.16
10	3.29	2.92	2.73	2.61	2.52	2.46	2.41	2.38	2.35	2.32	2.28	2.24	2.20	2.18	2.16	2.13	2.11	2.08	2.06
11	3.23	2.86	2.66	2.54	2.45	2.39	2.34	2.30	2.27	2.25	2.21	2.17	2.12	2.10	2.08	2.05	2.03	2.00	1.97
12	3.18	2.81	2.61	2.48	2.39	2.33	2.28	2.24	2.21	2.19	2.15	2.10	2.06	2.04	2.01	1.99	1.96	1.93	1.90
13	3.14	2.76	2.56	2.43	2.35	2.28	2.23	2.20	2.16	2.14	2.10	2.05	2.01	1.98	1.96	1.93	1.90	1.88	1.85
14	3.10	2.73	2.52	2.39	2.31	2.24	2.19	2.15	2.12	2.10	2.05	2.01	1.96	1.94	1.91	1.89	1.86	1.83	1.80
15	3.07	2.70	2.49	2.36	2.27	2.21	2.16	2.12	2.09	2.06	2.02	1.97	1.92	1.90	1.87	1.85	1.82	1.79	1.76
16	3.05	2.67	2.46	2.33	2.24	2.18	2.13	2.09	2.06	2.03	1.99	1.94	1.89	1.87	1.84	1.81	1.78	1.75	1.72
17	3.03	2.64	2.44	2.31	2.22	2.15	2.10	2.06	2.03	2.00	1.96	1.91	1.86	1.84	1.81	1.78	1.75	1.72	1.69
18	3.01	2.62	2.42	2.29	2.20	2.13	2.08	2.04	2.00	1.98	1.93	1.89	1.84	1.81	1.78	1.75	1.72	1.69	1.66
19	2.99	2.61	2.40	2.27	2.18	2.11	2.06	2.02	1.98	1.96	1.91	1.86	1.81	1.79	1.76	1.73	1.70	1.67	1.63
20	2.97	2.59	2.38	2.25	2.16	2.09	2.04	2.00	1.96	1.94	1.89	1.84	1.79	1.77	1.74	1.71	1.68	1.64	1.61
21	2.96	2.57	2.36	2.23	2.14	2.08	2.02	1.98	1.95	1.92	1.87	1.83	1.78	1.75	1.72	1.69	1.66	1.62	1.59
22	2.95	2.56	2.35	2.22	2.13	2.06	2.01	1.97	1.93	1.90	1.86	1.81	1.76	1.73	1.70	1.67	1.64	1.60	1.57
23	2.94	2.55	2.34	2.21	2.11	2.05	1.99	1.95	1.92	1.89	1.84	1.80	1.74	1.72	1.69	1.66	1.62	1.59	1.55
24	2.93	2.54	2.33	2.19	2.10	2.04	1.98	1.94	1.91	1.88	1.83	1.78	1.73	1.70	1.67	1.64	1.61	1.57	1.53
25	2.92	2.53	2.32	2.18	2.09	2.02	1.97	1.93	1.89	1.87	1.82	1.77	1.72	1.69	1.66	1.63	1.59	1.56	1.52
26	2.91	2.52	2.31	2.17	2.08	2.01	1.96	1.92	1.88	1.86	1.81	1.76	1.71	1.68	1.65	1.61	1.58	1.54	1.50
27	2.90	2.51	2.30	2.17	2.07	2.00	1.95	1.91	1.87	1.85	1.80	1.75	1.70	1.67	1.64	1.60	1.57	1.53	1.49
28	2.89	2.50	2.29	2.16	2.06	2.00	1.94	1.90	1.87	1.84	1.79	1.74	1.69	1.66	1.63	1.59	1.56	1.52	1.48
29	2.89	2.50	2.28	2.15	2.06	1.99	1.93	1.89	1.86	1.83	1.78	1.73	1.68	1.65	1.62	1.58	1.55	1.51	1.47
30	2.88	2.49	2.28	2.14	2.03	1.98	1.93	1.88	1.85	1.82	1.77	1.72	1.67	1.64	1.61	1.57	1.54	1.50	1.46
40	2.84	2.44	2.23	2.09	2.00	1.93	1.87	1.83	1.79	1.76	1.71	1.66	1.61	1.57	1.54	1.51	1.47	1.42	1.38
60	2.79	2.39	2.18	2.04	1.95	1.87	1.82	1.77	1.74	1.71	1.66	1.60	1.54	1.51	1.48	1.44	1.40	1.35	1.29
120	2.75	2.35	2.13	1.99	1.90	1.82	1.77	1.72	1.68	1.65	1.60	1.55	1.48	1.45	1.41	1.37	1.32	1.26	1.19
∞	2.71	2.30	2.08	1.94	1.85	1.77	1.72	1.67	1.63	1.60	1.55	1.49	1.42	1.38	1.34	1.30	1.24	1.17	1.00

Columns: Grados de libertad del numerador (ν_1); rows: Grados de libertad del denominador (ν_2).

Nota: $F_{0.90,\nu_1,\nu_2} = 1/F_{0.10,\nu_2,\nu_1}$.

Tabla V (Continuación)

$F_{0.05,\nu_1,\nu_2}$

ν_2 \ ν_1	Grados de libertad del numerador (ν_1) 1	2	3	4	5	6	7	8	9	10	12	15	20	24	30	40	60	120	∞
1	161.4	199.5	215.7	224.6	230.2	234.0	236.8	238.9	240.5	241.9	243.9	245.9	248.0	249.1	250.1	251.1	252.2	253.3	254.3
2	18.51	19.00	19.16	19.25	19.30	19.33	19.35	19.37	19.38	19.40	19.41	19.43	19.45	19.45	19.46	19.47	19.48	19.49	19.50
3	10.13	9.55	9.28	9.12	9.01	8.94	8.89	8.85	8.81	8.79	8.74	8.70	8.66	8.64	8.62	8.59	8.57	8.55	8.53
4	7.71	6.94	6.59	6.39	6.26	6.16	6.09	6.04	6.00	5.96	5.91	5.86	5.80	5.77	5.75	5.72	5.69	5.66	5.63
5	6.61	5.79	5.41	5.19	5.05	4.95	4.88	4.82	4.77	4.74	4.68	4.62	4.56	4.53	4.50	4.46	4.43	4.40	4.36
6	5.99	5.14	4.76	4.53	4.39	4.28	4.21	4.15	4.10	4.06	4.00	3.94	3.87	3.84	3.81	3.77	3.74	3.70	3.67
7	5.59	4.74	4.35	4.12	3.97	3.87	3.79	3.73	3.68	3.64	3.57	3.51	3.44	3.41	3.38	3.34	3.30	3.27	3.23
8	5.32	4.46	4.07	3.84	3.69	3.58	3.50	3.44	3.39	3.35	3.28	3.22	3.15	3.12	3.08	3.04	3.01	2.97	2.93
9	5.12	4.26	3.86	3.63	3.48	3.37	3.29	3.23	3.18	3.14	3.07	3.01	2.94	2.90	2.86	2.83	2.79	2.75	2.71
10	4.96	4.10	3.71	3.48	3.33	3.22	3.14	3.07	3.02	2.98	2.91	2.85	2.77	2.74	2.70	2.66	2.62	2.58	2.54
11	4.84	3.98	3.59	3.36	3.20	3.09	3.01	2.95	2.90	2.85	2.79	2.72	2.65	2.61	2.57	2.53	2.49	2.45	2.40
12	4.75	3.89	3.49	3.26	3.11	3.00	2.91	2.85	2.80	2.75	2.69	2.62	2.54	2.51	2.47	2.43	2.38	2.34	2.30
13	4.67	3.81	3.41	3.18	3.03	2.92	2.83	2.77	2.71	2.67	2.60	2.53	2.46	2.42	2.38	2.34	2.30	2.25	2.21
14	4.60	3.74	3.34	3.11	2.96	2.85	2.76	2.70	2.65	2.60	2.53	2.46	2.39	2.35	2.31	2.27	2.22	2.18	2.13
15	4.54	3.68	3.29	3.06	2.90	2.79	2.71	2.64	2.59	2.54	2.48	2.40	2.33	2.29	2.25	2.20	2.16	2.11	2.07
16	4.49	3.63	3.24	3.01	2.85	2.74	2.66	2.59	2.54	2.49	2.42	2.35	2.28	2.24	2.19	2.15	2.11	2.06	2.01
17	4.45	3.59	3.20	2.96	2.81	2.70	2.61	2.55	2.49	2.45	2.38	2.31	2.23	2.19	2.15	2.10	2.06	2.01	1.96
18	4.41	3.55	3.16	2.93	2.77	2.66	2.58	2.51	2.46	2.41	2.34	2.27	2.19	2.15	2.11	2.06	2.02	1.97	1.92
19	4.38	3.52	3.13	2.90	2.74	2.63	2.54	2.48	2.42	2.38	2.31	2.23	2.16	2.11	2.07	2.03	1.98	1.93	1.88
20	4.35	3.49	3.10	2.87	2.71	2.60	2.51	2.45	2.39	2.35	2.28	2.20	2.12	2.08	2.04	1.99	1.95	1.90	1.84
21	4.32	3.47	3.07	2.84	2.68	2.57	2.49	2.42	2.37	2.32	2.25	2.18	2.10	2.05	2.01	1.96	1.92	1.87	1.81
22	4.30	3.44	3.05	2.82	2.66	2.55	2.46	2.40	2.34	2.30	2.23	2.15	2.07	2.03	1.98	1.94	1.89	1.84	1.78
23	4.28	3.42	3.03	2.80	2.64	2.53	2.44	2.37	2.32	2.27	2.20	2.13	2.05	2.01	1.96	1.91	1.86	1.81	1.76
24	4.26	3.40	3.01	2.78	2.62	2.51	2.42	2.36	2.30	2.25	2.18	2.11	2.03	1.98	1.94	1.89	1.84	1.79	1.73
25	4.24	3.39	2.99	2.76	2.60	2.49	2.40	2.34	2.28	2.24	2.16	2.09	2.01	1.96	1.92	1.87	1.82	1.77	1.71
26	4.23	3.37	2.98	2.74	2.59	2.47	2.39	2.32	2.27	2.22	2.15	2.07	1.99	1.95	1.90	1.85	1.80	1.75	1.69
27	4.21	3.35	2.96	2.73	2.57	2.46	2.37	2.31	2.25	2.20	2.13	2.06	1.97	1.93	1.88	1.84	1.79	1.73	1.67
28	4.20	3.34	2.95	2.71	2.56	2.45	2.36	2.29	2.24	2.19	2.12	2.04	1.96	1.91	1.87	1.82	1.77	1.71	1.65
29	4.18	3.33	2.93	2.70	2.55	2.43	2.35	2.28	2.22	2.18	2.10	2.03	1.94	1.90	1.85	1.81	1.75	1.70	1.64
30	4.17	3.32	2.92	2.69	2.53	2.42	2.33	2.27	2.21	2.16	2.09	2.01	1.93	1.89	1.84	1.79	1.74	1.68	1.62
40	4.08	3.23	2.84	2.61	2.45	2.34	2.25	2.18	2.12	2.08	2.00	1.92	1.84	1.79	1.74	1.69	1.64	1.58	1.51
60	4.00	3.15	2.76	2.53	2.37	2.25	2.17	2.10	2.04	1.99	1.92	1.84	1.75	1.70	1.65	1.59	1.53	1.47	1.39
120	3.92	3.07	2.68	2.45	2.29	2.17	2.09	2.02	1.96	1.91	1.83	1.75	1.66	1.61	1.55	1.55	1.43	1.35	1.25
∞	3.84	3.00	2.60	2.37	2.21	2.10	2.01	1.94	1.88	1.83	1.75	1.67	1.57	1.52	1.46	1.39	1.32	1.22	1.00

Grados de libertad del denominador (ν_2)

Nota: $F_{0.95,\nu_1,\nu_2} = 1/F_{0.05,\nu_2,\nu_1}$.

Tabla V (Continuación)

$F_{0.025, \nu_1, \nu_2}$

ν_2 \ ν_1 (Grados de libertad del numerador (ν_1); Grados de libertad del denominador (ν_2))	1	2	3	4	5	6	7	8	9	10	12	15	20	24	30	40	60	120	∞
1	647.8	799.5	864.2	899.6	921.8	937.1	948.2	956.7	963.3	968.6	976.7	984.9	993.1	997.2	1001.0	1006.0	1010.0	1014.0	1018.0
2	38.51	39.00	39.17	39.25	39.30	39.33	39.36	39.37	39.39	39.40	39.41	39.43	39.45	39.46	39.46	39.47	39.48	39.49	39.50
3	17.44	16.04	15.44	15.10	14.88	14.73	14.62	14.54	14.47	14.42	14.34	14.25	14.17	14.12	14.08	14.04	13.99	13.95	13.90
4	12.22	10.65	9.98	9.60	9.36	9.20	9.07	8.98	8.90	8.84	8.75	8.66	8.56	8.51	8.46	8.41	8.36	8.31	8.26
5	10.01	8.43	7.76	7.39	7.15	6.98	6.85	6.76	6.68	6.62	6.52	6.43	6.33	6.28	6.23	6.18	6.12	6.07	6.02
6	8.81	7.26	6.60	6.23	5.99	5.82	5.70	5.60	5.52	5.46	5.37	5.27	5.17	5.12	5.07	5.01	4.96	4.90	4.85
7	8.07	6.54	5.89	5.52	5.29	5.12	4.99	4.90	4.82	4.76	4.67	4.57	4.47	4.42	4.36	4.31	4.25	4.20	4.14
8	7.57	6.06	5.42	5.05	4.82	4.65	4.53	4.43	4.36	4.30	4.20	4.10	4.00	3.95	3.89	3.84	3.78	3.73	3.67
9	7.21	5.71	5.08	4.72	4.48	4.32	4.20	4.10	4.03	3.96	3.87	3.77	3.67	3.61	3.56	3.51	3.45	3.39	3.33
10	6.94	5.46	4.83	4.47	4.24	4.07	3.95	3.85	3.78	3.72	3.62	3.52	3.42	3.37	3.31	3.26	3.20	3.14	3.08
11	6.72	5.26	4.63	4.28	4.04	3.88	3.76	3.66	3.59	3.53	3.43	3.33	3.23	3.17	3.12	3.06	3.00	2.94	2.88
12	6.55	5.10	4.47	4.12	3.89	3.73	3.61	3.51	3.44	3.37	3.28	3.18	3.07	3.02	2.96	2.91	2.85	2.79	2.72
13	6.41	4.97	4.35	4.00	3.77	3.60	3.48	3.39	3.31	3.25	3.15	3.05	2.95	2.89	2.84	2.78	2.72	2.66	2.60
14	6.30	4.86	4.24	3.89	3.66	3.50	3.38	3.29	3.21	3.15	3.05	2.95	2.84	2.79	2.73	2.67	2.61	2.55	2.49
15	6.20	4.77	4.15	3.80	3.58	3.41	3.29	3.20	3.12	3.06	2.96	2.86	2.76	2.70	2.64	2.59	2.52	2.46	2.40
16	6.12	4.69	4.08	3.73	3.50	3.34	3.22	3.12	3.05	2.99	2.89	2.79	2.68	2.63	2.57	2.51	2.45	2.38	2.32
17	6.04	4.62	4.01	3.66	3.44	3.28	3.16	3.06	2.98	2.92	2.82	2.72	2.62	2.56	2.50	2.44	2.38	2.32	2.25
18	5.98	4.56	3.95	3.61	3.38	3.22	3.10	3.01	2.93	2.87	2.77	2.67	2.56	2.50	2.44	2.38	2.32	2.26	2.19
19	5.92	4.51	3.90	3.56	3.33	3.17	3.05	2.96	2.88	2.82	2.72	2.62	2.51	2.45	2.39	2.33	2.27	2.20	2.13
20	5.87	4.46	3.86	3.51	3.29	3.13	3.01	2.91	2.84	2.77	2.68	2.57	2.46	2.41	2.35	2.29	2.22	2.16	2.09
21	5.83	4.42	3.82	3.48	3.25	3.09	2.97	2.87	2.80	2.73	2.64	2.53	2.42	2.37	2.31	2.25	2.18	2.11	2.04
22	5.79	4.38	3.78	3.44	3.22	3.05	2.93	2.84	2.76	2.70	2.60	2.50	2.39	2.33	2.27	2.21	2.14	2.08	2.00
23	5.75	4.35	3.75	3.41	3.18	3.02	2.90	2.81	2.73	2.67	2.57	2.47	2.36	2.30	2.24	2.18	2.11	2.04	1.97
24	5.72	4.32	3.72	3.38	3.15	2.99	2.87	2.78	2.70	2.64	2.54	2.44	2.33	2.27	2.21	2.15	2.08	2.01	1.94
25	5.69	4.29	3.69	3.35	3.13	2.97	2.85	2.75	2.68	2.61	2.51	2.41	2.30	2.24	2.18	2.12	2.05	1.98	1.91
26	5.66	4.27	3.67	3.33	3.10	2.94	2.82	2.73	2.65	2.59	2.49	2.39	2.28	2.22	2.16	2.09	2.03	1.95	1.88
27	5.63	4.24	3.65	3.31	3.08	2.92	2.80	2.71	2.63	2.57	2.47	2.36	2.25	2.19	2.13	2.07	2.00	1.93	1.85
28	5.61	4.22	3.63	3.29	3.06	2.90	2.78	2.69	2.61	2.55	2.45	2.34	2.23	2.17	2.11	2.05	1.98	1.91	1.83
29	5.59	4.20	3.61	3.27	3.04	2.88	2.76	2.67	2.59	2.53	2.43	2.32	2.21	2.15	2.09	2.03	1.96	1.89	1.81
30	5.57	4.18	3.59	3.25	3.03	2.87	2.75	2.65	2.57	2.51	2.41	2.31	2.20	2.14	2.07	2.01	1.94	1.87	1.79
40	5.42	4.05	3.46	3.13	2.90	2.74	2.62	2.53	2.45	2.39	2.29	2.18	2.07	2.01	1.94	1.88	1.80	1.72	1.64
60	5.29	3.93	3.34	3.01	2.79	2.63	2.51	2.41	2.33	2.27	2.17	2.06	1.94	1.88	1.82	1.74	1.67	1.58	1.48
120	5.15	3.80	3.23	2.89	2.67	2.52	2.39	2.30	2.22	2.16	2.05	1.94	1.82	1.76	1.69	1.61	1.53	1.43	1.31
∞	5.02	3.69	3.12	2.79	2.57	2.41	2.29	2.19	2.11	2.05	1.94	1.83	1.71	1.64	1.57	1.48	1.39	1.27	1.00

Nota: $F_{0.975, \nu_1, \nu_2} = 1/F_{0.025, \nu_2, \nu_1}$.

Tabla V (Continuación)

$F_{0.01,\nu_1,\nu_2}$

Grados de libertad del numerador (ν_1) / Grados de libertad del denominador (ν_2)

ν_2 \ ν_1	1	2	3	4	5	6	7	8	9	10	12	15	20	24	30	40	60	120	∞
1	4052.0	4999.5	5403.0	5625.0	5764.0	5859.0	5928.0	5982.0	6022.0	6056.0	6106.0	6157.0	6209.0	6235.0	6261.0	6287.0	6313.0	6339.0	6366.0
2	98.50	99.00	99.17	99.25	99.30	99.33	99.36	99.37	99.39	99.40	99.42	99.43	99.45	99.46	99.47	99.47	99.48	99.49	99.50
3	34.12	30.82	29.46	28.71	28.24	27.91	27.67	27.49	27.35	27.23	27.05	26.87	26.69	26.00	26.50	26.41	26.32	26.22	26.13
4	21.20	18.00	16.69	15.98	15.52	15.21	14.98	14.80	14.66	14.55	14.37	14.20	14.02	13.93	13.84	13.75	13.65	13.56	13.46
5	16.26	13.27	12.06	11.39	10.97	10.67	10.46	10.29	10.16	10.05	9.89	9.72	9.55	9.47	9.38	9.29	9.20	9.11	9.02
6	13.75	10.92	9.78	9.15	8.75	8.47	8.26	8.10	7.98	7.87	7.72	7.56	7.40	7.31	7.23	7.14	7.06	6.97	6.88
7	12.25	9.55	8.45	7.85	7.46	7.19	6.99	6.84	6.72	6.62	6.47	6.31	6.16	6.07	5.99	5.91	5.82	5.74	5.65
8	11.26	8.65	7.59	7.01	6.63	6.37	6.18	6.03	5.91	5.81	5.67	5.52	5.36	5.28	5.20	5.12	5.03	4.95	4.86
9	10.56	8.02	6.99	6.42	6.06	5.80	5.61	5.47	5.35	5.26	5.11	4.96	4.81	4.73	4.65	4.57	4.48	4.40	4.31
10	10.04	7.56	6.55	5.99	5.64	5.39	5.20	5.06	4.94	4.85	4.71	4.56	4.41	4.33	4.25	4.17	4.08	4.00	3.91
11	9.65	7.21	6.22	5.67	5.32	5.07	4.89	4.74	4.63	4.54	4.40	4.25	4.10	4.02	3.94	3.86	3.78	3.69	3.60
12	9.33	6.93	5.95	5.41	5.06	4.82	4.64	4.50	4.39	4.30	4.16	4.01	3.86	3.78	3.70	3.62	3.54	3.45	3.36
13	9.07	6.70	5.74	5.21	4.86	4.62	4.44	4.30	4.19	4.10	3.96	3.82	3.66	3.59	3.51	3.43	3.34	3.25	3.17
14	8.86	6.51	5.56	5.04	4.69	4.46	4.28	4.14	4.03	3.94	3.80	3.66	3.51	3.43	3.35	3.27	3.18	3.09	3.00
15	8.68	6.36	5.42	4.89	4.36	4.32	4.14	4.00	3.89	3.80	3.67	3.52	3.37	3.29	3.21	3.13	3.05	2.96	2.87
16	8.53	6.23	5.29	4.77	4.44	4.20	4.03	3.89	3.78	3.69	3.55	3.41	3.26	3.18	3.10	3.02	2.93	2.84	2.75
17	8.40	6.11	5.18	4.67	4.34	4.10	3.93	3.79	3.68	3.59	3.46	3.31	3.16	3.08	3.00	2.92	2.83	2.75	2.65
18	8.29	6.01	5.09	4.58	4.25	4.01	3.84	3.71	3.60	3.51	3.37	3.23	3.08	3.00	2.92	2.84	2.75	2.66	2.57
19	8.18	5.93	5.01	4.50	4.17	3.94	3.77	3.63	3.52	3.43	3.30	3.15	3.00	2.92	2.84	2.76	2.67	2.58	2.59
20	8.10	5.85	4.94	4.43	4.10	3.87	3.70	3.56	3.46	3.37	3.23	3.09	2.94	2.86	2.78	2.69	2.61	2.52	2.42
21	8.02	5.78	4.87	4.37	4.04	3.81	3.64	3.51	3.40	3.31	3.17	3.03	2.88	2.80	2.72	2.64	2.55	2.46	2.36
22	7.95	5.72	4.82	4.31	3.99	3.76	3.59	3.45	3.35	3.26	3.12	2.98	2.83	2.75	2.67	2.58	2.50	2.40	2.31
23	7.88	5.66	4.76	4.26	3.94	3.71	3.54	3.41	3.30	3.21	3.07	2.93	2.78	2.70	2.62	2.54	2.45	2.35	2.26
24	7.82	5.61	4.72	4.22	3.90	3.67	3.50	3.36	3.26	3.17	3.03	2.89	2.74	2.66	2.58	2.49	2.40	2.31	2.21
25	7.77	5.57	4.68	4.18	3.85	3.63	3.46	3.32	3.22	3.13	2.99	2.85	2.70	2.62	2.54	2.45	2.36	2.27	2.17
26	7.72	5.53	4.64	4.14	3.82	3.59	3.42	3.29	3.18	3.09	2.96	2.81	2.66	2.58	2.50	2.42	2.33	2.23	2.13
27	7.68	5.49	4.60	4.11	3.78	3.56	3.39	3.26	3.15	3.06	2.93	2.78	2.63	2.55	2.47	2.38	2.29	2.20	2.10
28	7.64	5.45	4.57	4.07	3.75	3.53	3.36	3.23	3.12	3.03	2.90	2.75	2.60	2.52	2.44	2.35	2.26	2.17	2.06
29	7.60	5.42	4.54	4.04	3.73	3.50	3.33	3.20	3.09	3.00	2.87	2.73	2.57	2.49	2.41	2.33	2.23	2.14	2.03
30	7.56	5.39	4.51	4.02	3.70	3.47	3.30	3.17	3.07	2.98	2.84	2.70	2.55	2.47	2.39	2.30	2.21	2.11	2.01
40	7.31	5.18	4.31	3.83	3.51	3.29	3.12	2.99	2.89	2.80	2.66	2.52	2.37	2.29	2.20	2.11	2.02	1.92	1.80
60	7.08	4.98	4.13	3.65	3.34	3.12	2.95	2.82	2.72	2.63	2.50	2.35	2.20	2.12	2.03	1.94	1.84	1.73	1.60
120	6.85	4.79	3.95	3.48	3.17	2.96	2.79	2.66	2.56	2.47	2.34	2.19	2.03	1.95	1.86	1.76	1.66	1.53	1.38
∞	6.63	4.61	3.78	3.32	3.02	2.80	2.64	2.51	2.41	2.32	2.18	2.04	1.88	1.79	1.70	1.59	1.47	1.32	1.00

Nota: $F_{0.99,\nu_1,\nu_2} = 1/F_{0.01,\nu_2,\nu_1}$.

Tabla VI Factores para construir diagramas de control de variables

Observaciones en la muestra, n	Diagrama para medias			Diagrama para desviaciones estándares						Diagrama para amplitudes						
	Factores para límites de control			Factores para línea central		Factores para límites de control				Factores para línea central		Factores para límites de control				
	A	A_2	A_3	c_4	$1/c_4$	B_3	B_4	B_5	B_6	d_2	$1/d_2$	d_3	D_1	D_2	D_3	D_4
2	2.121	1.880	2.659	0.7979	1.2533	0	3.267	0	2.606	1.128	0.8865	0.853	0	3.686	0	3.267
3	1.732	1.023	1.954	0.8862	1.1284	0	2.568	0	2.276	1.693	0.5907	0.888	0	4.358	0	2.574
4	1.500	0.729	1.628	0.9213	1.0854	0	2.266	0	2.088	2.059	0.4857	0.880	0	4.698	0	2.282
5	1.342	0.577	1.427	0.9400	1.0638	0	2.089	0	1.964	2.326	0.4299	0.864	0	4.918	0	2.114
6	1.225	0.483	1.287	0.9515	1.0510	0.030	1.970	0.029	1.874	2.534	0.3946	0.848	0	5.078	0	2.004
7	1.134	0.419	1.182	0.9594	1.04230	0.118	1.882	0.113	1.806	2.704	0.3698	0.833	0.204	5.204	0.076	1.924
8	1.061	0.373	1.099	0.9650	1.0363	0.185	1.815	0.179	1.751	2.847	0.3512	0.820	0.388	5.306	0.136	1.864
9	1.000	0.337	1.032	0.9693	1.0317	0.239	1.761	0.232	1.707	2.970	0.3367	0.808	0.547	5.393	0.184	1.816
10	0.949	0.308	0.975	0.9727	1.0281	0.284	1.716	0.276	1.669	3.078	0.3249	0.797	0.687	5.469	0.223	1.777
11	0.905	0.285	0.927	0.9754	1.0252	0.321	1.679	0.313	1.637	3.173	0.3152	0.787	0.811	5.535	0.256	1.744
12	0.866	0.266	0.886	0.9776	1.0229	0.354	1.646	0.346	1.610	3.258	0.3069	0.778	0.922	5.594	0.283	1.717
13	0.832	0.249	0.850	0.9794	1.0210	0.382	1.618	0.374	1.585	3.336	0.2998	0.770	1.025	5.647	0.307	1.693
14	0.802	0.235	0.817	0.9810	1.0194	0.406	1.594	0.399	1.563	3.407	0.2935	0.763	1.118	5.696	0.328	1.672
15	0.775	0.223	0.789	0.9823	1.0180	0.428	1.572	0.421	1.544	3.472	0.2880	0.756	1.203	5.741	0.347	1.653
16	0.750	0.212	0.763	0.9835	1.0168	0.448	1.552	0.440	1.526	3.532	0.2831	0.750	1.282	5.782	0.363	1.637
17	0.728	0.203	0.739	0.9845	1.0157	0.466	1.534	0.458	1.511	3.588	0.2787	0.744	1.356	5.820	0.378	1.622
18	0.707	0.194	0.718	0.9854	1.0148	0.482	1.518	0.475	1.496	3.640	0.2747	0.739	1.424	5.856	0.391	1.608
19	0.688	0.187	0.698	0.9862	1.0140	0.497	1.503	0.490	1.483	3.689	0.2711	0.734	1.487	5.891	0.403	1.597
20	0.671	0.180	0.680	0.9869	1.0133	0.510	1.490	0.504	1.470	3.735	0.2677	0.729	1.549	5.921	0.415	1.585
21	0.655	0.173	0.663	0.9876	1.0126	0.523	1.477	0.516	1.459	3.778	0.2647	0.724	1.605	5.951	0.425	1.575
22	0.640	0.167	0.647	0.9882	1.0119	0.534	1.466	0.528	1.448	3.819	0.2618	0.720	1.659	5.979	0.434	1.566
23	0.626	0.162	0.633	0.9887	1.0114	0.545	1.455	0.539	1.438	3.858	0.2592	0.716	1.710	6.006	0.443	1.557
24	0.612	0.157	0.619	0.9892	1.0109	0.555	1.445	0.549	1.429	3.895	0.2567	0.712	1.759	6.031	0.451	1.548
25	0.600	0.153	0.606	0.9896	1.0105	0.565	1.435	0.559	1.420	3.931	0.2544	0.708	1.806	6.056	0.459	1.541

Para $n > 25$

$$A = \frac{3}{\sqrt{n}},\ A_3 = \frac{3}{c_4\sqrt{n}},\ c_4 \simeq \frac{4(n-1)}{4n-3},$$

$$B_3 = 1 - \frac{3}{c_4\sqrt{2(n-1)}},\ B_4 = 1 + \frac{3}{c_4\sqrt{2(n-1)}},$$

$$B_5 = c_4 - \frac{3}{\sqrt{2(n-1)}},\ B_6 = c_4 + \frac{3}{\sqrt{2(n-1)}}.$$

Tabla VII Factores para límites normales de tolerancia bilaterales

	Confianza de 90% de que el porcentaje de la población entre los límites es			Confianza de 95% de que el porcentaje de la población entre los límites es			Confianza de 99% de que el porcentaje de la población entre los límites es		
n	90%	95%	99%	90%	95%	99%	90%	95%	99%
2	15.98	18.80	24.17	32.02	37.67	48.43	160.2	188.5	242.3
3	5.847	6.919	8.974	8.380	9.916	12.86	18.93	22.40	29.06
4	4.166	4.943	6.440	5.369	6.370	8.299	9.398	11.15	14.53
5	3.494	4.152	5.423	4.275	5.079	6.634	6.612	7.855	10.26
6	3.131	3.723	4.870	3.712	4.414	5.775	5.337	6.345	8.301
7	2.902	3.452	4.521	3.369	4.007	5.248	4.613	5.448	7.187
8	2.743	3.264	4.278	3.136	3.732	4.891	4.147	4.936	6.468
9	2.626	3.125	4.098	2.967	3.532	4.631	3.822	4.550	5.966
10	2.535	3.018	3.959	2.829	3.379	4.433	3.582	4.265	5.594
11	2.463	2.933	3.849	2.737	3.259	4.277	3.397	4.045	5.308
12	2.404	2.863	3.758	2.655	3.162	4.150	3.250	3.870	5.079
13	2.355	2.805	3.682	2.587	3.081	4.044	3.130	3.727	4.893
14	2.314	2.756	3.618	2.529	3.012	3.955	3.029	3.608	4.737
15	2.278	2.713	3.562	2.480	2.954	3.878	2.945	3.507	4.605
16	2.246	2.676	3.514	2.437	2.903	3.812	2.872	3.421	4.492
17	2.219	2.643	3.471	2.400	2.858	3.754	2.808	3.345	4.393
18	2.194	2.614	3.433	2.366	2.819	3.702	2.753	3.279	4.307
19	2.172	2.588	3.399	2.337	2.784	3.656	2.703	3.221	4.230
20	2.152	2.564	3.368	2.310	2.752	3.615	2.659	3.168	4.161
21	2.135	2.543	3.340	2.286	2.723	3.577	2.620	3.121	4.100
22	2.118	2.524	3.315	2.264	2.697	3.543	2.584	3.078	4.044
23	2.103	2.506	3.292	2.244	2.673	3.512	2.551	3.040	3.993
24	2.089	2.489	3.270	2.225	2.651	3.483	2.522	3.004	3.947
25	2.077	2.474	3.251	2.208	2.631	3.457	2.494	2.972	3.904
26	2.065	2.460	3.232	2.193	2.612	3.432	2.469	2.941	3.865
27	2.054	2.447	3.215	2.178	2.595	3.409	2.446	2.914	3.828
28	2.044	2.435	3.199	2.164	2.579	3.388	2.424	2.888	3.794
29	2.034	2.424	3.184	2.152	2.554	3.368	2.404	2.864	3.763
30	2.025	2.413	3.170	2.140	2.549	3.350	2.385	2.841	3.733
35	1.988	2.368	3.112	2.090	2.490	3.272	2.306	2.748	3.611
40	1.959	2.334	3.066	2.052	2.445	3.213	2.247	2.677	3.518
50	1.916	2.284	3.001	1.996	2.379	3.126	2.162	2.576	3.385
60	1.887	2.248	2.955	1.958	2.333	3.066	2.103	2.506	3.293
80	1.848	2.202	2.894	1.907	2.272	2.986	2.026	2.414	3.173
100	1.822	2.172	2.854	1.874	2.233	2.934	1.977	2.355	3.096
200	1.764	2.102	2.762	1.798	2.143	2.816	1.865	2.222	2.921
500	1.717	2.046	2.689	1.737	2.070	2.721	1.777	2.117	2.783
1000	1.695	2.019	2.654	1.709	2.036	2.676	1.736	2.068	2.718
∞	1.645	1.960	2.576	1.645	1.960	2.576	1.645	1.960	2.576

Tabla VIII Factores para límites normales de tolerancia unilaterales

	Confianza de 90% de que el porcentaje de la población abajo (arriba) del límite es			Confianza de 95% de que el porcentaje de la población abajo (arriba) del límite es			Confianza de 99% de que el porcentaje de la población abajo (arriba) del límite es		
n	90%	95%	99%	90%	95%	99%	90%	95%	99%
3	4.258	5.310	7.340	6.158	7.655	10.552			
4	3.187	3.957	5.437	4.163	5.145	7.042			
5	2.742	3.400	4.666	3.407	4.202	5.741			
6	2.494	3.091	4.242	3.006	3.707	5.062	4.408	5.409	7.334
7	2.333	2.894	3.972	2.755	3.399	4.641	3.856	4.730	6.411
8	2.219	2.755	3.783	2.582	3.188	4.353	3.496	4.287	5.811
9	2.133	2.649	3.641	2.454	3.031	4.143	3.242	3.971	5.389
10	2.065	2.568	3.532	2.355	2.911	3.981	3.048	3.739	5.075
11	2.012	2.503	3.444	2.275	2.815	3.852	2.897	3.557	4.828
12	1.966	2.448	3.371	2.210	2.736	3.747	2.773	3.410	4.633
13	1.928	2.403	3.310	2.155	2.670	3.659	2.677	3.290	4.472
14	1.895	2.363	3.257	2.108	2.614	3.585	2.592	3.189	4.336
15	1.866	2.329	3.212	2.068	2.566	3.520	2.521	3.102	4.224
16	1.842	2.299	3.172	2.032	2.523	3.463	2.458	3.028	4.124
17	1.820	2.272	3.136	2.001	2.486	3.415	2.405	2.962	4.038
18	1.800	2.249	3.106	1.974	2.453	3.370	2.357	2.906	3.961
19	1.781	2.228	3.078	1.949	2.423	3.331	2.315	2.855	3.893
20	1.765	2.208	3.052	1.926	2.396	3.295	2.275	2.807	3.832
21	1.750	2.190	3.028	1.905	2.371	3.262	2.241	2.768	3.776
22	1.736	2.174	3.007	1.887	2.350	3.233	2.208	2.729	3.727
23	1.724	2.159	2.987	1.869	2.329	3.206	2.179	2.693	3.680
24	1.712	2.145	2.969	1.853	2.309	3.181	2.154	2.663	3.638
25	1.702	2.132	2.952	1.838	2.292	3.158	2.129	2.632	3.601
30	1.657	2.080	2.884	1.778	2.220	3.064	2.029	2.516	3.446
35	1.623	2.041	2.833	1.732	2.166	2.994	1.957	2.431	3.334
40	1.598	2.010	2.793	1.697	2.126	2.941	1.902	2.365	3.250
45	1.577	1.986	2.762	1.669	2.092	2.897	1.857	2.313	3.181
50	1.560	1.965	2.735	1.646	2.065	2.863	1.821	2.296	3.124

Tabla IX Números aleatorios

10480	15011	01536	02011	81647	91646	69179	14194	62590
22368	46573	25595	85393	30995	89198	27982	53402	93965
24130	48360	22527	97265	76393	64809	15179	24830	49340
42167	93093	06243	61680	07856	16376	39440	53537	71341
37570	39975	81837	16656	06121	91782	60468	81305	49684
77921	06907	11008	42751	27756	53498	18602	70659	90655
99562	72905	56420	69994	98872	31016	71194	18738	44013
96301	91977	05463	07972	18876	20922	94595	56869	69014
89579	14342	63661	10281	17453	18103	57740	84378	25331
85475	36857	53342	53988	53060	59533	38867	62300	08158
28918	69578	88231	33276	70997	79936	56865	05859	90106
63553	40961	48235	03427	49626	69445	18663	72695	52180
09429	93969	52636	92737	88974	33488	36320	17617	30015
10365	61129	87529	85689	48237	52267	67689	93394	01511
07119	97336	71048	08178	77233	13916	47564	81056	97735
51085	12765	51821	51259	77452	16308	60756	92144	49442
02368	21382	52404	60268	89368	19885	55322	44819	01188
01011	54092	33362	94904	31273	04146	18594	29852	71585
52162	53916	46369	58586	23216	14513	83149	98736	23495
07056	97628	33787	09998	42698	06691	76988	13602	51851
48663	91245	85828	14346	09172	30168	90229	04734	59193
54164	58492	22421	74103	47070	25306	76468	26384	58151
32639	32363	05597	24200	13363	38005	94342	28728	35806
29334	27001	87637	87308	58731	00256	45834	15398	46557
02488	33062	28834	07351	19731	92420	60952	61280	50001
81525	72295	04839	96423	24878	82651	66566	14778	76797
29676	20591	68086	26432	46901	20849	89768	81536	86645
00742	57392	39064	66432	84673	40027	32832	61362	98947
05366	04213	25669	26422	44407	44048	37937	63904	45766
91921	26418	64117	94305	26766	25940	39972	22209	71500
00582	04711	87917	77341	42206	35126	74087	99547	81817
00725	69884	62797	56170	86324	88072	76222	36086	84637
69011	65795	95876	55293	18988	27354	26575	08625	40801
25976	57948	29888	88604	67917	48708	18912	82271	65424
09763	83473	73577	12908	30883	18317	28290	35797	05998
91567	42595	27958	30134	04024	86385	29880	99730	55536
17955	56349	90999	49127	20044	59931	06115	20542	18059
46503	18584	18845	49618	02304	51038	20655	58727	28168
92157	89634	94824	78171	84610	82834	09922	25417	44137
14577	62765	35605	81263	39667	47358	56873	56307	61607
98427	07523	33362	64270	01638	92477	66969	98420	04880
34914	63976	88720	82765	34476	17032	87589	40836	32427
70060	28277	39475	46473	23219	53416	94970	25832	69975
53976	54914	06990	67245	68350	82948	11398	42878	80287
76072	29515	40980	07391	58745	25774	22987	80059	39911
90725	52210	83974	29992	65831	38857	50490	83765	55657
64364	67412	33339	31926	14883	24413	59744	92351	97473
08962	00358	31662	25388	61642	34072	81249	35648	56891
95012	68379	93526	70765	10592	04542	76463	54328	02349
15664	10493	20492	38391	91132	21999	59516	81652	27195

Índice

Impreso en:
Programas Educativos S.A. de C.V.
Calz. Chabacano No. 65 — Local A
Col. Asturias
06850 México, D.F.

Octubre, 1991.

3,000 ejemplares más sobrantes